形式语义学基础与形式说明

（第二版）

屈延文 编著

科学出版社

北 京

内 容 简 介

本书第一版是20世纪80年代国家教委计算机软件专业教材编委会推荐教材之一。本书详细地给出了形式语义学的基础理论框架，但它并不是一本纯理论的教材，而是一本理论与软件实践相结合的教材。

全书共分十章。介绍了指称语义学、代数语义学、操作语义学与公理语义学的基本内容及其应用，并介绍了并发程序设计语言各流派的语义模型和新一代计算机计算模型的理论问题。例如Curry的组合逻辑，Martin-Löf的直觉主义数学的讨论都是近代计算机理论较重要的基础内容。

本书内容丰富，重点突出，并配有大量习题，可作为高等院校电子信息、计算机科学专业本科高年级学生、研究生的教材，也可供信息技术人员和计算机软件设计、工程人员参考。

图书在版编目(CIP)数据

形式语义学基础与形式说明(第二版)/屈延文编著. —北京：科学出版社，2009

ISBN 978-7-03-026238-7

Ⅰ.形… Ⅱ.屈… Ⅲ.形式语义学 Ⅳ.TP301.2

中国版本图书馆CIP数据核字(2009)第232458号

责任编辑：杨 凯 刘晓融 / 责任制作：董立颖 魏 谨
责任印制：赵德静 / 封面设计：许思麒

北京东方科龙图文有限公司 制作
http://www.okbook.com.cn

科学出版社 出版
北京东黄城根北街16号
邮政编码：100717
http://www.sciencep.com

北京天时彩色印刷有限公司 印刷
科学出版社发行 各地新华书店经销

*

1989年12月第 一 版 开本：B5(720×1000)
2010年3月第 二 版 印张：32
2010年3月第一次印刷 字数：625 000
印数：1—3000

定 价：59.00元

(如有印装质量问题，我社负责调换)

第二版序

屈延文先生请我为他的著作《形式语义学基础与形式说明》的再版书写一个序，感到很荣幸。这本书是作者在上世纪 80 年代，为我国高等院校计算机和软件专业研究生写的关于计算机科学方面的教材。该书在培养我国计算机科学高素质的研究人才和加强我国计算机科学理论教育方面发挥了作用。作者在国家的计算机技术研究机构中工作，长期从事计算机软件、计算机科学和技术的研究与实践，并热衷于计算机与信息化的理论研究和创新。作者在网络世界的行为学理论与应用方面的工作，例如他的著作《软件行为学》、《银行行为监管》和《银行行为控制》及其在国内信息安全产业推动代理技术中的应用和发展，给我留下了深刻的印象。他是我国网络世界行为学学科与理论的发起者和主要推动者。读者可以从本书内容中看到，作者之所以能够不断探索与研究新问题，是由于他具有深厚基础的知识结构和理论联系实际的科学作风。

相信本书会引起从事信息科学技术工作和网络空间安全工作人员的极大兴趣，并有所裨益。

何德全

2009 年 9 月

第二版前言

本书是计算机专业人员和大学软件、计算机科学和信息化科学专业高年级学生以及硕士研究生或博士研究生了解计算机科学理论在软件工程应用的专门书籍。作者站在软件的立场上来讨论计算机科学（尤其是形式语义学）的理论及其应用。虽然，我们比较详细地介绍了形式语义学基本理论框架，但它不是一本纯理论的书籍，而是一本理论联系实际的书籍；因此，在叙述中不苛求理论上的严密性。

作者在 1980 年，由于准备 Ada 语言的编译程序和环境工作以及对软件工程理论的关注，开始对形式语义学理论与实践进行研究。当时出版本书的目标是全面提高软件重用、软件自动生成和软件智能化的理论和技术水平。目前看来，这个目标现在仍然没有过时。在 20 世纪 80 年代初，作者用三册油印的讲义，经过多年在北京大学、北京航空学院（北京航空航天大学）、中国科学院研究生院、北京信息工程学院和华北计算技术研究所为研究生讲授此课；北京之外，在国防科技大学、武汉大学和其他大学也讲授过此课程。在多年研究和讲课的基础上，本书的内容更加完善。20 世纪 80 年代后期科学出版社正式出版了《形式语义学基础与形式说明》一书。作为第一版，该书正式出版已经有 20 多年了，曾经两次印刷，多年来一直有人不断向作者寻求本书。在 21 世纪，信息化发展带来了科学发展的强大新动力，尤其是信息化科学学科的提出，冲破了经典计算机科学研究的范围，其中信息化和网络世界的安全是最突出的领域。信息安全不仅需要实施更加严格的产品保证计划，同时要求信息安全测评事业具有逐步达到高级别的安全测评能力，尤其是提高结构性和形式化验证能力，依此来推动我国信息系统产品质量的全面提升。所以，必须对信息化与安全产业和测评机构进行结构性和形式化验证方法的培训。再版本书是实施这种高素质培训的教材建设，再版工作被列为中国信息安全测评中心的自然科学基金项目内容之一。

本书再版还有更广泛和深刻的意义。在 20 世纪 90 年代，作者开始特别关注信息化体系结构和信息安全的理论问题。显然，信息化与网络世界中的大量问题，例如互操作性和安全性问题，已经不可能从经典的计算机科学理论中得到帮助和指导。信息化的体系结构已经不是计算机的体系结构，不是软件的体系结构，也不是应用系统的体系结构。信息化的体系结构概念要比这些方面的体系结构复杂得多。信息化体系结构的实践告诉我们，要划分运营、系统和技术三个视图来研究体系结构。经过多年研究，作者认为，运营体系结构，从理论的高度看，其核心的概念范畴是主体和行为，包括人类信息化行为和网络世界中的虚拟主体和行为。

网络世界传统的系统体系结构方法给我们提供的知识结构，也仅仅是对过去的总结，不能指导我们面临新的问题，例如我们所面临的互操作性以及如何充分、有效地利用资源。其中，互操作性在信息化的历程中也经历了三个发展阶段。而在 20 世纪 80

年代，采用的方法是面向过程，通过通信和过程调用解决互操作问题。在 20 世纪 90 年代，采用的是面向对象、可视化和中间件技术，通过互操作性标准的方法来解决信息交换和共享问题。在 21 世纪前 10 年，开始研究面向主体和代理技术，通过多代理组织和系统以及它们的行为，例如代理信息交换平台和服务递交平台，来解决代理组织协同、群体业务服务等问题。并且，通过代理与代理组织协同、递交、移动、生长等互操作性技术实现了网络世界服务的本地化、个性化、规模化、关联化和代理化自治服务新目标。互操作性技术的新发展进程，又一次把我们引向了主体与行为学理论方法。

所谓充分利用资源，传统的软件工程学说告诉我们，就是采用软件重用、资源共享和引用等许多方法。但是，传统的软件工程学说主要在讲一个软件工程师如何在一张白纸上写字、画画，告诉我们如何开发一个新的软件系统和产品。然而，信息化的进程已经有几十年，人类已经开发了太多的具体业务功能的软件产品。好比茫茫的信息大草原已经不再是荒原，不仅有茂密的植物，还充满了各种食草动物。以至于在绝大多数情况下，只要我们合理使用各种软件资源，就可以完成我们需要的业务。这种状态告诉人们，新的信息化的体系，它们处理的对象已经不是信息大草原中的植物(信息)，而是那些“吃信息的食草动物”(信息系统)。在许多情况下，不需要再从植物中获取营养，而是直接吃多种动物，吸取它们的主体资源(利用、调度、组合它们的资源)和行为，就足够了。这一点对信息安全产业来说尤其重要，它们的系统与产品是信息化生态体系中的“食肉动物”。在新软件工程学方面，我们将面向主体的程序设计和行为开发方法，而不仅仅是程序代码的开发方法(这是多么巨大的变化!)。新软件工程学的研究，把我们更加深入地引向了主体与行为学理论方法。

网络世界的安全问题同样把我们引入了主体与行为学理论方法。安全问题从传统的软件工程理论来讲是产品的正确性、质量、漏洞、缺失等问题。对于这类原因引发的安全我们称之为“脆弱性安全”。解决的办法当然还是产品的保证计划。但是在信息化新条件下，产生了非脆弱性引起的安全问题，即互操作性和关联性引发的安全问题。我们把这样的安全称作“结构性安全”或“体系结构安全”。面对结构性安全问题，传统的软件工程方法不能解决，也不是产品保证计划能够解决的。既然安全问题由互操作性和关联性而发，解决的办法依然是通过互操作性和关联性。结构性安全的理论基础同样是主体和行为学。

读者也许已经看到，传统计算机科学的本质是语言学的理论方法，在计算机科学中称作形式语言的理论方法。可是，在信息化和网络世界中遇到的各种问题的核心概念是主体和行为，属于行为学理论方法。在网络世界中，我们要研究人类信息化行为和各种虚拟主体和行为，可以称作“形式行为学”问题。所谓形式行为学就是要区别某些生物和人类的一些行为特点和模式，如同形式语言是为了区别人类的自然语言一样。人们会问，如何研究行为？一种非常重要的方法是“行为的语言表达”。有了行为的语言表达后，就可以研究“语言表达中的行为”。显然，其中最重要的是解决行为的数学语言表达和数学语言表达中的行为两个大问题。但是，人类发明的科学范畴和整个数学体系中，居然没有面向主体的数学。无论是集合、函数、代数、几何、逻辑等各种数学体系中，都没有面向主体的，都是面向客体的。于是我们需要全面改进数学体系，使之面向主体和行为学的研究。当然，在解决了“行为的数学语言表达和数学语言表达中的行为”后，下一步需要解决的是信息化的形式化方法以及行为的形式语言表达和形式说明。所不同的是，语义范畴概念发生了很大变化。例如，需要研究各种行为模式的预期语义、态势语义和预期与态势之间的评估语义等。关于这些研究的新进展，在作者关于信息化行为学理论基础和形式化方法的新著作中有特别详细的介绍。本书介绍的理论和方法，在行为学理论的研究中依然发挥着基础作用。

总之，通过上面的论述，我们又回到了形式语言和形式语义学。可以有一个结论：在 21 世纪，形式语义学和形式化方法不仅是计算机科学的基础课程，同时还是信息化科学的基础课程。该书对未来计算机科学和信息化科学的研究与发展依然具有指导和帮助作用。

本书再版时，作者特别怀念吴允曾先生、唐稚松院士、陈火旺院士的友谊和帮助。作者感激杨芙清院士、周巢尘院士和杨天行先生曾经给予的支持和帮助。作者作为中国信息安全产业商会常务副理事长和中国信息安全测评中心的顾问，特别感谢中国信息安全测评中心主任和商会理事长吴世忠同志一贯的支持与帮助。感谢中国信息安全测评中心常务副主任和商会秘书长王贵驷同志、高新宇副主任的支持和帮助。

由于多年的友谊，作者特别请何德全院士为本书写第二版序，在此表示由衷感谢。作者真诚感谢刘晓融女士为本书第二版工作付出的努力。感谢学生张艳在第二版校对工作中给予的帮助。感谢作者工作室的李明生先生、刘玉林、林洁女士和商会副秘书长梁进女士多年的帮助、支持和本书第二版时所付出的努力。

屈延文

2009 年 8 月

第一版前言

本书是计算机软件专业人员，大学软件专业本科高年级学生及研究生了解计算机科学理论在软件工程中应用的专门书籍。作者是站在软件的立场上来讨论计算机科学(尤其是形式语义学)的理论及其应用的。虽然，我们比较详细地介绍了形式语义学的基本理论框架，但它不是一本纯理论的书籍，而是一本理论联系实际的书籍。因此，在叙述中不苛求理论上的严密性。

早在1980年，作者在做Ada语言的准备工作时，就已开始对形式语义学的理论与实践进行研究。在研制Ada语言的编译程序时，我想到的第一个问题是，一本很厚的Ada语言文本，放在每一个程序设计人员面前，你怎么知道他们/她们看懂了Ada文本呢？怎么能相信每一个人能正确地归纳Ada文本的语义呢？如何知道编译程序的设计基础是可靠的呢？从这一点来说，没有Ada语言的形式定义是不行的，这一点可以从已有的文献中得到支持。

在研制Ada编译程序时，我们制定了计算机辅助管理、计算机辅助设计、严格质量管理及严格验收的设计原则。在当时，我们还认为编译程序的语义分析采用属性文法说明及属性文法的语义计算器是比较理想的方案。为了提高程序质量，提出了比较高的程序抽象要求，要求基于抽象数据类型的class(package)程序设计方法，要求程序结构有最好的层次分解性与模块分解性。所有这些，都促使我去写一本形式语义学的讲义，以提高Ada编译程序设计人员的素质。在当时，我们提出，指称语义学、属性文法及抽象数据类型应作为研制Ada编译程序的最基本理论准备。

后来，由于开展了对新一代计算机的研究，我们将形式语义学的研究与新一代计算机计算模型的研究结合起来了。在这方面最为重要的理论研究是对Curry的组合逻辑与Martin-Löf的直觉主义数学的讨论。

作者在不断完善本书(原是一本油印讲义)的过程中，曾受到过多方面的支持与帮助。原北京大学二分校(现在改名为信息工程学院)校长杨天行同志，最早支持我在该校讲授此课。后来，在北京大学计算机科学系主任杨芙清教授的支持下，在北京大学两次为研究生班与学位研究生讲授此课。同时，还在北京航空学院、华北计算技术研究所讲授此课。为使本书达到比较完善的程度，在编写过程中，曾得到中国科学院软件研究所唐稚松教授和周巢尘教授多方面的帮助，他们曾向我提供了许多珍贵的材料。还应当提到的是已故的北京大学吴允曾教授，他也曾给过我多方面的帮助。在本书出版之际，特向他们表示衷心的感谢。

屈延文

1987年7月

目　录

第 1 章　引　论

在这一章，我们将介绍形式语义学的基本概念和形式语义学的流派及分类。

1.1　形式语义学

一位中国人学习英语，他对英语语义的理解是通过英语的相应汉语的解释来进行的。就是对汉语，他对未知语言成分意义的理解也是通过已知语义的语言成分的注释而达到的。显然，在对自然语言理解的过程中，在说明对象语言的语义时，需要一个已知语义的语言，并建立这两种语言的对应关系，从而得到对于对象语言语义的理解。换句话说，已知语义的语言称之为说明语言，当然，说明语言有自己的语法及语义。令说明语言的语句是 s，其语义记为$[\![s]\!]$，而对象语言的一个语句 r，语句 r 的语义记为$[\![r]\!]$。$[\![r]\!]$与$[\![s]\!]$的关系就是对象语言的注释。自然语言之间的映射关系是通过语法书及对照字典来实现的，虽然其中存在着很大的不确定性。

什么叫做形式语义学呢？

形式语义学是对形式语言及其程序采用形式系统方法进行语义定义的学问。在定义形式语言时，流行采用 BNF 定义语言的文法。如何解释用 BNF 定义的语言的语义？这个问题就是形式语言研究的对象之一。一个逻辑系统，例如一阶谓词演算，就可以被看成一个形式语言系统，那么这个逻辑语言的语义研究，也就是形式语义研究的对象。形式语言不仅是串文法，还有图文法(graph grammar)及树文法等，这些语言的语义研究，也是形式语义研究的对象。一个程序也有语法与语义两个方面，语法在程序中主要表现为程序结构，而语义在于对语法特性适用的域的解释。由于研究形式语言的语义方法不同，形式语义学大致可以分成如下几个分支：

- 指称语义学(denotational semantics)。
- 代数语义学(algebraic semantics)。
- 操作语义学(operational semantics)。
- 公理语义方法(axiomatic semantic approach)。

我们将在下面分别介绍这些语义学的基本点。

一个程序设计语言有两个最重要的概念：论域及辖域。在本书的讨论中将特别强调这两点。

当代的程序设计语言，除纯表达式语言之外，一般都包括三个语法范畴：

- 声明范畴。
- 命令范畴。
- 表达式范畴。

声明范畴的成分在于建立及改变环境；命令范畴的成分（即语句世界的成分）在于执行并改变状态；而表达式范畴的成分在于计算产生值。在语言的声明范畴中，又主要包括作用域及可见性两个概念。在命令范畴中的原子成分是赋值语句，GOTO 语句的存在主要用于改变程序的执行顺序，也就是说，具有 GOTO 语句的语言程序，其书写顺序与执行顺序是不同的。在表达式范畴中，函数定义（或称函数抽象）与函数施用是两个基本概念。如果一个表达式不仅计算产生值，而且还改变状态，我们称这个表达式有副作用（side-effect）。

在 Von Neumann 计算机体系中，程序设计语言还引入了地址概念，致使表达式计算产生的值与地址联系起来。如果使用这个值，则必须引用置有该值的内存的地址，我们称这样的程序是依赖于环境的，因为计算的结果与所在存储器的位置有关。

如果一个语言没有命令范畴，它只有表达式范畴及表示类型与对象的声明范畴，而且这种语言中的每一个函数都不依赖于环境而存在，那么它所计算的结果与所在存储器的位置无关，只要满足了函数定义域则可以处处施用，绝无副作用，那么称这样的语言为施用型语言（applicative language）。

为什么要研究形式语义学呢？

理论研究的最强大的动力是发展生产，促进社会的进步。软件生产长期停留在手工劳动的状态，生产力很低。像所有其他工业发展那样，软件产业也要追求自动化生产，大规模生成，高效率及高质量生产的目标。

为了发展软件生产力及保证软件生产的质量，软件工程方法被广泛地研究并得到普遍的应用。软件工程方法一般化分为如下几个阶段：

- 软件要求。
- 软件说明。
- 程序设计。
- 测试。
- 维护。

保证软件正确性，能正确地写出软件说明（包括功能说明、系统说明、结构说明、测试说明等）是十分关键的。正确的软件说明是程序设计的正确性的重要保证。怎样才能正确地写出说明呢？形式语义学方法是其中的最重要的方法之一。

软件生产的发展并不会满足于写出正确的程序说明。为了提高软件生产力，最有效率的措施是

- 提高软件重复使用能力。
- 发展软件自动生成技术。

发展软件自动生成技术，必须向计算机说明“做什么”（What to do）的语义及“如

何做”(How to do)的语义。为了使计算机能够理解程序员说明的内容,形式语义说明方法是一个必由之路。提高软件重复使用能力,采用建立在类别代数理论基础之上的抽象数据类型形式方法(代数方法)是一个基本途径。形式语义学的重要性是不言而喻的。

正是由于对软件工程的研究,才使人们认识到程序设计必须从 Von Neumann 计算机中解放出来,从而提出研制新一代机的计划。也正是由于研制软件说明语言及软件自动生成,发现一阶谓词演算完全构造程序的困难性,使人们又重新认识数学并促进了构造数学的发展。而非 Von Neumann 计算机的研制及构造数学的发展,既大大丰富了计算机科学的研究内容,又促进了计算机与软件的发展。

研究形式语义学,将会大大提高我们对程序设计语言本质的理解。从某种意义上来说,它会使我们对软件的认识有一个本质性的飞跃。

为什么会出现这样四个语义学的研究领域?这主要是有如下的分成四派的程序计算模型,它们是

- 图灵机模型。
- 谓词演算模型。
- 递归函数论模型。
- 代数模型。

这些模型与计算机模型、程序设计语言有表 1.1 所示的关系。

表 1.1

	1	2	3	4
计算模型	图灵机模型	谓词演算模型	递归函数论模型	代数模型
硬件系统	Von Neumann 机器		组合逻辑计算机	
程序设计语言	状态语言 PASCAL,Ada 等	逻辑语言(如 PROLOG)	函数施用型语言(如 LISP)	类型程序设计语言

1.2 指称语义学

要想了解指称语义学,必须了解什么是指称。例如一个语法符号串 fxy,其中 f,x,y 都是语法符号,是我们需要了解语义的语言的句子单位。显然,仅从这个句子中我们是无法知道它的语义的。如果我们有如下的域(数学对象的域),一个域是函数域,我们记为[Nat. Nat→Nat];在这个函数域中,也有它的值或对象,例如 plus,mult,minus 等。另一个域是一个自然数的值域,即 Nat={0,1,2,…}。如果符号 f 的语义被记为〚f〛,如令〚f〛= plus:Nat,Nat→Nat,我们就说 plus 是 f 的指称。同样的道理,我们也可以注释语法符号 x,y 的自然数指称。

因此,指称语义是采用形式系统方法,用相应的数学对象(例如 set,function 等)

对一个即定形式语言的语义进行注释的学问。指称语义还可以被解释为:存在着两个域,一个是语法域,在语法域中定义了一个形式语言系统;另外一个是数学的域(或称之为已知语义的形式系统)。用一个语义解释函数,以语义域中的对象(值)来注释语法域中定义的语言对象的语义,即为指称语义。由于指称语义的理论支持是论域方程,在函数空间解这些论域方程需要不动点理论,于是也有人说:“指称语义就是不动点语义”。

指称语义的研究首先是由 D. Scott 及 C. Strachey 等开始的。

指称语义学的基础包括论域理论和 λ-演算,这些我们将在第 2 章中介绍。论域理论是在偏序集合上展开的,我们还将讨论完全偏序、函数单调性、函数连续性、泛函不动点等理论。将偏序关系限制在 Egli-milner 序及 smyth 序上进行讨论,从而引出了研究不确定性的幂域(powerdomains)理论。在本书的第 3 章,我们讨论程序设计语言的指称语义。在第 4 章,我们给出几个较大的程序设计语言的指称语义的例子。我们希望读者学完这些内容之后,能够学会读写指称语义及指称语义的证明技术。

1.3 代数语义学

代数语义学是另一种数学语义的注释方法。用代数方法对形式语言系统进行语义注释的语义学,便称之为代数语义学。例如,我们可以定义一个逻辑系统,当然这个逻辑系统也是一个语言系统,我们就可以用范畴论的抽象代数概念对这个语言进行语义注释。又例如,递归程序设计语言,我们可以用所谓的树文法描述递归程序设计语言程序的语法结构。研究这种程序结构在语义域 I 的注释下,其代数特性(如分配律、交换律、结合律、等价性、条件等价性等)的变化情况,也是一种代数语义学方法。再例如,程序结构框图就可以用所谓的图的重写(rewriting)系统(图范畴)进行注释其结构方面的语义。

根据代数语义学的发展状况,我们将在本书的第 5 章介绍代数语义学的基础,它们包括范畴论、图范畴、类别代数理论、抽象数据类型的说明与实现等内容。

对于函数型程序设计语言,也许读者已经知道 McCarthy 的 LISP 语言,这是一个纯表达式语言。而表达式则可以用一个执行树来描述,可以借助于递归函数论及代数语义学的知识来理解 LISP 语言。Buckus 在 1978 年的 Turing 奖演说中提出了 FP(functional programming)程序设计思想,即将一般的函数施用形式 $f(x)$(LISP 语言就是采用这种施用形式的),定义成一种新的施用形式,即 $F{:}\langle x\rangle$。例如一个表达式,采用 LISP 风格,则为

$$f(x,g(h(y),z))$$

其树结构如图 1.1 所示。

如果把图 1.1 树结构的叶子结点去掉,剩下的树不再有变量,如果用 F 来表示,将它施用三元组 $\langle x,y,z\rangle$ 之后与 $f(x,g(h(y),z))$ 有相同的计算结果。可见 $F{:}\langle x,y,$

$z\rangle$本质意义在于将函数进行无变量(无形式参数)的抽象,也巧,Curry 的组合逻辑(combinatory logic)可以解决这个问题,这就是组合逻辑被关注的原因。组合逻辑有可能成为下一代计算机的模型,我们将在第 7 章比较详细地介绍组合逻辑。

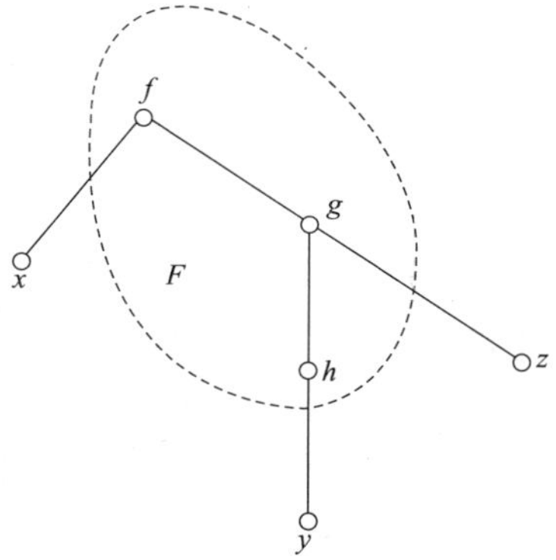

图 1.1

1.4 操作语义学

操作语义是用机器模型语言来解释语言语义的,一般说来它与编译程序有直接关系。在定义操作语义时,被采用的机器模型是 SECD 机器。Landin(1964 年)第一个在 SECD 机器上定义了 λ-表达式的操作语义,虽然现在看来这种定义方法并不那么美,也不如后来由 G. Plotkin 采用的归约系统方法清楚,但 Landin 的工作是有重大意义的。

操作语义学是所有语义学派别中最早出现的,在 20 世纪 80 年代后期又得到了新的发展。

操作语义学除定义"做什么"之外,主要是定义"怎么做",从这个意义上讲,属性文法属于操作语义学范畴。我们在本书中将介绍属性文法的基本概念,属性文法的分类,如何用属性文法进行编译程序设计及定义语言。

1.5 公理语义方法

公理语义方法是把程序设计语言视为一个数学对象,建立它的公理系统,从而使程序设计语言有坚实的逻辑基础。在这方面从事有意义工作的人不少,例如 Floyd, Z. Manna, Hoare, Dijkstra 等。

由于 Martin-Löf 的研究成果,使我们比较清楚地认识到,一阶谓词演算因其不完全显式性及不完全构造性,并不十分适合于计算机与程序设计语言。为根本性地解决软件问题,除 Buckus 所说从 Von Neumann 计算机中解放出来之外,Martin-Löf 又向我们说,应当创立更适合于计算机与程序设计语言的新数学。而 Martin-Löf 的类型论是构造数学的最新流派。不管别人怎么看待构造数学,而我们却认为从计算机科学的角度来说，构造数学派是应当受到欢迎的。计算机科学家对构造数学感兴趣的道理是完全可以理解的。

除此以外，模态逻辑、多值逻辑、非单调逻辑系统、线性逻辑的研究在 20 世纪 80 年代也十分活跃。

1.6 形式说明语言

最早用于程序设计的形式说明语言是 VDL(vienna definition language)，这个语言曾被用于定义 PL/1 的操作语义。随着软件工程的发展，形式说明语言也多了起来。例如，属性文法定义语言 ALADIN，为 Ada 语言的编译程序定义过语义的 VDM 的元语言，还有 ALPHARD 抽象数据类型的定义语言，以及将逻辑与函数组合在一起的 LCF 语言、AFFIRM 语言、SOL 语言、FUN 语言、OBJ2 语言、PL/CV3 语言等。在 20 世纪 90 年代产生的 Z 语言，也是一个被关注的形式说明语言。

由于篇幅及应用方面的原因，在本书中只向读者较详细地介绍 VDM 的元语言。

第 2 章　指称语义学基础

在这一章，我们将向读者介绍指称语义学所用到的数学基础，主要内容包括两部分：

- 指称语义的论域（不动点理论）。
- λ-注释及 λ-演算。

2.1　论域问题引子

一个程序可以看成一个部分函数，例如一个函数 f，它的对应程序为 P_f。如果 P_f 对于每一个输入都可以计算终止，那么称 f 是全函数。如果不是对于每一个输入都计算终止则称之为部分函数，即函数 f 在一些输入上无定义。一个函数的论域有它的定义域与值域。

下面，我们首先给出两个小例子。

例 2.1　有如图 2.1 所示的有限时序机，试编制一个程序实现该有限时序机的功能。

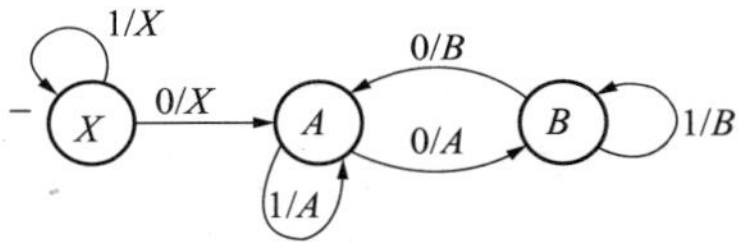

图 2.1

有人做出的程序是下面的样子：

```
begin
    STATE: = 'X';
    "read an input symbol";
    while input-symbol ≠ '#' do
      if input-symbol = 1
    then print(STATE)
    else if STATE = 'X' then STATE: = A else
        if STATE = 'A' then STATE: = B else
        if STATE = 'B' then STATE: = A else
          skip fi fi fi;
          print(STATE) fi;
        "read an input symbol"
    od
end
```

我们且不论这个程序的优劣好坏，其程序最主要的问题是对论域考虑欠正确。这个程序的编者主观上认定输入域是{0,1,#}(他/她还考虑了停机符)。他认为，在{0,1}域中非0则1，非1则0。在程序中使用判定结构$\underline{\text{if}}$ input-symbol=1 $\underline{\text{then}}$ S_1 $\underline{\text{else}}$ S_2 $\underline{\text{fi}}$，对于input-symbol=1时没有什么问题，但对于input-symbol≠1时，由于设计者头脑中认为非1则0，于是做了input-symbol=0的操作。但是，将这样的程序用于实际，在实际中并不是非1则0，还可以输入其他字符，如$a,b,2,3,\cdots,\%$等。这就意味着一旦程序输入非0非1字符时，也会去做input-symbol=0时的操作，于是出现了与题意要求不相符的情况。显然，一个正确的程序设计必须给出在输入不是集合{0,1,#}中的一个元素时，应指出是"无定义"(UNDEFINED)的错误处理。我们说上面的程序其论域做大了，这种类似的问题在程序中会经常出现。它也告诉我们，在逻辑上进行"求补"运算时，应十分小心。

例2.2 有如下定义的函数，显然它是递归定义的。

$$F(x)=\underline{\text{if}}\ p(x)\ \underline{\text{then}}\ h(x)$$
$$\underline{\text{else}}\ G(F(x+a))$$

如果要求给出$F(x)$的唯一意义的语义解释，就如同解代数方程那样，将它的解(以后我们称之为不动点)作为它的语义解释。要想求出其解，对于此题，我们希望在其计算过程中，总可以计算到一个时刻，$F(x)$不再依赖于$F(x+a)$。下面我们从$F(x+a)$开始做第一次计算，即

$$F(x+a)=\underline{\text{if}}\ p(x+a)\ \underline{\text{then}}\ h(x+a)$$
$$\underline{\text{else}}\ G(F(x+2a))$$

这次计算之后，看$p(x+a)$是否为真，如果是假，那么$F(x+a)$实为$G(F(x+2a))$，于是仍然需要计算下去，有

$$F(x+2a)=\underline{\text{if}}\ p(x+2a)\ \underline{\text{then}}\ h(x+2a)$$
$$\underline{\text{else}}\ G(F(x+3a))$$

再做上面的分析，这种计算一直到

$$F(x+na)=\underline{\text{if}}\ p(x+na)\ \underline{\text{then}}\ h(x+na)$$
$$\underline{\text{else}}\ G(F(x+(n+1)a))$$

使得$p(x+na)$为真，那么$F(x+na)$将为$h(x+na)$，而不再依赖于$G(F(x+(n+1)a))$，于是递归计算终止。然后再将最后的计算结果反代回去，便可以得到一个函数，起名为

$$f(x)=\underline{\text{if}}\ p(x)\ \underline{\text{then}}\ h(x)\ \underline{\text{else}}\ G^n(h(x+na))$$

该函数为所需要的解。

从这个例子我们可以看到，这种递归方程在开始计算时，F显然是无定义的，随着计算一次，这种信息可能就增加一点，如想有解，从信息角度而言，一直要到计算中的递归定义消失，F的意义才完全被确定下来。这种计算序列从信息角度而言，显然应是单调积累的，并且是有极限的。如果在这种计算序列中，信息积累的增加、减少趋势不能预见，不能确定，或者虽然是单调积累但不能使$p(x)$的值最终发生值的变化，即不是有限逼近。

一般说来,设有一个函数变量 F,并有关系 $F=\tau[F]$,利用递归计算的方法,可以得到如下的一个计算序列:

$$F\to\tau[F]\to\tau^2[F]\to\cdots\tau^i[F]\to\cdots$$

从定义 $F=\tau[F]$ 看出,F 的意义还必须依赖于 F 本身,那么此时 F 是无定义的。在计算 $F=\tau^2[F]$ 时,如 F 意义还必须依赖于 F 本身,那么此时 F 仍是无定义的,一直到出现 F 的定义不再依赖于 F(如果可能的话),那么 F 的意义才被确定下来。如果 F 的意义假设用{true,false}其中一个来表征,会有如下的序列:

$$\bot,\bot,\bot,\cdots,\bot,\text{true}$$

这正是我们在后面研究偏序关系时,为什么要定义成

$$x\sqsubseteq y=_{\text{def}}x=\bot\ \underline{\text{or}}\ x=y$$

的通俗解释。

我们研究的域可以是数据域、字符域、真值域、函数域及表域等。所有这些域中,函数域(或称之为函数空间)是情形最为复杂的域。这种复杂性主要表现在递归函数的定义上。

读者在生活中可以举出不少这样的递归定义的例子。

在指称语义的定义中,有如下的语义解释函数:

$$\mathscr{E}:\underline{\text{Exp}}\to U\to S\to E$$

$$\mathscr{C}:\text{Cmd}\to U\to S\to S$$

对于常见的语句<u>While</u> exp <u>do</u> *s* <u>od</u>,可以有如下的递归定义:

$$\begin{aligned}&\mathscr{C}[\![\underline{\text{while}}\ \text{exp}\ \underline{\text{do}}\ s\ \underline{\text{od}}]\!]\rho\\&\quad=\lambda\sigma.(\underline{\text{if}}\ \mathscr{E}[\![\text{exp}]\!]\rho\sigma\ \underline{\text{then}}\\&\qquad\mathscr{C}[\![\underline{\text{while}}\ \text{exp}\ \underline{\text{do}}\ s\ \underline{\text{od}}]\!]\rho(\mathscr{C}[\![s]\!]\rho\sigma)\\&\qquad\underline{\text{else}}\ \sigma)\end{aligned}$$

此时,也表示需要求不动点。

读者即使看不懂上面的语义解释也没有关系,后面还将详细介绍。

2.2 域的构造

我们可以用 BNF 定义如下的域表达式:

〈域表达式〉∷=〈原始域〉|
〈域表达式〉×〈域表达式〉|
〈域表达式〉+〈域表达式〉|
〈域表达式〉→〈域表达式〉|
〈域表达式〉^{n}|
〈域表达式〉*|
(〈域表达式〉)|
$\mathscr{P}$[〈域表达式〉]

下面，我们对它进行语义解释，原始域是由有限集及可枚举集组成的，例如{true, false}，{…，−1，0，1，2，…}。另外，我们还将给这些域一个特殊的值⊥（表示 UNDEFINED，或称之为"底"的值(bottom)），它表示信息完全不确定。

非原始域可以在有限步内构造出来。

如果 D, D_1, D_2 表示任意域，那么下面也是域：

(1) $D_1 \times D_2$ (product domain)。它表示产生的域是序对域，即 $\{(x,y) \mid x \in D_1, y \in D_2\}$。

(2) $D_1 + D_2$ (sum domain)。它表示 $D_1 + D_2$ 中的一元素要么是 D_1 中的元素，要么是 D_2 中的一个元素。

(3) $D_1 \rightarrow D_2$ (function domain)。它表示该域中元素都是从 D_1 到 D_2 的连续函数所组成的。

(4) $D^n = \underbrace{D \times D \times \cdots \times D}_{n个}$（长度为 n 的表域）。

(5) $D^* = D^0 + D^1 + D^2 + \cdots$（无穷表）。

(6) $\mathscr{P}[D]$ 表示幂域(powerdomain)。

有了上述的域表达式，就可以构成域方程，例如

$$R = S \rightarrow \mathscr{P}[S + (S \times R)]$$

就是一个域方程。许多域方程是可以求解的。例如正则表达式构成的域方程就有著名的 Arden 定理帮助我们去解。Arden 定理表明：假定 $\varepsilon \notin S$，并且 R, S, T 都是在 Σ 上的正则表示，那么

$$R = SR + T \text{ iff } R = S^*T$$

或

$$R = RS + T \text{ iff } R = TS^*$$

用它便可以解如下的一个域方程

$$\begin{cases} X_1 = \sigma X_1 + \tau X_2 & (1) \\ X_2 = (\sigma + \tau) X_2 + \varepsilon & (2) \end{cases}$$

利用 Arden 定理，从式(2)中可以得到

$$X_2 = (\sigma + \tau)^* \varepsilon$$

将它代入式(1)得

$$X_1 = \sigma X_1 + \tau(\sigma + \tau)^* \varepsilon$$

再对此式用 Arden 定理，则有

$$X_1 = \sigma^* \tau(\sigma + \tau)^* \varepsilon$$

但不是所有的域方程都有解(不动点)。如果域表达式中存在有函数域，这时实际上就是要解泛函方程。这正是本书下面要谈到的内容。

为什么我们要在域中引入无定义值⊥呢？这是由于：如果函数 $f:(D_1)^n \rightarrow D_2$ 是部分函数，将⊥增加到论域中之后，使得 f 对于某个 $\bar{x}_0$ 无定义，那么现在可以有 $f(\bar{x}_0) = \perp$，并且考虑到 $f(\perp) = \perp$ 之后，那么原来的部分函数在给 D_1 增加了⊥（以后

我们用 $D^{\perp}$ 表示 $D\cup\{\perp\}$)的 $(D_{\perp}^{+})^{n}$ 上则为一个全函数。请读者特别注意这一点。

2.3 偏序与完全偏序

集合的偏序关系在一般集合论中是如下定义的，偏序关系符号如用$\sqsubseteq$来表示，$(D,\sqsubseteq)$表示一个偏序集合，其$\sqsubseteq$关系必须满足如下的性质：

(1) $\forall a[a\sqsubseteq a]$

(2) $\forall a\forall b[a\sqsubseteq b \text{ and } b\sqsubseteq a\Rightarrow a=b]$

(3) $\forall a\forall b\forall c[a\sqsubseteq b \text{ and } b\sqsubseteq c\Rightarrow a\sqsubseteq c]$

其中 $a,b,c\in D$。例如我们知道"小于等于"关系"$\leqslant$"，以及集合的包含关系"$\subseteq$"都是满足上述条件的，所以它们都是偏序关系。此时，我们可以写成

$$\sqsubseteq =_{\text{def}} \leqslant$$

及

$$\sqsubseteq =_{\text{def}} \subseteq$$

前面我们已经讲过，在论域中需要引入"无定义值$\perp$"，它可以出现在定义域中，也可以出现在值域中。这样我们常把一个域 D 进行扩充，即记为 $D^{\perp}$，$D^{\perp}=D\cup\{\perp\}$。读者也许会看到有的文章中，其作者除使用$\perp$(bottom)之外，还喜欢使用一个叫做"顶"(top)的值$\top$。其中$\perp$仍是无定义值，而$\top$则是包含了全部信息。这对于我们讨论不确定性时似乎有用，但也不是没有它就不能讨论。所以本书在讨论中，将不使用"顶"值概念。

定义 2.1 定义在域 $D^{\perp}$ 上的偏序关系为

$$x\sqsubseteq y=_{\text{def}}x=\perp \ \underline{\text{or}}\ x=y,(x,y\in D^{\perp})$$

其中$\perp$表示空信息，它是 $D^{\perp}$ 中的最小元素。$x\sqsubseteq y$ 表示 x 所含有的信息在 y 所含有的信息之中。应特别注意域 D 中的不同元素，它们一般是与$\sqsubseteq$无关的，即假定 a,b 是 D 中的两个元素，一般说来，它们既没有 $a\sqsubseteq b$ 的关系，也没有 $b\sqsubseteq a$ 的关系。这种定义本身就说明我们关心的是"定义"与"无定义"，而不在于已有定义，它们是什么具体的值。如 $x=2$，或 $x=3$，对于所研究的偏序关系是不关心的，它们都是有定义的。

例 2.3 设有真值集合 $B=\{\text{true},\text{false}\}$，则 $B^{\perp}=\{\text{true},\text{false},\perp\}$，在 $B^{\perp}$ 上偏序的有

$$\perp\sqsubseteq\perp,\perp\sqsubseteq\text{true},\perp\sqsubseteq\text{false},\text{true}\sqsubseteq\text{true}$$
$$\text{false}\sqsubseteq\text{false}$$

如果画一个图表示，则为图 2.2。

例 2.4 设有自然数集合 $N=\{0,1,2,\cdots\}$，则 $N^{\perp}=\{\perp,0,1,2,\cdots\}$，在 $N^{\perp}$ 的偏序关系如图 2.3 所示。

除图 2.3 中表示的偏序关系之外，还要包括对于所有 $x\in N^{\perp}$，都有 $x\sqsubseteq x$。

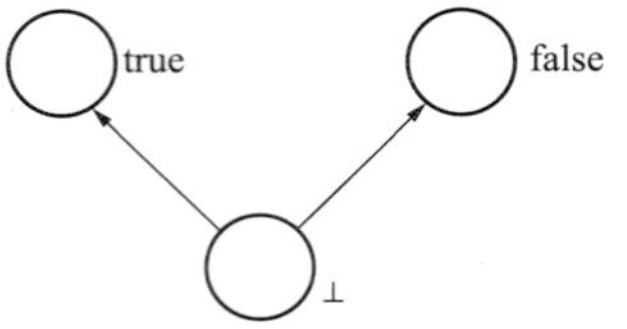

图 2.2

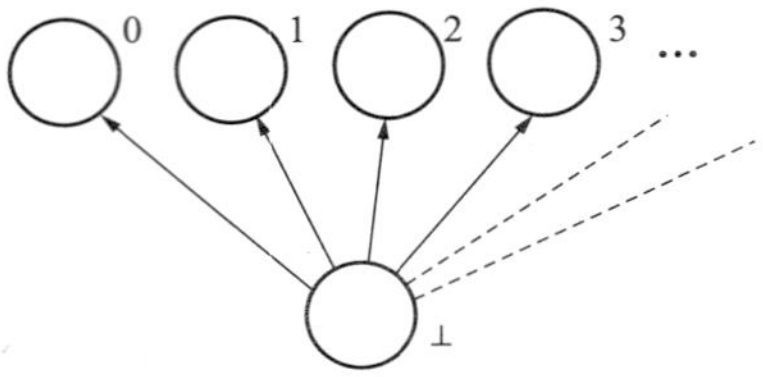

图 2.3

定义 2.2　假设有两个 n 元组$\langle a_1,\cdots,a_n\rangle$与$\langle b_1,\cdots,b_n\rangle$，它们的偏序关系定义为

$$\langle a_1,\cdots,a_n\rangle \sqsubseteq \langle b_1,\cdots,b_n\rangle \text{ iff } a_i \sqsubseteq b_i, 1\leqslant i\leqslant n$$

例 2.5　如果有 $D=\{a,b\}$，那么 $D^{\perp}=\{a,b,\perp\}$，对于 $D^{\perp}\times D^{\perp}$ 则有$\{\langle\perp,\perp\rangle,\langle\perp,a\rangle,\langle a,\perp\rangle,\langle\perp,b\rangle,\langle b,\perp\rangle,\langle a,b\rangle,\langle b,a\rangle,\langle a,a\rangle,\langle b,b\rangle\}$，那么在其上，我们可以看到图 2.4 所示的偏序关系。

从这个例子中，我们可以看到一种偏序链的关系，例如从图 2.4 中取出一个链(图 2.5)。显然，下面一个链即为图 2.5 所示的情况：

$$\langle\perp,\perp\rangle\sqsubseteq\langle\perp,\perp\rangle\sqsubseteq\cdots\sqsubseteq\langle b,\perp\rangle\sqsubseteq\langle b,\perp\rangle\sqsubseteq\cdots\sqsubseteq\langle b,b\rangle\sqsubseteq\langle b,b\rangle$$

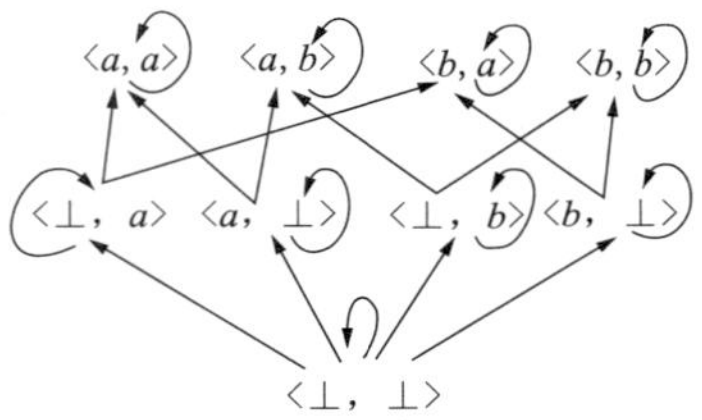

图 2.4

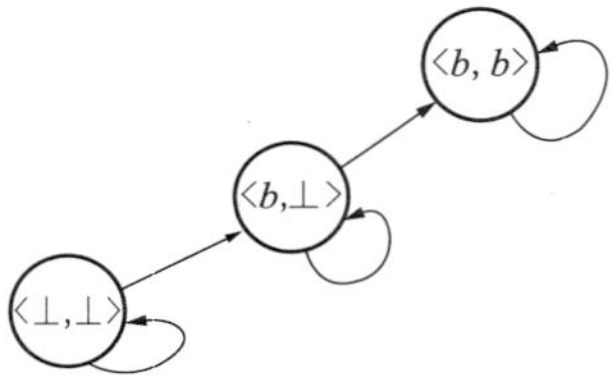

图 2.5

定义 2.3　设 $Q_0,Q_1,\cdots,Q_i,\cdots$ 是域$(D,\sqsubseteq)$的一个序列，如果 $Q_0\sqsubseteq Q_1\sqsubseteq\cdots\sqsubseteq Q_i\sqsubseteq\cdots$，那么称 $Q_0,Q_1,\cdots,Q_i,\cdots$ 为$(D,\sqsubseteq)$上的一个链，并简写成$\{Q_i\}$。

显然，对于例 2.3 的域，如要拉出一个链来，一般只可能是

$$\perp\sqsubseteq\perp\sqsubseteq\cdots\sqsubseteq\perp\sqsubseteq \text{true}\sqsubseteq \text{true}\sqsubseteq\cdots$$

或

$$\perp\sqsubseteq\perp\sqsubseteq\cdots\sqsubseteq\perp\sqsubseteq \text{false}\sqsubseteq \text{false}\sqsubseteq\cdots$$

显然在这个链中我们感兴趣的是，什么时候在这个链上已经有了一个确定的有定义值。可以看出，在有一个确定定义值之前，这个链上的值均为$\perp$(或在多元组上至少有一个$\perp$)，因此我们也称这个链为$\perp$-链。

定义 2.4　对于链$\{Q_i\}$，如存在一个 $\theta\in D$，并且对于每一个 $i\geqslant 0$ 都有 $Q_i\sqsubseteq\theta$，那么称 θ 为$\{Q_i\}$的上界(upper bound)。

定义 2.5　设 θ,ω 都是$\{Q_i\}$的上界，如果对于每一个 ω 都有 $\theta\sqsubseteq\omega$，那么称 θ 是$\{Q_i\}$的最小上界(least upper bound，简写 LUB)。

定义 2.6　任一偏序集合 D，如果 D 中的任一链$\{Q_i\}$都有最小上界(LUB)，记为$\sqcup$

Q_i 并有最小元素，则称 D 是 CPO(complete partial order)，即完全偏序的。

下面，我们给出关于 CPO 的定理。

定理 2.1 设 P,Q 是 CPO，那么 $P\times Q$ 及 $P+Q$ 也是 CPO。

定理 2.2 设 P 是 CPO，X 是可枚举集，那么 $X\to P$ 是 CPO。

定义 2.7 设有一个集合 $Q(D,\sqsubseteq)$，若满足 $x\sqsubseteq y\sqsubseteq z\Rightarrow x=y$ <u>or</u> $y=z$，其中 $x,y,z\in D$，则称 $Q(D,\sqsubseteq)$ 为离散序(discrete order)或平坦序(flat order)。

定理 2.3 以离散序为偏序的集合是 CPO。

在本章的讨论中，均以平坦序为基础。

2.4 单调函数与连续函数

在这一节，我们讨论函数的单调性与连续性。

定义 2.8 设 n 元函数 $f:(D_1^{\perp})^n\to(D_2^{\perp})$，如果对于所有 $\overline{x},\overline{y}\in(D_1^{\perp})^n$ 有 $\overline{x}\sqsubseteq\overline{y}$，并且

$$f(\overline{x})\sqsubseteq f(\overline{y})$$

则称 f 是单调的。显然任何零元函数都是单调的。

对于单调函数可以有如下两个定理。

定理 2.4 如果 f 是一元函数，即 $f:D_1^{\perp}\to D_2^{\perp}$，当且仅当

$$f(\perp)=\perp$$

或

$$f(a)=c，对于所有的\ a\in D_1^{\perp}$$

那么 f 是单调的。

定理 2.5 如果 f 是 $n\geqslant 2$ 元函数，即 $(D_1^{\perp})^n\to D_2^{\perp}$，如果 f 是单调的，那么有

$$f(\perp,\cdots,\perp)=\perp$$

或

$$f(a_1,\cdots,a_n)=c，对于所有\langle a_1,\cdots,a_n\rangle\in(D_1^{\perp})^n$$

例如对于三元函数 f，如果 f 是单调的，那么有

$$(\perp,\perp,\perp)\sqsubseteq(a_1,\perp,a_3)$$

可以推出

$$f(\perp,\perp,\perp)\sqsubseteq f(a_1,\perp,a_3)$$

根据偏序定义，如果假定 $f(a_1,\perp,a_3)=\perp$，显然 $f(\perp,\perp,\perp)=\perp$，如果 $f(a_1,\perp,a_3)\neq\perp$，那么 $f(\perp,\perp,\perp)$ 要么为$\perp$，要么 $f(\perp,\perp,\perp)=f(a_1,\perp,a_3)$。

定义 2.9 一个 $n\geqslant 1$ 元的函数 $f:(D_1^{\perp})^n\to D_2^{\perp}$，如果至少有一个 $a_i(1\leqslant i\leqslant n)$ 是$\perp$时，$f(a_1,\cdots,a_n)=\perp$，则称 f 为自然延伸函数。

定理 2.6 每一个自然延伸函数都是单调函数。

下面我们给出一个简单的证明。假设 $f(x_1,\cdots,x_n)$ 是自然延伸而不是单调的。因为 f 不是单调的，则必然存在着 n 元向量$\langle a_1,\cdots,a_n\rangle$使得在$\langle a_1,\cdots,a_n\rangle\sqsubseteq\langle b_1,\cdots,$

$b_n\rangle$时 $f(a_1,\cdots,a_n)\not\sqsubseteq f(b_1,\cdots,b_n)$。也就是说由$\langle a_1,\cdots,a_n\rangle\sqsubset\langle b_1,\cdots,b_n\rangle$，一定可以找到某个 $i_0(1\leqslant i_0\leqslant n)$使得 $a_{i_0}\sqsubset b_{i_0}$，因此 a_{i_0} 必然$\perp$。因为 f 是自然延伸的，所以 $f(a_1,\cdots,a_n)=\perp$，因此 $f(a_1,\cdots,a_n)\sqsubseteq f(b_1,\cdots,b_n)$而不管 $f(b_1,\cdots,b_n)$是什么值。因此，得出与假设条件 $f(a_1,\cdots,a_n)\not\sqsubseteq f(b_1,\cdots,b_n)$是相矛盾的。

下面，我们举两个例子。

例 2.6 设有两个等词，一个叫强等词"$\equiv$"：$D^\perp\times D^\perp\to\{\text{true},\text{false},\perp\}$；另一个叫弱等词"$=$"：$D^\perp\times D^\perp\to\{\text{true},\text{false},\perp\}$。

对于强等词来说有

$\perp\equiv\perp$ is true　$\perp\equiv d$ is false

$d\equiv\perp$ is false　$d\equiv d$ is true

$d'\equiv d$ is false，如果 $d',d\in D$ 并且 d'不同于 d

对于弱等词而言有

$\perp=\perp$ is $\perp$　$\perp=d$ is $\perp$

$d=\perp$ is $\perp$　$d=d$ is true

$d'=d$ is false，如果 $d',d\in D$ 并且 d'不同于 d

显然，强等词是非单调的(读者不妨去试一下)，而弱等词是单调的，因为它是自然延伸函数。

例 2.7 有如下两个函数：

$f(x)$：$\underline{\text{if}}$ $x\equiv\perp$ $\underline{\text{then}}$ 0 $\underline{\text{else}}$ 1

是非单调的，而

$g(x)$：$\underline{\text{if}}$ $x=\perp$ $\underline{\text{then}}$ 0 $\underline{\text{else}}$ 1

是单调的。

例 2.8 设条件函数 $\underline{\text{if}}$-$\underline{\text{then}}$-$\underline{\text{else}}$ 函数是$\{\text{true},\text{false}\}^\perp\times D^\perp\times D^\perp\to D^\perp$，并有

$$\underline{\text{if}}\ x\ \underline{\text{then}}\ a\ \underline{\text{else}}\ b=\begin{cases}a & x=\text{true}\\ b & x=\text{false}\\ \perp & x=\perp\end{cases}$$

这个函数不是自然延伸函数，显然当$\underline{\text{if}}$-$\underline{\text{then}}$-$\underline{\text{else}}$ 函数的自变量向量为$\langle\text{true},a,\perp\rangle$时，

$\underline{\text{if}}$ true $\underline{\text{then}}$ a $\underline{\text{else}}$ $\perp=a$

与自然延伸函数的定义不符。但这个函数是单调的，读者不妨去验证一下。

定理 2.7 设有函数 $f:(D_1^\perp)^n\to D_2^\perp$，$g:D_2^\perp\to D_3^\perp$。$f$ 及 g 的复合函数 $g(f(\overline{x}))$是$(D_1^\perp)^n\to D_3^\perp$ 的映射。如果 f,g 是单调函数，那么它们的复合函数也是单调函数。

定理 2.8 考虑两个函数 f_1 及 f_2：

$f_1(\overline{x})$：$g(\underline{\text{if}}\ p(\overline{x})\ \underline{\text{then}}\ h_1(\overline{x})\ \underline{\text{else}}\ h_2(\overline{x}))$

$f_2(\overline{x})$：$\underline{\text{if}}\ p(\overline{x})\ \underline{\text{then}}\ g(h_1(\overline{x}))\ \underline{\text{else}}\ g(h_2(\overline{x}))$

如果其中的 p,g,h_1 及 h_2 是单调函数，那么 f_1 及 f_2 也是单调函数，并有如下的两个重要性质：

(1) $f_2(\overline{x})\sqsubseteq f_1(\overline{x})$，对于所有 $\overline{x}\in(D_1^\perp)^n$。

(2) 如果 $g(\perp)=\perp$，那么 $f_2(\bar{x})=f_1(\bar{x})$，对于任意 $\bar{x}\in(D_1^{\perp})^n$。

下面我们对该定理做一些解释，对于 $f_1(\bar{x})$，$f_2(\bar{x})$分别可以改写成

$$f_1(\bar{x})=\begin{cases}g(h_1(\bar{x})) & p(\bar{x})=\text{true}\\ g(h_2(\bar{x})) & p(\bar{x})=\text{false}\\ g(\perp) & p(\bar{x})=\perp\end{cases}$$

$$f_2(\bar{x})=\begin{cases}g(h_1(\bar{x})) & p(\bar{x})=\text{true}\\ g(h_2(\bar{x})) & p(\bar{x})=\text{false}\\ \perp & p(\bar{x})=\perp\end{cases}$$

那么在 p,g,h_1 及 h_2 的单调的条件下，$f_1(\bar{x})$及 $f_2(\bar{x})$的单调性容易理解。读者不妨去证明一下。上面两个主要性质也很显然。

下面我们讨论函数的连续性。

定义 2.10 若对于 $D_1^{\perp}$ 中的任一链$\{Q_i\}$有

$$f(\sqcup Q_i)=\sqcup f(Q_i),\ f:D_1^{\perp}\to D_2^{\perp}$$

那么称函数 f 是连续的。这个定义是说，$D_1^{\perp}$，$D_2^{\perp}$ 是两个 CPO，链$\{Q_i\}$的上界的函数值等于链$\{f(Q_i)\}$的上界。

定理 2.9 若函数 f 在域 $D^{\perp}$ 上是连续的，那么 f 在 $D^{\perp}$ 上也是单调的。

定理 2.10 函数 $f:(D_1^{\perp})^n\to D_2^{\perp}$，$g:D_2^{\perp}\to D_3^{\perp}$ 是连续的，那么复合函数$g(f(\bar{x}))$：$(D_1^{\perp})^n\to D_3^{\perp}$ 也是连续的。

2.5 连续泛函

下面，在我们讨论的论域函数空间中全部是函数。以后我们将用$(D_1^{\perp})^n \xrightarrow[M]{} D_2^{\perp}$表示所有单调函数的空间，用$(D_1^{\perp})^n \xrightarrow[C]{} D_2^{\perp}$ 表示所有连续函数的空间。而所谓泛函 τ 是将$(D_1^{\perp})^n \xrightarrow[M]{} D_2^{\perp}$ 中的每一个函数映射到$(D_1^{\perp})^n \xrightarrow[M]{} D_2^{\perp}$ 中相应的一个函数上去。

首先说明一下函数域中的偏序关系，函数链以及最小上界等概念。

设 $f,g\in(D_1^{\perp})^n \xrightarrow[M]{} D_2^{\perp}$，如果对于所有的 $\bar{x}\in(D_1^{\perp})^n$ 均有 $f(\bar{x})\sqsubseteq g(\bar{x})$，那么 $f\sqsubseteq g$。显然 $f\equiv g$ iff $f\sqsubseteq g$ 及 $g\sqsubseteq f$。

令 $f_0,f_1,f_2,\cdots$为$(D_1^{\perp})^n \xrightarrow[M]{} D_2^{\perp}$ 中的函数序列，如果 $f_0\sqsubseteq f_1\sqsubseteq f_2\sqsubseteq\cdots$，则称此为一个链，记为$\{f_i\}$。如果有一个函数 $f\in(D_1^{\perp})^n \xrightarrow[M]{} D_2^{\perp}$，并且 $\forall i\geqslant 0$，有 $f_i\sqsubseteq f$，那么则称 f 是$\{f_i\}$的一个上界。如果 f 与 g 均为$\{f_i\}$的上界，并对于任一个 g，都有 $f\sqsubseteq g$，则称 f 为$\{f_i\}$的最小上界(LUB)。

对于函数链$\{f_i\}$有如下的定理。

定理 2.11 每一个函数链$\{f_i\}$都有一个最小界。

【证明】设 $\bar{a}$ 是域$(D_1^{\perp})^n$ 中的任意元素，并考虑如下序列：

$f_0(\bar{a}), f_1(\bar{a}), \cdots$

因为$\{f_i\}$是一个链，仅存在着两个可能性，要么 $f_i(\bar{a})=\perp(i\geqslant 0)$，要么存在着某个 $i_0>0$及某个元素 $b\in D_2$，使得 $f_i(\bar{a})=\perp$（对于所有的 $i<i_0$）及 $f_i(\bar{a})=b$（对于所有 $i\geqslant i_0$）。进一步，我们可以定义一个非歧义函数 f，对于每一个 $\bar{a}\in(D_1^{\perp})^n$，在第一种情况下，$f(\bar{a})=\perp$；在第二种情况下，$f(\bar{a})=b$。

下面我们将要证明 $f\in(D_1^{\perp})^n \xrightarrow[M]{} D_2^{\perp}$，并证明 f 是$\{f_i\}$的 LUB。

第一步　证明 f 是$\{f_i\}(i\geqslant 0)$的一个上界。考虑任意 $\bar{a}\in(D_1^{\perp})^n$。区别两种可能性：如果 $f_i(\bar{a})=\perp$，那么 $f_i(\bar{a})\sqsubseteq f(\bar{a})$；否则 $f_i(\bar{a})=b(b\in D_2)$，并且 $f_i(\bar{a})=f(\bar{a})$，那么对于所有的 $i\geqslant 0, f_i=f$。

第二步　f 是$\{f_i\}$是 LUB。假设 g 是$\{f_i\}$的任意上界，也就是说 $f_i\sqsubseteq g(i\geqslant 0)$。现在考虑任意 $\bar{a}\in(D_1^{\perp})^n$。有两种情况：一种情况是 $f(\bar{a})=\perp$，那么 $f(\bar{a})\sqsubseteq g(\bar{a})$；否则 $f(\bar{a})\neq\perp$，并且 $f(\bar{a})=f_{i_0}(\bar{a})$，那么因为 $f_{i_0}\sqsubseteq g$，将导致 $f(\bar{a})\sqsubseteq g(\bar{a})$或 $f\sqsubseteq g$。

定义 2.11　对于所有的 $f,g\in(D_1^{\perp})^n \xrightarrow[M]{} D_2^{\perp}$。

(1) 如果 $f\sqsubseteq g$，即意味着 $\tau[f]\sqsubseteq\tau[g]$，那么就说 τ 在

$(D_1^{\perp})^n \xrightarrow[M]{} D_2^{\perp}$

上是单调的。

(2) 如果对于任意函数链$\{f_i\}$都有

$\tau[\sqcup\{f_i\}]=\sqcup\{\tau[f_i]\}$

那么就说泛函 τ 在域$(D_1^{\perp})^n \xrightarrow[M]{} D_2^{\perp}$ 是连续的。注意，$\{f_i\}$是链，即有 $f_0\sqsubseteq f_1\sqsubseteq\cdots$，因为 τ 是单调的，所以有 $\tau[f_0]\sqsubseteq\tau[f_1]\sqsubseteq\cdots$也是链。

定理 2.12(连续泛函)　单调函数和函数变量 F 的复合所定义的任意泛函 τ 是连续的。

【证明】如果 τ 是等式泛函及常量泛函，那么 τ 的连续性可以从下面的例 2.9 和例 2.10 中看到。

下面，我们将分两种情况证明。

情况 1　令 $\tau[F]$是 $f(\tau_1[F],\cdots,\tau_n[F])$，其中 f 是单调函数，我们将必须向读者证明如果 $\tau_1,\cdots,\tau_n$ 是连续的，那么 τ 也是连续的（这实际上是一种从里向外的归纳证明方法）。

首先证明 τ 是单调泛函。如果令 $g\sqsubseteq h$，那么根据泛函 $\tau_1,\cdots,\tau_n$ 的单调性，我们可以推出 $\tau_i[g]\sqsubseteq\tau_i[h](1\leqslant i\leqslant n)$。由于 f 的单调性，可以得到 $f(\tau_1[g],\cdots,\tau_n[g])\sqsubseteq f(\tau_1[h],\cdots,\tau_n[h])$，从而证明 $\tau[g]\sqsubseteq\tau[h]$。因此 τ 是单调泛函。

下面，再来证明连续性，即证明 $\tau[\sqcup\{f_i\}]=\sqcup\{\tau[f_i]\}$（对于任意链$\{f_i\}$）。因为对于任意 $i\geqslant 0$，有 $f_i\sqsubseteq\sqcup\{f_i\}$，根据 τ 的单调性，可以得到 $\tau[f_i]\sqsubseteq\tau[\sqcup\{f_i\}]$，并进一步推出，$\sqcup\{\tau[f_i]\}\sqsubseteq\tau[\sqcup\{f_i\}]$。

为了证明 $\tau[\sqcup\{f_i\}]=\sqcup\{\tau[f_i]\}$，我们就必须从相反的方向证明 $\tau[\sqcup\{f_i\}]\sqsubseteq\sqcup\{\tau$

$[f_i]\}$。对于任意 $\bar{x}_0 \in (D_1^{\perp})^n$，根据 τ 的定义有

$$\tau[\sqcup\{f_i\}](\bar{x}_0) = f(\tau_1[\sqcup\{f_i\}](\bar{x}_0), \cdots, \tau_n[\sqcup\{f_i\}](\bar{x}_0))$$
$$= f(\sqcup\{\tau_1[f_i]\}(\bar{x}_0), \cdots, \sqcup\{\tau_n[f_i]\}(\bar{x}_0))$$

从定理 2.11 的证明中可以看到，每一个函数链都存在着一个自然数 $i_j(1\leqslant j\leqslant n)$，对于每一个 $k\geqslant i_j$ 有

$$\sqcup\{\tau_j[f_i]\}(\bar{x}_0) = \tau_j[f_k](\bar{x}_0)$$

令 i_0 是 $i_1, i_2, \cdots, i_n$ 中最大的一个，对于每一个 i，$1\leqslant j\leqslant n$，有

$$\sqcup\{\tau_j[f_i]\}(\bar{x}_0) = \tau_j[f_{i_0}](\bar{x}_0)$$

所以有

$$f(\sqcup\{\tau_1[f_i]\}(\bar{x}_0), \cdots, \sqcup\{\tau_n[f_i]\}(\bar{x}_0))$$
$$= f(\tau_1[f_{i_0}](\bar{x}_0), \cdots, \tau_n[f_{i_0}](\bar{x}_0))$$
$$= f(\tau_1[f_{i_0}], \cdots, \tau_n[f_{i_0}])(\bar{x}_0)$$
$$= \tau[f_{i_0}](\bar{x}_0) \sqsubseteq \sqcup\{\tau[f_i]\}(\bar{x}_0)$$

因此，对于任意 $\bar{x}_0 \in (D_1^{\perp})^n$ 有

$$\tau[\sqcup\{f_i\}] \sqsubseteq \sqcup\{\tau[f_i]\}$$

情况 2 令 $\tau[F]$是 $F(\tau_1[F], \cdots, \tau_n[F])$。同样我们必须证明如果 $\tau_1, \cdots, \tau_n$ 是连续泛函，那么 τ 也是连续泛函。其证明类似情况 1，但必须要使用 f_i 的单调性及$\sqcup\{f_i\}\sqsubseteq f$。

下面，我们举几个例子。

例 2.9 等式泛函 $\tau[F]$: F 是一个从$(D_1^{\perp})^n \xrightarrow[M]{} D_2^{\perp}$ 中的一个函数 f 映射到它自身的泛函。显然 τ 是单调的，因为 $f\sqsubseteq g$，即意味着 $\tau[f]=f\sqsubseteq g=\tau[g]$。它也是连续的，因为 $\tau[\sqcup\{f_i\}]=\sqcup\{f_i\}=\sqcup\{\tau[f_i]\}$。等式泛函的意义即为 $\tau[F]=F$。

例 2.10 常数泛函 $\tau[F]$: h 是将域$(D_1^{\perp})^n \xrightarrow[M]{} D_2^{\perp}$ 中的任意函数 f 都映射到函数 h 上去，即 $\forall f\in (D_1^{\perp})^n \xrightarrow[M]{} D_2^{\perp}$，$\tau[f]=h$。显然 τ 是单调的，因为 $f\sqsubseteq g$ 意味着 $\tau[f]=h=\tau[g]$，所以 $\tau[f]\sqsubseteq\tau[g]$。$\tau$ 是连续的，因为 $\tau[\sqcup\{f_i\}]=h=\sqcup\{h\}=\sqcup\{\tau[f_i]\}$。

例 2.11 在函数域 $N^{\perp} \xrightarrow[M]{} N^{\perp}$ 上的泛函 τ 被定义为

$\tau[F](x)$: <u>if</u> $x=0$ <u>then</u> 1 <u>else</u> $F(x+1)$

它是单调函数(<u>if</u>-<u>then</u>-<u>else</u>，等式、加法、等式谓词，零元函数 0 及 1)所组成的。

例 2.12 在函数域$[N^{\perp} \xrightarrow[M]{} N^{\perp}]$上的泛函 τ 被定义为

$\tau[F](x)$: <u>if</u>$(\forall y\in N)[F(y)=y]$<u>then</u> $F(x)$
<u>else</u> $\perp$

这个函数是单调函数但不连续。如果考虑链 $f_0\sqsubseteq f_1\sqsubseteq f_2\sqsubseteq\cdots$，其中

$f_i(x)$: <u>if</u> $x<i$ <u>then</u> x <u>else</u> $\perp$

那么因 $\tau[f_i]$是$\perp$(对于任意 i)，使得$\sqcup\{\tau[f_i]\}$是$\perp$。但$\sqcup\{f_i\}$及 $\tau[\sqcup\{f_i\}]$是等式函数。对于上面的情况分析，再给出一点更详细的说明：上面$\{f_i\}$链实际上为

$f_0(x)$:if $x<0$ then x else $\perp$

$f_1(x)$:if $x<1$ then x else $\perp$

⋮

$f_i(x)$:if $x<i$ then x else $\perp$

⋮

并有如表2.1的表。

表 2.1

	$\langle x=0,1,2,3,4,5,\cdots\rangle$
f_0	$\langle\perp,\perp,\perp,\perp,\cdots\rangle$
f_1	$\langle 0,\perp,\perp,\perp,\cdots\rangle$
f_2	$\langle 0,1,\perp,\perp,\cdots\rangle$
⋮	⋮
f_i	$\langle 0,1,2,\cdots,i-1,\perp,\perp,\cdots\rangle$
⋮	⋮

我们可以看到，f_i 在 $x<i$ 时，是一个等式函数，但是 $\tau[F](x)$的定义中，则要求$(\forall y\in N)[F(y)=y]$，显然不满足，因此是 $\tau[f_i]=\perp$。但是$\sqcup\{f_i\}$，我们可以看出应是等式函数。

例 2.13 考虑一个函数序列 $f_0,f_1,f_2,\cdots$，函数 $f_i(i\geqslant 0)$在 $N^{\perp}\xrightarrow[M]{}N^{\perp}$上并被定义为

$f_i(x)$:if $x<i$ then $x!$ else $\perp$

这个函数序列也是一个链，因为 $f_i\sqsubseteq f_{i+1}(i\geqslant 0)$，$f_0=\perp$。根据定理2.11，$\{f_i\}$存在着一个LUB，并且$\sqcup\{f_i\}=x!$。

例 2.14 考虑泛函 $\tau[F](x)$:$F(F(x))$，并令

$f(x)$:if $x\equiv\perp$ then 0 else $\perp$

$g(x)$:if $x\equiv\perp$ then 0 else 1

很显然，$f\sqsubseteq g$，但是

$\tau[f](1)\equiv f(f(1))\equiv f(\perp)\equiv 0$

$\tau[g](1)\equiv g(g(1))\equiv g(1)\equiv 1$

因此 $\tau[f]\not\sqsubseteq\tau[g]$。换句话说，虽然 τ 被定义为函数变量 F 的复合，但它不单调(也就不连续)，这不是与定理2.12相矛盾了吗？错在什么地方呢？(提示：我们这里定义的等词"="是一种强等词，即被定义为$\equiv$:$D^{\perp}\times D^{\perp}\to\{\text{true},\text{false},\perp\}$，并有$\perp\equiv\perp$ is true，$\perp\equiv d$ is false，$d\equiv\perp$ is false，$d\equiv d$ is true，所以 $g(x)$:if $x\equiv\perp$ then 0 else 1 是不单调的。如果，把"="定义成弱等词，$=$:$D^{\perp}\times D^{\perp}\to\{\text{true},\text{false},\perp\}$，并有$\perp=\perp$ is $\perp$，$\perp=d$ is $\perp$，$d=\perp$ is $\perp$，$d=d$ is true，如果 d,d' 是两个不同的 D 中的值，那么 $d=d'$ is false，这时弱等词是自然延伸的、单调的，此时 $f(x),g(x)$则是单调的)。

例 2.15 假定我们给定一个函数

$g(x,y)=x+y$

我们需要一个直觉，尽可能去寻找出偏序它的那些函数。大概一找，就有

$$f_0(x,y)=\underline{\text{if}}\ x=a\ \underline{\text{then}}\ \bot\ \underline{\text{else}}\ x+y$$

$$f_1(x,y)=\underline{\text{if}}\ x \text{ is even } \underline{\text{then}}\ x+y\ \underline{\text{else}}\ \bot$$

$$f_2(x,y)=\underline{\text{if}}\ x \text{ is odd } \underline{\text{then}}\ x+y\ \underline{\text{else}}\ \bot$$

或者

$$f_3(x,y)=\begin{cases}\bot & x=a_1\\ \bot & x=a_2\\ \vdots & \vdots\\ \bot & x=a_n\\ x+y & \text{其他}\end{cases}$$

再者，存在着一个集合 $S\subseteq I^{\bot}$，使得

$$f_4(x,y)=\underline{\text{if}}\ x\in S\ \underline{\text{then}}\ \bot\ \underline{\text{else}}\ x+y$$

我们可以看到，$g(x,y)$ 是一个全函数，而上述的 f_0,f_1,f_2,f_3,f_4 函数都是部分函数，都偏序于 g 函数。有了这样的直觉之后，对于学习下面的内容是有帮助的。

2.6 泛函不动点及递归程序

2.6.1 泛函不动点

下面，我们介绍泛函的不动点理论。首先给出泛函不动点的定义。

定义 2.12 设 τ 是域 $(D_1^{\bot})^n \xrightarrow[M]{} D_2^{\bot}$ 上的泛函，如果 $\tau[f]=f$，那么函数 $f\in(D_1^{\bot})^n \xrightarrow[M]{} D_2^{\bot}$ 是 τ 的不动点。

下面，我们首先给出一个例子，作为我们进一步讨论的引子。

例 2.16 有如下的泛函

$$\tau[F]:\underline{\text{if}}\ x=0\ \underline{\text{then}}\ y\ \underline{\text{else}}\ F(F(x,y-1),F(x-1,y))$$

其中 F 是函数变量。现在我们的任务是找到一个函数 f 使得

$$\tau[f]=f(\text{或 }\tau[f](x,y)=f(x,y))$$

便找到了它的不动点。注意，这里“减法”运算，$x-y=_{\text{def}}\underline{\text{if}}\ x\geqslant y\ \underline{\text{then}}\ x-y\ \underline{\text{else}}\ 0$。

我们首先找到了一个函数

$$f(x,y)=y$$

看它是否是一个不动点。将 f 替换 F 则有

$$\begin{aligned}\tau[f](x,y)&=\underline{\text{if}}\ x=0\ \underline{\text{then}}\ y\ \underline{\text{else}}\ f(f(x,y-1),f(x-1,y))\\ &=\underline{\text{if}}\ x=0\ \underline{\text{then}}\ y\ \underline{\text{else}}\ f(y-1,y)\\ &=\underline{\text{if}}\ x=0\ \underline{\text{then}}\ y\ \underline{\text{else}}\ y\\ &=y\\ &=f(x,y)\end{aligned}$$

即有 $\tau[f](x,y)=f(x,y)$，所以 f 是 τ 的一个不动点。

难道 τ 的不动点就这么一个吗？还有没有其他不动点呢？我们发现 $g(x,y)=\max(x,y)$ 也是 τ 的一个不动点，因为将 g 替换 $\tau[F]$ 中的 F 则有

$$\begin{aligned}\tau[g](x,y)&=\underline{\text{if}}\ x=0\ \underline{\text{then}}\ y\ \underline{\text{else}}\ \max(\max(x,y-1),\\&\qquad\max(x-1,y))\\&=\underline{\text{if}}\ x=0\ \underline{\text{then}}\ y\ \underline{\text{else}}\ \max(x,y-1,x-1,y)\\&=\underline{\text{if}}\ x=0\ \underline{\text{then}}\ \max(x,y)\ \underline{\text{else}}\ \max(x,y)\\&=\max(x,y)\end{aligned}$$

所以 $g(x,y)=\max(x,y)$ 也是 τ 的一个不动点。

我们还可以找到 τ 的一个不动点，该函数为

$$h(x,y)=\underline{\text{if}}\ x=0\ \underline{\text{then}}\ y\ \underline{\text{else}}\ \bot$$

将 h 代替 $\tau[F]$ 中的 F 则有

$$\begin{aligned}\tau[h](x,y)&=\text{if}\ x=0\ \underline{\text{then}}\ y\ \underline{\text{else}}\ h(h(x,y-1),\ h(x-1,y))\\&=\underline{\text{if}}\ x=0\ \underline{\text{then}}\ y\ \underline{\text{else}}\ h(\underline{\text{if}}\ x=0\ \underline{\text{then}}\ y-1\ \underline{\text{else}}\ \bot,h(x-1,y))\\&=\underline{\text{if}}\ x=0\ \underline{\text{then}}\ y\ \underline{\text{else}}\ h(\bot,h(x-1,y))\\&=\underline{\text{if}}\ x=0\ \underline{\text{then}}\ y\ \underline{\text{else}}\ \underline{\text{if}}\ \bot=0\ \underline{\text{then}}\ h(x-1,y)\underline{\text{else}}\ \bot\\&=\underline{\text{if}}\ x=0\ \underline{\text{then}}\ y\ \underline{\text{else}}\ \bot\\&=h(x,y)\end{aligned}$$

于是 $h(x,y)$ 也是 τ 的一个不动点。上述三个不动点中，显然

$$h(x,y)=\underline{\text{if}}\ x=0\ \underline{\text{then}}\ y\ \underline{\text{else}}\ \bot$$

是最小的不动点，因为有

$$h\sqsubseteq f\quad\text{及}\quad h\sqsubseteq g$$

从信息的角度来说，我们希望得到的不动点有最大的信息量；但从语义的唯一性而言，我们希望这一类不动点对于泛函 τ 来说是唯一的，才不至于使其意义有歧义性。在泛函 τ 的不动点集中，有两个肯定是唯一的，一个是最小不动点，另一个是最大不动点。在这两个不动点概念中，最大不动点还含有最大的信息量。从我们的愿望上来看，最大不动点是我们最喜欢的了。很可惜，许多泛函 τ 就根本不存在着最大不动点。从唯一性的概念出发，还可以提出“最优不动点”的概念。所谓最优是什么范畴内最优呢？于是提出所谓的“极大不动点”，显然极大不动点是不唯一的，正因为其不唯一，才存在着最优的概念。所谓最优不动点是偏序于所有极大不动点的不动点的最大者。

那么为什么计算机科学家如此关心最小不动点呢？这是因为

(1) 最小不动点是唯一的。

(2) 存在着一个简明的最小不动点的计算规则(见后面的分析)。

(3) 存在着证明最小不动点性质的强有力的方法。

要注意，一个泛函不是总有不动点。

定义 2.13 设 f 是 τ 的一个不动点，g 是 τ 的任意其他不动点，并且 $f\sqsubseteq g$，那么 f 是 τ 的最小不动点。

显然，最小不动点是唯一的，因为如果存在两个最小不动点 f_1，f_2，那么有 $f_1 \sqsubseteq f_2$ 及 $f_2 \sqsubseteq f_1$，因此 $f_1 = f_2$。

设 τ 是在域 $(D_1^{\perp})^n \xrightarrow[M]{} D_2^{\perp}$ 上的单调泛函，让我们考虑函数序列：

$$\tau^0[\perp], \tau^1[\perp], \tau^2[\perp], \cdots$$

其中 $\tau^0[\perp] = \perp$，并且 $\tau^{i+1}[\perp] = \tau[\tau^i[\perp]]$ $(i \geqslant 0)$。由于 $\tau^i[\perp]$ 在 $(D_1^{\perp})^n \xrightarrow[M]{} D_2^{\perp}$ 中，即 τ 是单调的，所以有

$$\perp \sqsubseteq \tau[\perp] \sqsubseteq \tau^2[\perp] \sqsubseteq \cdots$$

这样就可以构成一个链 $\{\tau^i[\perp]\}$，根据定理 2.11，$\sqcup\{\tau^i[\perp]\}$ 是存在的。也就是说这是一个越来越好的逼近序列并收敛于一个极限 f。$\tau^i[\perp]$ 对于所有 $i \geqslant 0$ 及 $\tau[f] = f$ 逼近 f。

于是将上面的讨论归纳为如下的 Kleene 第一递归定理。

定理 2.13 每一个连续泛函 τ 有一个最小不动点 f_τ，并且

$$f_\tau = \sqcup\{\tau^i[\perp]\}$$

【证明】 因为 τ 是连续的，且是单调的，并且我们知道 $\{\tau^i[\perp]\}$ 是一个链，并有一个 LUB：f_τ。我们将分两步来证明 f_τ 是最小不动点。

第一步 证明 f_τ 是 τ 的一个不动点。因为 τ 是连续的，我们有如下的推导：

$$\begin{aligned}\tau[f_\tau] &= \tau[\sqcup\{\tau^i[\perp]\}] \\ &= \sqcup\{\tau^{i+1}[\perp]\} \\ &= \sqcup\{\tau^i[\perp]\} \\ &= f_\tau\end{aligned}$$

所以 $f_\tau = \sqcup\{\tau^i[\perp]\}$ 是 τ 的不动点。

第二步 对于任意 τ 的不动点 g 有 $f_\tau \sqsubseteq g$。我们首先证明对于任意 $i \geqslant 0$ 在 i 上归纳有 $\tau^i[\perp] \sqsubseteq g$，很清楚 $\tau^0[\perp] = \perp \sqsubseteq g$。现在，如果 $\tau^{i-1}[\perp] \sqsubseteq g$（对于某些 $i \geqslant 1$），那么因为 τ 是单调的并且 g 是一个 τ 的不动点，我们可以得到

$$\tau^i[\perp] = \tau[\tau^{i-1}[\perp]] \sqsubseteq \tau[g] = g$$

因此，对于所有 $i \geqslant 1$，$\tau^i[\perp] \sqsubseteq g$，这意味着 g 是 $\{\tau^i[\perp]\}$ 的一个上界，但是因为 f_τ 是 $\{\tau^i[\perp]\}$ 的一个 LUB，从而得出 $f_\tau \sqsubseteq g$。

这个定理给出了最小不动点的求法，同时指出，连续泛函是保证有最小不动点的，如果不是连续泛函，而仅是单调泛函，虽然也有可能存在着不动点，但不能保证它一定存在。

例 2.17 设有在 $I^{\perp} \xrightarrow[M]{} I^{\perp}$ 域上的单调泛函

$$\tau[F](x): \underline{\text{if}}\ F(x) = 0\ \underline{\text{then}}\ 1\ \underline{\text{else}}\ 0$$

是没有不动点的。否则，假定 $f(x)$ 是它的一个不动点，那么将 f 代替其中 F 变量，假定 $f(0) = 0$，但 $\tau[f](0) = 1$；假定 $f(0) \neq 0$，又有 $\tau[f](0) = 0$，于是可以看到 $\tau[f] \neq f$，所以它没有不动点。

例 2.18 在域 $(D_1^{\perp})^n \xrightarrow[M]{} D_2^{\perp}$ 上的泛函 τ 被定义为

$\tau[F](x)$：$\underline{\text{if}}\ p(x)\ \underline{\text{then}}\ F(x)\ \underline{\text{else}}\ h(x)$

其中 p,h 是任意固定函数(自然延伸)。有它的不动点函数

$\underline{\text{if}}\ p(x)\ \underline{\text{then}}\ g(x)\ \underline{\text{else}}\ h(x)$

这是因为：令 $f(x)=\underline{\text{if}}\ p(x)\ \underline{\text{then}}\ g(x)\ \underline{\text{else}}\ h(x)$，

$$\begin{aligned}\tau[f](x)&=\underline{\text{if}}\ p(x)\ \underline{\text{then}}\ \underline{\text{if}}\ p(x)\ \underline{\text{then}}\ g(x)\\&\qquad\underline{\text{else}}\ h(x)\ \underline{\text{else}}\ h(x)\\&=\underline{\text{if}}\ p(x)\ \underline{\text{then}}\ g(x)\ \underline{\text{else}}\ h(x)\\&=f(x)\end{aligned}$$

即 $\tau[f]=f$，所以 f 是 τ 的不动点。

对于任意域 $(D_1^{\perp})^n \xrightarrow[M]{} (D_2^{\perp})$ 的函数

$\underline{\text{if}}\ p(x)\ \underline{\text{then}}\ \perp(x)\ \underline{\text{else}}\ h(x)$

是 τ 的最小不动点。

2.6.2　递归程序

在这一小节中，我们着重讨论递归程序的不动点计算规则，并说明什么样的不动点计算规则是安全的。

讨论递归程序就是讨论函数的递归定义问题，递归定义可以表示成如下形式：

$F(\overline{x})\Leftarrow\tau[F](\overline{x})$

其中 $\tau[F](x)$ 在域 $(D^{\perp})^n \xrightarrow[M]{} D$ 上的泛函(其中 $\overline{x}=\langle x_1,\cdots,x_n\rangle$)有时也可以表示成一个递归程序

P：$F(\overline{x})\Leftarrow\tau[F](\overline{x})$

例如下面的一个递归程序

P：$F(x)\Leftarrow\underline{\text{if}}\ x=0\ \underline{\text{then}}\ 1\ \underline{\text{else}}\ x\cdot F(x-1)$

对于递归程序有如下的规则：

设 $F(\overline{x})\Leftarrow\tau[F](\overline{x})$ 是一个递归程序(在某个域 D 上)。对于一个给定的输入值 $\overline{d}\in(D^{\perp})^n$，程序的执行可以产生一个序列 $t_0,t_1,t_2,\cdots$。称这个序列为对于 $\overline{d}$ 的计算序列或 $F(\overline{d})$ 的计算。

(1) 第一项 t_0 是 $F(\overline{d})$。

(2) 对于每一个 $i(i\geqslant0)$，项 t_{i+1} 是在下面两步中得到的。

① 替换：在 t_i 中的某些 F 的出现被 $\tau[F]$ 同时代替。

② 简化：基本函数和谓词被它的值替换。

这个序列是有限的，并且 t_k 是这个序列的最后一项当且仅当 t_k 不再包含符号 F 的出现。

下面，我们讨论几个计算规则。

(1) 最左最内规则(leftmost-innermost)(call-by-value)。替换 F 的最左最内出现(即最左 F 出现并且该 F 出现的所有自变量与 F 无关)，并用 LI_p 表示该计算函数。

(2) 并行最内规则(parallel-innermost)。同时替换所有 F 的最内出现(即所有自变量与 F 无关的所有 F 出现),记为 PI_p。

(3) 最左规则(leftmost)(call-by-name)。仅替换 F 的最左出现,记为 L_p。

(4) 并行最外规则(parallel-outermost)。同时替换所有的 F 最外出现(即所有的不再作为其他 F 的自变量的 F 出现),记为 PO_p。

(5) 自由变量规则。同时替换那些至少有一个自变量与 F 无关的所有出现,记为 FA_p。

(6) 全替换规则(full-substitution)。同时替换所有的 F 出现,记为 FS_p。

下面,举两个例子说明这些规则的用途。

例 2.19 考虑项

$$F(0,F(1,1))+F(F(2,2),F(3,3))$$

以下,我们用一个箭头表示上述规则的替换情况。

(1) 最左最内:$F(0,F(1,1))+F(F(2,2),F(3,3))$。

(2) 并行最内:$F(0,F(1,1))+F(F(2,2),F(3,3))$。

(3) 最左:$F(0,F(1,1))+F(F(2,2),F(3,3))$。

(4) 并行最外:$F(0,F(1,1))+F(F(2,2),F(3,3))$。

(5) 自由变量:$F(0,F(1,1))+F(F(2,2),F(3,3))$。

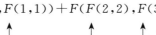

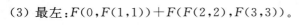

(6) 全替换:$F(0,F(1,1))+F(F(2,2),F(3,3))$。

例 2.20 让我们在整数上考虑递归程序 P:

$$F(x)\Leftarrow \underline{\text{if}}\ x>100\ \underline{\text{then}}\ x-10\ \underline{\text{else}}\ F(F(x+11))$$

它的不动点函数为

$$f_p(x):\underline{\text{if}}\ x>100\ \underline{\text{then}}\ x-10\ \text{else}\ 91$$

下面,我们叙述对于 $x=99$ 的计算序列,并分别采用全替换、最左最内规则、最左规则各做一次。

(1) 首先采用全替换规则。

$\underline{t_0\ \text{是}F(99)}$

if 99>100 then 99−10 else F(F(99+11))

t_1 是F(F(110))

↑ ↑

if[if 110>100 then 110−10 else F(F(110+11))]>100
then[if 110>100 then 110−10 else F(F(110+11))]−10
else F(F([if 110>100 then 110
−10 else F(F(110+11))]+11))

t_2 是F(F(111))

↑ ↑

if [if 111>100 then 111−10 else F(F(111+11))]>100
then [if 111>100 then 111−10 else F(F(111+11))]−10
else F(F([if 111>100 then 111
−10 else F(F(111+11))]+11))

t_3 是 91

所以其计算序列为

F(99)→F(F(110))→F(F(111))→91

↑ ↑ ↑ ↑ ↑

(2) 采用最左最内规则。

t_0 是F(99)

↑

if 99>100 then 99−10 else F(F(99+11))

t_1 是 F(F(110))

↑

F(if 110>100 then 110−10 else F(F(110+11)))

t_2 是F(100)

↑

if 100>100 then 100−10 else F(F(100+11))

t_3是 F(F(111))

↑

F(if 111>100 then 111−10 else F(F(111+11)))

t_4 是 F(101)

↑

if 101>100 then 101−10 else F(F(101+11))

t_5 是 91

所以其计算序列为

$$F(99)\to F(F(110))\to F(100)\to F(F(111))\to F(101)\to 91$$

(3) 采用最左规则。

t_0 是 $F(99)$

↑

t_1 是 $F(F(110))$

↑

t_2 是 if $F(110)>100$ then $F(110)-10$ else $F(F(F(110)+11))$

↑

t_3 是 $F(F(F(110)+11))$

↑

t_4 是 if $F(F(110)+11)>100$ then $F(F(110)+11)-10$

↑

else $F(F(F(F(110)+11)+11))$

t_5 是 if[if $F(100)>89$ then $F(110)+1$ else

↑

$F(F(F(110)+22))]>100$ then $F(F(110)+11)-10$

else $F(F(F(F(110)+11)+11))$

t_6 是 if $F(110)>99$ then $F(F(110)+11)-10$ else $F(F(F(F(110)+11)+11))$

↑

t_7 是 $F(F(110)+11)-10$

↑

t_8 是[if $F(110)>89$ then $F(110)+1$ else $F(F(F(110)+22))]-10$

↑

t_9 是 $F(110)-9$

t_{10} 是 91

从上面的计算规则可以看出，这三个计算规则都可以得出正确的计算结果 91。那么是不是可以说这三个规则(最左最内，并行最内及最左)就是不动点的计算规则了呢？再看一个例子。

例 2.21 考虑如下一个在整数域上的递归程序 P：

$$F(x,y)\Leftarrow \text{if } x=0 \text{ then } 0 \text{ else } [F(x+1,F(x,y)) * F(x-1,F(x,y))]$$

其中的乘法 $*$ 有如下的规则：

(1) $0*\bot=0, \bot*0=\bot$

(2) $a*\bot=\bot, \bot*a=\bot$

(3) $\bot*\bot=\bot$

这个泛函的最小不动点 $f_P(x,y)$ 是二元零函数 $z(x,y)$，即对于所有 $x,y\in I^{\bot}$，$z(x,y)=0$。然而 $f_P(1,0)=0$ 采用并行最内规则 $F(1,0)$ 计算序列是无穷的：

$$F(1,0)\to F(2,F(1,0))*F(0,F(1,0))$$

$$\uparrow \qquad \uparrow$$

$$\to F(2,F(2,F(1,0))*F(0,F(1,0)))*$$

$$\uparrow \qquad \uparrow$$

$$F(0,F(2,F(1,0))*F(0,F(1,0)))$$

$$\uparrow \qquad \uparrow$$

类似地采用最左最内规则，产生出的计算序列也是无穷的，也就是说，它们不是不动点计算规则。

但是 $F(1,0)$ 的计算如果采用并行最外规则，将会得到下面的计算序列：

$$F(1,0)\to F(2,F(1,0))*F(0,F(1,0))$$

$$\uparrow \qquad \uparrow$$

$$\to[F(3,F(2,F(1,0)))*F(1,F(2,F(1,0)))]*0=0$$

类似地 $F(1,0)$。如果采用自由变量规则及全替换规则得到的值也是 0，而不是 $\bot$。

定义 2.14 一个计算规则 C 如果对于每一个递归程序 P（在 $D^{\bot}$ 上）有

$$C_P(\bar{d})=f_P(\bar{d}) \text{ 对于所有 } \bar{d}\in(D^{\bot})^n$$

那么它是不动点计算规则。其中 $C_P(\bar{d})$ 表示将计算规则施于程序 P（在输入 $\bar{d}$ 下的），即相应的计算函数。

定理 2.14 对于任意计算规则 C，计算函数 C_P 对最小不动点函数 f_P 有

$$C_P\sqsubseteq f_P$$

该定理给出了计算规则是不动点计算规则的必要条件。

【证明】设 P 是在域 D 上的任意递归程序 $F(\bar{x})\Leftarrow\tau[F,F]\cdot(\bar{x})$，并设 $\bar{d}$ 是 $(D^{\bot})^n$ 上的任一元素，再设 C 是一个任意计算规则。然后，我们用

$$C_P^0[F], C_P^1[F], C_P^2[F], \cdots$$

表示 τ 的相应计算图通路。

所谓 τ 的计算通路，是针对如下递归程序的：

$$F(\bar{x})\Leftarrow\tau[F](\bar{x})$$

其中 F 假定仅有二次出现，则有 $\tau[F,F]$，那么可以采用替换原则得出图 2.6 所示计算图。这个图是个无穷树。在这个树上从树根到树叶都有一条通路。在一条通路上将所有的 F 用 $\bot$ 代替，因为 $\bot\sqsubseteq[\bot,\bot]$，所以有

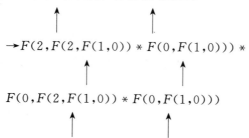

$$\tau[\perp,\perp]\sqsubseteq\tau[\tau[\perp,\perp],\perp,]$$
$$\tau[\perp,\perp]\sqsubseteq\tau[\perp,\tau[\perp,\perp]]$$
$$\tau[\perp,\perp]\sqsubseteq\tau[\tau[\perp,\perp],\tau[\perp,\perp]]$$

此时，我们称该通路为$\perp$通路。在计算图中每一个$\perp$通路确定一个函数链，例如

$$\perp\sqsubseteq\tau[\perp,\perp]\sqsubseteq\tau[\perp,\tau[\perp,\perp]]\sqsubseteq\tau[\perp,\tau[\tau[\perp,\perp],\perp]]\sqsubseteq\cdots$$

在递归程序 $F(\overline{x})\Leftarrow\tau[F](\overline{x})$ 的计算序列 $t_0,t_1,t_2,\cdots$ 和 τ 的计算图中的$\perp$通路之间存在着一个重要的关系，即对这个计算序列有相应计算规则 C 的序列：

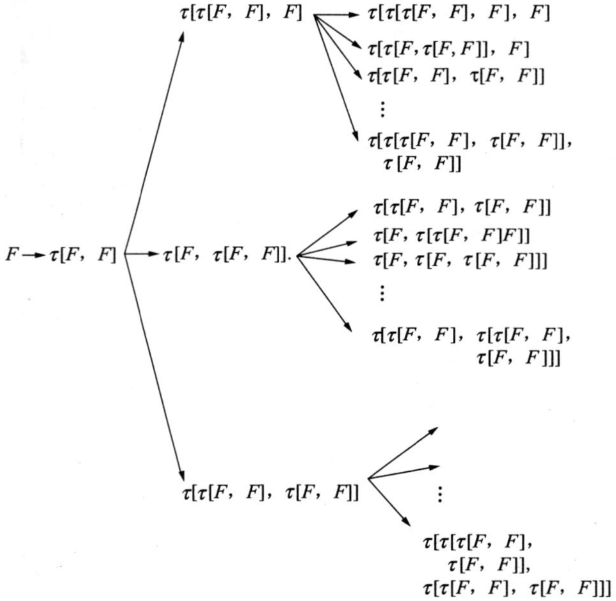

图 2.6

$$C_P^0[F],C_P^1[F],C_P^2[F],\cdots$$

即有

$$C_P^i[F](\overline{d})=t_i$$

及

$$\sqcup\{C_P^i[\perp]\}(\overline{d})=C_p(\overline{d})$$

显然，对应于计算通路的计算规则序列有的是有限的，有的是无限的。

对于每一个 $i\geqslant0$，我们可以证明有

$$C_P^i[\perp]\sqsubseteq\tau^i[\perp]$$

因为 $\tau^i[\perp]\sqsubseteq\sqcup\{\tau^i[\perp]\}$，所以有 $C_P^i[\perp]\sqsubseteq\sqcup\{\tau^i[\perp]\}(i\geqslant0)$，因此$\sqcup\{\tau^i[\perp]\}$是一个$\{C_P^i[\perp]\}$的上界，并有

$$\sqcup\{C_P^i[\perp]\}\sqsubseteq\sqcup\{\tau^i[\perp]\}$$

因为 $C_P(\overline{d})=\sqcup\{C_P^i[\perp]\}(\overline{d})$ 及 $f_P=\sqcup\{\tau^i[\perp]\}$，所以有

$$C_P(\overline{d})\sqsubseteq f_P(\overline{d})$$

定理证明之后，我们定义什么叫安全计算规则。

设 $\alpha[F^1,F^2,\cdots,F^i,F^{i+1},\cdots,F^k](\overline{d})$ 表示对于 $\overline{d}$ 的一个计算序列中的任一项，其中 F^i 的上标 i 仅表示 F 在 α 中的出现，并不是表示另一个函数变量。我们选择 $F^1,\cdots,F^i$ 作为 α 中的替换对象，如有

$$\alpha(\bot,\cdots,\bot,f_P,\cdots,f_P)(\overline{d})=\bot$$

那么称这个替换为一个安全替换。

如果计算规则总使用安全替换，它就是一个安全的计算规则。

定理 2.15 任意一个安全计算规则是不动点计算规则。

推论 2.1 并行最外、自由变量及完全替换规则是安全的，进而它们也是不动点的计算规则。

但是，我们声明：如果将递归程序限制为仅是自然延伸的基本函数(除 if-then-else 函数)，最左最内(call-by-value)、并行最内仍然不是不动点计算规则，但是最左规则(call-by-name)是安全的并且是不动点计算规则。下面是一个简单证明。

考虑任一计算序列的项，它的形式为

$$g(F(t_1),F(t_2))$$

其中 g 是一个自然延伸函数，t_i 可以包含其他 F 的出现。使用最左替换规则代替 F 的出现，因为 g 是自然延伸的，所以有

$$g(\bot,f_g(t_2))=\bot$$

2.6.3 最优不动点

在这一小节中，我们将介绍最优不动点概念。由于最优不动点是在极大不动点概念范围中的最优，所以我们还得讨论极大不动点的概念，并首先介绍不动点的相容概念。

首先看如下的三个函数：

$$f_1(x)=\begin{cases}0 & \text{如果 } x=0\\ \bot & \text{如果 } x=1\\ 0 & \text{其他}\end{cases}$$

$$f_2(x)=\begin{cases}0 & \text{如果 } x=0\\ 1 & \text{如果 } x=1\\ \bot & \text{其他}\end{cases}$$

$$f_3(x)=\begin{cases}0 & \text{如果 } x=0\\ 2 & \text{如果 } x=1\\ \bot & \text{其他}\end{cases}$$

我们从这三个函数中看到，f_1 与 f_2 两个函数的值，如果是有定义的确定值，那么这两个值一定相等，否则一个是无定义值 $\bot$，另一个是一个有定义的确定值。f_1 与 f_3 也是如此。但 f_2 与 f_3 在有定义值的情况下，不取相同的值，如 $x=1$ 时 $f_2=1,f_3=2$。所以说我们讨论的相容性关系，不是一种偏序关系。例如下面的三个多元组：

⟨1,⊥⟩

⟨⊥,2⟩

⟨1,2⟩

根据偏序关系有⟨1,⊥⟩⊑⟨1,2⟩,⟨1,2⟩⊑⟨1,2⟩。但要看相容关系则有⟨1,⊥⟩ R_c⟨⊥,2⟩R_c⟨1,2⟩。也就是说⟨1,⊥⟩与⟨⊥,2⟩是没有偏序关系的,但有相容关系。相容关系可用 R_c 表示。

应特别注意,这种相容关系有:反身性(自反性),可逆性(对称性),但没有传递性。

定义 2.15 程序 P 的不动点 f,如果与 P 的其他不动点 g 是相容的,那么 f 是 fxp-相容不动点。

定理 2.16 所有 fxp-相容不动点集中总包含有一个(唯一)最大元素。

所谓极大不动点是指这样的不动点,它不小于任何其他的不动点,从上面的一个例子中,在所有的相容关系的集合中{⟨1,⊥⟩,⟨⊥,2⟩,⟨1,2⟩} 中确有唯一的一个最大元素⟨1,2⟩。这个元素如是 fxp-相容不动点集合的最大者,即为一个极大点。

定理 2.17 对于一个递归程序 P,偏序于所有极大不动点的不动点的集合有一个(唯一的)最大元素。

定理 2.18 递归程序 P 的一个不动点 f,当且仅当它偏序于所有的极大不动点才是 fxp-相容的。并称这个不动点为最优不动点。

因此,我们看出任意一个递归程序总有唯一一个最优不动点。如果一个程序仅有一个相容性不动点,那么最优不动点就是经典的最小不动点。如果一个程序仅有一个极大不动点,那么最优不动点就是这个极大不动点。这可以从下面的分析中看出。设 fxp-相容不动点集合记为 $S_{\text{fxp-相容}}$。显然,

(1) $S_{\text{fxp-相容}}=\{f\}$,即只有一个相容不动点,并不存在其他相容不动点集合。当然在这个集合中也就仅有一个极大不动点,既然仅有一个极大不动点,根据定理 2.17,也只能有一个最优不动点,这个不动点即为最小不动点。

(2) 对于程序 P,可以有许多(甚至无穷)个 $S^i_{\text{fxp-相容}}(i\geqslant 1)$,每一个 S^i_{fxp} 都有一个极大不动点;而且也可以找到一个偏序所有这些极大不动点的一个不动点集合 S_c,但在这个集合 S_c 中如仅有一个不动点的话(图 2.7)。

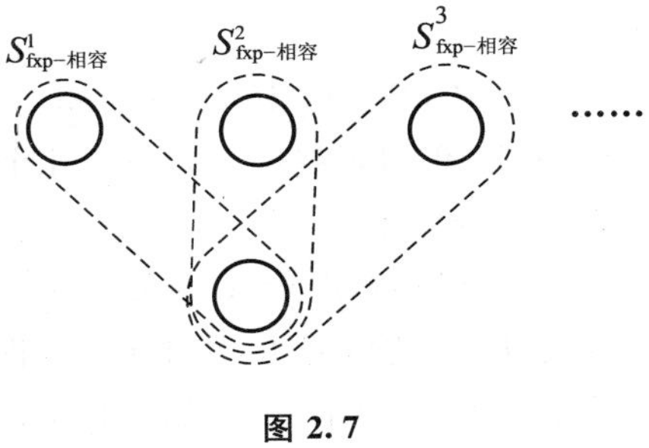

图 2.7

那么这个不动点就是最小不动点,也是最优不动点。这时的相容关系就是偏序关系。

(3) 对于程序 P 有许多 $S^i_{\text{fxp-相容}}(i\geqslant 1)$,每一个 $S^i_{\text{fxp-相容}}$ 中都有一个极大不动点。我们可以找到一个偏序于所有极大不动点的不动点集合 S_c,但 S_c 中的元素多于一个以上,此时最优不动点不再是最小不动点,如图 2.8(a),(b)所示的情况。

下面我们考虑一个例子。

例 2.22 我们考虑在自然数上的递归程序族。

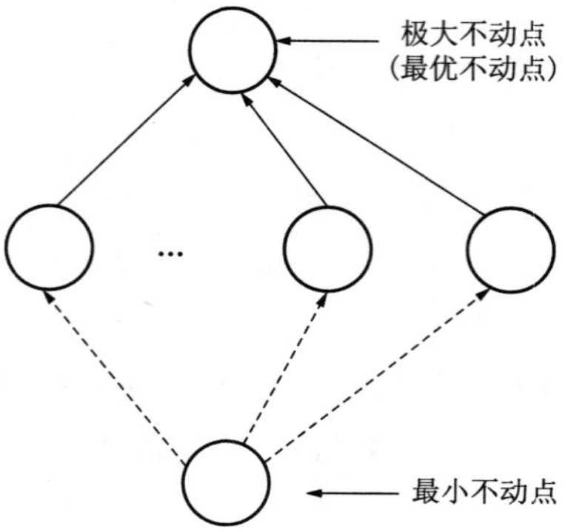

(a)当P仅有一个$S_{\text{fxp-相容}}$时

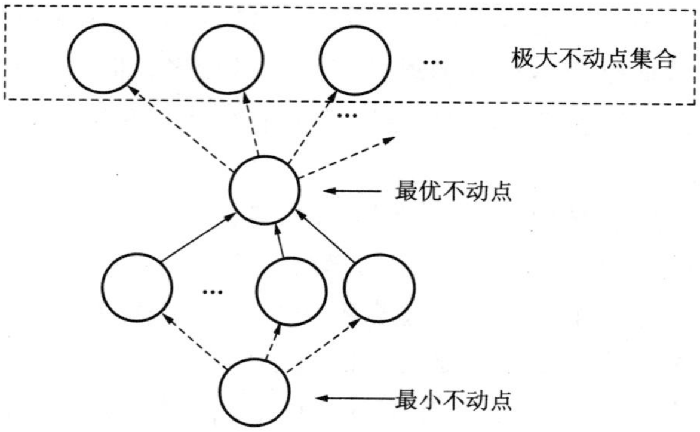

(b)当P有许多$S^{i}_{\text{fxp-相容}}(i\geqslant 1)$时

图 2.8

$P_i: F(x) \Leftarrow \underline{\text{if}}\ x=0\ \underline{\text{then}}\ 1\ \underline{\text{else}}\ i \cdot F(F(x-1))$

下面,我们研究这个族中的几个递归程序不动点集合的结构。

(1) 程序 P_0:

$F(x) \Leftarrow \underline{\text{if}}\ x=0\ \underline{\text{then}}\ 1\ \underline{\text{else}}\ 0 \cdot F(F(x-1))$

很清楚 $F(0)$的值为 1,但对 $x=1$,我们可以得到

$$\begin{aligned} F(1) &= \underline{\text{if}}\ 1=0\ \underline{\text{then}}\ 1\ \underline{\text{else}}\ 0 \cdot F(F(1-1)) \\ &= 0 \cdot F(F(0)) \\ &= 0 \cdot F(1) \end{aligned}$$

对于 $F(1)$的值有两种可能:

$F(1)=\bot$

或

$F(1)=0$

如果选择 $F(1)=\bot$,那么可以得到

$F(2)=\underline{\text{if}}\ 2=0\ \underline{\text{then}}\ 1\ \underline{\text{else}}\ 0 \cdot F(F(2-1))$

$=0 \cdot F(F(1))$

$=0 \cdot F(\perp)$

$=0 \cdot \perp = \perp$

不断做下去，我们归纳得出函数

$$f(x)=\begin{cases}1, & x=0\\ \perp, & \text{其他}\end{cases}$$

是一个不动点。如果选择 $F(1)=0$，那么我们有另一个不动点

$$g(x)=\begin{cases}1, & x=0\\ 0, & \text{其他}\end{cases}$$

显然程序 P_0 仅有两个不动点，$f(x)$是最小不动点，而 $g(x)$是极大不动点，也是一个最优不动点。

(2) 程序 P_1：

$F(x) \Leftarrow \underline{\text{if}}\ x=0\ \underline{\text{then}}\ 1\ \underline{\text{else}}\ F(F(x-1))$

显然 $F(0)$是 1。计算 $F(1)$我们可以得到

$F(1)=\underline{\text{if}}\ 1=0\ \underline{\text{then}}\ 1\ \underline{\text{else}}\ F(F(1-1))$

$=F(F(0))=F(1)$

这时，$F(1)$等于所有自然数及无定义值$\perp$。首先假定 $F(1)=\perp$，其 P_1 的不动点为

$$f(x)=\begin{cases}1, & x=0\\ \perp, & \text{其他}\end{cases}$$

显然该不动点是最小不动点。

假定 $F(1)=0$，我们可连续求得：

$F(2)=\underline{\text{if}}\ 2=0\ \underline{\text{then}}\ 1\ \underline{\text{else}}\ F(F(2-1))$

$=F(F(1))$

$=F(0)$

$=1$

$F(3)=\underline{\text{if}}\ 3=0\ \underline{\text{then}}\ 1\ \underline{\text{else}}\ F(F(3-1))$

$=F(F(2))$

$=F(1)$

$=0$

…

于是得到一个不动点：

$$g(x)=\begin{cases}0, & x=\text{偶数}\\ 1, & x=\text{奇数}\end{cases}$$

假定 $F(1)=1$，我们可以得到

$F(2)=\underline{\text{if}}\ 2=0\ \underline{\text{then}}\ 1\ \underline{\text{else}}\ F(F(2-1))$

$=F(F(1))$

$=F(1)=1$

于是我们可以得到不动点：

$h(x)=1$，对于任意 $x\in$ 自然数

假定 $F(1)=2$，我们可以得到

$$\begin{aligned}F(2)&=\underline{\text{if}}\ 2=0\ \underline{\text{then}}\ 1\ \underline{\text{else}}\ F(F(2-1))\\&=F(F(1))\\&=F(2)\end{aligned}$$

于是 $F(2)$ 又可以是包括 $\perp$ 在内及全部自然数的值。仅在此时就可以找到无穷多个不动点。为了找到这个程序的不动点，再多考虑一个不动点就足够了。

$k(x)=x+1$，对于任意自然数 x

在上面的不动点中，$h(x)$，$k(x)$，$g(x)$ 都是极大不动点。偏序于它们的不动点集合仅为 $f(x)$，所以 $f(x)$ 是最优不动点，也是最小不动点。

(3)程序 P_2：

$$F(x)\Leftarrow\underline{\text{if}}\ x=0\ \underline{\text{then}}\ 1\ \underline{\text{else}}\ 2\cdot F(F(x-1))$$

同样，P_2 的所有不动点对于 $x=0$ 时都为 1。对于 $x=1$，我们有

$$\begin{aligned}F(1)&=\underline{\text{if}}\ 1=0\ \underline{\text{then}}\ 1\ \underline{\text{else}}\ 2\cdot F(F(0))\\&=2\cdot F(1)\end{aligned}$$

有两种可能性，即 $F(1)=\perp$ 或 $F(1)=0$。如果 $F(1)=\perp$，那么可以得到不动点

$$f(x)=\begin{cases}1, & x=0\\ \perp, & \text{其他}\end{cases}$$

它是 P_2 的最小不动点。

如果选择 $F(1)=0$，可以得到

$$\begin{aligned}&F(2)=2\\&F(3)=4\\&F(4)=2\cdot F(F(3))\\&\quad\ \ \ =2\cdot F(4)\end{aligned}$$

对于 $F(4)$ 又可以有两种选择：$F(4)=0$ 或 $F(4)=\perp$。如果对于 $F(4)=\perp$，那么得到不动点：

$$g(x)=\begin{cases}1, & x=0\\0, & x=1\\2, & x=2\\4, & x=3\\ \perp & \text{其他}\end{cases}$$

但如选择 $F(4)=0$，那么将可得到 $F(5)=2$，$F(6)=4$，$F(7)=0$，即可以得到一个周期函数

$$h(x)=\begin{cases}1, & x=0\\0, & x=1+3i\\2, & x=2+3i\\4, & x=3+3i\end{cases}\quad i=0,1,2,\cdots$$

因为 $h(x)$ 是 P_2 的唯一极大不动点，所以 $h(x)$ 是最优不动点。当然，我们还可以令 $F(x) \Leftarrow \underline{\text{if}}\ x=0\ \underline{\text{then}}\ 1\ \underline{\text{else}}\ i \cdot F(F(x-1))$ 中的 i 值为 3，4，…不断做下去。有兴趣的读者可以再做几个。

关于不动点理论，我们就介绍到此。

2.7 λ-抽象及 λ-演算

λ-注释（λ-notation），或者称之为 λ-抽象（λ-abstraction）主要用于抽象定义函数。λ-演算是将 λ-抽象的函数施用于一个对象的计算。

λ-演算首先是在 1941 年由 Church 作为一个可计算性模型的精确定义给出的，并被证明它与 Turing 机是等价的。

在数学中表示一个函数常用 $f(x)$，f 是一个函数名，而 x 是定义域中的一个对象，而 $f(x)$ 表示函数 f 对于 x 的施用（application）。那么函数 f 应该怎么定义呢？这种抽象是一种具有形式参数的抽象。例如：$f(x)=x+1$，我们可以用形式 $\lambda x.\, x+1$ 来表示 f 的抽象，那么 f 对于 a 的施用 $\{\lambda x.\, x+1\}(a)$ 从数学的直觉可以看到它应为 $a+1$。

为方便地讨论 λ-注释及 λ-演算，我们首先定义 λ-表达式。

〈λ-exp〉∷＝〈ide〉|〈number〉|（〈λ-exp〉）
　　　　|〈λ-exp〉〈λ-exp〉| λ
　　　　〈bound-variable〉.〈λ-exp〉
〈bound-variable〉∷＝（ ）|〈ide〉|〈ide〉,〈bound-variable〉

下面，我们对上面的 BNF 定义作些解释。

其中〈ide〉,〈number〉表示 λ-表达式的原子成分。ide 表示对象名，它可以是函数名，也可以是变量名。第三项是括弧，它是用于表示作用域的。第四项是表示施用运算，例如 FX，$F(XY)$，XYZ 等。应注意，施用操作具有向左的结合律，即 $XYZ=((XY)Z)$。最后一项是抽象运算的定义，抽象运算的一般形式可以写成 $\lambda x.\, E$，其中 x 表示约束变元，E 是 λ-表达式中的体，E 中的变元如果不是约束变元表中的变元，我们将称它为自由变元。

令自由变量的集合用 FV 表示，约束变量的集合用 BV 表示，则有

(1) FV(number)＝ϕ
　FV(ide)＝{ide}
　FV(λ-exp　λ-exp)＝FV(λ-exp)
　　　　　　　　∪FV(λ-exp)
　FV(λx. E)＝FV(E)\{x}
　FV((λ-exp))＝FV(λ-exp)

(2) BV(number)＝ϕ
　BV(ide)＝ϕ

$$BV(\lambda\text{-exp}\quad \lambda\text{-exp})=BV(\lambda\text{-exp})\cup BV(\lambda\text{-exp})$$

$$BV(\lambda x.E)=BV(E)\cup\{x\}$$

$$BV((\lambda\text{-exp}))=BV(\lambda\text{-exp})$$

其中 $FV(E)\backslash\{x\}$表示在 E 的自由变量的集合中去掉$\{x\}$。

下面，我们给出 λ-表达式的例子。

例 2.23　有如下的 λ-表达式：

(1) $\lambda x.(xy)$

(2) $(\lambda y.y)(\lambda x.(xy))$

(3) $(X(\lambda x.(\lambda x.x)))$

(4) $(\lambda x.y)$

(5) $\lambda(x,y,z).f(x,g(z,y))$

(6) $\lambda(x,y).f(x,g(z,y))$

(7) $\lambda x.f(x,g(z,y))$

(8) $\lambda(\quad).f(x,g(z,y))$

在上面的例子中，(7)中 x 是约束变元，而 z,y 是自由变元。应当说明的是，约束声明是有作用域的，例如下面的一个 λ-表达式：

$$\lambda y.f(\lambda x.g(x,y))$$

对于 y，它是局部于上述 λ-表达式的体 $f(\lambda x.g(x,y))$的，此时，y 是一个约束变元。但是把眼光放小点，仅看 λ-表达式 $\lambda x.g(x,y)$，x 是 $g(x,y)$的约束变元，而 y 是 $g(x,y)$的自由变元。我们常把 $\lambda x.g(x,y)$之外层的 λ-表达式称之为它的环境。

下面，我们将讨论 λ-演算转换规则和化简规则(或称施用规则)。

定义 2.16　对于任意 λ-表达式 N,M 及任意变量 x，替换运算 $N[M/X]$表示将 N 中的所有 x 的自由出现用 M 替换；并有如下的具体替换规则：

(1) $x[M/x]=M$

(2) $a[M/x]=a$ for all atoms $a\neq x$

(3) $(N_1N_2)[M/x]=(N_1[M/x])(N_2[M/x])$

(4) $(\lambda x.Y)[M/x]=\lambda x.Y$

(5) $(\lambda y.Y)[M/x]=\lambda y.Y[M/x]$ <u>if</u> $y\neq x$ <u>and</u> $y\notin M$ <u>or</u> $x\notin Y$

对于上面谈到的规则(5)，实际上表明：

$$(\lambda x.x+y)[y/x]=\lambda y.y+y$$

是不成立的，这种替换是不允许的，不允许将 λ-表达式中的自由变元换成约束变元。

下面我们定义施用规则。

定义 2.17　形式为 $\lambda x.N$ 的 λ-表达式，其对 λ-表达式 M 的施用规则为

$$(\lambda x.N)M\rhd N[M/x]$$

并且称$(\lambda x.N)M$ 为“繁式”(redex)，“▷”表示化简，至少具有自反、传递两个特性。

下面我们给出化简的例子，以后为了清楚，λ-抽象式有时用花括弧括起来表示，例如$\{\lambda x.N\}$。

例 2.24

(1) $\{\lambda x.xy\}F \rhd Fy$

(2) $\{\lambda x.y\}F \rhd y$

(3) $\{\lambda x.\{\lambda y.yx\}z\}v \rhd \{\lambda y.yv\}z \rhd zv$

(4) $\{\lambda x.xxy\}(\lambda x.xxy) \rhd \{\lambda x.xxy\}(\lambda x.xxy)y$

$\rhd \{\lambda x.xxy\}(\lambda x.xxy)yy$

(5) $\{\lambda x.xx\}(\lambda x.xx) \rhd (\lambda x.xx)(\lambda x.xx)$

定义 2.18 如果一个λ-表达式不再包含有繁式(redex)，那么称这个λ-表达式是范式λ-表达式(normal form)。

范式λ-表达式是具有相同直觉解释的最简形式，例如例 2.24 中(3)的 zv 就是$\{\lambda x.\{xy.yx\}z\}v$ 的范式。

但是一个λ-表达式的范式形式并不总是有的，例如例 2.24 中的(4)与(5)中的λ-表达式就没有范式。

如果一个λ-表达式具有范式，但如何化简，其路径(即化简序列)并不总是唯一的。例如：

$$\{\lambda x.\{\lambda y.yx\}z\}v \rhd \{\lambda x.zx\}v$$
$$\rhd zv$$

人们不禁要问，一个λ-表达式化简的路径不同，其化简结果总是唯一吗？于是有下面 Church-Rosser Ⅰ定理。

定理 2.19 如果 $U \rhd X$ 并且 $U \rhd Y$，那么存在一个 Z 使得 $X \rhd Z$ 及 $Y \rhd Z$。

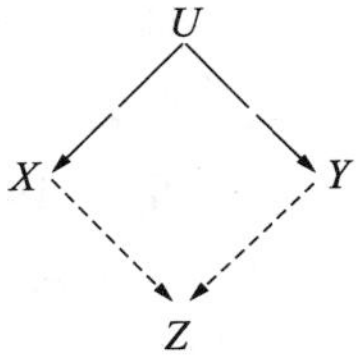

推论 2.2 如果 U 具有范式形式 X 与 Y，那么 $X=Y$。为严格起见，现特将关系"▷"及等关系"＝"定义如右图。化简关系"▷"必须满足如下公理及规则：

<u>axioms</u>：

(α)：$\lambda y.M \rhd \lambda v.(M[v/y])$ 如果 y 在 M 中不是约束的并且 v 在 M 中不是自由的

(β)：$(\lambda x.M)N \rhd M[N/x]$

(ρ)：$M \rhd M$

<u>deduction-rules</u>：

(μ)：$X \rhd X' \rightarrow ZX \rhd ZX'$

(υ)：$X \rhd X' \rightarrow XZ \rhd X'Z$

(τ)：$X \rhd Y$ and $Y \rhd Z \rightarrow X \rhd Z$

等式关系"＝"必须满足如下的公理规则。

<u>axioms</u>：

(α)：$\lambda y.M = \lambda v.(M[v/y])$ 如果 y 在 M 中不是约束的，v 在 M 中不是自由的

(β)：$(\lambda x.M)N=M[N/x]$

(ρ)：$M=M$

Rules of inference：

(μ)：$X=Y\to ZX=ZY$

(υ)：$X=Y\to XZ=YZ$

(ξ)：$X=Y\to\lambda x.X=\lambda x.Y$

(τ)：$X=Y$ and $Y=Z\to X=Z$

(σ)：$X=Y\to Y=X$

(η)：$\lambda x.Mx=M$ if x 在 M 中不是自由的

下面，我们给出 Church-Rosser Ⅱ定理。

定理 2.20 如果 $X=Y$，那么存在着一个 Z 使得 $X\triangleright Z$ 及 $Y\triangleright Z$。

该定理及 Church-Rosser Ⅰ定理的证明，都留给读者作为习题(本章习题 23)。

推论 2.3 如果 $X=Y$ 并且 Y 是一个范式，那么 $X\triangleright Y$。

在 λ-表达式中，从形式上看不相等的两个 λ-表达式，但施用同一对象后相等，例：

$$X=\lambda v.yv$$

$$Y=y$$

对于所有的 a，有

$$Xa\triangleright ya$$

$$Ya\triangleright ya$$

于是我们可以有如下的规则：

(ext) if $XV=YV$ for all V, then $X=Y$

下面，我们介绍 λ-演算中的另一个主要概念，即求不动点的计算规则。虽然我们在前面学习过不动点，但在 λ-演算中，我们仍需更形式化地定义它。

定义 2.19

(1) 如果 $F(f)=f$，那么 f 是 F 的一个不动点。

(2) 如果对于任意 F，$\phi(F)$是一个不动点，即有 $F(\phi(F))=\phi(F)$，那么 ϕ 是一个不动点计算函数(以后我们称它为组合子(combinator))。

定理 2.21

(1) 令 $\theta=\lambda a.\lambda b.b(aab)$，那么 $\theta\theta$ 是一个不动点计算函数。

(2) 令 $Y=\lambda f.(\lambda g.f(gg))(\lambda g.f(gg))$，$Y$ 是一个不动点计算函数。

(3) 令 ϕ 是一个不动点计算函数，令 $G=\lambda a.\lambda b.b(ab)$，那么 $\phi(G)$也是一个不动点计算函数。

(4) 存在着无穷多的不动点计算函数。

其证明我们留给读者作为练习。下面，我们举两个例子。

例 2.25 对下面函数进行 λ-抽象。

length(x)=if null (x)

then 0

$$\underline{\text{else}}\ 1+\text{length}\ (\text{tail}(x))$$

其中 null：list→{true，false}，即

$$\text{null}(x) = \underline{\text{if}}\ x = \varepsilon\ \underline{\text{then}}\ \text{true}\ \underline{\text{else}}\ \text{false}$$

而

$$\text{tail}(x) = \underline{\text{if}}\ x = x_1x_2\cdots x_n\ \underline{\text{and}}\ n \geqslant 1\ \underline{\text{then}}\ x_2x_3\cdots x_n\ \underline{\text{else}}\ \perp$$

下面，我们逐步对 length 函数进行抽象。首先有

$$\text{length} = \lambda x.\ \underline{\text{if}}\ \text{null}(x)\ \underline{\text{then}}\ 0\ \underline{\text{else}}\ 1+\text{length}(\text{tail}(x))$$

再进一步抽象：

$$\text{length} = (\lambda f.\ \lambda x.\ \underline{\text{if}}\ \text{null}\ (x)\ \underline{\text{then}}\ 0\ \underline{\text{else}}\ 1+f(\text{tail}(x)))(\text{length})$$

根据不动点的定义有

$$\text{length}=\text{Y}(\lambda f.\ \lambda x.\ \underline{\text{if}}\ \text{null}(x)\ \underline{\text{then}}\ 0\ \underline{\text{else}}\ 1+f(\text{tail}(x)))$$

例 2.26 令函数 f 被 λ-抽象为

$$f = \lambda v\sigma.\ f(\rho[v/x])\sigma$$

由于它是递归定义的，所以有

$$f = Y(\lambda g.\ \lambda v\sigma.\ g(\rho[v/x])\sigma)$$

进一步计算有

$$f = (\lambda g.\ \lambda v\sigma.\ g(\rho[v/x])\sigma)(Y(\lambda g.\ \lambda v\sigma.\ g(\rho[v/x]\sigma)))$$
$$=\lambda v\sigma.\ Y(\lambda g.\ \lambda v\sigma.\ g(\rho[v/x])\sigma)(\sigma[v/x])\sigma$$

我们可以看到与原函数定义完全一致的递归计算特性。

一个 λ-表达式还可以有如下的一些表示法，特别是在下一章程序设计语言的指称语义的讨论中常会用到。

例如，对下面的一个 λ-表达式：

$$\{\lambda(x,y,z).\ M\}(R,S,T)$$

在进行替换时，R 替换 x，S 替换 y，T 替换 z。有时，我们用下面的形式来表示：

(1) M <u>where</u> $x,y,z=R,S,T$

(2) M <u>where</u> $x=R$ <u>and</u> $y=S$ and $z=T$

(3) let $x=R$ and $y=S$ <u>and</u> $z=T$ in M

如果这种替换缺省时，应注意：

$$\{\lambda(x,y,z).\ M\}(R,S) = \lambda z.\ M'$$

其中 M' 是在 M 中进行了 R 对 x 的替换，S 对 y 的替换所得结果。

2.8 指称语义定义初步

指称语义是用数学的方法在一个语言的语法域及语义域之间建立起映射关系。无论是语法域，还是语义域，其域表示为

α:iden = domain expression

或

α:domain expression

或

iden = domain expression

其中 α 表示 domain expression 所表示的域中的一个对象，即 $\alpha \in$ domain expression。

在指称语义定义中，语义域是已知定义的域，而语法域是被解释的，其语义解释函数的函数域表达式为

μ:syntactic domains → semantic domains

在指称语义的定义中，域对象一般用小写字母（希腊文或英文），而语法域与语义域一般第一个字母用大写字母，而语义解释函数则全用大写花体字母表示。

例如，有一个语言的语法域可以定义如下：

<u>Syntactic Domains</u>

b:Bas	基数
i:Ide	标识符
e:Exp	表达式
c:Cmd	命令
d:Dec	声明

我们可以定义如下的语义域（Semantic Domains）：

$\tau: T=\{\text{false},\text{true}\}^{\perp}$	真值
$\upsilon: N=\{\cdots,-1,0,1,\cdots\}^{\perp}$	整值
$\eta: H=\{a,b,c,\cdots\}^{\perp}$	字符
$B=T+N+H$	基值
$\phi: F=D\to S\to E$	函数
$p: P=D\to S\to S$	过程
$\alpha: L$	地址
$I_m=F\times F$	隐式引用
$R=L+I_m$	引用
$v: E=B+F+P+R$	可表示值
$D=E$	指称值
$\rho: U=\text{Ide}\to D$	环境
$\sigma: S=L\to V$	存储

$V=E$ 可存储值

比方说我们可以得到如下的语义解释函数：

Semantic Functions

$\mathscr{E}:\mathrm{Exp}\to U\to S\to E$

$\mathscr{C}:\mathrm{Cmd}\to U\to S\to S$

$\mathscr{D}:\mathrm{Dec}\to U\to U$

$\mathscr{B}:\mathrm{Bas}\to B$

其中 Exp,Cmd,Dec,Bas 是语法域，而 $U\to S\to E$,$U\to S\to S$ 及 $U\to U$ 是语义域。

应特别注意"→"操作是向"右"结合的，即

$$U\to(S\to S)=U\to S\to S$$

下面我们给出一个函数域，并研究这个函数域中的函数如何表示。

例如有一个函数域

$$f:F=A\to B\to C\to D\to E$$

其中 f 是 $F=A\to B\to C\to D\to E$ 中的一个对象，这时函数 f 只是一个函数名，并没有施于其自变量。如设 $a\in A$，则有对 A 求值：

$$f(a):F_1=B\to C\to D\to E$$

同理有

$$f(a)(b):F_2=C\to D\to E$$

$$f(a)(b)(c):F_3=D\to E$$

$$f(a)(b)(c)(d):F_4=E$$

其中 $b\in B,c\in C,d\in D$。

又例如一个函数域

$$g:G=A\times B\to C\to(D\times E)$$

则可以推出

$$g(a,b):G_1=C\to(D\times E)$$

$$g(a,b)(c):G_2=D\times E$$

其中 $a\in A,b\in B,c\in C$。注意 $g(a,b)(c)$的结果应是$(d,e)\in D\times E$。

但对于语义函数的求值，其自变量是语法域，其求值符号一般用"⟦…⟧"，例如对于前面谈到的例子：

$$\mathscr{E}:\mathrm{Exp}\to U\to S\to E$$

$$\mathscr{E}[\![e]\!]:U\to S\to E$$

$$\mathscr{E}[\![e]\!](\rho):S\to E$$

$$\mathscr{E}[\![e]\!](\rho)(\sigma):E$$

其中 $e\in\mathrm{Exp}$。

我们规定，如一个域中的对象是一单一字母表示的，由于这种函数施用是向左结合的，则$(\mathscr{E}[\![e]\!]\rho)\sigma$ 可以写成

$$\mathscr{E}[\![e]\!]\,\rho\,\sigma$$

但域对象是用多字母表示的，那么这种括号将不能省掉。

在指称语义的定义中，我们常会使用到如下的操作："投影"(projection)、"注入"(injection)及"检查"(inspection)。

对于和域(sum domain)$X=\cdots+Y+\cdots$有

(1) 投影(projection)。

$$x\ \underline{\text{onto}}\ Y=\begin{cases} y, & \text{如果 } x:X \text{ 对应 } y:Y \\ \perp, & \text{如果 } x:X \text{ 找不到任意一个 } Y \text{ 中的对应元素} \end{cases}$$

(2) 注入(injection)。对于 $y:Y$ 有

$y\ \underline{\text{into}}\ X=x$，其中 $x:X$ 对应于 $y:Y$

这是一个在子域上向和域上注入的操作。

(3) 检查(inspection)。对于 $x:X$ 有

$$x\ \underline{\text{in}}\ Y=\begin{cases} \text{true}, & \text{如果 } x:X \text{ 对应于一个元素 } y:Y \\ \text{false}, & \text{如果 } x:X \text{ 不对应于 } Y \text{ 中的任一个元素} \end{cases}$$

下面，我们举两个小例子。

例 2.27 我们将 λ-表达式的语义用指称语义方法定义出来。

<u>Syntactic Domains</u>

b:Bas	基数
i:Ide	标识符
e:Exp	表达式

<u>Abstract Productions</u>

$e::=b$	基数
$\mid i$	标识符
$\mid \lambda i\cdot e$	抽象
$\mid e_1e_2$	复合
$\mid (e)$	括号

<u>Semantic Domains</u>

$\rho:U=\text{Ide}\rightarrow D$	环境
$\varphi:F=D\rightarrow E$	函数
$\delta:D=E$	指称
$E=B+F$	值(其中 B 为基值)

<u>Semantic Functions</u>

$\mathscr{B}:\text{Bas}\rightarrow E$

$\mathscr{E}:\text{Exp}\rightarrow U\rightarrow E$

<u>Semantic Equations</u>

$\mathscr{E}[\![(e)]\!]\rho\ \underline{\triangle}\ \mathscr{E}[\![e]\!]\rho$

$\mathscr{E}[\![b]\!]\rho\ \underline{\triangle}\ \mathscr{B}[\![b]\!]$

$\mathscr{E}[\![i]\!]\rho\ \underline{\triangle}\ \rho(i)\ \underline{\text{into}}\ E$

$\mathscr{E}[\![\lambda i.e]\!]\rho \triangleq \varphi$ into E

where $\varphi(\delta) = \mathscr{E}[\![e]\!](\rho[\delta/i])$

$\mathscr{E}[\![e_1 e_2]\!]\rho \triangleq \varphi(\delta)$

where $\varphi = \mathscr{E}[\![e_1]\!]\rho$ onto F and

$\delta = \mathscr{E}[\![e_2]\!]\rho$ onto D

其中 $\rho[\delta/i]$表示将标识符中的一个固定在 δ,但其他不变。

例 2.28 我们定义布尔表达式的指称语义。

Syntactic Domains

e:Boolexp 布尔表达式

op:Boolop 布尔中缀操作

Abstract syntax

e::=true|false|e_1 op e_2|NOT e

op::=AND|OR|IMPL|EQ

Semantic Domains

$f_b : F_b = \text{Bool} \times \text{Bool} \to \text{Bool}$

$\text{Bool} = \{\text{true}, \text{false}\}$

$E = \text{Bool} + F_b$

Semantic Functions

$\mathscr{M}$:(Boolexp+Boolop)→E

Semantic Equations

主要解释如下的情况:

$\mathscr{M}[\![e_1 \text{ op } e_2]\!] \triangleq$

let $v_1 = \mathscr{M}[\![e_1]\!]$in

let $v_2 = \mathscr{M}[\![e_2]\!]$in

$(\mathscr{M}[\![\text{op}]\!]$onto $F_b)(v_1, v_2)$ into E

$\mathscr{M}[\![\text{NOT } e]\!] \triangleq$ let $v = \mathscr{M}[\![e]\!]$in

if v then false into E else true into E

$\mathscr{M}[\![\text{AND}]\!] \triangleq \lambda(v_1, v_2)$. if v_1 then v_2 else false

$\mathscr{M}[\![\text{OR}]\!] \triangleq \lambda(v_1, v_2)$. if v_1 then v_1 else v_2

$\mathscr{M}[\![\text{IMPL}]\!] \triangleq \lambda(v_1, v_2)$. if v_1 then v_2 else true

$\mathscr{M}[\![\text{EQ}]\!] \triangleq \lambda(v_1, v_2)$. if v_1 = true and v_2 = true

or v_1 = false and v_2 = false then true else false

以上两个例子,我想读者是很容易明白的。

最后,我们给出指称(denotation)的定义。

定义 2.20 设有函数 $f(x)$,这里的 f,x 是两个没有定义的语法符号,如果我们在两个域 D_1, D_2 中分别找到 f,x 的值,那么称这两个值即为 f,x 的指称。

例如有如下的函数域：

$[\text{real} \to \text{real}]$

$[\text{positive} \to \text{real}]$

$[\text{positive} \to \text{negative}]$

$[\text{real} \times \text{real} \to \text{real}]$

$[\text{real} \times \text{real} \to \text{boolean}]$

那么会有

$\sin \in [\text{real} \to \text{real}]$

$\log \in [\text{positive} \to \text{real}]$

$\text{neg} \in [\text{positive} \to \text{negative}]$

$+ \in [\text{real} \times \text{real} \to \text{real}]$

$* \in [\text{real} \times \text{real} \to \text{real}]$

$> \in [\text{real} \times \text{real} \to \text{boolean}]$

这里的 sin，log，neg，+，*，>都分别是这些域中的值。所谓指称即为其值的注释。这种值的概念不仅可以是数值、布尔值、字符值，而且还可以是函数值。

指称语义的定义对具体的什么值并不感兴趣，而只是对这个值是什么域的对象感兴趣，所以指称语义着重在于说明“What to do”而并不是“How to do”。这一点请读者注意。

习 题

1. 利用 Arden 定理解下列域方程组。

(1) $\begin{cases} X_1 = \sigma X_2 + \tau X_2 + \varepsilon \\ X_2 = \tau X_1 + \sigma X_2 \end{cases}$

(2) $\begin{cases} X_1 = \sigma X_1 + \tau X_2 + \varepsilon \\ X_2 = \tau X_1 + \sigma X_2 + \varepsilon \end{cases}$

(3) $\begin{cases} X_1 = \tau X_1 + \sigma X_2 + \varepsilon \\ X_2 = \sigma X_2 + \tau X_3 + \varepsilon \\ X_3 = \tau X_1 + \varepsilon \end{cases}$

(4) $\begin{cases} X_1 = (a+b)X_1 + (bb)^* X_2 + b \\ X_2 = (aa)^* + (a+b)X_2 + a \end{cases}$

2. 试论下列函数是否自然延伸、单调及连续。

$\text{cond}: \{\text{true}, \text{false}\} \times D \times D \to D$

$\text{cond}': \{\text{true}, \text{false}, \perp\} \times D^{\perp} \times D^{\perp} \times \to D^{\perp}$

即

$$\text{cond}(t, x, y) = \begin{cases} x, & t = \text{true} \\ y, & t = \text{false} \end{cases}$$

$$\text{cond}'(t,x,y) = \begin{cases} x, & t = \text{true} \\ y, & t = \text{false} \\ \bot, & t = \bot \end{cases}$$

3. 考查下列函数的单调性。

(1) $f(x)$:<u>if</u> $x=0$ <u>then</u> 1 <u>else</u> x,其中 $f:N^{\bot}\to N^{\bot}$。

(2) $f(x)$:<u>if</u> $x=\bot$ <u>then</u> 0 <u>else</u> 1,其中 $f:N^{\bot}\to N^{\bot}$。

4. 下面的泛函是在$[I^{\bot}\to I^{\bot}]$上单调或连续的吗?

(1) <u>if</u>(F is total)<u>then</u> $\bot$ <u>else</u> 0

(2) <u>if</u>(F is total)<u>then</u> 0 <u>else</u> $\bot$

(3) <u>if</u>(F is total)<u>then</u> 0 <u>else</u> 0

其中 F <u>is</u> <u>total</u> 意味着 $F(x)\not\equiv\bot$,对于每一个 $x\in I^{\bot}$。

5. 找出下列泛函(在$[I^{\bot}\to I^{\bot}]$上)的不动点,并证明其结果正确。

(1) <u>if</u> $x=0$ <u>then</u> 0 <u>else</u>$[1+F(x-1,F((y-2),x))]$

(2) <u>if</u> $x=0$ <u>then</u> 1 <u>else</u>$F(x-1,F(x-y,y))$

6. 下面的两个泛函具有相同的最小不动点吗?

(1) <u>if</u> $x=0$ <u>then</u> y <u>else</u> <u>if</u> $x>0$ <u>then</u>
$F_1(x-1,y+1)$<u>else</u> $F_1(x+1,y-1)$

(2) <u>if</u> $x=0$ <u>then</u> y <u>else</u> <u>if</u> $x>0$ <u>then</u>
$F_2(x-2,y+2)$<u>else</u> $F_2(x+2,y-2)$

7. 考虑泛函 τ 在$[N^{\bot}\to N^{\bot}]$上

$\tau[F](x)$:<u>if</u> $x=0$ <u>then</u> 1 <u>else</u> $F(x+1)$

证明:

$f_n(x)$:<u>if</u> $x=0$ <u>then</u> 1 <u>else</u> n

是 τ 的不动点($n:N^{\bot}$)。

(注:其最小不动点是 $f_{\tau}(x)$:<u>if</u> $x=0$ <u>then</u> 1 <u>else</u> $\bot$。)

8. 泛函 τ 在$[I^{\bot}\to I^{\bot}]$上,即

$\tau[F](x)$:<u>if</u> $x=y$ <u>then</u> $y+1$ <u>else</u> $F(x,F(x-1,y+1))$

证明如下函数是 τ 的不动点:

$f(x,y)$:<u>if</u> $x=y$ <u>then</u> $y+1$ <u>else</u> $x+1$

$g(x,y)$:<u>if</u> $x\geqslant y$ <u>then</u> $x+1$ <u>else</u> $y-1$

$h(x,y)$:<u>if</u> $(x\geqslant y)\wedge(x-y$ is <u>even</u>$)$ <u>then</u> $x+1$
<u>else</u> $\bot$

9. 证明泛函 $\tau:[I^{\bot}\to I^{\bot}]$

$\tau[F]$:<u>if</u> $x>100$ <u>then</u> $x-10$ <u>else</u> $F(F(x+11))$

的不动点是

$\tau[F]$:<u>if</u> $x>100$ <u>then</u> $x-10$ <u>else</u> 91

10. 有如下的整数递归方程

$P:F(x,y)\Leftarrow$ <u>if</u> $x=0$ <u>then</u> 1 <u>else</u> $F(x-1,F(x-y,y))$

(1) 使用六个不同的计算规则,计算 $F(2,1)$,$F(3,2)$。

(2) 找一个可被六个计算规则计算的函数。

11. 叙述偏序、函数连续、单调及泛函连续、单调与泛函不动点计算的理论方面关系(小结一下

你所学的内容)。

12. 用λ-抽象式描述如下函数:

(1) $f(y)=y(y+1)$

(2) $f(3)+f(4)$,其中 $f(y)=y(y+1)$

(3) $f(a+b,a-b)+f(a-b,a+b)$

其中 $a=33,b=44,f(u,v)=uv(u+v)$

(4) $f(g(a))+g(f(b))$

其中 $f(z)=z^2+1,g(x)=x^2-1$

(5) $u/(u+5)$,其中 $u=a(a+1),a=7-3$

(6) $f(3)+f(4)$,其中 $f(x)=ax(a+x),a=7-3$

13. 设有二次函数 twice$=\lambda/.(\lambda x.f(f(x)))$,求 twice$(\lambda n.n+1)$。并,试构造一个三次函数。

14. 已知

curry:$[[D_1\times D_2\times\cdots\times D_n]\to D]\to$

$[D_1\to D_2\to\cdots D_n\to D]$

uncurry:$[D_1\to D_2\to\cdots\to D_n\to D]\to[[D_1\times\cdots\times D_n]\to D]$

并有

curry $=\lambda f.\lambda x_1x_2\cdots x_n.f(x_1,\cdots,x_n)$

uncurry $=\lambda f.\lambda(x_1,\cdots,x_n).fx_1x_2\cdots x_n$

假定

plus $=\lambda(n,m).n+m$

plusc $=\lambda nm.n+m$(即 $\lambda n.\lambda m.n+m$)

证明

curry(plus) = plusc.

uncurry(plusc) = plus

15. 函数 lit 是如下定义的:

lit $f(x_1,\cdots,x_n)x_{n+1}=fx_1(fx_2(\cdots(fx_nx_{n+1}))\cdots)$

例如

<u>if</u> plusc $=\lambda xy.x+y$ <u>then</u>

lit plusc$(x_1,\cdots,x_n)x_{n+1}=x_1+\cdots+x_n+x_{n+1}$

(也就是说 lit plusc(1,2,3)4=10)

(1) 写出 lit 的类型(性质域表达式)。

(2) 用λ-表示式和递归定义方法定义 lit。

(3) 设计一个函数 f,满足如下条件:

$$\text{litf}(x_1,\cdots,x_n)x=\begin{cases}\text{true}, & \text{如果 } x=x_1\\ \text{false}, & \text{其他}\end{cases}$$

16. 说明下面的式子哪些是正确的,并解释其意义:

(1) $f(x)=$<u>if</u> atom(x)<u>then</u> x <u>else</u> $f(\text{car}(x))$

$f(x)=\lambda x.$ <u>if</u> atom(x)<u>then</u> x <u>else</u> $f(\text{car}(x))$

$f=\lambda x.$ <u>if</u> atom(x)<u>then</u> x <u>else</u> $f(\text{car}(x))$

(2) $g(x,y,z)=F(f(x),g(y,z))$

$g(x)=\lambda(x,y,z).F(f(x),g(y,z))$

$g(x,y)=\lambda z.F(f(x),g(y,z))$

17. 有如下的语义解释函数

$\mathscr{E}:\mathrm{Exp}\to \mathrm{U}\to S\to V$

对此，下列四种语义解释写法哪个是对的，为什么？

(1) $\mathscr{E}[\![(e)]\!]\rho\,\sigma=\mathscr{E}[\![e]\!]\rho\,\sigma$

(2) $\mathscr{E}[\![(e)]\!]\rho=\lambda\sigma.\mathscr{E}[\![e]\!]\rho\,\sigma$

(3) $\mathscr{E}[\![(e)]\!]\rho\,\sigma=\lambda\sigma.\mathscr{E}[\![e]\!]\rho\,\sigma$

(4) $\mathscr{E}[\![(e)]\!]=\lambda\rho\sigma.\mathscr{E}[\![e]\!]\rho\,\sigma$

并请计算$\mathscr{E}[\![((e))]\!]\rho$。

18. 证明 $Y(H)=H(Y(H))$。

19. 如果 f 是严格的（即 $f(\bot)=\bot$），并且 $f(h)=g(f)$，证明 $Y(g)=f(Yh)$。

20. 对于 $f:D_1\to D_2$ 及 $g:D_2\to D_1$，证明

$Y(f(g)) = f(Y(g(f)))$

21. 试证明 $Y=\lambda f.(\lambda g.f(gg))(\lambda g.f(gg))$是一个不动点计算函数。

22. 试证明

$\mathscr{C}[\![\underline{\text{while}}\ e\ \underline{\text{do}}\ c\ \underline{\text{od}}]\!]\rho=Y(\lambda\phi.\lambda\sigma.\underline{\text{if}}\ \mathscr{E}[\![e]\!]\rho\,\sigma\ \underline{\text{then}}\ \phi(\mathscr{C}[\![c]\!]\rho\,\sigma)\ \underline{\text{else}}\ \sigma)$

23. 证明 Church-Rosser Ⅰ 定理及 Church-Rosser Ⅱ 定理及其推论。

24. 用 λ-抽象表示函数

factorial(τ) = $\underline{\text{if}}$ is zero(x) $\underline{\text{then}}$ 1 $\underline{\text{else}}$
$n\cdot$ factorial($n-1$)

参考文献

[1] D. Scott. Mathematical Concepts in Programming Language Semantics. Proceedings SJCC 40 AFIPS. 1972:225-234.

[2] Z. Manna. Mathematic Theory of Computation. McGraw-Hill, 1974.

[3] Z. Manna, A. Shamir. The Optimal Approach to Recuroive Programs, CACM, 1977:20(11).

[4] J. E. Stoy. Foundations of Denotational Semantics. Lecture Notes in Computer Sctence. 1980:86.

[5] J. E. Stoy. Denotational Semantics: The Scott-Strachey Approach to Programming Language Theory. MIT Press, Cambridge, Mass, 1977.

[6] 周巢尘. 形式语义学引论. 长沙：湖南科技出版社，1985.

第 3 章　程序设计语言的指称语义

在这一章,我们将向读者介绍程序设计语言的基本概念,以及这些基本概念的指称语义是如何表示的,并研究指称语义学的证明技术及值计算的实现。

3.1　程序设计语言的基本概念

许多读者会用各种程序设计语言进行程序设计,但对于程序设计语言的基本概念却不一定十分清楚。这一节,我们对现代程序设计语言基本概念做些小结。这些基本概念包括:

- 类型概念。
- 对象概念。
- 作用域概念。
- 控制结构。
- 程序结构。
- 分别编译。
- 并发程序设计。
- 强制型语言与施用型语言。

下面,我们就来分别介绍这些概念。

1. 类型概念

熟悉程序设计语言的读者,都已经十分清楚数据类型的概念了。例如声明一个对象是整型,它指出该对象的内容是一个整数,那么这个对象所承受的操作当然也只能是整数意义上的操作。但是,大多数程序设计语言的数据类型,主要指明的是数据对象的类型,对于该类型的操作并没有做明确的规定,或做了规定但很不充分,而且没有把值集与操作统一在一个范畴之内。

在现代语言中提出了抽象数据类型(abstract data types)的概念,什么是一个抽象数据类型呢?一个抽象数据类型的定义为:值集加上在这个值集对象上的操作。也就是我们在以后介绍的$\mathscr{A}=(S,\Sigma,E)$,其中 S 是类别名的集合;Σ 是在 S 所表明的载体对象上的操作有限集合,即 $\Sigma=\{\Sigma_{w,c}\mid w\in S^*,c\in S\}$;$E$ 是公理的有限集合。类型不是数据结构。现代程序设计语言应当是一个抽象数据类型语言。

一个抽象数据类型往往都带有类型参数，如果将这些类型参数确定下来，就可以得到这个抽象数据类型的实例数据类型，一个实例数据类型不再有类型参数，其值集与操作都已经是具体的。

抽象数据类型的程序实现，对于非并发抽象数据类型而言，其实是所谓的 class 技术，而对于并发的抽象数据类型，则是所谓 monitor 技术。

class 技术最早应用在 SIMULA-67 中，其规定形式为

class C(形式参数)；…C 的体…；

REF(C)A,B,E；…

A:—new C(实参 1)

B:—new C(实参 2)

E:—new C(实参 3)

上例中的 class C(形式参数)；…C 的体…；说明了一个类型，其中 C 的体是由一些过程所构成的，并且在 class 中还定义了全程于 C 体内的全程变量，如图 3.1 所示。

从图 3.1 看出，一个 class 的私有变量对于其他 class 来说是私有的，但对于本 class 中的过程是全程的。一个 class 类型同样需要对象声明才能作为程序设计中的对象处理。在 SIMULA-67 中的 class 对象实例发生是靠 new 子句及地址赋值(:-)构成的。

这种 class 技术后来在 CONCURRENT PASCAL 中得到了充分的发展。在 Ada 语言中，在其编译程序实现其类型部分的代码生成时，也采用了抽象数据类型的技术。但 Ada 语言中的 task type 却是非常不完善的类型概念，Ada 语言的 package 是一种类似 class 技术的语言成分。

<table>
<tr><td rowspan="11">class</td><td colspan="2">class 的形式参数</td></tr>
<tr><td colspan="2">class 的私有变量</td></tr>
<tr><td rowspan="3">过程 1</td><td>过程 1 的形式参数</td></tr>
<tr><td>过程 1 的私有变量</td></tr>
<tr><td>过程 1 的操作</td></tr>
<tr><td rowspan="3">过程 2</td><td>过程 2 的形式参数</td></tr>
<tr><td>过程 2 的私有变量</td></tr>
<tr><td>过程 2 的操作</td></tr>
<tr><td>⋮</td><td>⋮</td></tr>
<tr><td rowspan="3">过程 n</td><td>过程 n 的形式参数</td></tr>
<tr><td>过程 n 的私有变量</td></tr>
<tr><td></td><td>过程 n 的操作</td></tr>
</table>

图 3.1

2. 对象概念

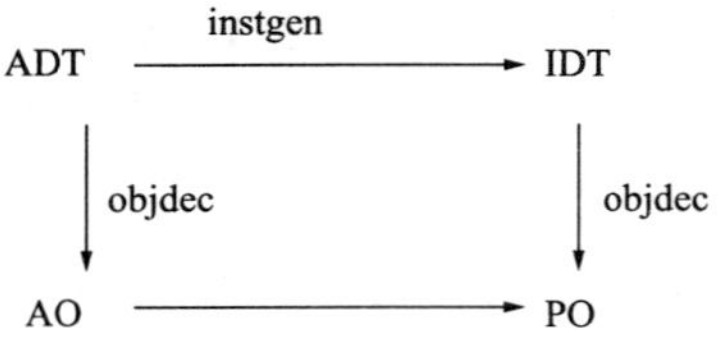

图 3.2

一个类型的对象将从其类型继承值集与操作，一个对象的类型如果是抽象数据类型，那么这个对象是一个抽象对象。一个对象的类型如果是一个实例数据类型，那么它是一个真实对象。抽象数据类型和实例数据类型、抽象对象、真实对象的关系如图 3.2 所示。

要特别注意，对象之间是并发存在的，如对象 x 与对象 y 是两个独立存在的对象，这种存在性就如同两个人的存在性一样，是并发性的。这一点对于进程对象是特别重要的。

3. 作用域概念

一个程序设计语言总可以分成定义与引用两部分。所谓定义部分，在一般程序设计语言中称之为声明，如类型声明、对象声明、过程声明、函数声明等。所谓引用部分，一般是语句与表达式部分。

作用域概念是这样定义的，一个标识符从它所在的 block 中第一次出现定义开始，到这个 block 结束为止的一个区域。或说作用域是一个声明产生效应的区域。作用域又分成闭作用域及开作用域。所谓闭作用域，即那些非局部变量必须显示输入的作用域。而开作用域是可以自动地从环境作用域中继承全局说明的作用域。作用域的缺省声明则意味着闭作用域，例如 W. A. Wulf 等人开发的语言 ALPHARD 就是这种情况。Wulf 是一个较强硬地反对全程变量不加约束就使用的代表人物之一。

与作用域概念成双出现的概念叫做能见度(或称可见性)，这是从"引用"的角度来谈的概念。它表示从内层 block 向外层的 block，或者向其他 block 能见到什么程度及看到什么。

作用域的有效性与全程变量和函数的副作用有关。

4. 控制结构

所谓控制，包括命令控制形式、表达式的组合算子及过程与函数参数的控制。

命令控制结构自从 PASCAL 语言之后，基本上没有很大的变化，在后来的语言中，变化结构较大的就算 Dijkstra 的卫式语言了。这些变化也主要表现在选择结构与循环结构。

选择结构如图 3.3 所示。

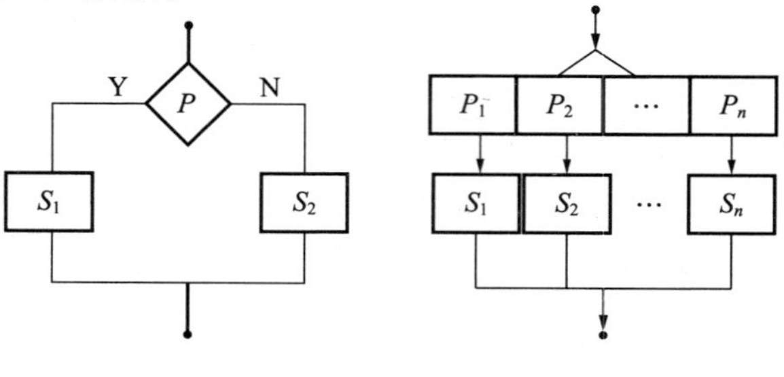

(a) PASCAL的if结构　　(b) Dijkstra卫式语言的if结构

图 3.3

PASCAL 的 if 结构采用的是，如果 P 为真则 S_1 否则为 S_2 的结构，显然这里面采用“求补”或者是“求反”的逻辑。如果学过可计算性理论的读者，可以理解这种“求反”的逻辑是有某种害处的。对于 Dijkstra 卫式语言，一个不要造成夭折的 if 结构其 non（P_1 or P_2 or…or P_n）＝F 完全可以采用正逻辑。

循环结构如图 3.4 所示。

还有些语言允许如图 3.5 所示的循环结构。

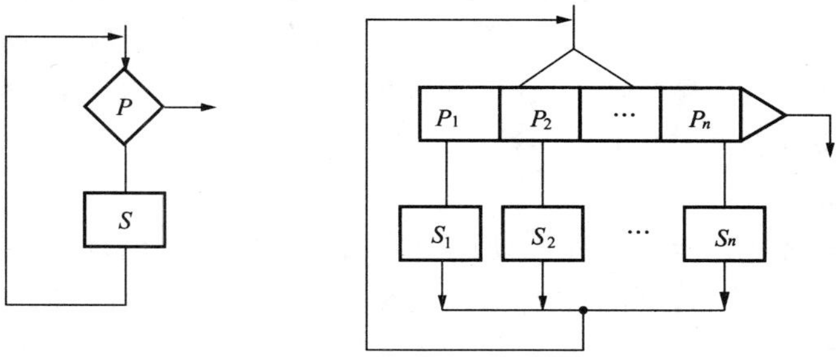

(a) PASCAL的循环结构　　(b) Dijkstra卫式语言的循环结构

图 3.4

表达式的组合算子。表达式实际上是一种项语言。任何表达式都是而且最好是由某些类型的一些对象与这些类型中的操作构成的。但在不同类型的语言中，表达式范畴中组合算子(combinator)会有较大的差别，这种差别主要表现在强制型语言(imperative language)及施用型语言(applicative language)之中。

参数控制。参数概念在早期的如 FORTRAN 及 ALGOL 60 等语言中，仅在过程及子程序概念中引用，而在抽象类型语言中，参数概念已经引入到类型的定义中，叫做类型参数。在 Ada 语言中，为 package 及子程序还增加了 generic 参数。但作为参数传递机制，却可以分成四种情况：call-by-value，call-by-reference，call-by-result 及 call-by-name。例如 Ada 语言与 PASCAL 语言的参数传递机制如表 3.1 所示。

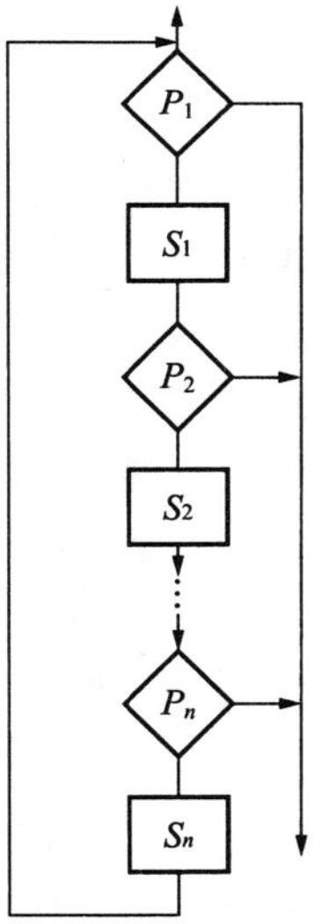

图 3.5 一个多出口聚合的循环结构

表 3.1

参数传递机制	Ada 语言	PASCAL 语言
call-by-value	in	值参数
call-by-reference	inout	变量参数
call-by-result	out	
call-by-name	generic 形式参数	过程形式参数 函数形式参数

5. 程序结构

程序结构是指程序行文的结构。目前的程序设计语言一般分成两种类型，一种是非嵌套式的模块式程序结构，另一种是嵌套式的程序结构，例如像 ALGOL 60 和 Ada 都允许嵌套结构。非嵌套式的程序设计语言例如 FORTRAN 及 C 语言。

程序设计结构追求层次化及模块化。所谓层次化是指程序结构是按照树结构排列的。从引用关系来谈，层次化结构程序只能外层引用内层，而内层不能引用外层。只有这样，外层的变化才不会对内层有影响。所谓模块化，指程序之间互相独立，互相之间不作为环境依赖。显然，一个程序不依赖于环境而独立存在，当然就有很好的通用性。通用程序可以存放在公用的程序库中公用。

6. 分别编译

分别编译非常适合于大型程序设计。从编译的体制来说，编译可以分为整体编译、独立编译与分别编译。所谓整体编译是整个程序在一次编译程序的运行中编译完成；例如像 PASCAL 的编译程序。独立编译是指一个程序有许多模块所组成；例如 FORTRAN 语言的程序就是由一个主程序与许多子程序模块所组成的，每一个模块在编译时并不依赖于其他模块的信息，而是独立编译完成，然后由连接编辑程序 LINK 实现不同模块之间的信息沟通。分别编译技术是指一个程序有许多编译单位，每一个编译单位在编译时要依赖于其他已编译好的编译单位的信息，并产生出这个编译单位物理目标代码。从上面的讨论可以看出，分别编译与整体编译有很大的不同，也与独立编译不同。Ada 语言是分别编译的。有人在 1980 年 CACM 上发表了一个在 PASCAL 上扩充的分别编译办法。

7. 并发程序设计

并发程序设计语言的基本概念与特点，我们将在第 10 章介绍。

8. 强制型语言与施用型语言

所谓强制型语言是指具有命令的语言，这种语言的特点在于具有赋值语句、GOTO语句式的转移及中间输入/输出命令。语句的作用在于执行改变状态。所谓施用型语言是一种只有表达式范畴没有命令存在的语言，例如 LISP 语言，而这种表达式作用在于计算产生值，并且没有副作用。它的施用不依赖于任何环境，是处处可施用的，具有很好的“引用透明性”。

我们在引言中已经向读者介绍了四种计算模型，对应于这四种计算模型就有四种程序设计语言，也有四种机器模型。读者在自己的工作与学习生活中，应不断地追踪这些语言的发展。目前函数型语言、逻辑程序设计语言以及代数语言将会得到学术界特别的关注。

3.2　存储语义

我们这里介绍的存储语义，以及后面介绍的环境语义、命令语义、表达式语义、连续等，都不过是给出程序设计语言中的存储、地址概念，以及其他语言成分的语义如何表示。

下面，首先从两个小例子谈起。

在例 2.27 的文法中，其中的标识符如果允许是一个变量引用的话，就引入了存储的概念。存储如果定义在语义域中，显然它是一个地址对内容的映射，或说是一个地址与内容的对照表，即$\{l_1 \mapsto v_1, l_2 \mapsto v_2, \cdots, l_n \mapsto v_n\}$。于是存储域可以表示成：$\sigma: S = L \to V$，其中 L 表示地址，V 表示可存储的值，而 σ 表示 S 的一个对象。这时，λ-表达式的语义域可以定义为

<u>Semantic Domains</u>

i: Ide	标识符
$\alpha: L$	地址
$\delta: D = E$	指称值
$\beta: V = B$	可存储值(假定存储值即为基值)
$\rho: U = \text{Ide} \to D$	环境
$\sigma: S = L \to V$	存储
$E = V + F + L$	可表示值
$\phi: F = D \to S \to E$	函数

语义域做了修改，那么语义解释函数也要做相应的修改，此时语义解释函数应为

<u>Semantic Functions</u>

$\mathscr{B}$: Bas $\to E$

$\mathscr{E}$: Exp $\to U \to S \to E$

语义方程也应做一些修改：

<u>Semantic Equations</u>

$\mathscr{E}[\![(e)]\!]\rho\,\sigma = \mathscr{E}[\![e]\!]\rho\,\sigma$

$\mathscr{E}[\![b]\!]\rho\,\sigma = \mathscr{B}[\![b]\!]$

$\mathscr{E}[\![i]\!]\rho\,\sigma = \rho(i)\,\underline{\text{into}}\;E$

$\mathscr{E}[\![\lambda i.\,e]\!]\rho\,\sigma = \phi\;\underline{\text{into}}\;E\;\underline{\text{where}}\;\phi(\delta)$

$\qquad = \mathscr{E}[\![e]\!]\rho[\delta/i]$

$\mathscr{E}[\![e_1 e_2]\!]\rho\,\sigma = \phi(\delta)\sigma$

$\qquad \underline{\text{where}}\;\phi = \mathscr{E}[\![e_1]\!]\rho\,\sigma\;\underline{\text{onto}}\;F\;\underline{\text{and}}$

$\qquad\qquad \delta = \mathscr{E}[\![e_2]\!]\rho\,\sigma\,\underline{\text{onto}}\;D$

我们再看例 2.28，如果我们给它增加一个变量引用，其文法为

$e ::= \cdots \mid i$

op $::=$ <u>AND</u> | <u>OR</u> | <u>IMPL</u> | EQ

其中 i 是变量名，由于本文法的 i 不再具有其他的指称含义，所以可以不必要环境 U，因此其语义域、语义解释函数及语义方程可做如下的修改：

<u>Semantic Domains</u>

$f_b: F_b = \text{Bool} \times \text{Bool} \to \text{Bool}$

$$\text{Bool}=\{\text{true},\text{false}\}$$
$$E=\text{Bool}+F_b$$
$$\sigma: S=\text{ide}\to\text{Bool}$$

<u>Semantic Functions</u>

$$\mathcal{M}:(\text{Boolexp}+\text{Boolop})\to S\to E$$

<u>Semantic Equations</u>(只写两个)

$$\mathcal{M}[\![e_1 \text{ op } e_2]\!]\sigma \triangleq$$
$$\underline{\text{let}}\ v_1=\mathcal{M}[\![e_1]\!]\sigma\ \underline{\text{in}}$$
$$\underline{\text{let}}\ v_2=\mathcal{M}[\![e_2]\!]\sigma\ \underline{\text{in}}$$
$$(\mathcal{M}[\![\text{op}]\!]\sigma\ \underline{\text{onto}}\ F_b)(v_1,v_2)$$
$$\mathcal{M}[\![\text{AND}]\!]\sigma=\lambda(v_1,v_2).\ \underline{\text{if}}\ v_1\ \underline{\text{then}}\ v_2\ \underline{\text{else}}\ \underline{\text{false}}$$

我们知道在程序设计语言中有许多命名的实体，例如变量标识符、过程标识符、函数标识符、类型标识符、形式参数标识符，所有这些概念都是语法实体，所有这些标识符都应当有一个指称，所谓指称就是在语义域中能找到相应的“值”。例如过程名标识符，它的指称是一个过程，那么我们就应当定义一个过程域 P，在这个过程域中有许多“值”，每一个值，或说每一个元素都是一个过程。如果我们说明这个标识符是一个过程，在定义域时，就应有

$$P=\cdots \qquad \text{过程}$$
$$\delta: D=\cdots+P+\cdots \qquad \text{指称值}$$
$$\rho: U=\text{ide}\to D \qquad \text{环境}$$

在语义方程中如出现 $\rho(i)\ \underline{\text{onto}}\ P$，就是说标识符 i 的指称是个过程，至于过程如何定义，在上面域定义中没有说。又例如，我们如定义指称值域为

$$\delta: D=B+F+P+L$$
$$\rho: U=\text{ide}\to D$$

从上面的定义中可以看出，这个语言允许定义标识符是基值(B)、函数(F)、过程(P)及地址(L)。清楚了上面的讨论，读者就清楚了如何定义指称值域，这完全视一个语言规定其标识符是些什么东西而定。

在程序设计语言中还有另一些实体称之为语义实体，它们是存储变量、引用、标号值、指针及地址等，我们统称为“地址”。地址概念是一种执行的概念，所以是一种动态概念(而指称概念是一种静态概念)。所以我们最后可以把任何一个标识符都落到一个地址上，并用图 3.6 表示。

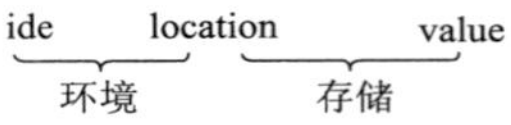

图 3.6

我们首先要讨论的是存储的语义表示。最简单的存储语义域是如下的形式，即

$$\sigma: S=L\to V \cdots\cdots\cdots\cdots \text{存储}$$
$$\alpha: L \cdots\cdots\cdots\cdots \text{地址}$$
$$\beta: V \cdots\cdots\cdots\cdots \text{可存储值}$$

围绕这个存储定义形式还有如下几个原始函数：

$$\text{content}: L \to S \to V$$

$$\text{update}: (L \times V) \to S \to S$$

这些函数并满足如下的条件：

$$\text{content } \alpha\sigma = \sigma\alpha$$

$$\text{update}(\alpha, \beta)\sigma = \sigma[\delta/\alpha]$$

第一个函数是求存储中某一地址 α 内的内容的。第二个函数对存储中的 α 地址进行赋值 β 的操作。于是我们很容易联想到一个赋值语句 $e_1 := e_2$，如果在语义解释函数

$$\mathscr{C}: \text{Cmd} \to U \to S \to S$$

的解释下，将有如下的语义方程：

$$\mathscr{C}[\![e_1 := e_2]\!]\rho\,\sigma = \text{update}(\alpha, \beta)\sigma$$

$$\underline{\text{where}}\ \alpha = \mathscr{E}[\![e_1]\!]\rho\,\sigma\ \underline{\text{onto}}\ L$$

$$\underline{\text{and}}\ \beta = \mathscr{E}[\![e_2]\!]\rho\,\sigma\ \underline{\text{onto}}\ V$$

其中 $\mathscr{E}: \text{Exp} \to U \to S \to E, E = D = V + L + \cdots$。

在有的语义学著作中，称 e_1 表达式计算出的值为地址值（标号值）或叫做“左值”。而 e_2 表达式计算出的值是非引用的(dereference)内容值，或叫做“右值”。

以上讨论的存储模型是最基本的模型。在许多语言中有可修改的数据结构，例如数组、记录，它们是将标识符固定在一个地址表上，通过指针或引用的不断变化，动态地使用及分配存储空间。此时，存储空间必须划分成“已使用”与“未使用”两种区域。

$$\sigma: S = L \to (V \times T)$$

将这个域表达式与 $\sigma: S = L \to V$ 进行比较，它表示一个存储空间不仅存放值，而且还有一个标志(flag)，用这个标志表示这个单元是否处在“已使用”或是“未使用”的状态。围绕这个新的存储域，我们可以定义如下的语义原始函数：

$$\text{isloc}: L \to S \to T，而\ T = \{\text{true}, \text{false}\}$$

$$\text{new}: S \to L$$

$$\text{lose}: L \to S \to S$$

函数 isloc 是一个结果值为布尔值的函数，所以它是一个谓词。我们可以用它来判断一个存储空间是否已经被使用，即

$$\text{isloc } \alpha\sigma = \text{true 或 isloc } \alpha\sigma = \text{false}$$

其中 $\alpha: L, \sigma: S$，当 isloc $\alpha\sigma$ = true 时，表示 α 在 σ 中已使用，而当 isloc $\alpha\sigma$ = false 时，表示 α 在 σ 中未使用。

函数 new 在于指示出一个原来未使用的存储空间将被使用，相当于我们可以用它给一个数据变量分配存储空间，也就是说已经被占用。

函数 lose 表示将一个原来被占用的存储空间释放回未被使用的存储中。

因此，这三个函数之间有如下的关系：

(1) isloc α (lose $\alpha\sigma$) = false

(2) isloc(new σ)σ = true

对于关系(1)，它表示将一个存储单元 α 释放回存储 σ 中之后，α 在 σ 中未被使用，标志为 false。对于关系(2)，找到一个未被占用的存储单元使其被使用，再来测试这个新被占用的存储单元在存储 σ 中是否被使用过，其标志为 true。

对表示存储单元是否被使用过，有的人更喜欢如下的定义方式，即

$$\sigma: S = L \to (V + \{\text{unused}\})$$

即在所有的存储值中增加一个新的值"unused"。其相应的原始语义函数被定义为

$$\text{new}: S \to (L + \{\text{error}\})$$

$$\text{lose}. L \to S \to S$$

$$\text{isloc}: L \to S \to T (T = \{\text{true}, \text{false}\})$$

并有

$$\underline{\text{if}}\ \text{isloc}(\text{new}\ \sigma)\sigma = \text{true}\ \underline{\text{then}}\ \sigma(\text{new}\ \sigma) = \text{"unused"}\ \underline{\text{else}}\ \text{error}$$

由于存储重新定义了，当然原始语义函数 content，update 也应当做新的修改，即

$$\text{content}: L \to S \to (V + \{\text{unused}\})$$

$$\text{update}: (L \times V) \to S \to S$$

并有，当 isloc $\alpha\sigma$ = true 时，content $\alpha(\text{update}(\alpha, \beta)\sigma) = \beta$；当 isloc $\alpha\sigma$ = false 时，不能引用(因为没有被使用)。

如果考虑有限的存储空间，那么存储域应定义为

$$\sigma: S = L \to (V + \{\text{unused}, \text{undefined}\})$$

它表示一个地址给定之后，其单元内可能存有值，也可能未被使用，也可能地址根本找不到(因为是有限的存储空间)。当然，这样做了修改，那些原始语义函数也得做些修改，读者不妨去试一下。

中间输入/输出操作有动态及不可逆的特性，像赋值语句一样，所以文件成分可以进入存储域中。如果假定只有基本数值 B 是可读可写的，那么此时的存储器为

$\sigma: S = (L \to (V \times T)) \times I \times O$	存储
$I = B^*$	输入文件
$O = B^*$	输出文件

$S' = L \to (V \times T)$
$S'' = I$(输入文件)
$S''' = O$ (输出文件)

图 3.7

并可以有如下的读写原始语义函数：

$\text{get}: S \to (B \times S)$	从 S 读出 B
$\text{put}: B \to S \to S$	写入 B 改变存储状态

上面两个函数的意义是很清楚的，我们不必再讨论。

3.3 环境(声明)语义

这一节我们将讨论环境的语义,所谓环境是指标识符的指称注释。显然,环境域的定义对于指称语义的重要性就不言而喻了。凡是了解编译程序的读者都会明白,一个程序在编译时有编译环境,一旦编译生成目标进入运行,就有运行环境。我们把编译时的环境称之为静态环境,而把运行环境称之为动态环境。一个编译程序在实现时,常常分成几遍执行,所以静态环境又可以细分成名字分析环境、类型检查环境、体分析环境等。由于存储分配和代码生成与执行有关,所以又把动态环境再细分为存储分配环境、代码生成环境等。

在什么环境下讨论的指称语义,便可以定义成该环境的语义。例如,我们可以说静态语义、动态语义、名字分析语义、类型检查语义、体分析语义、存储分配语义及代码生成语义等。将这些指称语义联系起来,便可以构成一个编译程序说明,如图 3.8 所示。

图 3.8 中的 AS(abstract syntax)是抽象文法,AS_0,AS_1,AS'_1,AS'_2 分别表示编译程序各阶段的抽象文法的变化结果。SS(static semantics)表示静态语义定义,DS(dynamic semantics)表示动态语义定义。CCC(context condition check)表示前后文条件检查,CG 表示代码生成。

将这个图的情况形式定义为

CS=(SD,SEMD,AS,Trtr,SS,DS)

CP=(scan,parser,CCC,CG,MPA。)

其中 CS 是编译说明,SD 是语法域,SEMD 是语义域,Trtr 表示树转换。CP 是编译程序,MPA 是多遍管理程序。并有

$\text{Scan}:\text{char}^* \to \text{token}^* + E_L$ (E_L 表示词法错)

$\text{parser}:\text{token}^* \to AS + E_P$ (E_P 表示语法错)

$\text{CCC}:AS_1 \to AS_2 + E_C$ (E_C 表示静态语义错)

$\text{CG}:AS_2 \to M + E_G$ (E_G表示代码生成错)

显然一个编译程序则为

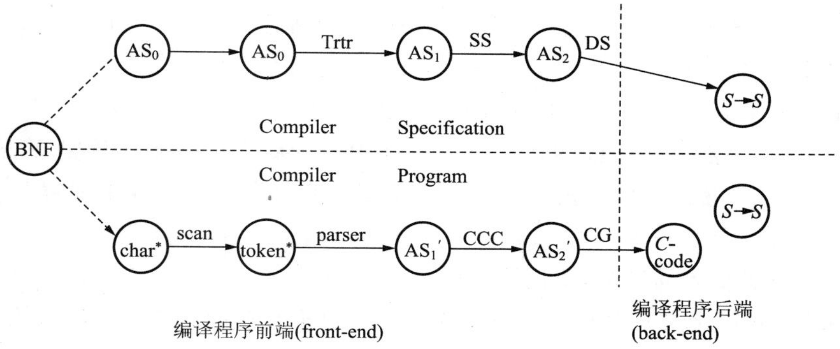

图 3.8

$CP=\lambda(char^*)(CG\circ CCC\circ parseroscan(chat^*))$

编译程序各遍的施用关系与编译说明中的指称语义的解释函数的施用关系是一致的。例如对于语句的语义解释函数为

$$\mathscr{C}:\mathrm{Cmd}\to U_s\to U_d\to S\to S$$

其中 U_s 表示静态环境，U_d 表示动态环境。

如果我们令$\mathscr{D}$，$\mathscr{K}$，$\mathscr{E}$，$\mathscr{C}$分别是静态环境建立、动态环境建立、表达式语义及语句的语义解释函数，并分别为

$\mathscr{D}:\mathrm{Dec}\to U_s\to U_s$(改变静态环境)

$\mathscr{K}:(\mathrm{Dec}+\mathrm{Exp}+\mathrm{Cmd})\to U_s\to U_d\to U_d$(改变动态环境)

$\mathscr{E}:\mathrm{Exp}\to U_s\to U_d\to S\to E$ (计算产生值)

$\mathscr{C}:\mathrm{Cmd}\to U_s\to U_d\to S\to S$(执行改变状态)

从上面的分析中我们可以看出，语义域中的环境域的定义是十分重要的。

在定义指称语义时，如不区分静态语义、动态语义，其环境域的定义十分简单，即为

$\rho:U=\mathrm{ide}\to D$	环境
$\delta:D=B+F+P+L+\mathrm{ARRAY}$	指称值
$B=\cdots$	基值
$F=\cdots$	函数
$P=\cdots$	过程
$L=\cdots$	地址
$\mathrm{ARRAY}=\cdots$	数组

一般在定义静态语义的静态环境时，其方法差不多。而在定义动态环境时，例如我们可以定义成

$\sigma:S=(L\to(V+\{\mathrm{unused},\mathrm{undefined}\})\times I\times O$

$I=B^*$	…………输入文件
$O=B^*$	…………输出文件
L	…………地址
$V=B$	…………存储值
$\theta:C=S\to S$	…………目标程序
$\xi:U_d=C\times S$	…………动态环境

从上面的动态环境的定义中我们可以看出，它是一个二元组，其第一项是 C，表示目标代码生成，显然程序目标的运行是要不断地改变状态的。第二项是 S，表示程序的存储分配，或者说更感兴趣的是所有数据变量的存储分配。这样来理解 U_d，其动态语义便会变得十分容易。

为了使读者更容易理解，我们不妨举一个小例子。

例 3.1 我们定义一个小语言 SL，并以此来讨论它的静态语义与动态语义。

<u>Syntactic Domains</u>

p:Program 程序

e:Exp	表达式
c:Stmt	语句(命令)
Δ:Dec	声明
t:Type	类型
ide:Identifiers	标识符
op:Operators	操作
n:Const	常量

Abstract Productions

p::= block Δ;c end

Δ::=ide:t| Δ';Δ''

t::=integer|real|boolean

c::=skip|ide:=e|if e then c_1 else c_2 fi|

while e do c od|c_1;c_2

e::=$-e$|not e|e_1 op e_2|(e)|ide|n

op::=+|*|and|or|=|<

首先定义 SL 语言的静态语义。

Static Semantics

Static Semantic Domains

T={true,false}	真值
N={…,−1,0,1,…}	整数
R	实数
v:B=T+N+R	基值
CH={"a","b",…,"y","z"}	字符
ide:Ide={xy|x∈CH and y∈(CH+N)*}	标识符
Attr=Typeattr+Varattr+…	属性
Typeattr={"int","real","bool"}	类型属性
Varattr=Ide×{"Var"}×Typeattr×L	变量属性
Constattr={"Const"}×Typeattr×L	常量属性
L	地址
ρ:U_s=(Ide→Attr)×(Const→Constattr)	静态环境

Static Semantic Functions

wf:Programs→T

wf_eExp→U_s→T

wf_c:Stmt→U_s→T

wf_d:Dec→U_s→T

$\mathscr{D}$:(Dec+Stmt+Exp)→U_s→U_s

Semantic Equations

$$\boxed{\mathscr{D}:(\text{Dec}+\text{Stmt}+\text{Exp})\to U_s\to U_s}$$

$\mathscr{D}[\![\underline{\text{ide}}:t]\!]\rho \triangleq \underline{\text{if}}\ \text{wf}_d[\![\text{ide}:t]\!]\rho\ \underline{\text{then}}(\rho\downarrow 1$

$\qquad\qquad +(\text{ide}\mapsto \text{genvarattr}(t)(\rho)),-)\ \underline{\text{else}}\ \text{error}$

$\mathscr{D}[\![\Delta';\Delta'']\!]\rho \triangleq \mathscr{D}[\![\Delta'']\!](\mathscr{D}[\![\Delta']\!]\rho)$

$\mathscr{D}[\![n]\!]\rho \triangleq (-,\rho\downarrow 2+(n\mapsto \text{genconstattr}(n)(\rho)))$

$\mathscr{D}[\![-e]\!]\rho \triangleq \mathscr{D}[\![e]\!]\rho$

$\mathscr{D}[\![\underline{\text{not}}\ e]\!]\rho = \mathscr{D}[\![e]\!]\rho$

$\mathscr{D}[\![(e)]\!]\rho = \mathscr{D}[\![e]\!]\rho$

$\mathscr{D}[\![e_1\ \text{op}\ e_2]\!]\rho \triangleq \mathscr{D}[\![e_2]\!](\mathscr{D}[\![e_1]\!]\rho)$

$\mathscr{D}[\![\text{skip}]\!]\rho \triangleq \rho$

$\mathscr{D}[\![\text{ide}:=e]\!]\rho \triangleq \mathscr{D}[\![e]\!]\rho$

$\mathscr{D}[\![\underline{\text{if}}\ e\ \underline{\text{then}}\ c_1\ \underline{\text{else}}\ c_2\ \underline{\text{fi}}]\!]\rho \triangleq \mathscr{D}[\![c_2]\!](\mathscr{D}[\![c_1]\!](\mathscr{D}[\![e]\!]\rho)$

$\mathscr{D}[\![\underline{\text{while}}\ e\ \underline{\text{do}}\ c\ \underline{\text{od}}]\!]\rho \triangleq \mathscr{D}[\![c]\!](\mathscr{D}[\![e]\!]\rho)$

$\mathscr{D}[\![c_1;c_2]\!]\rho = \mathscr{D}[\![c_2]\!](\mathscr{D}[\![c_1]\!]\rho)$

从上面的语义方程我们看出，仅有变量声明及表达式中的常量对静态环境建立有贡献。上面定义的 $\rho\downarrow 1$，$\rho\downarrow 2$ 分别表示 ρ 的二元组的第一项与第二项。

$$\boxed{\begin{array}{l}\text{wf}:\text{Program}\to T\\ \text{wf}_c:\text{Stmt}\to U_s\to T\end{array}}$$

$\text{wf}[\![\underline{\text{block}}\Delta;c\underline{\text{end}}]\!] \triangleq \text{wf}_d[\![\Delta]\!]\rho\ \text{and}\ \text{wf}_c[\![c]\!]\rho$

$\qquad\qquad \underline{\text{where}}\ \rho = \mathscr{D}[\![c]\!](\mathscr{D}[\Delta](( ),( )))$

$\text{wf}_c[\text{skip}]\rho \triangleq \text{true}$

$\text{wf}_c[\![\text{ide}:=e]\!]\rho \triangleq \text{ide}\in \underline{\text{dom}}(\rho\downarrow 1)\text{and}$

$\qquad\qquad \text{wf}_e[\![e]\!]\rho\ \underline{\text{and}}\ \text{TP}[\![\text{ide}]\!]\rho = \text{TP}[\![e]\!]\rho$

$\text{wf}_c[\![\underline{\text{if}}\ e\ \underline{\text{then}}\ c_1\ \underline{\text{else}}\ c_2\ \underline{\text{fi}}]\!]\rho \triangleq \text{wf}_e[\![e]\!]\rho\ \underline{\text{and}}$

$\qquad\qquad \text{wf}_c[\![c_1]\!]\rho\ \underline{\text{and}}\ \text{wf}_e[\![c_2]\!]\rho\ \underline{\text{and}}$

$\qquad\qquad \text{TP}[\![e]\!]\rho = \text{“bool”}$

$\text{wf}_e[\![\underline{\text{while}}\ e\ \underline{\text{do}}\ c\ \underline{\text{od}}]\!]\rho \triangleq \text{wf}_e[\![e]\!]\rho\ \underline{\text{and}}\ \text{wf}_c[\![c]\!]\rho$

$\qquad\qquad\qquad \underline{\text{and}}\ \text{TP}[\![e]\!]\rho = \text{“}\underline{\text{bool}}\text{”}$

$\text{wf}_e[\![c_1;c_2]\!]\rho \triangleq \text{wf}_c[\![c_1]\!]\rho\ \underline{\text{and}}\ \text{wf}_c[\![c_2]\!]\rho$

$$\boxed{\text{wf}_e:\text{Exp}\to U_s\to T}$$

$\text{wf}_e[\![n]\!]\rho \triangleq \text{true}$

$\text{wf}_e[\![\text{ide}]\!]\rho \triangleq \text{ide}\in \text{dom}(\rho\downarrow 1)$

$\text{wf}_e[\![-e]\!]\rho \triangleq \text{wf}_e[\![e]\!]\rho\ \underline{\text{and}}\ \text{TP}[\![e]\!]\rho\in\{\text{“int”},\text{“real”}\}$

$\text{wf}_e[\![\underline{\text{not}}\ e]\!]\rho \triangleq \text{wf}_e[\![e]\!]\rho\ \underline{\text{and}}\ \text{TP}[\![e]\!]\rho = \text{“}\underline{\text{bool}}\text{”}$

$\text{wf}_e[\![e_1\ \text{op}\ e_2]\!]\rho \triangleq \text{wf}_e[\![e_1]\!]\rho\ \underline{\text{and}}\ \text{wf}_e[\![e_2]\!]\rho\ \text{and}$

$(\text{op}\in\{+,*\}\ \underline{\text{and}}\ \text{TP}[\![e_1]\!]\rho = \text{TP}[\![e_2]\!]\rho\ \text{and}$

$TP[\![e_1]\!]\rho \in \{$"int","real"$\}$

<u>or</u> op$\in\{$<u>and</u>,<u>or</u>$\}$and $TP[\![e_1]\!]\rho = TP[\![e_2]\!]\rho$

<u>and</u> $TP[\![e_1]\!]\rho =$"bool"

<u>or</u> op$\in\{=,<\}$<u>and</u> $TP[\![e_1]\!]\rho = TP[\![e_2]\!]\rho$

<u>and</u> $TP[\![e_1]\!]\rho \in \{$"int","real"$\})$

$wf_e[\![(e)]\!]\rho \triangleq wf_e[\![e]\!]\rho$

$$\boxed{wf_d: Dec \to U_s \to T}$$

$wf_d[\![ide:t]\!]\rho \triangleq \{ide\} \cap$ <u>dom</u>$(\rho \downarrow 1) = \phi$ <u>and</u>

gettypeattr$(t) \in$ Typeattr

$wf_d[\![\Delta';\Delta'']\!]\rho \triangleq wf_d[\![\Delta']\!]\rho$ <u>and</u> $wf_d[\![\Delta'']\!]\rho$

在以上的定义中需要如下的辅助函数：

<u>Auxiliary Functions</u>

TP: Exp$\to U_s \to$Typeattr

genvarattr: Types$\to U_s \to$Varattr

genconstattr: Const$\to U_s \to$Constattr

gettypeattr: Types$\to$Typeattr

下面我们来讨论 SL 语言的动态语义。注意我们在这里所说的动态语义并不是指程序执行的语义，而是指存储分配及代码生成的语义。

Dynamic Semantics

Dynamic Semantic Domains

除在静态语义域定义的域之外，还得增加如下的域：

$\sigma: S = (L \to V + \{Loc, unused\}) \times I \times O$

$I = B^*$ ……输入文件

$O = B^*$ ……输出文件

L ……地址

V ……存储值

$\theta: C = S \to S$ ……目标程序

$\xi: U_d = C \times S$ ……动态环境

<u>Semantic Functions</u>

DP: Program$\to U_d$

DS: (Dec+Stmt+Exp)$\to U_s \to U_d \to U_d$

DC: (Stmt+Exp)$\to U_s \to U_d \to U_d$

<u>Semantic Equations</u>

$$\boxed{DP: Program \to U_d}$$

$DP[\![$<u>block</u> $\Delta;c$ <u>end</u>$]\!] \triangleq$

$DC[\![c]\!]\rho\xi_1$ <u>where</u> $\xi_1 = ($<u>nil</u>$, DS[\![\Delta;c]\!]\rho\xi_0 \downarrow 2)$

and $\xi_0=(\underline{\text{nil}},\underline{\text{empty}})$

$$\boxed{\text{DS}:(\text{Dec}+\text{Stmt}+\text{Exp})\to U_s\to U_d\to U_d}$$

$\text{DS}[\![\underline{\text{block}}\ \Delta;c\ \underline{\text{end}}]\!]\rho\xi_0 \triangleq \text{DS}[\![c]\!]\rho(\text{DS}[\![\Delta]\!]\rho\xi_0)$

　　where $\xi_0=(\underline{\text{nil}},\underline{\text{empty}})$

$\text{DS}[\![\Delta';\Delta'']\!]\rho\xi \triangleq \text{DS}[\![\Delta'']\!]\rho(\text{DS}[\![\Delta']\!]\rho\xi)$

$\text{DS}[\![\text{ide}:t]\!]\rho\xi \triangleq (\text{new}((\text{findsymbol}(\text{ide})(\rho))\downarrow 1$

　　$(\xi\downarrow 2))\downarrow 1;\lambda l.\ \xi[-,\text{loc}/l])$

$\text{DS}[\![\underline{\text{skip}}]\!]\rho\xi \triangleq \xi$

$\text{DS}[\![\text{ide}:=e]\!]\rho\xi \triangleq \text{DS}[\![e]\!]\rho\xi$

$\text{DS}[\![\underline{\text{if}}\ e\ \underline{\text{then}}\ c_1\ \underline{\text{else}}\ c_2\ \underline{\text{fi}}]\!]\rho\xi \triangleq$

　　$\text{DS}[\![c_2]\!]\rho(\text{DS}[\![c_1]\!]\rho(\text{DS}[\![e]\!]\rho\xi))$

$\text{DS}[\![\text{while}\ e\ \underline{\text{do}}\ c\ \underline{\text{od}}]\!]\rho\xi \triangleq \text{DS}[\![c]\!]\rho(\text{DS}[\![e]\!]\rho\xi)$

$\text{DS}[\![c_1;c_2]\!]\rho\xi \triangleq \text{DS}[\![c_2]\!]\rho(\text{DS}[\![c_1]\!]\rho\xi)$

$\text{DS}[\![n]\!]\rho\xi \triangleq (\text{new}((\text{findconst}(n)(\rho))\downarrow 1)(\xi\downarrow 2))\downarrow 1;$

　　$\lambda l.\ \xi[-,\text{val}(n)/l]$

$\text{DS}[\![\text{ide}]\!]\rho\xi \triangleq \xi$

$\text{DS}[\![-e]\!]\rho\xi \triangleq \text{DS}[\![e]\!]\rho\xi$

$\text{DS}[\![\text{not}\ e]\!]\rho\xi \triangleq \text{DS}[\![e]\!]\rho\xi$

$\text{DS}[\![e_1\ \text{op}\ e_2]\!]\rho\xi \triangleq \text{DS}[\![e_2]\!]\rho(\text{DS}[\![e_1]\!]\rho\xi)$

$\text{DS}[\![(e)]\!]\rho\xi \triangleq \text{DS}[\![e]\!]\rho\xi$

注意λ-表达式形式 $a;\lambda x.M$ 与 $\{\lambda x.M\}(a)$ 意义相同。

下面再来看其代码生成的语义。由于代码生成需要定义目标语言，假定目标语言是下面的机器指令系统。

$\underline{\text{Target Language}}$

　$I::=\underline{\text{st}}(I,l)\mid\underline{\text{load}}(l,R)\mid\underline{\text{jump}}(l)\mid$

　　$\underline{\text{condjump}}((I,v),l)\mid\underline{\text{ncondjump}}((I,v),l)\mid$

　　$\underline{\text{bop}}(I,I)\mid\underline{\text{not}}(I)\mid\underline{\text{minus}}(I)\mid(I)\mid l:I$

$\underline{\text{bop}}::=\underline{\text{plus}}\mid\underline{\text{mult}}\mid\underline{\text{and}}\mid\underline{\text{or}}\mid\underline{\text{eq}}\mid\underline{\text{lt}}$

　$v::=\underline{\text{true}}\mid\underline{\text{false}}$

　$l::=n$

　$R::=R_1\mid R_2\mid\cdots\mid R_8$(寄存器)

$$\boxed{\text{DC}:(\text{Stmt}+\text{Exp})\to U_s\to U_d\to U_d}$$

$\text{DC}[\![\underline{\text{skip}}]\!]\rho\xi \triangleq \xi$

$\text{DC}[\![\text{ide}:=e]\!]\rho\xi \triangleq (\theta\,\hat{}\,''\underline{\text{st}}(\text{DC}[\![e]\!]\rho()\downarrow 1,l),''-)$

　　$\underline{\text{where}}\ l=(\text{findsymbol}(\text{ide})(\rho)\downarrow 1)\downarrow 4$

$\text{DC}[\![\underline{\text{if}}\ e\ \underline{\text{then}}\ c_1\ \underline{\text{else}}\ c_2\ \underline{\text{fi}}]\!]\rho\xi \triangleq$

$(\theta\hat{}\ ''\underline{\text{Condjump}}((\text{DC}[\![e]\!]\rho()\downarrow 1,\text{false}),l_1)$

$\text{DC}[\![c_1]\!]\rho()\downarrow 1\ \text{jump}(l_2)l_1:\text{DC}[\![c_2]\!]\rho()\downarrow 1l_2:'',-)$

$\text{DC}[\![\underline{\text{while}}\ e\ \underline{\text{do}}\ c\ \underline{\text{od}}]\!]\rho\xi\triangleq$

$(\theta\hat{}\ ''l_1:\text{Condjump}((\text{DC}[\![e]\!]\rho()\downarrow 1,\text{false}),l_2)$

$\text{DC}[\![c]\!]\rho()\downarrow 1\ \text{jump}(l_1)l_2:'',-)$

$\text{DC}[\![c_1;c_2]\!]\rho\xi\triangleq\text{DC}[\![c_2]\!]\rho(\text{DC}[\![c_1]\!]\rho\xi)$

$\text{DC}[\![n]\!]\rho\xi\triangleq(\theta\hat{}\ ''\underline{\text{load}}(l,R)'',-)\ \underline{\text{where}}\ l=(\text{findconst}$

$(n)(\rho)\downarrow 1)\downarrow 3$

$\text{DC}[\![\text{ide}]\!]\rho\xi\triangleq(\theta\hat{}\ ''\underline{\text{load}}(l,R)'',-)\ \underline{\text{where}}\ l=(\text{findsymbol}$

$(\text{ide})(\rho)\downarrow 1)\downarrow 4$

$\text{DC}[\![-e]\!]\rho\xi\triangleq(\theta\hat{}\ ''\underline{\text{minus}}(\text{DC}[\![e]\!]\rho()\downarrow 1)'',-)$

$\text{DC}[\![\text{not}\ e]\!]\rho\xi\triangleq(\theta\hat{}\ ''\underline{\text{not}}(\text{DC}[\![e]\!])\rho()\downarrow 1)'',-)$

$\text{DC}[\![e_1\ \text{op}\ e_2]\!]\rho\xi\triangleq(\theta\hat{}\ ''(\text{DC}[\![\text{op}]\!]\rho()\downarrow 1)(\text{DC}[\![e_1]\!]\rho()\downarrow 1,$

$\text{DC}[\![e_2]\!]\rho()\downarrow 1)'',-)$

$\text{DC}[\![(e)]\!]\rho\xi\triangleq(\theta\hat{}\ ''(\text{DC}[\![e]\!]\rho()\downarrow 1)'',-)$

下面,我们稍做些解释。

符号 $x\hat{}y$ 表示将 x 与 y 连接起来,即 $x\hat{}y=xy$。

二元组(a,b)的一种省略表示$(-,b)$或$(a,-)$,表明二元组的某一项是不关心的,例如$(-,b)$表示第一项不被关心。下面定义辅助函数:

Auxiliary Functions

$\text{findconst}:\text{Const}\rightarrow U_s\rightarrow\text{Constattr}\times U_s$

$\text{findsymbol}:\text{Ide}\rightarrow U_s\rightarrow\text{Varattr}\times U_s$

Val:Const→“machine Number”

$\text{new}:(\text{Constattr}+\text{Varattr})\rightarrow S\rightarrow L\times U_s$

注意,new 函数在这里除产生一个地址之外,还将把这个地址填入相应的属性表中。

应特别注意的是,上面定义的语义并不是程序运行起来的语义,而只是编译程序的编译语义。读者通过这个例子可以了解环境的意义。

3.4 命令语义

在这一节中我们谈到的命令语义是指“goto”命令及有关命令以外的命令的语义,并着重介绍<u>while</u> e <u>do</u> c <u>od</u> 及过程调用执行意义上的数学语义。

程序中的命令,即语句,其语义是“执行改变状态”,书写语义时,其语义解释函数:

$$\mathscr{C}:\text{Cmd}\rightarrow S\rightarrow S$$

或

$$\mathscr{C}:\text{Cmd}\rightarrow U\rightarrow S\rightarrow S$$

用这个语义解释函数来解释命令的语义,在学习过前面的内容之后,这不是一件困难的事情。但也有两个难点，一个是循环语句，另一个是过程调用，尤其是允许递归调用的过程。

对于循环语句 $\underline{\text{while}}\ e\ \underline{\text{do}}\ c\ \underline{\text{od}}$，可以有如下的两种形式：

(1) $\mathscr{C}[\![\underline{\text{while}}\ e\ \underline{\text{do}}\ c\ \underline{\text{od}}]\!]\rho\ \sigma \triangleq$

$\underline{\text{if}}\ \mathscr{E}[\![e]\!]\rho\ \sigma\ \underline{\text{then}}\ \mathscr{C}[\![c;\underline{\text{while}}\ e\ \underline{\text{do}}\ c\ \underline{\text{od}}]\!]\rho\ \sigma\ \underline{\text{else}}\ \sigma$

$\underline{\text{where}}\ \mathscr{C}:\text{Exp}\rightarrow U\rightarrow S\rightarrow E\ \underline{\text{and}}$

$\mathscr{C}[\![c;\underline{\text{while}}\ e\ \underline{\text{do}}\ c\ \underline{\text{od}}]\!]\rho\sigma$

$=\mathscr{C}[\![\underline{\text{while}}\ e\ \underline{\text{do}}\ c\ \underline{\text{od}}]\!]\rho(\mathscr{C}[\![c]\!]\rho\ \sigma)$

(2) $\mathscr{C}[\![\underline{\text{while}}\ e\ \underline{\text{do}}\ c\ \underline{\text{od}}]\!]\rho \triangleq Y(\lambda\phi.\lambda\sigma)$

$\underline{\text{if}}\ \mathscr{E}[\![e]\!]\rho\ \sigma\ \underline{\text{in}}\ T$

$\underline{\text{then}}\ \phi(\mathscr{C}[\![c]\!]\rho\ \sigma)\ \underline{\text{else}}\ \sigma$

下面，我们来谈过程。要描述过程的语义，必须能够说清楚如下问题：

- 过程调用的程序状态的变化。
- 参数传递机制(call-by-value;call-by-reference)。
- 递归调用。
- 过程调用的返回(即 return 语句的语义)。

在一个程序设计语言中，一个过程如同 λ-表达式一样，有过程说明及过程调用。过程说明属于声明的范畴，而过程调用是命令的范畴。为了便于讨论，我们首先定义一个小语言：

p:Program	程序
c:Cmd	命令
e:Exp	表达式
Δ:Dec	声明
ide:Ide	标识符

其抽象文法为

$p::=\underline{\text{block}}\ \Delta;c\ \underline{\text{end}}$

$\Delta::=\cdots\,|\,\underline{\text{proc}}\ \text{ide}(\ )\underline{\text{is}}\ c\ \text{end}\,|$

$\underline{\text{proc}}\ \text{ide}_1(\text{ide}_2:t)\text{is}\ c\ \underline{\text{end}}$

$c::=\cdots\,|\,\text{ide}(e)\,|\,\underline{\text{return}}$

$e::=\cdots$

该语言中的其他成分同 SL 语言。我们首先谈谈过程声明形式，第一个是无参数过程，第二个是有参数过程。

对于过程声明：

$\underline{\text{proc}}\ \text{ide}(\quad)\underline{\text{is}}\ c\ \underline{\text{end}}$

为了描述过程的语义，首先定义如下的有关语义域：

$\rho:U=\text{ide}\rightarrow D$	环境域
$\delta:D=\cdots+P+\cdots$	指称域

$p:P=S\rightarrow S$ 过程域

过程声明中的 ide 是一个过程名。在处理过程声明时，要往环境 ρ 中增加一个成分，即

$$\rho\cup\{\text{ide}\mapsto p\}$$

这里的 p 可以用 λ-注释来表示，即为

$$\lambda\sigma.\mathscr{C}[\![c]\!]\rho\sigma$$

如果用下面的语义解释函数

$$\mathscr{D}:\text{Dec}\rightarrow U\rightarrow U$$

$$\mathscr{C}:\text{Cmd}\rightarrow U\rightarrow S\rightarrow S$$

那么有如下的该过程声明的语义方程：

$$\mathscr{D}[\![\underline{\text{proc}}\ \text{ide}(\quad)\underline{\text{is}}\ c\ \text{end}]\!]\rho\triangleq\rho[\lambda\sigma.\mathscr{C}[\![\text{c}]\!]\rho\sigma/\underline{\text{ide}}]$$

或者写成

$$\mathscr{D}[\![\underline{\text{proc}}\ \text{ide}(\quad)\text{is}\ c\ \underline{\text{end}}]\!]\rho\triangleq\rho+[\text{ide}\mapsto\lambda\sigma.\mathscr{C}[\![c]\!]\rho\sigma]$$

如果允许递归调用的话，假定过程 $c=c_1;\text{ide}(\quad)$我们可以有

$$\mathscr{C}[\![\text{ide}(\quad)]\!]\rho\sigma\triangleq\{\lambda\sigma'.\mathscr{C}[\![c_1;\text{ide}(\quad)]\!]\rho\sigma'\}\sigma$$

利用我们在 λ-抽象中学习到的方法，可以得到

$$\mathscr{C}[\![\text{ide}(\quad)]\!]\rho\triangleq\lambda\sigma.\mathscr{C}[\![\text{ide}(\quad)]\!]\rho(\mathscr{C}[\![c_1]\!]\rho\sigma')$$

$$=\lambda\phi.(\lambda\sigma.\phi(\mathscr{C}[\![\text{c}_1]\!]\rho\sigma))(\mathscr{C}[\![\text{ide}(\quad)]\!]\rho)$$

所以有

$$\mathscr{C}[\![\text{ide}(\quad)]\!]\rho=Y(\lambda\phi.\lambda\sigma.\phi(\mathscr{C}[\![c_1]\!]\rho\sigma))$$

下面，我们再来谈有参数的过程声明及过程调用。

对于过程声明：

$$\underline{\text{proc}}\ \text{ide}_1(\text{ide}_2:t)\ \underline{\text{is}}\ c\ \underline{\text{end}}$$

其问题变得复杂了些，其复杂的原因是由于声明有个作用域的问题。例如过程的形式参数，它们一般只局部于本过程。按照上面的定义的文法，可以有如下的两个过程声明：

$$\underline{\text{proc}}\ A(x:\text{integer})\underline{\text{is}}\ c_1\,\underline{\text{end}}$$

$$\underline{\text{proc}}\ B(x:\text{boolean})\ \underline{\text{is}}\ c_2\,\underline{\text{end}}$$

如果在解释它们时，其语义域如果定义成

$\rho:U=\text{ide}\rightarrow D$ 环境域

$\delta:D=\cdots+P+\cdots$ 指称域

$p:P=V\rightarrow S\rightarrow S$(call-by-value) 过程域

$v:V$ 存储值域

假定用如下的语义解释函数

$$\mathscr{D}:\text{Dec}\rightarrow U\rightarrow U$$

$$\mathscr{C}:\text{Cmd}\rightarrow U\rightarrow S\rightarrow S$$

似乎可以写出如下的语义方程：

$\mathscr{D}[\![\underline{\text{proc}}\ \text{ide}_1(\text{ide}_2:t)\underline{\text{is}}\ c\ \underline{\text{end}}]\!]\rho\triangleq$

$\rho+[\text{ide}_1\mapsto\lambda v\sigma.\mathscr{C}[\![c]\!]\rho'\sigma]$

$\underline{\text{where}}\ \rho=\rho[v/\text{ide}_2]$

但是这样做的结果，实际上是把参数声明与过程之外的声明放在一个环境之中，对于上面我们谈到的例子，A，B 两过程中形式参数都为 x 就无法区别了。为了解决这个问题，我们将在后面介绍的声明连续中讨论。但在这里我们给大家介绍另一种方法。这种方法是把环境作为参数传递给过程，并对语义域做如下的修改：

$p:P=U\rightarrow V\rightarrow S\rightarrow S$　(call-by-value)　　过程域

还用上面谈到的语义解释函数，其语义方程为

$\mathscr{D}[\![\underline{\text{proc}}\ \text{ide}_1(\text{ide}_2:t)\underline{\text{is}}\ c\ \underline{\text{end}}]\!]\rho\triangleq$

$\rho+[\text{ide}_1\mapsto\lambda\rho'.\lambda v\sigma.\mathscr{C}[\![c]\!](\rho'+[\text{ide}_2\mapsto v])\sigma]$

其过程调用的语义方程为

$\mathscr{C}[\![\text{ide}(e)]\!]\rho\sigma\triangleq(\rho(\text{ide})\underline{\text{onto}}\ P)(\rho)(\mathscr{E}[\![e]\!]\rho\sigma)\sigma$

$\underline{\text{where}}\ \mathscr{E}:\text{Exp}\rightarrow U\rightarrow S\rightarrow E\ \underline{\text{and}}$

$E=\cdots+V+\cdots$

由于过程外部环境是通过参数传递过来的，原来的环境 ρ 中并没有增加新的成分 $\text{ide}_2\mapsto v$。

上面在写过程声明的语义时，我们假定了过程的参数传递机制是 call-by-value，如果参数传递机制是 call-by-reference，过程域的定义与语义方程都应当修改一下。

$\mathscr{D}[\![\underline{\text{proc}}\ \text{ide}_1(\text{ide}_2:t)\underline{\text{is}}\ c\ \underline{\text{end}}]\!]\rho\triangleq$

$\rho[(\lambda\rho'.\ \lambda l\sigma.\mathscr{C}[\![c]\!]\rho'[l/\text{ide}_2]\sigma)/\text{ide}_1]$

此时过程域为

$p:P=U\rightarrow L\rightarrow S\rightarrow S$　　　　　过程域

L　　　　　　　　　　　　　地址域

由于 return 语句涉及地址返回，即执行顺序问题，我们将在命令连续的内容中讨论。

3.5　表达式语义

表达式的语义是计算产生值，所以一般表达式的语义解释函数为

$\mathscr{E}:\text{Exp}\rightarrow U\rightarrow S\rightarrow E$

关于一般表达式的语义问题比较简单，在这里只讨论函数问题及表达式的副作用的问题。对于函数问题也存在函数声明及函数调用。如果函数声明的语法形式为

$\underline{\text{function}}\ \text{ide}_1(\text{ide}_2:t)=e$(假定 e 中有自由变元的出现)

则其调用形式为

ide(e)

关于空参数问题，由于比较简单，我们把它留给读者去做。如果参数不空，此时的

语义域定义为

$\rho: U = \text{ide} \to D$ 环境域

$\delta: D = \cdots + F + \cdots$ 指称域

$F = U \to V \to S \to E$ （依赖环境的）函数域

$v: V$ 存储值域

函数声明的语义方程为

$$\mathscr{D}[\![\underline{\text{function}}\ \text{ide}_1(\text{ide}_2 : t) = e]\!]\rho \triangleq \rho[(\lambda\rho'.\lambda v\sigma.\ \mathscr{E}[\![e]\!]\rho'[v/\text{ide}_2])/\text{ide}_1]$$

其函数调用的语义为

$$\mathscr{E}[\![\text{ide}(e)]\!]\rho\sigma \triangleq (\rho(\text{ide})\ \underline{\text{onto}}\ F)(\rho)(\mathscr{E}[\![e]\!]\rho\sigma)\sigma$$

如果允许递归调用，函数调用语义方程为

$$\mathscr{E}[\![\text{ide}(e)]\!]\rho = Y(\lambda\phi.\lambda\rho'.\lambda v\sigma.$$
$$\mathscr{E}[\![E_1]\!]\rho'[v/\text{ide}_2](\phi(\rho'[v/\text{ide}_2])))(\rho)(\mathscr{E}[\![e]\!]\rho\sigma)$$

下面，我们来谈表达式的副作用。引起表达式副作用的机制一般为

- 全程变量。
- 函数参数传递机制的 call-by-reference。

下面，我们分别讨论之。有如下一个程序：

```
procedure ABC(…)is
    A:integer
      ⋮
      function xyz(…)is
        ⋮
        A:= e1;            (A = 6)
        ⋮
        return(e2)
      end xyz
begin
        ⋮                  (A = 5)
        x:= A * xyz(10)
        ⋮
end ABC
```

这个程序中的变量 A 是全程的，在 xyz 函数中包含有对 A 的赋值动作，我们假定赋值为 5，然后在表达式 $A * xyz(10)$ 中，我们以为 A 为 5，但在调用函数 xyz 时，A 被改成 6。假定函数 xyz 调用后返回的值为 100 的话，如果不考虑副作用，这个表达式的值为 500，而实际上为 600。

表达式的副作用的存在可能破坏一般算术表达式遵守的交换律、结合律、分配律，它的存在有时使程序的正确性检查变得很困难。

如果一个表达式的副作用不影响表达式应遵守的结合律、交换律、分配律等性质，那么这个副作用称之为“好的副作用”。

关于函数参数传递机制 call-by-reference 引起的副作用可以看如下的程序。

```
procedure ABC(…)is
    A:record
      ⋮
      function xyz (B:record)is…
          ⋮          (call-by-reference)
          B:= e1;
            return(e2)
      end xyz
      begin
        ⋮
        C:= A * xyz(A);
        ⋮
        end ABC
```

在过程 ABC 的体中,函数调用 $xyz(A)$,其中实参 A 与形参 B 的传递机制是 call-by-reference,在调用时,形参 B 实为一指针指向实参 A,而函数 xyz 中有对 B 的赋值,通过对 B 的赋值而改变了 A 的内容,这也是一种副作用。

一个有副作用的语义解释函数为

$$\mathscr{E}:\text{Exp}\to U\to S\to(S\times E)$$

即表示,表达式不仅计算产生值,而且还改变状态。有副作用的语义方程要十分小心,不要写错了。例如对表达式 e_1 op e_2 进行解释,如没有副作用,语义解释函数为

$$\mathscr{E}:\text{Exp}\to U\to S\to E$$

此时的语义方程有

$$\begin{aligned}\mathscr{E}[\![e_1\ \text{op}\ e_2]\!]\rho\sigma \triangleq\ & \text{let } v_1=\mathscr{E}[\![e_1]\!]\rho\sigma\ \underline{\text{in}}\\ & \underline{\text{let}}\ v_2=\mathscr{E}[\![e_2]\!]\rho\sigma\ \underline{\text{in}}\\ & (\mathscr{O}[\![\text{op}]\!]\underline{\text{onto}}\ F_b)(v_1,v_2)\\ \underline{\text{where}}\ \mathscr{O}:\ & \text{Opr}\to F\ \underline{\text{and}}\\ & F=\cdots+F_b+\cdots\end{aligned}$$

其中 F_b 表示二元函数。但是,如果存在副作用,语义解释函数为

$$\mathscr{E}':\text{Exp}\to U\to S\to S\times E$$

语义方程为

$$\begin{aligned}\mathscr{E}'[\![e_1\ \text{op}\ e_2]\!]\rho\sigma \triangleq\ & \text{let } (\sigma',v_1)=\mathscr{E}'[\![e_1]\!]\rho\sigma\ \underline{\text{in}}\\ & \text{let } (\sigma'',v_2)=\mathscr{E}'[\![e_2]\!]\rho\sigma\ \underline{\text{in}}\\ & (\mathscr{O}[\![\text{op}]\!]\underline{\text{onto}}\ F_b)(v_1,v_2)\end{aligned}$$

在这里,最后应声明一件事。如果一个函数不依赖环境,当然就没有副作用了,即

$$\underline{\text{function}}\ \text{ide}_1(\text{ide}_2:t)=e$$

其中的 e 没有任何除形式参数(如有局部声明还应包括局部变量)之外的任何自由变量(全程变量),那么函数域中用不着传递环境,可直接写

$F=V\to S\to E$ (call-by-value)

或

$F=L\to S\to E$ (call-by-reference)

或

$F=D\to S\to E$ (参数可以是多种模式)

而

$\mathscr{D}[\![\underline{\text{function}}\ \text{ide}_1(\text{ide}_2:+)=e]\!]\rho$

$=\rho[(\lambda v\sigma.\mathscr{E}[\![e]\!]\rho'(v/\text{ide}_2|\sigma))/\text{ide}_1]$

$\underline{\text{where}}\ \rho'\ \underline{\text{is}}\ a$ new object of environment

3.6 连 续

在连续(continuations)一节,我们将分三个小节来讨论命令连续、表达式连续及声明连续。

命令连续在于判断一个状态为哪个后继命令所使用,即它是研究下一步该执行什么命令的问题(What to do next),或说将一个书写顺序不完全是执行顺序的程序先转换成顺序执行程序。

表达式连续在于判断表达式的正常值与异常值。

声明连续是由于语言中存在着局部作用域规则而提出的,它用于解决名字指称唯一性的问题。

3.6.1 命令连续

对于命令连续首先得谈一下 GOTO 命令的影响。由于 GOTO 命令的存在,语句可能带有标号。由于标号语句的出现,在分析语义时,会出现"程序其他部分"的影响。为了弄清这个问题,我们还先谈一下";"的语义。

设有一个程序单位:

$\underline{\text{begin}}\ c_1;c_2\ \underline{\text{end}}$

并假设语义解释函数为

$\mathscr{C}:\text{Cmd}\to U\to S\to S$

如果命令中无 GOTO 时,此时";"的意义即为"复合",其语义方程可以写成

$$\mathscr{C}[\![\underline{\text{bigin}}\ c_1;c_2\ \underline{\text{end}}]\!]\rho\sigma\triangleq\mathscr{C}[\![c_2]\!]\rho\underbrace{(\mathscr{C}[\![c_1]\!]\rho\sigma)}_{\sigma'}$$

但是,在命令中引入 GOTO 语句及带标号的语句之后,情况将会发生许多变化,例如下面的一个程序:

```
begin
  ⋮
 c₁;
```

```
    goto l;
    c2
    ⋮
    l:c3
    ⋮
end
```

对于这个程序而言，命令goto l 执行完之后，并不去执行 c_2，也就是说 c_1 执行完产生的状态并不为 c_2 所施用，而是为 c_3 所施用。所以，此时“;”的语义为单纯的复合含义就不对了。如果把goto $l;c_2$ 作为语义解释的对象，其语义与“程序的其他成分”有关。这主要表现在如下的两种情况之中：

(1) 一种是$\mathscr{C}[\![\text{goto } l;c_2]\!]\rho\sigma$，即goto l 语句执行完之后，程序的执行没有去执行 c_2，而是转到其他程序部分去了。

(2) 另一种是$\mathscr{C}[\![c_1;l:c_2]\!]\rho\sigma$，即该程序部分中 c_2 的执行，并不是仅后继 c_1 执行，还可以后继其他程序部分的执行(即从其他程序部分执行完之后转来)。

如何来解决这个问题，已有的解决办法可以有三种：

- 命令连续方法。
- VDM 中的出口机制(exit)方法。
- 存储语义方法。

在这一小节中，我们介绍第一种方法与第三种方法，而 VDM 的出口机制方法留到第 9 章介绍。

对于命令连续这个概念，其解释可以从两个不同的侧面来进行。

第一种解释是经典的。解决的方法是引入一个判定函数，它的作用在于回答下一个该执行的命令是哪一个。显然，这种判定应放在每一次执行之前。对于语义解释函数$\mathscr{C}:\text{Cmd}\to U\to S\to S$ 来说，用它对命令 c 进行解释，$\mathscr{C}[\![c]\!]$则表示未进行语义检查的程序，而$\mathscr{C}[\![c]\!]\rho$ 表示已经经过语义检查的程序，但尚未执行。而$\mathscr{C}[\![c]\!]\rho\sigma$，则表示在 σ 条件下会产生出一个新的状态 σ'，即完成了状态的变化，所以$\mathscr{C}[\![c]\!]\rho\sigma$则表示程序 c 在环境 ρ 的条件下，在 σ 状态下执行的语义，或说是运行时间(run-time)时的语义。经这种分析，这个判定函数应加在语义解释函数中 $S\to S$ 之前，即

$$\mathscr{C}:\text{Cmd}\to U\to C\to(S\to S)$$

其中

$C=S\to A$	命令连续
$A=S+\{\text{error}\}+L+\cdots$	回答

如果 θ 是 C 的一个对象，θ 是 $\lambda\sigma.(\cdots)$形式的函数。这个函数完成什么样的功能，从回答域中可以看出，即回答的是状态、错误信息或者标号。

由于回答中包括有 S，将语义解释的结果作相应扩充，则有

$$\mathscr{C}:\text{Cmd}\to U\to C\to(S\to A)$$

如将 $C=S\to A$ 再代入，则可以得到如下的语义解释函数：

$\mathscr{C}$:Cmd→U→C→C

为什么这么一变，可以解决上面谈到的问题呢？这需要举几个例子。在举例子之前，先来复习一下λ-演算的一个基本概念。我们知道

令$\mathscr{C}$:Cmd→U→C→C，有

$\mathscr{C}[\![c]\!]:U\to C\to C$ 其具体形式为

$\lambda\rho.\lambda\theta.\lambda\sigma.(\cdots)$

$\mathscr{C}[\![c]\!]\rho:C\to C$ 其具体形式为

$\lambda\theta.\lambda\sigma.(\cdots)$

$\mathscr{C}[\![c]\!]\rho\,\theta:C$ 其具体形式为

$\lambda\sigma.(\cdots)$

对于$\mathscr{C}[\![c]\!]\rho\,\theta'$而言，可以看成如下的λ-演算：

$\{\mathscr{C}[\![c_1]\!]\rho\}(\theta')=\{\lambda\theta.\lambda\sigma.(\cdots)\}(\theta')$

对于$\mathscr{C}[\![c]\!]\rho\,\theta'\sigma$而言，可以看成如下的λ-演算：

$\{\mathscr{C}[\![c_1]\!]\rho\}(\theta')(\sigma)=\{\lambda\theta.\lambda\sigma.(\cdots)\}(\theta')(\sigma)$

例 3.2 假定语义解释函数为$\mathscr{C}$:Cmd→C→C及$\mathscr{E}$:Exp→U→K→C(下一小节解释)，对于常用语句，给出语义方程。

(1) 赋值语句。

$$\mathscr{C}[\![e_1:=e_2]\!]\rho\,\theta\triangleq\mathscr{C}[\![e_1]\!]\rho\{\lambda l.\ l\ \underline{\text{in}}\ L \to\mathscr{C}[\![e_2]\!]\rho\{\lambda v.\ \text{updace}\ (l,v)\theta\},\text{error}\}$$

其中 update:$L\times V\to C\to C$. L是地址域，V是存储域，C是命令连续，K为表达式连续(下一小节解释)，并有$K=E\to C$。

(2) 复合语句。

$$\mathscr{C}[\![C_1;C_2]\!]\rho\,\theta\triangleq\mathscr{C}[\![C_1]\!]\rho\,\underbrace{\{\mathscr{C}[\![c_2]\!]\rho\theta\}}_{\theta'}$$

(这个语义方程表示，先生成c_2的代码，后生成c_1的代码)或者

$$\mathscr{C}[\![c_1;c_2]\!]\rho\,\theta\sigma\triangleq\mathscr{C}[\![c_1]\!]\rho\,\underbrace{\{\mathscr{C}[\![c_2]\!]\rho\theta\}}_{\theta'}\sigma$$

(3) 转移语句。

$$\mathscr{C}[\![\underline{\text{goto}}\ e]\!]\rho\,\theta\triangleq\mathscr{E}[\![e]\!]\rho\{\lambda l.\,l\ \underline{\text{in}}\ C\to l\ \underline{\text{onto}}\ c,\text{error}\}$$

一个更简单的转移语句为

$$\mathscr{C}[\![\underline{\text{goto}}\ i]\!]\rho\,\theta\triangleq\rho(i)\ \underline{\text{onto}}\ C$$

(注意：C是指称域D的一个子域。)

(4) 标号语句。

$$\mathscr{C}[\![c_1;l:c_2]\!]\rho\theta\triangleq\mathscr{C}[\![c_1]\!]\rho'\theta'$$
$$\underline{\text{where}}\ \theta'=\mathscr{C}[\![c_2]\!]\rho'\theta\ \underline{\text{and}}$$
$$\rho'=\rho+[l\mapsto\theta'\ \underline{\text{into}}\ E\ \underline{\text{into}}\ D]$$

$$\mathscr{C}[\![l_1:c_1;l_2:c_2]\!]\ \rho\,\theta\triangleq\theta_1$$
$$\underline{\text{where}}\ \theta_1=\mathscr{C}[\![c_1]\!]\rho'\theta_2,\theta_2=\mathscr{C}[\![c_2]\!]\rho'\theta$$

$$\rho'=\rho+[l_1 \mapsto \theta_1 \ \underline{\text{into}}\ E\ \underline{\text{into}}\ D, l_2 \mapsto \theta_2 \ \underline{\text{into}}\ E\ \underline{\text{into}}\ D]$$

（5）条件语句。

$$\mathscr{C}[\![\underline{\text{if}}\ e\ \underline{\text{then}}\ c_1\ \underline{\text{else}}\ c_2\ \underline{\text{fi}}]\!]\rho\,\theta \triangleq \mathscr{E}[\![e]\!]_\rho\{\lambda v.\ v\ \underline{\text{in}}\ T \to (v\ \underline{\text{onto}}\ T \to \mathscr{C}[\![c_1]\!]\rho\,\theta, \mathscr{C}[\![c_2]\!]\rho\,\theta), \text{wrong}\}$$

其中 T 为真值域。

（6）循环语句。

$$\mathscr{C}[\![\underline{\text{while}}\ e\ \underline{\text{do}}\ c\ \underline{\text{od}}]\!]\rho\,\theta \triangleq Y(\lambda\theta'.\ \mathscr{E}[\![e]\!]\rho\{\lambda v \cdot v\ \underline{\text{in}}\ T \to (v\ \underline{\text{onto}}\ T \to \mathscr{C}[\![C]\!]\rho\,\theta', \theta)\})$$

例 3.3　假定过程的三个语法成分分别是

（1）$\underline{\text{proc}}\ \text{ide}_1(\text{ide}_2 : t)\ \underline{\text{is}}\ c\ \underline{\text{end}}$

（2）$\text{ide}(e)$

（3）$\underline{\text{return}}$

假定有如下有关的语义域：

$\rho: U = \text{ide} \to D$	环境
$\delta: D = \cdots + P + \cdots$	指称值
$\theta: C = S \to A$	命令连续
$\sigma: S = L \to V$	存储
A	回答
$K = E \to C$	表达式连续
$E = V$	表示值
$v: V$	存储值
$P = U \to V \to C \to C$	过程
L	地址

并有如下语义解释函数：

$$\mathscr{D}: \text{Dec} \to U \to U$$

$$\mathscr{C}: \text{Cmd} \to U \to C \to C$$

$$\mathscr{E}: \text{Exp} \to U \to K \to C$$

于是可以有如下的语义过程：

$$\mathscr{D}[\![\underline{\text{proc}}\ \text{ide}_1(\text{ide}_2 : t)\ \underline{\text{is}}\ C\ \underline{\text{end}}]\!]\rho \triangleq \rho + [\text{ide}_1. \mapsto \lambda\rho'.\lambda v\theta.\mathscr{C}[\![C]\!](\rho' + |\text{ide}_2 \mapsto v|)\theta]$$

$$\mathscr{C}[\![\text{ide}(e)]\!]\rho\,\theta \triangleq \mathscr{E}[\![e]\!]\rho'\{\lambda v \cdot \rho'(\text{ide})\underline{\text{in}}\ \rho \to \rho'(\text{ide})(\rho')(v)(\theta), \text{error}\}$$

$$\text{where } \rho' = \rho[\theta/\text{return}]$$

$$\mathscr{C}[\![\underline{\text{return}}]\!]\rho\theta \triangleq \rho(\text{return})$$

例 3.4　用指称语义方程计算下面语义。

（1）$x := y$

（2）$\text{goto}\ i; x := y$

(3) $x:=y;y:=z$

(4) $x:=y*5$; goto$l$

假定有如下的语义域(仅对解释上面的程序有关部分):

$\rho:U=\text{ide}\to D$	环境
$\delta:D=I+T+L+C+\cdots$	指称值
$\sigma:S=L\to V$	存储
$\theta:C=S\to A$	命令连续
$k:K=E\to C$	表达式连续
$A=\{\text{error}\}+S+V$	回答
$v:V=l+T+L$	存储值
$E=D$	

还假定语义解释函数:

$\mathscr{E}:\text{Exp}\to U\to K\to C$

$\mathscr{C}:\text{Cmd}\to U\to C\to C$

$\mathscr{B}:\text{Const}\to I$

$\mathscr{O}:\text{Opr}\to(\text{EXE})\to K\to C$

除在例 3.2 中的语义方程之外,另外还补充如下的关于表达式的语义方程(注意,在语法树叶子上的语法成分的语义方程都是被 K 解释的):

$\mathscr{E}[\![n]\!]\rho\, k\triangleq k(\mathscr{B}[\![n]\!]\ \text{into}\ E)$

$\mathscr{E}[\![e_1\ \text{op}\ e_2]\!]\rho\, k\triangleq\mathscr{E}[\![e_1]\!]\rho\{\lambda v_1\cdot\mathscr{E}[\![e_2]\!]\{\lambda v_2\cdot\mathscr{O}[\![\text{op}]\!](v_1,v_2)k\}\}$

$\mathscr{E}[\![\text{ide}]\!]\rho\, k=k(\rho(\text{ide})\ \text{into}\ E)$

$\mathscr{O}[\![*]\!](v_1,v_2)k=k(\text{mult}\ (v_1,v_2)\ \underline{\text{into}}\ E)$

下面,我们就来计算上面的四个题。

(1) $x:=y$

$\mathscr{C}[\![x:=y]\!]\rho\theta\triangleq\mathscr{E}[\![x]\!]\rho\ \{\lambda l\cdot l\ \text{in}\ L\to\mathscr{E}[\![y]\!],\{\lambda v.\ \text{update}(l,v)\theta\},\text{error}\}$

由于

$\mathscr{E}[\![x]\!]\rho\triangleq\lambda k.\ k(\rho(x)\ \underline{\text{into}}\ E)$
$\mathscr{E}[\![y]\!]\rho\triangleq\lambda k.\ k(\rho(y)\underline{\text{into}}\ E)$
} 严格来说,应把标识符分成引用与非引用两种,这里没有这样做。

(以下省略 $\underline{\text{into}}\ E$)

所以有

$\mathscr{C}[\![x:=y]\!]\rho\theta\triangleq\{\lambda\ k.\ k(\rho(x))\}(\lambda l.\ l\ \underline{\text{in}}\ L\to\{\lambda\ k.\ k(\rho(y))\}(\lambda v.\ \text{update}(l,v)$
$\theta),\text{error})$

$\triangleq\{\lambda\ k.\ k(\rho(x))\}(\lambda l.\ l\ \underline{\text{in}}\ L$
$\to\{\lambda v.\ \text{update}(l,v)\theta\}(\rho(y)),\text{error})$

$\triangleq\{\lambda\ k.\ k(\rho(x))\}(\lambda l.\ l\ \underline{\text{in}}\ L$
$\to\text{update}\ (l,\rho(y))\theta,\text{error})$

$\triangleq\{\lambda l.\ l\ \underline{\text{in}}\ L\to\text{update}\ (l,\rho(y))\theta,\text{error}\}(\rho(x))$

$\triangleq \{\rho(x) \underline{\text{in}}\ L \to \text{update}\ (\rho(x), \rho(y))\theta, \text{error}\}$

(2) goto i;$x:=y$

$\mathscr{C}[\![\underline{\text{goto}}\ i; x:=y]\!]\rho\theta \triangleq \mathscr{C}[\![\underline{\text{goto}}\ i]\!]\rho\{\mathscr{C}[\![x:=y]\!]\rho\theta\}$

$\triangleq \{\lambda\theta \cdot \rho(i)\ \underline{\text{onto}}\ C\}(\rho(x) \underline{\text{in}}\ L \to \text{update}(\rho(x), \rho(y))\theta, \text{error})$

$\triangleq \rho(i)\ \underline{\text{onto}}\ C$

(3) $x:=y, y:=z$

$\mathscr{C}[\![x:=y; y:=z]\!]\rho\theta$

$\triangleq \mathscr{C}[\![x:=y]\!]\rho \underbrace{\{\mathscr{C}[\![y:=z]\!]\rho\theta\}}_{\theta'}$

$\triangleq \rho(x)\ \underline{\text{in}}\ L \to \text{update}\ (\rho(x), \rho(y))\theta', \text{error}$

如假定"x"$\mapsto l_x$,"y"$\mapsto l_y$,"z"$\mapsto l_z$ 均在 ρ 中,并假定 $\text{update}(l,v)\theta\sigma = \theta(\sigma[v/l])$,所以化简成

$\mathscr{C}[\![x:=y; y:=z]\!]\rho\theta \triangleq \lambda\sigma.\ \theta'(\sigma[\![\rho(y)/\rho(x)]\!])$

$\triangleq \lambda\sigma.(\{\mathscr{C}[\![y:=z]\!]\rho\theta\}(\sigma[\rho(y)/\rho(x)]))$

$\triangleq \lambda\sigma.(\{\lambda\sigma'.\theta(\sigma'[\rho(z)/\rho(y)])\}(\sigma[\rho(y)/\rho(x)]))$

$\triangleq \lambda\sigma.\theta(\sigma[\rho(y)/\rho(x)][\rho(z)/\rho(y)])$

(4) $x:=y*5$;goto l

$\mathscr{C}[\![x:=y*5; \text{goto}\ l]\!]\rho\,\theta$

$\triangleq \mathscr{C}[\![x:=y*5]\!]\rho\{\mathscr{C}\underbrace{[\![\text{goto}\ l]\!]}_{\theta'}\rho\,\theta\}$

$\triangleq \mathscr{E}[\![x]\!]\rho\{\lambda l.\ l\ \underline{\text{in}}\ L \to \mathscr{E}[\![y*5]\!]\rho$

$\{\lambda v.\ \text{update}\ (l,v)\theta'\}, \text{error}\}$

而

$\mathscr{E}[\![y*5]\!]\rho \triangleq \lambda k.(\mathscr{E}[\![y]\!]\rho(\lambda v_1.\mathscr{E}[\![5]\!]\rho\{\lambda v_2.\mathscr{O}[\![*]\!](v_1,v_2)k\}))$

$\triangleq \lambda k.(\mathscr{E}[\![y]\!]\rho\{\lambda v_1.\ \mathscr{E}[\![5]\!]\rho\{\lambda v_2.k(\text{mult}(v_1,v_2))\}\})$

$\triangleq \lambda k.(\{\lambda k'.k'(\rho(y))\}(\lambda v_1.(\{\lambda k''.k''(\mathscr{B}[\![5]\!])\}((\lambda v_2.k(\text{mult}(v_1,v_2))))))$

$\triangleq \lambda k.(\{\lambda k'.k'(\rho(y))\}(\lambda v_1.(\{\lambda v_2.\ \bullet k(\text{mult}(v_1,v_2))\}\mathscr{B}[\![5]\!])))$

$\triangleq \lambda k.(\{\lambda k.k'(\rho(y))\}(\lambda v_1.k(\text{mult}(v_1,\mathscr{B}[\![5]\!]))))$

$\triangleq \lambda k.(\{\lambda v_1.k(\text{mult}\ (v_1,\mathscr{B}[\![5]\!]))\}(\rho(y)))$

$\triangleq \lambda k.k(\text{mult}(p(y),\mathscr{B}[\![5]\!]))$

所以有

$\mathscr{C}[\![x:=y*5]\!]\rho\theta' \triangleq \mathscr{E}[\![x]\!]\rho\{\lambda l.\ l\ \underline{\text{in}}L \to \{\lambda k.k(\text{mult}(\rho(y),\mathscr{B}[\![5]\!]))\}$

$(\lambda v.\ \text{update}(l,v)\theta'), \text{error}\}$

$\triangleq \mathscr{E}[\![x]\!]\rho\{\lambda l.\ l\ \underline{\text{in}}\ L \to \text{update}(l,\text{mult}(\rho(y),\mathscr{B}[\![5]\!]))\theta', \text{error}\}$

$\triangleq \rho(x) \underline{\text{in}}\ L \to \text{update}\ (\rho(x), \text{mult}\ (\rho(y),\mathscr{B}[\![5]\!]))\theta, \text{error}$

假定"x"$\mapsto l_x$,"y"$\mapsto l_y$,都在 ρ 中,并假定 $\text{update}(l,v)\theta = \lambda\sigma.\theta(\sigma[v/l])$,则上式变成

$\mathscr{C}[\![x:=y*5]\!]\rho\theta' = \lambda\sigma.\ \theta'(\sigma[\text{mult}(l_y.\mathscr{B}[\![5]\!])/l_x])$

$= \lambda\sigma.(\{\rho(l)\ \text{onto}\ C\}(\sigma[\text{mult}(l_y,\mathscr{B}[\![5]\!])/l_x]))$

读者看到这里，也许对于命令连续是如何解决我们所提出问题的，会体会出一些味道。

下面，再举一个例子。

例 3.5 有如下的过程声明及过程调用

(1) $\underline{\text{proc}}$ simple(y:$\underline{\text{integer}}$)$\underline{\text{is}}$ x:=$y*5$;

$\underline{\text{return}}$ end

(2) $\underline{\text{simple}}$(10)

进行语义解释：

$$\mathscr{B}[\![\underline{\text{proc}}\ \text{simple}(y:\underline{\text{integer}})\ \underline{\text{is}}\ x:=y*5;\underline{\text{return}}\ \underline{\text{end}}]\!]\rho$$

$$\triangleq \rho+[\text{“simple”}\mapsto\lambda\rho'.\lambda v\theta.\mathscr{C}[\![x:=y*5;\underline{\text{return}}]\!](\underbrace{\rho'+[\text{“}y\text{”}\mapsto v]}_{\rho'})\theta]$$

$$\triangleq \rho+[\text{“simple”}\mapsto\lambda\rho'.\lambda v\theta.\mathscr{C}[\![x:=y*5;\underline{\text{return}}]\!]\rho''\theta]$$

再来解释

$$\mathscr{C}[\![\text{simple}(10)]\!]\rho\,\theta=\mathscr{E}[\![10]\!]\rho'\{\lambda v'.\rho'(\text{simple})\underline{\text{in}}\ P\to(\rho'(\text{ide}))(\rho')(v')(\theta),\text{error}\}\ \underline{\text{where}}\ \rho'=\rho[\theta/\text{return}]$$

当然 ρ (simple)$\underline{\text{in}}$ P 为真，所以有

$$\mathscr{C}[\![\text{simple}(10)]\!]\rho\,\theta\triangleq\{\lambda k.k(\mathscr{B}[\![10]\!])\}(\lambda v'\cdot(\lambda\rho'\cdot\lambda v\theta')\cdot\mathscr{C}[\![x:=y*5]\!]\rho''\{\mathscr{B}[\![\underline{\text{return}}]\!]\sigma''\theta'\})((\rho')(v')(\theta))$$

如令$\mathscr{C}[\![\text{return}]\!]\rho''\theta'=\rho''(\text{return})=\theta$，则

$$\mathscr{C}[\![\text{simple}(10)]\!]\rho\,\theta\triangleq\{\lambda v'.(\lambda\rho'.\lambda v\theta'\sigma.\theta(\sigma[\text{mult}\ (\rho''(y),\mathscr{B}[\![5]\!])/\rho''(x)]))(\rho')(v')(\theta))\}(\mathscr{B}[\![10]\!])$$

$$\triangleq\{\lambda\rho'.\lambda v\theta'\sigma.\theta(\sigma[\text{mult}(\rho''(y),\mathscr{B}[\![5]\!])/\rho''(x)])\}(\rho')(\mathscr{B}[\![10]\!])(\theta)$$

$$\triangleq\lambda v\ \theta'\sigma.\theta(\sigma[\text{mult}(v,\mathscr{B}[\![5]\!])/l_x])(\mathscr{B}[\![10]\!])(\theta)$$

$$\triangleq\lambda\theta'\sigma.\theta(\sigma[\text{mult}(\mathscr{B}[\![10]\!],\mathscr{B}[\![5]\!])/l_x])\theta=\lambda\sigma.\theta(\sigma[\text{mult}(\mathscr{B}[\![10]\!],\mathscr{B}[\![5]\!])/l_x])$$

我们可以看到它与$\mathscr{C}[\![x:=y*5]\!]\rho\theta\sigma$的语义是一致的。

下面，我们对命令连续给出第二种解释。这种解释是从编译程序的语义说明给出的，在 3.3 节例子 3.1 的动态语义中，定义了如下的语义域及语义解释函数：

$\sigma:S=(L\to(V+\{\text{loc},\text{unused}\}))\times I\times O$	存储
$I=B*$	输入文件
$O=B*$	输出文件
L	地址
$v:V$	存储值
$\rho:U_s=(\text{Ide}\to\text{Attr})\times(\text{Const}\to\text{Constattr})$	静态环境
$\theta:C=S\to S$	目标程序

$\xi: U_d = C \times S$　　　　动态环境

而代码生成的语义解释函数(其语句解释函数)可以表示成

$DC: \text{stmt} \to U_s \to U_d \to U_d$

由于代码生成实际上还对动态环境中的第一个成分 C 有贡献,因此该语义解释函数可以精确为

$DC: \text{stmt} \to U_s \to C \to C$

从上面的讨论中,我们可以看出这与 $\mathscr{C}: \text{Cmd} \to U \to C \to C$ 是一致的,于是我们可以列出表 3.2。

表 3.2

	λ-注释	意　义
$\mathscr{C}[\![C]\!]$	$\lambda\rho.\lambda\theta.\lambda\sigma.(\cdots)$	词法及语法分析通过的程序
$\mathscr{C}[\![C]\!]\rho$	$\lambda\theta.\lambda\sigma.(\cdots)$	通过静态语义检查的程序
$\mathscr{C}[\![C]\!]\rho\theta$	$\lambda\sigma.(\cdots)$	目标代码生成程序
$\mathscr{C}[\![C]\!]\rho\theta\sigma$		目标程序执行

以上的分析可以使我们看出,语义解释函数 $\mathscr{C}: \text{Cmd} \to U \to S \to S$ 只能解释那些书写顺序(从左向右)即为执行顺序的程序,它有些像一个语言的“解释程序”。而语义解释函数 $\mathscr{C}': \text{Cmd} \to U \to C \to C$,它的任务是首先将书写顺序不完全是执行顺序的程序转换成可以直接执行的程序(即编译程序的目标代码生成,或者说是程序的执行树),然后再执行。

下面,我们简单地介绍一下存储语义方法,它以机器模型为背景,有些类似于操作语义方法,但仍属于指称语义方法。首先对语义做如下的定义:

$\rho: U = \text{Ide} \to D$	环境
$\delta: D = B + B \times L + P \times \text{Ar} + F \times \text{Ar} + \cdots$	指称值
$\sigma: S = (L \to V) \times \text{Count} \times \text{Stack}$	存储
$\alpha: \text{Count} = L$	程序计数器
$\xi: \text{Stack} = L^*$	系统栈
$v: E = V$	表示值
$V = B$	存储值
$l: L = N$	地址
N	自然数
$b: B = L + N$	基值
$\text{ar}: \text{Ar}$	区域入口地址
$p: P = U \to V \to S \to S$	过程
$F = U \to V \to S \to E$	函数

仍然用下面的语义解释函数:

$\mathscr{D}: \text{Dec} \to U \to U$

$\mathscr{E}: \text{Exp} \to U \to S \to E$

$\mathscr{C}$:Cmd→U→S→S

并定义如下的几个辅助函数：

$$\text{trans1}(\sigma,\delta_2)=\text{let}(—,\alpha,\xi)=\sigma\ \underline{\text{in}}(—,\delta_2,\text{push}(\alpha,\xi))$$

$$\text{trans2}(\sigma)=(—,\text{top}(\sigma\downarrow 3),\text{pop}(\sigma\downarrow 3))$$

其中 top,pop 及 push 是栈的三个操作，即

$$\text{top}:\text{stack}\rightarrow L\ \underline{\text{or}}\ \bot$$

$$\text{push}:L\times\text{stack}\rightarrow\text{stack}$$

$$\text{pop}:\text{stack}\rightarrow\text{stack}$$

用这种方法去解释 GOTO 命令，则有

$$\mathscr{C}[\![\underline{\text{goto}}\ e]\!]\rho\sigma=\text{jump}(\sigma,\mathscr{E}[\![e]\!]\rho\sigma)$$

$$\underline{\text{where}}\ \text{jump}=\lambda(\sigma,l)\cdot(—,l,—)$$

请看例 3.6。

例 3.6 对如下过程的三个语法成分进行语义解释：

(1) $\underline{\text{proc}}\ \text{ide}_1(\text{ide}_2 : t)\ \underline{\text{is}}\ c\ \underline{\text{end}}$

(2) ide(e)

(3) $\underline{\text{return}}$

用上述存储语义方法有

$$\mathscr{D}[\![\underline{\text{proc}}\ \text{ide}_1(\text{ide}_2 : t)\underline{\text{is}}\ c\ \text{end}]\!]\rho$$

$$\triangleq\rho[(\lambda\rho'.\ \lambda v\sigma.\ \mathscr{C}[\![c]\!]\rho'[v/\text{ide}_2]\sigma,\text{ar})/\text{ide}_1]$$

$$\mathscr{C}[\![\text{ide}(e)]\!]\rho\sigma\triangleq\underline{\text{let}}(\rho,\text{ar})=\rho(\text{ide})\ \underline{\text{in}}$$

$$\{\lambda v.\ p\ \underline{\text{in}}\ P\rightarrow p(\rho)(v)(\text{transl}(\sigma,\ \text{ar})),\text{error}\}(\mathscr{E}[\![e]\!]\rho\sigma)$$

$$\mathscr{C}[\![\underline{\text{return}}]\!]\rho\sigma\triangleq\text{trans2}(\sigma)$$

从这个例子中看出，程序执行顺序的变化被描写得十分清楚。命令连续就介绍到此。

3.6.2 表达式连续

表达式连续的意义与命令连续不同，我们以施用表达式(AE)为例，首先引入“块表达式”结构：

enter
  with e escape
exit

这里的enter…exit 表示作用域(如同begin…end)，这个结构在程序设计语言中即为函数。enter…exit 结构可以有两个出口值，一个是正常的，一个是异常的；异常的出口值用with e escape 来表示。

一个扩充的 AE 为

$e::=b$	基数
$\mid i$	标识符
$\mid \lambda i.e$	抽象

$\mid e_1 e_2$	复合
$\mid$ <u>enter</u> e <u>exit</u>	范围
$\mid$ <u>with</u> e <u>escape</u>	逸出
$\mid (e)$	括弧

考虑一个无副作用的函数，其指标值所在的域为

$F=D\to S\to(E'\times E'')$ （这是不依赖于环境的函数）

或

$F=U\to D\to S\to(S\times(E'\times E''))$

上面的 E' 表示正常返回值的域，E'' 表示异常返回值的域。当 $E''=\mathrm{Nil}$ 时，称函数仅返回一个正常值。但无论是正常返回值，还是异常返回值，都可以把它看成一个回答。

像解决命令连续问题一样，引入一个函数的目的在于指出，如果没有"逸出"存在，什么与表达式的值有关。我们称这个函数为表达式连续，记为

$k:K=E\to A$

其中 A 为回答，并有

$A=\{\mathrm{error}\}+E+\cdots$

此时，相应的语义解释函数为

$\mathscr{E}:\mathrm{Exp}\to U\to K\to A$

如果我们讨论表达式连续，引入存储概念，即在表达式中引入变量概念，此时的表达式连续定义为

$k:K=E\to S\to A$

其相应的语义解释函数也变成

$\mathscr{E}:\mathrm{Exp}\to U\to K\to S\to A$

如果我们把回答的意义扩充到命令连续也可以使用的程度，则有

$k:K=E\to C$

$\mathscr{E}:\mathrm{Exp}\to U\to K\to C$

例 3.7 例如下面的三个语义方程

$\mathscr{E}[\![n]\!]\rho\, k\triangleq k(\mathscr{B}[\![n]\!]\,\underline{\mathrm{into}}\ E)$

$\mathscr{E}[\![\mathrm{ide}]\!]\rho\, k\triangleq k(\rho(\mathrm{ide})\,\underline{\mathrm{into}}\ E)$

$\mathscr{E}[\![e_1\,\mathrm{op}\ e_2]\!]\rho\, k\triangleq\mathscr{E}[\![e_1]\!]\rho\{\lambda v_1\cdot v_1\ \underline{\mathrm{in}}\ B\to$
$\mathscr{E}[\![e_2]\!]\rho\{\lambda v_2.\ v_2\ \underline{\mathrm{in}}\ B\to(\mathscr{O}[\![\mathrm{op}]\!]\,\underline{\mathrm{onto}}$
$F_b)(v_1,v_2)k,\mathrm{error}\},\ \mathrm{error}\}$

上面的 B 为基值域，$\mathscr{O}:\mathrm{opr}\to\mathrm{Fop}$，而 $\mathrm{Fop}=F_u+F_b$，$F_b=B\times B\to K\to C$，$\mathscr{B}:\mathrm{Const}\to B$。上面的三个语义方程中，前两个是很容易理解的，而第三个语义方程的函数施用关系同命令连续中介绍的一致，例如

$\mathscr{E}[\![x+5]\!]\rho k\triangleq\mathscr{E}[\![x]\!]\rho\{\lambda v_1.\ v_1\ \underline{\mathrm{in}}\ B\to\mathscr{E}[\![5]\!]\rho\{\lambda v_2.\ v_2\ \underline{\mathrm{in}}$
$B\to(\mathscr{O}[\![+]\!]\,\underline{\mathrm{onto}}\,F_b)(v_1,v_2)k,\mathrm{error}\},\mathrm{error}\}$
$\triangleq\{\lambda\, k.\ k(\rho(x)\,\underline{\mathrm{into}}\ E)\ \}(\lambda v_1\cdot v_1\ \underline{\mathrm{in}}\ B\to\{\lambda\, k.\ k(\mathscr{B}[\![5]\!]\,\underline{\mathrm{into}}\,E)\}$

$(v_2 \underline{\text{in}}\ B \rightarrow (\mathcal{O}[\![+]\!]\underline{\text{onto}}\ F_b)(v_1, v_2)k, \text{error}), \text{error})$

如果令 $\alpha_x = \rho(x)\underline{\text{into}}\ E, \alpha_5 = \mathcal{B}[\![5]\!]\underline{\text{into}}\ E$，$\alpha_x \underline{\text{in}}\ B$ 及 $\alpha_5 \underline{\text{in}}\ B$ 均为真，于是可以化简成

$\mathcal{E}[\![x+5]\!]\rho k \triangleq k(\text{plus}(\alpha_x, \alpha_5))$

其中$(\mathcal{O}[\![+]\!]\underline{\text{onto}}F_b)(v_1, v_2)k = k(\text{plus}(v_1, v_2))$。

例 3.8 下面我们给出 IAE(imperative applicative expressions)，把它构成一个语言的子集链关系，不断扩充其语法成分，并根据表 3.3 中的语义解释函数(可以有辅助函数)，写出这个语言子集链的语义方程。

表 3.3

序	子集链	语义解释函数	注 释
1	$e ::= b$	$\mathcal{E}$: Exp→E	常量
2	$e ::= \cdots \mid \text{ide} \mid e_1 e_2 \mid (e)$	$\mathcal{E}$: Exp→U→E	常量表达式
3	$e ::= \cdots \mid \lambda i \cdot e$	$\mathcal{E}$: Exp→U→S→E	引入局部作用环境
4	$e ::= \cdots \mid \underline{\text{enter}}\ e\ \underline{\text{exit}} \mid \underline{\text{with}}\ e\ \underline{\text{escape}}$	$\mathcal{E}$: Exp→U→K→E, $K=E$→A	引入异常
5	$e ::= \cdots \mid e_1; e_2 \mid e_1 := e_2$	$\mathcal{E}$: Exp→U→K→C, $K=E$→C	引入强制

下面，我们对上表中序号 4 的情况写出语义方程：

$\mathcal{E}[\![b]\!]\rho k \triangleq k(\mathcal{B}[\![b]\!])$

$\mathcal{E}[\![i]\!]\rho k \triangleq k(\rho(i)\underline{\text{into}}\ E)$

$\mathcal{E}[\![\lambda i.\ e]\!]\rho k \triangleq k(\phi \underline{\text{into}}\ E)$

$\quad \underline{\text{where}}\ \phi: F = D \rightarrow K \rightarrow A\ \underline{\text{and}}$

$\qquad \phi = \lambda \delta k.\ \mathcal{E}[\![e]\!]\rho[\delta/i]k$

$\mathcal{E}[\![e_1 e_2]\!]\rho k \triangleq \mathcal{E}[\![e_1]\!]\rho\{\lambda\delta_1 \cdot \delta_1 \underline{\text{in}} F \rightarrow$

$\quad \mathcal{E}[\![e_2]\!]\rho\{\lambda\delta_2 \cdot \delta_2 \underline{\text{in}}\ D \rightarrow \delta_1\delta_2 k, \text{error}\}, \text{error}\}$

$\mathcal{E}[\![\underline{\text{enter}}\ e\ \text{exit}]\!]\rho k \triangleq \mathcal{E}[\![e]\!](\rho[k/\text{exit}])k$

$\mathcal{E}[\![\underline{\text{with}}\ e\ \text{escape}]\!]\rho k \triangleq \mathcal{E}[\![e]\!]\rho\{\rho(\text{exit})\}$

$\mathcal{E}[\![(e)]\!]\rho k \triangleq \mathcal{E}[\![e]\!]\rho k$

其中对最后两个语义方程进行解释。在<u>enter</u> e <u>exit</u>，将出口 exit(把这个关键字看成一个标识符)与一个表达式连续 k 联系起来，当出现<u>with</u> e <u>escape</u> 时，再把 exit 对应的表达连续 k 取回，作为对<u>with</u> e <u>escape</u> 中 e 解释的条件。

例 3.9 设有如下一个处理异常值的子句，其语法形式为

$\underline{\text{trap}}\ (a)\ \underline{\text{with}}\ t_1(a); t_2$

并有如下的语义域定义

t_1 : Abn→E

a : Abn

t_2 : E

e : $E=S \rightharpoonup S\times$Abn　　　　（$\rightharpoonup$表示偏射符号）

有如下的语义解释函数

$\mathscr{M}$: Exp→E

该子句的语义方程为

$\mathscr{M}[\![\underline{\text{trap}}\ (a)\ \underline{\text{with}}\ t_1(a);t_2]\!] \triangleq \underline{\text{let}}\ h$

$=\lambda(\sigma,\ a)\cdot(a\neq \text{nil}\rightarrow t_1(a)(\sigma),\langle\sigma,\ \text{nil}\rangle)$

$\underline{\text{in}}\ h\circ t_2$

$\underline{\text{where}}\ h\circ t_2 =_{\text{def}} \lambda x\cdot h(t_2(x))$

望读者能够弄清楚它的自然语义。

3.6.3　声明连续

声明连续问题的提出是由于说明行文嵌套引起的，此时声明存在着作用域规则，例如

```
procedure A(x:t) is
    y:integer
    ⋮
begin
    ⋮
    block B
      y:boolean
      ⋮
      begin
      ⋮
      end
    ⋮
end
```

从这个例子我们可以看出，标识符 y(变量)在外层被声明为整型变量，而在内层被声明为布尔变量。也就是说，在程序中出现了一个标识符具有多个指称的情况。为了解决这个问题，在程序设计语言中，在引用非直接可见语言实体时，采用 $A\cdot y$,$A\cdot B\cdot y$ 来区别内外层不同的 y。显然，在书写指称语义时，仍采用我们在前几节中了解的环境域 $U=\text{Ide}\rightarrow D$ 来注释一个标识符的指称，如果想避免出现二义性，就必须使用如下的标识符 $A\cdot y$,$A\cdot B\cdot y$，即使用 $\rho(A\cdot y)$,$\rho(A\cdot B\cdot y)$来注明不同 y 的指称，显然再使用 $\rho(y)$来注明指称就不行了。为了解决这个问题，我们在讨论过程与函数

的语义时，曾提出了一种隐式作用域规则（即外层声明无需特别声明自然地被内层所继承）变成显式作用域规则，使环境参数化传递到内层中去的做法，这样做可以避免$\rho(A \cdot y)$的情况，而使环境域的定义不用变化。为了与命令连续，表达式连续取得一致，定义声明连续。例如对于参数声明，就可以定义参数声明连续：

$x : X = U \to C$ 参数声明连续

$\theta : C = S \to A$ 命令连续

$k : K = E \to C$ 表达式连续

$\phi : F = E \to K \to C$ 函数

对于λ-表达式的函数抽象

$\lambda i.e$

用如下的语义解释函数进行解释

$\mathscr{T} : \mathrm{Abs} \to U \to F$

$\mathscr{P} : \mathrm{Par} \to U \to E \to X \to C$

则有

$\mathscr{T}[\![\lambda i.e]\!]\rho \triangleq \lambda vk.\mathscr{P}[\![i]\!]\rho v\{\lambda\rho'.\mathscr{E}[\![e]\!]\rho' k\}$

而

$\mathscr{P}[\![i]\!]\rho v x \triangleq x(\rho[v/i])$

在上面的语义方程中，我们清楚地看到环境被明明白白地当作参数传递给一个局部环境了。

又例如下面的声明△：Dec

$\triangle ::= \underline{\mathrm{con}}\ I = E \mid \underline{\mathrm{loc}}\ I = E \mid \cdots$

$C ::= \underline{\mathrm{let}} \triangle \underline{\mathrm{in}}\ C$

我们可以使用如下的语义解释函数进行解释：

$\mathscr{D} : \mathrm{Dec} \to U \to X \to C$

$\mathscr{E} : \mathrm{Exp} \to U \to K \to C$

其中 $X = U \to C, K = E \to C$。

我们可以有如下的语义方程

$\mathscr{D}[\![\underline{\mathrm{con}}\ I = E]\!]\rho x = \mathscr{E}[\![E]\!]\rho\{\lambda v \cdot x(\rho[v/I])\}$

$\mathscr{D}[\![\underline{\mathrm{loc}}\ I = E]\!]\rho x \triangleq \mathrm{allocate}\ \{\lambda a \cdot \mathscr{E}[\![E]\!]\rho$
$\{\lambda v \cdot \mathrm{update}(a, v)\{x([a/I])\}\}\}$

$\underline{\mathrm{where}}\ \mathrm{allocate} : (L \to C) \to C$

$\mathscr{C}[\![\underline{\mathrm{let}}\ \triangle\ \underline{\mathrm{in}}\ c]\!]\rho\theta \triangleq \mathscr{D}[\![\triangle]\!]\rho\{\lambda\rho' \cdot \mathscr{C}[\![c]\!](\rho + \rho')\theta\}$

声明连续也介绍到这里。

3.7 证明技术

指称语义方法的证明技术在于证明一个程序设计语言的正确性，只不过是采用指称语义方法罢了。这种证明技术应当分两层来进行。第一层,证明一个语言的语法及语义的一些特性;第二层,证明从一个语言的指称语义的形式定义实现的正确性。我们就这两方面的问题进行讨论。

3.7.1 证明技术

这里涉及的证明技术有

- 结构归纳法。
- 不动点特性法。
- 最小不动点特性法。
- 不动点归纳法。

下面,我们就来分别讨论这些技术,但是这种讨论最好是通过一个例子来进行。

例 3.10 Example Language。

Syntactic Domains

π:Prg=Cmd*	(Programs)
c:Cmd	(Commands)
e:Exp	(Expressions)
op:Opr	(Operators)
n:Nml	(Numerals)
i:Ide	(Identifiers)

Abstract Syntax

e::=n|true|false|e_1 op e_2|i

c::=i :=e|if e then c_1 else c_2 fi|

while e do c od|skip|c_1;c_2

Semantic Domains

N	(Integers)
T	(Truth-values)
$v: E=N+T$	(Expressible values)
$\sigma: S=\mathrm{Ide}\rightarrow E$	(States)

Semantic Functions

$\mathscr{N}$: Nml$\rightarrow N$

$\mathscr{O}$: Opr$\rightarrow(E\times E)\rightarrow E$

$\mathscr{E}$: Exp$\rightarrow S\rightarrow E$

$\mathscr{C}$: Cmd$\rightarrow S\rightarrow S$

$\mathscr{P}$: Prg$\rightarrow S\rightarrow S$

Semantic Equations

$\boxed{\mathscr{E}: \mathrm{Exp}\rightarrow S\rightarrow E}$

$\mathscr{E}[\![n]\!]\sigma\triangleq\mathscr{N}[\![n]\!]$ into E

$\mathscr{E}[\![\underline{\text{true}}]\!]\sigma \triangleq \text{true } \underline{\text{into}}\ E$

$\mathscr{E}[\![\underline{\text{false}}]\!]\sigma \triangleq \text{false } \underline{\text{into}}\ E$

$\mathscr{E}[\![e_1 \text{ op } e_2]\!]\sigma \triangleq \mathscr{O}[\![\text{op}]\!](\mathscr{E}[\![e_1]\!]\sigma, \mathscr{E}[\![e_2]\!]\sigma)$

$\mathscr{E}[\![i]\!]\sigma \triangleq \sigma[\![i]\!]$

$$\boxed{\mathscr{C}: \text{Cmd} \to S \to S}$$

$\mathscr{C}[\![i := e]\!]\sigma \triangleq \sigma[\mathscr{E}[\![e]\!]\sigma/i] \text{ or } \sigma + [i \mapsto \mathscr{E}[\![e]\!]\sigma]$

$\mathscr{C}[\![\underline{\text{if}}\ e\ \underline{\text{then}}\ c_1\ \underline{\text{else}}\ c_2\ \underline{\text{fi}}]\!]\sigma \triangleq (\mathscr{E}[\![e]\!]\sigma\ \underline{\text{in}}\ T)$
$\to \mathscr{C}[\![c_1]\!]\sigma, \mathscr{C}[\![c_2]\!]\sigma$

$\mathscr{C}[\![\underline{\text{while}}\ e\ \underline{\text{do}}\ c\ \underline{\text{od}}]\!] \triangleq Y(\lambda v \cdot \lambda\sigma \cdot (\mathscr{E}[\![e]\!]\sigma$
$\underline{\text{in}}\ T) \to v(\mathscr{C}[\![c]\!]\sigma), \sigma)$

$\mathscr{C}[\![c_1 ; c_2]\!]\sigma = \mathscr{C}[\![c_2]\!](\mathscr{C}[\![c_1]\!]\sigma)$

$\mathscr{C}[\![\underline{\text{skip}}]\!]\sigma \triangleq \sigma$

下面，我们就这个例子讨论证明技术。

1. 结构归纳法

结构归纳法用于证明语法结构中的某些特性。例如，我们证明如下的一个例子。

例 3.11 如果某标识符 i_0 在表达式 e 中是不出现的，那么 $\mathscr{E}[\![e]\!]_\sigma$ 是独立于 $\sigma[\![i_0]\!]$，也就是说，对于任意 σ 和 v 都有

$\mathscr{E}[\![e]\!]\sigma = \mathscr{E}[\![e]\!](\sigma + [i_0 \mapsto v])$

【证明】对整个表达式 Exp(语法域上)进行结构归纳，我们从例子语言中看到，表达式中的前三项子句，$\mathscr{E}[\![e]\!]\sigma$ 是独立于 σ 的；对于第四个子句，对 e_1 与 e_2 使用二次归纳假设，也然。对于最后一个子句，我们注意 i 不是 i_0(根据假设)，从在状态上的操作符"+"的定义，其结果自然得出。

从这个例子可看出，结构归纳法是将一个在较大概念上的结论，以分别证明它在这个概念上的子成分都是正确的，从而证明这个结论在这个大概念上也是正确的。

在后面，我们将会多次使用结构归纳法。

2. 不动点法

在证明某些结论时，我们必须使用 $Y(H) = H(Y(H))$ 这一事实。请看下面的一个例子。

例 3.12 对于所有的 $\sigma : S$，证明

$\mathscr{C}[\![\underline{\text{while}}\ e\ \underline{\text{do}}\ c\ \underline{\text{od}}]\!]\sigma = \mathscr{E}[\![\underline{\text{if}}\ e\ \underline{\text{then}}$
$(\underline{\text{while}}\ e\ \underline{\text{do}}\ c\ \underline{\text{od}})\ \underline{\text{else}}\ \underline{\text{skip}}\ \underline{\text{fi}}]\!]\sigma$

【证明】我们使用例 3.10 中的语义方程得到

$\text{LHS} = Y(\lambda\gamma.\lambda\sigma.\ (\mathscr{E}[\![e]\!]\sigma'\ \underline{\text{in}}\ T) \to \gamma(\mathscr{C}[\![c]\!]\sigma'), \sigma')\sigma$

$\text{RHS} = (\mathscr{E}[\![e]\!]\sigma\ \underline{\text{in}}\ T) \to Y(\lambda\gamma.\lambda\sigma'.\ (\mathscr{E}[\![e]\!]\sigma'\ \underline{\text{in}}\ T) \to$
$\gamma(\mathscr{C}[\![c]\!]\sigma'), \sigma')\sigma, \sigma$

让我们定义 $\omega = \lambda\sigma.\ (\mathscr{E}[\![e]\!]\sigma\ \underline{\text{in}}\ T)$，$\gamma_0 = \mathscr{C}[\![c]\!]$，然后我们必须证明：

$Y(\lambda\gamma.\lambda\sigma'.\ \omega\sigma' \to \gamma(\gamma_0\sigma'), \sigma')\sigma$

$=\omega\sigma\rightarrow Y(\lambda\gamma.\lambda\sigma'.\omega\sigma'\rightarrow\gamma(\gamma_0\sigma'),\sigma')\sigma,\sigma$

由于我们已知不动点的如下特性

$$Y(\lambda\gamma.\lambda\sigma'.\omega\sigma'\rightarrow\gamma(\gamma_0\sigma'),\sigma')$$
$$=\lambda\sigma'.\omega\sigma'\rightarrow(Y(\cdots))(\gamma_0\sigma'),\sigma'$$

所以

$$\text{LHS}=\omega\sigma\rightarrow(Y(\lambda\gamma\lambda\sigma'.\omega\sigma'\rightarrow\gamma(\gamma_0\sigma'),\sigma'))(\gamma_0\sigma),\sigma$$

现在我们可以对 $\omega\sigma$ 的几种情况进行讨论。如果 $\omega\sigma=\bot$，那么 LHS=RHS=$\bot$；如果 $\omega\sigma=$false，LHS=RHS=σ；如果 $\omega\sigma=$true，那么有

$$\text{RHS}=Y(\lambda\gamma.\lambda\sigma'.\omega\sigma'\rightarrow\gamma(\gamma_0\sigma'),\sigma')\sigma$$
$$=\omega\sigma\rightarrow(Y(\lambda\gamma.\lambda\sigma'.\omega\sigma'\rightarrow\gamma(\gamma_0\sigma'),\sigma'))(\gamma_0\sigma),\sigma \quad \text{（又一次使用上面的不动点特性）}$$
$$=\text{LHS}$$

所以 LHS=RHS 在所有情况下均成立。

3. 最小不动点法

这种方法可以用于证明如下形式的等式，即

$$Y(H_1)=Y(H_2)$$

该方法如下。证明 $Y(H_2)$是 H_1 的一个不动点，$Y(H_1)$是 H_1 的最小不动点，即

$$Y(H_1)\sqsubseteq Y(H_2)$$

同理，$Y(H_2)\sqsubseteq Y(H_1)$如被证明，那么

$$Y(H_1)=Y(H_2)$$

首先证明不动点的一个事实。

例 3.13 对于 $f:D_1\rightarrow D_2$ 及 $g:D_2\rightarrow D_1$

$$Y(f\circ g)=f(Y(g\circ f))$$

【证明】令 $u=Y(f\circ g)$，$v=Y(g\circ f)$。将 f 施于 v，并被 $f\circ g$ 所施用，则有

$$(f\circ g)(f(v))=f(g(f(v)))=f((g\circ f)(v))$$
$$=f(v) \quad \text{（使用 } Y(F)=F(Y(F))\text{）}$$

所以 $f(v)$是 $f\circ g$ 的一个不动点，并且有 $u\sqsubseteq f(v)$。类似地我们还可以得到 $v\sqsubseteq g(u)$。由于 f 是单调的，所以有 $f(v)\sqsubseteq f(g(u))=(f\circ g)(u)=u$，所以有 $f(v)\sqsubseteq u$，从而证明了 $u=f(v)$。

例 3.14 假定我们为例 3.10 的语言增加一个新命令：

$$c::=c\ \underline{\text{repeat}}\ \underline{\text{while}}\ e$$

它的语义方程为

$$\mathscr{C}[\![c\ \underline{\text{repeat}}\ \underline{\text{while}}\ e]\!]\triangleq Y(\lambda\gamma.(\lambda\sigma.(\mathscr{E}[\![e]\!]\sigma\ \underline{\text{in}}\ T)$$
$$\rightarrow\gamma\sigma,\sigma)\circ\mathscr{C}[\![c]\!])$$

试证明

$$\mathscr{C}[\![c\ \underline{\text{repeat}}\ \underline{\text{while}}\ e]\!]\sigma=\mathscr{C}[\![c;\underline{\text{while}}\ e\ \underline{\text{do}}\ c\ \underline{\text{od}}]\!]\sigma$$

【证明】令 $\gamma=\mathscr{C}[\![c]\!]$，$\omega=\lambda\sigma.(\mathscr{E}[\![c]\!]\sigma\circ\underline{\text{in}}\ T)$再令

$$H_1(x)=(\lambda\sigma.\omega\sigma\rightarrow x\sigma,\sigma)\circ\gamma$$

$$H_0(x)=(\lambda\sigma.\ \omega\sigma\rightarrow(x\circ\gamma)\sigma,\sigma)$$

所以，我们必须证明

$$Y(H_1)=(Y(H_0))\circ\gamma$$

由于

$$\begin{aligned}H_1((Y(H_0))\circ\gamma)&=(\lambda\sigma.\ \omega\sigma\rightarrow((Y(H_0))\circ\gamma)\sigma,\sigma)\circ\gamma\\&=H_0(Y(H_0))\circ\gamma\\&=Y(H_0)\circ\gamma\end{aligned}$$

所以

$$Y(H_1)\sqsubseteq Y(H_0)\circ\gamma$$

现在再令 $\gamma_2=\lambda\sigma.\ \omega\sigma\rightarrow(Y(H_1))\sigma,\sigma$ 使得

$$\begin{aligned}Y(H_1)=H_1(Y(H_1))&=(\lambda\sigma.\ \omega\sigma\rightarrow(Y(H_1))\sigma,\sigma)\circ\gamma\\&=\gamma_2\circ\gamma\end{aligned}$$

又由于

$$H_0(\gamma_2)=(\lambda\sigma.\ \omega\sigma\rightarrow(\gamma_2\circ\gamma)\sigma,\sigma)=(\lambda\sigma.\ \omega\sigma\rightarrow(Y(H_1))\sigma,\sigma)=\gamma_2$$

所以

$$Y(H_0)\sqsubseteq\gamma_2$$

因此，根据单调性，$(\lambda z,z\circ\gamma)(Y(H_0))\sqsubseteq(\lambda z,z\circ\gamma)\circ(\gamma_2)$，也就是说

$$Y(H_0)\circ\gamma\sqsubseteq\gamma_2\circ\gamma=Y(H_1)$$

从而证明了

$$Y(H_1)=Y(H_0)\circ\gamma$$

4. 不动点归纳法

不动点归纳法在于证明对于 $Y(H)$ 的某个谓词 P 成立，即证明 $P(Y(H))$ 为真。其证明方法为

(1) $P(\perp)$为真。

(2) 假设 $P(x)$为真，那么 $P(H(x))$也为真。

我们首先证明一个不动点的性质。

例 3.15 如果 f 是严格的(strict)(也就是说，$f(\perp)=\perp$)，并且 $f\circ h=g\circ f$，试证明 $Y(g)=f(Y(h))$。

【证明】我们用最小不动点法做该证明的前半部分，即

$$f(Y(h))=f(h(Y(h)))=g(f(Y(h)))$$

所以

$$Y(g)\sqsubseteq f(Y(h))$$

该证明的后半部分我们采用不动点归纳法。定义特性 P 为

$$P(x)\triangleq f(x)\sqsubseteq Y(g)$$

(1) 对于 $P(\perp)$：$f(\perp)=\perp\sqsubseteq Y(g)$。

(2) 假设 $P(x)$成立，对于 $P(h(x))$有

$$f(h(x))=g(f(x))\sqsubseteq g(Y(g))\text{(根据假设及 } g \text{ 的单调性)}$$
$$=Y(g)$$

所以 $P(h(x))$ 也成立,并进一步有

$$Y(g)=f(Y(h))$$

例 3.16　如果 $\mathscr{C}[\![c_1]\!]\circ\mathscr{C}[\![c_0]\!]=\mathscr{C}[\![c_0]\!]\circ\mathscr{C}[\![c_1]\!]$ 并且 $\mathscr{E}[\![e]\!]\circ\mathscr{C}[\![c_1]\!]=\mathscr{E}[\![e]\!]$,那么我们可以证明

$$\mathscr{C}[\![\underline{\text{while}}\ e\ \underline{\text{do}}\ c_0\ \underline{\text{od}};\ c_1]\!]=\mathscr{C}[\![c_1;\underline{\text{while}}\ e\ \underline{\text{do}}\ c_0\ \underline{\text{od}}]\!]$$

【证明】令 $\gamma_0=\mathscr{C}[\![c_0]\!]$,$\gamma_1=\mathscr{C}[\![c_1]\!]$ 及 $\omega=\lambda\sigma.(\mathscr{E}[\![e]\!]\sigma\ \underline{\text{in}}\ T)$。我们必须证明 $\gamma_1((Y(H))\sigma)=Y(H)(\gamma_1\sigma)$(对于所有 σ),其中 $H=\lambda\gamma\lambda\sigma.\ \omega\sigma\to\gamma(\gamma_0\sigma),\sigma$,并且要求 $\mathscr{C}[\![c]\!]_{(\perp)}=\perp$(对于所有的 c)。

我们就谓词

$$P(x)\triangleq\gamma_1(x\sigma)=x(\gamma_1\sigma)\quad\text{(对于所有的 } c\text{)}$$

使用不动点归纳法。

(1) $P(\perp)$:显然给出 $\gamma(\perp)=\perp$。

(2) 假定 $P(x)$ 成立,那么对于 $P(H(x))$ 我们有 $\text{LHS}=\gamma_1\cdot((H(x))\sigma)=\gamma_1(\omega\sigma\to x(\gamma_0\sigma),\sigma)$,由于 $\omega\sigma\in\{\perp,\text{false},\text{true}\}$,下面将分情况进行讨论。

① 如果 $\omega\sigma=\perp$,$\text{LHS}=\perp$;而且 $\text{RHS}=\omega(\gamma_1\sigma)\to x\cdot(\gamma_0(\gamma_1\sigma)),\gamma_1\sigma=\perp$(因为 $\omega(\gamma_1\sigma)=\omega\sigma$)。

② 如果 $\omega\sigma=\text{false}$,$\text{LHS}=\gamma_1\sigma=\text{RHS}$。

③ 如果 $\omega\sigma=\text{true}$,那么 $\text{LHS}=\gamma_1(x(\gamma_0,\sigma))=x(\gamma_1(\gamma_0\sigma))$(根据假设)$=x(\gamma_0(\gamma_1\sigma))$(根据假设)$=\text{RHS}$ 所以 $P(H(x))$ 也成立。

关于利用指称语义进行证明的技术,就介绍到这里。

3.7.2　实现的证明

这里所谈的实现是指从一个语言的指称语义的形式定义出发,证明这个语言的实现的正确性。

例如对于下面一个很小的语言:

n:Nml　　　　(numerals)

e:Exp　　　　(expressions)

$e::=n\mid e+e$

那么,它的标准语义有

$v:N$　　　　(integers)

$\mathscr{N}:\text{Nml}\to N$

$\mathscr{E}_0:\text{Exp}\to N$

有如下两个语义方程

$$\mathscr{E}_0[\![n]\!]\triangleq\mathscr{N}[\![n]\!]$$
$$\mathscr{E}_0[\![e_1+e_2]\!]\triangleq\mathscr{E}_0[\![e_1]\!]+\mathscr{E}_0[\![e_2]\!]$$

但是，在这个语义定义中并没有给出它的实现策略。显然，对于表达式的计算，采用栈的策略是会最先考虑到的。并且，对于上面定义的语言，这个栈是一个整数栈，并定义为

$S:Z=N^*$ (stack)

对此，我们给出一个新的语义解释函数：

$\mathscr{E}_1:\mathrm{Exp}\to Z\to Z$

并有如下的语义方程：

$\mathscr{E}_1[\![n]\!]\xi \triangleq \mathrm{push}(\mathscr{N}[\![n]\!],\xi)$

$\mathscr{E}_1[\![e_1+e_2]\!]\xi \triangleq \mathrm{add}(\mathscr{E}_1[\![e_2]\!](\mathscr{E}_1[\![e_1]\!]\xi))$

$\underline{\mathrm{where}}\ \mathrm{add}\ \xi=\mathrm{push}(v,\mathrm{pop}(\mathrm{pop}(\xi)))$

$\underline{\mathrm{and}}\ v=\mathrm{top}(\xi)+\mathrm{top}(\mathrm{pop}(\xi))$

其中

$\mathrm{push}:N\times Z\to Z$

$\mathrm{top}:Z\to Z\ \underline{\mathrm{or}}\ \perp$

$\mathrm{pop}:Z\to Z$

我们称这种指称语义形式为栈语义。栈语义将值放在栈中，因此环境域在栈语义中可以表示成名字(标识符)到栈指针的映射。对于过程调用的连续也保存在栈中(返回地址栈)，所以递归过程经常不再需要使用 fix(这要视情况而定，看语义域是如何定义的)。

请看如下的一个实现的证明。

例 3.17 试证明

$\mathscr{E}_1[\![e]\!]\xi=\mathrm{push}(\mathscr{E}_0[\![e]\!],\xi)$(对于所有 e,ξ)

【证明】采用结构归纳法。

如果 $e::=n$，那么$\mathscr{E}_1[\![n]\!]\xi=\mathrm{push}(\mathscr{N}[\![n]\!],\xi)$

$=\mathrm{push}(\mathscr{E}_0[\![n]\!],\xi)$

如果 $e::=e_1+e_2$，那么

$\mathscr{E}_1[\![e_1+e_2]\!]\xi=\mathrm{add}(\mathrm{push}(\mathscr{E}_0[\![e_2]\!],\mathrm{push}(\mathscr{E}_0[\![e_1]\!],\xi)))$

$=\mathrm{push}((\mathscr{E}_0[\![e_2]\!]\xi+\mathscr{E}_0[\![e_1]\!]),\xi)$

$=\mathrm{push}(\mathscr{E}_0[\![e_1+e_2]\!],\xi)$

所以，该等式正确。

在实现策略中，我们还可以定义一个机器模型，也有机器目标码，经编译产生目标程序。

例 3.18 定义一个机器码(machine code)：

$i:\mathrm{Ins}$ (Instructions)

$\pi:\mathrm{Prg}=\mathrm{Ins}^*$ (Programs)

$i::=\mathrm{Load}\ n\,|\,\mathrm{add}$

定义这个语言的编译程序

$$\mathscr{C}:\text{Exp}\to\text{Prg}$$

$$\mathscr{C}[\![\text{n}]\!]=\text{“loadn”}$$

$$\mathscr{C}[\![e_1+e_2]\!]=\text{concat}(\mathscr{C}[\![e_1]\!],\mathscr{C}[\![e_2]\!],\text{“add”})$$

其中 concat 是连接操作。

那么这个机器是如何操作的呢？机器模型是什么呢？

任何一个非并行处理机器都可以想象成如下的一个执行：

$$\underline{\text{until}}\ \text{term}(\sigma)\ \underline{\text{do}}\ \sigma:=\text{step}(\sigma)$$

其中 term：$S\to T$，step：$S\to S$。

这个机器的一个更形式化定义为

$$\text{machine}(\text{step},\text{term})=Y(\lambda\phi\lambda\sigma\cdot\text{term}\to\sigma,\phi(\text{step}(\sigma)))$$

这时我们定义的状态为

$$\sigma:S=\text{Prg}\times N\times Z,\text{或}$$

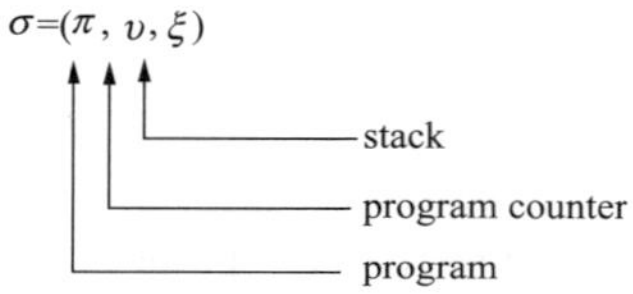

term 与 step 两个函数的具体定义为

$$\text{terml}(\pi,v,\xi)=v>\text{length}(\pi)$$

$$\text{stepl}(\pi,v,\xi)=(\pi,v+1,\mathscr{R}[\![\pi[v]]\!]\xi)$$

其中$\mathscr{R}$：$\text{Ins}\to Z\to Z$。因此可以有

$$\mathscr{R}[\![\underline{\text{load}}\ n]\!]\xi=\text{push}(\mathscr{N}[\![n]\!],\xi)$$

$$\mathscr{R}[\![\underline{\text{add}}]\!]\xi=\text{add}\ \xi\ \underline{\text{where}}\ \text{add}\ \xi=\text{push}(v,\text{pop}\cdot(\text{pop}(\xi)))\underline{\text{and}}\ v=\text{top}\ (\xi)+\text{top}(\text{pop}(\xi))$$

然后，我们定义语义解释函数：

$$\mathscr{M}:\text{Prg}\to Z\to Z\ \text{并且}$$

$$\mathscr{M}[\![\pi]\!]\xi=(\text{machine}(\text{step 1},\ \text{term 1})(\pi,1,\xi))$$

有了上面的模型之后，例如，我们则可以要求证明：对于任意 ξ，e 都有

$$\mathscr{M}(\mathscr{C}[\![e]\!])\xi=\mathscr{E}_1[\![e]\!]\xi$$

这个证明留给读者作为习题(另外，在本章的后面，我们留了一些习题，希望读者去做)。

最后，我们需要声明一点，在结合机器模型写语义时，常把系统栈及指令计数器都定义在状态中，我们把这样写的指称语义称之为存储语义，例如我们在 3.6.1 节中介绍的。但是这种存储语义，其定义方法也不是唯一的。

3.8　小　结

我们对这一章介绍的内容做一小结。我们在本章介绍了指称语义定义方法。主要介绍了如何写一个标准的指称语义，这是一种类似于 oxford notation 的方法。这种方法简单明了，语义十分清楚。在定义指称语义时，作者认为要特别注意以下的问题：

(1) 首先要明确我们为一个语言写一个什么样的指称语义，即是纯说明性(what to do)语义还是实现性(how to do)语义，而这两种语义都是数学语义。有的人只把前者称之为数学语义，这有些不正确，因为一个实现性语义也完全可以采用数学方法来描述。另外，我们还常写一个语言编译程序的语义，而编译程序语义又分为静态语义与动态语义。动态语义应当包括目标生成及目标程序的执行语义两层，但一般在写编译程序语义时，我们不写执行语义。

(2) 在明白了写什么语义之后，定义好语义域、语义解释函数是十分关键的。要特别注意保持所有这些定义的一致性，即无矛盾性。

(3) 在定义语义方程时，要保持语义方程两边的值对象是同一值域的。

我们在后面还将介绍一种指称语义的说明语言 VDM。

读者在学习了抽象数据类型之后，再定义语义域时，最好的方法是使用抽象数据类型形式。

习 题

1. 有如下的存储模型

(1) $\sigma: S = L \to V$

(2) $\sigma: S = L \to (V \times T)$, $T = \{\text{false}, \text{true}\}$

(3) $\sigma: S = (L \to (V \times T)) \times I \times O$, $I = B^*$, $O = B^*$

而 B 为基值。

(4) $\sigma: S = (L \to V) \times \text{count} \times \text{stack}$

$\text{count} = N$	(程序计数器)
$\text{stack} = L^*$	(系统栈)
$L = N$	(地址)
N	(整数)

试说明它们的不同，并分别定义出它们的 isloc, new, lose, content, update, get, put 等函数(如果它们应该有这些函数的话)。

2. 对表 3.3 的强制型施用语言(IAE)的子集链，定义出各子集语言的指称语义(一共五个)。

3. 定义参数传递机制为 call-by-reference 的过程声明、过程调用以及返回命令的语义方程。

4. 试分别定义如下语言的标准语义与存储语义，并证明这两种语义的等价关系。

p: Program	(程序)
e: Exp	(表达式)
c: Cmd	(命令)
Δ: Dec	(声明)
t: Types	(类型)
op: Operators	(操作符)
ide: Ide	(标识符)

n: Const （常量）

l: Labels （标号）

$p ::=$ block $\Delta; c$ end

$\Delta ::=$ ide: t | proc ide1(ide$_2$: t) is c end | $\Delta_1; \Delta_2$

$t ::=$ integer | real | boolean

$s ::=$ skip | ide: $= e$ | if e then c_1 else c_2 fi |

while e do c od | goto: l | l: c |

$c_1; c_2$ | ide(e) | return

$e ::= -e$ | not e | e_1 op e_2 | (e) | ide | n

op$::= +$ | $*$ | and | or | $=$ | $<$

5. 首先学习 Dijkstra 的卫式语言，写出卫式语言的指称语义（请注意，由于卫式语言是存在不确定性的，需在方向集合上研究新的偏序关系）。

6. 按照例 3.10 中定义的指称语义，计算如下的习题：

(1) $x := 0; x = x+1$。

(2) $2*(x+y)$（假设 $x=5, y=6$）。

(3) while $x<10$ do $x := x+1$ od（假设 x 初值为 0）。

7. 试说出如下语义解释的意义。

令 $\sigma: S$……………………………状态

t_1: Adn$\rightarrow E$

t_2: E

p: Abn$\rightarrow$Bool

$e: E = S \hat{\rightarrow} S \times \text{Abn}$

$t: S \rightleftharpoons S$

并有语义解释函数：

$\mathscr{M}$: Exp$\rightarrow E$

对如下的三个式子进行解释：

(1) tixe $[a \rightarrow t_1(a) \mid p(a)]$ in t_2（或 tixe m in t）。

(2) trap (a) with $t_1(a)$; t_2。

(3) always t in e。

其语义方程为

$\mathscr{M}[\![$tixe $[a \rightarrow t_1(a) \mid p(a)]$ in $t_2]\!] \triangleq$

let $e = [a \rightarrow t_1(a) \mid p(a)]$ in

let $\gamma(\sigma, a) = (a \in$ dom $e \rightarrow \gamma \circ e(a)(\sigma),$

$\langle \sigma, a \rangle)$ in $\gamma \circ t_2$

或者

$\mathscr{M}[\![$tixe m in $t]\!] \triangleq$ let $\rho = m$ in

let $\gamma = (\lambda(\sigma, a) \cdot$ if $a \in$ dom ρ then

$\gamma(\rho(a)(\sigma))$ else $\langle \sigma, a \rangle)$ in $\gamma \circ t_2$

$\mathscr{M}[\![$trap (a) with $t_1(a); t_2]\!] \triangleq$

let $h(\sigma, a) = (a \neq \text{nil} \rightarrow t_1(a)(\sigma), \langle \sigma, \text{nil} \rangle)$

in $h \circ t_2$

$\mathscr{M}[\![\underline{\text{always}}\ t\ \underline{\text{in}}\ e]\!] \triangleq (\lambda(\sigma,a)\cdot\langle t(\sigma),a\rangle)\circ e$

其中“$f\circ g$”表示：$f\circ g=\lambda x\cdot f(g(x))$。

以上三个子句的语义是 VDM 的出口子句的形式定义。

参考文献

[1] J. E. Stoy. Foundations of Denotational Semantics. Lecture Notes in Computer Science,1980:86.

[2] Michael J. C. Gordon. The Denotational Description of Programming Language—An Introduction. New York:Springer Verlag,Berlin:Heidelberg,1979.

[3] R. D. Tennet. The Denotational Semantics of Programming Language. CACM. ,1976:7,19.

[4] D. Bjorner, C. B. Jones. The Vienna Development Method:The MetaLanguage. Lecture Notes in Computer Science,1978:61.

[5] D. Bjorner, O. N. Oest. Towards and Formal Description of Ada. Lecture Notes in Computer Science,1980:98.

[6] W. Polak. Compiler Specification and Verification. Lecture Notes in Computer Science,1981:124.

[7] GLynn Winskel. The Formal Semantics of Programming Languages. 1993, 2001.

第 4 章　指称语义的一些例子

在这一章将介绍几个较大的指称语义的例子，在每一个例子中我们都做了一些解释。读者会通过这些例子，明了如何写一个语言的指称语义。写指称语义实际上是一个设计过程，读者不要怕写错，写语义如同写程序一样，一般说来错误是难免的，只是我们应尽力去写，少犯错误罢了。

4.1　例子 1

我们定义了一个语言 SPL（sequential programming language），为了能使读者动态地理解一个语言的指称语义是如何随语言成分的增加而变化的，我们将 SPL 划分成一个子集链。从表达式划分，有常量表达式、变量表达式、块表达式（引入环境）、具有副作用的表达式以及表达式连续。从命令范畴划分，分成简单命令、复合命令、块程序（引入环境）以及命令连续。

我们首先给出这个语言的语法定义（SPL 的抽象文法）。

<u>Syntactic Domains</u>:

p:Prg	(Programs)
Δ:Dec	(Declarations)
c:Cmd	(Commands)
e:Exp	(Expressions)
t:Types	(Types)
ide:Ide	(Identifiers)
n:Const	(Constants)
op:Opr	(Operators)
i:Labels	(Labels)

<u>Abstract Syntax</u>:

p::=<u>block</u> Δ;c <u>end</u>

Δ::=<u>ide:t</u>|<u>procedure</u> ide_1(ide_2:t)<u>is</u> c <u>end</u>|

<u>function</u> ide_1(ide_2:t_1)<u>return</u> t_2<u>is</u> c <u>end</u>|

Δ;Δ

$c::=$ skip | stop | abort(*e*) | return |
return(*e*) | goto *e* | ide(*e*) | *i*:*c* |
ide:=*e* | if *e* then c_1 else c_2 fi |
while *c* do *c* od | c_1;c_2

$e::=n$ | ide | ide(*e*) | false | true | not *e* |
$-e$ | (*e*) | e_1 op e_2

op$::=+|-|*|/|$and$|$or$|=|\neq|<|\leqslant|$
$>|\geqslant$

$t::=$ integer | boolean

下面，我们就来按子集链定义它的指称语义。

1. SPL/1 的指称语义

SPL/1 是一个仅有常量表达式的子集，其文法为

$e::=n$ | false | true | not *e* | $-e$ | (*e*) | e_1 op e_2

op$::=+|-|*|/|$and$|$or$|=|\neq|<|\leqslant|>|\geqslant$

此时定义的语义域为

Semantic Domains:

$I=\{\cdots,-1,0,1,\cdots\}$	整数
$T=\{tt,ff\}$	布尔值
$F=F_a+F_b+F_r$	运算
$F_a=F_{au}+F_{ab}$	算术运算
minus:$F_{au}=I\to I$	一元算术运算
$+,-,*,/:F_{ab}=I\times I\to I$	二元算术运算
$F_b=F_{bu}+F_{bb}$	布尔运算
$\neg:F_{bu}=T\to T$	一元布尔运算
$\vee,\&:F_{bb}=T\times T\to T$	二元布尔运算
$=,\neq,<,\leqslant,>,\geqslant:F_r=I\times I\to T$	关系运算
$\delta:D=I+T+F$	指称值
$v:E=D$	表示值

Semantic Functions:

$\mathscr{E}$:Exp$\to E$

$\mathscr{B}$:Const$\to(I+T)$

$\mathscr{O}$:Opr$\to F$

$\mathscr{O}'$:$\{-,$not$\}\to(F_{au}+F_{bu})$

Semantic Equations:

$$\boxed{\mathscr{E}:\text{Exp}\to E}$$

$\mathscr{E}[\![n]\!]\triangleq\mathscr{B}[\![n]\!]$ into E

$\mathscr{E}[\![\underline{\text{true}}]\!] \triangleq \text{tt } \underline{\text{into}}\ E$

$\mathscr{E}[\![\underline{\text{false}}]\!] \triangleq \text{ff } \underline{\text{into}}\ E$

$\mathscr{E}[\![\underline{\text{not}}\ e]\!] \triangleq (\mathscr{O}'[\![\underline{\text{not}}]\!]\underline{\text{onto}}\ F_{bu})(\mathscr{E}[\![e]\!])$

$\mathscr{E}[\![-e]\!] \triangleq (\mathscr{O}'[\![-]\!]\underline{\text{onto}}\ F_{au})(\mathscr{E}[\![e]\!])$

$\mathscr{E}[\![(e)]\!] \triangleq \mathscr{E}[\![e]\!]$

$\mathscr{E}[\![e_1\ \text{op}\ e_2]\!] \triangleq (\mathscr{O}[\![\text{op}]\!]\underline{\text{onto}}(F_{ab}+F_{bb}+F_r))$

$(\mathscr{E}[\![e_1]\!], \mathscr{E}[\![e_2]\!])$

$\boxed{\mathscr{O}: \text{Opr} \to F}$

$\mathscr{O}[\![+]\!] \triangleq \lambda(v_1, v_2).\ v_1\ \underline{\text{in}}\ I\ \&\ v_2\ \underline{\text{in}}\ I \to v_1 + v_2, \bot$

$\mathscr{O}[\![-]\!] \triangleq \lambda(v_1, v_2).\ v_1\ \underline{\text{in}}\ I\ \&\ v_2\ \underline{\text{in}}\ I \to v_1 - v_2, \bot$

$\mathscr{O}[\![*]\!] \triangleq \lambda(v_1, v_2).\ v_1\ \underline{\text{in}}\ I\ \&\ v_2\ \underline{\text{in}}\ I \to v_1 * v_2, \bot$

$\mathscr{O}[\![/]\!] \triangleq \lambda(v_1, v_2).\ v_1\ \underline{\text{in}}\ I\ \&\ v_2\ \underline{\text{in}}\ I \to v_1 / v_2, \bot$

$\mathscr{O}[\![\underline{\text{and}}]\!] \triangleq \lambda(v_1, v_2).\ v_1\ \underline{\text{in}}\ T\ \&\ v_2\ \underline{\text{in}}\ T \to (v_1 = \text{tt} \to v_2, \text{ff}), \bot$

$\mathscr{O}[\![\underline{\text{or}}]\!] \triangleq \lambda(v_1, v_2,).\ v_1\ \underline{\text{in}}\ T\ \&\ v_2\ \underline{\text{in}}\ T \to (v_1 = \text{tt} \to \text{tt}, v_2), \bot$

$\mathscr{O}[\![=]\!] \triangleq \lambda(v_1, v_2).\ v_1\ \underline{\text{in}}\ I\ \&\ v_2\ \underline{\text{in}}\ I \to (v_1 = v_2 \to \text{tt}, \text{ff}), \bot$

$\mathscr{O}[\![\neq]\!] \triangleq \lambda(v_1, v_2).\ v_1\ \underline{\text{in}}\ I\ \&\ v_2\ \underline{\text{in}}\ I \to (v_1 \neq v_2 \to \text{tt}, \text{ff}), \bot$

$\mathscr{O}[\![<]\!] \triangleq \lambda(v_1, v_2).\ v_1\ \underline{\text{in}}\ I\ \&\ v_2\ \underline{\text{in}}\ I \to (v_1 < v_2 \to \text{tt}, \text{ff}), \bot$

$\mathscr{O}[\![\leqslant]\!] \triangleq \lambda(v_1, v_2).\ v_1\ \underline{\text{in}}\ I\ \&\ v_2\ \underline{\text{in}}\ I \to (v_1 \leqslant v_2 \to \text{tt}, \text{ff}), \bot$

$\mathscr{O}[\![>]\!] \triangleq \lambda(v_1, v_2).\ v_1\ \underline{\text{in}}\ I\ \&\ v_2\ \underline{\text{in}}\ I \to (v_1 > v_2 \to \text{tt}, \text{ff}), \bot$

$\mathscr{O}[\![\geqslant]\!] \triangleq \lambda(v_1, v_2).\ v_1\ \underline{\text{in}}\ I\ \&\ v_2\ \underline{\text{in}}\ I \to (v_1 \geqslant v_2 \to \text{tt}, \text{ff}), \bot$

以上的语义方程，看来是不需要解释的。关于$\mathscr{O}'[\![-]\!]$，$\mathscr{O}'[\![\text{not}]\!]$的定义留给读者去完成。

2. SPL/2 指称语义

在 SPL/1 的基础上，在表达式中引入变量引用，在命令中引入简单语句及几个复合语句，而且引入了变量声明。由于引入了变量，所以需要引入存储概念。其文法为

$p ::= \underline{\text{block}}\Delta; c\ \underline{\text{end}}$

$\Delta ::= \text{ide}: t \mid \Delta_1; \Delta_2$

$c ::= \underline{\text{skip}} \mid \underline{\text{stop}} \mid \text{ide} := e \mid \underline{\text{if}}\ e\ \underline{\text{then}}\ c_1\ \underline{\text{else}}$

$c_2\ \underline{\text{fi}} \mid \underline{\text{while}}\ e\ \underline{\text{do}}\ c\ \underline{\text{od}} \mid c_1; c_2$

$e ::= \cdots \mid \text{ide}$

$t ::= \underline{\text{integer}} \mid \underline{\text{boolean}}$

Semantic Domains:

$I=\{\cdots,-1,0,1,\cdots\}$	整值
$T=\{\mathrm{tt},\mathrm{ff}\}$	布尔值
$B=I+T$	基值
$l:L=\{0,1,2,\cdots\}$	地址
$F_b=E\times E\to E$	二元函数
$F_u=E\to E$	一元函数
$F=F_u+F_b$	函数
$\delta:D=B+F+L$	指称值
$v:E=D$	表示值
$V=B+L$	存储值
$\rho:U=\mathrm{Ide}\to D$	环境
$\sigma:S=L\to V$	存储

Semantic Functions:

$\mathscr{E}:\mathrm{Exp}\to U\to S\to E$

$\mathscr{C}:\mathrm{Cmd}\to U\to S\to S$

$\mathscr{D}:\mathrm{Dec}\to U\to U$

$\mathscr{B}:\mathrm{Const}\to B$

$\mathscr{O}:(\mathrm{Opr}+\{\mathrm{not},-\})\to \mathrm{F}$

$\mathscr{M}:\mathrm{Prg}\to S\to S$

Semantic Equations:

$$\boxed{\mathscr{M}:\mathrm{Prg}\to S\to S}$$

$\mathscr{M}[\![\underline{\mathrm{block}}\ \Delta;c\ \underline{\mathrm{end}}]\!]\sigma\triangleq\mathscr{C}[\![C]\!](\mathscr{D}[\![\Delta]\!](\ ))\sigma$

$$\boxed{\mathscr{D}:\mathrm{Dec}\to U\to U}$$

$\mathscr{D}[\![\mathrm{ide}:t]\!]\rho\triangleq\rho[l/\mathrm{ide}]$

$\mathscr{D}[\![\Delta_1;\Delta_2]\!]\rho\triangleq\mathscr{D}[\![\Delta_2]\!](\mathscr{D}[\![\Delta_1]\!]\rho)$

$$\boxed{\mathscr{C}:\mathrm{Cmd}\to U\to S\to S}$$

$\mathscr{C}[\![\underline{\mathrm{skip}}]\!]\rho\,\sigma\triangleq\sigma$

$\mathscr{C}[\![\underline{\mathrm{stop}}]\!]\rho\,\sigma\triangleq\sigma$

$\mathscr{C}[\![\mathrm{ide}:=e]\!]\rho\,\sigma\triangleq\underline{\mathrm{let}}\ v'=\mathscr{E}[\![e]\!]\rho\,\sigma\ \underline{\mathrm{in}}$

$\quad\quad\underline{\mathrm{let}}\ v''=\rho(\mathrm{ide})\,\underline{\mathrm{onto}}\ L\ \underline{\mathrm{in}}$

$\quad\quad(v''\underline{\mathrm{in}}\ L\to\mathrm{update}(v'',v')\sigma,\bot)$

$\quad\underline{\mathrm{where}}\ \mathrm{update}:L\times V\to S\to S$

$\mathscr{C}[\![\underline{\mathrm{if}}\ e\ \underline{\mathrm{then}}\ c_1\,\underline{\mathrm{else}}\ c_2\,\underline{\mathrm{fi}}]\!]\rho\,\sigma\triangleq$

$$\underline{\text{let}}\ v = \mathscr{E}[\![e]\!]\rho\sigma\ \underline{\text{in}}$$

$$(v\ \underline{\text{in}}\ T \to (v = \text{tt} \to \mathscr{E}[\![c_1]\!]\rho\sigma, \mathscr{C}[\![c_2]\!]\rho\sigma), \bot)$$

$$\mathscr{C}[\![\underline{\text{while}}\ e\ \underline{\text{do}}\ c\ \underline{\text{od}}]\!]\rho \triangleq$$

$$Y(\lambda\phi.\lambda\sigma.(\mathscr{E}[\![e]\!]\rho\sigma\ \underline{\text{in}}\ T \to$$

$$\phi(\mathscr{C}[\![c]\!]\rho\sigma),\sigma))$$

$$\mathscr{C}[\![c_1;c_2]\!]\rho\sigma \triangleq \mathscr{C}[\![c_2]\!]\rho(\mathscr{C}[\![c_1]\!]\rho\sigma)$$

$$\boxed{\mathscr{E}:\text{Exp} \to U \to S \to E}$$

$$\mathscr{E}[\![n]\!]\rho\sigma \triangleq \mathscr{B}[\![n]\!]\ \underline{\text{into}}\ E$$

$$\mathscr{E}[\![\underline{\text{true}}]\!]\rho\sigma \triangleq \text{tt}\ \underline{\text{into}}\ E$$

$$\mathscr{E}[\![\text{false}]\!]\rho\sigma \triangleq \text{ff}\ \underline{\text{into}}\ E$$

$$\mathscr{E}[\![\text{ide}]\!]\rho\sigma \triangleq \rho(\text{ide})\ \underline{\text{into}}\ E$$

$$\mathscr{E}[\![\underline{\text{not}}\ e]\!]\rho\sigma \triangleq (\mathscr{O}[\![\text{not}]\!]\ \underline{\text{onto}}\ F_u)(\mathscr{E}[\![e]\!]\rho\sigma)$$

$$\mathscr{E}[\![-e]\!]\rho\sigma \triangleq (\mathscr{O}[\![-]\!]\ \underline{\text{onto}}\ F_u)(\mathscr{E}[\![e]\!]\rho\sigma)$$

$$\mathscr{E}[\![(e)]\!]\rho\sigma \triangleq \mathscr{E}[\![e]\!]\rho\sigma$$

$$\mathscr{E}[\![e_1\ \text{op}\ e_2]\!]\rho\sigma \triangleq (\mathscr{O}[\![\text{op}]\!]\ \underline{\text{onto}}\ F_b)(\mathscr{E}[\![e_1]\!]\rho\sigma, \mathscr{E}[\![e_2]\!]\rho\sigma)$$

关于操作符的语义同 SPL/1 的定义。

3. SPL/3 的指称语义

在这个子集里，我们为表达式范畴增加了函数调用，在声明范畴中增加了函数声明，在语句范畴中增加了 return(e)命令（但没有增加 abort(e)命令），并且表达式有副作用。SPL/3 的文法定义将变成

$p::=\underline{\text{block}}\Delta;c\ \underline{\text{end}}$

$\Delta::=\cdots|\underline{\text{function}}\ \text{ide}_1(\text{ide}_2:t_1)\underline{\text{return}}\ t_2$

$\quad\quad \underline{\text{is}}\ c\ \underline{\text{end}}$

$c::=\cdots|\text{return}(e)$

$e::=\cdots|\text{ide}_1(\text{ide}_2)$ (call-by-reference)

$t::=\underline{\text{integer}}|\underline{\text{boolean}}$

其语义域定义为

Semantic Domains:

$I=\{\cdots,-1,0,1,\cdots\}$	整数
$T=\{\text{tt},\text{ff}\}$	布尔值
$B=I+T$	基值
$l:L=\{0,1,2,\cdots\}$	地址
$F=F_{\text{op}}+F_c$	函数
$F_{\text{op}}=F_u+F_b$	操作符函数

$F_u = E \to E$ 一元操作符函数

$F_b = E \times E \to E$ 二元操作符函数

$F_c = U \to L \to S \to S \times E$ 用户定义函数(call-by-reference)

$\delta: D = B + F + L$ 指称值

$v: E = D$ 表示值

$V = B + L$ 存储值

$\rho: U = \text{Ide} \to D$ 环境

$\sigma: S = L \to V$ 状态

<u>Semantic Functions</u>:

$\mathscr{E}: \text{Exp} \to U \to S \to S \times E$

$\mathscr{C}: \text{Cmd} \to U \to S \to S$

$\mathscr{D}: \text{Dec} \to U \to U$

$\mathscr{B}: \text{Const} \to B$

$\mathscr{O}: (\text{Opr} + \{\text{not}, -\}) \to F_{\text{op}}$

$\mathscr{M}: \text{Prg} \to S \to S$

<u>Semantic Equations</u>:

$$\boxed{\mathscr{M}: \text{Prg} \to S \to S}$$

$\mathscr{M}[\![\underline{\text{block}}\Delta; c\ \underline{\text{end}}]\!]\sigma \triangleq \mathscr{C}[\![c]\!](\mathscr{D}[\![\Delta]\!](\ ))\sigma$

$$\boxed{\mathscr{D}: \text{Dec} \to U \to U}$$

$\mathscr{D}[\![\text{ide}: t]\!]\rho \triangleq p[l/\text{ide}]$

$\mathscr{D}[\![\Delta_1; \Delta_2]\!]\rho \triangleq \mathscr{D}[\![\Delta_2]\!](\mathscr{D}[\![\Delta_1]\!]\rho)$

$\mathscr{D}[\![\underline{\text{function}}\ \text{ide}_1(\text{ide}_2: t_1)\underline{\text{return}}\ t_2\underline{\text{is}}\ c\ \underline{\text{end}}]\!]\rho$

$\triangleq \rho[\lambda\rho'.\lambda l\sigma.(\sigma', v)/\text{ide}_1]$

$\underline{\text{where}}\ c = c'; \underline{\text{return}}(e)$

$\underline{\text{and}}(\sigma', v) = (\mathscr{E}[\![e]\!]\rho'[l/\text{ide}_2](\mathscr{C}[\![e']\!]\rho'[l/\text{ide}_2]\sigma))$

$$\boxed{\mathscr{C}: \text{Cmd} \to U \to S \to S}$$

$\mathscr{C}[\![\text{skip}]\!]\rho\,\sigma \triangleq \sigma$

$\mathscr{C}[\![\underline{\text{stop}}]\!]\rho\,\sigma \triangleq \sigma$

$\mathscr{C}[\![\text{ide} := e]\!]\rho\,\sigma \triangleq \underline{\text{let}}(\sigma', v') = \mathscr{E}[\![e]\!]\rho\,\sigma\ \underline{\text{in}}$

$\underline{\text{let}}\ \delta = \rho(\text{ide})\underline{\text{onto}}\ L\ \underline{\text{in}}$

$(\delta\ \underline{\text{in}}\ L \to \text{update}(\delta, v')\sigma', \perp)$

$\underline{\text{where}}\ \text{update}: L \times V \to S \to S$

$\mathscr{C}[\![\underline{\text{if}}\ e\ \underline{\text{then}}\ c_1\ \underline{\text{else}}\ c_2\ \underline{\text{fi}}]\!]\rho\,\sigma$

$$\triangleq \underline{\text{let}}(\sigma',v') = \mathscr{E}[\![e]\!]\rho\,\sigma\ \underline{\text{in}}$$

$$(v'\ \underline{\text{in}}\ T \to (v' = \text{tt} \to \mathscr{C}[\![c_1]\!]\rho\,\sigma', \mathscr{C}[\![c_2]\!]\rho\sigma'), \perp)$$

$$\mathscr{C}[\![\underline{\text{while}}\ e\ \underline{\text{do}}\ c\ \underline{\text{od}}]\!]\rho\sigma$$

$$\triangleq \underline{\text{let}}(\sigma',v') = \mathscr{E}[\![e]\!]\rho\,\sigma\ \underline{\text{in}}$$

$$(v'\ \underline{\text{in}}\ T \to (v' = \text{tt} \to \mathscr{C}[\![c;\underline{\text{while}}\ e\ \underline{\text{do}}\ c\ \underline{\text{od}}]\!]\rho\,\sigma', \sigma), \perp)$$

$$\mathscr{C}[\![c_1;c_2]\!]\rho\,\sigma \triangleq \mathscr{C}[\![c_2]\!]\rho(\mathscr{C}[\![c_1]\!]\rho\,\sigma)$$

$$\mathscr{C}[\![\underline{\text{return}}(e)]\!]\rho\,\sigma \triangleq (\mathscr{E}[\![e]\!]\rho\,\sigma)\downarrow 1$$

$$\boxed{\mathscr{E}:\text{Exp} \to U \to S \to S \times E}$$

$$\mathscr{E}[\![n]\!]\rho\,\sigma \triangleq (\sigma, \mathscr{B}[\![n]\!]\ \underline{\text{into}}\ E)$$

$$\mathscr{E}[\![\underline{\text{true}}]\!]\rho\,\sigma \triangleq (\sigma, \text{tt}\ \underline{\text{into}}\ E)$$

$$\mathscr{E}[\![\text{false}]\!]\rho\,\sigma \triangleq (\sigma, \text{ff}\ \underline{\text{into}}\ E)$$

$$\mathscr{E}[\![\text{ide}]\!]\rho\,\sigma \triangleq (\sigma, \rho(\text{ide}))$$

$$\mathscr{E}[\![\underline{\text{not}}\ e]\!]\rho\,\sigma \triangleq \underline{\text{let}}(\sigma',v') = \mathscr{E}[\![e]\!]\rho\,\sigma\ \underline{\text{in}}$$

$$(\sigma', (\mathscr{O}[\![\underline{\text{not}}]\!]\ \underline{\text{onto}}\ F_u)(v'))$$

$$\mathscr{E}[\![-e]\!]\rho\,\sigma \triangleq \underline{\text{let}}(\sigma',v') = \mathscr{E}[\![e]\!]\rho\,\sigma\ \underline{\text{in}}$$

$$(\sigma', (\mathscr{O}[\![-]\!]\ \underline{\text{onto}}F_u)(v'))$$

$$\mathscr{E}[\![(e)]\!]\rho\,\sigma \triangleq \mathscr{E}[\![e]\!]\rho\,\sigma$$

$$\mathscr{E}[\![e_1\,\text{op}\ e_2]\!]\rho\,\sigma \triangleq \underline{\text{let}}(\sigma',v') = \mathscr{E}[\![e_1]\!]\rho\,\sigma\ \underline{\text{in}}$$

$$\underline{\text{let}}(\sigma'',v'') = \mathscr{E}[\![e_2]\!]\rho\,\sigma'\ \underline{\text{in}}$$

$$(\sigma'', (\mathscr{O}[\![\text{op}]\!]\ \underline{\text{onto}}\ F_b)(v',v''))$$

$$\mathscr{E}[\![\text{ide}_1\ (\text{ide}_2)]\!]\rho\,\sigma \triangleq \underline{\text{let}}\ l = \rho(\text{ide}_2)\ \underline{\text{onto}}\ L\ \underline{\text{in}}$$

$$(\rho(\text{ide}_1)\ \underline{\text{onto}}\ F_c)(\rho)(l)(\sigma)$$

下面，我们略做一些解释。

(1) 由于我们假定函数调用的参数传递机制是 call-by-reference，所以实参只能是变量，不能是一般的表达式。同时，由于表达式的副作用的存在，用户函数域定义为 $F_c = U \to L \to S \to S \times E$。而表达式的语义解释函数为$\mathscr{E}$:Exp$\to U \to S \to S \times E$。

(2) 对于函数声明的语义解释，语义方程的右边的形式为 $\rho[\lambda\rho'.\lambda l\sigma.(\sigma',v)/\text{ide}]$。

4. SPL/4 的指称语义

SPL/4 即为全集语言。由于有了 GOTO 语句及带标号的语句，所以需引入命令连续，还由于增加了异常返回值(abort(e))，所以还需引入表达式连续。

<u>Semantic Domains</u>:

$I = \{\cdots, -1, 0, 1, \cdots\}$　　　整数

$T=\{tt, ff\}$	布尔值
$B=I+T$	基值
$l: L=\{0,1,2, \cdots\}$	地址
$\phi: F=F_{op}+F_c$	函数
$F_{op}=F_u+F_b$	操作符函数
$F_u=E\to K\to C$	一元操作符函数
$F_b=E\times E\to K\to C$	二元操作符函数
$F_c=U\to D\to K\to C$	用户定义函数
$\rho: P=U\to D\to C\to C$	过程
$\delta: D=B+L+F+P+C$	指称值
$v: E=D$	表示值
$V=B+L$	存储值
$\sigma: S=L\to V$	状态
$\rho: U=\mathrm{Ide}\to D$	环境
$k: K=E\to C$	表达式连续
$\theta: C=S\to A$	命令连续
$A=\{\mathrm{error}\}+S+L+V$	回答

Semantic Functions:

$\mathscr{E}: \mathrm{Exp}\to U\to K\to C$

$\mathscr{C}: \mathrm{Cmd}\to U\to C\to C$

$\mathscr{D}: \mathrm{Dec}\to U\to U$

$\mathscr{B}: \mathrm{Const}\to B$

$\mathscr{O}: \mathrm{Opr}\to F_{op}$

$\mathscr{M}: \mathrm{Prg}\to C\to C$

Semantic Equations:

$$\boxed{\mathscr{M}: \mathrm{Prg}\to C\to C}$$

$\mathscr{M}[\![\text{block } \Delta; c \ \underline{\text{end}}]\!]\theta \triangleq \mathscr{C}[\![c]\!](\mathscr{C}[\![\Delta]\!](\ ))\theta$

$$\boxed{\mathscr{D}: \mathrm{Dec}\to U\to U}$$

$\mathscr{D}[\![\mathrm{ide}: t]\!]\rho \triangleq \rho[l/\mathrm{ide}]$

$\mathscr{D}[\![\Delta_1; \Delta_2]\!]\rho \triangleq \mathscr{D}[\![\Delta_2]\!](\mathscr{D}[\![\Delta_1]\!]\rho)$

$\mathscr{D}[\![\underline{\text{function}}\ \mathrm{ide}_1(\mathrm{ide}_2: t_1)\ \underline{\text{return}}\ t_2\ \underline{\text{is}}\ c\ \underline{\text{end}}]\!]\rho$

$\triangleq \rho[\lambda\rho'.\lambda\delta k.\mathscr{C}[\![c_1]\!]\rho''\{\mathscr{E}[\![e]\!]\rho'' k\}/\mathrm{ide}_1]$

$\underline{\text{where}}\ c=c_1; \underline{\text{return}}\ (e)$

$\underline{\text{and}}\ \rho''=\rho'[\delta/\mathrm{ide}_2]$

$\mathscr{D}[\![\underline{\text{procedure}}\ \mathrm{ide}_1(\mathrm{ide}_2: t)$

$\underline{\text{is}}\ c\ \underline{\text{end}}]\!]\rho \triangleq \rho[\lambda\rho'.\lambda\delta\theta.\mathscr{C}[\![c]\!]\rho'[\delta/\text{ide}_2]\theta/\text{ide}_1]$

$$\boxed{\mathscr{C}:\text{Cmd}\to U\to C\to C}$$

$\mathscr{C}[\![\underline{\text{skip}}]\!]\rho\theta \triangleq \theta$

$\mathscr{C}[\![\underline{\text{stop}}]\!]\rho\theta \triangleq \theta$

$\mathscr{C}[\![\underline{\text{abort}}\ (e)]\!]\rho\theta \triangleq \mathscr{E}[\![e]\!]\rho\{\text{abnval}\}$

where abnval: $E\to C\to C$

$\mathscr{C}[\![\underline{\text{return}}]\!]\rho\theta = \text{procreturn}(\theta)$

$\underline{\text{where}}$ procreturn: $C\to C$

$\mathscr{C}[\![\underline{\text{return}}\ (e)]\!]\rho\theta \triangleq \mathscr{E}[\![e]\!]\rho\{\text{normalval}\}$

$\underline{\text{where}}$ normalval: $E\to C\to C$

$\mathscr{C}[\![\underline{\text{goto}}\ (e)]\!]\rho\theta \triangleq \mathscr{E}[\![e]\!]\rho\{\text{jump}\}$

$\underline{\text{where}}$ jump: $E\to C$ $\underline{\text{is}}$ defined by

$\lambda v.(v\ \underline{\text{in}}\ C\to v\ \underline{\text{onto}}\ C,\text{error})$

$\mathscr{C}[\![\text{ide}\ (e)]\!]\rho\theta \triangleq \underline{\text{let}}\ \delta=\rho(\text{ide})\ \underline{\text{in}}$

$\delta\ \underline{\text{in}}\ P\to \mathscr{E}[\![e]\!]\rho\ \{\lambda\delta'.\delta'\ \underline{\text{in}}\ D\to$

$\delta(\rho)(\delta')(\theta),\text{error}\},\text{error}$

$\mathscr{C}[\![\text{ide}:=e]\!]\rho\theta \triangleq \underline{\text{let}}\ \delta=\rho(\text{ide})\ \underline{\text{in}}$

$\delta\ \underline{\text{in}}\ L\to \mathscr{E}[\![e]\!]\rho\{\lambda v.\text{update}(\delta,v)\theta\},\text{error}$

$\underline{\text{where}}$ update: $L\times V\to C\to C$

$\mathscr{C}[\![\underline{\text{if}}\ e\ \underline{\text{then}}\ c_1\ \underline{\text{else}}\ c_2\ \underline{\text{fi}}]\!]\rho\theta \triangleq$

$\mathscr{E}[\![e]\!]\rho\{\lambda v.v\ \underline{\text{in}}T\to(v=\text{tt}\to\mathscr{C}[\![c_1]\!]\rho\theta,\mathscr{C}[\![c_2]\!]\rho\theta),\text{error}\}$

$\mathscr{C}[\![\underline{\text{while}}\ e\ \underline{\text{do}}\ c\ \underline{\text{od}}]\!]\rho\theta$

$\triangleq Y(\lambda\theta'.\mathscr{E}[\![e]\!]\rho\{\lambda v.v\ \underline{\text{in}}T\to(v=\text{tt}\to\mathscr{C}[\![c]\!]\rho\theta',\theta),\text{error}\})$

$\mathscr{C}[\![c_1;c_2]\!]\rho\theta \triangleq \mathscr{C}[\![c_1]\!]\rho\{\mathscr{C}[\![c_2]\!]\rho\theta\}$

$$\boxed{\mathscr{E}:\text{Exp}\to U\to K\to C}$$

$\mathscr{E}[\![n]\!]\rho k \triangleq k(\mathscr{B}[\![n]\!]\ \underline{\text{into}}\ E)$

$\mathscr{E}[\![\underline{\text{true}}]\!]\rho k \triangleq k(\text{tt}\ \underline{\text{into}}\ E)$

$\mathscr{E}[\![\underline{\text{false}}]\!]\rho k \triangleq k(\text{ff}\ \underline{\text{into}}\ E)$

$\mathscr{E}[\![\underline{\text{ide}}]\!]\rho k \triangleq k(\rho(\text{ide}))$

$\mathscr{E}[\![\underline{\text{not}}\ e]\!]\rho k \triangleq \mathscr{E}[\![e]\!]\rho\{\lambda v.(\mathscr{O}[\![\underline{\text{not}}]\!]\underline{\text{onto}}F_u)(v)(k)\}$

$\mathscr{E}[\![-e]\!]\rho k \triangleq \mathscr{E}[\![e]\!]\rho\{\lambda v.(\mathscr{O}[\![-]\!]\underline{\text{onto}}F_u)(v)(k)\}$

$\mathscr{E}[\![(e)]\!]\rho\, k \triangleq \mathscr{E}[\![e]\!]\rho\, k$

$\mathscr{E}[\![e_1 \text{ op } e_2]\!]\rho\, k \triangleq \mathscr{E}[\![e_1]\!]\rho\{\lambda v_1 \cdot v_1 \ \underline{\text{in}}\ B \to \mathscr{E}[\![e_2]\!]\rho\{\lambda v_2 \cdot v_2 \ \underline{\text{in}}\ B \to \mathscr{O}'\ [\![\text{op}]\!]\text{onto}F_b\}$
$(v_1, v_2)k, \text{error}\}, \text{error}\}$

$\mathscr{E}[\![\text{ide }(e)]\!]\rho\, k \triangleq \underline{\text{let}}\ \delta = \rho(\text{ide})\ \underline{\text{in}}$
$(\delta\ \underline{\text{in}}\ F_c \to \mathscr{E}[\![e]\!]\rho\{\lambda v.\, \delta(\rho)(v)(k)\}, \text{error})$

$\mathscr{O}: \text{Opr} \to F_{op}$

$\mathscr{O}[\![+]\!] \triangleq \lambda(v_1, v_2)k.\, k(\text{plus}(v_1, v_2))$

⋮

其他操作符运算的语义方程，读者可以作为练习补齐。在上面的语义定义中，要特别注意一点的是：表达式语法树中的叶子结点的语法成分，如果有语义，其语义方程中一般都冠有表达式连续 K。

4.2 例子 2

下面，我们以 GEDANKEN 语言为例，进行指称语义的定义。

在该例中，嵌套的连续形式 $\alpha\{\beta\{\gamma\}\}$ 将被写成

α;
　β;
　　γ

其中分号"；"比施用的优先级较低，但它不停止一个 λ-表达式。

该语言的语法域为

Syntactic Domains：

b: Bas	基数
i: Ide	标识符
e: Exp	表达式
ϕ: Abs	抽象
π: Par	参数
φ: Prog	程序
$\{\Lambda\}$	空串

Abstract Syntax：

$\varphi ::= e$

$\pi ::= i$

　$|\ \pi_1, \cdots, \pi_n\ (n \neq 1)$

　$|\ \Lambda$

$|\ (\pi)$

$$
\begin{aligned}
\phi &::= \lambda\pi.\, e \\
e &::= b \\
&\quad | \, i \\
&\quad | \, \phi \\
&\quad | \, e_1 e_2 \\
&\quad | \, \underline{\text{if}}\ e_0\ \underline{\text{then}}\ e_1\ \underline{\text{else}}\ e_2 \\
&\quad | \, e_1\ \underline{\text{and}}\ e_2 \\
&\quad | \, e_1\ \underline{\text{or}}\ e_2 \\
&\quad | \, \underline{\text{case}}\ e_0\ \underline{\text{of}}\ e_1, \cdots, e_n \\
&\quad | \, e_1, \cdots, e_n (n \neq 1) \\
&\quad | \, \Lambda \\
&\quad | \, e_1 = e_2 \\
&\quad | \, e_1 := e_2 \\
&\quad | \, e_1 ; e_2 \\
&\quad | \, \cdots ; \pi\ \underline{\text{is}}\ e; \cdots ; i\ \underline{\text{isr}}\ \phi; \cdots ; i' : e' ; \cdots \\
&\quad | \, (e)
\end{aligned}
$$

下面，对这个语言做一些解释。显然它是一个强制型的施用表达式语言(IAE)，有些成分就是 AE 的成分，不必解释了。只解释增加的成分。$e_1\ \underline{\text{and}}\ e_2$ 及 $e_1\ \underline{\text{or}}\ e_2$ 表示布尔运算<u>and</u>及 <u>or</u>。$e_1 := e_2$ 表示赋值。$e_1 ; e_2$ 表示两个独立的表达式。$e_1, \cdots, e_n$ 是一种多元表示形式。$\cdots ; \pi\ \underline{\text{is}}\ e; \cdots$ 表示参数声明。$\cdots i\ \underline{\text{isr}}\ \phi; \cdots$ 表示函数命名声明。$\cdots ; i' : e' ; \cdots$ 表示表达式的命名声明。为什么要增加这些语言成分，读者可以自己去分析。

下面，我们来定义语义域。

<u>Semantic Domains</u>:

$\tau : T = \{\text{ff}, \text{tt}\}^{\perp}$	真值
$\gamma : N = \{\cdots, -1, 0, 1, \cdots\}$	整数
$\eta : H = \{\text{“}a\text{”}, \text{“}b\text{”}, \cdots\}$	字符
$\xi : \text{AT} = \{ll, ul, \cdots\}$	原子

原子表示常驻存储中的函数，它的作用在于加载。

$B = T + N + H + \text{AT}$	基值
$\phi : F = E \to K \to C$	函数
$\theta : C = S \to A$	命令连续
$\alpha : L$	地址
$I_m = F \times F$	隐引用
$R_f = L + I_m$	引用
$v : E = B + F + C + R_f$	表示值
$A = \{\text{error}\} + B + (H \times A)$	回答

其中回答或者是一个错误信息，或者是一个程序的最后的表达式的值，或者是任意数

量的中间输出(从 0 到无限)。

$k:K=E\to C$	表达式连续
$x:X=U\to C$	参数连续
$\rho:U=\mathrm{Ide}\to D$	指称值
$D=E$	环境
$V=E$	存储值
$\sigma:S=(L\to(V\times T))\times(AT\to T)\times H^*\times H^*$	存储

S 的第一部分表示一个动态分配的存储器,它的第二部分是把一标志与一个原子联系起来,用来记录它是否产生。S 的第三及第四部分则表示输入输出文件,我们将定义是有穷长的输入。

<u>Semantic Functions</u>:

$\mathscr{E}:\mathrm{Exp}\to U\to K\to C$

$\mathscr{R}:\mathrm{Exp}\to U\to K\to C$

函数$\mathscr{R}$表示在使用$\mathscr{E}$函数计算之后,并自动强制其值。

$\mathscr{P}:\mathrm{Par}\to U\to E\to X\to C$

$\mathscr{F}:\mathrm{Abs}\to U\to F$

$\mathscr{M}:\mathrm{Prog}\to H^*\to A$

$\mathscr{B}:\mathrm{Bas}\to B$

为了把一组可表示的值转换成一个 GEDANKEN 的函数值,使用一个辅助函数 $\mathrm{seq}:E^*\to F$:

$$
\begin{aligned}
&\mathrm{seq}(v_1,\cdots,v_n)=\lambda vk.\,\phi_{\mathrm{coerce}}(v);\\
&\quad\lambda v'.\,(v'\ \underline{\mathrm{in}}\ N\wedge 1\leqslant\gamma\leqslant n\to k(v_\gamma),\\
&\qquad v'\ \underline{\mathrm{in}}\ AT\to(v'=ll\to k(1),\\
&\qquad\quad(v'=ul\to k(n),\theta_{\mathrm{error}}),\theta_{\mathrm{error}}))
\end{aligned}
$$

其中下标 $r=v'\ \underline{\mathrm{onto}}\ N$。另定义一个辅助函数 $\mathrm{Coerce}:K\to K:\mathrm{Coerce}(k)=\lambda v.\,\phi_{\mathrm{coerce}}(v)(k)$。

<u>Semantic Equations</u>:

$$\boxed{\mathscr{E}:\mathrm{Exp}\to U\to K\to C}$$

$$\mathscr{E}[\![b]\!]\rho\,k\triangleq k(\mathscr{B}[\![b]\!])$$

$$\mathscr{E}[\![i]\!]\rho\,k\triangleq k(\rho(i))$$

$$\mathscr{E}[\![\phi]\!]\rho\,k\triangleq k(\mathscr{F}[\![\phi]\!]\rho)$$

$$
\begin{aligned}
&\mathscr{E}[\![e_1e_2]\!]\rho\,k\triangleq\mathscr{R}[\![e_1]\!]\rho;\\
&\qquad\lambda v_1.\,(v_1\ \underline{\mathrm{in}}\ F\to\mathscr{E}[\![e_2]\!]\rho\{\lambda v_2.\,v_1v_2k\},\theta_{\mathrm{error}})
\end{aligned}
$$

$$
\begin{aligned}
&\mathscr{E}[\![\underline{\mathrm{if}}\ e_0\ \underline{\mathrm{then}}\ e_1\ \underline{\mathrm{else}}\ e_2]\!]\rho\,k\\
&\quad\triangleq\mathscr{R}[\![e_0]\!]\rho;\\
&\quad\lambda v.\,(v\ \underline{\mathrm{in}}\ T\to(v\ \underline{\mathrm{onto}}\ T\to
\end{aligned}
$$

$\mathscr{E}[\![e_1]\!]\rho k, \mathscr{E}[\![e_2]\!]\rho k), \theta_{\text{error}})$

$\mathscr{E}[\![e_1 \underline{\text{and}}\ e_2]\!]\rho k \triangleq$

$\mathscr{R}[\![e_1]\!]\rho;$

$\lambda v.(v\ \underline{\text{in}}\ T \rightarrow (v\ \underline{\text{onto}}\ T \rightarrow \mathscr{R}[\![e_2]\!]\rho k, k(\text{ff})), \theta_{\text{error}})$

$\mathscr{E}[\![e_1 \underline{\text{or}}\ e_2]\!]\rho k \triangleq$

$\mathscr{R}[\![e_1]\!]\rho;$

$\lambda v.(v\ \underline{\text{in}}\ T \rightarrow (v\ \underline{\text{onto}}\ T \rightarrow k(\text{tt}),$

$\mathscr{R}[\![e_2]\!]\rho k), \theta_{\text{error}})$

$\mathscr{E}[\![\underline{\text{case}}\ e_0\ \underline{\text{of}}\ e_1, e_2, \cdots, e_n]\!]\rho k$

$\triangleq \mathscr{R}[\![e_0]\!]\rho;$

$\lambda v.(v\ \underline{\text{in}}\ B(v=1 \rightarrow \mathscr{E}[\![e_1]\!]\rho k,$

$v=2 \rightarrow \mathscr{E}[\![e_n]\!]\rho k,$

$\vdots$

$v=n \rightarrow \mathscr{E}[\![e_n]\!]\rho k,$

$v=ll \rightarrow k(1),$

$v=ul \rightarrow k(n), \theta_{\text{error}}), \theta_{\text{error}})$

$\mathscr{E}[\![e_1, e_2, \cdots, e_n]\!]\rho k$

$\triangleq \mathscr{E}[\![e_1]\!]\rho;$

$\lambda v_1.\mathscr{E}[\![e_2]\!]\rho;$

$\vdots$

$\lambda v_n.k(\text{seq}(v_1, \cdots, v_n))$

$\mathscr{E}[\![e_1 := e_2]\!]\rho k$

$\triangleq \mathscr{E}[\![e_1]\!]\rho;$

$\lambda v_1.\mathscr{R}[\![e_2]\!]\rho;$

$\lambda v_2.\phi_{\text{ncset}}(\text{seq}(v_1, v_2))k$

$\mathscr{E}[\![\Lambda]\!]\rho k \triangleq k(\text{seq}())$

$\mathscr{E}[\![e_1 = e_2]\!]\rho k \triangleq$

$\mathscr{R}[\![e_1]\!]\rho;$

$\lambda v_1.\mathscr{R}[\![e_2]\!]\rho;$

$\lambda v_2.\phi_{\text{ncequal}}(\text{seq}(v_1, v_2))k$

$\mathscr{E}[\![e_1; e_2]\!]\rho k \triangleq \mathscr{E}[\![e_1]\!]\rho\{\lambda v.\mathscr{E}[\![e_2]\!]\rho k\}$

$\mathscr{E}[\![\pi\,\underline{\text{is}}e; \cdots]\!] \triangleq \mathscr{E}[\![(\lambda\pi.\cdots)(e)]\!]$

$\mathscr{E}[\![i_1\ \underline{\text{isr}}\ \phi_1; \cdots; i_m\ \underline{\text{isr}}\ \phi_m; i^1 : e^1; \cdots; i^n : e^n]\!]\rho k$

$\triangleq \theta_1$（注意这里是 θ_1）

$\underline{\text{where}}\ \theta_i = \mathscr{E}[\![e^j]\!]\rho'\{\lambda v.\theta_{j+1}\}\ \underline{\text{for}}\ j=1, \cdots, n-1$

$\underline{\text{and}}\ \theta_n = \mathscr{E}[\![e^n]\!]\rho' k$

$\underline{\text{and}}\ \rho' = \rho[\phi_1/i_1]\cdots[\phi_m/i_m][\theta_1/i^1]\cdots[\theta_n/i^n]$

$\underline{\text{and}}\phi_i = \mathscr{F}[\![\phi_i]\!]\rho'\ \underline{\text{for}}\ i=1,2,\cdots,m$

$\mathscr{E}[\![(e)]\!]\rho\, k = \mathscr{E}[\![e]\!]\rho\, k$

$$\boxed{\mathscr{R}:\text{Exp}\to U\to K\to C}$$

$\mathscr{R}[\![e]\!]\rho\, k \triangleq \mathscr{E}[\![e]\!]\rho\{\text{coerce}(k)\}$

$$\boxed{\mathscr{P}:\text{Par}\to U\to E\to X\to C}$$

$\mathscr{P}[\![i]\!]\rho v x \triangleq x(\rho[v/i])$

$\mathscr{P}[\![\pi_1,\pi_2,\cdots,\pi_n]\!]\rho v x \triangleq \phi_{\text{coerce}}(v);$

$\lambda v'.(v'\ \underline{\text{in}}\ F \to x_1(\rho_1),\theta_{\text{error}})$

$\underline{\text{where}}\ x_i(\rho_i) = v'(i)\{\lambda v_i \cdot$

$\mathscr{P}[\![\pi_i]\!]\rho_i v_i x_{i+1}\}\ \underline{\text{for}}\ i=1,\cdots,n$

$\underline{\text{and}}\ x_{n+1} = x$

$\mathscr{P}[\![\Lambda]\!]\rho v x \triangleq x(\rho)$

$\mathscr{P}[\![(\pi)]\!]\rho v x \triangleq \mathscr{P}[\![\pi]\!]\rho v x$

$$\boxed{\mathscr{F}:\text{Abs}\to U\to F}$$

$\mathscr{F}[\![\lambda\pi.\ e]\!]\rho \triangleq \lambda v k.\ \mathscr{P}[\![\pi]\!]\rho v\{\lambda\rho'.\ \varepsilon[\![e]\!]\rho' k\}$

$$\boxed{\mathscr{M}:\text{Prog}\to H^*\to A}$$

$\mathscr{M}[\![\psi]\!]_{\langle\cdots,\eta_i,\cdots\rangle}$

$\triangleq \mathscr{R}[\![\psi]\!]\rho_0\{\lambda v.(v\ \underline{\text{in}}\ B\to\lambda\sigma\cdot v\ \underline{\text{onto}}\ B,\theta_{\text{error}})\}\sigma_0$

这里的 ρ_0 表示初始环境，σ_0 是初始状态。

$\mathscr{B}$的定义比较简单，省略。

下面，我们给出预定义函数与值。

<u>Primitive Functions</u>：

content：$L\to K\to C$

update：$(L\times V)\to C\to C$

new：$K\to C$

get：$K\to C$

put：$H\to C\to C$

本语言不允许使用非活跃或非初始化的存储单元。

函数 gensym：$K\to C$ 表示启动一个目前是静止的原子，即

$\text{gensym}(k)(\sigma) = k\xi\sigma'$

$\underline{\text{where}}\ \sigma'=\langle \sigma\downarrow 1,\sigma\downarrow 2[\text{tt}/\xi],\sigma\downarrow 3,\sigma\downarrow 4\rangle$

$\underline{\text{and}}\ \sigma\downarrow 2(\xi)=\text{ff}$

Predefined Values:

$\xi_{11}=11,\xi_{\text{ul}}=\text{ul}$

$\tau_{\text{true}}=\text{tt},\tau_{\text{false}}=\text{ff}$

$\theta_{\text{error}}=\lambda\sigma.\ \text{error}$

$\phi_{\text{goto}}=\lambda vk.\ \phi_{\text{coerce}}(v);$

$\quad\lambda v'.(v'\ \underline{\text{in}}\ C\rightarrow v'\ \underline{\text{onto}}\ C,\theta_{\text{error}})$

$\phi_{\text{readchar}}=\lambda vk.\ \text{get}(k)$

$\phi_{\text{writechar}}=\lambda vk.\ \phi_{\text{coerce}}(v);$

$\quad\lambda v'.(v'\ \underline{\text{in}}\ H\rightarrow \text{put}(v')$

$\quad\quad\{\lambda\sigma.\langle v',kv'\sigma\rangle\},\theta_{\text{error}})$

$\phi_{\text{ncref}}=\lambda vk.\ \text{new}(k);$

$\quad\lambda v'.\ \text{update}(v',v)\{kv'\}$

$\phi_{\text{val}}=\lambda vk.(v\ \underline{\text{in}}\ L\rightarrow \text{content}(v)(k),$

$\quad v\ \underline{\text{in}}\ I_m\rightarrow(v\downarrow 2)(\text{seq}())k,$

$\quad\theta_{\text{error}})$

$\phi_{\text{ncset}}=\lambda vk.\ \phi_{\text{coerce}}(v);$

$\quad\lambda v'.(v'\ \underline{\text{in}}\ F\rightarrow v'(1)k_1,\theta_{\text{error}})$

$\underline{\text{where}}\ k_1(v_1)=v'(2)k_2$

$\underline{\text{and}}\ k_2(v_2)=v_1\ \underline{\text{in}}\ L\rightarrow$

$\quad\text{update}\ (v_1,v_2)\{kv_2\},(v_1\ \underline{\text{in}}\ I_m\rightarrow$

$\quad\quad(v_1\downarrow 1)v_2\{\lambda v.\ kv_2\},\theta_{\text{error}})$

$\phi_{\text{coerce}}=\lambda vk.(v\ \underline{\text{in}}\ R_f\rightarrow\phi_{\text{val}}(v)\{\text{coerce}\ (k)\},kv)$

$\phi_{\text{imref}}=\lambda vk.\ \phi_{\text{coerce}}(v);$

$\quad\lambda v'.(v'\ \underline{\text{in}}\ F\rightarrow v'(1)\{\text{coerce}\ (k_1)\},\theta_{\text{error}})$

$\quad\quad\underline{\text{where}}\ k_1(v_1)=v'(2)\{\text{coerce}(k_2)\}$

$\quad\quad\underline{\text{and}}\ k_2(v_2)=(v_1\ \underline{\text{in}}\ F\wedge v_2\ \underline{\text{in}}\ F\rightarrow$

$\quad\quad\quad k(\langle v_1,v_2\rangle),\theta_{\text{error}})$

$\phi_{\text{atom}}=\lambda vk.\ \text{gensym}(k)$

$\phi_{\text{isref}}=\lambda vk.\ k(v\ \underline{\text{into}}\ R_f)$

$\phi_{\text{isinteger}}=\lambda vk.\ \phi_{\text{coerce}}(v)\{\lambda v'.\ k(v'\ \underline{\text{into}}\ N)\}$

其余的预定义函数是运算，例如＋、－、*、/，以及＞、≥、＜、≤、＝、≠等，就不一一定义了。

4.3 例子3

这个例子是为了帮助读者进一步理解连续的概念，并在这个例子之后能做点计算及证明。

Syntactic Domains:

n:Nml	(numerals)
i:Ide	(names)
e:Exp	(expressions)
c:Cmd	(commands)
π:Prg	(programs)
op:Opr	(operators)

Abstract Syntax:

$\pi ::= c \mid \pi ; c$

$c ::= c_1 ; c_2 \mid \underline{\text{skip}} \mid i := e \mid \underline{\text{goto}}\ e \mid \underline{\text{begin}}$

$\quad i_1 : c_1 ; \cdots ; i_n : c_n \underline{\text{end}} \mid \underline{\text{if}}\ e\ \underline{\text{then}}\ c_1 \underline{\text{else}}\ c_2 \mid$

$\quad \underline{\text{while}}\ e\ \underline{\text{do}}\ c$

$e ::= n \mid \underline{\text{true}} \mid \cdots \mid e_1\ \text{op}\ e_2 \mid i$

$\text{op} ::= + \mid \cdots$

Semantic Domains:

$T = \{\text{ff}, \text{tt}\}$	真值
$N = \{\cdots, -1, 0, 1, \cdots\}$	整数
$\alpha : L$	地址
$\beta : V = E$	存储值
$v : E = N + T + C$	表示值
$\delta : D = E + L + \{\text{unset}\}$	指称值
$\rho : U = \text{Ide} \rightarrow D$	环境
$\sigma : S = [L \rightarrow T] \times [L \rightarrow [V + \{?\}]]$	存储
$\theta : C = S \rightarrow A$	命令连续
A	回答
$k : K = E \rightarrow C$	表达式连续

Semantic Functions

$\mathscr{E} : \text{Exp} \rightarrow U \rightarrow K \rightarrow C$

$\mathscr{O} : \text{Opr} \rightarrow (E \times E) \rightarrow K \rightarrow C$

$\mathscr{P} : \text{Prg} \rightarrow U \rightarrow C \rightarrow C$

$\mathscr{C} : \text{Cmd} \rightarrow U \rightarrow C \rightarrow C$

$\mathscr{N} : \text{Nml} \rightarrow N$

Semantic Equations:

$$\boxed{\mathscr{E} : \text{Exp} \rightarrow U \rightarrow K \rightarrow C}$$

$\mathscr{E}[\![n]\!]\rho\, k \triangleq k(\mathscr{N}[\![n]\!] \underline{\text{into}}\ E)$

$\mathscr{E}[\![\text{true}]\!]\rho\, k \triangleq k(\text{tt}\ \underline{\text{into}}\ E)$

$\mathscr{E}[\![e_1\ \text{op}\ e_2]\!]\rho\, k \triangleq \mathscr{E}[\![e_1]\!]\rho\{\lambda v_1 \cdot \mathscr{E}[\![e_2]\!]\rho\}\lambda v_2 . \mathscr{O}[\![\text{op}]\!](v_1, v_2)k$

$\mathscr{E}[\![i]\!]\rho\, k \triangleq (\underline{\text{let}}\ \delta = \rho(i)\ \underline{\text{in}}$

$\delta\ \underline{\text{in}}\ L \rightarrow \underline{\text{contents}}(\delta\ \underline{\text{onto}}\ L)k.$

$\delta = \text{unset} \rightarrow \text{wrong}, k(\delta\ \underline{\text{onto}}\ E))$

$$\boxed{\mathscr{O}: \text{Opr} \rightarrow (E \times E) \rightarrow K \rightarrow C}$$

$\mathscr{O}[\![+]\!](v_1, v_2)k \triangleq v_1\ \underline{\text{in}}\ N \wedge v_2\ \underline{\text{in}}\ N \rightarrow$

$K(((v_1\ \underline{\text{onto}}\ N) + (v_2\ \underline{\text{onto}}\ N))$

$\underline{\text{into}}\ E), \text{wrong}$

$$\boxed{\mathscr{P}: \text{Prg} \rightarrow U \rightarrow C \rightarrow C}$$

$\mathscr{P}[\![c]\!]\rho\theta \triangleq \mathscr{C}[\![c]\!]\rho\theta$

$\mathscr{P}[\![\pi; c]\!]\rho\theta \triangleq \mathscr{C}[\![c]\!]\rho\{\mathscr{P}[\![\pi]\!]\rho\theta\}$

$$\boxed{\mathscr{C}: \text{Cmd} \rightarrow U \rightarrow C \rightarrow C}$$

$\mathscr{C}[\![c_1; c_2]\!]\rho\theta \triangleq \mathscr{C}[\![c_1]\!]\rho\{\mathscr{C}[\![c_2]\!]\rho\theta\}$

$\mathscr{C}[\![\underline{\text{skip}}]\!]\rho\theta \triangleq \theta$

$\mathscr{C}[\![i := e]\!]\rho\theta \triangleq \underline{\text{let}}\ \delta = \rho(i)\ \underline{\text{in}}$

$\delta\ \underline{\text{in}}\ L \rightarrow \mathscr{E}[\![e]\!]\rho\{\lambda v.\ \text{assign}(\delta\ \underline{\text{onto}}\ L)(v)(\theta), \text{wrong}\}$

$\mathscr{C}[\![\underline{\text{goto}}\ e]\!]\rho\theta \triangleq \mathscr{E}[\![e]\!]\rho\{\text{jump}\}$

$\underline{\text{where}}\ \text{jump} = \lambda v.\ v\ \underline{\text{in}}\ C \rightarrow$

$(v\ \underline{\text{onto}}\ C), \text{wrong}$

$\mathscr{C}[\![\underline{\text{begin}}\ i_1 : c_1; \cdots; i_{n-1} : c_{n-1}; i_n : c_n\ \underline{\text{end}}]\!]\rho\theta = \theta_1$

$\underline{\text{where}}$

$\theta_1 = \mathscr{C}[\![c_1]\!]\rho'\theta_2$

$\vdots$

$\theta_{n-1} = \mathscr{C}[\![c_{n-1}]\!]\rho'\theta_n$

$\theta_n = \mathscr{C}[\![c_n]\!]\rho'\theta$

$\rho = \rho + [i_1 \mapsto \theta_1\ \underline{\text{into}}\ E\ \underline{\text{into}}\ D, \cdots,$

$i_n \mapsto \theta_n\ \underline{\text{into}}\ E\ \underline{\text{into}}\ D]$

$\mathscr{C}[\![\underline{\text{if}}\ e\ \underline{\text{then}}\ c_1\ \underline{\text{else}}\ c_2]\!]\rho\theta$

$\triangleq \mathscr{E}[\![e]\!]\rho\{\lambda v.\ v\ \underline{\text{in}}\ T \rightarrow ((v\ \underline{\text{onto}}\ T) \rightarrow \mathscr{C}[\![c_1]\!]\rho\theta, \mathscr{C}[\![c_2]\!]\rho\theta), \text{wrong}\}$

$\underline{\text{or}}$

$\mathscr{E}[\![e]\!]\rho\{\text{cond}\ (\mathscr{C}[\![c_1]\!]\rho\theta, \mathscr{C}[\![c_2]\!]\rho\theta)\}$

$\underline{\text{where}}\ \text{cond}: C\times C\to K$:

$\text{cond}=\lambda(\theta_1,\theta_2).\lambda v.\ v\ \underline{\text{in}}\ T\to$

$((v\ \underline{\text{onto}}\ T)\to\theta_1,\theta_2),\text{wrong}$

$\mathscr{C}[\![\underline{\text{while}}\ e\ \underline{\text{do}}\ c]\!]\rho\theta=Y(\lambda\theta'.\mathscr{E}[\![e]\!]\rho$

$\{\text{cond}\ (\mathscr{C}[\![c]\!]\rho\theta',\theta)\})$

Predefined Values:

$\text{isloc}(\sigma)=\sigma\downarrow 1$

$\text{map}(\sigma)=\sigma\downarrow 2$

$\text{contents}\ (\alpha)(k)(\sigma)=\text{isloc}(\sigma)(\alpha)\wedge\text{map}$

$(\sigma)(\alpha)\neq ?\ \to k(\text{map}(\sigma)(\alpha)\underline{\text{onto}}\ V)\sigma,$

$\text{wrong}\ (\sigma)$

$\text{assign}(\alpha)(\beta)(\theta)(\sigma)=\text{isloc}(\sigma)(\alpha)\to$

$\theta(\text{isloc}(\sigma),\text{map}(\sigma)+[\alpha\to\beta]),$

$\text{wrong}(\sigma)$

wrong:C(即 wrong 是 C 中的一个特殊对象)

下面,我们用该指称语义定义,做三个练习。

例 4.1 首先让我们计算一个小程序。

$x:=y;\ \underline{\text{goto}}\ i$

计算是在如下的环境

$\rho=\rho_0+[\text{“}x\text{”}\mapsto\alpha_x\ \underline{\text{into}}\ D,\text{“}y\text{”}\mapsto\alpha_y\underline{\text{into}}\ D_1$

$\text{“}i\text{”}\mapsto\theta_i\ \underline{\text{into}}\ E\ \underline{\text{into}}\ D]$

及如下的事实条件下进行的:

$\text{isloc}(\sigma)(\alpha_x)=\text{tt}$

$\text{isloc}(\sigma)(\alpha_y)=\text{tt}$

$(\text{map}(\sigma)(\alpha_x)\underline{\text{onto}}\ V)=\beta_x$

$(\text{map}(\sigma)(\alpha_y)\underline{\text{onto}}\ V)=\beta_y$

$\mathscr{C}[\![x:=y;\ \underline{\text{goto}}\ i]\!]\rho\theta\sigma$

$\triangleq\mathscr{C}[\![x:=y]\!]\rho\underbrace{\{\mathscr{C}[\![\text{goto}\ i]\!]\rho\theta\}}_{\theta_1}\sigma$

$\triangleq(\underline{\text{let}}\ \underbrace{\delta=\rho(x)}_{\alpha_x}\underline{\text{in}}\ \underbrace{\delta\ \text{in}\ L}_{\text{tt}}\to\mathscr{E}[\![y]\!]\rho$

$\{\lambda v.\ \text{assign}\ (\delta\ \underline{\text{onto}}\ L)v\theta_1\},\underline{\text{wrong}})\sigma$

$=\mathscr{E}[\![y]\!]\rho(K_{\alpha_x})\sigma\ \underline{\text{where}}\ K_{\alpha_x}=\lambda v.\ \text{assign}(\delta\ \underline{\text{onto}}\ L)v\theta_1$

$=(\underline{\text{let}}\ \underbrace{\delta=\rho(y)}_{\alpha_y}\underline{\text{in}}\ \underbrace{\delta\ \text{in}\ L}_{\text{tt}}\to\text{contents}(\delta\ \underline{\text{onto}}\ L)K_{\alpha_x},\cdots)\sigma$

$=\text{contents}(\alpha_y)(K_{\alpha_x})\sigma$

$$=\underbrace{\text{isloc}(\sigma)(\alpha_y)}_{\text{tt}} \wedge \underbrace{\text{map}(\sigma)(\alpha_y)}_{\beta_y} \neq ? \rightarrow K_{\alpha_x}(\text{map}(\sigma).$$

$$(\alpha_y)\ \underline{\text{onto}}\ V)\sigma.\ \text{wrong}(\sigma)$$

$$=K_{\alpha_x}(\beta_y)\sigma$$

$$=(\lambda v.\ \text{assign}(\alpha_x)v\theta_1)(\beta_y)\sigma$$

$$=\text{assign}(\alpha_x)(\beta_y)\theta_1\sigma$$

$$=\underbrace{\text{isloc}\ (\sigma)(\alpha_x)}_{\text{true}} \rightarrow \theta_1(\text{isloc}(\sigma), \text{map}(\sigma)+[\alpha_x \rightarrow \beta_y]), \text{wrong}(\sigma)$$

$$=\theta_1\sigma_1\ \underline{\text{where}}\ \sigma_1=(\text{isloc}(\sigma), \text{map}(\sigma)+[\alpha_x \rightarrow \beta_y])=\mathscr{C}[\![\underline{\text{goto}}\ i]\!]\rho\theta\sigma_1$$

$$=\mathscr{E}[\![i]\!]\rho\{\text{jump}\}\sigma_1$$

$$=(\underline{\text{let}}\ \delta=\rho(i)\ \underline{\text{in}}\ \delta\ \underline{\text{in}}\ L\rightarrow\cdots, \delta=?\ \rightarrow\text{wrong}, \text{jump}(\delta\ \underline{\text{onto}}\ E))\sigma_1$$

$$=\underbrace{(\theta_i\ \underline{\text{into}}\ L)\ \underline{\text{in}}}_{\text{true}}\ C\rightarrow(\theta_i\ \underline{\text{into}}\ (E\ \underline{\text{onto}}\ C), \text{wrong})\sigma_1$$

$$=\theta_i\sigma_1$$

例 4.2 如果 i 不出现在(自由出现)E 或 C 中,那么证明

$$\mathscr{C}[\![\underline{\text{while}}\ e\ \underline{\text{do}}\ c]\!]\rho\theta=\mathscr{C}[\![\underline{\text{begin}}\ i:\underline{\text{if}}\ e\ \underline{\text{then}}(c;\underline{\text{goto}}\ i)\ \underline{\text{else skip end}}]\!]\rho\theta$$

【证明】

$$\text{LHS}=\mathscr{C}[\![\underline{\text{begin}}\ i:\underline{\text{if}}\ e\ \underline{\text{then}}(c;\underline{\text{goto}}\ i)\ \underline{\text{else skipend}}]\!]\rho\theta$$

$$=Y(\lambda\theta_1\cdot(\mathscr{E}[\![e]\!]\rho'\{\text{cond}\ (\mathscr{C}[\![c:\ \underline{\text{goto}}\ i]\!]\rho'\theta,\theta)\})$$

$$\underline{\text{where}}\ \rho'=\rho+[i\rightarrow\theta_1]\underline{\text{into}}\ E\ \underline{\text{into}}\ D)$$

由于 i 不自由出现 E 或 C 中,所以如下两个公式是正确的:

$$\mathscr{E}[\![e]\!]\rho=\mathscr{E}[\![e]\!](\rho+[i|\rightarrow\delta])$$

$$\mathscr{C}[\![c]\!]\rho=\mathscr{C}[\![c]\!](\rho+[i|\rightarrow\delta])$$

因此,利用这两个公式

$$\text{LHS}=Y(\lambda\theta_1\cdot(\mathscr{E}[\![e]\!]\rho\{\text{cond}(\mathscr{C}[\![c:\underline{\text{goto}}\ i]\!]_{\rho'}\theta,\theta)\}))$$

$$=Y(\lambda\theta_1\cdot(\mathscr{E}[\![e]\!]\rho\{\text{cond}(\mathscr{C}[\![c]\!]\rho'(\mathscr{C}[\![\underline{\text{goto}}\ i]\!]\ (\rho+[i\rightarrow\theta_1\underline{\text{into}}\ E\ \underline{\text{into}}\ D])\theta\},\theta))))$$

$$=Y(\lambda\theta_1\cdot(\mathscr{E}[\![e]\!]\rho\{\text{cond}(\mathscr{C}[\![c]\!]_\rho\{\lambda k\cdot k(\theta_1\underline{\text{into}}\ E)\}\{\text{jump}\},\theta)\}))$$

$$\underline{\text{where}}\ \lambda k\cdot k(\theta_1\underline{\text{into}}\ E)=\mathscr{E}[\![i]\!](\rho+[i\rightarrow\theta_1\underline{\text{into}}\ E\ \underline{\text{into}}\ D])$$

$$=Y(\lambda\theta_1\cdot(\mathscr{E}[\![e]\!]\rho\{\text{cond}(\mathscr{C}[\![c]\!]\rho\ \{\text{jump}(\theta_1\underline{\text{into}}\ E)\},\theta)\}))$$

$$=Y(\lambda\theta_1\cdot(\mathscr{E}[\![e]\!]\rho\{\text{cond}(\mathscr{C}[\![c]\!]\rho\theta_1,\theta)\}))$$

$$=Y(\lambda\theta_1\cdot\mathscr{E}[\![e]\!]\rho\{\text{cond}(\mathscr{C}[\![c]\!]\rho\theta_1,\theta)\})$$

$$=\mathscr{C}[\![\underline{\text{while}}\ e\ \underline{\text{do}}\ c]\!]\rho\theta$$

$$=\text{RHS}$$

例 4.3 如果 i_1 与 i_2 不自由出现在 e 与 c 中,那么

$$\mathscr{C}[\![\underline{\text{begin}}\ i_1:\underline{\text{if}}\ e\ \underline{\text{then skip}}\ \underline{\text{else goto}}\ i_2;c;$$
$$i_2:\underline{\text{skip end}}]\!]\rho\theta$$
$$=\mathscr{C}[\![\underline{\text{if}}\ e\ \underline{\text{then}}\ c\ \underline{\text{else skip}}]\!]\rho\theta$$

【证明】

$\text{LHS}:=Y(\lambda(\theta_1,\theta_2)\cdot(\mathscr{C}[\![\underline{\text{if}}\ e\ \underline{\text{then}}\ \underline{\text{skip}}\ \underline{\text{else}}\ \underline{\text{goto}}\ i_2;c]\!]\rho'\theta_2,\mathscr{C}[\![\underline{\text{skip}}]\!]_{\rho'\theta}))$

$\underline{\text{where}}\ \rho'=\rho+[i_2\to\theta_2\ \underline{\text{into}}\cdots]+[i_1\to\theta_1\ \underline{\text{into}}\ \cdots]$

$=\theta_1\ \underline{\text{where}}\ \theta_1=\mathscr{C}[\![\underline{\text{if}}\ e\ \underline{\text{then}}\ \underline{\text{skip}}\ \underline{\text{else}}$

$\underline{\text{goto}}\ i_2;c]\!]\rho'\theta_2$

$\underline{\text{and}}\ \theta_2=\mathscr{C}[\![\text{skip}]\!]\rho'\theta$

由于$\mathscr{C}[\![\text{skip}]\!]\rho'\theta=\theta$，所以 $\theta_2=\theta$。

$\underline{\text{LHS}}=\mathscr{C}[\![\underline{\text{if}}\ e\ \underline{\text{then}}\ \underline{\text{skip}}\ \underline{\text{else}}\ \underline{\text{goto}}\ i_2]\!]\rho'\{\mathscr{C}[\![c]\!]\sigma'\theta'\}$

$=\mathscr{E}[\![e]\!]\rho'\{\text{cond}(\mathscr{C}[\![c]\!]\rho\theta',\mathscr{C}[\![\underline{\text{goto}}\ i_2]\!]\rho'\}\{\mathscr{C}[\![c]\!]\rho'\theta)\}$

$=\mathscr{C}[\![\underline{\text{if}}\ e\ \underline{\text{then}}\ c\ \underline{\text{else}}\ \underline{\text{skip}}]\!]\rho\theta$

(在上面，同样使用了例 4.2 中的两个公式。)

4.4 例子 4

在这一节，我们向读者介绍一种叫做“一阶语义方法”的语义学注释，也称之为“完全语义”(completion semantics)。这种语义注释方法便于完成从语义定义到程序实现的转换。在这种语义注释中，不使用“高阶函数”的形式，具体说来，在语义域的定义中仅使用“＋”“×”“＊”构造域的操作，而不使用“→”(映射)。

在这个例子中，我们还比较指称语义与完全语义的差别。

这个语言(命名为 DEVIL)的语法定义为

<u>Syntactic Domains</u>:

i: Ide	(Identifiers)
σ: Cmd	(Commands)
e: Exp	(Expressions)

<u>Abstract Syntax</u>:

$c::=\underline{\text{dummy}}$	…skip
$\mid c_0;c_1$	…sequencing
$\mid I:=e$	…assignment
$\mid \underline{\text{call}}\ e$	…call
$\mid \underline{\text{goto}}$ e	…jump
$\mid \underline{\text{resultis}}$ e	…escape
$\mid e\to c_0,c_1$	…conditional
$\mid \underline{\text{while}}\ e\ \underline{\text{do}}\ c$	…iterator
$\mid \underline{\text{begin}}\ \underline{\text{var}}\ I_0,\cdots,I_m;c_0;$	
$I_{m+1}:c_1;\cdots;I_{m+n}:c_n\ \underline{\text{end}}$	…block
$e::=I$	…Identifier
$\mid \underline{\text{true}}$	…true

$\mid \underline{\text{false}}$	…false
$\mid e_0 \rightarrow e_1, e_2$	…conditional
$\mid \underline{\text{valof}}\ c$	…block
$\mid \underline{\text{proc}}\ c$	…procedure

首先定义这个语言的指称语义。

Denotational Semantics:

Semantic Domains:

$t:T$	真值
$l:L$	地址
$e:E=T+F+C$	可表示值
$\delta:D=L+C+K$	可指称值
$v:V=T+F+C$	可存储值
$\sigma:S=L\rightarrow(V\times T)$	存储
$\rho:U=(\text{Ide}\rightarrow D)\times K$	环境
$\theta:C=S\rightarrow S$	命令连续
$k:K=E\rightarrow C$	表达式连续
$f:F=C\rightarrow C$	函数

Semantic Functions:

$$\mathscr{C}:\text{Cmd}\rightarrow U\rightarrow C\rightarrow C$$

$$\mathscr{E}:\text{Exp}\rightarrow U\rightarrow K\rightarrow C$$

Semantic Equations:

$$\mathscr{C}[\![\underline{\text{dummy}}]\!]\rho\theta\triangleq\theta$$

$$\mathscr{C}[\![c_0;c_1]\!]\rho\theta\triangleq\mathscr{C}[\![c_0]\!]\rho\{\mathscr{C}[\![c_1]\!]\rho\theta\}$$

$$\mathscr{C}[\![I:=e]\!]\rho\theta\triangleq\mathscr{E}[\![e]\!]\rho\{\text{update}(\rho[\![I]\!])\theta\}$$

$$\mathscr{C}[\![\underline{\text{call}}\ e]\!]\rho\theta\triangleq\mathscr{E}[\![e]\!]\rho\{\text{call}(\theta)\}$$

$$\mathscr{C}[\![\underline{\text{goto}}\ e]\!]\rho\theta\triangleq\mathscr{E}[\![e]\!]\rho(\text{jump})$$

$$\mathscr{C}[\![\underline{\text{resultis}}\ e]\!]\rho\theta\triangleq\mathscr{E}[\![e]\!]\rho\{\text{result}(\rho)\}$$

$$\mathscr{C}[\![e\rightarrow c_0,c_1]\!]\rho\theta\triangleq\mathscr{E}[\![e]\!]\rho\{\text{cond}(\mathscr{C}[\![c_0]\!]\rho\theta,\mathscr{C}[\![c_1]\!]\rho\theta)\}$$

$$\mathscr{C}[\![\underline{\text{while}}\ e\ \underline{\text{do}}\ c]\!]\rho\theta\triangleq Y(\lambda\theta'.\mathscr{E}[\![e]\!]\rho\{\text{cond}(\mathscr{C}[\![e]\!]\rho\theta',\theta)\})$$

$$\mathscr{C}[\![\underline{\text{begin var}}\ I_0,\cdots,I_m;c_0;I_{m+1}:c_1;\cdots;I_{m+n}:c_n\,\underline{\text{end}}]\!]\rho\theta$$

$$\triangleq\lambda\sigma.\theta_0(\sigma_0)$$

$$\underline{\text{where}}\ \theta_0=\mathscr{C}[\![c_0]\!]\rho_0\theta_1$$

$$\theta_1=\mathscr{C}[\![c_1]\!]\rho_0\theta_2$$

…

$\theta_n = \mathscr{C}[\![c_n]\!]\rho_0\theta$

<u>and</u> $\rho_0 = \rho[\langle\theta_1, \cdots, \theta_n\rangle/\langle I_{m+1}, \cdots, I_{m+n}\rangle]$

$[\mathrm{new}(m)(\sigma)/\langle I_0, \cdots, I_m\rangle]$

<u>and</u> $\sigma_0 = \sigma[\mathrm{new}\ (m)(\sigma)/\mathrm{use}(m)]$

对表达式的语义注释如下：

$\mathscr{E}[\![I]\!]\rho\, k \triangleq \lambda\sigma.\, k(\mathrm{deref}\ (\rho[\![I]\!])\sigma)\sigma$

$\mathscr{E}[\![\underline{\mathrm{true}}]\!]\rho\, k \triangleq k(\mathrm{true})$

$\mathscr{E}[\![\mathrm{false}]\!]\rho\, k \triangleq k(\mathrm{false})$

$\mathscr{E}[\![e_0 \to e_1, e_2]\!]\rho\, k \triangleq \mathscr{E}[\![e_0]\!]\rho\{\mathrm{cond}(\mathscr{E}[\![e_1]\!]\rho\, k, \mathscr{E}[\![e_2]\!]\rho\, k)\}$

$\mathscr{E}[\![\mathrm{valof}\ c]\!]\rho\, k \triangleq \mathscr{C}[\![c]\!]\rho[k/\mathrm{res}]\{\mathrm{fail}\}$

$\mathscr{E}[\![\mathrm{proc}\ c]\!]\rho\, k \triangleq k\ (\mathscr{C}[\![c]\!]\rho)$

<u>Auxiliary Functions</u>:

$\mathrm{map} = \lambda\sigma l.\, \sigma(l) \downarrow 1$

$\mathrm{area} = \lambda\sigma l.\, \sigma(l) \downarrow 2$

$\mathrm{update} = \lambda\delta\theta.\, \lambda e\sigma.\, \delta\ \underline{\mathrm{in}}\ L \to \theta(\sigma[\delta\ \underline{\mathrm{onto}}\ L/$

$\langle e\ \underline{\mathrm{onto}}\ V, \mathrm{true}\rangle]), \bot_s$

$\mathrm{call} = \lambda\theta.\, \lambda e.\, e\ \underline{\mathrm{in}}\ F \to (e\ \underline{\mathrm{onto}}\ F)\theta, \bot_c$

$\mathrm{jump} = \lambda e.\, e\ \underline{\mathrm{in}}\ c \to e\ \underline{\mathrm{onto}}\ C, \{\mathrm{tail}\}$

$\mathrm{result} = \lambda\rho.\, \lambda e.\, (\rho[\underline{\mathrm{res}}]\ \underline{\mathrm{onto}}\ K)e$

$\mathrm{cond} = \lambda(\theta_0, \theta_1).\, \lambda e.\, e\ \underline{\mathrm{in}}\ T$

$\to (e\ \underline{\mathrm{onto}}\ T \to \theta_0, \theta_1), \bot_c$

$\mathrm{use} = \lambda v.\, v = 0 \to \mathrm{nil}, \bot_v^{\#}\ \mathrm{use}\ (v-1)$

new$(m)(\sigma)$ is *a* list of m distinct

Locations which are unused in σ

$\rho[\delta^*/I^*] = \delta^* = \mathrm{nil} \to \rho, \rho[\mathrm{head}(\delta^*)/\mathrm{head}(I^*)]$

$[\mathrm{tail}(\delta^*)/\mathrm{tail}(I^*)]$

$\rho[\delta/I] = \lambda I'.\, (I = I') \to \delta.\, \rho[\![I']\!]$

$\sigma[l^*/v^*] = v^* = \mathrm{nil} \to \sigma, \sigma[\mathrm{head}(l^*)/$

$\mathrm{head}(v^*)][\mathrm{tail}(l^*)/\mathrm{tail}(v^*)]$

$\sigma[l/v] = \lambda l'.\, (l = l') \to v, \sigma(l')$

<u>Notation</u>:

$\rho[\![I]\!]$ <u>when</u> I:Ide	<u>for</u> $\rho \downarrow 1[\![I]\!]$
$\rho[\![\underline{\mathrm{res}}]\!]$	<u>for</u> $\rho \downarrow 2$
head	<u>for</u> $\lambda x.\, x \downarrow 1$
tail(去掉串的第一个元素剩下的串)	<u>for</u> $\lambda x.\, x \uparrow 1$

$\rho[k/\text{res}]$ 　　　　　　　　$\underline{\text{for}}\ \langle\rho\downarrow 1,k\rangle$

下面我们再为DEVIL语言定义它的“完全语义”。

<u>Completion Semantics</u>:

<u>Semantic Domains</u>:

$t:T$	真值
$l:L$	地址
$e:E=T+F+C$	T 表示值
$\delta:D=L+C+K$	可表示值
$v:V=T+F+C$	可存储值
$\sigma:S=(L\times V)^*$	存储
$\rho:U=(\text{Ide}\times D)^*\times K$	环境
$\theta:C=J\times C+E\times K+\{\text{fail}\}+\{\text{final}\}$	命令完全
$k:K=(\{\text{update}\}\times D\times C)+$	
$(\{\text{call}\}\times C)+$	
$\{\text{jump}\}+$	
$(\{\text{result}\}\times U)+$	
$(\{\text{cond}\}\times C\times C)$	表达式完全
$f:F=\text{Cmd}\times U$	命令子句
$g:G=\text{Exp}\times U$	表达式子句
$j:J=F+G$	子句

<u>Semantic Functions</u>:

$\mathscr{C}:\text{Cmd}\to[U\to[C\to[S\to S]]]$

$\mathscr{E}:\text{Exp}\to[U\to[K\to[S\to S]]]$

<u>Semantic Equations</u>:

$$\boxed{\mathscr{C}:\text{Cmd}\to[U\to[C\to[S\to S]]]}$$

$\mathscr{C}[\![\underline{\text{dummy}}]\!]\rho\theta\triangleq\lambda\sigma.\ \text{run}(\theta,\sigma)$

$\mathscr{C}[\![c_0;c_1]\!]\rho\theta\triangleq\mathscr{C}[\![c_0]\!]\rho\{c_1,\rho,\theta\}$

$\mathscr{C}[\![I:=e]\!]\rho\theta\triangleq\mathscr{E}[\![e]\!]\rho\{\text{update},\rho[\![I]\!],\theta\}$

$\mathscr{C}[\![\underline{\text{call}}\ e]\!]\rho\theta\triangleq\mathscr{E}[\![e]\!]\rho\{\text{call},\theta\}$

$\mathscr{C}[\![\underline{\text{goto}}\ e]\!]\rho\theta\triangleq\mathscr{E}[\![e]\!]\rho\{\text{jump}\}$

$\mathscr{C}[\![\underline{\text{resultis}}\ e]\!]\rho\theta\triangleq\mathscr{E}[\![e]\!]\rho\{\text{result},\rho\}$

$\mathscr{C}[\![e\to c_0,c_1]\!]\rho\theta\triangleq\mathscr{E}[\![e]\!]\rho\{\text{coud},\{c_1,\rho,\theta\},\{c_1,\rho,\theta\}\}$

$\mathscr{C}[\![\underline{\text{while}}\ e\ \underline{\text{do}}\ c]\!]\rho\theta\triangleq\lambda\sigma.\ \text{run}(Y[\lambda\theta.$

$\{e,\rho,\{\text{cond},\{c,\rho,\theta'\},\theta\}\}],\sigma)$

$\mathscr{C}[\![\underline{\text{begin var}}\ I_0, \cdots, I_m; c_0; I_{m+1}: c_1; \cdots;$

$I_{m+n}: c_n \underline{\text{end}}]\!]\rho\theta$

$\triangleq \lambda\sigma.\ \text{run}(\theta_0, \sigma_0)\ \underline{\text{where}}$

$\theta_0 = \{c_0, \rho_0, \theta_1\}$

$\theta_1 = \{c_1, \rho_0, \theta_2\}$

$\cdots$

$\theta_n = \{c_n, \rho_0, \theta\}\ \underline{\text{and}}$

$\rho_0 = \rho[\langle\theta_0, \cdots, \theta_n\rangle / \langle I_{m+1}, \cdots, I_{m+n}\rangle][\text{new}(m)(\sigma)/$

$\langle I_0, \cdots, I_m\rangle]$

$\underline{\text{and}}\ \sigma_0 = \sigma[\text{new}\ (m)(\sigma)/\text{use}(m)]$

这里的 new$(m)(\sigma)$,use(m)等函数的定义同指称语义中的函数定义 。

$$\boxed{\mathscr{E}: \text{Exp} \to [U \to [K \to [S \to S]]]}$$

$\mathscr{E}[\![I]\!]\rho\, k \triangleq \lambda\sigma.\ \text{run}(\text{send}(k, \text{deref}(\rho[\![I]\!])\sigma), \sigma)$

$\mathscr{E}[\![\underline{\text{true}}]\!]\rho\, k \triangleq \lambda\sigma.\ \text{run}(\text{send}(k\ \ , \text{true}), \sigma)$

$\mathscr{E}[\![\text{false}]\!]\rho\, k \triangleq \lambda\sigma.\ \text{run}(\text{send}(k,\ \text{false}), \sigma)$

$\mathscr{E}[\![e_0 \to e_1, e_2]\!]\rho\, k \triangleq \mathscr{E}[\![e_0]\!]\rho\{\text{cond}, \{e_1, \rho, k\}, \{e_2, \rho, k\}\}$

$\mathscr{E}[\![\underline{\text{valof}}\ c]\!]\rho\, k \triangleq \mathscr{C}[\![c]\!]\rho[k/\text{res}]\{\text{fail}\}$

$\mathscr{E}[\![\underline{\text{proc}}\ c]\!]\rho\, k = \lambda\sigma.\ \text{run}(\text{send}(k, \langle c, \rho\rangle), \sigma)$

Predefined Functions:

$\text{lookup} = \lambda(\rho, I).\ \rho = \text{nil} \to \bot_D, (\text{head}(\text{head}(\rho)))$

$= I \to \text{tail}(\text{head}(\rho)), \text{lookup}(\text{tail}(\rho), I)$

$\text{deref} = \lambda\delta\sigma.\ \delta\ \underline{\text{in}}\ L \to \text{contents}(\delta\ \underline{\text{onto}}\ L)\sigma, \delta$

$\underline{\text{where}}\ \text{contents} = \lambda l\sigma.\ \sigma = \text{nil} \to \bot_v,$

$(\text{head}(\text{head}(\sigma)) = l \to \text{tail}(\text{head}(\sigma)),$

$\text{contents}(\text{tail}(\sigma), l));\ \underline{\text{and}}$

{tail} is the failure completion

{final} is the initial completion

Notation:

$\rho[\![I]\!]\ \underline{\text{when}}\ I: \text{Ide}\ \underline{\text{for Lookup}}(I, \rho \downarrow 1)$

$\rho[\![\underline{\text{res}}]\!]\ \underline{\text{for}}\ \rho \downarrow 2$

$\rho[k/\underline{\text{res}}]\underline{\text{for}}\langle\rho \downarrow 1, k\rangle$

$\text{send}: K \times E \to C$

$\text{send}: \lambda(k, e), \langle e, k\rangle$

$\text{run}: C \times S \to S$

$\text{run}(\theta, \sigma) =$

$$\left\{\begin{array}{ll}
\sigma & \underline{\text{if}}\ \theta=\{\underline{\text{final}}\} \\
\mathscr{C}[\![c]\!]\rho\theta' & \underline{\text{if}}\ \theta=\{c,\rho,\theta'\} \\
\mathscr{E}[\![e]\!]\rho\, k & \underline{\text{if}}\ \theta=\{e,\rho,k\} \\
\text{run}(\theta',\sigma[\delta/e]) & \underline{\text{if}}\ k=\{\text{update},\delta,\theta'\} \\
\mathscr{C}[\![c]\!]\rho\theta' & \underline{\text{if}}\ k=\{\text{call},\theta'\}\ \& \\
 & \underline{\text{if}}\ c=\langle c,p\rangle \\
\text{run}(\theta',\sigma) & \underline{\text{if}}\ k=\{\text{jump}\}\ \& \\
 & \underline{\text{if}}\ e=\theta' \\
\text{run}(\text{send}(\rho(\text{res}),e),\sigma) & \underline{\text{if}}\ k=\{\text{result},\rho\} \\
\left.\begin{array}{l}\text{run}(\theta',\sigma)\,\underline{\text{if}}\ e=\text{true} \\ \text{run}(\theta'',\sigma)\,\underline{\text{if}}\ e=\text{false}\end{array}\right\} & \underline{\text{if}}\ k=\{\text{cond};\theta',\theta''\} \\
 & \quad\&\ \underline{\text{if}}\ e\ \underline{\text{in}}\ T \\
\perp_s\quad \cdots\cdots & \text{otherwise}
\end{array}\right\}\ \underline{\text{if}}\ \theta=\{e,k\}$$

可以证明 DEVIL 语言的指称语义与完全语义是等价的。实际上，完全语义可以看作标准的操作语义模型。这种语义形式，对于完成语义指导下的编译程序自动生成是很方便的。

习　题

1. 试给出一个指称语义定义语言的文法(BNF)。
2. 利用 SPL/3 及 SPL/4 的指称语义定义，分别计算如下的程序：

```
block
  y:integer;
  function add(x:integer)return integer is
    x:= x + 5;
    return (x)
  end
begin
  y:= 5;
  y:= y * add(y)
end
```

3. 试定义 LISP 语言与 Prolog 语言的指称语义。
4. 试定义 C 语言(主要成分)的指称语义。
5. 试定义 UNIX 的文件管理系统调用函数的指称语义。

参考文献

[1] Michael J. C. Gordon. The Denotational Description of Programming Language—An Introduction. New York: Springer Verlag. Berling: Heidelberg, 1979.

[2] R. D. Tennet. The Denotational Semantics of Programming Language. CACM., 1976:7.19.

[3] D. Bjorner, C. B. Jones. The Vienna Development Method: Meta-Language. Lecture Notes in Computer Science. 1978:61.

[4] W. Polak. Compiler Specification and Verification. Lecture Notes in Computer Science, 1981: 124.

[5] R. D. Tennet. Language Design Methods Based on Semantic Principles. Acta Informatica, 1977:8.

[6] J. Stoy. Denotational Semantics — The Scott-Strachey Approach to Language Theory. Cambridge: MIT Press, 1977.

[7] Ravi Sethi. A. Case Study in Specifying the Semantics of a Programming Language. In Conference Record of the 7th Ann. ACM Symp. on Principles of Prog. Languages, 1980.

[8] Martin C. Henson, R. Turner. Completion Semantics and Interpreter Generation, in Conf. Record of the 9th Annual ACM Symposium on Principles of Programming Language, 1982.

第 5 章　代数语义学基础

在这一章，我们将向读者介绍代数语义学的基础知识，即范畴论（category theory）、类别代数理论、图范畴、抽象数据类型（abstract data types）的说明与实现。

5.1　概　述

抽象数据类型的概念是现代程序设计语言非常重要的概念，它之所以重要，是由于抽象数据类型概念为程序设计语言恢复了值集与操作统一在一个大概念之中的本来面目。本来，一个人在小学学习时，学习整数，不仅是会数 0，1，2，…，即了解这个值集，而且同时学习了值集上的运算，例如加法、乘法。也就是说，值集与值集上的操作是不可分的。但是，在以往的程序设计语言中，却把值集与它的操作分开来，从而造成了许多程序设计错误。

在一般的程序正确性验证中，给出验证公理或者什么不变式方法，也都与类型没有关系，或者说关系不紧密。企图从希尔伯特（Hilbert）这样普遍的公理系统，或 Dijkstra 的程序设计的公理系统推出所有真理或程序，能不困难吗？这是一个哲学问题。每一个学科都有自己的基础理论，这一个一个的范畴就是一个一个的类型。分类是任何科学的基础学问。这种将逻辑问题从它的类型中剥离出来，就与将值集与它的操作分开一样，同样是十分错误的。同样，我们在小学学习算术时，在学习整数及整数上的操作时，还同时学习到运算的规则。如交换律、结合律与分配律等。这种值集、操作、公理（甚至还有推理规则）在以后的代数学习中，总是三合一地定义在一起。因此，一个代数定义成如下的三元组：

$$A=(S,\Sigma,E)$$

其中 S 表示值集，Σ 表示在 S 对象上的操作的集合，E 表示公理的集合。

按照类型研究了这些代数之后，我们发现许多代数之间存在着一些特别的关系。这些关系是以下几种。

1. 同构关系（isomorphism）

我们发现，许多代数可能有不同的值集，但往往有相同意义的操作（例如有相同的乘法表等），如果丢开这些不同的值集意义不同这一点，也就是说，这些代数的值集是可以互换的。我们认为这些代数是“相同结构”的，并可以把这些具有相同结构的代数看成一个范畴。

2. 同态关系(homomorphism)

我们发现,许多代数之间的关系并没有精确到同构这个意义上。例如,有两个代数 $A_1=(S_1,\Sigma_1,E_1)$ 及 $A_2=(S_2,\Sigma_2,E_2)$,如果用 S_1 替换 S_2,可以保证 Σ_2 中的操作在 S_1 上是正确的。但反过来,如将 S_2 替换 S_1,那么 Σ_1 的操作在 S_2 上操作却可能不正确。也就是说,这种替换关系是单向性的。此时,我们可以称这两个代数之间的关系为同态关系。

3. 子代数关系(subalgebra)

我们发现,许多代数之间具有某种包含关系。例如,有两个代数 $A_1=(S_1,\Sigma_1,E_1)$ 及 $A_2=(S_2,\Sigma_2,E_2)$,如存在着 $S_1\subseteq S_2,\Sigma_1\subseteq\Sigma_2,E_1\subseteq E_2$,那么我们称 A_1 是 A_2 的子代数,并可以记为 $A_1\subseteq A_2$。

当然,还存在着其他关系。研究两个代数之间关系,实质上是把许多(有限或无限)的代数看成一个空间,研究这个空间中的代数对象之间的函数映射关系。

下面,我们来复习几个函数映射的概念。

定义 5.1 令映射 $f:A\to B$,如对于任意两个 $a_1,a_2\in A$,并且 $a_1\neq a_2$,都有 $f(a_1)\neq f(a_2)(f(a_1),f(a_2)\in B)$,那么称 f 是单映射(injective)的。

定义 5.2 令映射 $f:A\to B$,对于任意 $b\in B$,都可以找到一个 $a\in A$,使得 $b=f(a)$,那么称 f 为满映射(surjective)的。

定义 5.3 令映射 $f:A\to B$,如 f 是单映射的又是满映射的,那么称 f 是可逆的(bijective)。显然,仅在这时,f 有其逆射 $f^{-1}:B\to A$,并且 f^{-1} 也是可逆的。

在下面的讨论中,我们习惯于称代数之间的映射为射(morphism)或称之为投射。

下面我们定义同态和同构的概念。

定义 5.4 代数 A 到代数 B 的同态是一个映射 $f:A\to B$,并且任取 $a_1,a_2\in A$,$f(a_1a_2)=f(a_1)f(a_2)$ 并且 $f(1_A)=1_B$。此处 $1_A,1_B$ 分别是 A 与 B 的单位元。

如果对于 f 有 $a_1\neq a_2$,可以推出 $f(a_1)\neq f(a_2)$,那么称 f 为单同态(monomorphism)的。

如果对于任意 $b\in B$,可以找到 $a\in A$,使得 $b=f(a)$ 则称 f 为满同态(epimorphism)的。

如果 f 是单同态的,又是满同态的,则 f 是同构的。这时也仅在这时,f 有逆映射 $f^{-1}:B\to A$,并也是同构的。

以上,我们是对一般代数讨论同态和同构概念。而在我们的讨论中,特别关心的是类别代数的 Σ-同态及 Σ-同构概念。关于 Σ-同态等概念,我们将在以后介绍。

我们把代数 $A=(S,\Sigma,E)$ 中的前两项构成了一个序对 (S,Σ),称之为标记(signature)(在这里有与音乐中的调号(key signature)相同的意义)。(S,Σ) 是纯语法意义上的概念。

例 5.1 令 $A=(S_1,\{+,*\})$,$B=(S_2,\{+,*\})$ 是两个代数,其中"+"和"*"表示加法与乘法,并有 $\theta:A\to B$,如果当对于所有的 $a_1,a_2\in S_1$ 有

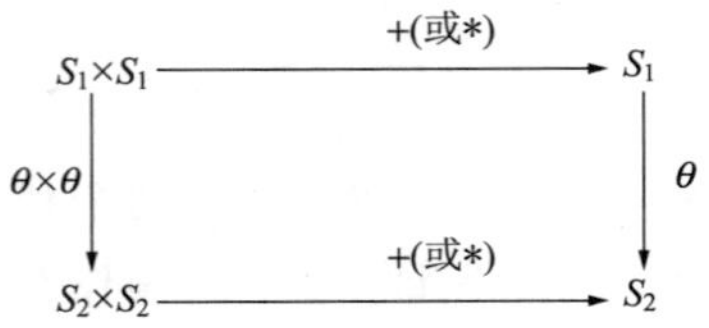

图 5.1

$$\theta(a_1+a_2)=\theta(a_1)+\theta(a_2)$$
$$\theta(a_1*a_2)=\theta(a_1)*\theta(a_2)$$

那么称 $\theta: A\rightarrow B$ 是一个对于“+”与“*”的射(morphism)并可以用图 5.1 来表示。

那么什么叫范畴(category)呢?

一个范畴是由一个对象类(class)与一个这些对象上的射的类(class)所组成的。例如,对象有 $A,B,\cdots$,我们称这些对象为象元;这些对象的射,例如 $f,g,\cdots$,我们称之为这个范畴的射元。这些射元之间可以进行复合运算,例如 $f:A\rightarrow B, g:B\rightarrow C$,那么有 $g\circ f:A\rightarrow C$。并且,对于每一个 A 都有等式射 $I:A\rightarrow A$,使得 $I_B\circ f=f, f\circ I_A=f$。范畴中的射的复合遵守结合律,即对于所有 f, g,h 有

$$(h\circ g)\circ f=h\circ(g\circ f)$$

在范畴论的讨论中,还将讨论函子(functor)、自然转换(natural transformation)及函子的限(limits) 概念。

5.2 范畴论

范畴论在计算机科学中有广泛的应用,在这种应用中,范畴论这门数学本身也得到了发展。在计算机科学中经常谈到的范畴为

- 集合范畴 ***S***et。
- 图范畴 ***G***raph。
- 偏函数与集合构成的范畴 ***P***FN。
- 偏序集合与连续函数构成的范畴 ***C***PO。
- Σ-代数组成的范畴 Alg $\boldsymbol{\Sigma}$。

在下面的讨论中,范畴用粗体的大写字母或第一个字母用粗体大写字母表示。

在下面将主要讨论范畴论的理论框架,它们包括范畴的定义、函子、自然转换与范畴的限(limit),其中包括推出(pushout)及拉回(pullback)这些重要的概念。

5.2.1 直觉集合论

范畴论的基础是直觉集合论(intuitive set theory)。直觉集合论将集合分成集合(set)与类(class),这么做将可以避免罗素悖论(Russell's paradox)的危害。

1. 集合(sets)

(1) 对于每一个 X 与每一个特性 P,集合可以是

$$\{X\mid P(x)\ \underline{\text{and}}\ x\in X\}$$

即 X 中及具有特性 P 的所有元素的集合。显然,当 $P(x)$ 为“$x\neq x$”时,为一个空集,记为$\varnothing$。

(2) 对于每一个集合 X,我们构造所有 X 的子集的集合$\mathcal{P}(X)$。

(3) 对于任意 X 与 Y,我们可以构造下面的集合:

① 集合$\{X,Y\}$,它的成员精确的是 X 与 Y。

② 序对$(X,Y)=\{\{X\},\{X,Y\}\}$,其中第一个位置上的是 X,第二位置上是 Y。

③ 并集(union set):$X\cup Y$。

④ 交集(intersection set):$X\cap Y$。

⑤ 补集(complement set):$X-Y$(或 $X\backslash Y$)。

⑥ 笛卡儿积集(Cartesian product set):$X\times Y$。

⑦ 集合 Y^X 是所有从 X 到 Y 的函数集合。

(4) 对于任意集合 I 与任意集合的族$(X_i)_{i\in I}$,我们可以构造如下的集合:

① 映象集(image set):$\{X_i\mid i\in I\}$。

② 并集(union set):$\bigcup\limits_{i\in I}X_i$。

③ 交集(intersection set):$\bigcap\limits_{i\in I}X_i \text{if} I\neq\varnothing$。

④ 笛卡儿积的集(cartesian product set):$\prod\limits_{i\in I}X_i$。

⑤ 不相交集(或称异或集)(disjoint union set):$\bigcup\limits_{i\in I}X_i(=\bigcup\limits_{i\in I}(X_i\times\{i\}))$。

显然,我们不能利用上述的构造来构造"所有集合的集合"及"所有群的集合",所以我们要定义类(classes)的概念。

2. 类(classes)

(1) 对于每一个特性 P,我们可以构造一个"堆"(collection),它的成员都是具有特性 P 的集合(sets),我们可以称此为"具有特性 P 的所有集合的类(class)",并表示为$\{x\mid x \text{ is a set } \underline{\text{and}}\ P(x)\}$。例如,我们可以构造"所有集合的类""所有序数的类""所有群的类"。我们把所有这些类称之为"宇宙"(universe)。

(2) 为了方便,我们希望视集合为一个特别的类,并称之为小类(small classes)。那么另外一些不能视为集合的类称之为"真类"(proper classes),而这些类有时称之为大类(large classes)。所有集合的类是一个真类。由于它的引入,罗素悖论不再有危害(罗素悖论:如果$\mathscr{U}$是所有集合的集合,那么子集 $A=\{x\mid x\in\mathscr{U} \text{ and } x\notin x\}$应当有这样的特性:$A\in A$ 当且仅当 $A\notin A$),因为不是它自己的成员的所有集合的类不是一个集合,而是一个真类。

(3) 给定类 A 与 B,我们可以构造如下的类。

① 并类(union class):$A\cup B=\{x\mid x\in A\ \underline{\text{or}}\ x\in B\}$。

② 交类(intersection class):$A\cap B=\{x\mid x\in A\ \underline{\text{and}}\ x\in B\}$。

③ 补类(complement class):$A-B=\{x\mid x\in A\ \underline{\text{and}}\ x\notin B\}$。

④ 笛卡儿积类(Cartesian product class):$A\times B=\{(a,b)\mid a\in A\ \underline{\text{and}}\ b\in B\}$。

⑤ 不相交类(disjoint union class):$A+B=A\times\{\varnothing\}\cup B\times\{\{\varnothing\}\}$。

当然,我们还可以定义两个类之间的函数、等价关系等概念。关于类的选择公理为

“存在着一个函数 $C:\mathscr{U}\to\mathscr{U}$ 使得对于一个非空集 $X, C(X)\in X$”。

这个公理包含通常的集合论中的选择公理。

5.2.2 范畴论的基本概念

在这一小节，我们将给出范畴(category)的基本定义，范畴的特性以及如何由给定范畴构造一个新的范畴等问题。

定义 5.5(范畴)　一个范畴 $\boldsymbol{C}$ 是一个系统 $\boldsymbol{C}=(\mathrm{obj}\boldsymbol{C},\mathrm{Mor}\boldsymbol{C},\mathrm{dom},\mathrm{cod},\circ)$，其中：

obj$\boldsymbol{C}$ 是 $\boldsymbol{C}$ 的所有象元的类(class)；

Mor$\boldsymbol{C}$ 是 $\boldsymbol{C}$ 的所有射元的类(class)；

dom：$\mathrm{Mor}\boldsymbol{C}\to\mathrm{obj}\boldsymbol{C}$ 是一个函数。如果 $f\in\mathrm{Mor}\boldsymbol{C}$，那么 dom($f$)则表示 f 的域(domain)；

cod：$\mathrm{Mor}\boldsymbol{C}\to\mathrm{obj}\boldsymbol{C}$ 是一个函数。如果 $f\in\mathrm{Mor}\boldsymbol{C}$，那么 cod($f$ 则表示 f 的协域(codomain)；

$\circ$：$\mathrm{Mor}\boldsymbol{C}\times\mathrm{Mor}\boldsymbol{C}\to\mathrm{Mor}\boldsymbol{C}$ 是一个函数，称之为“复合”(composition)(相对于 $\boldsymbol{C}$ 的)。如构造一个域 $D=\{(f,g)\mid f,g\in\mathrm{Mor}\ \boldsymbol{C}\ \underline{\mathrm{and}}\ \mathrm{dom}(f)=\mathrm{cod}(g)\}$我们说 $f\circ g$ 有定义当且仅当$(f,g)\in D$。

并使如下的条件得到满足：

(1) 匹配条件(matching condition)：如果 $f\circ g$ 被定义，那么 $\mathrm{dom}(f\circ g)=\mathrm{dom}(g)$与 $\mathrm{cod}(f\circ g)=\mathrm{cod}(f)$。

(2) 结合律条件(associativity condition)：如果 $f\circ g$ 与 $h\circ f$ 被定义，那么 $h\circ(f\circ g)=(h\circ f)\circ g$。

(3) 等式射的存在条件(identity existence condition)：对于任意象元 A，唯一存在着一个单位射元 $1_A\in\mathrm{Mor}\boldsymbol{C}$ 使得

① $\mathrm{dom}(1_A)=\mathrm{cod}(1_A)=A$。

② 如果 $\mathrm{dom}(f)=A$，那么 $f\circ 1_A=f$。

③ 如果 $\mathrm{cod}(f)=B$，那么 $1_B\circ f=f$。

(4) 对于任意序对 $(A,B)\in\mathrm{Mor}\boldsymbol{C}$，$\mathrm{Hom}_C(A,B)$ 为(如不引起混乱，可以简记$\mathrm{Hom}(A,B)$)

$$\mathrm{Hom}_C(A,B)=\{f\mid f\in\mathrm{Mor}\boldsymbol{C}\ \underline{\mathrm{and}}\ \mathrm{dom}(f)=A\ \underline{\mathrm{and}}\ \mathrm{cod}(f)=B\}$$

表示所有从 A 到 B 的射元的类是一个集合。

有时我们记 $\mathrm{Hom}_C(A,B)$ 为 $\boldsymbol{C}(A,B)$。如下的一些记法是等价的，即 $f\in\boldsymbol{C}(A,B)$，$A\xrightarrow{f}B$，$f:A\longrightarrow B$. 射元可以视为象元的序对，例如$\langle A,B\rangle$，显然有 $\mathrm{dom}(\langle A,B\rangle)=A$，$\mathrm{cod}(\langle A,B\rangle)=B$，$\langle A,B\rangle\circ\langle C,A\rangle=\langle C,B\rangle$。

下面，我们介绍范畴论中非常常用的一个概念：“对易”(commute)。例如，我们说下面的三角形图是对易的，即意味着 $h=g\circ f$，或者说 $A\xrightarrow{h}C=A\xrightarrow{f}B\xrightarrow{g}C$。

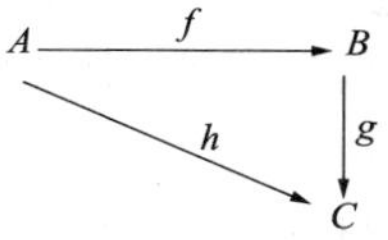

又例如下面方块图：

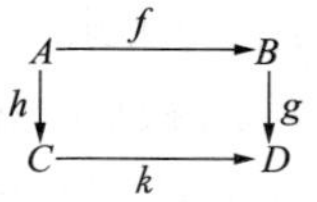

如果说它是对易的，就等于说 $g\circ f=k\circ h$。

例 5.2 令 $\boldsymbol{P}=(P,\subseteq)$ 是一个偏序集，$\subseteq$ 表示 P 上的偏序关系，于是我们可以根据上面范畴定义，定义一个范畴 $\boldsymbol{C}=(P,\subseteq,\mathrm{dom},\mathrm{cod},\circ)$ 其中 P 的元素称之为 $\boldsymbol{C}$ 的象元，而 $\subseteq$ 是 $\boldsymbol{C}$ 的射元，并有(对于所有的 $x,y,z\in P$)：

(1) $\mathrm{dom}:\subseteq\to P$，即 $\mathrm{dom}(\langle x,y\rangle)=x$。

(2) $\mathrm{cod}:\subseteq\to P$，即 $\mathrm{cod}(\langle x,y\rangle)=y$。

(3) $\circ:\subseteq\times\subseteq\to\subseteq$，即 $\langle y,z\rangle\circ\langle x,y\rangle=\langle x,z\rangle$。

例 5.3 范畴 $\boldsymbol{S}$et，它的象元的类是所有集合的类 $\mathscr{U}$，$U:\mathscr{U}\to\mathscr{U}$ 是等式函数，即 $U(A)=A$(对于所有的 $A\in\mathscr{U}$)，对于所有 $A,B\in\mathscr{U}$，$\mathrm{Hom}(A,B)$ 是所有从 A 到 B 函数的集合。请注意，以后再提 $\boldsymbol{S}$et 范畴，即指上述定义。

例 5.4 范畴 $\boldsymbol{RS}$et，它的象元的类是所有集合的类 $\mathscr{U}$，它的射集 $\mathrm{Hom}(A,B)$ 是所有从 A 到 B 关系的集合，它的复合律为通常的关系的复合。

例 5.5 范畴 $\boldsymbol{fS}$et，它的象元类是所有集合的类 $\mathscr{U}$，它的射的集合是所有从 A 到 B 的单射函数(或满射函数，可逆函数)的集合，其等式函数 $U:\mathscr{U}\to\mathscr{U}$。

例 5.6 如果一个范畴仅有很少的象元及射元，我们可以用一个图表示这个范畴，即范畴的象元用图的结点表示，而射元用图的有向边表示。例如(下面图中等式射元省略画出)，

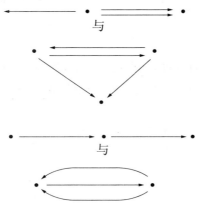

与

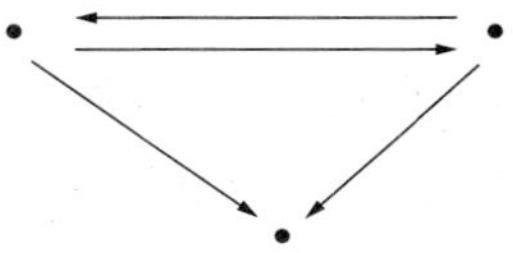

可以考虑是范畴，但

与

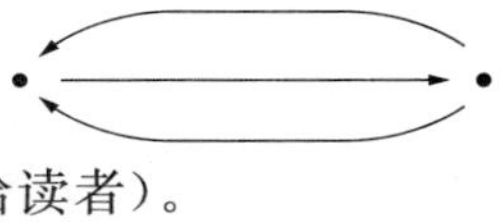

却不可能是范畴(为什么？留给读者)。

定义 5.6 令 $\boldsymbol{C}$ 是一个范畴，

(1) 如果 $\mathrm{obj}\boldsymbol{C}$ 是一个集合，那么称这个 $\boldsymbol{C}$ 为小范畴(small category)，如果 $\mathrm{obj}\boldsymbol{C}$

是一个真类(proper class),那么称这个 $\boldsymbol{C}$ 是一个大范畴(large category)。

(2) 如果对于所有的 $A\neq B$,$\boldsymbol{C}(A,B)=\varnothing$,而 $\boldsymbol{C}(A,A)=\{1_A\}$,那么称 $\boldsymbol{C}$ 是离散范畴(discrete category)。

(3) 如果对于所有 $A,B\in \mathrm{obj}\boldsymbol{C}$,$\mathrm{Hom}(A,B)\neq\varnothing$,那么称 $\boldsymbol{C}$ 是连接范畴(connected category)。

下面,我们讨论如何从一些给定的范畴去求一些新的范畴,即求子范畴(subcategory)、商范畴(quotient category)、范畴的积(product of categories)、范畴的和(sum of categories)、对偶范畴(opposite category)、射范畴(arror category)、三角范畴(triangle category)及 comma 范畴。

定义 5.7(子范畴) 设 $\boldsymbol{C},\boldsymbol{D}$ 是两个范畴,如果有

(1) $\mathrm{obj}\boldsymbol{C}\subset\mathrm{obj}\boldsymbol{D}$,

(2) 对于每一个序对 $\langle A,B\rangle$($A,B\in\mathrm{obj}\boldsymbol{C}$)有 $\mathrm{Hom}_{\boldsymbol{C}}(A,B)\subset\mathrm{Hom}_{\boldsymbol{D}}(A,B)$,

(3) $\boldsymbol{C}$ 中的每一个等式函数也是 $\boldsymbol{D}$ 中的等式函数,那么说范畴 $\boldsymbol{C}$ 是 $\boldsymbol{D}$ 的子范畴。

设 $\boldsymbol{C},\boldsymbol{D}$ 是两个范畴,并且 $\boldsymbol{C}$ 是 $\boldsymbol{D}$ 的子范畴,如果对于所有 $A,B\in\mathrm{obj}\boldsymbol{C}$ 有

$$\mathrm{Hom}_{\boldsymbol{C}}(A,B)=\mathrm{Hom}_{\boldsymbol{D}}(A,B)$$

那么称 $\boldsymbol{C}$ 是 $\boldsymbol{D}$ 的全子范畴(full subcategory)。

显然,每一个范畴是自己的全子范畴。

另外,有限集合范畴是范畴 $\boldsymbol{S}$et 的全子范畴。集合与单射函数(或满射函数,可逆函数)的范畴是 $\boldsymbol{S}$et 范畴的子范畴,但不是全子范畴。集合与关系的范畴不是 $\boldsymbol{S}$et 范畴的子范畴。

定义 5.8 在范畴 $\boldsymbol{C}$ 的射元类上的等价关系~被称之为在 $\boldsymbol{C}$ 上的"恒等关系"(congruence),如果

(1) 每一个在~上的等价类包含于 $\mathrm{Hom}(A,B)$(对于某些 $\boldsymbol{A},\boldsymbol{B}\in\mathrm{obj}\boldsymbol{C}$)。

(2) 无论何时,如 $f\sim f'$,$g\sim g'$,那么 $g\circ f\sim g'\circ f'$。

显然,我们可以在 $\mathrm{Mor}\boldsymbol{C}$ 上构成一些等价类,以这些等价类作为一个新的类 $\boldsymbol{A}$ 的成分,并有如下定义的复合律 $\tilde{\boldsymbol{o}}$:

$$\tilde{g}\circ f=\widetilde{g\circ f}$$

其中 $\tilde{g}$ 即表示 g 的在~上的等价类(在集合论中,常表示为 $[g]_\sim$)。

如果~是等价关系(在 $\boldsymbol{C}$ 范畴中),那么范畴 $(\boldsymbol{A},\tilde{o})$ 如上所述,则称这个范畴为 $\boldsymbol{C}$ 的商范畴。

定义 5.9(范畴的积) 如果 $\boldsymbol{C}_1,\boldsymbol{C}_2,\cdots,\boldsymbol{C}_n$ 是一些范畴,那么它们的射元的类 $\mathrm{Mor}\boldsymbol{C}_1,\mathrm{Mor}\boldsymbol{C}_2,\cdots,\mathrm{Mor}\boldsymbol{C}_n$ 的积为

$$\mathrm{Mor}\boldsymbol{C}_1\times\mathrm{Mor}\boldsymbol{C}_2\times\cdots\times\mathrm{Mor}\boldsymbol{C}_n$$

并有如下的复合操作:

$$(f_1,f_2,\cdots,f_n)\circ(g_1,g_2,\cdots,g_n)=(f_1\circ g_1,f_2\circ g_2,\cdots,f_n\circ g_n)$$

那么范畴 $\boldsymbol{C}_1,\boldsymbol{C}_2,\cdots,\boldsymbol{C}_n$ 的积被表示为

$$\boldsymbol{C}_1\times\boldsymbol{C}_2\times\cdots\times\boldsymbol{C}_n$$

定义 5.10(范畴的和) 如果 $\boldsymbol{C}_1,\boldsymbol{C}_2,\cdots,\boldsymbol{C}_n$ 是一些范畴,那么它们的射元的类 $\mathrm{Mor}\boldsymbol{C}_1,\mathrm{Mor}\boldsymbol{C}_2,\cdots,\mathrm{Mor}\boldsymbol{C}_n$ 的不相交并(disjoint union)

$$\mathrm{Mor}\boldsymbol{C}_1+\mathrm{Mor}\boldsymbol{C}_2+\cdots+\mathrm{Mor}\boldsymbol{C}_n$$

连同如下的复合操作

$$(f,i)\circ(g,j)=(f\circ g,i)\text{当且仅当 } i=j$$

被称之为范畴 $\boldsymbol{C}_1,\boldsymbol{C}_2,\cdots,\boldsymbol{C}_n$ 的和范畴,表示为

$$\boldsymbol{C}_1\sqcup\boldsymbol{C}_2\sqcup\cdots\sqcup\boldsymbol{C}_n$$

显然,这里的不相交并是如下表示的:

$$\begin{aligned}&A_1+A_2+\cdots+A_n\\&=(A_1\times\{1\})\cup(A_2\times\{2\})\cup\cdots\cup(A_n\times\{n\})\end{aligned}$$

定义 5.11(对偶范畴) 对于任意范畴 $\boldsymbol{C}=(\mathrm{obj}\boldsymbol{C},\mathrm{Mor}\boldsymbol{C},\mathrm{dom},\mathrm{cod},\circ)$,那么 $\boldsymbol{C}$ 的对偶范畴 $\boldsymbol{C}^{\mathrm{op}}=(\mathrm{obj}\boldsymbol{C},\mathrm{Mor}\boldsymbol{C},\mathrm{cod},\mathrm{dom},*)$,其中 $*$ 被定义为 $f*g=g\circ f$。即范畴 $\boldsymbol{C}$ 与 $\boldsymbol{C}^{\mathrm{op}}$ 具有同象元类与射元类,但一个射元的域(domain)与协域(codomain)是互换的,也就是说 $f\in\mathrm{Mor}\boldsymbol{C}$ 它在 $\boldsymbol{C}^{\mathrm{op}}$ 中的始点(终点)是在 $\boldsymbol{C}$ 中的终点(始点)。

对于任何范畴 $\boldsymbol{C}$ 有 $(\boldsymbol{C}^{\mathrm{op}})^{\mathrm{op}}=\boldsymbol{C}$。

上面的概念,将使范畴论中的概念普遍具有对偶性(duality)。由此产生的对偶原则是范畴论的普遍原则。

定义 5.12(射范畴) 如果 $\boldsymbol{C}$ 是一个范畴,那么范畴 $\boldsymbol{C}$ 的射范畴,记为 $\boldsymbol{C}^2$,是这样一个范畴,即它的 $\mathrm{obj}\boldsymbol{C}^2$ 是由 $\boldsymbol{C}$ 的射元所组成,而 $\mathrm{Mor}\boldsymbol{C}^2$ 中的射元是从 $A\xrightarrow{f}B$ 到 $A'\xrightarrow{f'}B'$ 的一个序对 (a,b),其中 $A\xrightarrow{a}A'$ 及 $B\xrightarrow{b}B'$ 是 $\mathrm{Mor}\boldsymbol{C}$ 的射元,并使得如下的图是对易的:

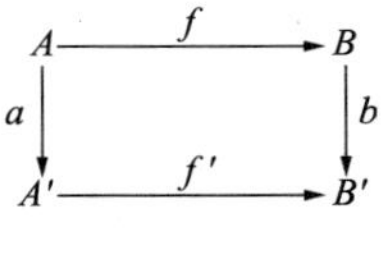

并且 $\boldsymbol{C}^2$ 中的复合被定义为

$$\langle\bar{a},\bar{b}\rangle\circ\langle a,b\rangle=\langle\bar{a}\circ a,\bar{b}\circ b\rangle$$

定义 5.13(三角范畴) 如果 $\boldsymbol{C}$ 是一个范畴,那么 $\boldsymbol{C}$ 的三角范畴,记为 $\boldsymbol{C}^3$,是这样一个范畴,$\mathrm{obj}\boldsymbol{C}^3$ 是由 $\boldsymbol{C}$ 中的对易三角作为象元所构成的类,而 $\mathrm{Mor}\boldsymbol{C}^3$ 中的射元是从

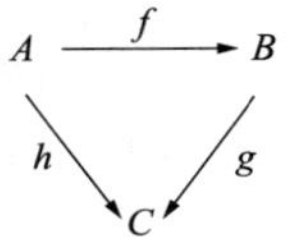

到

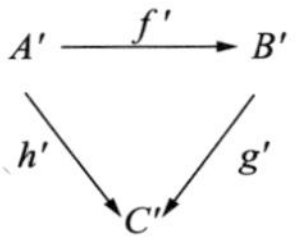

的一个有序的三元组 (a,b,c),其中 $A\xrightarrow{a}A'$,$B\xrightarrow{b}B'$ 及 $C\xrightarrow{c}C'$ 是 $\boldsymbol{C}$ 的射元,并使如下的图是对易的:

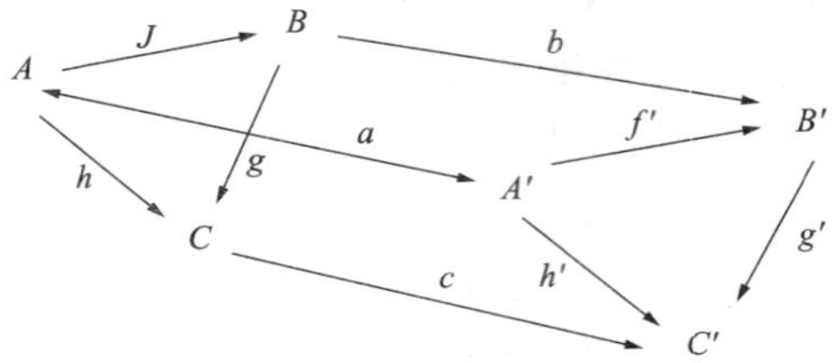

而 $\boldsymbol{C}^3$ 的复合是如下定义的：

$$\langle\bar{a},\bar{b},\bar{c}\rangle\circ\langle a,b,c\rangle=\langle\bar{a}\circ a,\bar{b}\circ b,\bar{c}\circ c\rangle$$

射范畴与三角范畴是后面将要学习到的"函子范畴"的两个特殊情况。

定义 5.14(Comma 范畴)

(1) 如果 $\boldsymbol{C}$ 是一个范畴，并且 $A\in\mathrm{obj}\boldsymbol{C}$，那么在 $\boldsymbol{C}$ 上的 A 的 Comma 范畴是这样一个范畴 (A,C)，它的象元是 $\boldsymbol{C}$ 的射元，但这些射元的域(domain)为 A。它的射元是从 $A\xrightarrow{f}B$ 到 $A\xrightarrow{f'}B'$ 的 $\boldsymbol{C}$ 的射元 $g:B\to B'$，并使下面图是对易的：

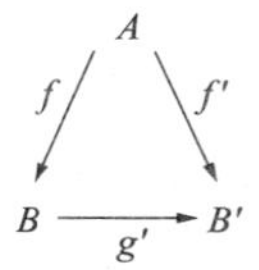

在 $(A,\boldsymbol{C})$ 中的复合即为 $\boldsymbol{C}$ 中的复合。

(2) 如果 $\boldsymbol{C}$ 是一个范畴，并且 $A\in\mathrm{obj}\boldsymbol{C}$，那么在 A 上的 $\boldsymbol{C}$ 的 Comma 范畴是这样一个范畴 $(\boldsymbol{C},A)$，它的象元是 $\boldsymbol{C}$ 的具有 A 作为协域(codomain)的射元。它的射元是从 $B\xrightarrow{f}A$ 到 $B'\xrightarrow{f'}A$ 的 $\boldsymbol{C}$ 的射元 $g:B\to B'$，并使下面图是对易的：

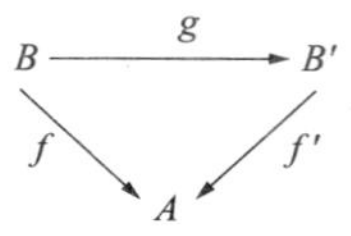

在 $(\boldsymbol{C},A)$ 的复合是 $\boldsymbol{C}$ 中的复合。

以上介绍的是如何从给定范畴去求新范畴。下面，我们在这一小节还要介绍范畴中射元及象元中的特殊者。它们是同构及初始对象(initial object)，终极对象(terminal object)及零对象(zero object)，常射(constant morphism)及零射(zero morphism)。

定义 5.15(同构)　一个范畴 $\boldsymbol{C}$ 中的射元 $f:A\to B$ 称为同构当且仅当有射元 $g:B\to A$，使得 $g\circ f=1_A$ 及 $f\circ g=1_B$。显然，仅在这时，g 是唯一确定的，并称 g 为 f 的逆元。当然，g 也被称为同构。

如果用 f^{-1} 来表示 g，那么 $(f^{-1})^{-1}=f$。

同构 f 与任意同构 h，其复合 $f\circ h$ 及 $h\circ f$ 也是同构，并且 $(g\circ h)^{-1}=h^{-1}\circ g^{-1}$。

定义 5.16(初始对象)　如果 A 是范畴 $\boldsymbol{C}$ 中的一个象元，对于 $\boldsymbol{C}$ 中的任意对象 B，仅存在着一个射 $f:A\to B$(即 $\mathrm{Hom}(A,B)$ 仅有一个射元)，那么称 A 是 $\boldsymbol{C}$ 的初始对象。

例如在 $\boldsymbol{S}$et 范畴中，空集合是它的初始对象。因为对于任意集合 B，都仅存在着一个函数(即从 ϕ 到 B 的空函数)从空集到 B。

有一个重要的命题,即范畴 $\boldsymbol{C}$ 中的任意两个初始对象是同构的,则换句话说,$\boldsymbol{C}$ 中的初始对象是唯一的。例如,设 X,Y 是 $\boldsymbol{C}$ 中的两个初始对象,根据定义,存在着唯一的射 $f:X\to Y$ 及 $g:Y\to X$,并有

$$g\circ f:X\to X=1_X:X\to X$$

及

$$f\circ g:Y\to Y=1_Y:Y\to Y$$

所以,f,g 是同构的。

定义 5.17(终极象元(终极对象)) 如果 A 是范畴 $\boldsymbol{C}$ 中的一个象元,对于范畴 $\boldsymbol{C}$ 中的任意对象 B,仅存在着一个射 $f:B\to A$(即 $\mathrm{Hom}(B,A)$仅有一个射元),那么称 A 是范畴 $\boldsymbol{C}$ 的终极象元。

范畴 $\boldsymbol{S}$et 具有终极对象,即仅有一个元素的集合。

如果在范畴 $\boldsymbol{C}$ 中有两个终极对象,那么它们是同构的。

范畴 $\boldsymbol{C}$ 中的初始对象与终极对象是对偶的概念。

如果一个对象 A 在范畴 $\boldsymbol{C}$ 中既是初始对象,又是终极对象,那么称 A 为零对象。

定义 5.18(常射和零射) 令范畴 $\boldsymbol{C}$ 中的射 $f:A\to B$,有

(1) 如果对于每一个 $C\in \mathrm{obj}\boldsymbol{C}$ 及对于所有的 $r,s\in \mathrm{Hom}_C(C,A)$,有 $f\circ r=f\circ s$,那么称 f 为常射(constant morphism)。

(2) 如果 f 在 $\boldsymbol{C}^{op}$ 中是一个常射,那么 f 是范畴 $\boldsymbol{C}$ 中的协常射(coconstant morphism)。

(3) 如果 f 在 $\boldsymbol{C}$ 中既是常射又是协常射,那么 f 是零射(zero morphism)。

关于范畴的基本概念就介绍到此。下面一小节,我们将介绍函子。

5.2.3 函 子

我们知道范畴中的射是从一个象元到另一个象元的,而函子(functors)是一种从一个范畴到另一个范畴的函数。如果我们要构造范畴的范畴,既某范畴的象元是范畴,那么范畴的范畴中的射又叫做什么呢?此时,我们称之为"函子"。

定义 5.19(函子) 函子 $F:\boldsymbol{C}\to\boldsymbol{D}$ 是一个序对 $\langle F_o:\mathrm{obj}\boldsymbol{C}\to \mathrm{obj}\boldsymbol{D}, F_m:\mathrm{Mor}\boldsymbol{C}\to \mathrm{Mor}\boldsymbol{D}\rangle$ 并满足下列的条件:

(1) 若 $f:A\to B$,则 $F_m(f):F_o(A)\to F_o(B)$,其中 $A,B\in \mathrm{obj}\boldsymbol{C}$,$f\in \mathrm{Mor}\boldsymbol{C}$。

或者说,对于所有的 $f\in \mathrm{Mor}\boldsymbol{C}$

$$F_o(\mathrm{dom}(f))=\mathrm{dom}(F_m(f))$$

$$F_o(\mathrm{cod}(f))=\mathrm{cod}(F_m(f))$$

(2) $F_m(1_A)=1_{F_o}(A)$。

(3) 如果 $f\circ g$ 有定义,那么有

$$F_m(f\circ g)=F_m(f)\circ F_m(g)$$

在以后的讨论中,常把 $F_m(f)$与 $F_o(A)$简写成 $F(f)$及 $F(A)$。

对于函子 $F:\boldsymbol{C}\to\boldsymbol{D}$，$\boldsymbol{C}$ 被称之为 F 的 domain（域），$\boldsymbol{D}$ 被称为 F 的协域（codomain）。如果函子的域是"小范畴"，那么这个函子被称为小函子。

例 5.7 令 $\boldsymbol{P}$ 是一个在例 5.5 中定义的范畴，而 $\boldsymbol{Q}$ 是 $\boldsymbol{P}$ 类似的另一个范畴，只是 $\boldsymbol{Q}=(Q,\subseteq_Q)$（为区别 $\boldsymbol{P}=(P,\subseteq_P)$），那么函数 $F:\boldsymbol{P}\to\boldsymbol{Q}$ 是一个简单的单调函数，即函数 $F:P\to Q$ 具有特性：$\langle x,y\rangle\in\subseteq_P$ 意味着 $\langle F(x),F(y)\rangle\in\subseteq_Q$。下面来看看是否遵守复合律与等射律。令 $g=\langle x,y\rangle$，$f=\langle y,z\rangle$，而 $f\circ g=\langle x,z\rangle$，并且有 $F(f\circ g)=\langle F(x),F(z)\rangle$，而 $F(g)=\langle F(x),F(y)\rangle$，$F(f)=\langle F(y),F(z)\rangle$，$F(f)\circ F(g)=\langle F(x),F(z)\rangle$。所以满足复合律，再看等射律。令 $1_x=\langle x,x\rangle$，$F(1_x)=\langle F(x),F(x)\rangle=1_{F(x)}$，所以等射律也满足。因此 F 是一个函子。

下面应当说明的是，如果 F,G 是两个函子，即 $F:\boldsymbol{C}\to\boldsymbol{D}$，$G:\boldsymbol{D}\to\boldsymbol{E}$，那么 G 与 F 的复合 $G\circ F$ 仍是一个函子。

下面，我们定义一些专用函子。

(1) 等式函子。对于任意范畴 $\boldsymbol{C}$，$1_{\boldsymbol{C}}:\boldsymbol{C}\to\boldsymbol{C}$ 被称为 $\boldsymbol{C}$ 上的等式函子（identity functor）。

(2) 包含函子。如果 $\boldsymbol{C}$ 是 $\boldsymbol{D}$ 的子范畴，那么 $E:\boldsymbol{C}\to\boldsymbol{D}$ 被称为从 $\boldsymbol{C}$ 到 $\boldsymbol{D}$ 的包含函子（inclusion functor）（注意，$E:\mathrm{Mor}\boldsymbol{C}\to\mathrm{Mor}\boldsymbol{D}$ 是一个包含函数）。

(3) 自然函子。如果 $\tilde{\boldsymbol{C}}$ 是范畴 $\boldsymbol{C}$ 的商范畴，如函数 $Q:\mathrm{Mor}\boldsymbol{C}\to\mathrm{Mor}\tilde{\boldsymbol{C}}$ 是一个为每一个 $f\in\mathrm{Mor}\boldsymbol{C}$ 寻找等价类 $\tilde{f}$ 的函数，那么 $Q:\boldsymbol{C}\to\boldsymbol{C}$ 是一个从 $\boldsymbol{C}$ 到 $\boldsymbol{C}$ 的自然函子（natural functor）。

(4) 常函子。对于函子 $F:\boldsymbol{C}\to\boldsymbol{D}$，如果存在一个 $B\in\mathrm{obj}\boldsymbol{D}$，并且 $F(A)=B$，$F(f)=1_B$（对于所有的 $A\in\mathrm{obj}\boldsymbol{C}$ 及 $f\in\mathrm{Mor}\boldsymbol{C}$），那么称 $\boldsymbol{F}$ 为常函子（constant functor）。

(5) 可靠函子。对于函子 $F:\boldsymbol{C}\to\boldsymbol{D}$，如果在 $\boldsymbol{C}$ 中 $f\neq g$，意味着 $\boldsymbol{D}$ 中 $F(f)\neq F(g)$（对于所有的 $f,g\in\mathrm{Mor}\boldsymbol{C}$），那么函子被称为可靠函子（faithful functor）。

(6) 全函子。对于函子：$F:\boldsymbol{C}\to\boldsymbol{D}$，如果对于每一个射元 $f\in\boldsymbol{D}(F(A),F(B))$，存在着一个 $g\in\boldsymbol{C}(A,B)$ 使得 $f=F(g)$（对于所有 $A,B\in\mathrm{obj}\boldsymbol{C}$），那么称 F 是一个全函子（full functor）。

(7) 对偶函子。对于函子 $F:\boldsymbol{C}\to\boldsymbol{D}$，那么 $F^{\mathrm{op}}:\boldsymbol{C}^{\mathrm{op}}\to\boldsymbol{D}^{\mathrm{op}}$ 是一个函子，并被称为 F 的对偶函子（opposite functor）。

(8) 忽略函子。即 $\boldsymbol{C}$ 为具有较丰富结构的范畴，$\boldsymbol{D}$ 为较贫乏结构的范畴，对于任意的 $A\in\mathrm{obj}\boldsymbol{C}$，$f\in\mathrm{Mor}\boldsymbol{C}$，对于函子 $F:\boldsymbol{C}\to\boldsymbol{D}$ 有 $F(A)=A$，$F(f)=f$，我们称这个函子为忽略函子（forgetful functor）。最具体的定义，忽略函子 $F:\boldsymbol{C}\to\boldsymbol{S}\mathrm{et}$。又例如 $\boldsymbol{C}=\mathrm{Alg}_L$，$\boldsymbol{D}=\mathrm{Alg}_K$（其中 Alg_L（Alg_K）表示域 L（或 K）上的代数范畴，如果 L 和 K 的扩展域），那么 $F:\mathrm{Alg}_L\to\mathrm{Alg}_K$ 也是一个忽略函子。

(9) 逆变函子。函子 $F:\boldsymbol{C}\to\boldsymbol{D}$ 是一个逆变函子（contravariant functor）当且仅当 $F:\boldsymbol{C}^{\mathrm{op}}\to\boldsymbol{D}$ 或 $F:\boldsymbol{C}\to\boldsymbol{D}^{\mathrm{op}}$ 是一个函子。

下面，我们讨论关于双函子（bifunctors）及 Hom-函子、集值函子（set-valued functors）等重要概念。

定义 5.20(双函子) 如果一个函子的域(domain)是两个范畴的积,那么这个函子称之为双函子(bifunctor)。

例如下面两个函子便是双函子。

(1) 笛卡儿积函子(Cartesian product functor)。

$(\_\times\_):\boldsymbol{Set}\times\boldsymbol{Set}\to\boldsymbol{Set}$ 被定义为

$$(\_\times\_)(A,B)=A\times B$$

$$(\_\times\_)(f,g)=f\times g:A\times B\to C\times D$$

其中$(f,g)(a,b)=(f(a),g(b))$。

(2) 不相交并函子(disjoint union functor)。

$(\_+\_):\boldsymbol{Set}\times\boldsymbol{Set}\to\boldsymbol{Set}$ 被定义为

$$(\_+\_)(A,B)=A+B$$

$$(\_+\_)(f,g)=f+g:A+B\to C+D$$

其中

$$(f+g)(x,i)=\begin{cases}f(x) & \underline{\text{if}}\ i=1\\ g(x) & \underline{\text{if}}\ i=2\end{cases}$$

有如下双函子定理。

定理 5.1(双函子定理) 如果 $F:\boldsymbol{C}\times\boldsymbol{D}\to\boldsymbol{E}$ 是一个双函子,那么

(1) 对于每一个 $A\in\mathrm{obj}\boldsymbol{C}$,存在一个毗连(右毗连)函子

$$F(A,—):\boldsymbol{D}\to\boldsymbol{E}$$

被定义如下:

$$F(A,—)(B)=F(A,B)$$

$$F(A,—)(h)=F(1_A,h)$$

(2) 对于任意 $B\in\mathrm{obj}\boldsymbol{D}$,存在一个毗连函子(左毗连)

$$F(—,B):\boldsymbol{C}\to\boldsymbol{E}$$

被定义如下:

$$F(—,B)(A)=F(A,B)$$

$$F(—,B)(g)=F(g,1_B)$$

【证明】上述(1),(2)的证明是类似的,根据上述的定义有

$$F(A,—)(1_B)=F(1_A,1_B)$$

$F(1_A,1_B)$是 $\boldsymbol{E}$ 中的一个等式。因为 F 是一个函子,如果 $B\xrightarrow{h}B'\xrightarrow{g}B''$是 $\boldsymbol{D}$ 中的射,那么 $F(A,—)(g\circ h)=F(1_A\circ 1_A,g\circ h)=F((1_A,g)\circ(1_A,h))=F(1_A,g)\circ F(1_A,h)=F(A,—)(g)\circ F(A,—)(h)$所以 $F(A,—)$保持了等式与复合律。

定义 5.21(Hom-函子) 如果 $\boldsymbol{C}$ 是任意范畴,那么存在一函子(读者可以证明它保持等式与复合律):

$$\boldsymbol{C}(—,—):\boldsymbol{C}^{\mathrm{op}}\times\boldsymbol{C}\to\boldsymbol{Set}$$

其中 $\boldsymbol{C}(A,B)$是从 A 到 B 的 $\boldsymbol{C}$ 的射元的集合。

$$\boldsymbol{C}(f,g)(h)=g\circ h\circ f$$

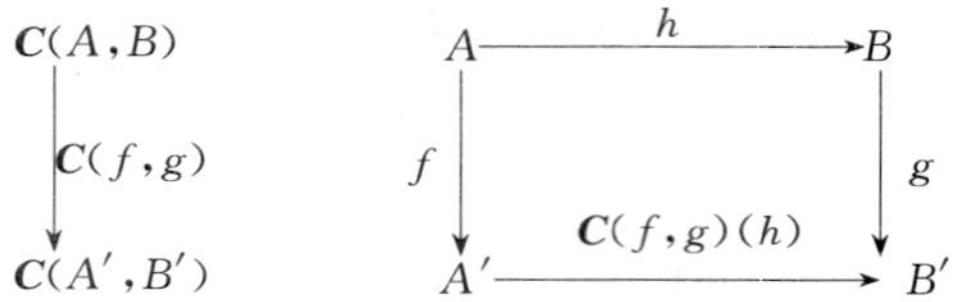

并称 $\boldsymbol{C}(—,—):\boldsymbol{C}^{\mathrm{op}}\times\boldsymbol{C}\to\boldsymbol{S}\mathrm{et}$ 是 $\boldsymbol{C}$ 的集值 Hom-函子(或称射函子)。当然,$\boldsymbol{C}(—,—)$是一双函子,所以它也有两个毗连函子:

$$\boldsymbol{C}(A,—):\boldsymbol{C}\to\boldsymbol{S}\mathrm{et}$$

$$\boldsymbol{C}(—,A):\boldsymbol{C}^{\mathrm{op}}\to\boldsymbol{S}\mathrm{et}$$

并有

(1) 令 $f:B\to C\in\mathrm{Mor}\boldsymbol{C}$ 并定义

$$\boldsymbol{C}(A,f):\boldsymbol{C}(A,B)\to\boldsymbol{C}(A,C)$$

并有 $\boldsymbol{C}(A,f)(g)=f\circ g$。

(2) 令 $f:C\to B\in\mathrm{Mor}\boldsymbol{C}$ 并定义 $\boldsymbol{C}(f,A):\boldsymbol{C}(B,A)\to\boldsymbol{C}(C,A)$,并有 $\boldsymbol{C}(f,A)(h)=h\circ f$。(注意:$\boldsymbol{C}(\_\_,A):\boldsymbol{C}^{\mathrm{op}}\to\boldsymbol{S}\mathrm{et}$)

对于 Hom-函子,我们有如下的命题。

对于任意范畴 $\boldsymbol{C}$ 与任意对象 A,我们有

$$\boldsymbol{C}(\_\_,A)=\boldsymbol{C}^{\mathrm{op}}(A,\_\_)$$

注意,其中 $\boldsymbol{C}^{\mathrm{op}}(\_\_,\_\_):\boldsymbol{C}\times\boldsymbol{C}^{\mathrm{op}}\to\boldsymbol{S}\mathrm{et}$。

对于任意函子 $F:\boldsymbol{C}\to\boldsymbol{D}$ 都有两个毗连集值双函子:

$$\boldsymbol{D}(F(\_\_),\_\_):\boldsymbol{C}^{\mathrm{op}}\times\boldsymbol{D}\to\boldsymbol{S}\mathrm{et}$$

$$\boldsymbol{D}(\_\_\ F(\_\_)):\boldsymbol{D}^{\mathrm{op}}\times\boldsymbol{C}\to\boldsymbol{S}\mathrm{et}$$

其中

$$\boldsymbol{D}(F(\_\_),\_\_)(C,D)=\boldsymbol{D}(F(C),D)$$

$$\boldsymbol{D}(\_\_,F(\_\_))(D,C)=\boldsymbol{D}(D,F(\boldsymbol{C}))$$

以上的定义在后面定义伴侣函子时将用到。

5.2.4 自然转换

自然转换(natural transformation)是为研究从一个函子到另一个函子的转换,也有人把它叫做“函子之间的射”(morphism between functor)。显然,如果把函子作为一个范畴的象元,那么这个范畴的射元便是自然转换了。在这一小节,我们还讨论自然同构等概念。自然转换研究的是,一个范畴的象元经两个不同的函子映射到同一范畴中的象元之间的关系。

定义 5.22(自然转换) 令函子 $F:\boldsymbol{C}\to\boldsymbol{D}$,$G:\boldsymbol{C}\to\boldsymbol{D}$,自然转换 $\nu:F\to G$ 是如下的类(class)

$$\nu=\{\nu(A):F(A)\to G(A)\in\mathrm{Mor}\boldsymbol{D}\mid A\in\mathrm{obj}\boldsymbol{C}\}$$

该类中的元素满足 $G(f)\circ\nu(A)=\nu(B)\circ F(f)$(对于所有的 $f:A\to B\in\mathrm{Mor}\ \boldsymbol{C}$),即下图是对易的。

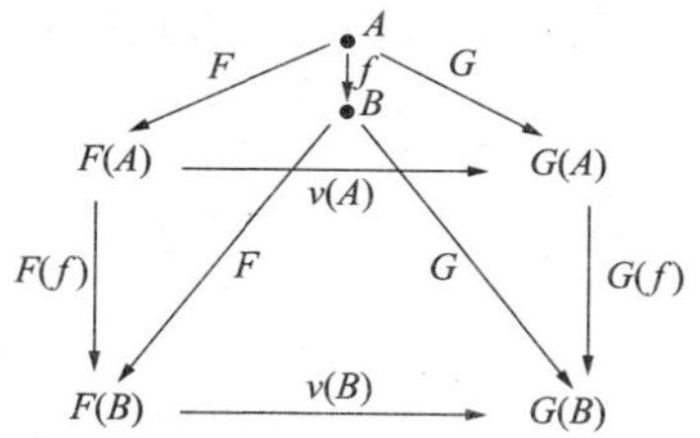

从上面的定义看出，自然转换 ν：obj$\boldsymbol{C}\rightarrow$Mor$\boldsymbol{D}$。一个等式自然转换 1_F：$F\rightarrow F$（F 是函子）。

定义 5.23（自然同构） 如果 F,G：$\boldsymbol{C}\rightarrow\boldsymbol{D}$ 是两个函子，自然转换 ν：$F\rightarrow G$ 是一个自然同构，如果存在着一个自然转换 μ：$G\rightarrow F$ 使得 $\boldsymbol{\mu}\circ\nu=1_F$ 及 $\nu\circ\boldsymbol{\mu}=1_G$。

换句话说，ν 是自然同构如果对于每一个 $A\in$ obj$\boldsymbol{C}$，$\nu(A)$是一个 $\boldsymbol{D}$ 的同构（$\boldsymbol{D}$-同构）。

两个函子 F,G 是自然同构的（natural isomorphic）当且仅当存在着一个从 F 到 G 的自然同构。两个范畴 $\boldsymbol{C}$ 及 $\boldsymbol{D}$ 是等价的，如果存在函子 F：$\boldsymbol{C}\rightarrow\boldsymbol{D}$，$G$：$\boldsymbol{D}\rightarrow\boldsymbol{C}$ 并有 $G\circ F=1_{\boldsymbol{C}}$ 及 $F\circ G=1_{\boldsymbol{D}}$。

令有两个自然转换：η：$F\rightarrow G$，ε：$G\rightarrow H$，那么对于每一个对象 A，$\varepsilon(A)\circ\eta(A)$：$F(A)\rightarrow H(A)$称作它们的复合，记为 $\varepsilon\circ\eta$：$F\rightarrow H$。并且，两个自然转换的复合仍是一个自然转换，如下图所示。

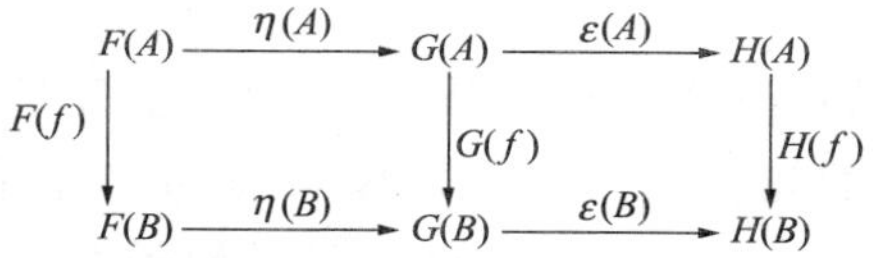

定理 5.2（自然转换复合定理） 令 F,G：$\boldsymbol{C}\rightarrow\boldsymbol{D}$，$H,K$：$\boldsymbol{D}\rightarrow\boldsymbol{E}$ 是函子，并且令 η：$F\rightarrow G$，δ：$H\rightarrow K$ 是自然转换，那么对每一个 $A\in$ obj$\boldsymbol{C}$，下面方块图是对易的。

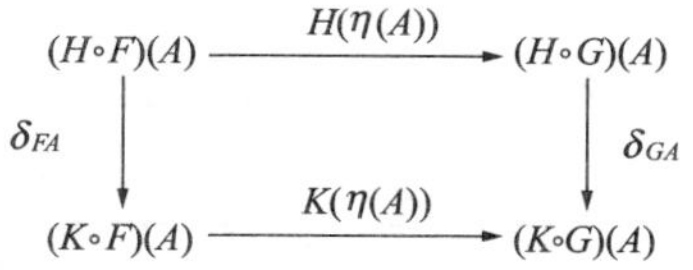

进一步，如果 μ：obj$\boldsymbol{C}\rightarrow$Mor$\boldsymbol{E}$ 是一个函数，并满足

$$\mu(A)=\delta_{GA}\circ H(\eta A)=K(\eta A)\circ\delta_{FA}$$

那么 μ：$H\circ F\rightarrow K\circ G$ 是一自然转换。

【证明】上述方块图是对易的是由于 $\eta(A)$：$F(A)\rightarrow G(A)$是一 $\boldsymbol{D}$-射元并且 δ 是一从 H 到 K 的自然转换。

为了表明 μ 是一自然转换，令 f：$A\rightarrow A'$是 $\boldsymbol{C}$-射元。由于 η 是一自然转换，所以如下的方块图是对易的。

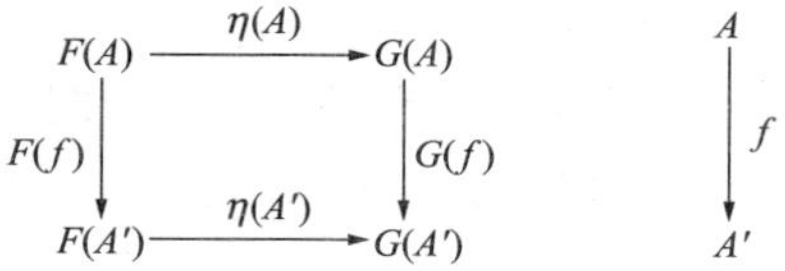

将 H 施于上面的方块图，得到如下的左边的方块图是对易的。

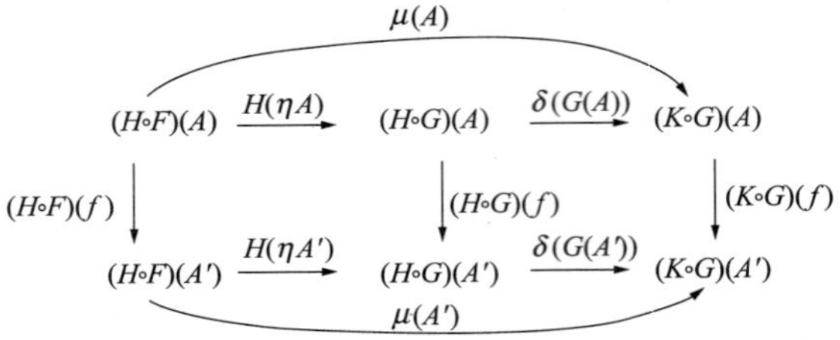

因为 $G(f):G(A)\rightarrow G(A')$ 是一个 $\boldsymbol{D}$-射，并且因为 δ 是从 H 到 K 的自然转换，那么上图的右面的方块图是对易的。因此，μ 是一个从 $H\circ F$ 到 $K\circ G$ 的自然转换。

在本小节一开始，我们就说过了，如果把函子作为范畴的象元，那么这个以函子为象元的范畴，它的射元是自然转换。例如，我们可以把所有从范畴 $\boldsymbol{C}$ 到范畴 $\boldsymbol{D}$ 的函子，构成一个范畴的象元类(class)，并记这个范畴为 $\boldsymbol{F}\text{unct}(\boldsymbol{C},\boldsymbol{D})$。这个范畴 $\boldsymbol{F}\text{unct}(\boldsymbol{C},\boldsymbol{D})$ 的射元类是由函子之间的自然转换所构成的。为了使之成为一个范畴，它必须遵守等式律及复合律，这一点我们在前面已经谈过了。

5.2.5 伴侣函子

伴侣函子(adjoint functor)是范畴论中一个十分重要的概念，它是研究什么的呢？我们首先给出如下的讨论。

假定有两个范畴 $\boldsymbol{C}$ 与 $\boldsymbol{D}$，令 A 是 $\boldsymbol{C}$ 范畴的一个象元，B 是 $\boldsymbol{D}$ 范畴的一个象元，我们如何才能研究它们之间的相互关系呢？显然，要研究两个范畴中的象元之间的关系，就得有如下的一对函子 $G:\boldsymbol{C}\rightarrow\boldsymbol{D}$，$F:\boldsymbol{D}\rightarrow\boldsymbol{C}$。通过函子 G，可以把范畴 $\boldsymbol{C}$ 中的 A 映射到 $\boldsymbol{D}$ 中的一个象元 $G(A)$ 上，通过函子 F 可以把范畴 $\boldsymbol{D}$ 中的 B 映射到范畴 $\boldsymbol{C}$ 中的 $F(B)$。于是我们可以在范畴 $\boldsymbol{C}$ 中有一个射元 $F(B)\xrightarrow{g}A$，在范畴 $\boldsymbol{D}$ 中有一个射元 $B\xrightarrow{f}G(A)$，那么 f 与 g 又有什么关系呢？请看下面的图：

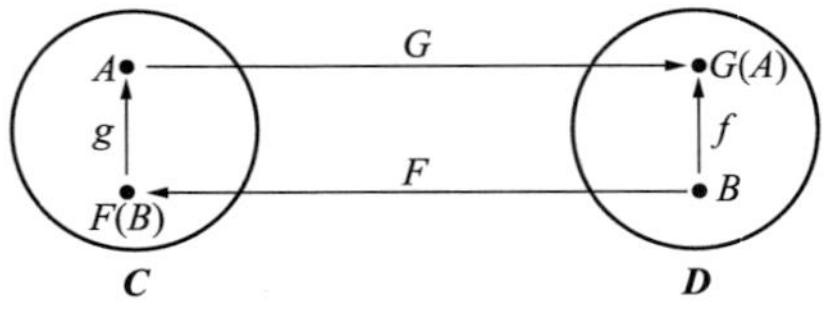

为了解决这个问题而提出伴侣函子，首先看下面的定义。

定义 5.24 令 $F:\boldsymbol{D}\rightarrow\boldsymbol{C}$，$G:\boldsymbol{C}\rightarrow\boldsymbol{D}$ 是两个函子，如果下面的两个毗连集值 Hom-双函子

$$\boldsymbol{D}(\_\_,G(\_\_)):\boldsymbol{D}^{\mathrm{op}}\times\boldsymbol{C}\rightarrow\boldsymbol{S}\underline{\mathrm{et}}$$

$$\boldsymbol{C}(F(\_\_),\_\_):\boldsymbol{D}^{\mathrm{op}}\times\boldsymbol{C}\rightarrow\boldsymbol{S}\underline{\mathrm{et}}$$

是自然同构的，那么称 G 是 F 的右伴侣，F 是 G 的左伴侣，换句话说，存在着一个自然同构

$$\alpha(\_\_,\_\_):\boldsymbol{C}(F(\_\_),\_\_)\rightarrow\boldsymbol{D}(\_\_,G(\_\_))$$

下面，我们对这个定义做些解释，首先看下页的两个图。

这两个图表明，存在着两个自然同构 η 及 ε 使得

$$\eta:1_{\boldsymbol{D}}\rightarrow G\circ F$$

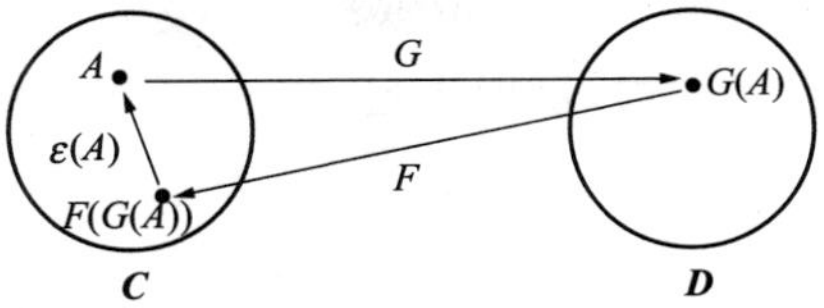

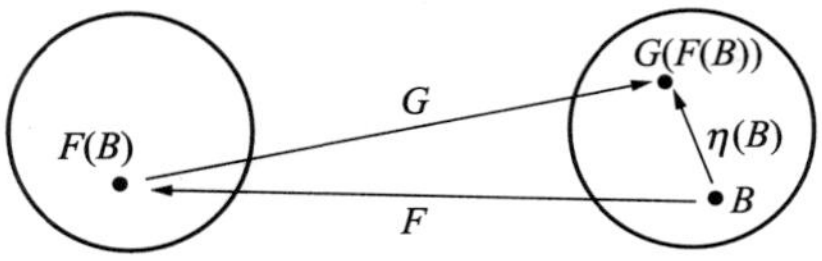

$$\varepsilon : F \circ G \to 1_C$$

或者说

$$\eta = \{\eta(B) : B \to G(F(B)) \in \text{Mor}\boldsymbol{D} \mid B \in \text{Obj}\boldsymbol{D}\}$$

$$\varepsilon = \{\varepsilon(A) : F(G(A)) \to A \in \text{Mor}\boldsymbol{C} \mid A \in \text{Obj}\boldsymbol{C}\}$$

称 η 为伴侣（adjunction）的单位（unit），而 ε 称之为伴侣的协同单位（counit）。从定义中看出，函子 F 与 G 是伴侣的，$\alpha(\_\_,\_\_)$ 必须是个自然同构，而上面我们又构造出两个自然同构，那么我们不禁要问 $\alpha(\_\_,\_\_)$ 与 η,ε 有什么关系呢？为了解决这个问题，首先综合如下的图。

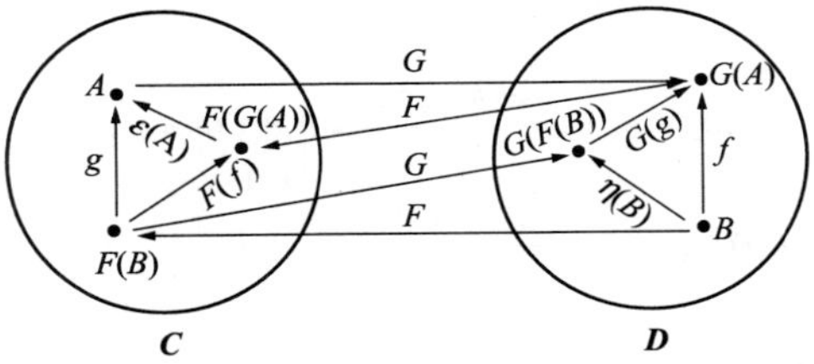

首先需要说明的是：已知 η,ε 是自然同构，那么 $\alpha(\_\_,\_\_)$ 也是自然同构。要证明 $\alpha(\_\_,\_\_)$ 是一个自然同构，首先要说明 $\alpha(\_\_,\_\_)$ 是一个自然转换，然后再证明 $\alpha(\_\_,\_\_)$ 是双射的。由于在定义中说存在着一个自然同构，我们在构造一个自然同构 $\alpha(\_\_,\_\_)$ 的同时使之必须满足

$$\alpha(B,A)(g) = G(g) \circ \eta(B)$$

是允许的。证明 $\alpha(\_\_,\_\_)$ 是一个自然转换，实际上就是在说：如果有 $B' \xrightarrow{h} B$ 及 $A \xrightarrow{r} A'$，那么如下的方块图是对易的。

$$
\begin{array}{ccc}
\boldsymbol{C}(F(B),A) & \xrightarrow{\ \alpha(B,A)\ } & \boldsymbol{D}(B,G(A)) \\
{\scriptstyle \boldsymbol{C}(F(h),r)}\Big\downarrow & & \Big\downarrow{\scriptstyle \boldsymbol{D}(h,G(r))} \\
\boldsymbol{C}(F(B'),A') & \xrightarrow[\ \alpha(B',A')\ ]{} & \boldsymbol{D}(B',G(A'))
\end{array}
$$

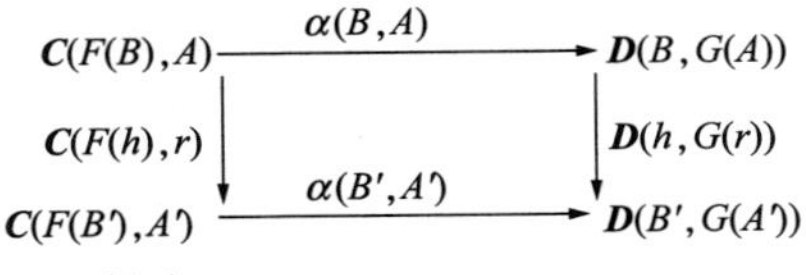

如果令 $x \in \boldsymbol{C}(F(B),A)$ 那么

$$(\alpha(B',A') \circ \boldsymbol{C}(F(h),r))(x)$$

$$= \alpha(B',A')(r \circ x \circ F(h)) \qquad （根据 \text{Hom-} 函子定义）$$

$$= G(r \circ x \circ F(h)) \circ \eta(B') \qquad （根据 \alpha(B,A) 前提）$$

$=G(r\circ x)\circ(G\circ F)(h)\circ\eta(B')$　（根据函子定义）

但是因为 $\eta:1_{\boldsymbol{D}}\to G\circ F$ 是一自然同构，也即满足

$$G(r\circ x)\circ\eta(B)\circ h$$
$$=G(r)\circ(G(x)\circ\eta(B))\circ h\qquad\text{（根据函子定义）}$$
$$=\boldsymbol{D}(h,G(r))(G(x)\circ\eta(B))$$
$$=\boldsymbol{D}(h,G(r))\circ\alpha(B,A)(x)$$

从而证明了上述的方块图是对易的。关于证明 $\alpha(\_\_,\_\_)$ 是双射的，我们留给读者去做，或请参考有关文献。

假定 $\alpha(\_\_,\_\_)$ 是自然同构，我们可以有

$$\eta(B)=\alpha(B,F(B))(1_{F(B)})$$
$$\varepsilon(A)=\alpha^{-1}(G(A),A)(1_{G(A)})$$

下面，我们给出一个定理。

定理 5.3　令 $F:\boldsymbol{D}\to\boldsymbol{C}$，$G:\boldsymbol{C}\to\boldsymbol{D}$ 是两个伴侣函子，对于所有 $A\in\mathrm{Obj}\boldsymbol{C}$，$B\in\mathrm{Obj}\boldsymbol{D}$，$f\in\boldsymbol{D}(B,G(A))$，$g\in\boldsymbol{C}(F(B),A)$，有

$$\alpha(B,A)(g)=G(g)\circ\eta(B)\tag{1}$$
$$\alpha^{-1}(B,A)(f)=\varepsilon(A)\circ F(f)\tag{2}$$

上面式(1)可以从如下方块图的对易性中得到。

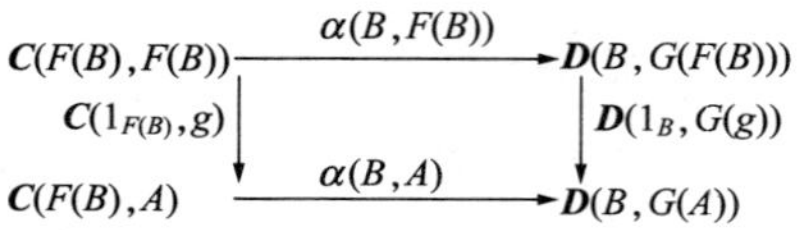

即有

$$\alpha(B,A)(g)=\boldsymbol{D}(1_B,G(g))\circ\alpha(B,F(B))(1_{F(B)})$$
$$=G(g)\circ\eta(B)$$

而式(2)可以从下面的方块图的对易性中得到。

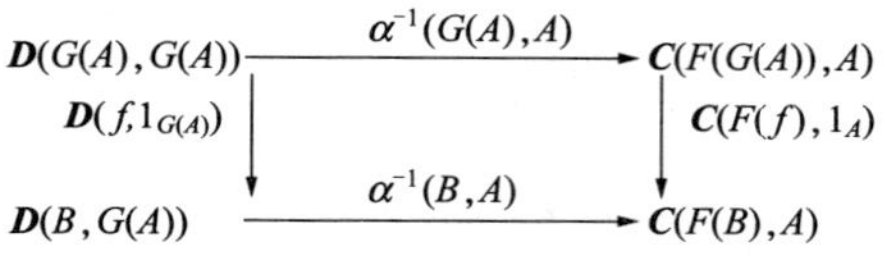

即有

$$\alpha^{-1}(B,A)(f)=\alpha^{-1}(G(A),A)(1_{G(A)})\circ F(f)=\varepsilon(A)\circ F(f)$$

实际上进一步看到

$$f=\alpha(B,A)(g)$$
$$g=\alpha^{-1}(B,A)(f)$$

从而比较直觉地讨论了伴侣函子中的一些特性。当然，上面的讨论并不是严格的，这实际上对于我们已经足够了。

下面，我们举些例子，以便使读者明白范畴论这种数学形式方法是如何描述问题的。

例 5.8　在这个例子中我们向读者介绍什么是 monoid，monoid 之间的射及

monoid 的范畴 ***M*on**。

定义一个 monoid 是由一个集合 M 及函数·：$M\times M\rightarrow M$ 与单位元 e 所组成的(其中“·”表示 monoid-乘法，而 e 表示 monoid-单位)，并且满足如下的两个性质：

(1) $m_1\cdot(y\cdot z)=(x\cdot y)\cdot z$，对于所有 $x,y,z\in M$。

(2) $e\cdot x=x\cdot e$，对于所有 $x\in M$ 。

按照这个定义，我们构造出如下的具体的 monoid。

(1) N 为自然数，$(N,+,0)$是一个 monoid。

(2) N 为自然数，$(N,\times,1)$是一个 monoid。

(3) 定义逻辑系统中的$(S,\wedge,\top)$是一个 monoid。

(4) 定义逻辑系统中的$(S,\vee,\bot)$是一个 monoid。这里的$\top$表示 true，$\bot$表示 false。

再来讨论 monoid 之间的射。令 M,M 是两个 monoid，那么射 $\phi:M\rightarrow M'$是一个满足如下条件的函数：

(1) $\phi(m_1\cdot m_2)=\phi(m_1)\cdot\phi(m_2),m_1,m_2\in M$

(2) $\phi(1_M)=1_M$

现在我们可以定义范畴 ***M*on**。范畴 ***M*on** 可以如下定义：

Obj ***M*on**$=\{x|x$ is a monoid$\}$

Mor ***M*on**$=\{f|f$ is a homomorphism between monoids$\}$

并且还可以再定义如下的两个函子：

U:***M*on**→***S*et**(忽略函子)

F:***S*et**→***M*on**(左伴侣函子)

这两个函子可以如下具体定义。

令 S 是范畴 ***S*et** 的一个象元，即 S 是一个集合，$F(S)=\langle A,*,\varepsilon\rangle$，其中 A 是 S 中的元素的有限序列的集合，$*$ 表示连接(二元操作)(concatenation)，ε 表示空字。如令$\langle A,*,1\rangle$是一个 monoid，那么 $U(\langle A,*,1\rangle)=A$。

例 5.9 从这个例子开始，直到例 5.12，我们将系统地介绍逻辑系统的范畴分析，将讨论如下的逻辑系统：

$\top$(true)，$\bot$(false)，$\wedge$(and)，$\vee$(or)，$\Rightarrow$(if…then…)

将上面的逻辑系统划分成如下表的四个级别来讨论。

	c	bc	ccl	bccl
$\top$	√	√	√	√
$\bot$		√		√
$\wedge$	√	√	√	√
$\vee$		√		√
$\Rightarrow$			√	√

其中c:cartesian cotegories

bc:bicartesian categories

ccl:cartesian closed categories

bccl:bicartesian closed categories

我们首先讨论笛卡儿范畴。

■笛卡儿范畴(cartesian catgories)

笛卡儿范畴是具有如下结构的范畴 **C**:

(1) 一个双函子(−)∧(−):$\mathbf{C}\times\mathbf{C}\to\mathbf{C}$。

(2) 一个特异象元:⊤∈ Object。

(3) 两个伴侣 α_π,α_τ,其中

$$\alpha_\pi=\{\alpha_\pi(A,B,C):\mathbf{C}(A,B\wedge C)\to\mathbf{C}(A,B)\times\mathbf{C}(A,C)\in \text{Mor }\mathbf{Set}\mid A,B,C\in \text{Obj}\mathbf{C}\}$$

$$\alpha_\tau=\{\alpha_\tau(A):\mathbf{C}(A,\top)\to\{*\}\in \text{Mor}\mathbf{Set}\mid A\in\text{Obj}\mathbf{C}\}$$

其中{∗}表示单元类(singleton class)。

一个范畴 **C** 是一个笛卡儿范畴当且仅当它有有限积。

下面,我们定义所有小笛卡儿范畴(small cartesian categories)的范畴。

■范畴 c**C**at

范畴 c**C**at 如下定义:

Obj c**C**at={x|x is a small cartesian category}

Morc**C**at={F|F is a functor
and $F(A\wedge B)=F(A)\wedge F(B)$
and $F(\top)=\top$
and $F(\alpha_\tau^{-1}(A)(*))$
$=\alpha_\tau^{-1}(F(A))(*)$
and$\alpha_\pi(F(A),F(B),F(C))(F(f))$
$=\langle F(g),F(h)\rangle$ for all $A,B,C\in$ Obj
dom(F) and for all $f,g,h\in$ Mor dom(F)}

注意,$\alpha_\pi(A,B,C)(f)=\langle g,h\rangle$。

在范畴 c**C**at 与 **C**at 之间存在两个函子:

U_c:c**C**at→**C**at(忽略函子)

F_c:**C**at→c**C**at(U_c 的左伴侣函子)

其中 **C**at 的定义为

Obj **C**at={x|x is a small category}

Mor **C**at={F|F is a functor between such categories
and for all $A\in$ Obj**C**, $f\in$ Mor**C** $F(f)=f$
and $F(A)=A$ and 1_c:**C**→**C**}

下面,我们定义笛卡儿范畴 **X** 的逻辑系统$\mathscr{L}_0(\mathbf{X})$的范畴 $F_c(\mathbf{X})$。

■范畴 $F_c(\boldsymbol{X})$

定义范畴 $F_c(\boldsymbol{X})$我们分四步来进行。

(1) 笛卡儿范畴的逻辑系统$\mathscr{L}_0(\boldsymbol{X})$。

· $\boldsymbol{X}, \top, \wedge$

· axioms:

A_1: if $A, B \in \mathrm{Obj}\boldsymbol{X}, f \in \boldsymbol{X}(A, B)$ then

$f: A \to B$ 是一个公理。

A_2: $1(A): A \to A$ 是一个公理。

A_3: $\mathrm{Fst}(A, B): A \wedge B \to A$ 是一个公理。

A_4: $\mathrm{Snd}(A, B): A \wedge B \to B$ 是一个公理。

A_5: $\tau(A): A \to \top$ 是一个公理。

· Rules of Inference

$$R_1: \quad \frac{f: A \to B, g: B \to C}{g \circ f: A \to C} \qquad (\circ)$$

$$R_2: \quad \frac{f: A \to B, g: A \to C}{\langle f, g \rangle: A \to B \wedge C} \qquad \langle , \rangle$$

把这个逻辑系统$\mathscr{L}_0(\boldsymbol{X})$定义成一个范畴,也要分成语法与语义两部分,语法就是一个语言,而语义即为逻辑系统中的公理与推理规则所构造的推理系统。显然,在构造$F_c(\boldsymbol{X})$时,可以将$\mathscr{L}_0(\boldsymbol{X})$系统中的语言作为 $\mathrm{Obj}F_c(\boldsymbol{X})$,而把$\mathscr{L}_0(\boldsymbol{X})$系统中的所有等价推理认为是射元。

(2) 定义语言 $\mathrm{cl}(\boldsymbol{X})$。定义一个集合 $\Sigma = \mathrm{Obj}\boldsymbol{X} \cup \mathrm{Mor}\boldsymbol{X} \cup \{\top, \wedge\}$,那么语言$\mathrm{cl}(\boldsymbol{X})$是 $M(\Sigma)$的一个满足如下条件的子集:

① $\mathrm{Obj}\boldsymbol{X}, \mathrm{Mor}\boldsymbol{X} \in \mathrm{cl}(\boldsymbol{X})$,

② $\top \in \mathrm{cl}(\boldsymbol{X})$,

③ 如果 $\alpha, \beta \in \mathrm{cl}(\boldsymbol{X})$,那么 $\alpha \wedge \beta \in \mathrm{cl}(\boldsymbol{X})$,

其中 $M: \boldsymbol{S}\mathrm{et} \to \boldsymbol{M}\mathrm{on}$。

(3) 定义$\mathscr{L}_0(\boldsymbol{X})$的推理系统 $\mathrm{Der}_0(\mathscr{L}_0(\boldsymbol{X}))$。

D_1: if $f \in \boldsymbol{X}(A, B)$ then $f: A \to B \in \mathrm{Der}_0(\mathscr{L}_0(\boldsymbol{X}))$

D_2: if $A \notin \mathrm{Obj}\ \boldsymbol{X}$ then $1_A: A \to A \in \mathrm{Der}_0(\mathscr{L}_0(\boldsymbol{X}))$

D_3: $\mathrm{Fst}(A, B): A \wedge B \to A \in \mathrm{Der}_0(\mathscr{L}_0(\boldsymbol{X}))$

D_4: $\mathrm{Snd}(A, B): A \wedge B \to B \in \mathrm{Der}_0(\mathscr{L}_0(\boldsymbol{X}))$

D_5: $\tau(A): A \to \top \in \mathrm{Der}_0(\mathscr{L}_0(\boldsymbol{X}))$

D_6: if $f: A \to B, g: B \to C \in \mathrm{Der}_0(\mathscr{L}_0(\boldsymbol{X}))$

then

$$\frac{f: A \to B, g: B \to C}{g \circ f: A \to C} \in \mathrm{Der}_0(\mathscr{L}_0(\boldsymbol{X}))$$

D_7: if $f: A \to B, g: A \to C \in \mathrm{Der}_0(\mathscr{L}_0(\boldsymbol{X}))$

then

$$\frac{f:A\to B, g:A\to C}{\langle f,g\rangle:A\to B\wedge C}\in \mathrm{Der}_0(\mathscr{L}_0(\boldsymbol{X}))$$

在 $\mathrm{Der}_0(\mathscr{L}_0(\boldsymbol{X}))$系统上定义如下的等价关系(≡)：

① <u>if</u> $f\equiv g$ <u>then</u> $\mathrm{dom}(f)=\mathrm{dom}(g)$ <u>and</u>

$\mathrm{cod}(f)=\mathrm{cod}(g)$

② <u>if</u> $f\equiv g$ <u>and</u> $h\equiv k$ <u>then</u> $h\circ f\equiv k\circ g$

③ <u>if</u> $f\equiv g$ <u>and</u> $h\equiv k$ <u>then</u> $\langle f,h\rangle\equiv\langle g,k\rangle$

④ <u>if</u> $\mathrm{dom}(f)=A$ <u>and</u> $\mathrm{cod}(f)=B$ <u>then</u> $f\circ 1_A\equiv f$

<u>and</u> $1_B\circ f\equiv f$

⑤ $f\circ(g\circ h)\equiv(f\circ g)\circ h$

⑥ $\mathrm{Fst}\circ\langle f,g\rangle\equiv f$

⑦ $\mathrm{Snd}\circ\langle f,g\rangle\equiv g$

⑧ $\langle \mathrm{Fst}\circ h,\mathrm{Snd}\circ h\rangle\equiv h$

⑨ <u>if</u> $\mathrm{cod}(f)=\top$ then $f\equiv\tau$

(4) 范畴 $F_c(\boldsymbol{X})$被定义为

$\mathrm{Obj}\ F_c(\boldsymbol{X})=\mathrm{cl}(\boldsymbol{X})$

$\mathrm{Mor}\ F_c(\boldsymbol{X})=\mathrm{Der}_0(\mathscr{L}_0(\boldsymbol{X}))/\equiv$

并有如下的特性：

① 对于 $f:A\to B$, $\mathrm{dom}([\![f]\!])=A$, $\mathrm{cod}([\![f]\!])=B$

② 对于 $f:A\to B$ and $g:B\to C$, $[\![g]\!]\circ[\![f]\!]=[\![g\circ f]\!]$

③ 对于 $A\in \mathrm{Obj}\ F_c(\boldsymbol{X})$, $1(A)=[\![1(A)]\!]$

④ 对于 $A,B\in \mathrm{Obj}F_c(\boldsymbol{X})$,

$\mathrm{Fst}(A,B)=[\![\mathrm{Fst}(A,B)]\!]$and

$\mathrm{Snd}(A,B)=[\![\mathrm{Snd}(A,B)]\!]$<u>and</u>

$\tau(A)=[\![\tau(A)]\!]$

⑤ 对于 $f:A\to B, g:A\to C$, $\langle[\![f]\!],[\![g]\!]\rangle=[\![\langle f,g\rangle]\!]$

⑥ 对于 $f:A\to B, g:C\to D$, $[\![f]\!]\wedge[\![g]\!]$

$=[\![\langle f\circ\mathrm{Fst}(A,C), g\circ\mathrm{Snd}(A,C)\rangle]\!]$

⑦ 对于 $A,B\in \mathrm{Obj}F_c(\boldsymbol{X})$, $\alpha_\pi(A\wedge B,A,B)(1(A\wedge B))$

$=\langle\mathrm{Fst}(A,B),\mathrm{Snd}(A,B)\rangle$and $\alpha_c^{-1}(A)(*)$

$=\tau(A)$

⑧ $f:A\to B\in \mathrm{Mor}\boldsymbol{X}$ 在 $F_c(\boldsymbol{X})$中的像是$[\![f]\!]$。

注：$[\![x]\!]$表示 x 在 $\mathrm{Der}_0(\mathscr{L}_0(\boldsymbol{X}))$中的等价类。

下面，我们需要讨论一下，$F_c(\boldsymbol{X})$是一个笛卡儿范畴。为了证明 $F_c(\boldsymbol{X})$是一个笛卡儿范畴，只要考察如下的事实就够了。

因为

$\mathrm{Fst}(f\wedge g)=\mathrm{Fst}(\langle f\circ\mathrm{Fst}, g\circ\mathrm{Snd}\rangle)=f\circ\mathrm{Fst}$

$\mathrm{Snd}(f\wedge g)=\mathrm{Snd}(\langle f\circ\mathrm{Fst}, g\circ\mathrm{Snd}\rangle)=g\circ\mathrm{Snd}$

并可以得到

$$\text{Fst}((f \wedge g) \circ h) = f \circ (\text{Fst} \circ h)$$

$$\text{Snd}((f \wedge g) \circ h) = g \circ (\text{Snd} \circ h)$$

所以 α_π 是自然的；而且还可以得到

$$(h \wedge k) \circ (f \wedge g) = (h \circ f) \wedge (k \circ g)$$

所以 $\wedge$ 是一个双函子。

例 5.10 在这个例子中，我们在讨论笛卡儿范畴的基础上，进一步讨论双笛卡儿范畴(bicartesian categories)。

■双笛卡儿范畴

定义一个双笛卡儿范畴为一个除具有例 5.9 所述结构外还具有如下结构的笛卡儿范畴：

(1) 一个双函子$(-) \vee (-)\boldsymbol{C} \times \boldsymbol{C} \to \boldsymbol{C}$。

(2) 一个特异象元$\perp \in \text{Obj}\ \boldsymbol{C}$。

(3) 两个伴侣 α_σ，α_l，它们是

$$\alpha_\sigma = \{\alpha_\sigma(A,B,C) : \boldsymbol{C}(A \vee B, C) \to \boldsymbol{C}(A,C) \times \boldsymbol{C}(B,C) \in \text{Mor}\ \boldsymbol{S}\text{et} \mid A,B,C \in \text{Obj}\ \boldsymbol{C}\}$$

$$\alpha_l = \{\alpha_l(A) : \boldsymbol{C}(\perp, A) \to \{*\} \in \text{Mor}\ \boldsymbol{S}\text{et} \mid A \in \text{Obj}\boldsymbol{C}\}$$

一个范畴 $\boldsymbol{C}$ 是双笛卡儿范畴当且仅当它有有限积与有限共积。

下面，我们定义所有小双笛卡儿范畴的范畴。

■范畴 bc**C**at

Obj bc **C**at$=\{x \mid x$ is a small bicartesian category$\}$

Mor bc **C**at$=\{F \mid F$ is a functor with the following conditions:

- It satisfies the conditions of morphisms in c**C**at
- $F(A \vee B) = F(A) \vee F(B)$
- $F(\perp) = \perp$
- $F(\alpha_l^{-1}(A)(*)) = \alpha_l^{-1}(F(A)(*))$
- $\alpha_0(F(A),F(B),F(C))(F(f)) = \langle F(g), F(h) \rangle$
- <u>for all</u> $A,B,C \in \text{Obj dom}(F)$ <u>and</u> $f,g,h \in \text{Mor dom}(F)\}$

在范畴 bc**C**at 与范畴 **C**at 之间存在两个函子：

U_{bc}：bc**C**at→**C**at(忽略函子)

F_{bc}：**C**at→bc**C**at(左伴侣函子)

■范畴 $F_{\text{bc}}(\boldsymbol{X})$

(1) 对于任意范畴 $\boldsymbol{X}$，有如下的双笛卡儿范畴逻辑系统$\mathscr{L}_1(\boldsymbol{X})$。

在$\mathscr{L}_0(\boldsymbol{X})$系统上作如下的相应扩充：

- 增加$\perp$，$\vee$。
- axioms 增加如下公理：

$A_6:\tau^*(A):\bot\to A$ 是一个公理。

$A_7:\mathrm{Fst}^*(A,B):A\to A\vee B$ 是一个公理。

$A_8:\mathrm{Snd}^*(A,B):B\to A\vee B$ 是一个公理。

· rules of inference。

增加如下推理规则：

$$R_3:\frac{f:A\to C,g:B\to C}{[f,g]:A\vee B\to C}\quad[,]$$

(2) 定义语言 bcl($\boldsymbol{X}$)。定义一个集合 $\Sigma=\mathrm{Obj}\boldsymbol{X}\cup\mathrm{Mor}\boldsymbol{X}\cup\{\wedge,\top,\vee,\bot\}$，那么语言 bcl($\boldsymbol{X}$)是一个 $M(\Sigma)$满足如下条件的子集：

① Obj $\boldsymbol{X}$,Mor$\boldsymbol{X}\in$ bcl($\boldsymbol{X}$),

② $\top,\bot\in$ bcl($\boldsymbol{X}$),

③ 如果 $\alpha,\beta\in$ bcl($\boldsymbol{X}$)，那么 $\alpha\wedge\beta,\alpha\vee\beta\in$ bcl($\boldsymbol{X}$)，其中 $M:\boldsymbol{S}\mathrm{et}\to\boldsymbol{M}\mathrm{on}$。

(3) 定义$\mathscr{L}_1(\boldsymbol{X})$的推理系统 $\mathrm{Der}_1(\mathscr{L}_1(\boldsymbol{X}))$。$\mathrm{Der}_1(\mathscr{L}_1(\boldsymbol{X}))$推理系统就是在 $\mathrm{Der}_0(\mathscr{L}_0(\boldsymbol{X}))$系统中增加如下内容：

$D_8:\tau^*(A):\bot\to A\in\mathrm{Der}_1(\mathscr{L}_1(\boldsymbol{X}))$

$D_9:\mathrm{Fst}^*(A,B):A\to A\vee B\in\mathrm{Der}_1(\mathscr{L}_1(\boldsymbol{X}))$

$D_{10}:\mathrm{Snd}^*(A,B):B\to A\vee B\in\mathrm{Der}_1(\mathscr{L}_1(\boldsymbol{X}))$

D_{11}：如果 $f:A\to C,g\in B\to C\in\mathrm{Der}_1(\mathscr{L}_1(\boldsymbol{X}))$，那么

$$\frac{f:A\to C,g:B\to C}{[f,g]:A\vee B\to C}\in\mathrm{Der}_1(\mathscr{L}_1(\boldsymbol{X}))$$

在 $\mathrm{Der}_1(\mathscr{L}_1(\boldsymbol{X}))$系统上定义如下的等价关系($\equiv$)。在 $\mathrm{Der}_1(\mathscr{L}_1(\boldsymbol{X}))$上定义的等价关系，除包括例 5.9(3)中 $\mathrm{Der}_0(\mathscr{L}_0(\boldsymbol{X}))$上定义的等价关系之外，还有

⑩ $[f,g]\circ\mathrm{Fst}^*\equiv f$

⑪ $[f,g]\circ\mathrm{Snd}^*\equiv g$

⑫ $[k\circ\mathrm{Fst}^*,k\circ\mathrm{Snd}^*]\equiv k$

⑬ $\underline{\text{if}}$ $f\equiv g$ $\underline{\text{and}}$ $h\equiv k$ $\underline{\text{then}}$ $[f,h]\equiv[g,k]$

⑭ $\underline{\text{if}}$ $\mathrm{dom}(f)=\bot$ $\underline{\text{then}}$ $f\equiv\tau^*$

(4) 范畴 $F_{bc}(\boldsymbol{X})$被定义为

$$\mathrm{Obj}\,F_{bc}(\boldsymbol{X})=\mathrm{bcl}(\boldsymbol{X})$$

$$\mathrm{Mor}\,F_{bc}(\boldsymbol{X})=\mathrm{Der}_1(\mathscr{L}_1(\boldsymbol{X}))/\equiv$$

并在例 5.9(4)$F_c(\boldsymbol{X})$中的条件①～⑧在 $F_{bc}(\boldsymbol{X})$中也满足。条件④中增加如下条件：

$$\mathrm{Fst}^*(A,B)=[\![\mathrm{Fst}^*(A,B)]\!]$$

$$\mathrm{Snd}^*(A,B)=[\![\mathrm{Snd}^*(A,B)]\!]$$

$$\tau^*(A)=[\![\tau^*(A)]\!]$$

同时还满足

⑨ 对于 $f:A\to C,g:B\to C,[[\![f]\!],[\![g]\!]]=[\![[f,g]]\!]$

⑩ 对于 $f:A\to B,g:C\to D$

$[\![f]\!] \vee [\![g]\!] = [\![[\mathrm{Fst}^*(B,D) \circ f, \mathrm{Snd}^*(B,D) \circ g]]\!]$

⑪ 对于 $A,B \in \mathrm{Obj}\ F_{bc}(\boldsymbol{X})$，

$\alpha_\sigma(A,B,A \vee B)(1(A \vee B)) = \langle \mathrm{Fst}^*(A,B), \mathrm{Snd}^*(A,B)\rangle$

and $\alpha_l^{-1}(A)(*) = \tau^*(A)$

把证明 $F_{bc}(\boldsymbol{X})$确是双笛卡儿范畴的工作留给读者(类似例 5.9 中的证明)。

例 5.11 在这个例子中，以笛卡儿范畴为基础讨论笛卡儿闭范畴(cartesian closed categories)。在这个范畴模型中，引入"⇒"的证明理论。

■笛卡儿闭范畴

定义一个笛卡儿闭范畴是一个具有如下附加结构的笛卡儿范畴：

(1) 一个双函子$(-) \Rightarrow (-) : \boldsymbol{C}^{op} \times \boldsymbol{C} \to \boldsymbol{C}$

(2) 一个伴侣 cur ，它定义为

$$\mathrm{cur} = \{\mathrm{cur}(A,B,C) : \boldsymbol{C}(A \wedge B, C) \to \boldsymbol{C}(B, A \Rightarrow C) \in \mathrm{Mor}\ \boldsymbol{S}\mathrm{et} \mid A,B,C \in \mathrm{Obj}\boldsymbol{C}\}$$

■ccl**C**at 范畴

Obj ccl **C**at $= \{x \mid x$ is a small cartesian closed category$\}$

Mor ccl **C**at $= \{F \mid F$ is a functor with the following conditions:

- It satisfies the conditions of morphisms in c**C**at
- $F(A \Rightarrow B) = F(A) \Rightarrow F(B)$
- $\mathrm{cur}(F(A), F(B), F(C))(F(f)) = F(\mathrm{cur}(A,B,C)(f))$
- for all $A,B,C \in \mathrm{Obj\ dom}(F)$ and $f: A \wedge B \to C \in \mathrm{Mordom}(F)\}$

在 ccl**C**at 与 **C**at 之间可以定义如下的两个函子：

U_{ccl} : ccl**C**at→**C**at(忽略函子)

F_{ccl} : **C**at→ccl**C**at(左伴侣函子)

■范畴 $F_{ccl}(\boldsymbol{X})$

(1) 对于任意范畴 $\boldsymbol{X}$，有如下的笛卡儿闭范畴逻辑系统$\mathscr{L}_2(\boldsymbol{X})$。

在$\mathscr{L}_0(\boldsymbol{X})$系统上作如下的扩充：

- 增加⇒。
- axioms：同$\mathscr{L}_0(\boldsymbol{X})$。
- rules of inference。增加如下推理规则：

$$R_3: \frac{f: A \wedge B \to C}{\mathrm{cur}(f): B \to (A \Rightarrow C)} \qquad (\mathrm{cur})$$

$$R_4: \frac{f: A \to B,\ g: C \to D}{\varepsilon(f,g): A \wedge B(B \Rightarrow C) \to D} \qquad (\varepsilon)$$

(2) 定义语言 ccll($\boldsymbol{X}$)。定义 $\Sigma = \mathrm{Obj}\boldsymbol{X} \cup \mathrm{Mor}\boldsymbol{X} \cup \{\wedge, \top, \Rightarrow\}$，那么语言 ccll($\boldsymbol{X}$)是一个 $M(\Sigma)$的满足如下条件的子集：

① $\mathrm{Obj}\boldsymbol{X}, \mathrm{Mor}\boldsymbol{X} \in \mathrm{ccll}(\boldsymbol{X})$，

② $\top \in \mathrm{ccll}(\boldsymbol{X})$，

③ 如果 $\alpha,\beta \in \mathrm{ccll}(\boldsymbol{X})$，那么 $\alpha\wedge\beta,\alpha\Rightarrow\beta \in \mathrm{ccll}(\boldsymbol{X})$，其中 $M:\boldsymbol{S}\mathrm{et}\to \boldsymbol{M}\mathrm{on}$。

(3) 定义 $\mathcal{L}_2(\boldsymbol{X})$ 的推理系统 $\mathrm{Der}_2(\mathcal{L}_2(\boldsymbol{X}))$。$\mathrm{Der}_2(\mathcal{L}_2(\boldsymbol{X}))$ 的推理系统是在 $\mathrm{Der}_0(\mathcal{L}_0(\boldsymbol{X}))$ 系统中增加如下成分：

D_8：如果 $f:A\wedge B\to C \in \mathrm{Der}_2(\mathcal{L}_2(\boldsymbol{X}))$，那么

$$\frac{f:A\wedge B\to C}{\mathrm{cur}(f):B\to(A\Rightarrow C)} \in \mathrm{Der}_2(\mathcal{L}_2(\boldsymbol{X}))$$

D_9：如果 $f:A\to B, g:C\to D \in \mathrm{Der}_2(\mathcal{L}_2(\boldsymbol{X}))$，那么

$$\frac{f:A\to B, g:C\to D}{\varepsilon(f,g):A\wedge(B\Rightarrow C)\to D} \in \mathrm{Der}_2(\mathcal{L}_2(\boldsymbol{X}))$$

在 $\mathrm{Der}_2(\mathcal{L}_2(\boldsymbol{X}))$ 上定义如下等价关系($\equiv$)：在 $\mathrm{Der}_2(\mathcal{L}_2(\boldsymbol{X}))$ 上定义的等价关系，除包括 $\mathrm{Der}_0(\mathcal{L}_0(\boldsymbol{X}))$ 上定义的等价关系之外，还有

⑩ if $f\equiv g$ and $h\equiv k$ then $\varepsilon(f,h)\equiv\varepsilon(g,k)$

⑪ if $f\equiv g$ then $\mathrm{cur}(f)\equiv\mathrm{cur}(g)$

⑫ $(f\Rightarrow g)\circ(h\Rightarrow k)\equiv h\circ f\Rightarrow g\circ k$（注：$f\Rightarrow g=\mathrm{cur}(\varepsilon(f,g))$）

⑬ $\varepsilon(1,1)\circ\langle \mathrm{Fst},\mathrm{cur}(f)\circ \mathrm{Snd}\rangle\equiv f$（注：$\varepsilon(1,1)=\mathrm{app}$）

⑭ $\mathrm{cur}(\varepsilon(1,1)\circ\langle \mathrm{Fst}, g\circ\mathrm{Snd}\rangle)\equiv g$

⑮ $(1\Rightarrow f)\circ\mathrm{cur}(g)\equiv\mathrm{cur}(f\circ g)$

⑯ $(f\Rightarrow 1)\circ(\mathrm{cur}(g)\circ h)\equiv\mathrm{cur}(g\circ(f\wedge h))$

⑰ $h\circ(\varepsilon(1,1)\circ(g\wedge f))\equiv\varepsilon(1,1)\circ(1\wedge(g\Rightarrow h)\circ f)$

(4) 定义范畴 $F_{\mathrm{ccl}}(\boldsymbol{X})$。

$\mathrm{Obj}\ F_{\mathrm{ccl}}(\boldsymbol{X})=\mathrm{ccll}(\boldsymbol{X})$

$\mathrm{Mor}\ F_{\mathrm{ccl}}(\boldsymbol{X})=\mathrm{Der}_2(\mathcal{L}_2(\boldsymbol{X}))/\equiv$

并有如下的等式条件：

$F_c(\boldsymbol{X})$ 范畴的等式条件都成立，并有

⑪ 对于 $f:A\to B, g:C\to D$，有 $[\![f]\!]\Rightarrow[\![g]\!]=$
$[\![\mathrm{cur}(\varepsilon(f,g))]\!]$

⑫ 对于 $A,B,C\in \mathrm{Obj}F_{\mathrm{ccl}}(\boldsymbol{X})$ 及 $f:A\wedge B\to C$，有
$\mathrm{cur}([\![f]\!])\equiv[\![\mathrm{cur}(f)]\!]$

读者可以证明 $F_{\mathrm{ccl}}(\boldsymbol{X})$ 是一个笛卡儿闭范畴。

例 5.12　在这个例子中，我们讨论双笛卡儿闭范畴(bicartesian closed categories)。

■双笛卡儿闭范畴

一个双笛卡儿闭范畴是一个具有如下附加结构的双笛卡儿范畴：

(1) 一个双函子 $(\_)\Rightarrow(\_):\boldsymbol{C}^{\mathrm{op}}\times\boldsymbol{C}\to\boldsymbol{C}$

(2) 一个伴侣 cur，它定义为

$$\mathrm{cur}=\{\mathrm{cur}(A,B,C):\boldsymbol{C}(A\wedge B,)\to\boldsymbol{C}(B,A\Rightarrow C)$$
$$\in \mathrm{Mor}\ \boldsymbol{S}\mathrm{et}\mid A,B,C\in \mathrm{Obj}\ \boldsymbol{C}\}$$

■bccl **C**at 范畴

Obj bccl**C**at $=\{x \mid x$ is a small bicartesian closed category$\}$

Mor bccl**C**at $=\{F \mid F$ is a functor satisfying the conditions of morphisms in bc **C**at and ccl**C**at$\}$

在范畴 bccl**C**at 与范畴 **C**at 之间有如下两个函子：

U_{bccl}: bccl**C**at→**C**at（忽略函子）

F_{bccl}: **C**at→bccl**C**at（左伴侣函子）

■范畴 $F_{\mathrm{bccl}}(\boldsymbol{X})$

(1) 对于任意范畴 $\boldsymbol{X}$，有如下的双笛卡儿闭范畴的逻辑系统 $\mathscr{L}_3(\boldsymbol{X})$。在 $\mathscr{L}_1(\boldsymbol{X})$ 系统上作如下扩充：

- 增加 $\Rightarrow$
- axioms（同 $\mathscr{L}_1(\boldsymbol{X})$ 的公理）
- rules of inference（将 $\mathscr{L}_1(\boldsymbol{X})$ 与 $\mathscr{L}_2(\boldsymbol{X})$ 的推理规则并在一起）

(2) 定义语言 bccll($\boldsymbol{X}$)。定义 $\Sigma=\mathrm{Obj}\boldsymbol{X}\cup\mathrm{Mor}\boldsymbol{X}\cup\{\top,\bot,\wedge,\vee,\Rightarrow\}$，那么语言 bccll($\boldsymbol{X}$) 是一个 $M(\Sigma)$ 的满足如下条件的子集：

① Obj$\boldsymbol{X}$，Mor$\boldsymbol{X}\in$ bccll($\boldsymbol{X}$)

② $\top,\bot\in$ bccll($\boldsymbol{X}$)

③ 如果 $\alpha,\beta\in$ bccll($\boldsymbol{X}$)，那么 $\alpha\wedge\beta,\alpha\vee\beta,\alpha\Rightarrow\beta\in$ bccll($\boldsymbol{X}$)，其中 M: **S**et→**M**on。

(3) 定义 $\mathscr{L}_3(\boldsymbol{X})$ 的推理系统 $\mathrm{Der}_3(\mathscr{L}_3(\boldsymbol{X}))$。$\mathrm{Der}_3(\mathscr{L}_3(\boldsymbol{X}))$ 推理系统是由 $\mathrm{Der}_1(\mathscr{L}_1(\boldsymbol{X}))$ 与 $\mathrm{Der}_2(\mathscr{L}_2(\boldsymbol{X}))$ 并起来构成的，其上的等价关系也是这两个系统上的等价关系并起来构成的。

(4) 定义范畴 $F_{\mathrm{bccl}}(\boldsymbol{X})$

Obj $F_{\mathrm{bccl}}(\boldsymbol{X})=$ bccll($\boldsymbol{X}$)

Mor $F_{\mathrm{bccl}}(\boldsymbol{X})=\mathrm{Der}_3(\mathscr{L}_3(\boldsymbol{X}))/\equiv$

这个范畴中的等式条件是 $F_{\mathrm{bc}}(\boldsymbol{X})$ 与 $F_{\mathrm{ccl}}(\boldsymbol{X})$ 中的等式条件并起来构成的。

5.2.6 范畴的限(limits in category)

下面，我们简单地介绍关于函子的 limits（限）与 colimits（协同限）的概念。其中最重要的概念是“推出”（pushout）及“拉回”（pullback）。

定义 5.25（自然源(natural source)） 如果 $\boldsymbol{I}$ 与 $\boldsymbol{C}$ 是两个范畴，L: $\boldsymbol{I}\to\boldsymbol{C}$ 是一个常函子（即在每一个对象上的值为 L，在每一个射上的值是 1_L），那么函子 F: $\boldsymbol{I}\to\boldsymbol{C}$ 的自然源是一个序对 (L,λ)，其中 $L\in$ Obj $\boldsymbol{C}$，λ: $L\to F$ 是一个自然转换。

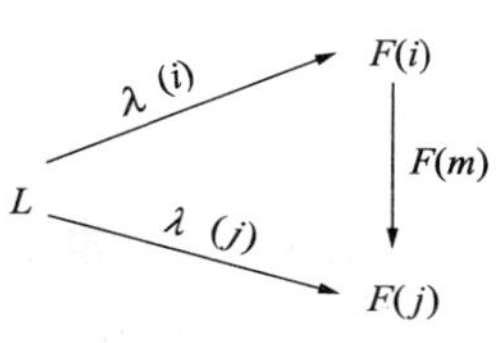

也就是说，对于每一个 $i\in$ Obj$\boldsymbol{I}$ 及所有的 m: $i\to j$ ($j\in$ Obj$\boldsymbol{I}$)，使得右边的三角形图是对易的。

定义 5.26（限(limits)） 一个函子 F: $\boldsymbol{I}\to\boldsymbol{C}$ 的限是一个具有如下性质的自然源 (L,λ)，即对于 F 的每一个自然源 $(\overline{L},\overline{\lambda})$ 都存在着一个唯一的射 f: $\overline{L}\to L$，使得 $\lambda(i)=$

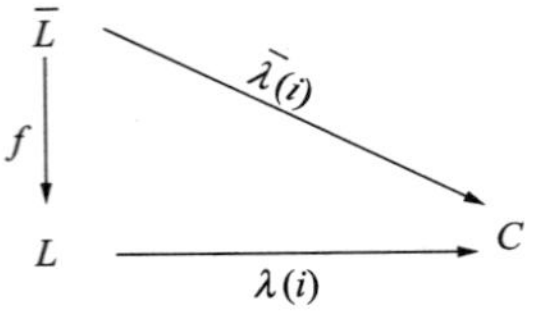

$\lambda(i)\circ f$(对于所有的 $i\in \mathrm{Obj}\boldsymbol{I}$),或说使左边的三角形图是对易的。

定义 5.27(自然沟穴(natural sink)) 如果 $\boldsymbol{I}$ 与 $\boldsymbol{C}$ 是两个范畴,$k:\boldsymbol{I}\to\boldsymbol{C}$ 是一个常函子(即在每一个对象上的值为 k,在每一个射上的值为 1_k),那么函数 $F:\boldsymbol{I}\to\boldsymbol{C}$ 的自然沟穴是一个序对(k,K),其中 $K\in \mathrm{Obj}\boldsymbol{C}$,而 $k:F\to K$ 是一个自然转换。

自然沟穴与自然源是对偶的概念。

定义 5.28(协同限(colimits)) 一个函子 $F:\boldsymbol{I}\to\boldsymbol{C}$ 的协同限是一个具有如下特性的自然沟穴(k,K):即对于每一个 F 的自然沟穴$(\overline{k},\overline{K})$都唯一存在着一个射 $g:K\to\overline{K}$ 使得$\overline{k}(i)=k(i)\circ g$。

限与协同限(函子的)的唯一性直到同构。

我们可以写 $\lim_{\boldsymbol{I}}F(i)$及 $\mathrm{colim}_{\boldsymbol{I}}F(i)$来表示函子 $F:\boldsymbol{I}\to\boldsymbol{C}$ 的 limit 与 colimit。

如果 F 的域(domain)形式为 $\boldsymbol{I}\times\boldsymbol{J}$ 的范畴,我们可以写 $\lim_{\boldsymbol{I}\times\boldsymbol{J}}F(i,j)$及 $\mathrm{colim}_{\boldsymbol{I}\times\boldsymbol{J}}F(i,j)$来表示 F 的 limit 及 colimit。

· 如果对于所有的函子 $F:\boldsymbol{I}\to\boldsymbol{C}$ 在 $\boldsymbol{C}$ 中存在着 $\lim_{\boldsymbol{I}}F$,那么范畴 $\boldsymbol{C}$ 是 $\boldsymbol{I}$-完全的。如果对于所有的函子 $F:\boldsymbol{I}\to\boldsymbol{C}$ 在 $\boldsymbol{C}$ 中存在着 $\mathrm{Colim}_{\boldsymbol{I}}F$,那么范畴 $\boldsymbol{C}$ 是 $\boldsymbol{I}$-协同完全的($\boldsymbol{I}$-cocomplete)。

· 如果范畴 $\boldsymbol{C}$ 对于所有有限范畴 $\boldsymbol{I}$ 是 $\boldsymbol{I}$-完全的,那么范畴 $\boldsymbol{C}$ 是有限完全的。如果对于所有有限范畴 $\boldsymbol{I}$,范畴 $\boldsymbol{C}$ 是 $\boldsymbol{I}$-协同完全的,那么它是有限协同完全的。

· 对于所有的小范畴 $\boldsymbol{I}$,如果范畴 $\boldsymbol{C}$ 是 $\boldsymbol{I}$-完全的,那么 $\boldsymbol{C}$ 是完全的;若是 $\boldsymbol{I}$-协同完全的,那么 $\boldsymbol{C}$ 是协同完全的。

· 对于所有的有限离散范畴 $\boldsymbol{I}$,如果范畴 $\boldsymbol{C}$ 是有限完全的,那么 $\boldsymbol{C}$ 是有"有限积"(product)的;若是有限协同完全的,那么 $\boldsymbol{C}$ 是有"有限共积"(coproduct)的。

· 对于所有"小离散范畴",如果范畴 $\boldsymbol{C}$ 是完全的,那么 $\boldsymbol{C}$ 是有积的;若是协同完全的,那么 $\boldsymbol{C}$ 是有共积的。

下面,我们讨论两个非常重要的概念,即"推出"(pushout)及"拉回"(pullback)。

定义 5.29(拉回(pullback)) 如果 $\boldsymbol{I}$ 是这样一个范畴,它的象元是 i,j,k,它的非等式射元是 $f:i\to k$ 与 $g:j\to k$,那么函子 $F:\boldsymbol{I}\to\boldsymbol{C}$ 的 limit 确定了一个对易方块图:

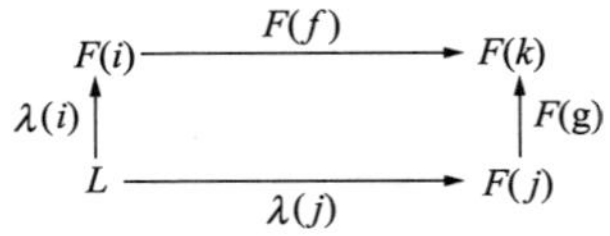

这个方块图称之为"拉回"方块图,$\lambda(i)$称之为 $F(g)$沿 $F(f)$ 的拉回。

定义 5.30(推出(pushout)) 如果 $\boldsymbol{I}$ 是这样一个范畴,它的象元是 i,j 及 k;它的非等式射元是 $f:k\to i$ 及 $g:k\to j$,那么函子 $F:\boldsymbol{I}\to\boldsymbol{C}$ 的 colimit 确定了一个对易的方块图:

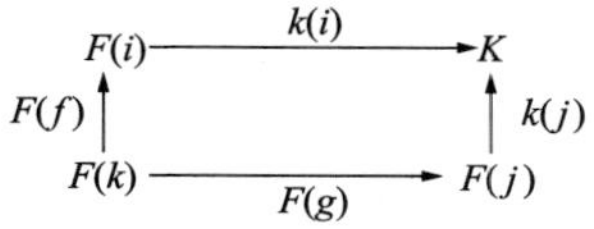

这个方块图称之为"推出"方块图(pushout),$k(j)$被称之为 $F(f)$沿 $F(g)$的推出。

从前面的讨论中我们看到,自然源与自然沟穴,limit 与 colimit,pushout 与 pullback 是一些对偶的概念,我们应当如何理解它们呢?它们之间的逻辑关系又是什么呢?

自然源的定义实际上表明,对于常函子 $L:\boldsymbol{I}\to\boldsymbol{C}$ 及函子 $F:\boldsymbol{I}\to\boldsymbol{C}$,这两个函子的自然转换为

$$\lambda=\{\lambda(i):L(i)\to F(i)\in \mathrm{Mor}\boldsymbol{C}\mid i\in \mathrm{Obj}\ \boldsymbol{I}\}$$

由于 L 是值为 L 的常函子,所以又有

$$\lambda=\{\lambda(i):L\to F(i)\in \mathrm{Mor}\boldsymbol{C}\mid i\in \mathrm{Obj}\ \boldsymbol{I}\}$$

而 limit 的定义实际上表明,函子 $F:\boldsymbol{I}\to\boldsymbol{C}$ 的自然源可以是多个,在这些自然源中一定存在着一个终极对象(terminal object 或 final object),如果用图来表示则为下面的图,该图是对易的。

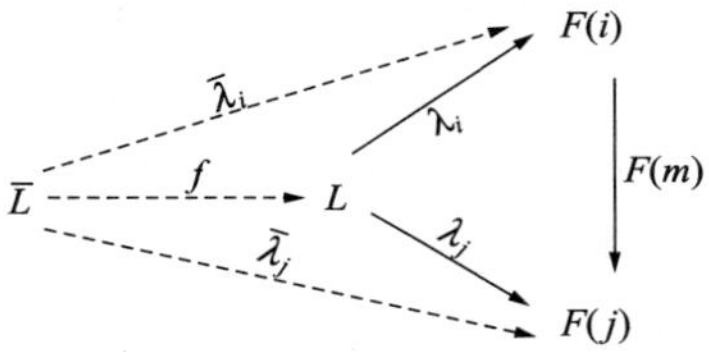

自然沟穴实际上表明,对于常函子 $K:\boldsymbol{I}\to\boldsymbol{C}$ 及函子 $F:\boldsymbol{I}\to\boldsymbol{C}$ 的自然转换为

$$k=\{k(i):F(i)\to K(i)\in \mathrm{Mor}\boldsymbol{C}\mid i\in \mathrm{Obj}\boldsymbol{I}\}$$

由于 k 是常函子,所以又有

$$k=\{k(i):F(i)\to K\in \mathrm{Mor}\boldsymbol{C}\mid i\in \mathrm{Obj}\boldsymbol{I}\}$$

而 colimit 的定义表明,函子 $F:\boldsymbol{I}\to\boldsymbol{C}$ 的自然沟穴可以是多个,在这些自然沟穴中一定存在着一个初始对象(initial object)。如果用图表示则为下面的对易图。

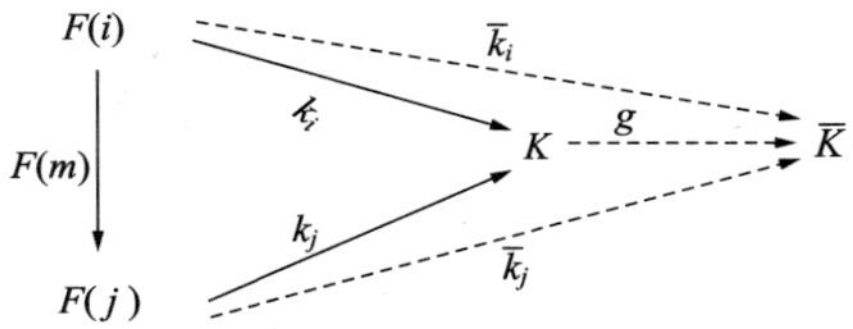

对于 pushout 与 pullback 两个定义,可以用下图的对易性解释。

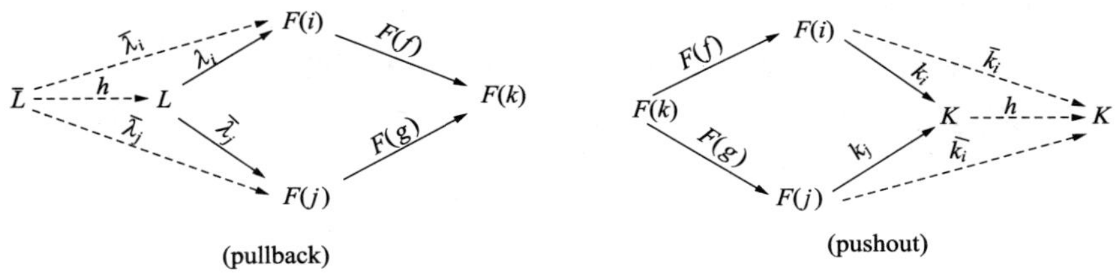

其实范畴论研究还应包括范畴组合逻辑,我们把对它的讨论放到组合逻辑之后去进行(见第7章)。

5.3 图范畴及图文法

5.2节,我们介绍了范畴论的基本概念,我们在这一节及下一节将向读者介绍范畴论在计算机科学中的两个重要的应用。这一节向读者介绍图范畴的基本概念,以及在图范畴理论上发展起来的图文法的基本理论。

5.3.1 图与图的射

一个图一般说来可以看成如下的一个函数:

$$G:E \to V \times V$$

其中 E 是边的集合,V 是结点的集合。令 $e \in E$,那么 $G(e)$ 的值是一个序对(n_0, n_1)这里 $n_0, n_1 \in V$,称 n_0 为 e 的源结点,n_1 被称之为目标结点,或者说,$\mathrm{dom}(e) = n_0$,$\mathrm{cod}(e) = n_1$。

但是,在下面的讨论中,一个图是被采用如下方式定义的。令 $C = (C_A, C_N)$ 是一个集合的序对,C_A 是射的字符集合,C_N 是结点字符的集合,那么一个图被定义成一个系统,即 $G = (G_A, G_N, s, t, m_A, m_N)$,其中 G_N,G_A 分别是结点与射的集合,$s: G_A \to G_N$,$t: G_A \to G_N$ 分别表示源映射与目标映射。$m_A: G_A \to C_A$,$m_N: G_N \to C_N$ 分别是射与结点字符集的映射,如用一个图来表示则为

$$G: C_A \xleftarrow{\ m_A\ } G_A \ \underset{t}{\overset{s}{\rightrightarrows}}\ G_N \xrightarrow{\ m_N\ } C_N$$

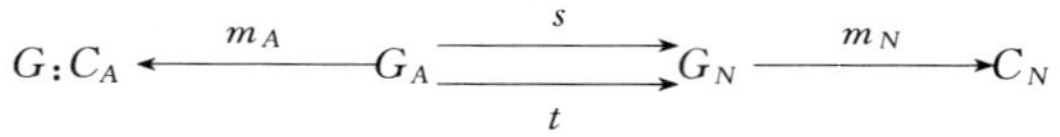

对于图之间的射,被定义如下:

给定两个图 G 及 G',那么图之间的射 $f: G \to G'$ 是一个序对,即 $f = (f_A: G_A \to G'_A, f_N: G_N \to G'_N)$,使得 $f_N \circ s = s' \circ f_A$,$f_N \circ t = t' \circ f_A$,$m'_A \circ f_A = m_A$,$m'_N \circ f_N = m_N$,即图 5.2 是对易的。

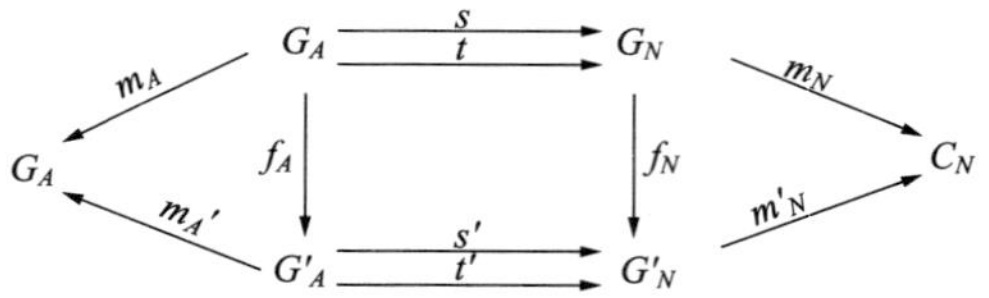

图 5.2

我们看到图射是个函子。

例 5.13 例如图 5.3,我们可以采用如下的方式来定义它:

$$G = (G_A, G_N, s, t, m_A, m_N)$$

其中

$$G_A = \{e_1, e_2, e_3, e_4, e_5\}$$

$G_N=\{n_1,n_2,n_3,n_4\}$

$s(e_1)=n_1, s(e_2)=n_1, s(e_3)=n_1, s(e_4)=n_2,$

$s(e_5)=n_2,$

$t(e_1)=n_2, t(e_2)=n_3, t(e_3)=n_4, t(e_4)=n_3,$

$t(e_5)=n_3,$

$m_N(n_1)=g, m_N(n_2)=f, m_N(n_3)=a, m_N(n_4)=b$

$m_A(e_i)=\text{empty word}$ 对于 $i=1,2,\cdots,5$

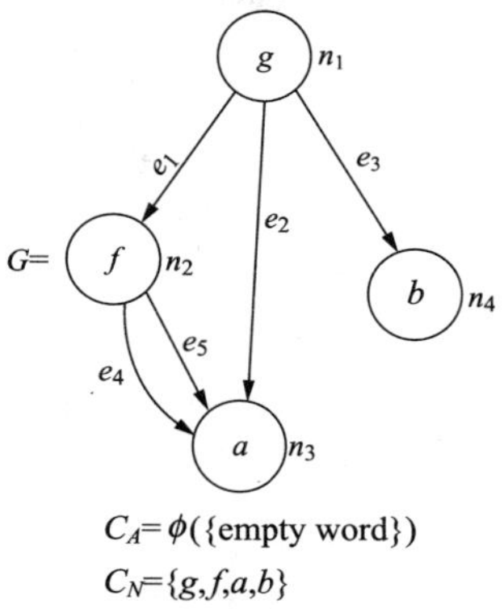

图 5.3

下面,我们定义图的“推出”(pushout)及“拉回”(pullback)概念。

也许有的读者会问,研究图文法或图的转换为什么会用到这些代数的方法呢?我们首先还是回到串文法中来。对于一个串文法,它有一个生成式 $\alpha\to\beta$,如果有一个被推导的字是 w_0,在做推导时,首先要在 w_0 中寻找 α 的出现,这种出现可能有可能无,如有也可能是多次出现。找到这个出现后,要将 α 出现替换成 β。如用一个图来表示则如图 5.4 所示。

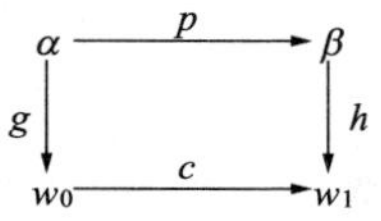

图 5.4

此时 g 函数显然是个包含函数,h 也是个包含函数,c 是 p 的一个推导。那么对于图文法来说,这里的 α,β,w_0,w_1 都应当是个图,g,p,h,c 都应当是满足图射条件的图的射。而推导恰是图射的“推出”(pushout)。下面介绍图射的推出概念。

定义 5.31(推出(pushout)) 给定图的射 $p:K\to B, d:K\to D$,图 G 是两个图的射 $g:B\to G, c:D\to G$ 称作 $p:K\to B$ 及 $d:K\to D$ 的推出(pushout)如果

(1)(对易性)$K\to B\to G=K\to D\to G$。

(2)(泛特性)对于所有的图 G' 及图的射 $B\to G'$ 及 $D\to G'$ 满足 $K\to B\to G'=K\to D\to G'$,将存在着唯一的图的射 $G\to G'$ 使得

$$B\to G\to G'=B\to G' \text{ 及 } D\to G\to G'=D\to G'$$

即可以用图 5.5 来描述。

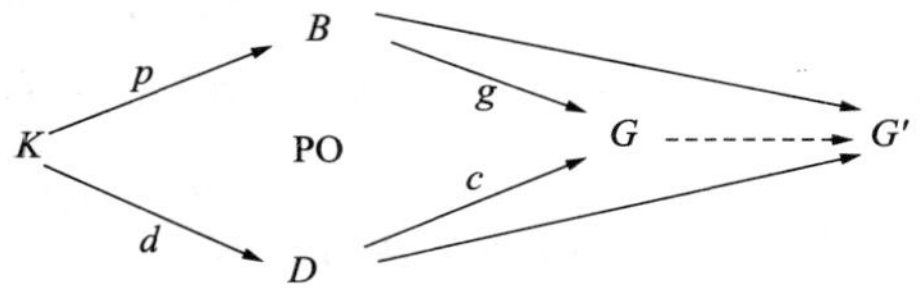

图 5.5

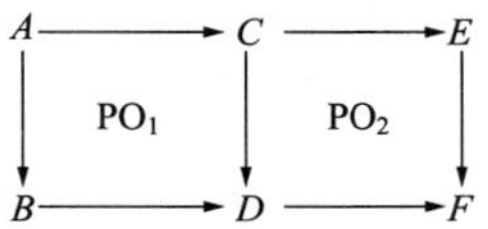

图 5.6

注意:· 有时我们把推出(pushout)简写成 PO。

· PO 之间的复合仍然是一个 PO(图 5.6)。

如果 K 是范畴 $\mathbf{C}$ 的初始对象(initial object),那么上述情形中,G 被称作 B 与 D 的共积(coproduct),记为 $G=B+D$。

那么到底如何计算 PO 呢？PO 的计算规则如下：

（1）在 **S**et 范畴中，空集合是它的初始对象，此时 B 与 D 的共积是不相交并（disjoint union）$B+D$。如果我们有函数 $p:K\to B, d:K\to D$，那么 p 与 d 的推出（PO）G 是一个 $B+D$ 的商集（quotient set），其更形式的定义为

$$G=(B+D)/\approx$$

其中$\approx$是由关系 $p(k)\sim d(k)$（对于所有的 $k\in K$）定义的等价关系（对称，自反，传递）。一般说，商集 A/R（其中 R 是一个关系）是被如下定义的：

$$A/R=\{[x]_R \mid x\in A\}$$

$$[x]_R=\{t \mid xRt\}$$

（2）在 **G**raph 范畴中，一个空图是它的初始对象，此时 B 与 D 的共积仍然是不相交并，即 G 为 B 与 D 不相交的两个图所组成。如 K 是非空的，那么推出（PO）图 G，将由两个图的射 $p:K\to B, d:K\to D$ 按如下方式构成：对于 K 中的所有结点与有向边 k，B 中的 $p(k)$ 与 D 中的 $d(k)$ 应当“胶合”在一起。更形式的定义如下：令 $G=(G_A, G_N, S_G, t_G, m_{GA}, m_{GN})$ 并有

① $G_A=B_A+D_A/\approx$

② $G_N=B_N+D_N/\approx$

③ $s_G([x])=\underline{\text{if}}\ x\in B_A\ \underline{\text{then}}\ [s_B(x)]\ \underline{\text{else}}[s_D(x)]$

④ $t_G([x])=\underline{\text{if}}\ x\in B_A\ \underline{\text{then}}\ [t_B(x)]\ \underline{\text{else}}\ [t_D(x)]$

⑤ $m_{GA}([x])=\underline{\text{if}}\ x\in B_A\ \underline{\text{then}}\ m_{BA}(x)\ \underline{\text{else}}\ m_{DA}(x)$

⑥ $m_{GN}([x])=\text{if}\ x\in B_A\ \underline{\text{then}}\ m_{BN}(x)\ \text{else}\ m_{DN}(x)$

其中$[x]$（对于 $x\in B_A+D_A$）表示商集 G_A 中的 x 的等价类；类似地，$[y]$（对于 $y\in B_N+D_N$）表示商集 G_N 中的 y 的等价类。

下面，我们给出一个定理，在说明 p 是单射时，可以避免商集的麻烦，称之为胶合结构。

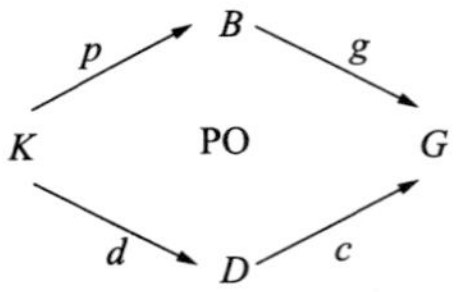

图 5.7

定理 5.4（胶合结构）　给定图的射 $p:K\to B, d:K\to D$，并且 p 是单射时，那么如下的胶合结构是一个 PO（图 5.7）。

（1）$G=D+(B-p(k))$（对于 K 中的所有结点与有向边）。

（2）$s_G(a)=\underline{\text{if}}\ a\in D_A\ \underline{\text{then}}\ s_D(a)\ \text{else}\ \underline{\text{if}}\ s_B(a)\in(B-p(k))_N\ \underline{\text{then}}\ s_B(a)\ \underline{\text{else}}\ d(k)\ \underline{\text{where}}\ s_B(a)=p(k)\ \underline{\text{for}}\ k\in K_N$。

（3）$t_G(a)=\underline{\text{if}}\ a\in D_A\ \underline{\text{then}}\ t_D(a)\ \underline{\text{else}\ \text{if}}\ t_B(a)\in(B-p(k))_N\ \underline{\text{then}}\ t_B(a)\ \underline{\text{else}}\ d(k)\ \underline{\text{where}}\ t_B(a)=p(k)\ \text{for}\ k\in K_N$。

（4）$m_G(x)=\underline{\text{if}}\ x\in D\ \underline{\text{then}}\ m_D(x)\ \underline{\text{else}}\ m_B(x), x\in G$。

（5）$c:D\to G$ 是一个从 D 到 G 的包含。

（6）$g:B\to G$，对于所有的项 $x\in B$ 有

$$g(x)=\underline{\text{if}}\ x\in(B-p(k))\ \underline{\text{then}}\ x\ \underline{\text{else}}\ d(k)$$

$$\underline{\text{where}}\ x=p(k)\ \underline{\text{for}}\ k\in K$$

下面，我们给出一个简单的证明。

【证明】根据图射的定义，我们可以把一个 PO 的图画成如图 5.8 所示的形式。

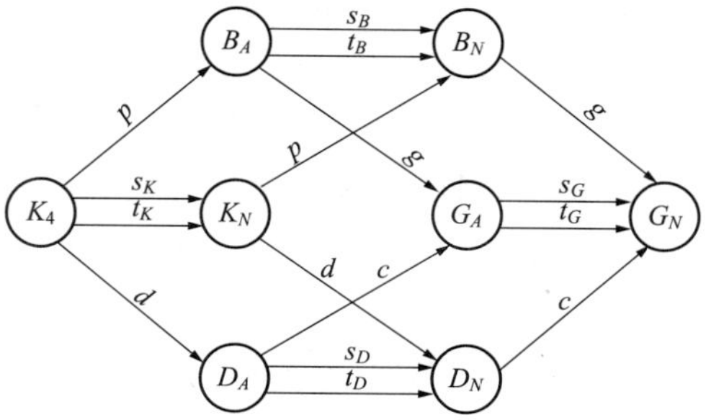

图 5.8

由于已经给定 p,d 是两个图射，那么图射应满足的条件使如下的等式成立

$s_B \circ p = p \circ s_K, t_B \circ p = p \circ t_K$

$s_D \circ d = d \circ s_K, t_D \circ d = d \circ t_K$

下面，我们需要证明 g,c 也是图射，并且有

$s_G \circ g = g \circ s_B, t_G \circ g = g \circ t_B$

$s_G \circ c = c \circ s_D, t_G \circ c = c \circ t_D$

由于 c 是一个包含，所以 c 是一个图射是显然的。也就是说 $s_G \circ c = c \circ s_D, t_G \circ c = c \circ t_D$ 是显然的。现在的问题是必须证明 g 是一个图射，也就是说要证明 $s_G \circ g = g \circ s_B, t_G \circ g = g \circ t_B$ 成立。下面，我们分情况证明之(仅证上面的第一等式)。

情况 1.($a = p(k)$，对于某 $k \in K_A$)

$$
\begin{aligned}
g(s_B(a)) &= g(s_B(p(k))) = g(p(s_K(k))) \\
&= c(d(s_K(k))) = s_G(c(d(k))) \\
&= s_G(d(k)) = s_G(g(a))
\end{aligned}
$$

情况 2.($a \notin p(k)$ <u>and</u> $s_B(a) \notin p(k)$)

$$g(s_B(a)) = s_B(a) = s_G(a) = s_G(g(a))$$

情况 3.($a \notin p(k)$ <u>but</u> $s_B(a) = p(k)$，对于某 $k \in K_N$)

$$g(s_B(a)) = a(k) = s_G(a) = s_G(g(a))$$

为了证明是个 PO，我们还要证明泛特性的满足，也就是说要证明，假定从 p,d 还可以推出一个新的 G'，证明仅存在一个射 $f: G \to G'$ 使得在图 5.9 中的 f_1, f_2 有 $f \circ g = f_1, f \circ c = f_2$($f_1, f_2$ 当然已是图射，即有 $f_1 \circ p = f_2 \circ d$)。

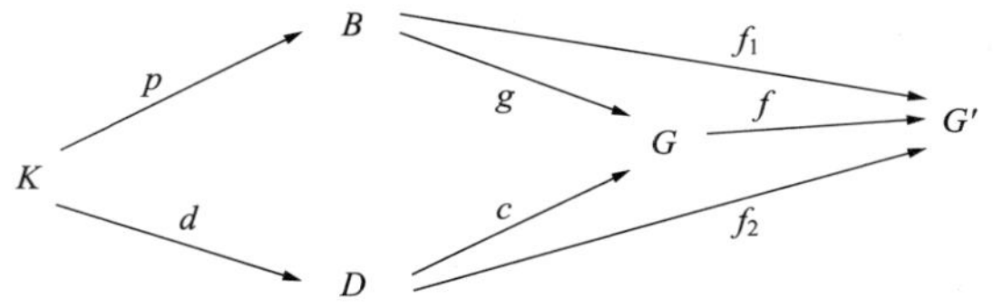

图 5.9

根据 g,c 的定义，要想使 $f\circ g=f_1,f\circ c=f_2$，仅存在着一种选择定义 f：

$$f(x)=\underline{\text{if}}\ x\in D\ \underline{\text{then}}\ f_2(x)\ \underline{\text{else}}\ f_1(x)$$

现在的问题还剩下证明 $f:G\to G'$ 是一个图射。用上面类似的方法，我们仅需要证明 $f\circ s_G=s_{G'}\circ f$（对于 $a\in G_A$）。由于 $G=D+(B-p(k))$，所以对 $a\in G_A$ 证明这些等式成立，应分 $a\in D_A$ 及 $a\in(B-p(k))_A$ $\underline{\text{and}}$ $s_G(a)\in(B-p(k))_N$ 两种情况进行讨论，这可以从 f_1 与 f_2 两个图射的等式中得到证明。剩下的情况便是 $a\in(B-p(k))$ $\underline{\text{and}}$ $s_G(a)\in D$。根据 s_G 的定义，在 $k\in K$ 及 $s_B(a)=p(k)$ 的条件下，$s_G(a)=d(k)$。因此有

$$\begin{aligned}f(s_G(a))&=f_2(s_G(a))=f_2(d(k))=f_1(p(k))\\&=f_1(s_B(a))=s_{G'}(f_1(a))=s_{G'}(f(a))\end{aligned}$$

于是该定理证毕。

显然，要弄清楚上面的计算规则，举一个例子是必要的。

例 5.14

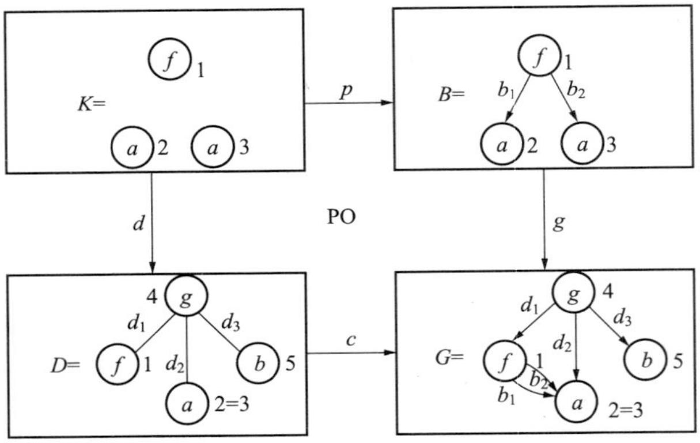

图 5.10

下面，我们来求图 G。

K 图：$K=(K_A,K_N,s_K,t_K,m_{KA},m_{KN})$

其中 $K_N=\{1,2,3\}$

$K_A=\phi$

$m_{KN}(1)=f,m_{KN}(2)=a,m_{KN}(3)=a$

B 图：$B=(B_A,B_N,s_B,t_B,m_{BA},m_{BN})$

其中 $B_N=\{1,2,3\}$

$B_A=\{b_1,b_2\}$

$s_B(b_1)=1,s_B(b_2)=1$

$t_B(b_1)=2,t_B(b_2)=3$

$m_{BN}(1)=f,m_{BN}(2)=a,m_{BN}(3)=a$

$m_{BA}(b_1)=m_{BA}(b_2)=\text{empty}$

D 图：$D=(D_A, D_N, s_D, t_D, m_{DA}, m_{DN})$

其中 $D_N=\{1,2,3,4,5\}$

$D_A=\{d_1, d_2, d_3\}$

$s_D(d_1)=4, s_D(d_2)=4, s_D(d_3)=4$

$t_D(d_1)=1, t_D(d_2)=2$（或 $t_D(d_2)=3$），

$t_D(d_3)=5$

$m_{DN}(1)=f, m_{DN}(2)=m_{DN}(3)=a$，

$m_{DN}(4)=g, m_{DN}(5)=b$

下面，我们根据求 PO 的计算规则来计算 G 图。令 $G=(G_A, G_N, s_G, t_G, m_{GA}, m_{GN})$，

(1) 求 G_A：

由于 $G_A=B_A+D_A/\approx$，所以有

$$B_A+D_A=\{b_1, b_2, d_1, d_2, d_3\}$$

$$B_A+D_A/\approx=\{\{b_1\},\{b_2\},\{d_1\},\{d_2\},\{d_3\}\}$$

即 G 图中有五个有向边，令它们分别为：g_1, g_2, g_3, g_4, g_5。

(2) 求 G_N：

由于 $G_N=B_N+D_N/\approx$，所以有

$$B_N+D_N=\{1_B, 2_B, 3_B, 1_D, 2_D, 3_D, 4_D, 5_D\}$$

其中 1_B，2_D 等中的下标分别表示是 B 图或 D 图的结点（因为是 disjoint union）

$$B_N+D_N/\approx=\{\{1_B, 1_D\},\{2_B, 3_B, 2_D, 3_D\},\{4_D\},\{5_D\}\}$$

即 G 图中有四个结点，令它们分别为 1_G，$2_G(3_G)$，4_G，5_G，并有

$$s_G(g_1)=[s_B(b_1)]=[1_B]=1_G$$

$$s_G(g_2)=[s_B(b_2)]=[1_B]=1_G$$

$$s_G(g_3)=[s_D(d_1)]=[4_D]=4_G$$

$$s_G(g_4)=[s_D(d_2)]=[4_D]=4_G$$

$$s_G(g_5)=[s_D(d_3)]=[4_D]=4_G$$

$$t_G(g_1)=[t_B(b_1)]=[2_B]=2_G$$

$$t_G(g_2)=[t_B(b_2)]=[3_B]=2_G$$

$$t_G(g_3)=[t_D(d_1)]=[1_D]=1_G$$

$$t_G(g_4)=[t_D(d_2)]=[2_D]=2_G$$

$$t_G(g_5)=[t_D(d_3)]=[5_D]=5_G$$

其实 p 是个单射（injective），可以采用更简单的计算方法，即

$$\begin{aligned} G_N &= D_N+(B_N-p(k)) \\ &= \{1,2,3,4,5\}+(\{1,2,3\}-\{1,2,3\}) \\ &= \{1,2,3,4,5\} \end{aligned}$$

$$\begin{aligned} G_A &= D_A+(B_A-p(k))=\{d_1, d_2, d_3\}+(\{b_1, b_2\}-\phi) \\ &= \{b_1, b_2, d_1, d_2, d_3\} \end{aligned}$$

下面，我们来定义“拉回”（pullback）。

定义 5.32(拉回(pullback))　给定图的射 $f:B\to K$, $g:D\to K$,那么这些射的拉回(pullback)是由图 G 及两个射 $h:G\to B$, $k:G\to D$ 所组成,并使得 $G\to B\to K=G\to D\to K$ 及对于所有的图 G' 及射 $G'\to B$, $G'\to D$ 满足 $G'\to B\to K=G'\to D\to K$ 并存在着唯一的射 $G'\to G$,使得 $G'\to G\to B=G'\to B$ 与 $G'\to G\to D=G'\to D$。

如用图表示,则如图 5.11 所示。

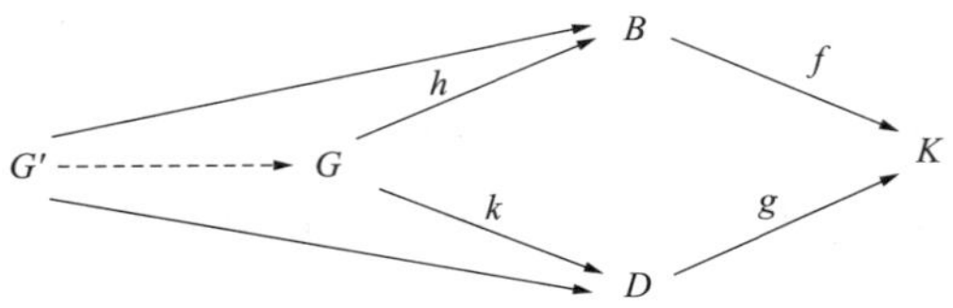

图 5.11

如果 K 是范畴 **C** 的终极对象,那么在上述情形中,G 被称之为 B 与 D 的积,记为 $G=B\times D$。“拉回”在后面的讨论中常简写为 PB。

PB 的具体计算规则为

(1) 在 ***S*et** 范畴中,每一个具有一个元素的集合是终极对象,那么积为通常的笛卡儿积。函数 $f:B\to K$ 与 $g:D\to K$ 的 PB,即 G 由下式给出

$$G=\{(x,y)\in B\times D\mid f(x)=g(y)\}$$

因此,在特殊情况下,即在 $f=g$ 的情况中,集合 G 是被 f 而产生的等价关系。如果 $f:B\to K$ 及 $g:D\to K$ 是包含,那么 G 同构于 B 与 D 的交集。

(2) 在 ***G*raph** 范畴中,我们仅考虑 B 与 D 是 K 的子图的情况,而 f,g 均为包含,那么 PB G 仍然是 B 与 D 的交。

(3) 在 ***S*et** 与 ***G*raph** 范畴中(注意,不是在一般范畴之中),每一个具有单射 f 与 g 的 PB 也是一个具有单射 h 与 k 的 PO。

例 5.15　对于例 5.14,已知 G,B,D 及两个图射 g,c,求其 PB。根据上面的计算规则 2,PB K 是 B 与 D 的交集。

如何才能保证构造一个 PO 呢?也就是说构成一个 PO 的条件是什么呢?我们称这个条件为胶合条件(gluing condition)。

定义 5.33(胶合条件)　已知图的射 $p:K\to B$, $g:B\to G$,并且 p 是一个单射,$d:K\to D$,那么对于 g,p,d 的胶合条件为 BOUNDARY$\subseteq$GLUING,其中

GLUING$=p(K)$　(称之为胶合项)

DANGLING$=\{x\in B_N\mid \exists a\in(G-g(B))g(x)$
$=s_G(a)$ <u>or</u> $g(x)=t_G(a)\}$

IDENTIFICATION$=\{x\in B\mid \exists y\in B\ x\neq y$ <u>and</u>
$g(x)=g(y)\}$　(称之为识别项)

BOUNDARY$=$DANGLING $\cup$ IDENTIFICATION

其中 $s_G(a)$ 与 $t_G(a)$ 参看 PO 计算规则(3)。

下面,对胶合条件做些解释。

对于如图 5.12 的一个图，在其 G 图中，可以用如图 5.13 的一个图来表示。

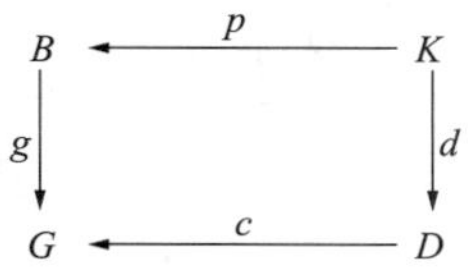

图 5.12

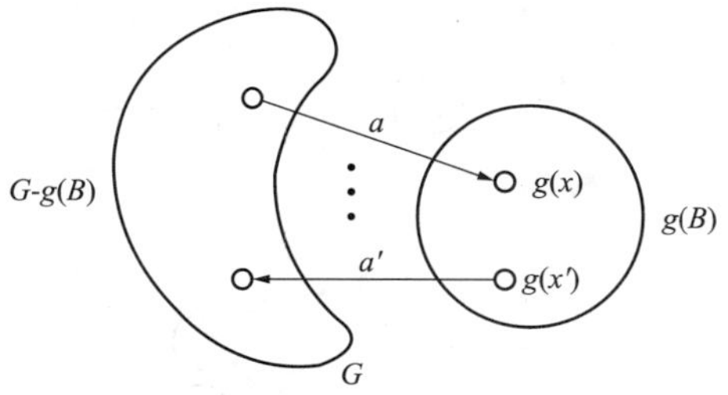

图 5.13

把 G 图分成两部分，一部分是通过图射 g 把 B 映射到 G 中的那部分，称之为 $g(B)$，而另一部分当然就是 $G-g(B)$。DANGLING 意义是，在 G 中存在着这样的有向边 a（或 a'），它的源 $s_G(a)$（目标 $t_G(a')$）在 $G-g(B)$ 之中，而它的目标 $t_G(a)$（源 $s_G(a')$）却在 $g(B)$ 之中。显然，如果把 $g(B)$ 从 G 中移去，那么 a 与 a' 都会悬挂起来。于是就可以称 $g(x')=s_G(a)$，$g(x)=t_G(a')$ 为悬挂结点。IDENTIFICATION 条件表明的意思是，把在 B 中不同的结点而经图射 g 的映射，在 G 中却有相同的映像结点的那些 B 中的结点识别出来（当然，B 中的有向边也可以这样识别）胶合条件

$$\text{BOUNDARY} \subseteq \text{GLUING}$$

表明 BOUNDARY 中的约束项必须是胶合项，也就是说，识别项是胶合项，悬挂结点在 B 中对应的结点也必须是胶合项。

定理 5.5 已知图的射 $p:K\to B$，$g:B\to G$，并且 p 是单射，那么存在着唯一（直到同构）的图 D 以及图射 $d:K\to D$，$c:D\to G$，使得图 5.14 成为一个 PO 的充分必要条件是胶合条件被满足；并称 D 是 B 在 G 中的“前后文”。D 连同图射 d，c（如下构造的）被称之为 p 与 g 的互补推出，并被如下定义：

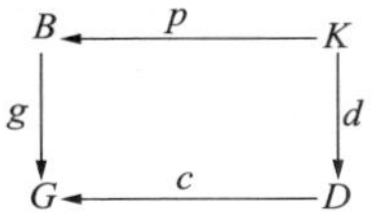

图 5.14

(1) $D=(G-g(B))+g(p(K))$ 是 G 的一个子图。

(2) $c:D\to G$ 是从 D 到 G 的包含。

(3) $d:K\to D$ 是被对于所有项 $k\in K$

$$d(k)=g(p(k))$$

我们可以把上面 PO 的计算规则，用一个递归子程序定义（B 与 D 沿 K 的胶合）。

```
procedure gluing(B,D,K,p,d) is
    G:variable
    begin
      G:= B + D      (disjoint union)
      for all nodes and arcs k in K
      G:= identification(G,p(k),d(k))
    end
```

下面再举两个例子。

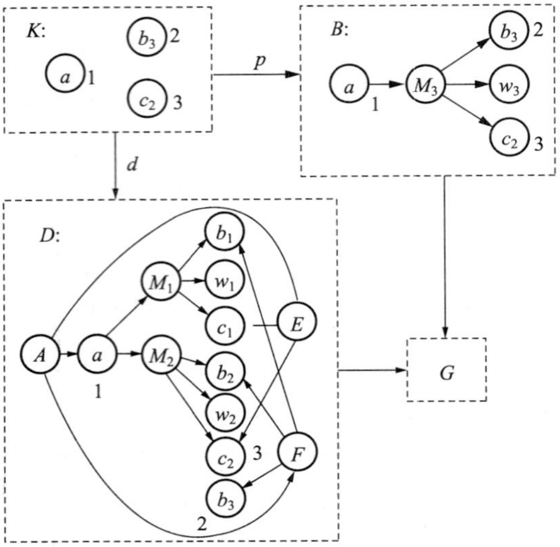

图 5.15

例 5.16 已知图 5.15 的胶合关系,求其“推出”。

从这个图中我们可以看出,图 K 是由三个结点组成的,这三个结点的标号分别为 1,2,3。图 B 与图 D 分别如图所示。图的射 $p:K\to B$,$d:K\to D$ 是由分别在 B 图上与 D 图上标记 1,2,3 表示的,其对应关系当然是用相同数字标号表示的,即 $k\in K$,如令 $k=1,2,3$,那么 $p(k)$,$d(k)$ 分别在 B 图与 D 图上也标上 1,2,3。根据求 PO 的计算规则,G 图将如图 5.16 所示。

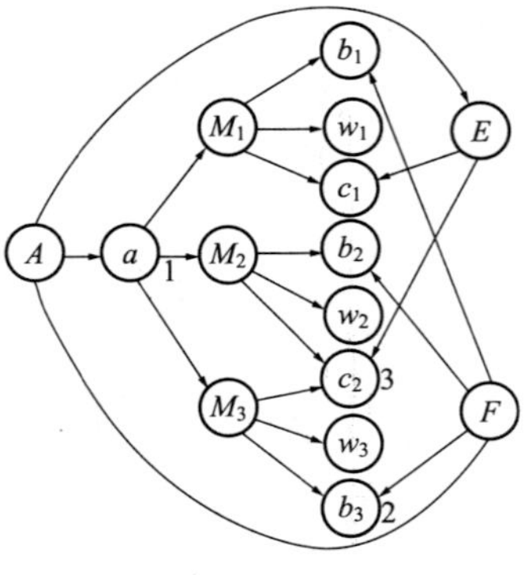

图 5.16

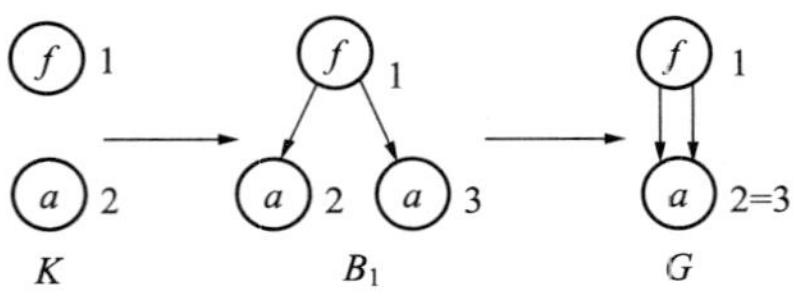

图 5.17

例 5.17 有如图 5.17 的情形,根据胶合条件定义,GLUING$=\{1,2\}$,而 IDENTIFICATION$=\{2,3\}$,显然有 IDENTIFICATION$\not\subseteq$GLUING,因此胶合条件不满足。

5.3.2 图文法的基本概念

图文法理论的研究近来发展得很快，并得到了广泛的应用，例如在下面领域中就有广泛的应用：

- 模式识别。
- 计算机辅助设计。
- 程序设计语言及编译程序的语义。
- 数据库系统。
- 并行分布式系统。

什么是图文法呢？它与我们学习过的“串文法”有什么区别呢？

图文法是产生图的集合的一种机制，它是研究一个图经过有限的推导（生成式的派生）而产生另一个图的文法。同串文法一样，我们把被一个图文法接受的图的集合称之为图语言，而这个图语言常是一个无限的图的集合。例如图 5.18 就是一些图的语言。

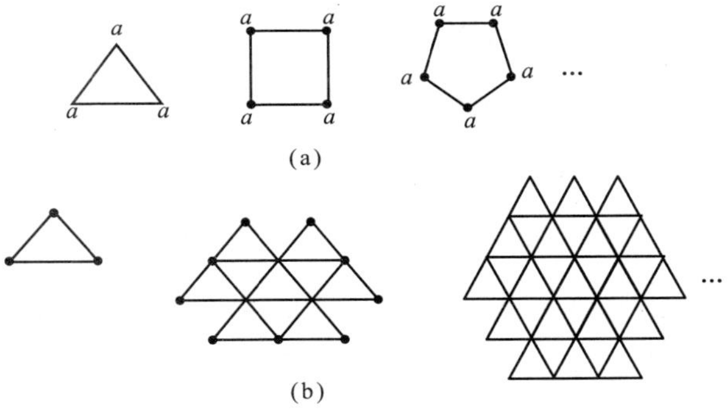

图 5.18

在图文法中的基本问题同串文法一样也是两个：

(1) 已知一个图文法求该图文法所接受的语言。

(2) 已知图语言求能够接受该语言的图文法。

如同串文法一样，图文法也是由一些生成式所组成的，例如此形式的生成式：

$$\alpha \rightarrow \beta$$

其中 α, β 都是图。如同在串文法中的情形一样，给定一个初始图 S，替换时，首先找到 S 中的 α 子图的出现，将 α 子图从 S 图中割离掉，然后用子图 β 替换 α 子图的出现，并根据预定义的连接关系将 β 与 S 图中的其他成分联系起来，于是得到一个新的图。如此不断推导，推出不能再利用生成式推导的图，那么这个图就是这个文法接受的一个图。将所有的这样的图构成一个集合，并称之为该文法接受的语言。

图文法与串文法的一个重要不同点，是图文法中的生成式 $\alpha \rightarrow \beta$ 中的 β 在作替换时，必须声明 β 与推导的起始图 G 割离去 α 后的剩余部分如何连接。而这种连接关系可以是显式的，也可以是隐式的。连接关系可以是一个文法中为所有生成式所共享的，也可以是一个生成式中定义的一个连接关系。

图文法的生成式定义，从方法学上也分成两大类，即

- 集合论方法。
- 代数方法。

下面，我们来分别介绍这两种方法。

1. 顺序图方法

(1) 集合论方法。我们先举两个小例子。

例 5.18　假设我们有如下的一个生成式

图 5.19

其连接关系为

$$C=\{(A,D),(B,B),(B,D)\}$$

它表示在使用生成 p 时，一个图中的 A 结点去掉之后，用 $\overset{A}{\bigcirc}-\overset{B}{\bigcirc}-\overset{D}{\bigcirc}$ 替换，而 $\overset{A}{\bigcirc}-\overset{B}{\bigcirc}-\overset{D}{\bigcirc}$ 与去掉一个结点 A 之后的图的连接关系被显式地声明为 C 中定义的连接关系。C 中的二元组中的第一项表示生成式中的 $\overset{A}{\bigcirc}-\overset{B}{\bigcirc}-\overset{D}{\bigcirc}$ 中的结点。第二项表示被推导图中去掉 A 结点之后的断点结点名，例如 (A,D) 中的 A 是 $\overset{A}{\bigcirc}-\overset{B}{\bigcirc}-\overset{D}{\bigcirc}$ 中的 A 结点，D 是被推导图中去掉结点 A（生成式左边的结点名）之后剩下的断点结点，而 (A,D) 就是将它们连接起来。现假定起始图为图 5.20。由于 S 图中有两个结点 A，假定替换上图中的 A 结点的最左出现，可以得到图 5.21 结果。假如我们用这个生成式来替换 S 图中的 A 结点的最右出现，则有图 5.22。

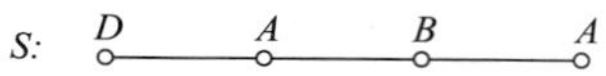

图 5.20

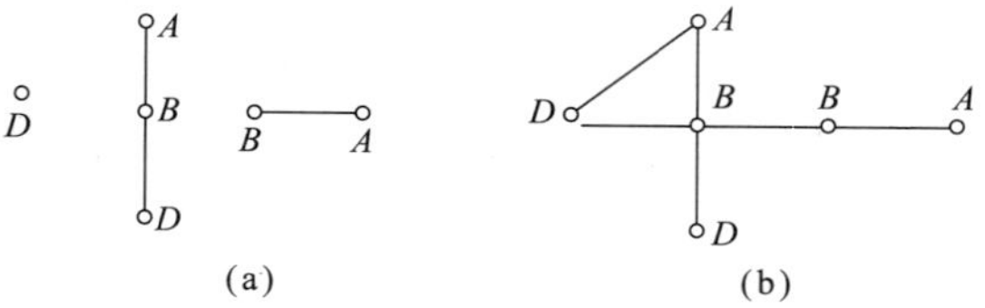

图 5.21

注意，虽然 C 中有 (A,D)，但要求 D 必须是 $(S-\{A\})$ 中的断点，而图 5.22 中的断点只有 B，而 D 不是断点，所以不能连接。

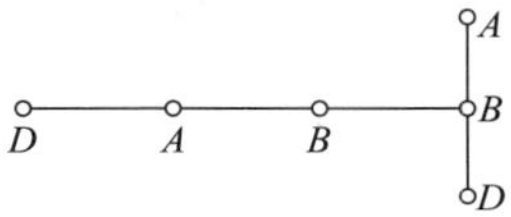

图 5.22

下面，我们再举一个隐式连接关系的例子。

例 5.19 假定有如下的一个生成式：

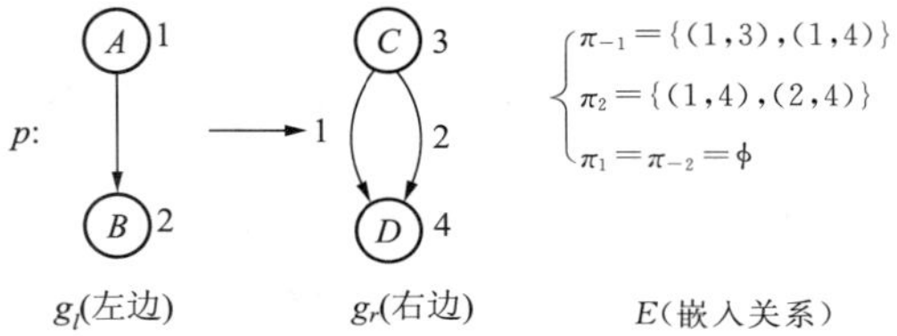

图 5.23

即在这种图文法中一个生成式 p 是由三元组所构成的，即 $p:(g_l,g_r,E)$。一般说来，嵌入关系 E 是被定义成一个 $2n$ 元的元组($\pi_{-n},\cdots\pi_{-1},\pi_1,\cdots,\pi_n$)，其中 π_{-i} 及 $\pi_i(1\leqslant i\leqslant n)$表示结点集合 K_l 及 K_r 的关系，即 $\pi_{-i}\subseteq K_l\times K_r$，$\pi_i\subseteq K_l\times K_r(1\leqslant i\leqslant n)$。在一个 Σ_v 有限标号集上的有向图 G 是如下的三元组 $G=(K,\rho,\beta)$，其中 K 是结点的有限集合，ρ 是图的有向边的有限集合，即 $\rho=\{\rho_i\mid\rho_i\in K\times K\}$，$\rho_i$ 表示标号为 i 的有向连线。$\beta:K\rightarrow\Sigma_v$ 是一个函数。令生成式左边的图 $g_l\subseteq G$，即 g_l 是 G 的一个子图。令 $\mathrm{IN}_i(g_l,G)$ 及 $\mathrm{OUT}_i(g_l,G)$ 分别表示从 $G-g_l$ 指向 g_l 的标号为 i 的所有有向边的集合。如果我们利用生成式 $p:(g_l,g_r,E)$ 对于 G 图进行一次推导，并得到 G' 图的话，那么 G' 图 $G-g_l\cup g_r$ 再加上如下的嵌入有向边(如下的“∘”表示关系的复合运算)：

$$\mathrm{IN}_i(g_r,G'):=\pi_{-i}\circ\mathrm{IN}_i(g_l,G)$$

$$\mathrm{OUT}_i(g_r,G'):=\mathrm{OUT}_i(g_l,G)\circ\pi_i^{-1}$$

对于本例，如果假定起始图为图 5.24。在 G 中首先找到生成式左边的 g_l，作为替换的对象，并把它从 G 中去掉，并把 g_r 加进来，于是得到图 5.25。

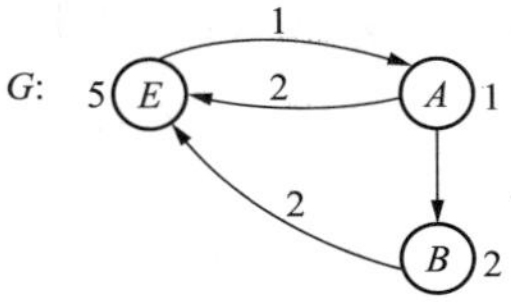

图 5.24

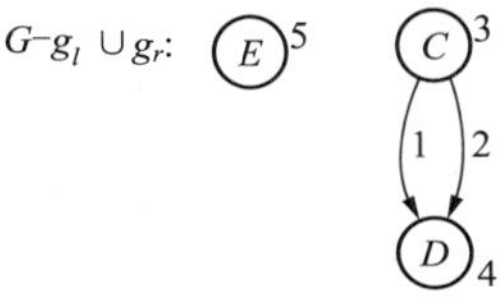

图 5.25

下面的问题是如何连接 $G-g_l$ 与 g_r。根据上面介绍的嵌入有向边的规则，有

$$\mathrm{IN}_1(g_r,G'):=\{(1,3),(1,4)\}\circ\{(5,1)\}$$
$$=\{(5,3),(5,4)\}$$

$OUT_1(g_r, G'):=\varnothing\circ\varnothing=\varnothing$

$IN_2(g_r, G'):=\varnothing\circ\varnothing=\varnothing$

$$\begin{aligned}OUT_2(g_r, G'):&=\{(1,5),(2,5)\}\circ\{(1,4),(2,4)\}^{-1}\\&=\{(1,5),(2,5)\}\circ\{(4,1),(4,2)\}\\&=\{(4,5)\}\end{aligned}$$

因此,可以得到图5.26。

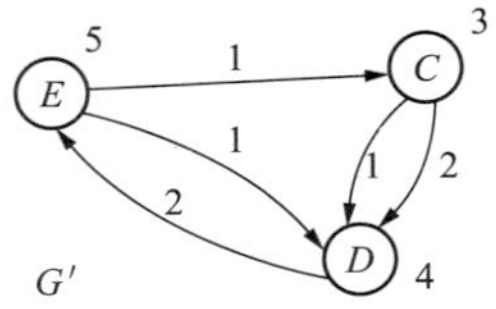

图 5.26

通过上面的例子,读者可以对这种图文法的表示法有一个初步了解。

(2) 代数方法。图文法的代数定义方法,就是应用图的范畴概念,尤其是用图的射,图的同态,同构以及图的射的"推出"概念定义图文法。那么如何用代数方法来定义图文法呢?此时的生成式是什么样子呢?请看下面的定义。

定义 5.34(生成式)

(1) 一个图生成式(graph production)p是一个图的射的序对,即

$$p=(B_1\xleftarrow{p_1}K\xrightarrow{p_2}B_2)$$

其中图B_1及B_2分别称之为生成式的左边及右边,而K称之为p的接口。

如果一个生成式p其$p_1:K\to B_1$及$p_2:K\to B_2$是单射(injective)的,那么这个生成式p称之为"紧密的"(fast)。

(2) 给定一个图D(称之为前后文图)及图的射$d:K\to D$,那么一个推导是由下面图5.27两个"推出"PO_1及PO_2所构成的。

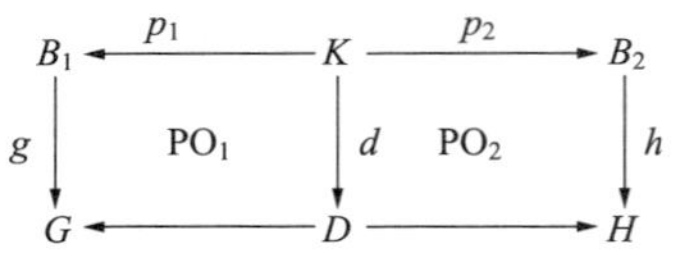

图 5.27

或者称G是B_1与D沿p_1及d的胶合,H是B_2与D沿p_2及d的胶合,记为$G\Rightarrow H$。

(3) 一个推导序列$G\overset{*}{\Rightarrow}H$意味着$G=H$,或者是一些直接推导序列

$$G=G_1\overset{p_1}{\Rightarrow}G_2\overset{p_2}{\Rightarrow}\cdots\overset{p_{n-1}}{\Rightarrow}G_n=H$$

上面的生成式的定义直觉含义是什么呢?在p_1与p_2分别是单射时,其含义可以一下看出,根据PO的计算规则,可以分别从PO_1及PO_2中得到如下的一组等式

$$\begin{cases}G=D+(B_1-p_1(K)) & (1)\\ H=D+(B_2-p_2(K)) & (2)\end{cases}$$

由于这里"+"运算表示不相交并,所以可以从式(1)中得到

$$D=G-(B_1-p_1(K))$$

再把它代放入式(2)中,有

$$H=G-(B_1-p_1(K))+(B_2-p_2(K))$$

如果K中只有一些离散结点,由于p_1与p_2是单射,考虑等价关系,那么H图就可以

简单地理解为是从 G 图中删除 B_1 加上 B_2 而得到的。请看下面一个例子。

例 5.20 令有如下的一个图生成式(见图 5.28)

$$p: B_1 \xleftarrow{p_1} K \xrightarrow{p_2} B_2$$

假定有如图 5.29 的前后文关系图。下面,我们根据 PO 的计算规则,分别去求出 G 图与 D 图。其整个派生结果如图5.30所示。

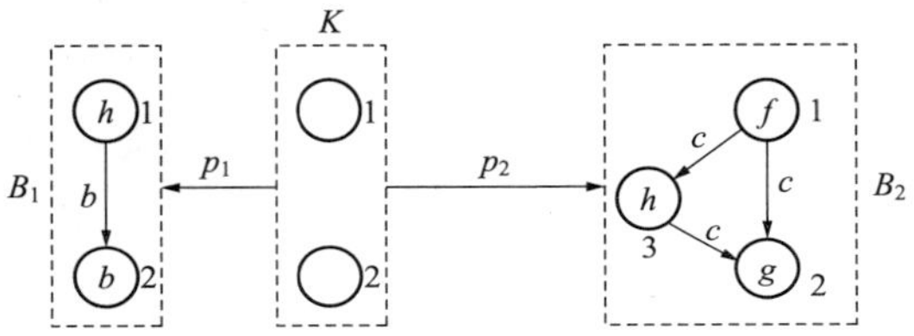

图 5.28

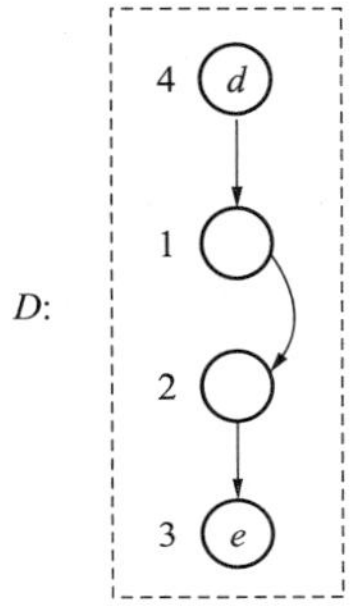

图 5.29

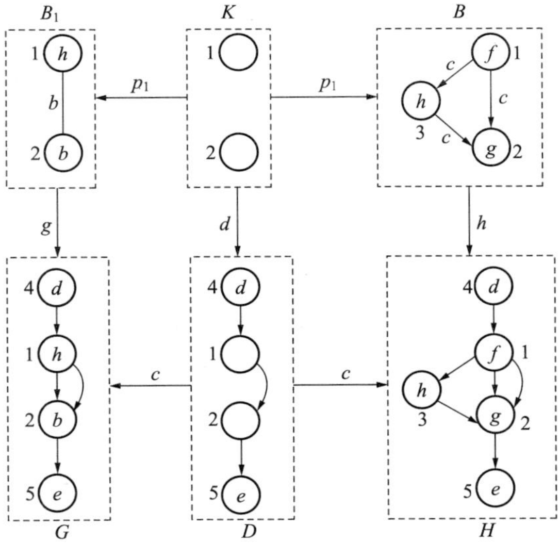

图 5.30

我们用这种方法可以构造出"顺序图文法",一个顺序图文法可以定义为

$$GG=(C, T, P, S)$$

其中 $C=(C_A, C_N)$,而 C_A 为图的有向边标号字符集,C_N 为图中结点标号字符集。$T=(T_A, T_N)$表示终极标号字符集的序对,并且 $T \subseteq C$;P 是生成式的有限集合;S 是开始图,而且所有生成式左边都没有终极标号。

图语言 $L(GG)$是所有从开始图推出的终极标号图,即

$$L(GG)=\{H\in \text{Graph } T \mid S\overset{*}{\Rightarrow}H\}$$

下面，我们给出直接推导结构定理。

定理 5.6(直接推导结构)　给定一个紧密生成式 $p=(B_1\leftarrow K\rightarrow B_2)$，一个图 G 及在 G 中的 p 的一个出现 $g: B_1\rightarrow G$，那么唯一(直到同构)存在着基于 g 的直接推导 $G\Rightarrow_p H$ 当且仅当胶合条件被满足。

证明本定理可以分两步走。

第一步：在图 5.31 中 PO_1 使用定理 5.5。

第二步：在图 5.31 中 PO_2 使用定理 5.4。

下面，我们给出生成式的特殊情况，假定 K 是离散结点的集合，并且 $p_1: K\rightarrow B_1$ 及 $p_2: K\rightarrow B_2$ 是图的包含射，因此生成式中的 K 图可以通过 B_1 及 B_2 中注明标号的方法而被省去。由于 D 图也是包含在 G 图中的，所以一个生成式可以简化成图 5.32，而一个直接推导则为图 5.33。

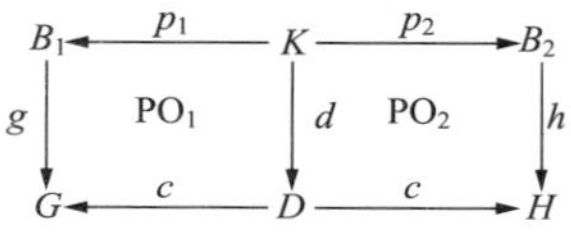

图 5.31

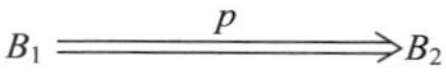

图 5.32

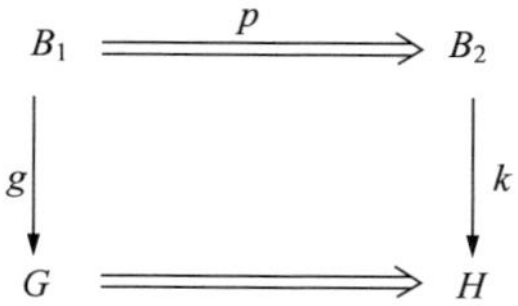

图 5.33

下面，我们举一个例子。

例 5.21　我们有如下的七个生成式(图 5.34)。注意下面的生成式中有六个带有参数，即在使用这些生成时，可以用实际参数来替换它们。

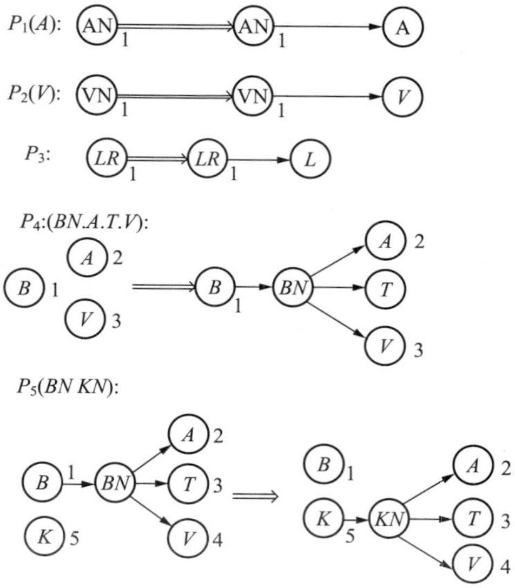

图 5.34

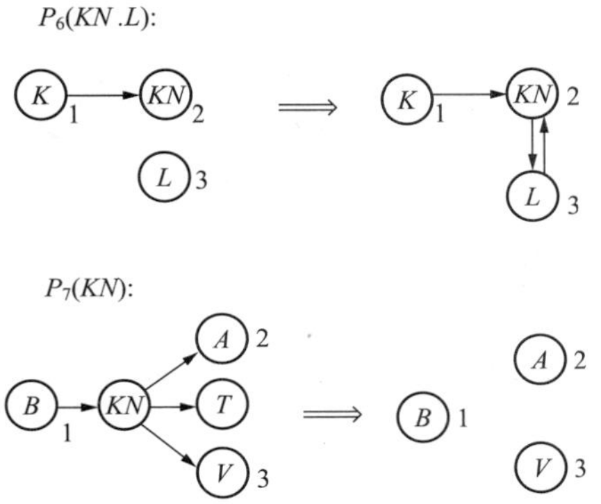

续图 5.34

以上的七个生成式实际上构造了一个小的图书馆系统，显然，这个例子展示了图文法在数据库方面的应用。

下面，我们给出一个直接推导(图 5.35)。

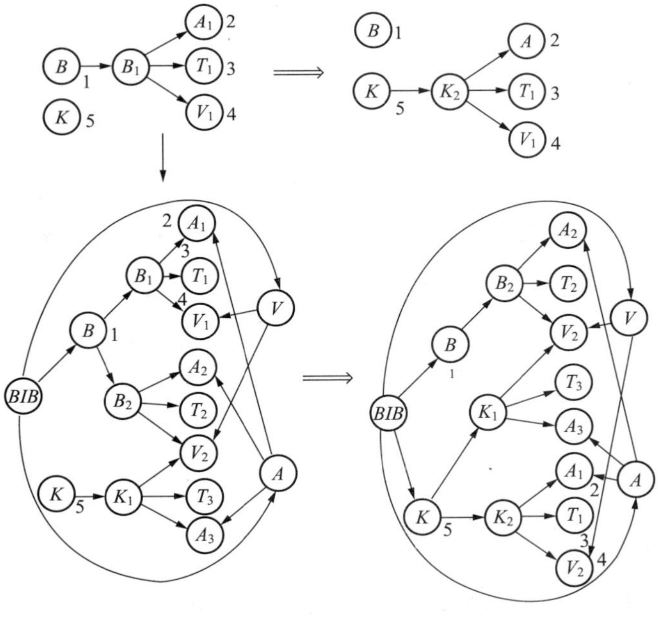

图 5.35

2. 并行图文法

并行图文法从文法的替换原则上就不同于顺序图文法。顺序图文法每一次替换只能使用一个生成式，当然可以用一个生成式替换多次出现。并行图文法是可以同时拿几个生成式去进行替换。先请看下面的例子。

例 5.22　有下面的七个生成式(图 5.36)。

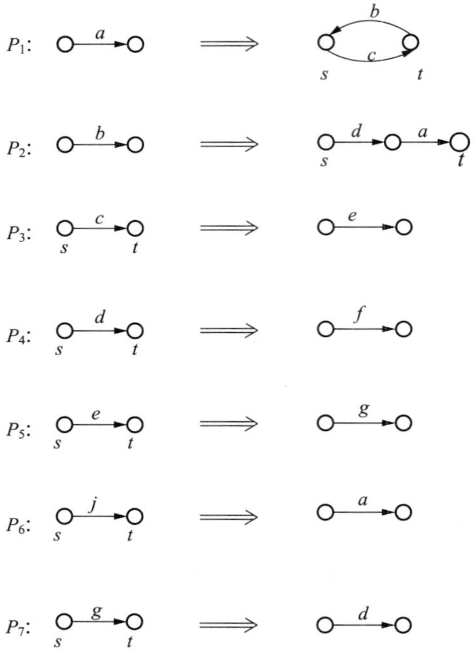

图 5.36

利用其中的生成式,我们可以得到图 5.37 所示的并行推导序列。

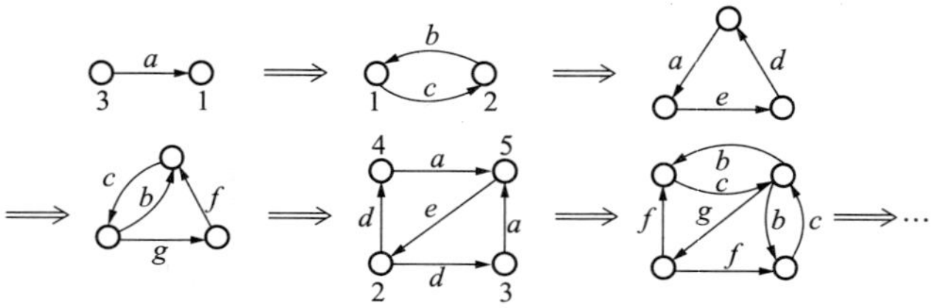

图 5.37

从这个例子我们可以看到,一个顺序图文法可以视为 Chomsky-文法,它是完成图中的子图被另一个子图所替换。当然可以替换子图的出现,我们称之为顺序图文法的并发性。关于这一点,我们在下一小节中讨论,这与并行图文法是有本质区别的。

并行图文法以替换方法分,有"结点替换"、"边替换"及"柄(handle)替换"等。不同替换原则的并行图文法分别命名为"结点替换并行图文法",简称 NPG(node substitution parallel graph grammar);"有向边替换并行图文法",简称 EPG(edge substitution parallel graph grammar);"柄替换并行图文法",简称 HPG(handles substitution parallel graph grammar)。并行图文法的关键问题,仍然是图的连接的表示问题。连接方式当然也分显式与隐式两种。

应当说,并行图文法的替换单位可以不一定必须是结点、有向边及柄,而可以是任意子图,即图文法的生成式的左边可以是任意图。

并行图文法在描述方法上也可以有集合论方法与代数方法。由于本章主要研究代数方法,在这里我们仅介绍“星胶合”(star gluing)或“星推出”(pushout star)概念。

定义 5.35(星图) 一个阶数 $n\geqslant 1$ 的星图是如下的有向图:

$$S=(B_i \leftarrow K_{ij} \rightarrow B_j)_{1\leqslant i<j\leqslant n}$$

它是由图 B_i, B_j, K_{ij} 及图射 $P_{ij}: K_{ij}\rightarrow B_i, P_{ij}: K_{ij}\rightarrow B_j$ 所组成的。

定义 5.36(星推出) 给定一个星图 $S=(B_i \leftarrow K_{ij} \rightarrow B_j)_{1\leqslant i<j\leqslant n}$,如果一个图 G 连同图射 $B_i\rightarrow G(i=1,\cdots,n)$满足下面的条件,那么称之为 S 的星推出,并简写为 POS。

(1)(对易性):$K_{ij}\rightarrow B_i\rightarrow G=K_{ij}\rightarrow B_j\rightarrow G$ 对于所有的 $i<j$。

(2)(泛特性):对于所有的图 G' 及图射 $B_i\rightarrow G'$,满足 $K_{ij}\rightarrow B_i\rightarrow G'=K_{ij}\rightarrow B_j\rightarrow G'$ 对于所有 $i<j$ 存在着唯一的图射 $G\rightarrow G'$,使得 $B_i\rightarrow G\rightarrow G'=B_i\rightarrow G(i=1,\cdots,n)$,有图 5.38。为直观,如令 $n=3$,那么 POS 图为图 5.39。

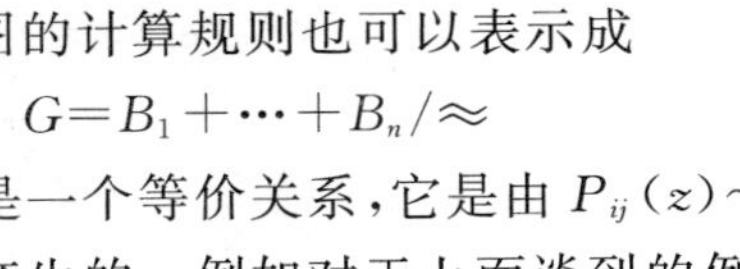

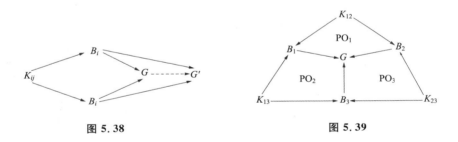

图 5.38

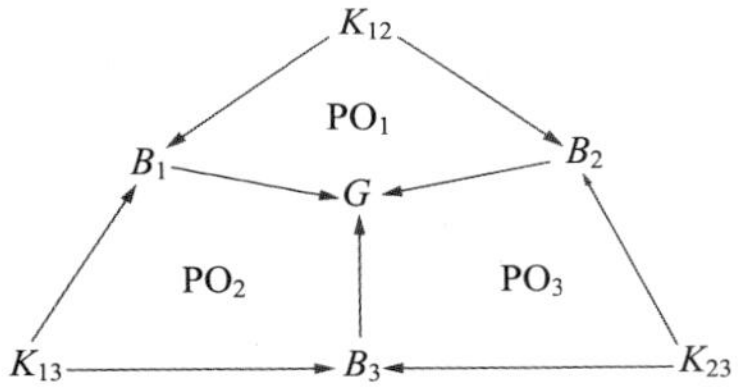

图 5.39

G 图的计算规则也可以表示成

$$G=B_1+\cdots+B_n/\approx$$

其中≈是一个等价关系,它是由 $P_{ij}(z)\sim P_{ji}(z)$(对于所有 $z\in K_{ij}, 1\leqslant i<j\leqslant n$)定义的关系所产生的。例如对于上面谈到的例 5.22 有图 5.40。其中 G 图及它的三个图射是星图的星推出。所有这些图射都是单射的。如何用星推出构造并行图文法生成式,我们就不介绍了,感兴趣的读者可去参看有关书籍,因为我们主要介绍的是顺序图文法。

图文法与串文法一样,也是一种形式语言,在其研究的领域中也有语法与语义之分。同样也有属性图文法,属性图文法的研究被广泛地利用在模式识别之中。下面,我们以图 5.41 表示图文法的研究领域及其组成。

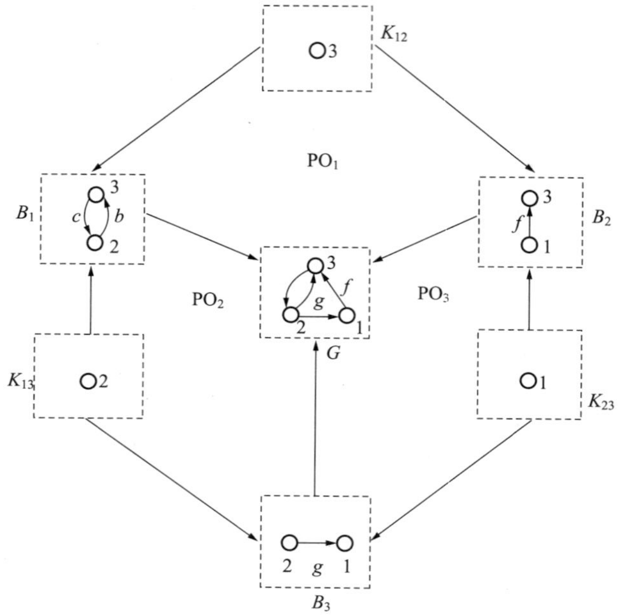

图 5.40

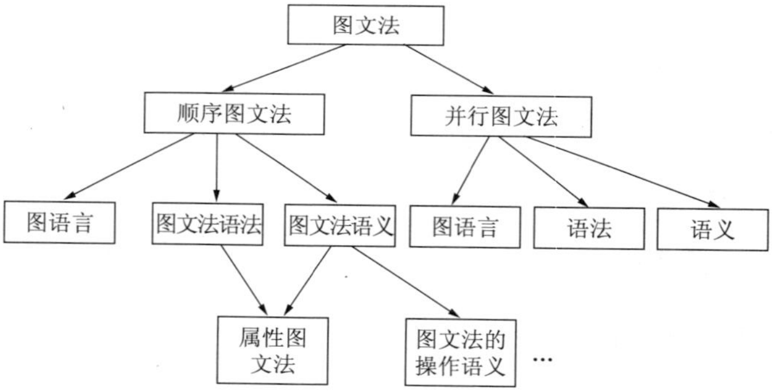

图 5.41

5.3.3 顺序图文法的基本特性

顺序图文法有许多重要的特性，它们是

- Church-Rosser 特性。
- 嵌套定理(embedding theorem)。
- 平行定理(parallelism theorem)。
- 范式推导序列(canonical derivation sequences)。
- 并发性定理(concurrency theorem)。
- 分解定理(decomposition theorem)。

首先给出如下定义。

定义 5.37 已知两个紧密的(fast)生成式 $p=(B_1 \xleftarrow{p_1} K \xrightarrow{p_2} B_2)$ 及 $p'=(B'_1 \xleftarrow{p'_1} K' \xrightarrow{p'_2} B'_2)$，如果 B_1 与 B'_1 是由共同的胶合项所组成，则两个基于 g 的 $G \underset{p}{\Rightarrow} H$ 及基于 g' 的 $G \underset{p'}{\Rightarrow} H'$ 的直接推导称为平行独立的。

更精确的定义为，如果

$$g(B_1) \cap g'(B'_1) \subseteq g(p_1(K)) \cap g'(p'_1(K'))$$

被满足，那么上述的两个推导是平行独立的。类似地，推导 $G \underset{p}{\Rightarrow} H \underset{p'}{\Rightarrow} X$（基于 g 与 g'）被称为顺序独立的(sequential independent)，如果

$$h(B_2) \cap g'(B'_1) \subseteq h(p_2(K)) \cap g'(p'(K'))$$

满足的话。

关于独立性还可以给出一个更形式的代数定义。

分别基于 g 与 g' 的两个推导 $G \overset{p}{\Rightarrow} H$ 及 $G \overset{p'}{\Rightarrow} H'$ 是平行独立的，并且仅当存在着两个图的射 $B_1 \to D'$ 及 $B'_1 \to D$ 使得

$$B_1 \xrightarrow{g} G = B_1 \longrightarrow D' \xrightarrow{c'_1} G$$

$$B'_1 \xrightarrow{g'} G = B'_1 \longrightarrow D \xrightarrow{c_1} G$$

其中 c_1 及 c'_1 是相应的前后文图的单射。

定理 5.7(Church-Rosser 特性 Ⅰ) 令 $p:G \Rightarrow H$ 及 $p':G \Rightarrow H'$ 是两个平行独立的图的推导，存在着一个图 X 及两个图的推导 $p':H \Rightarrow X$ 及 $p:H' \Rightarrow X$ 使得推导序列 $G \overset{p}{\Rightarrow} H \overset{p'}{\Rightarrow} X$ 及 $G \overset{p'}{\Rightarrow} H' \overset{p}{\Rightarrow} X$ 是顺序独立的(见图 5.42)。

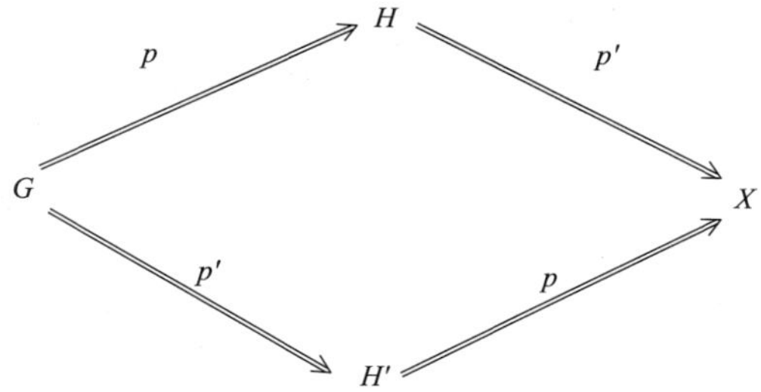

图 5.42

定理 5.8(Church-Rosser 特性 Ⅱ) 给定一个顺序独立序列 $G \overset{p}{\Rightarrow} H \overset{p'}{\Rightarrow} X$，存在着一个图 H' 及一个顺序独立的图推导序列 $G \overset{p'}{\Rightarrow} H' \overset{p}{\Rightarrow} X$ 使得 $G \overset{p}{\Rightarrow} H$ 及 $G \overset{p'}{\Rightarrow} H'$ 是平行独立的。

我们可以将上面的 Church-Rosser 定理推广到更一般的情形中，即：

给定两个图的推导序列 $G \overset{*}{\Rightarrow} H$ 及 $G \overset{*}{\Rightarrow} H'$，存在着一图 G' 及图的推导序列 $H \overset{*}{\Rightarrow} X$

及 $H' \overset{*}{\Rightarrow} X$。

定理 5.9(嵌入定理)　给定一个图的推导序列 $S:G \overset{*}{\Rightarrow} G'$，这个推导序列是由生成式 $p_1,\cdots,p_n$ 产生的。另外，给定一个图的同态 $h:G \to \overline{G}$，那么存在着一个图 $\overline{G}'$ 及一个图的同态 $h':G \to \overline{G}'$，使得序列 S 可以扩充到一个序列 $\overline{S}:\overline{G} \overset{*}{\Rightarrow} \overline{G}'$，这个新的序列也是由生成式 $p_1,\cdots,p_n$ 所产生的，并且 G 中 $h:G \to \overline{G}$ 的 BOUNDARY 总要包含在 $S:G \overset{*}{\Rightarrow} G'$ 的“支持点”部分中。

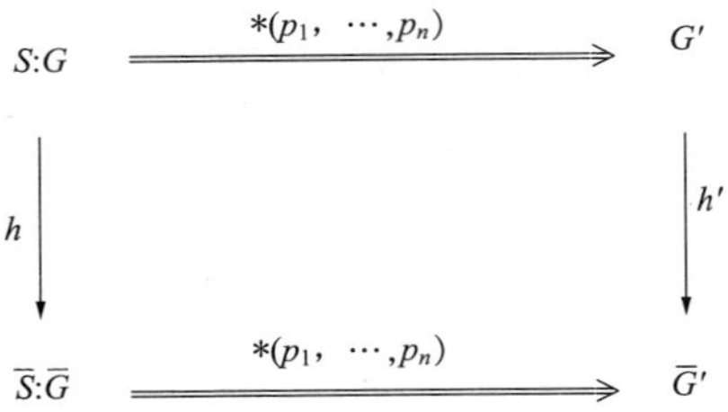

图 5.43

有时，我们称上面的结构为 JOIN 操作，并有 JOIN$(S,h)=\overline{S}$。相反地，如从 $\overline{S}:\overline{G} \Rightarrow \overline{G}'$ 及 $h:G \to \overline{G}$ 开始，那么存在着于上述情况类似的情况，即序列 $S:G \overset{*}{\Rightarrow} G'$ 是 CLIP 操作的结果，并且 CLIP$(\overline{S},h)=S$。

下面，对上面定理进行解释。

对于生成式 $p_1,\cdots,p_n$，给定一个推导序列 $G_0 \Rightarrow G_1 \Rightarrow \cdots \Rightarrow G_n$，有

$$G_0 + \text{ADDED\_ITEMS} = G_n + \text{DELETED\_ITEMS}$$

对于结点与有向边的集合应当成立，其中

$$\text{ADDED\_ITEMS} = \bigcup_{1 \leqslant i \leqslant n} \text{ADD}_i \text{(disjoint union)}$$

其中

$$\text{ADD}_i = g_{i-1}(B_{i1}) - g_{i-1}(p_{i1}(K_i))$$

$$\text{DELETED\_ITEMS} = \bigcup_{1 \leqslant i \leqslant n} \text{DEL}_i \text{(disjoint union)}$$

其中

$$\text{DEL}_i = h_i(B_{i2}) - h_i(p_{i2}(K_i))$$

有时，我们称上面的结果为相容性定理(consistency theorem)。

从上面的讨论中，我们可以看出，图的转换中会有一部分不变，或称之为推导序列的“支持点”(persistent points)，这些支持点在以后的推导步骤中将不会被删除掉。这些支持点可以被如下递归定义：

$$\text{PERSIST}(G_n) = G_n$$

$$\text{PERSIST}(G_{i-1}) = g_{i1}(g_{i2}^{-1}(\text{PERSIST}(G_i))) \quad i=1,2,\cdots,n$$

于是，我们可以给出 JOIN 条件：BOUNDARY_PERSIST(G_0)，如果我们希望从 $\overline{G}_0 \Rightarrow$

$\overline{G}_n$ 到 $G_0 \overset{*}{\Rightarrow} G_n$，那么我们必须定义 $\overline{G}_0$ 中的这样一些项，它们至少被一个生成式实际使用在推导序列中，于是定义生成式的左边并汇集在下面的形式中：

$$\mathrm{USE}(\overline{G}_n)=\varnothing$$

$$\mathrm{USE}(\overline{G}_{i-1})=\overline{g}_{i1}(\overline{g}_{i2}(\mathrm{USE}(G_i)))\cup g_{i-1}(B_{i1})\quad i=1,2,\cdots,n$$

于是我们可以得到 CLIP 条件：$\mathrm{USE}(\overline{G}_0)\subseteq h_0(G_0)$。

应注意，JOIN 条件表明：在 BOUNDARY 中的每一项是支持点。而 CLIP 条件表明：$\overline{G}$ 的使用部分必须是 $h_0(G_0)$的一个子图。JOIN 与 CLIP 两者是互逆的，并有

$$\mathrm{CLIP}(\mathrm{JOIN}(S,h_0),h_0)=S$$

$$\mathrm{JOIN}(\mathrm{CLIP}(\overline{S},h_0),h_0)=\overline{S}$$

从嵌套定理可以得到如下有趣的推论，有推导序列：

(1) 由生成式 $p_1,\cdots,p_n$ 产生的推导序列

$$G\overset{*}{\Rightarrow}G'$$

(2) 由生成式 $q_1,\cdots,q_n$ 产生的推导序列

$$H\overset{*}{\Rightarrow}H'$$

那么，对于生成式 $p_1+q_1,\cdots,p_n+q_n$，可以产生下面的不相交平行推导序列：$G+H\overset{*}{\Rightarrow}G'+H'$。如果还有图同态 $h:G+H\to\overline{G}$（这表示图 G 及 H 可以映射到一个共同的图 $\overline{G}$），那么被嵌套的平行推导序列 $\overline{G}\Rightarrow\overline{G}'$（也被 $p_1+q_1,\cdots,p_n+q_n$ 所产生）如图 5.44所示。其中 $p_i+q_i(1\leqslant i\leqslant n)$的定义形式请看下面的平行生成式定义。

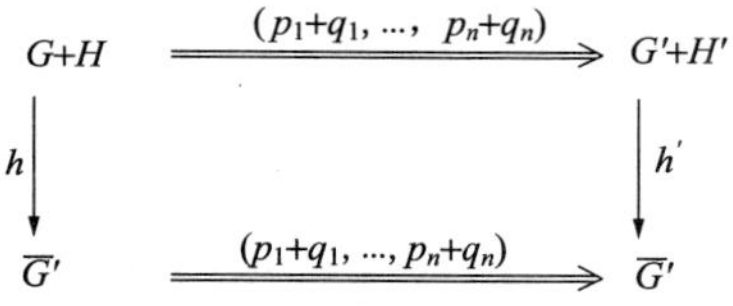

图 5.44

定义 5.38（平行生成式及其推导） 设 $p=(B_1\xleftarrow{p_1}K\xrightarrow{p_2}B_2)$，$p'=(B'_1\xleftarrow{p'_1}K'\xrightarrow{p'_2}B'_2)$是两个紧密的生成式，而平行生成式 $p+p'$被定义如下：

$$p+p'=(B_1+B'_1\xleftarrow{p_1+p'_1}K+K'\xrightarrow{p_2+p'_2}B_2+B'_2)$$

其中"+"表示图或图的射的不相交并，$p+p'$也是一个紧密的生成式。推导 $G\overset{p+p'}{\Rightarrow}X$ 称之为平行推导。

定理 5.10（平行定理） 平行定理声明如下的语句是等价的：

(1) (ANALYSIS)给定一个平行推导

$$G\Rightarrow G'\ \text{via}\ p+p'$$

存在着顺序独立序列

$$G\Rightarrow H\Rightarrow G'\ \text{via}\ (p,p')\text{及}$$

$$G\Rightarrow H'\Rightarrow G'\ \text{via}\ (p',p)$$

(2) (SYNTHESIS)给定一个顺序独立序列

$$G\Rightarrow H\Rightarrow G'\ \text{via}(p,p')$$

存在着平行推导(直接由平行生成式 $p+p'$)

$$G \Rightarrow G' \text{ via } (p+p')$$

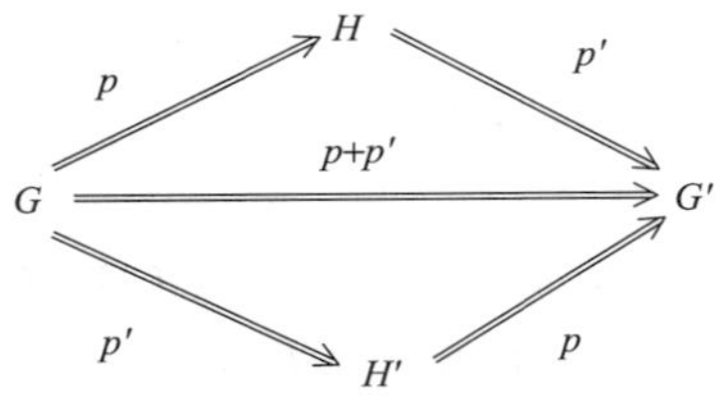

图 5.45

(3) 如果(p,p')及 $p+p'$存在着一个在顺序独立序列$G\Rightarrow H\Rightarrow G'$ via (p,p')及平行推导 $G\Rightarrow G'$ via$(p+p')$之间的双向对应关系,那么在(1)与(2)中表明的操作是互逆的。有时把(1)中表示的操作称之为 ANALYSIS,把(2)中表示的操作称之为 SYNTHESIS。上述内容,可用图 5.45 表示。

下面,我们举一个例子,以加深对上面所述概念的理解。

例 5.23 在图 5.46 中的两个推导不是平行独立的,所用的生成式为例5.21 中的 P_5,P_7。因为 B_1 虽然在交集之后,但不在胶合项之中。然而,同样这两个生成式,使用不同的实际参数,却可以是平行独立的,如图 5.47 所示。

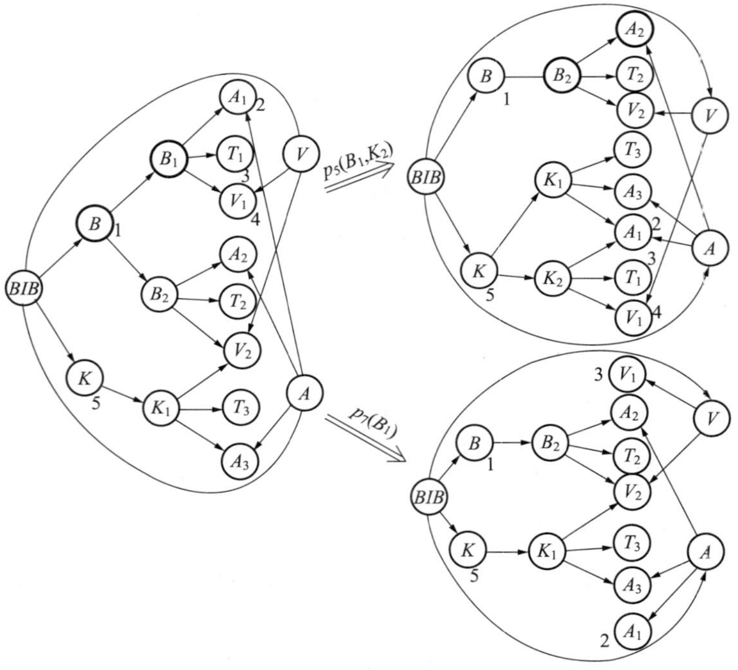

图 5.46

下面,我们向读者介绍并发定理及并发生成式。为此,我们首先介绍 R-相关生成式及推导。

定义 5.39(R-相关生成式及推导)

(1) 对于紧密生成式(p,p'),关系 R 是一个图射 $B_2 \leftarrow R \rightarrow B'_1$ 的序对使得在图 5.48 中存在着唯一的,分别是 $L_1 \rightarrow R \rightarrow B'_1$,$L_2 \rightarrow R \rightarrow B_2$ 的"互补-PO":$L_1 \rightarrow B'_{10} \rightarrow B'_1$ 及 $L_2 \rightarrow B_{20} \rightarrow B_2$。

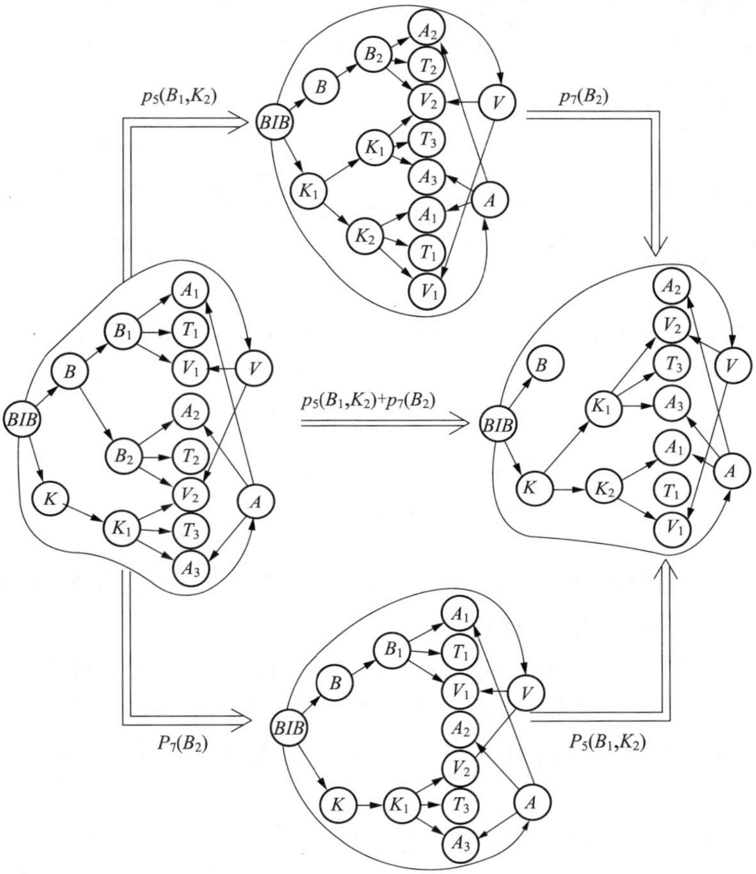

图 5.47

(2) 对于给定的关系 $R=(p,p')$，如果使得图 5.49 中的(1)是对易的，并且如果存在唯一图的射 $B_{20}\to D$ 与 $B'_{10}\to D'$ 使图 5.49(2)及(3)是对易的，那么推导序列 $G\Rightarrow H\Rightarrow G'$(经 (p,p'))称为 R-相关的。其中 D,D' 分别是 $G\Rightarrow H,H\Rightarrow G'$ 的前后文图。这里的 B'_{10} 及 B_{20} 是 B'_1,B_2 的非 R-相关的部分。

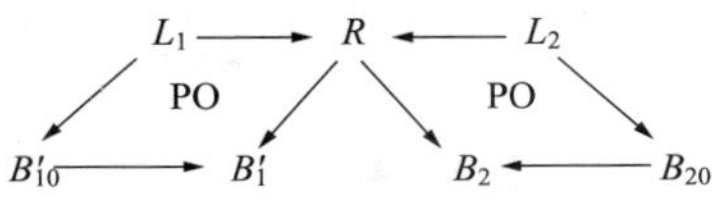

图 5.48

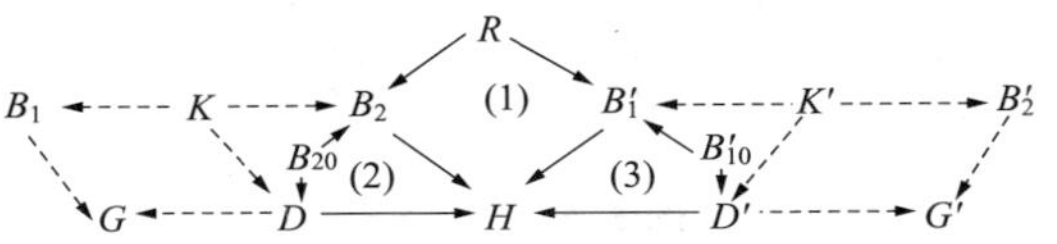

图 5.49

下面，我们做些解释。

对于上述定义中的(1)，假定 p 与 p' 分别为如下的两个生成式：

$$p:B_1\leftarrow K\rightarrow B_2 \quad p':B'_1\leftarrow K'\rightarrow B'_2$$

如果假定有关系 $B_2 \leftarrow R \rightarrow B'_1$，则有图 5.50。

于是根据图的“拉回”(pullback)定义，分别可以得到 L_1 与 L_2（L_1，L_2 分别是 R 与 K，R 与 K' 的交）（图 5.51）。

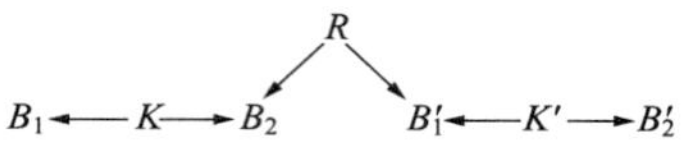

图 5.50

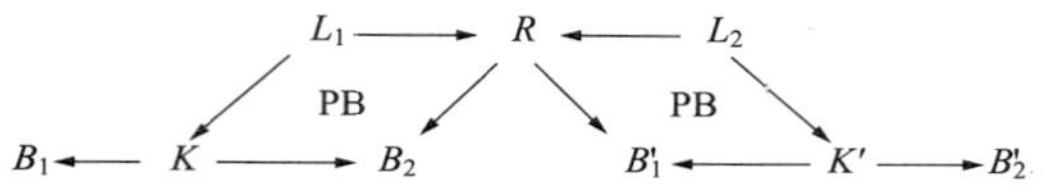

图 5.51

再分别求 $L_1 \rightarrow R \rightarrow B'_1$ 及 $L_2 \rightarrow R \rightarrow B_2$ 的“互补-PO”，于是有图 5.52。

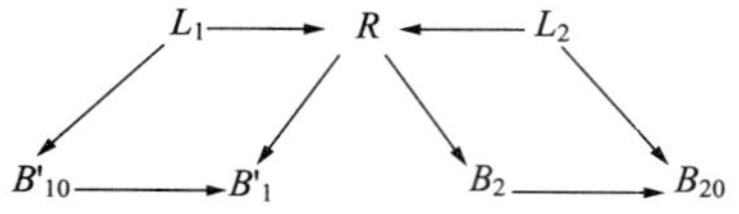

图 5.52

定义 5.40（并发生成式） 给定紧密生成式序对（p，p'）的关系 R，R-并发生成式 $p *_R p' = (B_1^* \leftarrow K \rightarrow B_2^*)$ 是如下结构：

第一步 在图 5.53 的双立方体中，前面与底面的方块图是根据定义 5.39 构成的。K_0，L 及 K'_0 分别是由左、中、右三个侧面求出的“拉回”（pullback）。使用 K_0 及 K'_0 的 PB-特性，存在着唯一的射：$L \rightarrow K_0$ 及 $L \rightarrow K'_0$ 使得立方体的项面与背面的方块图是对易的。

第二步 在图 5.54 的双立方体中，令 $L_1 \rightarrow B_1 = L_1 \rightarrow K \rightarrow B_1$，$K_0 \rightarrow B_1 = K_0 \rightarrow K \rightarrow B_1$，$L_2 \rightarrow B'_2 = L_2 \rightarrow K' \rightarrow B'_2$ 及 $K'_0 \rightarrow B'_2 = K'_0 \rightarrow K' \rightarrow B'_2$。因此，我们已经有了根据第一步的项部与背面方块图的对易性。B_1^*，K^*，B_2^* 分别是左、中、右三个侧面的“推出”(PO)，并存在唯一的射 $K^* \rightarrow B_1^*$ 及 $K^* \rightarrow B_2^*$ 使立方体前面与底面的方块图具有对易性。

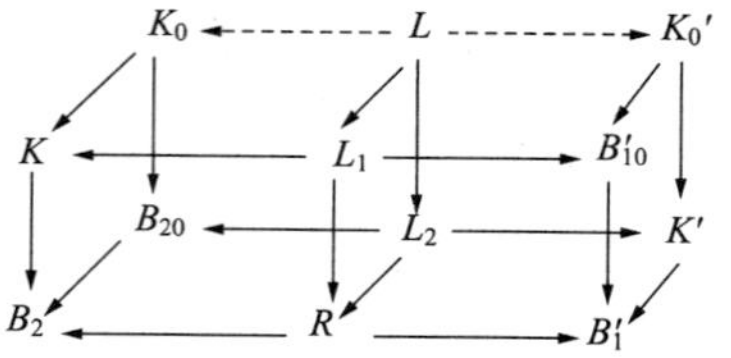

图 5.53

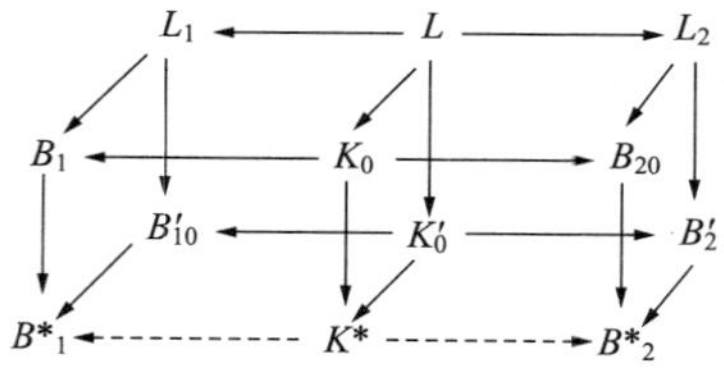

图 5.54

下面，我们做些解释。

也许读者看上面的立方体图不习惯，我们首先将第一步用到的立方图的前面与底面的方块图画在一个平面上（并将 p 与 p' 两个生成式有关内容也画出）。这个图在于画出如何按照 R-相关生成式分别求出 B'_{10} 与 B_{20}（即求出 B'_1 与 B_2 不相关的部分）。将求出新的生成式 $B_{10} \leftarrow K_0 \rightarrow B_{20}$ 及 $B'_{10} \leftarrow K'_0 \rightarrow B'_{20}$，如令 $B_{10} = B_1$，$B'_{20} = B'_2$ 于是得到

图 5.55。

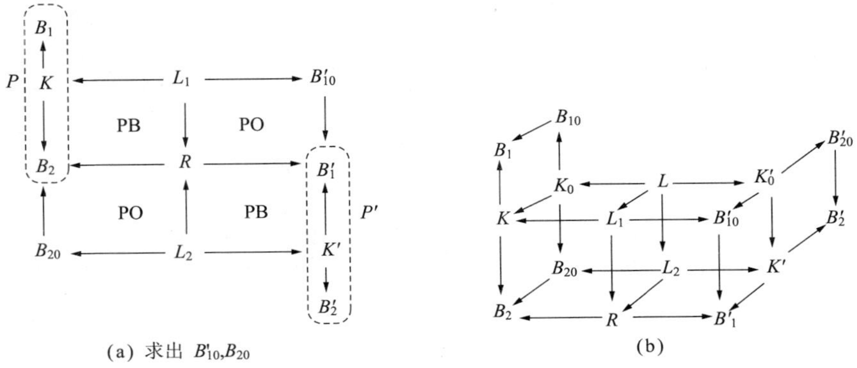

图 5.55

$B_1 \leftarrow K_0 \rightarrow B_{20}$ 及 $B'_{10} \leftarrow K'_0 \rightarrow B'_2$，显然在 $L_1 \rightarrow B_1 = L_1 \rightarrow K \rightarrow B_1$，$K_0 \rightarrow B_1 = K_0 \rightarrow K \rightarrow B_1$，$L_2 \rightarrow B'_2 = L_2 \rightarrow K' \rightarrow B'_2$ 及 $K'_0 \rightarrow B'_2 = K'_0 \rightarrow K' \rightarrow B'_2$ 的条件下，上面的图 5.55(b)可以推出图 5.56。即得到生成式

$$p^*{}_R p' = (B_1^* \leftarrow K^* \rightarrow B_2^*)$$

有时为了直观，我们还可以用图 5.57 来表示。

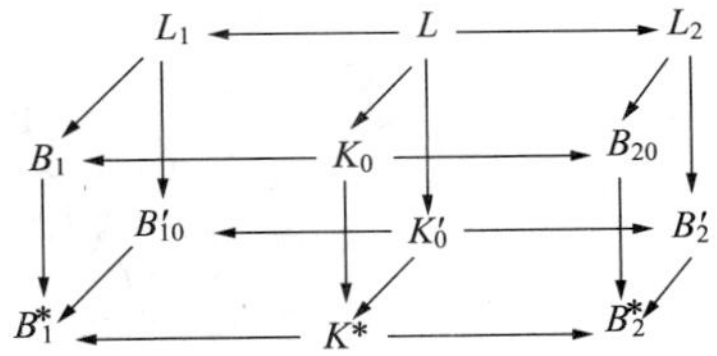

图 5.56

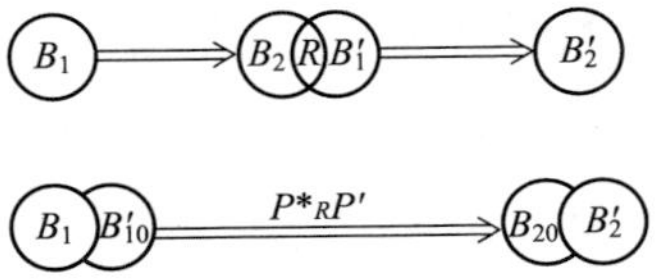

图 5.57

定理 5.11(并发定理) 对于紧密生成式序对(p, p')给定一个关系 R 及 R-并发生成式 $p^*{}_R p'$，那么如下两句话是等价的。

(1) 存在着一个 R-相关的图推导序列

$$G \overset{p}{\Rightarrow} H \overset{p'}{\Rightarrow} G'$$

(2) 存在着一个 R-并发生成式 $p^*{}_R p'$的一个直接推导

$$G \overset{p^*{}_R p'}{\Longrightarrow} G'$$

注意：在 p 与 p'之间并没有假定它们是独立的，但如果 $R = \varnothing$，那么它们必然是顺序独立的。此时 $p^*{}_R p'$即等于 $p + p'$，这意味着平行定理是并发定理的特殊情况(即 $R = \varnothing$ 的情况)。

下面，举一个例子。

例 5.24 令有图 5.58 所示的两个生成式。这两个生成式的关系 R 如图 5.59 所示。用这两个生成式可以产生图 5.60 所示的推导序列。

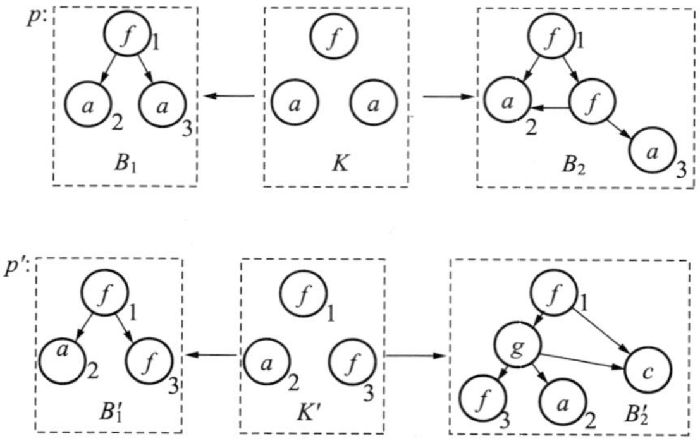

图 5.58

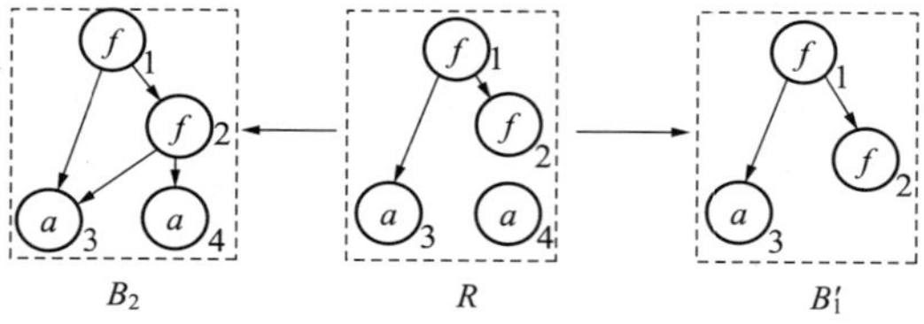

图 5.59

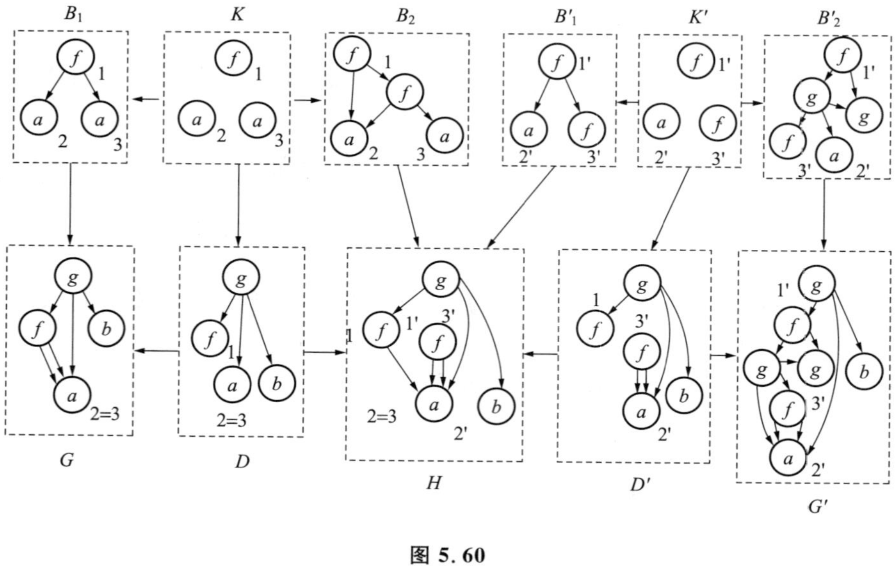

图 5.60

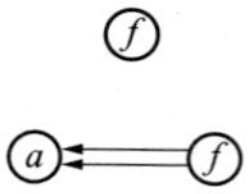

图 5.61

下面，我们来求并发生成式 $p^{*}_{R}p'$。

（1）按照定义 5.39 求出 L_1 及 L_2。即 L_1 由标记有 f,a,a 的三个结点所组成；L_2 由 f,f,a 的三个结点所组成。

（2）按照定义 5.39 求出 B'_{10} 及 B_{20}。即 B'_{10} 由标记 f,a 的两个结点所组成，而 B_{20} 为图 5.61。

（3）根据定义 5.40 求出 L,K_0,K'_0 及 $B^{*}_{1},K^{*},B^{*}_{2}$，其计算的结果为图 5.62。

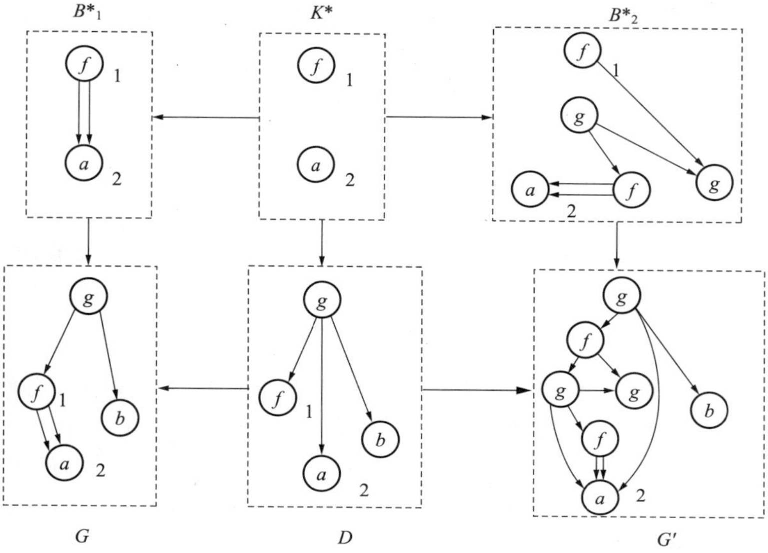

图 5.62

下面,我们来讨论范式推导序列(canonical derivation sequence)。为了给出范式推导序列定理,我们首先讨论移位操作、等价推导序列、范式推导序列。

首先假设对于每一个推导序列,在该序列中的所有生成式(包含平行生成式)都是紧密的,并具有不同的名字,那么有

(1) 设 p 是生成式,S 是一个推导序列并有如下的形式:

$$S: G \overset{*}{\Rightarrow} G_1 \overset{p_1}{\Rightarrow} G_2 \overset{p+p_2}{\Rightarrow} G_3 \overset{*}{\Rightarrow} G'$$

那么 $\mathrm{SHIFT}_p(S)$ 被定义为如果 p 与 p_1 是独立的,根据平行定理有 S':

$$S': G \overset{*}{\Rightarrow} G_1 \overset{p_1}{\Rightarrow} G_2 \overset{p}{\Rightarrow} G'_2 \overset{p_2}{\Rightarrow} G_3 \overset{*}{\Rightarrow} G'$$

进一步的变换有

$$S'': G \overset{*}{\Rightarrow} G_1 \overset{p_1+p}{\Rightarrow} G'_2 \overset{p_2}{\Rightarrow} G_3 \overset{*}{\Rightarrow} G'$$

所以有

$$\mathrm{SHIFT}_p(S) = S''$$

(2) 有两个推导序列 S 与 S',如果 $S=S'$ 或者存在着一个操作 SHIFT_{pi} 及推导序列 S_i(对于 $i=0,\cdots,n$)使得 $S=S_0$,$S'=S_n$ 并且

$$\mathrm{SHIFT}_{pi}(S_{i-1}) = S_i$$

或

$$\mathrm{SHIFT}_{pi}(S_i) = S_{i-1}$$

那么说 S 与 S' 是等价的。

(3) 对于推导序列 S,如果不存在一个生成式,使得 $\mathrm{SHIFT}_p(S)$ 被定义,那么称 S 是范式的(canonical)。

下面,我们可以给出范式推导序列定理。

定理 5.12(范式推导序列定理) 对于紧密生成式的每一个推导序列存在着一个范式推导序列 SHIFT(S)等价于 S。

一个 SHIFT 操作可以用如下过程来表示：

```
procedure SHIFT(S) is
  begin
    for i:=1 step 1 until n do
      while"pᵢ 不在 S 的第一个直接推导中,而且 pᵢ 独立于 S 的以前直接推导"
      do S:=SHIFTpᵢ(S)
    end
```

所谓分解定理(decomposition theorem)是研究如何将一个生成式分解成并发生成式,所以它与构造并发生成式相反。该问题是如下描述的:给定一个生成式 p,寻找生成式 p',p''及关系 R,使得 p 等于(直到同构意义)并发生成式 $p' *_R p''$。

分解定理表明,存在一个算法结构,对于生成式 p(与某参数),p 的所有分解 p'与 p'' 及关系 R 使得我们有

$$p' *_R p'' = p$$

以上我们讨论了顺序图文法的代数方法,其实这种代数方法中有三种变化形式,它们是

- 固定标号方式。
- 可重新标号方式(见例 5.21)。
- 构造方式。

其中构造方式是把图看成一个由"原子"及"关系"组成的一个结构,并构造出原子公式的集合,这些原子公式的形式为 $R(a_1,\cdots,a_n)$,其中 $a_1,\cdots,a_n$ 是一些原子,R 是一个 n 元关系。

5.4 类别代数理论

类别代数理论是抽象数据类型的理论基础,又是范畴论的重要应用分支。类别代数理论已构成了一个体系,虽然在处理某些局部问题上仍然有争议。这一节,我们将介绍类别代数理论中的如下内容：

- 类别标记(sorted signature)。
- 类别代数(sorted algebras)。
- 类别代数的延拓及层次性。
- 异常类别代数。

我们在本章的开头就谈到过,抽象数据类型的概念,是软件自动生成技术,提高软件重复使用能力和软件生产力的极其重要的途径,甚至是新一代程序设计语言的支持环境的基础。一个类别代数实际上把值集、操作及公理统一在一个大概念中,一个类别代数被定义成如下的可以称为理论的三元组：

$$A=(S,\Sigma,E)$$

其中 S 表示值集；Σ 表示在 S 所表明的值集对象上的操作；E 表示 Σ 中所定义的操作应满足的条件的等式集合（公理集合）。

5.4.1 类别标记

类别标记是类别代数的语法成分，它是如下定义的。

定义 5.41 一个类别标记是一个序对 (S,Σ)，其中 S 是类别名的有限集合；Σ 是在 S 中所标明类别名代表的值集上的操作的有限集合，即 $\Sigma=\{\Sigma_{w,c} \mid w \in S^*, c \in S\}$，当 w 为空时，记为 $\Sigma_{\lambda,c}$。

标记（signature）在这里与在音乐中的调号（key signature）有相同的意义。所谓类别，就是例如$\underline{\text{integer}}$，$\underline{\text{bool}}$ 等的值集。所谓类别名就是指值集的名字，这些名字就是一些标识符，例如 integer，bool 等。希望读者能够区分类别名与类别名所代表载体（值集）之间的差别（在表示上，要注意$\underline{\text{integer}}$ 与 integer 之间的差别）。

在 $\Sigma=\{\Sigma_{w,c} \mid w \in S^*, c \in S\}$ 中的 w 表示操作的输入类别名的串，不同的类别名之间我们用一个空格来表示，c 表示操作输出的类别名。例如有 $\sigma \in \Sigma$，可以记为 $\Sigma_{\text{int int, int}}$，表示输入变量是两个整型变量，这个操作的输出的类别名也为整型。所以 $\Sigma_{\text{int int, int}}$ 的语义可以形式地表示为

$$[\![\Sigma_{\text{int int, int}}]\!]=\underline{\text{int}}\times\underline{\text{int}}\to\underline{\text{int}}$$

其中 int 表示类别名，$\underline{\text{int}}$ 表示类别名 int 所代表的值集。所以对于一个操作，其语法形式为

$$\sigma \in \Sigma_{S_1,S_2,\cdots,S_n,S}$$

其语义为

$$[\![\sigma]\!]: \underline{S_1}\times\underline{S_2}\times\cdots\times\underline{S_n}\to\underline{S}$$

或写成

$$[\![\sigma]\!]: \underline{S_1},\underline{S_2},\cdots,\underline{S_n}\to\underline{S}$$

下面，我们来定义类别标记的射（signature morphism）。

定义 5.42 一个类别标记的射 $(S,\Sigma)\to(S',\Sigma')$ 是一个序对 (ϕ,g)，其中 $\phi: S\to S'$，g 是一个族 $g_{w,c}:\Sigma_{w,c}\to\Sigma'_{\phi w,\phi c}$，其中 $\phi(S_1,\cdots,S_n)=(\phi(S_1),\cdots,\phi(S_n))$，即如果 $\sigma \in \Sigma$，$\sigma: S_1,\cdots,S_n\to S_0$，$S_1,\cdots,S_n,S_0\in S$，那么 $\phi(\sigma):\phi(S_1),\cdots,\phi(S_n)\to\phi(S_0)$，并且标记的射的复合仍然是一个标记射，即对于

$$(S,\Sigma)\xrightarrow{(\phi,g)}(S',\Sigma')\xrightarrow{(\phi',g')}(S'',\Sigma'')$$

有

$$(\phi'\phi, g'g):(S,\Sigma)\to(S'',\Sigma'')$$

其中

$$(g'g)_{w,c}=g'_{\phi(w),\phi(c)}\,g_{w,c}$$

类别标记 (S',Σ') 是 (S,Σ) 的子标记当且仅当 $S'\subseteq S$ 且 $\Sigma'\subseteq\Sigma$。

两个标记 (S,Σ) 和 (S',Σ') 的并（union）标记为 $(S,\Sigma)\cup(S',\Sigma')=(S\cup S',\Sigma\cup\Sigma')$。

例 5.25 考虑如下的类别标记

sorts:nat,bool

operations:

0:→nat

succ:nat→nat

≤:nat,nat→bool

true:→bool

false:→bool

and:bool,bool→bool

¬ :bool→bool

如果用一个图来表示则为图 5.63。

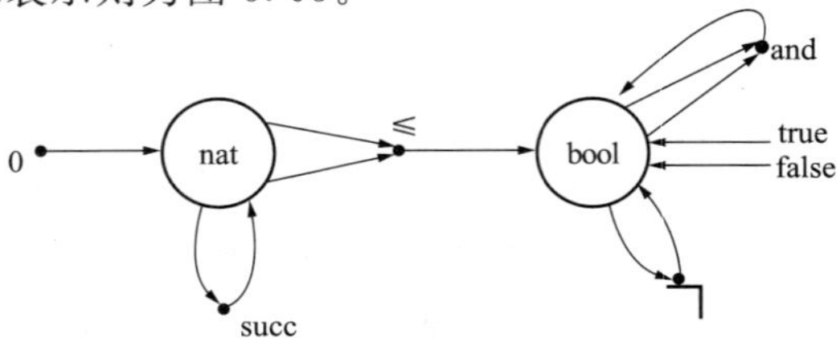

图 5.63

关于类别标记的范畴将放在类别代数的范畴中讨论。

5.4.2　类别代数

这一小节,我们将讨论类别代数的定义、Σ-同态、Σ-代数范畴、Σ-同构、初始代数理论、Σ-项及 Σ-相等等概念。

定义 5.43　一个类别代数是一个三元组 $A=(S,\Sigma,E)$,其中 S 是类别名的有限集合;Σ 是操作的有限集合 $\Sigma=\{\Sigma_{w,c}\mid w\in S^*, c\in S\}$;$E$ 是公理的有限集合(可以是空)。

下面先请看一个例子。

例 5.26　定义如下的类别代数

sorts: nat

operations:

0:→nat

succ:nat→nat

+:nat,nat→nat

*:nat,nat→nat

axioms for all x,y: nat let

1:0=0

2:if $x=y$ then succ(x)=succ(y)

3:$x+0=x$

4:x+succ(y)=succ($x+y$)

5:$x*0=0$

6: $x * \text{succ}(y) = x * y + x$

例 5.27 定义整数的类别代数

<u>sorts</u>: int

<u>operations</u>:

0: →int

pred: int→int

succ: int→int

−: int,int→int

+: int,int→int

*: int,int→int

<u>axioms</u> <u>for</u> <u>all</u> x, y: int <u>let</u>

1: $0 = 0$

2: <u>if</u> $x = y$ <u>then</u> $\text{succ}(x) = \text{succ}(y)$

3: <u>if</u> $x = y$ <u>then</u> $\text{pred}(x) = \text{pred}(y)$

4: $\text{pred}(\text{succ}(x)) = x$

5: $\text{succ}(\text{pred}(x)) = x$

6: $x + 0 = x$

7: $x + \text{succ}(y) = \text{succ}(x + y)$

8: $x + \text{pred}(y) = \text{pred}(x + y)$

9: $x - 0 = x$

10: $x - \text{succ}(y) = \text{pred}(x - y)$

11: $x - \text{pred}(y) = \text{succ}(x - y)$

12: $x * 0 = 0$

13: $x * \text{succ}(y) = x * y + x$

14: $x * \text{pred}(y) = x * y - x$

再看布尔代数的类别代数。

例 5.28 布尔代数的类别代数可以如下定义。

sorts bool

<u>operations</u>

T: →bool

F: →bool

¬: bool→bool

∧: bool,bool→bool

∨: bool,bool→bool

<u>axioms</u> <u>for</u> <u>all</u> x, y: bool <u>let</u>

1: $\neg T = F$

2: $\neg(\neg x) = x$

3: $T \wedge x = x$

4：$F \wedge x = F$

5：$T \vee x = T$

6：$F \vee x = x$

7：$x \wedge y = y \wedge x$

8：$x \vee y = y \vee x$

9：$\neg (x \wedge y) = (\neg x) \vee (\neg y)$

类别代数还可以是多类别代数，例如下面的两个类别代数。

例 5.29　有如下的一个多类别代数。

<u>sorts</u> nat, bool

<u>Operations</u>

0：→nat

succ：nat→nat

true：→bool

false：→bool

¬：bool→bool

<u>axioms</u> <u>for</u> <u>all</u> $x, y \in$ nat <u>let</u>

1：0=0

2：<u>if</u> $x = y$ <u>then</u> succ(x)=succ(y)

3：¬ true=false

4：¬ (¬ (true))=true

从上面的例子我们已经看到，在定义类别代数时，存在着这样的一种类别代数，即在这种类别代数中，其操作都是类别代数中所定义值集的构造函数。什么叫构造函数呢？例如对于自然数的类别代数，其类别名所表示的值集为{0,1,2,…}。这个集合中的每一个元素都可以用如下的两个函数来构造：

0：→nat

succ：nat→nat

显然，对于自然数的集合中的任意数 n，有

$$\text{succ}\ \underbrace{(\text{succ}(\cdots\text{succ}(0))}_{n\text{个succ函数的施用}}\cdots)$$

我们称上面的式子为 Σ-项(Σ-term)，一个 Σ-项是如下定义的。

定义 5.44　Σ-项是如下递归定义的：

(1) $\Sigma_{\lambda,c}$是一个 Σ-项。

(2) 如果 $\sigma \in \Sigma_{w,c}$，并且 $w = S_1, \cdots, S_n$，$t_i(1 \leqslant i \leqslant n)$是 Σ 项，那么 $\sigma(t_1, \cdots, t_n)$也是 Σ-项。

如果引入变理，那么 Σ-项的定义可以修改如下：

(1) $\Sigma_{\lambda,c}$是一个 Σ-项。

(2) $X_s, Y_s, \cdots$也是 Σ-项，并且 $s \in S$。

(3) 如果 $\sigma \in \Sigma_{w,c}$，并且 $w = S_1, \cdots, S_n$，$t_i(1 \leqslant i \leqslant n)$是 Σ-项，那么 $\sigma(t_1, \cdots, t_n)$也是

一个 Σ-项。

也许有人认为，把 0，succ 称之为构造函数是无可非议的，但构造自然数值集中的所有值时，也可以用 0，1，plus 这样三个函数来构造。也就是说，其构造函数集合并不是唯一的。当然，0，succ 这两个构造函数的集合是构造自然数的最小构造函数的集合。如果 0，succ 称之为构造函数，那么 plus，mult 等函数与构造函数是什么关系呢？从定义角度来看，是 plus，mult 这样的函数独立定义，从而给出 plus，mult 等函数与 0，succ 函数的相互关系；还是明确 plus，mult 等必须要由函数 0，succ 两个函数来定义，而不给出相互关系(或称之为相互定义)，这是不同的哲学派别。我们在下面介绍的方法是初始代数理论方法，这种方法首先构造初始代数，在初始代数的基础上，去延拓或者去富足其类别及操作(当然也包括公理的延拓)。在这些代数之间，用射来表示它们的关系，我们在下面称之为 Σ-同态。把这样的由一个初始代数发展起来的代数族称之为一个范畴，我们称之为 Σ-代数范畴。下面，我们就来定义这些概念。

定义 5.45(Σ-同态) 令 $A=(S,\Sigma,E)$ 及 $B=(S',\Sigma',E')$ 是两个类别代数，那么这两个代数的 Σ-同态即为它们标记的射。

定义 5.46(Σ-代数范畴) 类别代数的范畴 $\boldsymbol{C}$ 是由 Obj $\boldsymbol{C}$ 及 Mor $\boldsymbol{C}$ 所组成的。obj $\boldsymbol{C}$中的所有的象元都是类别代数；Mor $\boldsymbol{C}$ 中的所有的射元均为 Σ-同态，并简称 Σ-同态范畴 $\boldsymbol{C}$。既然 $\boldsymbol{C}$ 是一个范畴，那么它就要遵守范畴必须满足的条件，例如等式律及复合律，即 Σ-同态的复合仍然是 Σ-同态，而且遵守结合律。对于 $\boldsymbol{C}$ 中的每一个代数 A，其等式射 $1_A:A\to A$，对于任意 $f:A\to B$ 有 $f\circ 1_A=f$，对于 $1_B:B\to B$ 有 $1_B\circ f=f$。

定义 5.47(Σ-同构) 一个 Σ-同态 $\mathrm{f}:\mathrm{A}\to\mathrm{B}$ 是 Σ-同构，当且仅当存在着一个 $\mathrm{g}:\mathrm{B}\to\mathrm{A}$ 使得 $\mathrm{g}\circ\mathrm{f}=1_{\mathrm{A}}$，$\mathrm{f}\circ\mathrm{g}=1_{\mathrm{B}}$，并称 g 为 f 的逆。

定义 5.48(初始代数) 在 Σ-代数范畴 $\boldsymbol{C}$ 中，代数 A 是一个初始代数当且仅当对于范畴 $\boldsymbol{C}$ 中的每一个代数 B 都存在着一个唯一的 Σ-同态 $f:A\to B$。

Σ-代数范畴 $\boldsymbol{C}$ 中的初始代数是唯一性的(直到同构)。即如果 A 与 A' 是 Σ-代数范畴 $\boldsymbol{C}$ 中的两个初始代数，那么 A 与 A' 是 Σ-同构的。如果一个 $\boldsymbol{C}$ 中的代数 A'' 是与 $\boldsymbol{C}$ 的一个初始代数是 Σ-同构的，那么 A'' 也是初始代数。

下面，我们讨论一下等式射。在范畴论中讨论了对于每一个象元(这里是 Σ-代数)，必须都有等式射并且如果 $f:A\to B$ 则满足 $1_B\circ f=f$，$f\circ 1_A=f$。我们看到，对于不同的类别，等式意义是相同的，也就是说等式是有类别属性的。例如，整数相等与栈之间相等就不相同。但是在前面谈到的例子中，等式“=”是在没有定义的情况下在它们的公理的定义中使用的。这似乎看起来是个问题，但在类别代数理论中，定义了 Σ-等的概念，使等概念具有一般意义。

定义 5.49(Σ-等) 令 $x,y\in s$，而 $s\in S$，并令 T_x，T_y 分别是 x，y 的 Σ-项的表示，如果 $T_x\equiv T_y$，那么 $x=y$。其中“≡”被称之为 Σ-恒等(Σ-congruence)，它表示对于一个类别$s\in S$，在这个类别上的操作 $\sigma\in\Sigma_{s_1,\cdots,s_n,s}$，如果对于所有 a_i，$a'_i\in \underline{S_i}$，有 $a_i\equiv a'_i(i=1,\cdots,n)$，可以得出 $\sigma(a_1,\cdots,a_n)=\sigma(a'_1,\cdots,a'_n)$。显然，这种递归定义的初始条件是 $\Sigma_{\lambda,s}\equiv\Sigma_{\lambda,s}$。

这种等的概念，实际上是说，例如对于自然数 2^2 是否等于 $2*2$ 并不能直接做出判断。这里面要用到指数函数、乘法函数(也许还要用到加法函数),即令指数函数为exp,乘法函数为mult,上面式子的两边分别是exp(2,2),mult(2,2)。根据上面的定义,我们不能立即判断它们是否相等,但是,假定自然数的构造函数是0,succ,指数函数可以通过乘法函数、加法函数而用构造函数定义,而乘法函数可以通过加法函数用构造函数定义,于是我们可以得到两个用0,succ所组成的Σ-项,如果这时,也仅在这时,这两个Σ-项相等,那么才说 $2^2=2*2$。

从上面的讨论中,实际上已经向我们提示了如下的要点:

(1) 定义类别代数首先明确它的值集是什么。

(2) 定义出能够构造出这个值集中所有元素的构造函数。

(3) 在这个类别代数中的其他操作(函数)必须能由该类别代数中的构造函数所定义。

(4) 类别代数的值集中的两个元素是否相等,是由它们的构造函数所组成的Σ-项的相等与否决定的。

下面我们举一个例子。

例 5.30 定义一个栈的类别代数:

<u>sorts</u> nat, stack

<u>operations</u>

0:→nat

succ:nat→nat

emptystack:→stack

push:stack,nat→stack

top:stack→nat <u>or</u> error

pop:stack→stack

<u>axioms</u> <u>for</u> <u>all</u> $x,y\in$ nat <u>and</u> $s,t\in$ stack <u>let</u>

1. $0=_n 0$
2. <u>if</u> $x=_n y$ <u>then</u> $succ(x)=_n succ(y)$
3. emptystack $=_s$ emptystack
4. <u>if</u> $s=_s t$ <u>then</u> $push(s,x)=_s push(t,x)$
5. top(emptystack) $=_n$ error(*)
6. $top(push(s,x))=_n x$
7. pop(emptystack) $=_s$ emptystack
8. $pop(push(s,x))=_s S$

(*):这里的top(emptystack)=error中的等式即不是 $=_n$ 也不是 $=_s$。$=_n$ 表示自然数的等,而 $=_s$ 表示栈的等。关于这个问题,我们将在后面介绍。

再看下面树结构的多类别代数。

例 5.31 定义树的类别代数:

<u>sorts</u> C,A,S 并且 $O=C\cup A$

<u>operations</u>

$\wedge: \rightarrow O$

selection：$O, S \rightarrow O$

$\alpha: O, S, O \rightarrow C$

（先定义上面的三个操作，后面我们还要扩充）

axioms

1：（原子公理）$x \in A$ iff $\forall s \in S, x[s] =_o \wedge$

2：（空对象公理）$\{\wedge\} =_o C \cap A$

3：（组合对象相等公理）对于任意两个组合对象 $c, d \in C$ 有

$c =_o d$ iff $c[s] = d[s]$ 对于所有 $s \in S$

4：（赋值公理）对于 $s, t \in S$ and $x, y \in O$ 有

$s =_s t \rightarrow \alpha(x, s, y)[t] = y$

and

$s \neq_s t \rightarrow \alpha(x, s, y)[t] = x[t]$

做些解释。这个类别代数中类别名 C 表示组合对象集合，A 表示原子对象集合，S 表示选择子(selectors)的集合，$\wedge$ 表示空对象。记法 $x[s]$ 相当于 selection(x, s)。α 相当于赋值。它们的具体意义可以用下面的例子来说明。

令 $q, r, s, t \in S$，设 $a, b, c \in O$(非空对象)，并令 x 是如下一个组合对象：

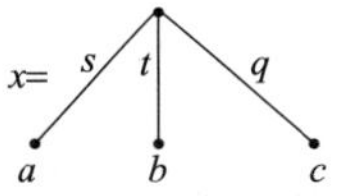

（1）selection：

$x[s] = a$ and $x[r] = \wedge$

（2）增加一个成分：

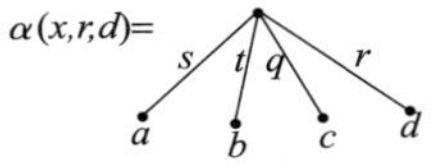

（3）删除一个成分：

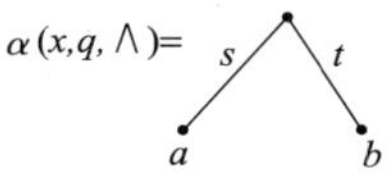

（4）替换一个成分：

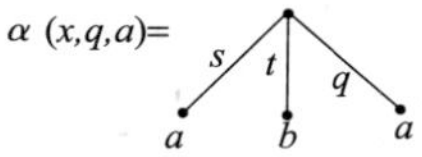

（5）什么也不做：

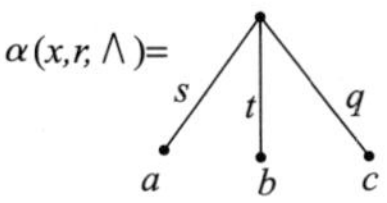

下面，我们对 selection 及 α 操作进行扩充，使 selection 及 α 本身也是组合的。定义如下的形式

$$x[s_1;s_2;\cdots;s_n]=(\cdots((x[s_1])[s_2])\cdots)[s_n]$$

例如下面的一棵树：

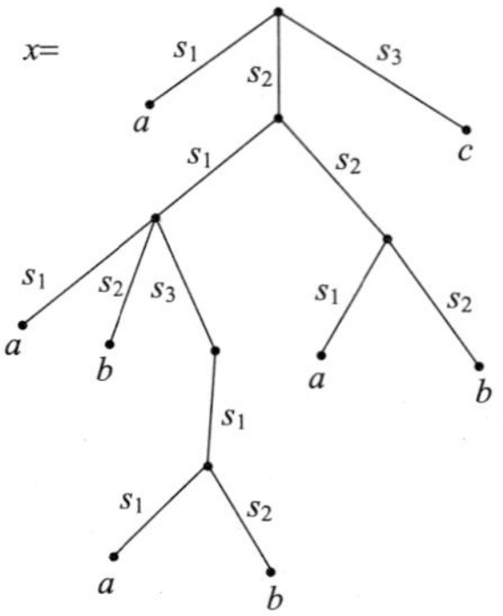

可以有

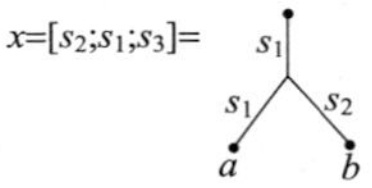

我们还可以定义如下的赋值形式

$$\alpha(x,(s_1;s_2;\cdots;s_n),y)$$

即在 x 树中沿着 $s_1\rightarrow s_2\rightarrow\cdots\rightarrow s_n$ 的通路，在 s_n 的端结点位置上赋值 y。

例如，令

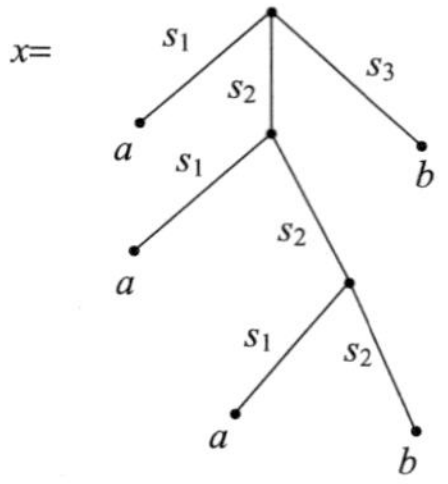

可以有

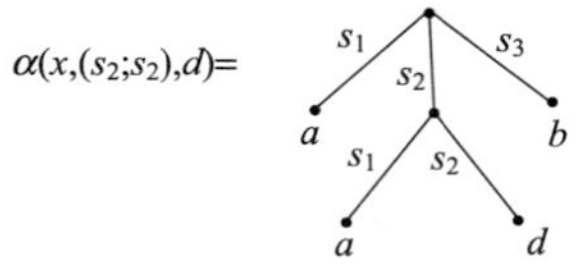

还可以有

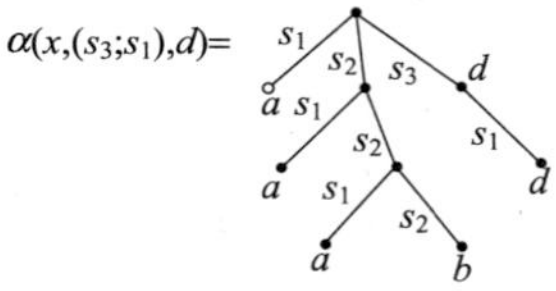

由于我们做了上述的扩充，树的类别代数可以定义成

sorts C,A,S 并且 $O=C\cup A$

<u>operations</u>：

$\wedge:\rightarrow O$

selection：$O,S^{*}\rightarrow O$

$\alpha:O,S^{*},O\rightarrow C$

<u>axioms</u>：

1：(原子公理)$x\in A$ iff $x[u]=_{0}\wedge$ 对于每一个组合选择子 $u\in S^{+}$

2：(空对象公理)$\{\wedge\}=_{o}C\cap A$.

3：(组合对象的相等公理)对于任意两个组合对象 $c,d\in C$，有

$c=_{o}d$ iff $C[u]=_{o}d[u]$, $u\in S^{+}$

4：(赋值公理)对于任意 $u,v\in S^{+}$ 及任意 $x,y\in O$ 有

- <u>if</u> $u=_{s}v$ <u>then</u> $\alpha(x,v,y)[u]=_{o}y$
- <u>if</u> $u<_{s}v$ <u>then</u> $\alpha(x,v,y)[u]=_{o}(x[u],w,y)$
- <u>if</u> $v<_{s}u$ <u>then</u> $\alpha(x,v,y)[u]=_{o}y[w]$
- <u>if</u> $u\neq_{s}v$ <u>then</u> <u>neither</u> $u<_{s}v$ <u>nor</u> $v<_{s}u$ <u>then</u> $\alpha(x,v,y)[u]=_{o}x[u]$

其中 $u<_{s}v$(或 $v<_{s}u$)称 u 是 v(或 v 是 u)的前缀，即存在着一个 $w\in S^{+}$ 使 $v=uw$(或 $u=vw$)。

但是，对于类别代数理论已经有所了解的读者，也许已经发现，上面定义的树类别代数太不纯正了，许多运算符根本无定义，因此很难在 Σ-项概念上讨论问题，即需要辅助概念太多，并没有达到比较理想的形式化，即完全显式的形式系统。为了解决这个问题，我们必须从系统的概念出发，讨论类别代数。

5.4.3 类别代数的延拓及层次性

类别代数的延拓是什么意思呢？我们定义一个类别代数，尤其是原始类别代数，往往觉得其操作不够，需要增加一些使用起来更方便的操作。有时需要将不同的类别拉在一个更大的类别之中，需要增加类别名及其所属的操作，甚至公理。有的时候，特别是一些组合类型，其成分类型往往需要替换或改变。类别代数需要类似于程序设计语言中的参数化的变化能力。总而言之，我们需要各种由老的类别代数构造新的类别代数的方法与技术。由派生及延拓而产生的新的类别代数，在它们之间当然存在着层次性问题。

定义 5.50(类别代数延拓) 令类别代数 $A=(S,\Sigma,E)$，另外还有一个三元组 $\langle S',\Sigma',E'\rangle$(注意不一定是一个类别代数理论)，我们可以得到 $\overline{S}=S\cup S'$,$\overline{\Sigma}=\Sigma\cup\Sigma'$ 及 $\overline{E}=E\cup E$，并称类别代数 $(\overline{S},\overline{\Sigma},\overline{E})$ 是 A 的延拓。

请注意，S',Σ',E' 可以是空集。如果 $S'=\varnothing$，那么称它为类别代数 A 的富化(inrichment)。

所谓参数化类别代数的定义是一种参数化的类别代数的说明形式。例如在例 5.30 中介绍的自然数的栈，其 sorts 定义为 nat，stack，但我们却理解它为以自然数为成分的栈，如果细致去写应为 stack(nat)。如果我们以系统方式来定义类别代数，可

以把例5.30的类别代数定义成两个单类别代数，即通过stack(nat)中的nat而看到另一个类别代数的一切。

sorts: nat
operations:
　0:→nat
　succ:nat→nat
axioms for all $x,y\in$ nat let
　1:0=0
　2:if $x=y$ then succ(x)=succ(y)

而

sorts:stack(nat)
operations:
　emptystack:→stack
　push:stack,nat→stack
　top:stack→nat or error
　pop:stack→stack
axioms for all $s,t\in$ stack and $x\in$ nat let
　1:emptystack=emptystack
　2:if $s=t$ then push(s,x)=push(y,x)
　3:top (emptystack)=error
　4:top(push(s,x))=x
　5:pop(emptystack)=emptystack
　6:pop(push(s,x))=s

于是，我们很容易联想到stack(int)，stack(real)，stack(bool)等。在语法上除一两处名字不同外，函数的功能以及其他几乎完全一样。因此我们想到，是否能够定义一个将其成分参数化的栈，成分名称被称之为item，于是有

sorts:stack (item)
operation:
　emptystack:→stack
　push:stack,item→stack
　top:stack →item or error
　push:stack→stack
axioms
　⋮

下面，我们来谈一下完全显式化的问题。所谓完全显式化，是指除函数施用这个操作概念(application)(例如f是个函数$f(x)$是f对x的施用)不被显式定义之外，所有操作、函数甚至谓词都必须是在系统中被定义的，而不再需要其他辅助说明(有的形式系统把施用操作也显式定义了，即定义了application函数，但仍然还得有另一个

隐式定义的操作,例如串的连接操作(concat))在类别代数中的等词"="当然也得定义到操作的集合中去,请看下面的例子。

例 5.32 完全显式化地定义例 5.31 中的树的类别代数,假定所有的关系谓词都被定义成布尔值的函数,bool 类别代数为这个系统中所有其他类别代数可见的。一个类别代数中的所有操作也都是其他类别代数可见的。还假定符号"∈"表示(或用":")原始的函数符号,取 bool 值。

<u>sorts</u>: nat

<u>operations</u>:

  0:→nat ⎫
  succ:nat→nat ⎭(构造函数)

  $=_n$:nat,nat→bool

  $<_n$:nat,nat→bool

  $\leqslant_n$:nat,nat→bool

<u>axioms for all</u> x,y ∈ nat <u>let</u>

  1:$0=_n0=_b$true

  2:<u>if</u> $x=_ny$ <u>then</u> succ(x)$=_n$succ(y)

  3:$x<_n$ succ(x)$=_b$ true

  4:<u>if</u> $x<_ny$ <u>and</u> $y<_nz$ <u>then</u> $x<_nz$

  5:$(x\leqslant_n y)=_b(x=_n y$ <u>or</u> $x<_n y)$

再定义一个<u>Aset</u>$=\{s_1,\cdots,s_n\}$的类别代数。

<u>sorts Aset</u>

<u>operations</u>:

  s_i:→<u>Aset</u>($1\leqslant_n i\leqslant_n n$) (构造函数)

  $=_{As}$:Aset,Aset→bool

<u>axioms for all</u> x,y ∈ Aset;i,j ∈ nat <u>let</u>

  $(x=_{A_s}y)=_b$<u>if</u> $i=_nj$ <u>then</u> true <u>else</u> false

现在可以定义 selector 了:

<u>sorts</u> selector

<u>operations</u>

  ε:→selector ⎫
  slant:selector,Aset→selector ⎭(构造函数)

  head:selector→Aset <u>or</u> error

  tail:selector→selector

  glue:selector,selector→selector

  cut:selector,selector→selector

  jsprefix:selector,selector→bool

  issuffix:selector,selector→bool

  $=_s$:selector,selector→bool

isnil: selector→bool

$\neq_s$: selector, selector→bool

aximos for all $s, s_1, s_2 \in$ Selector: $a, b \in$ Aset let

1: isnil(ε) $=_b$ true

2: isnil (slant(s, a)) $=_b$ false

3: head(ε) = error

4: head(slant(s, a)) = if $s =_s \varepsilon$ then a else head (s)

5: tail(ε) $=_s$ ε

6: tail(slant(s, a)) $=_s$ slant(tail(s), a)

7: glue(s, ε) $=_s$ glue(ε, s) $=_s$ s

8: glue(s_1, slant(s_2, a)) $=_s$ slant(glue(s_1, s_2), a)

9: cut(ε, s) $=_s s$

10: cut(s, ε) = error if $s \neq_s \varepsilon$

11: cut(slant(s_1, a), s_2) = if isprefix(slant(s_1, a), s_2)

then cut (s_1, s_2)

12: isprefix(ε, s) $=_b$ true

13: isprefix(s, ε) $=_b$ false if $s \neq_s \varepsilon$

14: isprefix(s_1, s_2) $=_b$ if head(s_1) $=_{A_s}$ head(s_2) then

isprefix(tail(s_1), tail(s_2))

15: issuffix(ε, s) $=_b$ true

16: issuffix(s, ε) $=_b$ false if $s \neq_s \varepsilon$

17: issuffix(slant(s_1, a), slant(s_2, b)) = if $a =_{A_s}$

b then issuffix(s_1, s_2) else false

18: ($\varepsilon =_s \varepsilon$) $=_b$ true

19: (slant (s_1, a) $=_s$ slant(s_2, b)) $=_b$ if $a =_{A_s} b$ then

$s_1 =_s s_2$ else false

20: ($s_1 \neq_s s_2$) $=_b$ not($s_1 =_s s_2$)

假定树的原子结构的集合为 $A = \{a, b, c, d\}$

sorts A

operations

a: →A

b: →A

c: →A

d: →A

$=_A$: A, A→bool

$\neq_A$: A, A→bool

axioms for all $x, y \in A$ let

$$1:(x=_A y)=_b\begin{cases}\text{true} & x\ \underline{\text{is}}\ a\ \underline{\text{and}}\ y\ \text{is}\ a\\ \text{true} & x\ \underline{\text{is}}\ b\ \underline{\text{and}}\ y\ \text{is}\ b\\ \text{true} & x\ \underline{\text{is}}\ c\ \text{and}\ y\ \text{is}\ c\\ \text{true} & x\ \underline{\text{is}}\ d\ \underline{\text{and}}\ y\ \text{is}\ d\\ \text{false} & \text{otherwise}\end{cases}$$

2:$(x\neq_A y)=_b$ not $(x=_A y)$

最后我们来定义树的类别代数。

<u>sorts</u> C 并 $O=C\cup A$

<u>operations</u>

$\wedge:\rightarrow O$

selection:O,selector$\rightarrow O$

α:O,selector,$O\rightarrow C$

$=_o$:$O,O\rightarrow$bool

$\neq_o$:$O,O\rightarrow$bool

isempty:$O\rightarrow$bool

<u>axioms</u> <u>for</u> <u>all</u> $t,r\in O;s,s',s''\in$ selector;$a,a'\in A$ <u>let</u>

1:(空对象公理)

- isempty($\wedge$)$=_b$true
- isempty($\alpha(t,s,r)$)$=_b$ false <u>if</u> $r\neq 0\wedge$ and $t\neq_o\wedge$

2:(成分测试公理)

- $a\in\ \wedge=_b$ false
- $a\in\alpha(t,s,a)=_b$ true
- $a\in\alpha(t,s,a')=_b$ false <u>if</u> $a\neq_A\alpha$
- $a\in\alpha(t,s,r)=_b a\in t$ <u>and</u> $a\in r$

3:(赋值公理)

- <u>if</u> $s=_s s'$ <u>then</u> $\alpha(t,s,r)[s']=_o r$
- <u>if</u> isprefix(s',s)<u>then</u> $\alpha(t,s,r)[s']$
  $=_0\alpha(t[s'],s'',r)$
  <u>where</u> $s=_s$ glue (s',s'')
- <u>if</u> isprefix (s,s') <u>then</u> $\alpha(t,s,r)[s']$
  $=_o r[s'']$
  <u>where</u> $s'=_s$ glue(s,s'')
- <u>if</u> $s\neq_s s'$ <u>and</u> <u>not</u> (isprefix(s',s)<u>or</u>
  isprefix(s,s'))
  <u>then</u> $\alpha(t,s,r)[s']=t[s']$

4:(组合对象的相等公理)对于任意 $c,c'\in C,c=_o c'$ <u>iff</u> $c[s]=_o c'[s]$

通过这个例子我们可以看出,为了正确地定义组合结构的类别代数,必须严格类别代数之间的层次关系。下面,我们来讨论类别代数的层次关系。讨论类别代数的层次，这实际上是在讨论范畴 **C**at(即所有小范畴的范畴)的构造的层次性(在有的文献中，定义所有的小范畴的范畴为 V)。这个 **C**at 范畴的层次性定义，可以参考 Martin-Löf 类型论中的定义(见第8章)来定义。

<u>Prinitive Small Categories in **C**at</u>

N_0(或∅)：empty category

N_1：仅具有一个元素的单位范畴

N_2：具有两个元素的范畴

⋮

N：自然数范畴

<u>**C**at constructor</u>：

$\times : A \in \mathbf{C}\mathrm{at} \to B \in \mathbf{C}\mathrm{at} \to \mathbf{C}\mathrm{at}$

$+ : A \in \mathbf{C}\mathrm{at} \to B \in \mathbf{C}\mathrm{at} \to \mathbf{C}\mathrm{at}$

$/ : A \in \mathbf{C}\mathrm{at} \to (A \to A \to \mathbf{C}\mathrm{at}) \to \mathbf{C}\mathrm{at}$

$W : A \in \mathbf{C}\mathrm{at} \to (A \to \mathbf{C}\mathrm{at}) \to \mathbf{C}\mathrm{at}$

$= : A \in \mathbf{C}\mathrm{at} \to (A \to \mathbf{C}\mathrm{at})$

上面的构造函子，×表示笛卡儿积函子，+表示不相交(disjoint union)函子，/表示求商范畴函子，W 表示求良序函子，=表示等式射函子。如果考虑“×”笛卡儿积构子与“+”不相交并构子在 A,B 之间存在着函数关系，那么还可以变成

$\times : A \in \mathbf{C}\mathrm{at} \to (A \to \mathbf{C}\mathrm{at}) \to \mathbf{C}\mathrm{at}$

$+ : A \in \mathbf{C}\mathrm{at} \to (A \to \mathbf{C}\mathrm{at}) \to \mathbf{C}\mathrm{at}$

即 **C**at 范畴的初始范畴是 $N_0, N_1, \cdots, N$，通过构造函子(constructors)×，+，/，W，=可以得到一个范畴 $\mathbf{C}\mathrm{at}_1$，如果在 $\mathbf{C}\mathrm{at}_1$ 上再用这些构造函子可以得到一个范畴 $\mathbf{C}\mathrm{at}_2$，如此不断做下去，对于任意自然数 i，可以得到 $\mathbf{C}\mathrm{at}_i$，从而我们得到了范畴 **C**at 的所有层次。至于经这些构子构造出来的范畴的元素是如何构造的，读者可以参看8.6节 Martin-Löf 类型论中的叙述。

5.4.4 异常类别代数

异常类别代数是作者在给学生上课时提出的概念。它表示什么意思呢？先请看下面的例子。

top(emptystack)=error(exception)

即对于一个空栈求它的顶元素，当然，这是一种操作上的错误，应当给出一种信息，说明此时操作错误，出现异常。但我们在定义 top 函数的类型性质时，有

top：stack→nat <u>or</u> error

于是我们不禁要问，error 是一个值吗？如果它是一个值，那么它是属于哪一个域的呢？或说属于什么类别的？下面，我们就来分析这个问题。

如果说 error 是<u>nat</u> 类别的，从前面的讨论中我们可以看出，由如下的两个构造函数是无论如何构造不出 error 这个值的：

0：→nat

succ:nat→nat

于是就得新定义一个构造函数

error:→nat

这样一来,还得增加如下的公理等式:

succ(error)=error

pred(error)=error

n+error=error+n=error

n * error=error * n=error

既然 error 已经属于自然数,那么作为值的 error 就可以被压入栈中,于是就可能出现在 s 不为空栈时 top(s)=error。由于都是 error 值,就很难弄清楚是栈里存着一个 error 值呢？还是 top(emptystack)=error 的栈操作错误？这样做纯属于概念层次上的混乱。况且把 error 引入自然数之后,给早已经"完善"的自然数理论带来的混乱我们还没有去研究呢！显然,这股"恶水"是不能引给自然数的。

那么,error 不是自然数中的值,是不是它属于 stack 这个类别的值呢？我们说也不是。这是由于必须得有同样的构造函数:

error:→stack

这同样会造成概念上的混乱。这就如同公式中的零能作分母一样而不可思议。

那么说,error 不是一个值,理解 top 是一个偏函数,但是按可计算理论来理解,top(empty-stack)却不是一种计算不停机问题,或说无不动点问题。如果硬说此时 top 是偏函数,似乎从语义角度来理解还是有些牵强附会的。

读者也许会问,在学习指称语义学的论域理论时,在那里引入了无定义值⊥,从道理上讲是比较自然的。为什么在代数方法中却如此困难呢？这主要是由于代数理论所要求的自然性与构造性的基本特点所造成的,于是在定义 top 函数时,应当写成

top:stack→nat <u>or</u> error

于是产生了专门讨论异常处理的异常类别代数的概念。很有意思的是,在 Ada 语言中,异常也被定义成类型,虽然在那里并没有完成异常类型的定义。

5.5 抽象数据类型

在这一节中,我们介绍现代程序设计语言中的一个极其重要的概念:抽象数据类型及它的说明与实现。

从纯数学的角度定义抽象数据类型,可以如下进行,即"一个抽象数据类型是 Σ-代数范畴 **C** 中的初始代数的同构类"。

但是从计算机科学的角度来看,尤其从有限域的角度来看,定义一个抽象数据类型是 Σ-代数范畴 **C** 中的初始代数的同构类就不够了。实际上应把抽象数据类型定义成 Σ-代数范畴 **C** 的初始代数的 Σ-同态的类,即为 Σ-代数范畴 **C** 本身,更为合理。

下面,我们讨论抽象数据类型的说明、实现及抽象数据类型库。

5.5.1　抽象数据类型的说明

定义 5.51　一个抽象数据类型的说明 $D=(S,\Sigma,E,O)$，其中 S 是类别名的有限集合，$\Sigma=\{\Sigma_{w,c}\mid w\in S^*,c\in S\}$，$E$ 是公理的有限集合，O 是 Σ 中定义操作的程序框图（即实现方法）。

例 5.33

```
sorts nat, bool
operations
     0:→nat
     succ:nat→nat
     pred:nat→nat
     =:nat, nat→bool
axioms for all x,y ∈ nat let
          1:0=0
          2:if x=y then succ(x)=succ(y)
          3:pred(0)=0
          4:pred(succ(x))=x
     schema
        pred≜λx ∈ nat. if x=0 then 0 else x-1
        succ≜λx ∈ nat. x+1
        =≜λ(x,y ∈ nat). if x-y=0 then true else false
```

下面，我们给出一种在计算机上可以被接受的抽象数据类型的说明形式。

```
type type-name(type-parameters)is
  specification
    sorts "sorts-structure-definition" end sorts
      operations
        function function-name(function-parameters)
            return type-name
        ⋮
        function function-name(function-parameters)
            return type-nam
          end operations
              axioms for all "object-declaration" let
                1:equation
                n:equation
                end axions
          implementation
            function function-name(function parameters)
```

```
        return type-name is expression
        ⋮
    function function-name(function-parameters)
        return type-name is expression
end type
```

如果为了方便，函数定义可以采用如下形式：

$\sigma: S_1, \cdots, S_n \rightarrow S_0$

结合计算机来讨论抽象数据类型，许多类型在定义函数时会有些特殊的考虑。许多类型的构造函数，尤其是一些基本类型构造函数无需定义。例如自然数的构造函数：

0：→nat

succ：nat→nat

又例如布尔类型的构造函数：

T：→bool

F：→bool

这些构造函数在计算机中都由其硬件保证了，用不着再定义它们了。而代替它们的是一个存储分配函数，我们将用 new 函数来定义，与 new 函数功能相反的函数是 free 函数，它的功能是将某类型的变量的空间释放掉。另外，还有两个实用函数是必需的，它们是 length 函数与 byte 函数。length 函数在于给出一个类型的成分的逻辑个数，像整数、布尔数等类型，其 length 函数给出的值为 1。而 byte 函数在于给出该类型变量的占用的内存字节数，为了能给变量赋值，还必须定义 copy 函数。为了调试方便，每一个类型都有自己的显示函数 display。

下面，为了区别，定义函数名时，我们都在函数名前冠有类型名，例如 stack 类型；其函数名前都冠有 stack，例如 stack new，stack′length，stack′byte 等。

看下面的一个类型 set。

例 5.34 set 抽象数据类型：

```
type set (item) is
  specification
  sorts: set={…,x,…} where x: item end sorts
  operations
    set′new:→set;
    set′free:set→UNIVERSE;
    set′length:set→nat;
    set′byte:set→nat;
    set′copy:set,set→set;
    set′insert:set,item→set;
    set′delete:set,item→set or error;
    set′isempty:set→bool;
```

```
            set'isequal:set,set→bool;
            set'isin:set,item→bool;
            set'display:set→file;
        end operations
    axioms for all s,s',s" ∈ set;i,j ∈ item let
            1:set'isempty(set'new())=true;
            2:set'isempty(set'insert(s,i))=false;
            3:set'isin(set new(),i)=false;
            4:set isin(set'insert(s,i),j)=if i=j
                then true else set'isin(s,j);
            5:set'isequal(set'new(),set'new())=true;
            6:set'isequal(set'new( ),set'insert(s,i))=false;
            7:set'isequal(s,s')=set'isequal(s',s)
            8:if set' isequal(s,s')and set'isequal(s',s")then
                    set'isequal(s,s")
            9:set'isequal(set'insert(s,i),set'insert(s',j))=if
                    i=j then set'isequal(s,s')else false;
            10:set'isequal(set'copy(s,s'),s')=true;
            11:set'delete(set'new(),i)=error;
            12:set'delete(set'insert(s,i),j)=if i=j then s
                    else set'insert(set'delete(s,j),i);
            13:set'length(set'new())=0;
            14:set'length(set'insert(s,i))=set'length(s)+1
            15:set'byte(set'new())=0;
            16:set'byte(set'insert(s,i))=set'byte(s)+item'byte(i)
```

注意,在 item 类型中也有一个 byte 函数。

```
    end axioms
    implementation(假定是用 C 语言实现的程序)
        ⋮
    end type
```

如果将 set 类型中的类型参数 item 换成 integer,那么就可以得到一个整数的集合;如果 item 被换成 record,那么可以得到一个记录的集合。我们称替换了类型参数的类型为实例类型。如果一个抽象数据类型仅有一个实例数据类型,那么这个抽象数据类型也是实例类型,也可以称之为原子抽象数据类型。

如果一个对象的类型是抽象数据类型,那么称这个对象是抽象对象。

如果一个对象的类型是实例数据类型,那么它是真实对象。

一个实例数据类型可以用如下方式产生:

```
    type t'=inst t (type-values)
```

其中 t 是一个抽象数据类型名，t' 是我们希望得到的实例数据类型名，type-valuse 是类型值，用它替换 type-parameters。如果一个抽象数据类型可以表示成

$$t \triangleq \lambda\theta.(S,\Sigma,E,O)$$

如果考虑每一个实例数据类型的操作的名称必须不相同的话，那么

$$t' \triangleq \lambda t\theta.(S,\Sigma,E,O)$$

如果令语义解释函数为

TT: Instdec→ADT→TPAR→IDT

其中 ADT 表示抽象数据类型，TPAR 表示类型参数，IDT 表示实例数据类型。那么，实例发生声明的语义为

$TT[\![\underline{\text{type}}\ t'=\underline{\text{inst}}\ t(\delta)]\!](\text{t})(\sigma)=\{\lambda t\theta.(S,\Sigma,E,O)\}(t')(\delta)$

例如，对于 set 的抽象数据类型的实例发生可以是

type myset=inst set(integer)

产生出的实例类型为

```
type myset is
   specification
      sorts:myset={…,x,…}where x:integer end sorts
      operations
         myset'new:→myset;
         myset'free:myset→UNIVERSE;
         myset'length:myset→nat;
         myset'byte:myset→nat;
         myset'copy:myset,myset→myset;
         myset'insert:myset,integer→myset;
         myset'delete:myset,integer→myset or error;
         myset'isempty:myset→bool;
         myset'isequal:myset,myset→bool;
         myset'isin:myset,integer→bool;
         myset'display:myset→file
      end operations
         axioms for all s,s',s'' ∈ myset;i,j ∈ integer let
         1:myset'isempty(myset'new())=true
         ⋮
      end axioms
   implementation
         ⋮
end type
```

在本章 5.7.1 节，我们给出了一个比较完全的抽象数据类型的说明，读者不妨参看一下。

5.5.2 抽象数据类型的实现

本节我们将向读者介绍一个抽象数据类型库的实现。这个抽象数据类型库是由如下的几个部分所组成的：

- 一个抽象数据类型库(ADT library)。
- 一个实例数据类型库(IDT library)。
- 一个对象库(Object library)。
- 一个派生类型发生函数(延拓函数)(derivation)。
- 一个实例发生函数(geninst)。
- 一个对象声明函数(Objdec)。
- 其他辅助函数。

抽象数据类型库是由许多抽象数据类型的文件所组成的，其组成如图 5.64 所示。实例数据类型库的组成如图 5.65 所示。

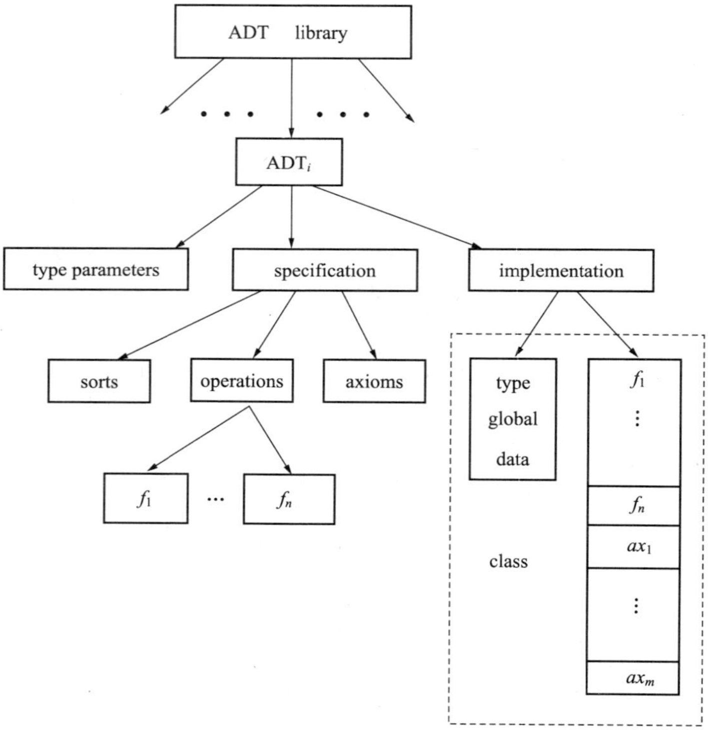

图 5.64 ADT 库的组成(其中 $ax_i(i=1,\cdots,m)$表示公理的实现函数)

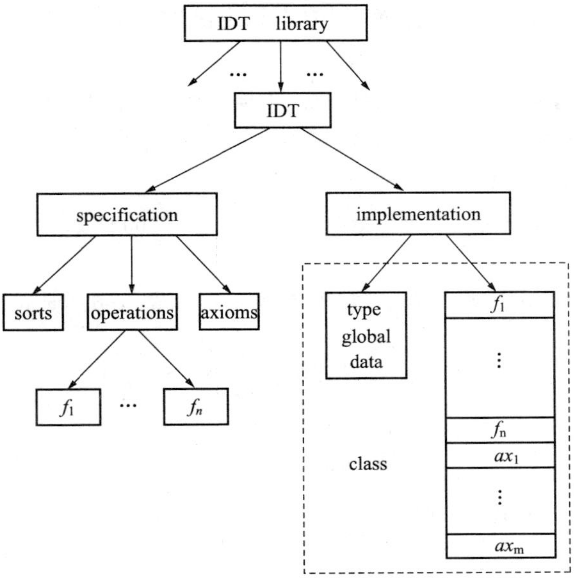

图 5.65 IDT 库的结构

IDT 库是一个工作库,其中的实例类型是经实例发生函数装入的。
对象库的结构如图 5.66 所示。

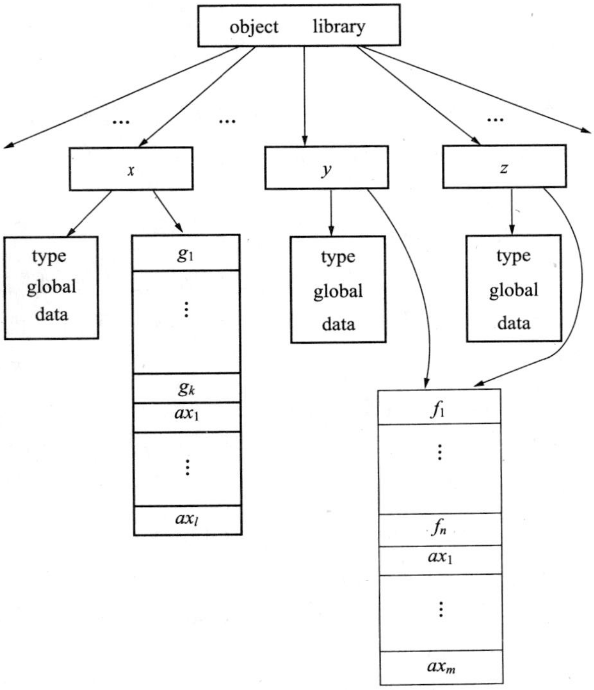

图 5.66 Object library 结构

Object library 也是一个工作库,其内容是由函数 Objdec 装入的。

下面,我们介绍库系统的几个函数。

- 派生类型发生函数。主要是对抽象数据类型进行操作及公理的延拓,并产生出一个新的类型,我们称这个类型为被延拓类型的派生类型。
- 实例发生函数。我们在前面已经介绍过了。
- 对象声明函数。其作用主要是将原来在类型中的抽象对象上的操作变换成真实对象上的操作。

抽象数据类型库与实例类型库、对象库的关系如图 5.67 所示。

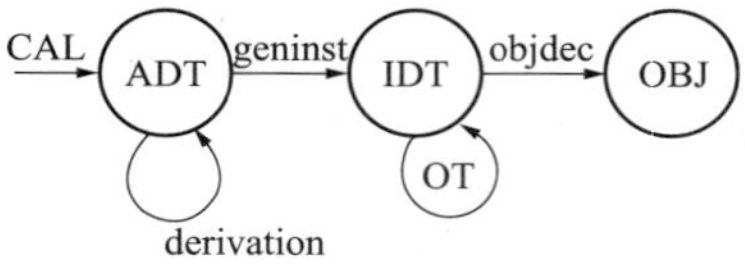

图 5.67 ADT 库系统。其中 CAL 是 ADT 定义语言,OT 是优化工具包

5.6 等式理论与项重写系统

在这一节,我们向读者介绍等式理论(包括条件等式理论)与项重写系统(包括条件项重写系统)的基本内容。

5.6.1 等式理论

在 20 世纪 60 年代中期,有三个研究领域被相互独立地开发,它们是

- 自动定理证明(Robinson,1963,1965)。
- 多项式理想理论(Buchberger,1965)。
- 代数字问题(Knuth-Bendix,1967)。

可以认为这些理论都是建立在类别代数(Σ-代数)上的,其证明理论为所谓的“等式理论”(equational theories),这种等式理论的中心就是我们在前面谈到的 Σ-恒等(Σ-congruence)。建立在这种等概念的基础上,讨论一个代数 $A=(S,\Sigma,E)$(其中 S 为类别名的有限集合,Σ 是操作的有限集合,即 $\Sigma=\{\Sigma_{w,c} \mid w \in S^*, c \in S\}$,$E$ 是等式的有限集合{公理的有限集合})中的等式集合 E 所构成的系统中各种特性是等式理论的基本内容,这些内容主要有

- 可满足性与一致性(satisfiability and consistency)。
- 完全性(completeness)与完全算法(completion algorithm)。
- 统一性(unification)与统一性算法(unification algorithm)(有的作者称 unification 为合一性)。

下面,我们将先简单地介绍这些内容。

首先定义一些符号和术语。令 V 是变量的可数集合;Σ 是操作的有限集合;令

$T(\Sigma,V)$是Σ-项的有限集合，给定一个等式的集合E，那么由E所表示的“等式理论”是一个等式集合E^*。更细致地说，E^*是一个经使用反身(reflexivity)，对称(symmetry)，传递(transitivity)，等量替换(replacement of equals)以及用实例说明作为推理规则(instantiation as inference rules)进行有限证明的从集合E推导出的一个等式集合，所以我们有时称E是公理的集合，而E^*是由E所表示的等式理论。

给定代数A与变量的有限集合V，那么映射$\mu: V \to A$被称之为A-赋值(A-assignment)。如果令t是一个项，$t \in T(\Sigma,V)$，那么记$\mathrm{Var}(t)$是项t中所有变量出现的集合，那么称$\mu: \mathrm{Var}(t) \to A$称之为对于项$t$的$A$-赋值。

令A是一个代数，$s=t$是一个等式，我们说$s=t$是在A中被验证的当且仅当对于任意A-赋值$\mu: \mathrm{Var}(s) \cup \mathrm{Var}(t) \to A$有$\mu(s)=\mu(t)$ 。当$s=t$在A中是被验证的，记为$A \models s=t$。我们把$\models$延伸到等式的集合E中，即$A \models E$当且仅当如果$s=t \in E$意味着$A \models t=s$，即

$$A \models E \text{ iff } t=s \in E \to A \models t=s$$

定义一个替换(substitution)是一个从变量到项的映射(或扩充到从项到项的映射)$\sigma: V \to T(\Sigma,V)$。如果有项$t$与$s$，当且仅当存在一个替换$\sigma$使得$t=\sigma(s)$，那么称项$t$是项$s$的一个实例(instance)。

我们可以将等式理论中的项的等关系概念推广到替换上。令σ_1与σ_2是两个替换，$\sigma_1 =_E \sigma_2$被定义为

$$\sigma_1 =_E \sigma_2 =_{\mathrm{def}} \sigma_1(v) =_E \sigma_2(v)\text{，对于所有 } v \in V$$

下面，我们可以叙述Knuth-Bendix的字问题，字问题原始叙述为

> “给定一个一阶项的等式的有限集合E，并假定$s,t \in T(\Sigma,V)$，判定等式$s=t$是否可以从E中推导出来，也就是说判定$s=t \in E^*$是否为真。当$i=s \in E^*$时，我们可以记为$s =_E t$。”

所谓满足性问题，被定义为

“我们说$s=t$在代数A中是可满足的，当且仅当存在着一个A-赋值$\mu: \mathrm{Var}(s) \cup \mathrm{Var}(t) \to A$使得$\mu(s)=\mu(t)$。”

所谓一致性问题，是讨论代数$A=(S,\Sigma,E)$，其类别中必然都假定具有boolean类别，那么等式集合E是一致的当且仅当TRUE$\neq_E$FALSE。

所谓完全性问题，即给定一个等式集合E，我们应努力找到一个这样的集合G使得$E^*=G^*$。

通过上面的讨论，我们可以看出，等式的基本意义是替换，当然，这种替换是双向的。从我们的直觉可以知道，顶的替换往往需要许多次(有限)才能真正实现，这就是说，替换象函数一样，具有复合操作，替换还具有偏序关系。如果，我们定义所有替换的集合为U_s，令$\sigma_1, \sigma_2 \in U_s$，那么替换的复合定义为

$$(\sigma_1 \circ \sigma_2)(t) = \sigma_1(\sigma_2(t))$$

一个替换σ_1比另一个替换σ_2更普遍，当且仅当存在一个第三个替换τ，使得$\sigma_2 = \tau \circ \sigma_1$，此时我们认为$\sigma_1$偏序于$\sigma_2$，记为$\sigma_1 \leqslant \sigma_2$，即

$\sigma_1 \leqslant \sigma_2$ iff $(\exists \tau \in U_s)\tau \circ \sigma_1 = \sigma_2$

从我们等量替换的证明方法中，我们也有一种直觉，那就是给定两个代数项，如能采用替换方法进行证明时，这种替换的方法并不是唯一的。我们把能完成给定代数项的替换放在一个集合之中，显然这个集合的所有替换，对于给定代数项等式证明是一些等价的替换。

所以，统一性问题(unification problem)可以如下定义。

定义 5.52 令 t,s 是两个项，E 是等式的集合，一个替换 σ 被称之为 t 与 s 的 E-合并子(E-unifier)当且仅当

$$\sigma(t) =_E \sigma(s)$$

记 t 与 s 的所有 E-合并子(E-unifier)的集合为 $U_E(t,s) = \{\sigma \in U_s \mid \sigma(t) = \sigma(s)\}$，有时简写为 U_E。一般说来 U_E 是无穷的。我们用 CSU_E 表示合并子的完全集合，从这个集合 CSU_E 我们得到整个 U_E。如果 CSU_E 中的一个元素对于完全性而言是必需的，那么称这个 CSU_E 为最小完全合并子的集合，记为 $mCSU_E$。所谓统一性问题就是求 CSU_E 问题，并希望给出求 CSU_E(或 $mCSU_E$)的算法(统一性算法)。

定义 5.53 如果 $V = \mathrm{Var}(t) \cup \mathrm{Var}(s)$，那么 G 是 t 与 s 的 $mCSU_E$ 当且仅当

(1) 一致性：G 不再包含非合并替换

$$G \subseteq U_E$$

(2) 完全性：G 产生所有的合并子

$$\forall \sigma \in U_E(t,s) \exists \sigma' \in G \quad \sigma' \leqslant \sigma$$

(3) 最小性：没有一个在 G 中的替换是冗余的

$$\forall \sigma, \sigma' \in G \quad \sigma' \not\leqslant \sigma$$

显然，合并子的最小完全集合 $mCSU_E$ 并不总是存在的。当它存在时，一个 $mCSU_E$ 在其等价性的意义范围之内是唯一的。合并子的最小完全集合的大小，一般来说受到集合 E 的大小控制与制约。请看下面的例子。

例 5.35 当等式集合 $E = \varnothing$(空集)时，对于任意两个可以合并的项，总是存在一个最通用的合并子，使 $mCSU_E$ 是唯一存在的。计算这个合并子的算法很早已经被提出，有兴趣的读者可以参看有关文献。

当等式集合 E 仅包含一个对于某函数符号 · 的结合律时，总是存在一个 $mCSU_E$，虽然这个集合可以是无穷的。例如

$$E = \{(x \cdot y) \cdot z = x \cdot (y \cdot z)\}, \text{令 } z = x \cdot A$$

$$t = A \cdot x, \text{其中 } A \text{ 是一个常数}$$

$$CSU_E = \{\{x \rightarrow A \cdot (A \cdot (\cdots \cdot (A \cdot A)\cdots))\}\} \cup \{\{x \leftarrow A\}\}$$

产生这个完全集合的一个算法是由 G. Plotkin 在 1972 年创立的。有兴趣的读者可以参看本章文献[14]。

当 E 是由交换律与结合律所组成的时候，即 $\Sigma = \{\cdot\}$，$E = \{(x \cdot y) \cdot z = x \cdot (y \cdot z), x \cdot y = y \cdot x\}$，总是存在着一个有限的合并子的最小完全集合。M. E. Stickel 提出了一个产生这个集合的算法。

一般说来，最小性与完全性的特性是会冲突的，而使得 $mCSU_E$ 不存在。

统一性问题实质上是项等式在等式集合意义上等价关系的商代数问题。

例 5.36 下面，我们再谈一下分配律的统一性问题，分别给定如下几个常见的公理：

$A: x+(y+z)=(x+y)+z$

$D_l: x\cdot(y+z)=x\cdot y+x\cdot z$

$D_r: (x+y)\cdot z=x\cdot z+y\cdot z$

$U: x\cdot 1=1\cdot x=x$

Φ:(no axiom)

排列组合上述五个公理，看一看统一性问题的可判定性。于是，我们可以省去证明而得到如下的一些结论：

(1) 令 $E=\{D_l\}$，其统一性问题是可以判定的。

(2) 令 $E=\{U\}$，其统一性问题是可以判定的。其复杂性是指数性的(NP-hard)。

(3) 令 $E=\{D_l,D_r,A\}$，其统一性问题是不可判定的。

(4) 令 $E=\{D_l,A,U\}$，其统一性问题是不可判定的。

(5) 令 $E=\{D_l,D_r\}$，其统一性问题，至少是 NP-hard。

(6) 令 $E=\{D_l,D_r,U\}$，其统一性问题至少是 NP-hard。

也就是说(5)，(6)两个问题仍是一个开放性问题(open problem)，可判定性问题尚未有定论。最后，我们可以给出表 5.1。

表 5.1

统一性问题不可判定	$E=\{D_l,D_r,A\}$ $E=\{D_l,A,U\}$
统一性问题是开放性问题	$E=\{D_l,U\}E=\{D_l,D_r\}$ $E=\{D_l,A\}E=\{D_l,D_r,U\}$
统一性问题可判定	$E=\{D_l\}E=\{D_r\}$ $E=\{A\}E=\{U\}$

统一性过程(Unification procedure)如果终止并在终止之后能产生一个一致的(无矛盾的)与完全的合并子集合(CSU_E)，那么称这个统一性过程是部分正确的。

统一性过程如果总是终止的，并能产生一致的与完全的合并子集合，那么称这个统一性过程是完全正确的。

从上面的讨论中可以看出，等式理论就是一种替换理论，一谈到替换就很容易使人们想起形式语言中的生成式规则，在我们这里把它叫做重写规则(rewrite rule)，从下面的一个例子中，可以使我们很容易转到重写系统的讨论中。

例 5.37 有如下的一个类别代数

<u>sorts:</u> Nat

<u>operations:</u>

0:→Nat

s:Nat→Nat

p:Nat→Nat

axioms for all $x, y \in$ Nat let

1:0=0

2:if $x=y$ then $s(x)=s(y)$

3:$p(0)=0$

4:$p(s(x))=x$

在这个类别代数中所有自然数的值均可以用 0,s 两个函数的 Σ-项来表示,所有 Σ-项构成的集合是一个 Σ-项语言,这个 Σ-项语言的文法,可以如下表示:

$G_0: X::=0|s(X)|$

其中 X 表示非终极符。

但是,这个类别代数中还有一个函数 p:Nat→Nat,把这个函数也加进来,构造 Σ-项,其语言的文法为

$G_1: X::=0|s(X)|p(X)$

下面,我们要讨论的问题是:利用类别代数的公理集合(等式集合),将被 G_1 文法识别的项转换成能被 G_0 文法识别的项。我们可以将上面的公理集合中的 3,4 两个公理变成如下的生成式(重写规则):

$R_1: p(0) \to 0$

$R_2: p(s(X)) \to X$

按照 Chomsky 的文法分类方法,读者一眼就可以看出该文法是一个"0 型文法"。我们知道等式的意义在于双向替换,也就是说,如果完全用生成式方法将一个等式表示出来,还应当有两个生产式:

$R'_1: 0 \to p(0)$

$R'_2: X \to p(s(X))$

显然,重写规则 R'_1,R'_2 与我们在上面提到的任务是背道而驰的,也就是说,我们并不需要这两个生成式。另外,一旦这两个生成式也加入到我们的文法系统中,读者会很容易明白,这样的重写系统可能不会停机。

于是,我们可以认为,项重写系统实际上是等式理论的模拟系统(单向的)。从这个意义上看,我们不难理解,交换律(例如 $x \cdot y=y \cdot x$)一旦写成重写规则,会对重写系统的停机问题带来困难。但是,作为等式理论,如果不让使用交换律,则意味着这个理论太差劲了!从这个意义上讲,统一性问题可以帮助我们解决这个交换性公理至少可以不必显式的需要,从而解决停机问题的困难。当前,有许多研究结合律、交换律理论(AC 理论),分配律理论等方面的统一性算法问题的文献。

5.6.2 项重写系统

从前面讨论的例 5.37 中可以看出,对于这个例子来说,我们可以如下定义重写系统:

定义文法 $G_1=(V_N,V_T,P,S)$，其中 V_N 为非终极符的有限集合，V_T 为终极符的有限集合，P 为生成式的有限集合，S 为开始符号，并有 $S\in V_N$，被文法 G_1 所接受的语言定义为 $L(G_1)$。

定义在 $L(G_1)$ 上的重写系统 $G_2=(L(G_1),R)$，其中 R 是重写规则的集合，即 $R=\{\sigma:\alpha\rightarrow\beta\mid\alpha,\beta\in L(G_1)\}$ 被 G_2 所接受的语言为

$$L(G_2)=\{[x]_R\mid x\in L(G_1)\}$$

$$[x]_R=\{y\mid x\xrightarrow[R]{*}y\ \underline{\text{and}}\ x,y\in L(G_1)\}$$

把这种文法概念应用在 Σ-项上，如果所有 Σ-项的集合表示成 $T_{s,\Sigma}(X)$，其中 X 表示所有变量的集合，而这些变量的类别都在 S 之中，即令 $x\in X$，令 $x\in S_x$，$S_x\in S$。那么重写系统是如下的文法：

$$G_2=(T_{S,\Sigma}(X),R)$$

其中 $R=\{\sigma:\alpha\rightarrow\beta\mid\alpha,\beta\in T_{S,\Sigma}(X)\}$。

下面我们讨论项重写系统的一些基本概念及其基本问题(终止性问题，完全性算法，统一性算法等问题)。

令 $T_{S,\Sigma}(X)$ 上的一个二元关系→，该关系具有反身与传递两特性，并令 $\xrightarrow{+}$ 表示关系→的传递闭包；$\xrightarrow{*}$ 表示该关系的传递与反身闭包；↔表示它的对称闭包；而 $\xleftrightarrow{*}$ 与 $=_R$(当 R 考虑为等式的集合时)具有相同的意义。

下面，我们定义几个术语与概念：

(1) 令 $s,t\in T_{S,\Sigma}(X)$，$s\Downarrow t$(s 与 t 具有共同的后继项)

$$\underline{\text{iff}}\ \exists r(s\xrightarrow{*}r\xleftarrow{*}t)$$

(2) 令 $s\in T_{S,\Sigma}(X)$，s 是一个范式(normal form)，当且仅当不存在一个项 t，使 $s\rightarrow t$，记 s 的范式为 $s\downarrow$，

$$s\downarrow\ \underline{\text{iff}}\ \underline{\text{not}}\ (\exists t)\ (s\rightarrow t)$$

(3) 令 $s,t\in T_{S,\Sigma}(X)$，t 是 s 的范式当且仅当 $s\xrightarrow{*}t$ 并且 t 是一个范式，记 $t=s\downarrow$。

(4) R 具有 Church-Rosser 特性当且仅当 $(\forall s,t)(s\xleftrightarrow{*}t\Leftrightarrow s\Downarrow t)$。也就是说，对于所有 $s,t\in T_{S,\Sigma}(X)$，如果存在着一个 r 使得 $s\xrightarrow{*}r$ 与 $t\xrightarrow{*}r$，那么 R 具有 Church-Rosser 特性。

(5) 令 $s,t,r\in T_{S,\Sigma}(X)$，如果 $r\xrightarrow{*}s$，$r\xrightarrow{*}t$ 意味着存在着某个 q 使得 $s\xrightarrow{*}q$，$t\xrightarrow{*}q$，那么称→是聚合的(Confluent)。

(6) 称 R 在 $T_{S,\Sigma}(X)$ 上是有限终止的当且仅当不存在任何无限推导链对于任意项 t 有 $t:t=t_1\rightarrow t_2\rightarrow t_3\rightarrow\cdots$。

为了判定项重写系统的有限终止性，我们需要定义局部聚合性(local confluence)。

定义 5.54 R 是局部聚合的当且仅当对于所有 $r,s,t\in T_{S,\Sigma}(X)$ 有 $r\rightarrow s$ 及 $r\rightarrow t$

意味着存在某 q 使 $s \xrightarrow{*} q$ 及 $t \xrightarrow{*} q$(即 $s\downarrow = t\downarrow$)。

于是,我们可以有如下定理。

定理 5.13(Newman 定理)　如果 R 是有限终止的,那么 R 是聚合的当且仅当 R 是局部聚合的。

换句话说,如果 R 是有限终止的,那么 R 是聚合的当且仅当

$$(\forall r, s, t \in T_{S,\Sigma}(X))(s \leftarrow r \rightarrow t \Rightarrow$$

$$(\exists q \in T_{S,\Sigma}(X))(s \xrightarrow{*} q \ \underline{\text{and}}\ t \xrightarrow{*} q))$$

下面,我们将讨论项重写系统的一个重要概念:临界对(critical pair)及所谓叠加算法(superposition algorithm)。

给定两个重写规则 $s \rightarrow t$ 及 $p \rightarrow q$,如果存在着两个替换 σ, τ 及 s 中的非变量 u 出现使得

$$\sigma(s/u) = \tau(p)$$

对于所有使得 $\sigma'(s/u) = \tau'(p)$ 的替换 σ' 及 τ' 存在着一个替换 x 使得

$$\sigma'(s) = x(\sigma(s)),\ x = \sigma(s[u \leftarrow \tau(q)]),\ y = \sigma(t)$$

那么称 $\langle x, y\rangle$ 是这两个规则的临界对。其中 s/u 表示项 s 中的第 u 出现的子项。

临界对是研究项重写系统中的什么问题呢?为了回答这个问题,先让我们看看如下的重写规则谱(spectra),令 $s \rightarrow t$ 是在 R 中的一个重写规则,对于一个系列的替换 $\sigma_1, \sigma_2, \cdots$,可以有

$$s \rightarrow t$$
$$\sigma_1(s) \rightarrow \sigma_1(t)$$
$$\sigma_2(s) \rightarrow \sigma_2(t)$$
$$\cdots\cdots$$

对于重写规则 $s \rightarrow t, p \rightarrow q$,分别有两个替换序列 $\sigma_1, \sigma_2, \cdots$,及 $\tau_1, \tau_2, \cdots$,并假定如下重写规则谱:

$s \rightarrow t$	$p \rightarrow q$
$\sigma_1(s) \rightarrow \sigma_1(t)$	$\tau_1(p) \rightarrow \tau_1(q)$
$\sigma_2(s) \rightarrow \sigma_2(t)$	$\tau_2(p) \rightarrow \tau_2(q)$
…………	…………

………………

$\sigma_i(s) \rightarrow \sigma_i(t)$
$\tau_j(p) \rightarrow \tau_j(q)$

(叠加图)

………………

…………　　　　　…………

如果出现了 $\sigma_i(s) = \tau_j(p)$,并存在着一个局部对象 r,使得 $r = \sigma_i(s) = \tau_j(p)$ 并有

$$\sigma_i(t) \leftarrow r \rightarrow \tau_j(q)$$

根据 Newman 定理，如果我们能够判断$(\sigma_i(t))\downarrow=(\tau_j(q))\downarrow$，那么该重写系统将是聚合的。于是，有如下一个重要定理。

定理 5.14(Knuth-Bendix 定理) R 是局部聚合的当且仅当对于 R 中的每一个临界对$\langle x,y\rangle$有 $x\downarrow=y\downarrow$。

这个定理的意思是，完全重写系统的字问题是可判定的。

例 5.38 考虑如下的两个重写规则：

$R_1: F(x,G(x,H(y)))\rightarrow K(x,y)$

$R_2: G(A,z)\rightarrow L(z)$

在 R_1 中的第二出现与 R_2 联系起来使用最小合并子 $\sigma=\{x\leftarrow A, z\leftarrow H(y)\}$，可以使

$$\sigma(F(x,G(x,H(y)))/2)=\sigma(G(A,z))$$

并得到如下的临界对：

$$\langle F(A,L(H(y))),K(A,y)\rangle$$

读者应注意，Newman 定理与 Knuth-Bendix 定理构成了项重写系统最重要的理论结构。

下面，我们讨论项重写系统的终止性问题，并重新给出终止性的定义。

定义 5.55 在项集合 $T_{S,\Sigma}(X)$上的重写系统 R，如果不存在一个项的无穷序列 t_i $(i\geqslant1)\in T_{S,\Sigma}(X)$使得 $t_1\rightarrow t_2\rightarrow t_3\rightarrow\cdots$，那么称 R 是终止的。如果存在着任何这样的无穷序列的推导，称 R 是不终止的。如果对于每一个项 $t\in T_{S,\Sigma}(X)$都存在着一个由 t 推导的不可化简的项，那么称 R 是弱终止的。

一个弱终止重写系统是一个这样的系统，即在这个系统中每一项都至少有一个范式项。

例 5.39 有如下的三个规则系统

$R_1: wr\rightarrow rw$

$R_2: br\rightarrow rb$

$R_3: bw\rightarrow wb$

假定 r 表示"red"，b 表示"blue"，w 表示"white"。这个系统实际上表示的是一个"三色旗"的游戏，例如有如下一个项：

$$rwbrwbwwbr$$

使用这三个重写规则，可以有如下的推导：

$$rw\underline{br}wbwwbr\stackrel{R_2}{\Rightarrow}r\underline{wr}bwbwwbr\stackrel{R_1}{\Rightarrow}rrw\underline{bw}bwwbr\stackrel{R_3}{\Rightarrow}rrwwb\underline{bw}wbr$$
$$\stackrel{R_3}{\Rightarrow}rrww\underline{bw}bwbr\stackrel{R_3}{\Rightarrow}rrwwwbbw\underline{br}\stackrel{R_3}{\Rightarrow}rrwww\underline{bw}bbr\stackrel{R_3}{\Rightarrow}rrwwwwbb\underline{br}$$
$$\stackrel{R_2}{\Rightarrow}rrwwwwb\underline{br}b\stackrel{R_2}{\Rightarrow}rrwwww\underline{br}bb\stackrel{R_2}{\Rightarrow}rrwww\underline{wr}bbb\stackrel{R_1}{\Rightarrow}rrww\underline{wr}wbbb$$
$$\stackrel{R_1}{\Rightarrow}\cdots\stackrel{R_1}{\Rightarrow}rrrwwwwbbb$$

我们可以看到，这个系统是终止的。

例 5.40 请看如下的系统。

(1) 一个终止系统的例子是

$--\alpha \to \alpha$

(2) 一个非终止的例子是

$-\alpha \to ---\alpha$

(3) 如下的一个系统也是非终止的:

$-(\alpha+\beta) \to (--\alpha+\beta)+\beta$

例如

$$\begin{aligned}--(0+1) &\Rightarrow -((--0+1)+1)\\ &\Rightarrow (--(--0+1)+1)+1\\ &\Rightarrow (-((----0+1)+1)+1)+1\\ &\Rightarrow \cdots\end{aligned}$$

(4) 如下的一个系统是非弱终止的:

$f(g(\alpha)) \to g(g(f(f(\alpha))))$

定理 5.15 重写系统的终止性问题是不可判定的,甚至这个系统仅有两个重写规则,该系统的终止性就不可判定。

重写系统等价于图灵机,重写系统的终止性问题即是图灵机的停机问题。

当然,重写系统如给予某些限制,其终止性问题是可以判定的。由于这方面的内容很多,感兴趣的读者可以参看本章文献[14],判定终止的方法,大体可以归纳为

(1) 良基映射法。

(2) 递增解释法。

(3) 单纯序法。

(4) 同态解释法。

(5) 递归通路序法。

(6) 单纯前序方法。

我们就不一一介绍了。

读者学习过形式语言课,都知道 Chomsky 分类方法,"0 型文法""1 型文法"(前后文有关文法)"2 型文法(前后文无关文法)"及"3 型文法(正则文法)"。我们知道,1 型文法、2 型文法、3 型文法都是可以保证终止的文法。1 型文法要求每个生成式 $\alpha \to \beta$ 都必须满足 $|\alpha| \leqslant |\beta|$,这对于线性界限自动机的停机问题是可判定的,很直观。而重写系统的重写规则 $\alpha \to \beta$,并没有要求 $|\alpha| \leqslant |\beta|$,它的停机问题的判定是在重写规则之间推导意义上的文法依赖关系决定的。显然,这两种分类方法都有各自的道理,希望读者给予充分注意。

下面,我们分别介绍一些算法,它们是

· 等式集合的完全性算法。

· 临界对完全性算法。

· 规范形式编译完全性算法。

· 统一性算法。

下面，我们分别介绍这些算法。

1. 等式集合的完全性算法

问题：给定一个等式集合 E，力求找到一个集合 G，使得 $E^* = G^*$ 并且 $\overline{G}$ 具有 Church-Rosser 特性。

算法：

$G := E$

$B := \{(s,t) : (\exists r)(s\downarrow \xleftarrow{*} r \xrightarrow{*} t\downarrow)\}$

<u>while</u> $B \neq \varnothing$ <u>do</u>

$(s,t) :=$ an element in B;

$B := B - \{(s,t)\}$;

<u>if</u> $s \neq t$ <u>then</u> analyse(s,t)

<u>else</u> $G := G \cup \{(s,t)\}$

<u>fi</u>

<u>od</u>

2. 临界对的完全性算法

问题：临界对的完全性算法。

算法：

$G := E$;

$B := \bigcup_{g \in G}$ set of critical pairs of f and g;

while $B \neq \varnothing$ <u>do</u>

$(s,t) :=$ an element in B;

$B := B - \{(s,t)\}$;

$(s,t) := (s\downarrow, t\downarrow)$;

<u>if</u> $s \neq t$ <u>then</u> analyse(s,t)

else

$B := B \cup \bigcup_{(p,q) \in G}$ set of critical pairs of (s,t)<u>and</u>(p,q);

$G := G \cup \{(s,t)\}$

<u>od</u>

3. 规范形式的编译算法

问题：令 E 是以公理形式给出的等式集合，如果存在着一个规范项重写系统而有

(1) $(\forall_s = t \in E) R(s) = R(t)$

(2) $(\forall \lambda \to \rho \in R) \lambda =_E \rho$

那么 $R(s)$ 是 s 的规范形式。现在的问题是，希望给出一个算法，在给定 E 的条件下，产生出满足(1)，(2)的 R 重写系统。

算法：

```
main: G := E
      R := ∅ (empty set);
while G ≠ ∅ do
(s,t) := an element in G;
if s↓ = t↓ then G := G − {, = t}
  else if Var(s↓) ⊂ Var(t↓)
    then let λ = t↓ and ρ = s↓ in subr
    else if Var (t↓) ⊂ Var(s↓)
    then let λ = s↓ and ρ = t↓ in subr
    else failure fi fi
if R' is noetherian
then R := R';
   G := (G − {s = t}) ∪ G' ∪ {P = Q | ⟨P,Q⟩ is a critical pair of R}
else failure fi
fi
od
subr:
   G' := {λ' = ρ' | λ' → ρ' ∈ R and λ' or ρ' contains
                 an instance of λ as subterm};
   R' := R − G' ∪ {λ − ρ}
```

这个算法的意思是，在第 i 次迭代(循环中)，R 中的每一个 $\lambda \to \rho$，ρ 在 R 中是规范形式的，而 λ 在 $R-\{\lambda-\rho\}$ 中是规范形式的。

4. 统一性算法

问题：给定一个重写规则的集合 R 及变量的有限集合 W，产生一个 CSU_E。

算法：

```
M := R(M);          ⎫
N := R(N);          ⎪
W……变量有限集合;     ⎬初始化
θ := φ(empty set);  ⎭
        表示替换的有限集合
while M ≠ N do
S := NS(M,W) ∪ NS(N,W);
S := add the minimum unifier of M and N to S;
select σ in S let θ = σ∘θ;
if (∃x ∈ w)θ(x) is not a normal form
then M := R(σ(M));
     N := R(σ(N));
```

$W := W \cup T(\sigma)$

<u>else</u> failure <u>fi</u>

<u>od</u>

关于重写系统的基本理论，就介绍到这里。最后我们提一下条件重写系统。条件重写系统中重写规则可以是

$\alpha \rightarrow \beta$ <u>if</u> P

其中 P 是一个与 α，β 中的变量、符号有关的谓词，当 P 为真时，β 才能替换 α，否则是不能替换的。有了条件生成式，可以大大地简化重写系统的完全性算法问题。例如交换律可以变成

$X+Y \rightarrow Y+X$ <u>if</u> $X\downarrow < Y\downarrow$

条件重写生成式规则对于自然语言来说，则相当于“情境”(situation)，其应用是不难思考的。

下面，我们举几个重写系统的例子。

例 5.41 有如下的整数重写系统：

(1) relations between constructors.

$$s(p(x)) \rightarrow x$$

$$p(s(x)) \rightarrow x$$

(2) definition of “+”.

$$(0+x) \rightarrow x$$

$$(s(x)+y) \rightarrow s((x+y))$$

$$(p(x)+y) \rightarrow p((x+y))$$

properties of “+”.

$$(x+0) \rightarrow x$$

$$(x+s(y)) \rightarrow s((x+y))$$

$$(x+p(y)) \rightarrow p((x+y))$$

$$((x+y)+z) \rightarrow (x+(y+z))$$

(3) definition of “−”.

$$-(0) \rightarrow 0$$

$$-(s(x)) \rightarrow p(-(x))$$

$$-(p(x)) \rightarrow s(-x))$$

properties of “−”.

$$-(-(x)) \rightarrow x$$

$$(-(x)+x) \rightarrow 0$$

$$x+-(x) \rightarrow 0$$

$$x+(-(x)+z)) \rightarrow z$$

$$(-(x)+(x+z)) \rightarrow z$$

$$-((x+y)) \rightarrow (-(y)+-(x))$$

(4) definitions of "∗".

$$(0*x)\to 0$$
$$(s(x)*y)\to(y+(x*y))$$
$$(p(x)*y)\to(-(y)+(x*y))$$

properties of "∗"

$$(x*0)\to 0$$
$$(x*s(y))\to((x*y)+x)$$
$$(x*p(y))\to((x*y)+-(x))$$

例 5.42　有如下一个函数的重写系统：

$$f(x,0)\to x$$
$$f(x,f(x))\to 0$$
$$f(0)\to 0$$
$$f(f(x))\to x$$
$$f(f(x,y))\to f(f(x),f(y))$$
$$x*f(y,z)\to f(x*y,x*y)$$
$$x*0\to 0$$
$$x*f(y)\to f(x*y)$$
$$x*1\to x$$

例 5.43　有如下一个布尔代数的重写系统：

$$\neg(\neg(x))\to x$$
$$\neg(x\vee y)\to\neg(x)\wedge\neg(y)$$
$$\neg(x\wedge y)\to\neg(x)\vee\neg(y)$$
$$x\wedge(y\vee z)\to(x\wedge y)\vee(x\wedge z)$$
$$(y\vee z)\wedge x\to(y\wedge x)\vee(z\wedge x)$$

例 5.44　有如下一个条件重写系统：

sorts: integer boolean

operations:

　　0: →integer

　　s: integer→integer

　　p: integer→integer

　　$\leqslant$: integer, integer→boolean

rewriting rules:

　　(1) $spx\to x$

　　(2) $psx\to x$

　　(3) $sx\leqslant y\to x\leqslant py$

　　(4) $px\leqslant y\to x\leqslant sy$

　　(5) $0\leqslant 0\to T$

(6) $0 \leqslant p0 \rightarrow F$

(7) $0 \leqslant sx \rightarrow T$ if $0 \leqslant x = T$

(8) $0 \leqslant px \rightarrow F$ if $0 \leqslant x = F$

这个例子可以使读者的思路更开阔些。

一个有实际能力的读者，是可以思考出一个重写系统的实际程序的，一个重写系统的语法分析程序(parser)便是一个证明系统。虽然这些语法分析程序复杂性很高，我们仍然有许多办法改进它们。更有意义的是，如能研制出这种语法分析程序的产生器(parser generator)，那么在人-机交互的情况下，一个有实际意义的证明系统便会产生出来。

读者在学习了本章和组合逻辑及 Martin-Löf 的类型论以后，应当把它们融合在一起，仔细思考，一定会觉得很有意思，它将开阔你的思维，助你取得成绩。

5.7 实 例

5.7.1 一个抽象数据类型库的说明*

第一部分 基本类型

1. 整数类型

```
TYPE integer IS

  SPECIFICATION
    FOR ALL FREE x:integer LET
    SORTS integer = "machine-integer" END SORTS
    CONSTRUCTORS
       /The integer is primitive set, its every member is a constructor/

    END CONSTRUCTORS
    EXTENSIONS
      FUNCTION integer_plus(x,y:integer)RETURN integer;
      FUNCTION integer_mult(x,y:integer)RETURN integer;
      FUNCTION integer_div(x,y:integer)RETURN integer OR UNDEFINED;
      FUNCTION integer_abs(x:integer)RETURN integer;
      FUNCTION integer_sub(x,y:integer)RETURN integer;
      FUNCTION integer_mod(x:integer,m:natural)RETURN integer;
      FUNCTION integer_isne(x,y:integer)RETURN boolean;
      FUNCTION integer_isge(x,y:integer)RETURN boolean;
```

* 本说明由华北计算所屈延文、蔡林、龚明编制。

```
    FUNCTION integer_isgt(x,y:integer)RETURN boolean;

    FUNCTION integer_islt(x,y:integer)RETURN boolean;
    FUNCTION integer_isin(x:integer)RETURN boolean;
    FUNCTION integer_isle(x,y:integer)RETURN boolean;
    FUNCTION integer_length(x:integer)RETURN natural
  END EXTENSIONS
  EQUALITY
    FUNCTION integer_iseq(x,y:integer)RETURN boolean
  END EQUALITY
  AXIOMS
      All of the functions defined above satisfy the axioms of arithmetic.
  END AXIOMS
END TYPE
```

2. 自然数类型

```
TYPE natural IS
  SPECIFICATION
    FOR ALL FREE x:natural LET
    SORTS natural = "implementation-defined"END SORTS
    CONSTRUCTORS
       /The natural is a primitive set,its every member is a constructor/
    END CONSTRUCTORS
    EXTENSIONS
      FUNCTION natural_plus(x,y:natural)RETURN natural OR UNDEFINED;
      FUNCTION natural_sub(x,y:natural)RETURN natural OR UNDEFINED;
      FUNCTION natural_mult(x,y:natural)RETURN natural OR UNDEFINED;
      FUNCTION natural_div(x,y:natural)RETURN natural OR UNDEFINED;
      FUNCTION natural_mod(x,m:natural)RETURN natural OR UNDEFINED;
      FUNCTION natural_isne(x,y:natural)RETURN boolean OR UNDEFINED;
      FUNCTION natural_isge(x,y:natural)RETURN boolean OR UNDEFINED;
      FUNCTION natural_islt(x,y:natural)RETURN boolean OR UNDEFINED;
      FUNCTION natural_isgt(x,y:natural)RETURN boolean OR UNDEFINED;
      FUNCTION natural_isin(x:integer)RETURN boolean OR UNDEFINED;
      FUNCTION natural_isle(x,y:natural)RETURN boolean OR UNDEFINED;

      FUNCTlON natural_length(x:natural)RETURN natural
  END EXTENSIONS
  EQUALITY
    FUNCTION natural_iseq(x,y:natural) RETURN boolean OR UNDEFINED
  END EQUALITY
```

```
  AXIOMS
     All of the functions defined above satisfy the axioms of natural.
  END AXIOMS
END TYPE
```

3. 正整数类型

```
TYPE positive IS
  SPECIFICATION
    FOR ALL FREE x:positive LET
    SORTS positive = "implementation-defined" END SORTS
    CONSTRUCTORS
       /The positive is a primitive set, its every member is a constructor/
    END CONSTRUCTORS
    EXTENSIONS
      FUNCTION positive_plus(x,y:positive)RETURN positive OR UNDEFINED;
      FUNCTION positive_sub(x,y:positive)RETURN positive OR UNDEFINED;
      FUNCTION positive_mult(x,y:positive)RETURN positive OR UNDEFINED;
      FUNCTION positive_div(x,y:positive)RETURN natural OR UNDEFINED;
      FUNCTION positive_isne(x,y:positive)RETURN boolean OR UNDEFINED;
      FUNCTION positive_isge(x,y:positive)RETURN boolean OR UNDEFINED;
      FUNCTION positive_islt(x,y:positive)RETURN boolean OR UNDEFINED;
      FUNCTION positive_isgt(x,y:positive)RETURN boolean OR UNDEFINED;
      FUNCTION positive_isin(x:integer)RETURN boolean;
      FUNCTION positive_isle(x,y:positive)RETURN boolean OR UNDEFINED;
      FUNCTION positive_length(x:positive)RETURN natural
    END EXTENSIONS
    AXIOMS
       The all functions defined above satisfy the axioms of positive.
    END AXIOMS
  END TYPE
```

4. 有限整数类型

```
TYPE finitint(min, max:integer) IS
  SPECIFICATION
    FOR ALL FREE x:finitint LET
    SORTS finitint = (min...max)END SORTS
    CONSTRUCTORS
     /The finitint is a primitive set, its every member is a constructor/
    END CONSTRUCTORS
    EXTENSIONS
      FUNCTION finitint_plus(x,y:finitint)RETURN finitint OR UNDEFINED;
```

```
    FUNCTION finfitint_sub(x,y::finitint)RETURN
    FUNCTION finitint_mult(x,y:fintint)RETURN integer OR UNDEFINED;
    FUNCTION finitint_div(x,y:finitint)RETURN integer OR UNDEFINED;
    FUNCTION finitint_abs(x:finitint)RETURN integer OR UNDEFINED;
    FUNCTION finitint_neg(x:finitint)RETURN integer OR UNDEFINED;
    FUNCTION finitint_mod(x,m:finitint)RETURN integer OR UNDEFINED;
    FUNCTION finitint_isne(x,y:finitint)RETURN boolean OR UNDEFINED;
    FUNCTION finitint_isge(x,y:finitint)RETURN boolean OR UNDEFINED;
    FUNCTION finitint_islt(x,y:finitint)RETURN boolean OR UNDEFINED;
    FUNCTION finitint_isgt(x,y:finitint)RETURN boolean OR UNDEFINED;
    FUNCTION finitint_isin(x:integer)RETURN boolean;
    FUNCTION finitint_length(x:finitint)RETURN natural
  END EXTENSIONS
  EQUALITY
    FUNCTION finitint_iseq(x,y:integer)RETURN boolean
  END EQUALITY
  AXIOMS
     For all functions defined above,the form of implementation is the following, for
     example.
     FUNCTION finitint_plus(x,y:finitint)RETURN integer IS
       if boolean_and (finitint_isin(x),finitint_isin(y))
       then integer_plus(x,y)else UNDEFINED;
     The functions defined above satisfy the axioms of finite field.
  END AXIOMS
END TYPE
```

5. 布尔类型

```
TYPE boolean IS
  SPECIFICATION
    FOR ALL FREE x:boolean LET
    SORTS boolean = (FALSE,TRUE) END SORTS
    COSTRUCTORS
       /true and false are two constructors/
    END CONSTRUCTORS
    EXTENSIONS
      FUNCTION boolean_and(x,y:boolean)BETURN boolean;
      FUNCTION boolean_not(x:boolean)RETURN boolean;
      FUNCTION boolean_or(x,y:boolean)RETURN boolean;
      FUNCTION boolean_isne(x,y:boolean)RETURN boolean;
      FUNCTlON boolean_isin(x:boolean)RETURN boolean;
      FUNCTION boolean_length(x:boolean)RETURN natural
    END EXTENSIONS
```

```
    EQUALITY
      FUNCTION boolean_iseq(x. y:boolean)RETURN boolean
    END EQUALITY
    AXIOMS
      • The functions defined above satisfy the axioms of boolean Algebra
    END AXIOMS
  END TYPE
```

6. 字符类型

```
TYPE character IS
  SPECIFICATION
    FOR ALL FREE x:character LET
    SORTS character = "The character type of the Ada Language" END SORTS
    CONSTRUCTORS
      /The character is a primitive set,its every member is a constructors/
    END CONSTRUCTORS
    EXTENSIONS
      FUNCTION character_iseq(x,y:character)RETURN boolean;
      FUNCTION character_isne(x,y:character)RETURN boolean;
      FUNCTION character_isge(x,y:character)RETURN boolean;
      FUNCTION character_islt(x,y:character)RETURN boolean;
      FUNCTION character_isgt(x,y:character)RETURN boolean;
      FUNCTION character_isin(x:character)RETURN boolean;
      FUNCTION character_select(n:natural)RETURN character OR UNDEFINED;
      FUNCTION character_position(x:character)RETURN natural OR UNDEFINED;
      FUNCTION character_succ(x:character)RETURN character OR UNDEFINED;
      FUNCTION character_pred(x:character)RETURN character OR UNDEFINED;
      FUNCTION character_length (x:character)RETURN natural
    END EXTENSIONS
    EQUALITY
      FUNCTION character_iseq(x,y:character)RETURN boolean.
    END EQUALITY
    AXIOMS FOR ALL x,y:character;n:natural LET
      1:character_isin(x) =
          if "the value of x is a ASCII character" then true else false;
      2:character_iseq(x,y) = natural_iseq (character_position(x),
                                             character_position(y));
      3:character_select(n) = if "the position number of x in ASCII
        character set is n" then x else UNDEFINED;
      4:character_position(x) = if "the position number of x in ASCII
        character set is n" then n else UNDEFINED;
      5:character_select(character_position(x)) = x;
```

```
        6:character_position(character_select(n) = n;
        7:character_sncc(x) = if natural_islt(character_position(x),N)
                              then character_select(natural_plus
                                   (character_position(x),1))else UNDEFINED;
        8:character_pred(x) = if natural _iseq(character_position(x),0)
                                     then x else if natural_islt(character_position(x),N)
                                            then character_select(natural_sub(char-
                                            acter_position(x),1))
                                            else UNDEFINED)
        9—13:character_is|lt|(x,y) = if boolean_and(character_isin
                             |le|
                             |eq|
                             |ge|
                             |gt|
                  (x),character_isin(y))then natural_is |lt|
                                                         |le|
                                                         |eq|
                                                         |ge|
                                                         |gt|
                      (character_position(x),character_position(y))
        14:character_isne(x.y) = boolean_not(character_iseq(x,y));
      END AXIOMS
    END TYPE
```

第二部分 构造类型

7. 枚举类型

```
TYPE enumeration IS
  SPECIFICATION
    FOR ALL FREE x:enumeration LET
    SORTS enumeration = (xl,…,xn)WHERE xi:string END SORTS
    CCNSTRUCTORS
      /The enumeration,in fact is a n - tuple type of string,its
       constructor n - tuple (_,_,...,_)./
    END CONSTRUCTORS
    EXTENSIONS
      FUNCTION enumeration_isle(x,y:enumeration)RETURN boolean OR UNDEFINED,
      FUNCTION enumeration_isge(x,y:enumeration)RETURN boolean OR UNDEFINED;
      FUNCTION enumeration_islt(x,y:enumeration)RETURN boolean OR UNDEFINED;
      FUNCTION enumeration_isgt(x,y;enumeration)RETURN boolean OR UNDEFINED;
      FUNCTION enumeration_isin(x:enumeration)RETURN boolean;
      FUNCTION enumeration_select(n:natural)RETURN enumeration OR UNDEFINED;
```

```
  FUNCTION enumeration_position (x:enumeration)RETURN natural OR UNDEFINED;
  FUNCTION enumeration_succ(x:enumeration)RETURN enumeration OR UNDEFINED;
  FUNCTION enumeration_pred(x;enumeration) RETURN enumeration OR UNDEFINED;
  FUNCTION enumeration_length (x:enumeration)RETURN natural
END EXTENSIONS
EQUALITY
  FUNTION enumeration_iseq(x,y:enumeration)RETURN boolean
END EQUALITY
AXIOMS FOR ALL x,y:enumeration:i:natural LET
  1:enumeration_isin(x) =
      if "the value of x belongs to(xl,...,xn)"
         then true else false;
  2:enumeration_iseq(x,y) =
      natural_iseq(enumeration_position(x),enumeration_position(y));
  3:enumeration_select(l) =
      if "the position number of x in(x1,...,xn)is i"
         then x else UNDEFINED;
  4:enumeration_position(x) =
      if "the position number of x in {xl,...,xn}is i"
         then i else UNDEFINED;
  5:enumeration_select(enumeration_position(x)) = x;
  6:enumeration_position(enumeration_select(i)) = i;
  7:enumeration_succ(x) = if natural_islt(enumeration_position(x),n)
      then enumeration_select(natural_plus(enumeration_position(x),1))
      else UNDEFINED;
  8:enumeration_pred(x) = if natural_iseq(enumeration_position(x),0)
      then x else if natural_islt(enumeration_position(x),n)
      then enumeration_select(natural_sub(enumeration_position(x),1))
        else UNDEFINED;
  9:enumeration_islt(x,y) =
      if boolean_and(enumeration_isin(x),enumeration_isin(y)) then
         natural_islt(enumeration_position(x),enumeration_position(y);
  10:enumeration_isgt(x,y) =
       if boolean_and(enumeration_isin(x),enumeration_isin(y)) then
          natural_isgt(enumeration_position(x),enumeration_position(y));
  11:enumeration_iseq(x,y) =
       if boolean_and(enumeration_isin(x),enumeration_isin(y) then
          natural_iseq(enumeration_position(x),enumeration_position(y));
  12:enumeration_isle(x,y) = boolean_not(enumeration_isgt(x,y));
  13:enumeration_isge(x,y) = boolean_not(enumeration_islt(x,y));
  14:enumeration_isne(x,y) = boolean_not(enumeration_iseq(x,y));
```

```
    15:enumeration_length(x) = 1
  END AXIOMS
END TYPE
```

8. 串类型

```
TYPE string(length:natural) IS
  SPECIFICATION
    FOR ALL FREE s:string LET
    SORTS string ::UNION(EMPTY,x(string))
      WHERE AND(x;character,natural_isle(string_length(s),length))
    END SORTS
    CONSTRUCTORS
      FUNCTION string_empty() RETURN string
      FUNCTION s.string_append(x:character)RETURN string;
    EXTENSIONS
      FUNCTION string_head(s:string)RETURN character OR UNDEFINED;
      FUNCTION s.string_tail() RETURN string;
      FUNCTION s.string_headfield(t:string,x:character)RETURN string;
      FUNCTION s.string_tailfield(x:character)RETURN string;
      FUNCTION s.string_concat(r:string)RETURN string OR UNDEFINED;
      FUNCTION s.string_reverse() RETURN string;
      FUNCTION string_select(s:string,l:positive)RETURN character OR UNDEFINED;
      FUNCTION string_hash(s:string,m:natural)RETURN natural;
      FUNCTION string_position(x:character)RETURN positive OR UNDEFINED;
      FUNCTION string_isne(x,y:string)RETURN boolean;
      FUNCTION string_isin(s:string,x:character)RETURN boolean;
      FUNCTION string_isempty(s:string)RETURN boolean;
      FUNCTION string_isidentifier(s:string)RETUEN boolean
      FUNCTION string_length(s:string)RETURN natural
    END EXTENSIONS
    EQUALITY
      FUNCTION siring_iseq(x,y:string) RETURN boolean
    END EQUALITY
    AXIOMS FOR ALL s,r:string:i,j:character LET
      1:string_empty(s) = string_empty();
      2:if s = r and i = j then s.string_append(i) = r.string_append(j));
      3:string_length (string_empty()) = 0;
      4:string_length (s.string_append(i)) =
          natural_plus(string_length(g),1);
      5:string_head(string_empty()) = UNDEFINED;
      6:string_head(s.string_append(i).string_reverse()) = i;
      7:string_empty ().string_tail () = string_empty ();
```

```
8:s.string_append(i).string_tail() = s.string_tail().string_append(i);
9:s.string_concat(string_empty()) = s;
10:string_empty ().string_concat(r) = r;
11:s.string_append(i).string_concat(r) = s.string_concat
        (r.string_reverse().string_append(i).string_reverse());
12:s.string _concat(r.string_append(i)) = s.string_concat(r).
        string_append(i);
13:string_empty ().string_reverse() = string_empty();
14:s.string_append(i).string_reverse() =
    string_empty ().string_append (i):string_concat(s.string_reverse());
15:string_isne(i,j) = boolean_not(string_iseq(i,j));
16:string_isin(string_empty (),i) = false;
17:string_isin(s.string_append(i),j) = if character_iseq(i,j)then true
        else string_isin(s,j)
18:s.string_headfield(string_empty (),i) = s;
19:s.string_headfield(r,i) = if character_iseq(string_head(r).i)
                           then s.string_append(string_head(r))
                           else s . string_append(string_head(r)).
                                string_headfield(r.string_tail(),i);
20:string_empty().string_tailfield(j) = string_empty();
21:s.string_tailfield(j) = if character_iseq(string_head(s),j)
                          then s.string_tail()
                          else s.string_tail().string_tailfield(j).
22:string_hash(string_empty ().string_append (i),m) = natural_mod(character_
                    position(i),m);
23:string_hash(s.string_append(i),m) = natural_mod(natural_mult(string_
          hash(s,m),natural_mod(character_position(i),m),m),m);
24:string_isidentifier(s) = if "x ∈ identifier then true else false
          where identifiler::x + x(letter_or_digital) + x(indentifier) +
                          (identifier)_(identifier);
25:string_isempty(s) = string_iseq(s,string_empty())
END AXIOMS
END TYPE
```

9. 集合类型

```
TYPE set(item,card:natural) IS
  SPECIFICATION
    FOR ALL FREE s:set LET
    SORTS set = LIST(...x...)WHERE AND(x:item,RANGE natural_isin
      (set_length(s),card))END SORTS
    CONSTRUCTORS
      FUNCTION set_empty () RETURN set OR UNDEFIEND;
```

```
  FUNCTION s.set_insert(x:item)RETURN set OR UNDEFINED;
EXTENSIONS
  FUNCTION s.set_delete(x:item) RETURN set OR UNDEFIEND;
  FUNCTION s.set_inter(r:set)RETURN set;
  FUNCTION s.set_union(r:set)RETURN set OR UNDEFINED;
  FUNCTION s.set_disjion(r:set)RETURN set OR UNDEFINED;
  FUNCTION set_isin(s:set.x:item)RETURN boolean;
  FUNCTION set_issubset(s,r:set)RETURN boolean;
  FUNCTION set_isne(s,t:set)RETURN boolean;
  FUNCTION set_isempty (s:set)RETURN boolean;
  FUNCTION set_length(s:set)RETURN natural
END EXTENSIONS
EQUALITY
  FUNCTION set_iseq(s,r:set)RETURN boolean
END EQUALITY
AXIOMS FOR ALL s,r:set;i,j:item LET
   1:set_empty () = set_empty ();
   2:if s = r and i = j then s.set_insert(i) = r.set_insert(j);
   3:set_empty().set_delete(i) = UNDEFINED;
   4:s.set_insert(i).set_delete(j) = if i = j then s
                                   else s.set_delete(j).set_insert(i)
   5:set_length(set_empty ()) = 0;
   6:set_length(s.set_insert(i)) = natural_plus(set_length(s),1);
   7:set_isin(set_empty (),i) = false;
   8:set_isin(s.set_insert(i),j):if item_iseq(i,j)then true
                                             else set_isin(s,j);
   9:set_isne(s,r) = boolean_not(set_iseq(s,r));
   10:set_empty().set_union(s) = s;
   11:s.set_union(set_empty()) = s;
   12:s.set_union(r.set_insert (i)) = if set_isin(s,i)then s.set_union(r)
                                     else s,set_union(r).set_insert(i);
   13:s.set_inter(set_empty ()) = set_empty ();
   14:set_empty ().set_inter(s) = set_empty ();
   15:s.set_inter(r.set_insert(i)) = if set_isin(s,i)
        then s.set_inter(r).set_insert(i)else s.set_inter(r);
   16:s.set_disjoin(set_empty()) = s;
   17:set_empty ().set_disjoin(s) = s;
   18:s.set_disjoin(r.set_insert(i)) = s.set_disjoin(r).set_insert(i));
   19:set_issubset(s,set_empty ()) = true;
   20:set_issubset(set_empty (),s) = if set_isempty(s)then true else false;
   21:set_issubset(s,r.set_insert(i)) = if set_isin(s.i)
```

```
            then set_issubset(s.r) else false;
        22:set_issubset(s.set_insert(i).s) = true;
        23:set_isempty(s) = set_iseq(s,set_empty())
    END AXIOMS
  END TYPE
```

10. 栈类型

```
TYPE stack(item,depth:natural) IS
  SPECIFICATION
    FOR ALL FREE s:stack LET
    SORTS stack :: UNION (EMPTY,(stack)x)WHERE AND(x:item,RANGE natural_
      isle(stack_length(s),depth))END SORTS
    CONSTRUCTORS
      FUNCTION stack_empty() RETURN stack OR UNDEFINED;
      FUNCTION s.stact_push(x:item)RETURN stack OR UNDEFINED;
    EXTENSIONS
      FUNCTION stack_top(s:stack)RETURN item OR UNDEFINED;
      FUNCTION s.stack_pop() RETURN stack;
      FUNCTION stack_isne(s,t:stack)RETURN boolean;
      FUNCTION stack_isempty(s:stack)RETURN boolean;
      FUNCTION stack_isin(s:stack,x;item)RETURN boolean;
      FUNCTION stack_length(r:stack)RETURN natural
    END EXTENSIONS
    EQUALITY
      FUNCTION stack_iseq(s,r:stack)RETURN boolean
    END EQUALIT
    AXIOMS FOR ALL s,r:stack;i,j:item LET
        1:stack_empty() = stack_empty ();
        2:if s = r and i = j then s.stack_push(i) = r.stack_push(j);
        3:stack_top(stack_empty()) = UNDEFINED;
        4:stack_top(s,stack_push(i)) = i;
        5:stack_empty().stack_pop() = stack_empty();
        6:s.stack_push(i).stack_pop() = s;
        7:s.stack_pop().stack_push(stack_top(s)) = s;
        8:stack_length(stack_empty ()) = 0;
        9:stack_length (s.stack_push(i)) = natural_plus(stack_length(s),i);
        10:stack_isin(stack_empty (),i) = false;
        11:stack_isin(s.stack_push(j),i) = if item_iseq (i,j)then true;
                                                else stack_isin(s,j);
        12:stack_isempty(s) = stack_iseq(s,stack_empty ())
    END AXIOMS
  END TYPE
```

11. 队列类型

```
TYPE queue(item,length:natural) IS
  SPECIFICATION
    FOR ALL FREE q:queue LET
    SORTS queue::UNION(EMPTY.x(queue))WHERE AND(x:item,RANGE natural_
       isle(queue_length(q),length))END SORTS
    CONSTRUCTORS
      FUNCTION queue_empty () RETURN queue OR UNDEFINED;
      FUNCTION q.queue_add(x:item)RETURN queue OR UNDEFINED;
    EXTENSIONS
      FUNCTION q.queue_tail 0 RETURN queue;
      FUNCTION queue_head(q:queue)RETURN item OR UNDEFINED;
      FUNCTION q.queue_append(r:queue)RETURN queue OR UNDEFINED;
      FUNCTION queue_isempty(q:queue)RETURN boolean;
      FUNCTION queue_isne(r,q:queue)RETURN boolean;
      FUNCTION queue_isin(q:queue,x:item)RETURN boolean:
      FUNCTION queue_length(q:queue)RETURN natural
    END EXTENSION
    EQUALITY
      FUNCTION queue_iseq(r,q:queue)RETURN boolean
    END EQUALITY
    AXIOMS FOR ALL q,r:queue;i,j:item LET
      1:queue_empty() = queue_empty ();
      2:if q = r and i = j then q.queue_add(i) = r.queue_add(j);
      3:queue_head(queue_empty()) = UNDEFINED;
      4:queue_head(q.queue _add(i)) = if queue_iseq(q,queue_empty())
                              then i else queue_head (q):
      5:queue_emtpy().queue_add(i).queue_tail () = queue_empty();
      6:q.queue_add(i).queue_tail() = if queue_iseq(q,queue_empty())
                             then queue_empty () else q.queue_tail ().queue_add(i);
      7:queue_empty ().queue_append(r) = r;
      8:q.queue_append(queue_empty ()) = q;
      9:q.queue_add(i).queue_append(r) = q.queue_add (i).queue_add
                         (queue_head(r)).queue_append(r.queue_tail());
      10:queue_length(queue_empty()) = 0;
      11:queue_length(q.queue_add(i)) =
                          natural_plus(queue_length(q),1);
      12:queue_isin(queue_empty(),i) = false;
      13.queue_isin(q.queue_add(i),j ) = if item_iseq(i,j)then true
                                       else queue_isin(q,j);
      14:queue_isempty(s) = queue_iseq(s,queue_empty ())
```

```
    END AXIOMS
  END TYPE
```

12. 表类型

```
TYPE list(item,length:natural) IS
  SPECIFICATION
    FOR ALL FREE l:list LET
    SORTS list = LIST(...x...)WHERE AND(x:item,RANGE natural_iseq
       (list_length(l),length))END SORTS
    COSTRUCTORS
      FUNCTION list_empty () RETURN list OR UNDEFINED;
      FUNCTION l.list_add(x:item)RETURN list OR UNDEFINED;
    EXTENSIONS
      FUNCTION l.list_insert(n:positive,x:item)RETURN list OR UNDEFINED;
      FUNCTION l.list_idelete(x:item)RETURN list OR UNDEFINED;
      FUNCTION l.list_ndelete(n:positive)RETURN list OR UNDEFINED;
      FUNCTION list_select(l:list,n:positive)RETURN item OR UNDEFINED;
      FUNCTION list_position(l:list,x:item)RETURN natural OR UNDEFINED;
      FUNCTION list_isne(r,l:list)RETURN boolen;
      FUNCTION list_isin (l:list,x:item)RETURN boolean;
      FUNCTION list_isempty(l:list)RETURN boolean;
      FUNCTION list_length () RETURN natural
    END EXTENSIONS
    EQUALITY
      FUNCTION list_iseq(i,r:list)RETURN boolean
    END EQUALITY
    AXIOMS FOR ALL l,k:list:x,y:item;n:natural LET
      1:list_empty() = list_empty();
      2:if l = k and x = y then l.list_add(x) = k.list_add(y);
      3:list_length(list_empty()) = 0;
      4:list_length(l.list_add(x)) = natural_plus(list_length(l),1);
      5:list_isempty(l) = if list_iseq(l,list_empty())then true else false;
      6:list_isin(list_empty(),x) = false;
      7:list_isin(l.list_add(x),y) = if item_iseq(x,y)then true
                                                   else list_isin(l,y);
      8:list_isne(l,k) = bool_not(list_iseq(l,k));
      9:list_select(list_empty(),n) = UNDEFINED;
      10:list_select(l.list_insert(x,n),n) = x;
      11:list_select(l.list_add(x),n) =
               if natural_iseq(n.natural_plus(list_length(l),1))
               then x else list_select(l,n);
      12:list_position(list_emtpy(),n) = UNDEFINED;
```

```
      13:list_position(l.list_insert(n,x),x) = n;
      14:list_position(l.list_add(x),x) = natural_plus(list_length(l),1);
      15:l.list_add(x) = l.list_insert(natural_plus(list_length(l),1),x);
      16:l.list_idelete(x) = l.list_ndelete(list_position(l,x));
      17:list_empty().list_idelete(x) = UNDEFINED;
      18:l.list_insert(n,x).list_idelete(x) = l;
      19:l.list_idelete(x).list_insert(list_position(x),x)
              if list_isempty(l)then UNDEFINED else l;
      20:l.list_add(x).list_idelete(x) = l:
      21:list_empty ().list_ndelete(n) = UNDEFINED;
      22:l.list_insert(n,x).list_ndelete(n) = l;
      23:l.list _ndelete(n).list_insert(n,x) =
               if list_isempty(l)then UNDEFINED else l;
      24:l.list_add(x).list_ndelete(natural_plus(list_length(l),l)) = l;
    END AXIOMS
  END TYPE
```

13. 记录类型

```
TYPE record(ENTRY...) IS
  SPECIFICATION
    FOR ALL FREE r:record LET
    SORTS record = TUPLE(ENTRY) WHERE ENTRY = (x1:item1;...;xn:itemn)
    END SORTS
    COSTRUCTORS
       /The record type is a n_tuple type/
    END CONSTRUCTORS
    EXTENSIONS
      FUNCTION record_select(r:record,x:identifier) RETURN UNIVERSE OR UNDEFINED;
      FUNCTION record_isne(r,s:record) RETURN boolean;
      FUNCTION record_isin(r:record,x:identifier)RETURN boolean;
      FUNCTION record_length(r:record)RETURN natural
    END EXTENSIONS
    EQUALITY
      FUNCTION record_iseq(r,s:record) RETURN boolean
    END EQUALITY
    AXIOMS FOR ALL r,s:record;xi,y:identifier:n:positive LET
      1:record_length(r) = n;
      2:record_isne(r,s) = boolean_not(record_iseq(r,s));
      3:record_isin(record_new(),y) = false;
      4:record_isin(r,y) = if string_iseq(xi,y)then true else false;
      5:record_select(r,y) = if record_isin(r,y)then UNIVERSE else UNDEFINED;
    END AXIOMS
```

```
END TYPE
```

14. 联合类型

```
TYPE union(ENTRY...) IS
  SPECIFICATION
    SORTS union = (UNION...)END SORTS
      /* NOTE:The type union consists of some nondeterminated number of
             types by using the operation UNION */
    CONSTRUCTORS
      /The constructors of union type is(_,_)/
    END CONSTRUCTORS
    EXTENTIONS
      FUNCTION u.union_choice(n:positive)RETURN union OR UNDEFINED
    END EXTENSIONS
    EQUALITY
      FUNCTION union_iseq(x,y:union)RETURN boolean
    END EQULITY
  END TYPE
```

15. 选择类型

```
Type selector(item) IS
  SPECIFICATION
    SORTS selector = UNION(EMPTY,/x,x/selector)WHERE x:item END SORTS
    CONSTRUCTORS
      FUNCTION selector_empty () RETURN selector OR UNDEFINED;
      FUNCTION s.selector_slant(x:item)RETURN selector;
    END CONSTRUCTORS
    EXTENSIONS
      FUNCTION s.selector_cancell (x:item)RETURN selector OR UNDEFINED;
      FUNCTION s.selector_glue(t:selector)RETURN selector;
      FUNCTION s.selector_cut(t:selector)RETURN selector OR UNDEFINED;
      FUNCTION selector_get(s,t:selector)RETURN item OR UNDEFINED;
      FUNCTION selector_isprefix(s,t:selector)RETURN boolean;
      FUNCTION selector_issuffix(s,t:selector)RETURN boolean;
      FUNCTION selector_isne(s,t:selector)RETURN boolean;
      FUNCTION selector_isempty(s:selector)RETURN boolean;
      FUNCTION selector_isin(s:selector,x:item)RETURN boolean;
      FUNCTION selector_position(s:selector,x:item)RETURE natural;
      FUNCTION s.selector_tail () RETURN selector OR UNDEFINED;
      FUNCTION selector_first (s)RETURN item OR UNDEFINED;
      FUNCTION selector_length(s:selector) RETURN natural
    END EXTENSIONS
```

```
EQUALITY
  FUNCTION selector_iseq(s.t:selector)RETURN boolean
END EQUALITY
AXIOMS FOR ALL s,r:selector;x,y;item;LET
  1:selector_empty() = elector_empty();
  2:if s = r and x = y then s.selector_slant(x) = r.selector_slant(y);
  3:s.selector_slant(x).selector_cancell(y) = if item_iseq(x,y)
                                      then s else UNDEFINED;
  4:s.selector_glue(selector_empty ()) = s;
  5:selector_empty ().selector_glue(s) = /s;
  6:s.selector_glue(r) = s/r;
  7:s.selector_glue(r).selector_cut(r) = s;
  8:selector_empty ().selector_cut(i) = UNDEFINED;
  9:s.slector_cut(selector_empty ()) = s;
  10:s.selector_slant(x).selector_cut(r.selector_slant(y))
          = if item_iseq(x,y)then s.selector_cut(r)else UNDEFINED;
  11:selector_get(s.selector_slant(x),r) = if selector_iseq(s,r)
                                              then x else UNDEFINED;
  12:selector_isne(s,r) = boolean_not(selector_iseq(s,r));
  13:selector_isprefix(s,selector_empty ()) = true;
  14:selector_isprefix(s,selector_slant(x),r) = if selector_iseq(s,r)
                                      then true else selector_prefix(s,r);
  15:selector_position(selector_new(),x) = UNDEFINED;
  16:selector_position(s.selector_slant(x),x) = if selector_iseq(s,
          selector_empty())then 1 else natural_plus(1,selector_length(s))
  17:selector_length(selector_empty()) = 0;
  18:selector_length(s.selector_slant(x)) = natural _plus(1,
                                                  selector_length (s));
  19:selector_empty().selector_tail () = UNDEFINE;
  20:selector_empty ().selector_slant(x).selector_tail() = selector_empty();
  21:s.selector_slant(x).selector_tail()
               = s.selector_tail ().selector_slant(x);
  22:selector_issuffix(selector_empty(),s) = false;
  23:selector_issuffix(s,r) = if selector_iseq(s,r)then true
                                else selector_issuffix(s.selector_tail(),r);
  24:selector_first(selector_empty ()) = UNDEFINED;
  25:selector_first(selector_empty().selector_slant(x)) = x;
  26:selector_first(s.selector_slant(x)) = selector_first(s);
 END AXIOMS
END TYPE
```

16. 树类型

```
TYPE tree(content) IS
  SPECIFICATION
    FOR ALL FREE t:tree LET
    SORTS tree = UNION(EMPTY,(tree) ∪ {x}) WHERE x:atom END SORTS
    /* An atom is a record,it must be following form;
            (s:selector,c:content) */
  CONSTRUCTORS
    FUNCTION tree_empty () RETURN tree OR UNDEFINED;
    FUNCTION t.tree_addleaf(s:selector,x:atom)RETURN tree OR UNDEFINED;
  END CONSTRUCTORS
  EXTENSIONS
    FUNCTION t.tree_deleteleaf(s:selector)RETURN tree OR UNDEFINED;
    FUNCTION t.tree_add(s:selector,r:tree)RETURN tree OR UNDEFINED:
    FUNCTION t.tree_delete(s:selector)RETURN tree OR UNDEFINED;
    FUNCTION tree_get(t:tree,s:selector) RETURN content OR UNDEFINED;
    FUNCTION t.tree_put(s:selector,x:content)RETURN tree OR UNDEFINED;

    FUNCTION t.tree_subtree(s:selector,r:tree)RETURN tree OR UNDEFINED;
    FUNCTlON tree_isempty(t:tree)RETURN boolean;
    FUNCTION tree_issubtree(t,r:tree)RETURN boolean;
    FUNCTION tree_isin(t:tree,s:selector) RETURN boolean;
    FUNCTION tree_isne(t,r:tree)RETURN boolean;
    FUNCTION tree_isleaf(t:tree,x:atom)RETURN boolean;
    FUNCTION tree_length(t:tree) RETURN natural;
  END EXTENSIONS
  EQUALITY
    FUNCTION tree_iseq(t,r:tree) RETURN boolean;
  END EQULITY
  AXIOMS FOR ALL t,s,r:tree;p,q:selector;x,y:atom;c:content LET
    1:tree_empty () = set_empty ();
    2:if t = s and p = q and x = y then t.tree_addleaf(p,x) = s.tree_addleaf(q,y);
    3:tree_isin(tree_empty(),p) = if selector_iseq(p,selector_empty())
                                    then true else false;
    4:tree_isin(t.tree_addleaf(p,x),q) =
                        if selector_iseq.s.atom_select(s),q)then true
                                        else tree_isin(t,q);
    5:t.tree_addleaf(p,x).tree_deleteleaf(y) = if tree_isle(t,y)
              then if atom_iseq(x,y)then
              else t.deleteleaf(y).addleaf(p,x)else UNDEFINED;
    6:tree_empty ().tree_deleteleaf(q) = UNDEFINED;
```

```
    7:t.tree_add(p,tree_empty()) = if tree_isin(t,p)then t else UNDEFINED;
    8:tree_empty().tree_add(p,r) = if selector_isempty(p)
                                     then r else UNDEFINED;
    9:t.tree_add (p,r.tree_addleaf(q,x)) = if tree_isin(t,p)then
      t.tree_add(p,r).tree_addleaf(p.selector_glue(q).x)else UNDEFINED;
    10:t.tree_add(p,r).tree_delete(p) = if tree_isin(t,p)then t
                                                          else UNDEFINED;
    11:tree_empty ().tree_delete(p) = UNDEFINED;
    12:tree_get(t,p) = selector_get(p).atom_select(c);
    13:tree_get(t.tree_put(p,c),p) = c;
    14:t.tree_put(p,tree_get(t,p)) = t;
    15:t.tree_add(p,r).tree_subtree(p) = r;
    16:tree_issubtree(t.tree_add(p,r),r) = true;
    17:tree_issubtree(tree_new(),r) = false;
    18:tree _issubtree(t.tree_addleaf(p,x),r,tree_addleaf(q,x)) =
           if selector_issuffix(p,q) then tree_issubtree(t,r) else false;
    19:tree_isleaf(t.tree_addleaf(p,x),x) = true;
    20:tree_isleaf(t.tree_addleaf(x.atom_select(s),y),x) = false;
    21:tree_length(tree_empty ()) = 1;
    22:tree_length(t.tree_addleaf(p,x)) = natural_plus(tree_length(t),1)
  END AXIOMS
  END TYPE
```

第三部分 与计算机有关的类型

17. 存储类型

```
TYPE store(Onetype) IS
  SPECIFICATION
    SORTS store = (natural × (onetype + {used,error}))END SORTS
    CONSTRUCTORS
      FUNCTION store_new(onetype) RETURN store;
      FUNCTION store_assign(s:stroe,(l:natural),v:onetype)) RETURN store;
    END CONSTRUCTORS
    EXTENSIONS
      FUNCTION store_constent(s:store,l:natural)RETURN onetype OR ERROR;
      FUNCTION store_copy(s1,s2:store) RETURN store;
      FUNCTION store_byte(s:store) RETURN natural;
      FUNCTION store_free(s:store)RETURN EMPTY;
    END EXTENSIONS
    EQUALITY
      FUNCTION store,iseq(s1,s2:store) RETURN boolean
    END EQUALITY
```

```
AXIOMS FOR ALL s1,s2,s:store and 11,12,1:natural and v1,v2,v:onetype LET.
  1:store_new(onetype) = store_new(onetype);
  2:if s1 = s2 and(11,v1) = (12,v2)then store_assign(s1,(11,v1)) =
                                   store_assign(s2,(12.v2));
  3:store_content(store_new(onetype),1) = error;
  4:store_content(store_assign(s,(11,v)).12) = if 11 = 12 then v else
                                             store_content(s2,12);
  5:store_copy(s1,s2) = s1;
  6:store_byte(s) = n;(n is a constant)
  7:store_free (s) = empty;
END AXIOMS
END TYPE
```

18. 文件类型

```
TYPF file IS

 SPECIFICATION
   SORTS file = name × state × data END SORTS
 CONSTRUCTORS
   FUNCTION file_create(x:name)RETURN file OR ERROR;
   FUNCTION file_open(x:file) RETURN file OR ERROR;
   FUNCTION file_close(y:file)RETURN file OR ERROR;
   FUNCTION file_write(x:file,y:data) RETURN file OR ERROR
   END CONSTRUCTORS
   EXTENSIONS
     FUNCTION file_unlink(x:file) RETURN EMPTY;
     FUNCTION file_seek(x:file) RETURN natural;
     FUNCTION file_read(x:file,y,z:natural) RETURN data OR ERROR;
     FUNCTION file_fstat(x:file) RETURN state;
   END EXTENSIONS
   EQUALITY
     FUNCTION file_iseq(x,y:file) RETURN boolean
   END EQUALITY
   AXIOMS FOR ALL a:name and x,y:file and c,d:data and n,m:natural LET
     1:file_create(a) = file_create(a);
     2:file_open(x) = file_open(x);
     3:file_close(x) = file_close(x);
     4:if x = y and c = d and file_fstat(x) = "opened" and file_fstate(y) = "opened"
         then file_write(x,c) = file_write(y,d);
     5:file_fstat(file_create(a)) = "created";
     6:file_fstat(file_open(x)) = if file_fstat(x) = "created" or file_fstat(x)
                                  = "closed" then"opened" else error;
```

```
    7:file_fstat(file_close(x)) = if file_fstat(x) = "opened" then"closed"
                                        else error;
    8:file_write(x,c) = if file_fstat(x) = "opened" then data_write(third(x),c)
                                        else error;
    9:file_read(x,n,m) = if file_fstat(x) = "opened" then data_read(third(x),
                                        n,m) else error;
    10:file_seek(x) = data_seek(third(x));
    11:file_unlink(x) = empty;
  END AXIOMS
END TYPE
```

19.异常类型

```
TYPE exception IS
  SPECIFICATION
    SORTS exception = {skip,print,interrupt,stop} END SORTS
  CONSTRUCTORS
    FUNCTION skip () RETURN exception;
    FUNCTION print(x:string) RETURN exception;
    FUNCTION interrupt() RETURN exception;
    FUNCTION stop () RETURN exception
  END CONSTRUCTORS
  EQUALITY
      FUNCTION exception_iseq(x,y:exception) RETURN boolean
    END EQUALITY
    AXIOMS FOR ALL s:string Let
      1:skip () = skip();
      2:print (s) = print(s);
      3:interrupt () = interrupt ();
      4:stop () = stop ();
    END AXIOMS
  END TYPE
```

第四部分 并发类型

20.港口类型

```
TYPE port(f:protocol) IS
  SPECIFICATION
    SORTS port = (s,f) where s:States = {created,opened,closed,exception}
    END SORTS
    CONSTRUCTORS
      FUNCTION port_creat () RETURN port;
      FUNCTION port_open(t:port) RETURN port;
```

```
    FUNCTION port_close(t:port) RETURN port
  END CONSTRUCTORS
  EXTENSIONS
    FUNCTION port_get(t:port) RETURN states;
    FUNCTION port_iscompl(t,s:port) RETURN boolean
  END EXTENSIONS
  EQUALITY
    FUNCTION port_iseq(t,s:port) RETURN boolean
  END EQUALITY
  AXIOMS FOR ALL p:port LET
    1:port_create () = port_create ();
    2:if p = q then port_open(p) = port_open(p);
    3:if p = q then port_close(p) = port_close(p);
    4:port_get(port_create ()) = "created";
    5:port_get(port_open(p)) = if port_get(p) = "created" or port_get(p) =
                              "closed" then "opened" else "exception";
    6:port_get(port_close(p)) = if port_get (p) = "opened" then "closed"
                               then "exception";
  END AXIOMS
END TYPE
```

21. 任务类型

```
TYPE task (f:program,port) IS
  SPECIFICATION
    SORTS task = states × program × port where states = {created,activated
                 suspended,terminate,exception} END SORTS
    CONSTRUCTORS
      FUNCTION task_create () RETURN task;
      FUNCTION task_activate(t:task) RETURN task;
      FUNCTION task_suspend (t:task) RETURN tast;
      FUNCTION task_terminate(t:task) RETURN task
    END CONSTRUCTORS
    EXTENSIONS
      FUNCTION task_get(t:task) RETUEN states
    END EXTENSIONS
    EQUALITY
      FUNCTION task_iseq(t,s:task) RETURN boolean
    END EQUALITY
    AXIOMS FOR ALL p:task LET
      1:task_create () = task_create ();
      2:if p = q then task_activate(p) = task_activate(p);
      3:if p = q then task_suspend(p) = task_suspend (p);
```

```
    4:if p = q then task_terminate(p) = task_terminate(p);
    5:task_get(task_create ()) = "created";
    6:task_get(task_activate(p)) = if task_get(p) = "created" or task_get
              (p) = "suspended" then "activated" else "exception"
    7:task_get(task_suspend(p)) = if task_get(p) = "activated" then
                                 "suspended" else "exception"
    8:task_get(task_terminate(p)) = if task_get(p) = "activated" then
                                   "terminated" else "exception"
  END AXIOMS
 END TYPE
```

22. 通讯网络类型

```
TYPE net (processes) IS
  SPECIFICATION
    SORTS net = (P,E) where (P = (...,X,...)where X:processes) and
                      (E = {...,(X.α,Y.β),...}where X.Y:P and X.α
                      is a port of the process X and Y.β is
                      a port of the process Y) END SORTS
    CONSTRUCTORS
      FUNCTION net_empty () RETURN net;
      FUNCTION net_insert(N:net,t:P) RETURN net;
      FUNCTION net_chan(n:net,e:E) RETURN net;
      FUNCTION net_mask(n:net,t:P) RETURN net;
      FUNCTION () (n:net.t:P) RETURN net
      FUNCTION ↓1(n:net) RETURN P:
      FUNCTION ↓2(m:net) RETURN E
    END CONSTRUCTORS
    EXTENSIONS
      FUNCTION net_mutual(n:net,e:E) RETURN net;
      FUNCTION net_reapp(n:net,s:P) RETURN net;
      FUNCTION net_chandel(n:net,e:E) RETURN net;
      FUNCTION net_mutdel(n:net,e:E) RETURN net;
      FUNCTION net_del(n:net,s:P) RETURN net;
      FUNCTION net_isin(n:set,s:P) RETURN boolean;
      FUNCTION net_length(n:net) RETURN natural
    END EXTENSIONS
    BQUALITY
      FUNCTION net_iseq(n1,n2:net) RETURN boolean
    END EQUALITY
    AXIOMS FOR ALL n,n1,n2:net,S,R:P LET
        /The functions mentioned above are all defined by the operations
         of set theory/
```

```
1:n = (n ↓ 1,n ↓ 2);
2:net_insert(net′empty (),S) = (S:{α1,...,αk},empty)
3:net_insert(n,S) = (n ↓ 1 ∪ S:{α1,...,αk},n ↓ 2)
4:net_chan(n,(s • α,R • β)) = if S • α ∈ n ↓ 1 and R • β ∈ n ↓ 1
                                and processes′iscompl(S • α,R • β)
                              then(n ↓ 1,n ↓ 2 ∪ {(S • α,R • β)});
5:n(S) = S:{α1,...,αk}
6:net_mask(n,S • α) = (n ↓ 1\{S • α},n ↓ 2)
7:net_mutual(n,(S • α,R • β)) = net′mask(net′mask(net′chan(n,(S • α
                                ,R • β)),S • α),R • β);
8:net_reapp(n,S • α) = if S • α ∈ (n ↓ 2) ↓ 1 or S • α ∈ (n ↓ 2) ↓ 2
                       then (n ↓ 1 ∪ {S • α},n ↓ 2) else undefined;
9:net_chandel(n,(S • α,R • β)) = if (S • α,R • β) ∈ n ↓ 2
                                 then (n ↓ 1,n ↓ 2\{(S • α,R • β)})
                                 else undefined;
10:net_mutdel(n,(S • α,R • β)) = net′chandel(reapp(reapp(n,S • α),
                                   R • β),(S • α,R • β));
11:net_del(n.S) = if S:{α1,...,αk} (n ↓ 2) ↓ 1 and S:{α1,...,αk}
                     (n ↓ 2) ↓ 2 and S:{α1,...,αk}. n ↓ 1
                  then (n ↓ 1\S:{α1,...,αk},n ↓ 2) else undefined
  END AXIOMS
END TYPE
```

5.7.2 一个 ADT 的定义语言

```
〈adt_definition〉∷ = TYPE〈type_name〉[〈type_parameters_list〉] IS
                     SPECIFICATION
                       〈type_global_object_definition〉
                       〈sorts_definition〉
                       〈operation_definition〉
                       〈axioms〉
                     IMPLEMENTATION
                       〈function_abstraction〉
                     WITH〈library_name〉
                     USE PACKAGE 〈package_name〉
                     IN LANGUAGE 〈language_name〉
〈type_name〉∷ = tp_〈identifier〉
〈type_parameter_list〉∷ = 〈type_parameter〉(,〈type_parameter〉
〈type_parameter〉∷ = 〈object_name_list〉:〈type_name〉
                     |〈type_name〉
```

```
                        |FUNCTION 〈identifier〉
                        |ENTRY...
〈type_global_object_declaration〉∷ = FOR ALL FREE 〈abstract_object_
                                        declaration〉 IN
〈abstract_object_declaration〉∷ =〈abstract_object_definition〉
                                  {;〈abstract_object_definition〉}
〈abstract_object_definition〉∷ =〈object_name_list〉:〈type_name〉
〈sorts_definition〉∷ = SORTS 〈mult_sorts_definition〉 END SORTS
〈mult_sorts_definition〉∷ =〈one_sort_definition〉{,〈one_sort_
                             definition〉}
〈one_sort_definition〉∷ =〈name〉〈definition_symbol〉〈sort_structure〉
                           WHERE 〈post_definition〉
〈definition_symbol〉∷ = l∷
〈sort_structure〉∷ =〈concatenation_structure〉
                    |〈union_structure〉
                    |〈tuple_structure〉
〈concatenation_structure〉∷ =〈sort_atom〉{〈sort_atom〉}
〈union_structure〉∷ = UNION (〈sort_atom〉{,〈sort_atom〉})
〈tuple_structure〉∷ = TUPLE (〈sort_atom〉{,〈sort_atom〉})
〈sort_atom〉∷ =〈constant〉|〈identifier〉|{〈sort_atom〉}
〈post_definition〉∷ =〈abstract_object_definition〉
                     |RANGE 〈expression〉
                     |AND (〈post_definition〉{,〈post_definition〉})
〈operations_definition〉∷ = OPERATIONS〈function_definition〉
                                      {;〈function_definition〉}
                              END OPERATIONS
〈function_definition〉∷ = FUNCTION 〈function_name〉([〈function_
                            parameter_list〉]) RETURN 〈type_name〉
                            [OR UNDEFINED]
〈function_parameter_list〉∷ =〈function_parameter〉{,〈function_
                                 parameter〉}
〈function_parameter〉∷ =〈abstract_object_declaration〉
〈axioms〉∷ = AXIOMS FOR ALL〈abstract_object_declaration〉 LET
             〈equations〉 END AXIOMS
〈equations〉∷ =〈number〉:〈expression〉[ =〈expression〉]
               {;〈number〉:〈expression〉[ =〈expression〉]}
〈function_abstraction〉∷ =〈function_definition〉IS〈expression〉
                           {;〈function_definition〉IS〈expression〉}
〈library_name〉∷ =〈identifier〉
〈package_name〉∷ =〈identifier〉
〈language_name〉∷ =〈identifier〉
```

```
⟨expression⟩::=⟨constant⟩
                |⟨object_name⟩
                |⟨function_application⟩
                |⟨condition_function⟩
⟨constant⟩::=EMPTY |⟨string_literals⟩|⟨number⟩|⟨truth_value⟩
⟨string_literals⟩::="⟨self_def_const⟩"
⟨self_def_const⟩::=⟨delimiter⟩|⟨identifier⟩
⟨truth_value⟩::=FALSE | TRUE
⟨function_application⟩::=⟨function_part⟩([⟨arguments_list⟩])
⟨function_part⟩::=⟨function_name⟩
                 |⟨function_application⟩.⟨function_name⟩
⟨function_name⟩::=[⟨restraint_name⟩.]⟨identifier⟩
⟨restraint_name⟩::=⟨object_name⟩
⟨arguments_list⟩::=⟨arguments⟩{,⟨arguments⟩}
⟨arguments⟩::=⟨expression⟩|(⟨arguments⟩)
⟨condition_function⟩::=IF ⟨expression⟩ THEN ⟨expression⟩
                                ELSE ⟨expression⟩ FI
⟨digit⟩::0|1|2|3|4|5|6|7|8|9
⟨letter⟩::=⟨upper_case_letter⟩|⟨lower_case_letter⟩
⟨upper_case_letter⟩::=A|B|C|D|E|F|G|H|I|J|K|
                      L|M|N|O|P|Q|R|S|T|U|V|
                      W|X|Y|Z
⟨lower_case_letter⟩::=a|b|c|d|e|f|g|h|i|j|k|
                      l|m|n|o|p|q|r|s|t|u|v|
                      w|x|y|z
⟨delimiter⟩::="|#|、|(|)|,|*|+|=|:|;|⟨|⟩|?
               !|$|%|&|/|-|_|^|@|[|]|{|}|.
⟨identifier⟩::=⟨letter⟩{[⟨underline⟩]⟨letter_or_digit⟩}
⟨letter_or_digit⟩::=⟨letter⟩|⟨digit⟩
⟨underline⟩::=_
⟨number⟩::=⟨digit⟩{⟨digit⟩}
```

习 题

1. 复习如下等价类的习题。

(1) 证明：

- 关系 R 是对称的当且仅当 $R^{-1}\subseteq R$。
- 关系 R 是传递的当且仅当 $R\circ R\subseteq R$。
- 关系 R 是对称并传递的当且仅当 $R=R^{-1}\circ R$。

(2) 设 $f:A\rightarrow B$ 并且 R 是 B 上的等价关系，定义 Q 为

$$Q=\{\langle x,y\rangle\in A\times A \mid \langle f(x),f(y)\rangle\in R\}$$

证明 Q 是在 A 上的等价关系。

(3) 设 $N=\{0,1,2,\cdots\}$，并定义如下的二元关系

$$x \sim y \Leftrightarrow x-y \text{ 可以被 6 整除}$$

试证明～是在 N 上的等价关系，并求出其商集 $N/\sim$。

2. 判断下面的图，哪些可以是范畴，哪些不是范畴(注意，单位元都省去未画)。

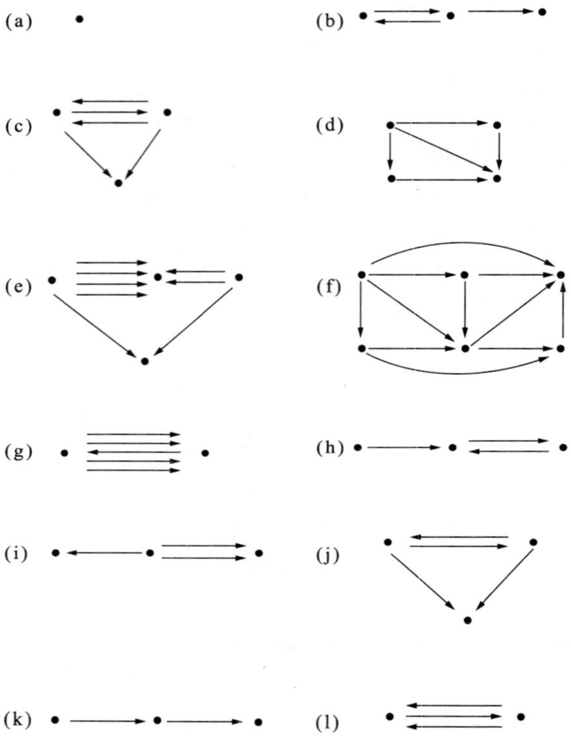

3. 证明仅存在一种定义复合的方法使得

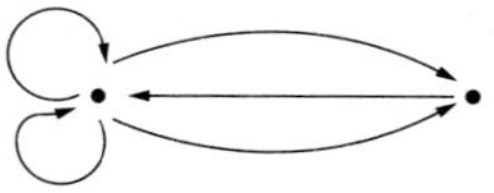

是一个范畴。

4. 确定如下的范畴，哪些是small，discrete，connected的。

(1) 集合与关系的范畴，并

$\text{Obj } \boldsymbol{R}\text{set}=\{x \mid x \text{ is a set}\}$

$\text{Mor } \boldsymbol{R}\text{set}=\text{Hom }(A,B)$, for all $A,B \in \text{Obj } \boldsymbol{R}\text{set}$

其"复合"为通常意义下的关系复合。

(2) 集合与单射(满射、可逆射)函数的范畴 $f\boldsymbol{S}\text{et}$，并

$\text{Obj } f\boldsymbol{S}\text{et}=\{x \mid x \text{ is a set}\}$

$\text{Mor } f\boldsymbol{S}\text{et}=\text{Hom }(A,B)=\{f:A\to B \mid f$ is an injective (or sujective or bijective) function$\}$

其复合为通常意义下的函数复合。

(3) 在第 2 题中的图,如是范畴,它是 small,discrete,connected 的哪一种?

5. 令 $\boldsymbol{C}=(\theta, M, \mathrm{dom}, \mathrm{cod}, \circ)$ 是一个范畴,证明如下的说法是等价的。

(1) $\boldsymbol{C}$ 是一个小范畴。

(2) θ 是一个 set(不是 class)。

(3) M 是一个 set。

(4) dom 是一个 set。

(5) cod 是一个 set。

(6) $\circ$ 是一个 set。

6. 可以给范畴 $\boldsymbol{C}$ 做出一种形式的定义,即一个范畴 $\boldsymbol{C}$ 为

$$\boldsymbol{C}=(M, \circ)$$

其中 M 为 Mor $\boldsymbol{C}$,"$\circ$"表示一个部分操作的复合,也就是说,这个操作"$\circ$"存在着没有定义的情况,此时"$\circ$"操作也必须满足如下条件:

(1) 如果 $f\circ g$ 与 $g\circ h$ 是有定义的,那么 $(f\circ g)\circ h$ 与 $f\circ(g\circ h)$ 也是有定义的。

(2) 如果 $f, g, h \in M$,$(f\circ g)\circ h$ 有定义当且仅当 $f\circ(g\circ h)$ 有定义,并有

$$(f\circ g)\circ h=f\circ(g\circ h)$$

(3) 存在着单位射 $1_A, 1_B$,使得

$$f\circ 1_B=f$$

$$1_A\circ f=f$$

试证明这种范畴的定义与本章中介绍的定义是等价的。

7. 如下的说法是正确的吗?

(1) 每一个范畴是它自己的全子范畴。

(2) 有限集合的范畴是范畴 $\boldsymbol{S}$et 的全子范畴。

(3) 集合与单射(或满射,可逆射)函数的范畴 $f\boldsymbol{S}$et 是 $\boldsymbol{S}$et 的子范畴;是全子范畴。

(4) 集合与关系的范畴 $\boldsymbol{R}$set 是 $\boldsymbol{S}$et 的子范畴。

8. 设 $\boldsymbol{C}$ 是一个范畴,它仅有一个象元 A,其射的集合 $\mathrm{Hom}_{\boldsymbol{C}}(A,A)=\{a,b\}$,其中复合如下定义:$a\circ a=a, a\circ b=b\circ a=b\circ b=b$。令 $\boldsymbol{D}$ 也是一个象元 A 的范畴,其射元集合 $\mathrm{Hom}_{\boldsymbol{D}}(A,A)=\{b\}$,其复合定义为 $b\circ b=b$,确定 $\boldsymbol{D}$ 是否是 $\boldsymbol{C}$ 的子范畴。

9. 证明如下结论:

(1) 如果 $\boldsymbol{C}$ 是 $\boldsymbol{D}$ 的子范畴,$\boldsymbol{D}$ 是 $\boldsymbol{C}$ 的子范畴,那么 $\boldsymbol{C}=\boldsymbol{D}$。

(2) 如果 $\boldsymbol{C}$ 是 $\boldsymbol{D}$ 的子范畴,$\boldsymbol{D}$ 是 $\boldsymbol{E}$ 的子范畴,那么 $\boldsymbol{C}$ 是 $\boldsymbol{E}$ 的子范畴。

(3) 如果 $\boldsymbol{C}$ 是 $\boldsymbol{D}$ 的商范畴,$\boldsymbol{D}$ 是 $\boldsymbol{E}$ 的范畴,那么 $\boldsymbol{C}$ 是 $\boldsymbol{E}$ 的商范畴。

10. 验证如下给定的射是函子。

(1) 对于任意范畴 $\boldsymbol{C}$,$1_C:\boldsymbol{C}\to\boldsymbol{C}$(identity functor)。

(2) 如果 $\boldsymbol{C}$ 是 $\boldsymbol{D}$ 的子范畴,E:Mor$\boldsymbol{C}\to$Mor$\boldsymbol{D}$ 是包含(inclution)函数,那么 E 是 $\boldsymbol{C}$ 到 $\boldsymbol{D}$ 的函子。

(3) 如果 $\boldsymbol{C}$ 是 $\boldsymbol{D}$ 的商范畴,Q:Mor$\boldsymbol{D}\to$Mor$\boldsymbol{C}$ 是一个范式函数,它赋给每一个射 f 一个等价类 $[f]$,那么 Q 是一个函子。

(4) 幂集函子 $\mathcal{P}$:$\boldsymbol{S}$et$\to$ $\boldsymbol{S}$et 被定义为

$\mathcal{P}(A)=A$ 的所有集合的堆(collection)

$$\mathcal{P}(f:A\to B)=\mathcal{P}(f):\mathcal{P}(A)\to\mathcal{P}(B)$$

其中 $\mathcal{P}(f)(c)=f(c)$。

(5) 笛卡儿积函子$(-\times-)$:$\boldsymbol{S}$et$\times$$\boldsymbol{S}et\to$$\boldsymbol{S}$et 被定义为

$(-\times-)(A,B)=A\times B$

$(-\times-)(f,g)=f\times g:A\times B\to C\times D$

其中$(f\times g)(a,b)=(f(a),g(b))$。

(6) 不相交并(disjoint union)函子$(-+-)$:$\boldsymbol{S}$et$\times$$\boldsymbol{S}et\to$$\boldsymbol{S}$et 被定义为

$(-+-)(A,B)=A+B$

$(-+-)(f,g)=(f+g):(A+B)\to(C+D)$

其中

$$(f+g)(x,i)=\begin{cases}f(x) & \text{if } i=1\\ g(x) & \text{if } i=2\end{cases}$$

(7) 第 i 投影函子(对于一个积范畴 $\pi_i:\boldsymbol{C}_1\times\boldsymbol{C}_2\times\cdots\times\boldsymbol{C}_n\to\boldsymbol{C}_i$)被定义为

$\pi_i(f_1,f_2,\cdots,f_n)=f_i$

(8) 第 i 注入函子(对于一个和范畴:$\mu_i:\boldsymbol{C}_i\to\boldsymbol{C}_1\sqcup\boldsymbol{C}_2\sqcup\cdots\sqcup\boldsymbol{C}_n$)被定义为

$\mu_i(f)=(f,i)$

11. 证明如果两个范畴的射元类(class)之间的一个函数遵守复合律,则它不一定是一个函子(即 identity 特性的保持是本质的)。

12. 证明:如果 $F:\boldsymbol{C}\to\boldsymbol{D}$,$G:\boldsymbol{E}\to\boldsymbol{R}$,那么存在着一个函子:

$F\times G:\boldsymbol{C}\times\boldsymbol{E}\to\boldsymbol{D}\times\boldsymbol{R}$

被定义为

$(F\times G)(h,k)=(F(h),G(k))$

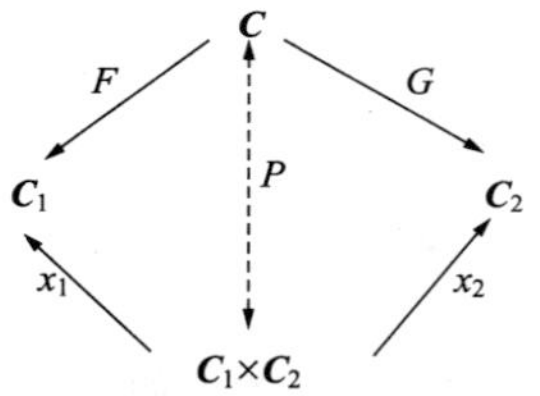

13. 证明两个范畴的积连同它的投影函子 $\pi_1:\boldsymbol{C}_1\times\boldsymbol{C}_2\to\boldsymbol{C}_1$ 及 $\pi_2:\boldsymbol{C}_1\times\boldsymbol{C}_2\to\boldsymbol{C}_2$ 具有如下的特性。如果 $\boldsymbol{C}$ 是任意一个范畴,$F:\boldsymbol{C}\to\boldsymbol{C}_1$ 及 $G:\boldsymbol{C}\to\boldsymbol{C}_2$ 是任意两个函子,那么存在唯一的函子 $P:\boldsymbol{C}\to\boldsymbol{C}_1\times\boldsymbol{C}_2$ 使左面的图是对易的。

14. 证明:和范畴(sum category)$\boldsymbol{C}_1\sqcup\boldsymbol{C}_2$ 连同注入函子 $\mu_i:\boldsymbol{C}_i\to\boldsymbol{C}_1\sqcup\boldsymbol{C}_2(i=1,2)$具有如下的特性。如果 $\boldsymbol{C}$ 是任意一个范畴 $H:\boldsymbol{C}_1\to\boldsymbol{C}$,$K:\boldsymbol{C}_2\to\boldsymbol{C}$ 是任意两个函子,那么唯一存在一个函子 $Q:\boldsymbol{C}_1\sqcup\boldsymbol{C}_2\to\boldsymbol{C}$ 使右下图是对易的。

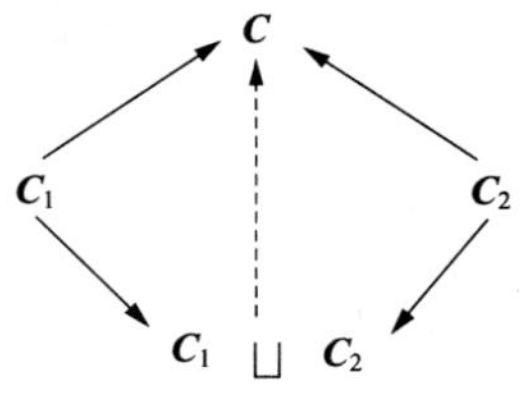

15. 证明 Hom-函子(定义 5.21)是一个函子。

16. 对于笛卡儿范畴的 $F_c(\boldsymbol{X})$,证明如下的等式:

(1) $\alpha_\pi^{-1}(\langle 1(A),1(A)\rangle)=\delta(A)$

其中 $\delta(A):A\to A\wedge A$,$A\in\mathrm{Obj}F_c(\boldsymbol{X})$。

(2) $\alpha_\pi^{-1}(\alpha_\pi^{-1}(A,B\wedge C),\mathrm{Fst}(B,C)\mathrm{Snd}(A,B\wedge C),$

$\mathrm{Snd}(B,C)\mathrm{Snd}(A,B\wedge C))=\alpha(A,B,C)$

其中 $\alpha(A,B,C):A\wedge(B\wedge C)\to(A\wedge B)\wedge C$,$A,B,C\in\mathrm{Obj}F_c(\boldsymbol{X})$。

17. 对笛卡儿闭范畴(cartesian closed category)的 $\mathrm{Fccl}(\boldsymbol{X})$,还可以证明如下等式:

(1) $\langle\mathrm{Fst}(A,B),\mathrm{Snd}(A,B)\rangle=\sigma(A,B)$

其中 $\sigma(A,B):A\wedge B\to B\wedge A$。

(2)$\mathrm{app}(A,B)=\mathrm{Cur}^{-1}(A,A\Rightarrow B,B)(1(A\Rightarrow B))$

其中 $\mathrm{app}(A,B):A\wedge(A\Rightarrow B)\to B$。

(3) $\eta(A,B)=\mathrm{Cur}(A,B,A\wedge B)(1(A\wedge B))$

其中 $\eta(A,B):B\to A\Rightarrow(A\wedge B)$。

18. 有右侧的 PO 方块图，试证明：

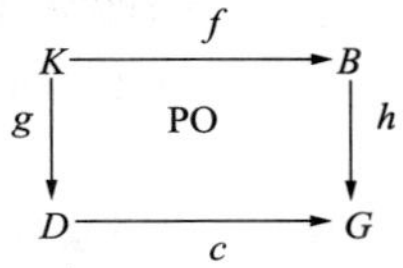

$$G=(D-g(K))+(B-f(K))+Q$$

其中 $q:A\to Q$ 是 A 在关系 R(等价关系)上的商。

19. 计算如下的 PO：

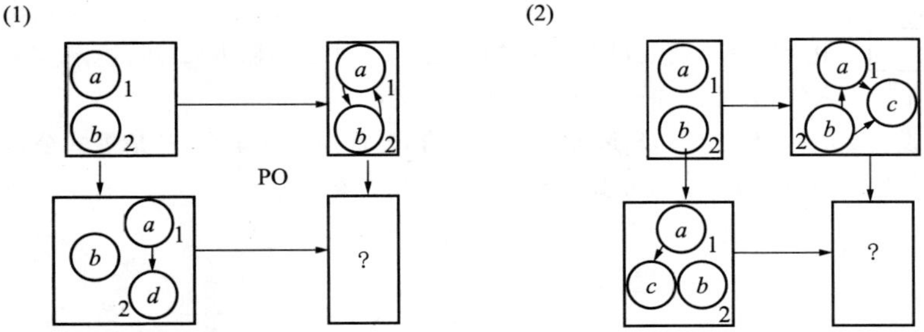

20. 有如下的图生成式：

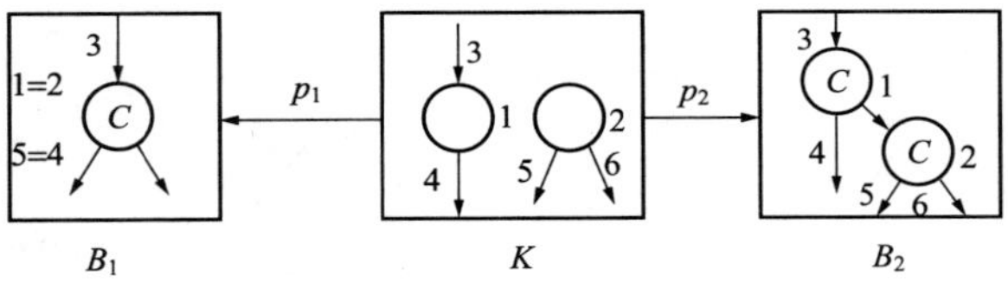

并有如下的前后文图：

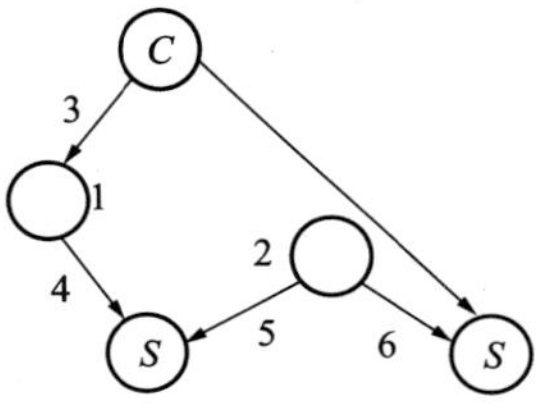

D

试计算 $G, H(G\overset{p}{\Rightarrow}H)$。

21. 设有如下的树文法(BNF)：

(1) $s_{\perp}:G(v)::=$

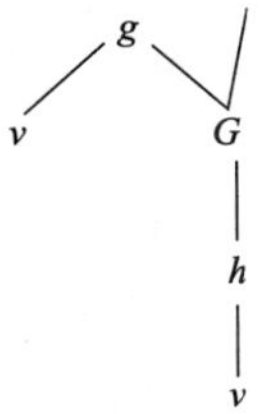

如果定义 $L(s_{\perp},t)$ 表示该文法由起始树 t 接受的语言，求 $L(s_{\perp},f(g(v),G(v)))$。

(2) 树文法 s：

$$G(v)::=g(v,G(h(v)))\mid a$$

$$H(u,v)::=h(u)\mid v$$

求(a) $L(s,G(v))$，(b) $L(s,H(G(v),G(v)))$。

22. 定义如下程序语句的图文法：

stmt∷=stmt;stmt| if exp then stmt else stmt fi| while exp do stmt od| do stmt until exp od

你能采用这种方法将它发展完全，做成一个程序框图的产生器吗？

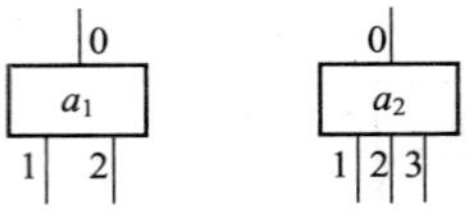

23. 对于左电路图，请采用图文法生成式的定义方法，定义出由它们组成所有可能逻辑图的文法（注意，0号线表示输出线，1，2，3号线表示输入线，只能允许输出线与输入线相接）。

24. 一个代数的说明 spec=(S,Σ,E)，S 是类别名的集合，Σ 是操作的集合，E 是等式公理的集合。一个等式可以写成 $L=R,(L,R)\in E$，可以用图文法表示其生成式为

P_e:

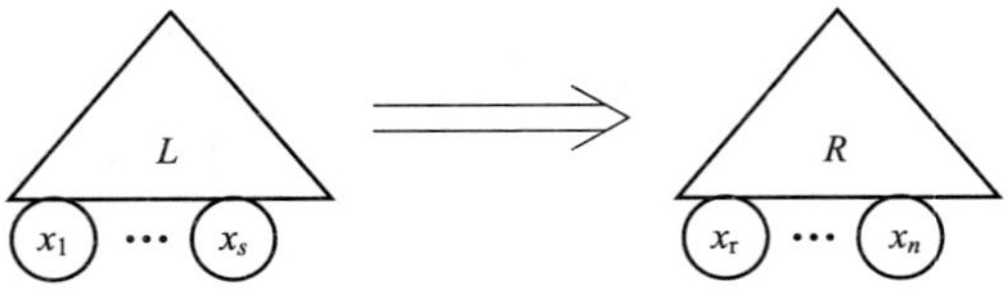

P_e^{-1}:

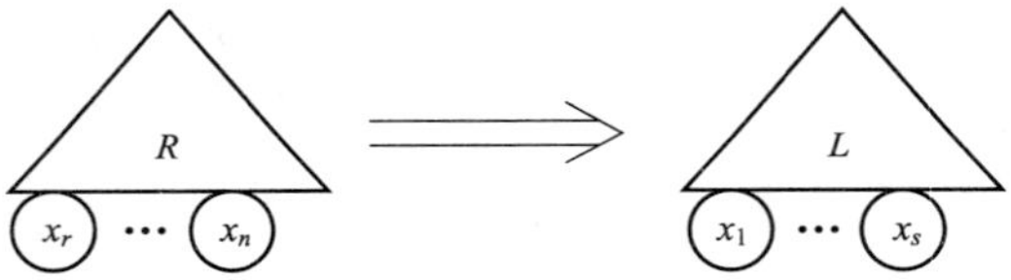

(P_e^{-1}：是P_e的逆生成式)

Σ 中的操作也可以用生成式表示，令 Σ 中的一个操作

op：$s_1,\cdots,s_n\rightarrow s$

其生成式为

P_{op}

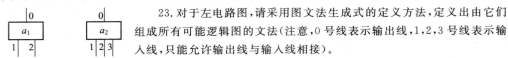

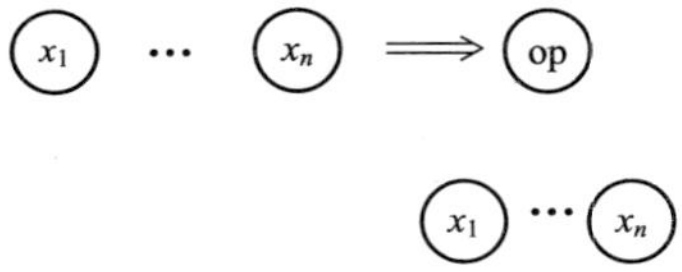

例如下面的整数的一个说明：

sorts：int

opns：0：→int

succ：int→int

pred：int→int

axioms：for all $x,y\in$ int let

e_1：succ(pred(x))=x

e_2：Pred(succ(y))=y

⋮

其生成式为

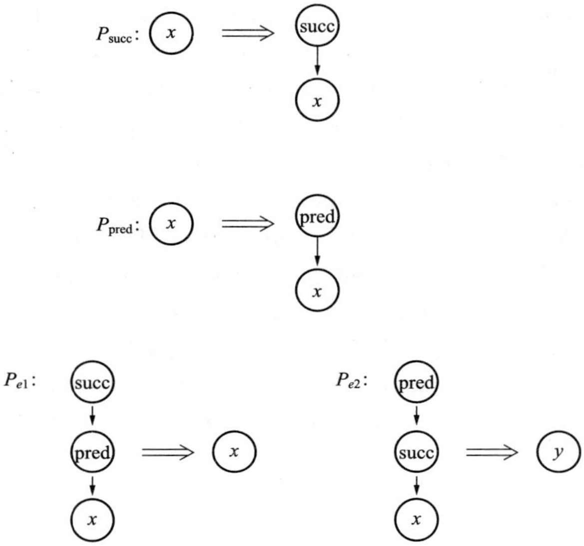

于是可以有

$$G(\mathrm{succ}^n(0)) \overset{P_{succ}}{\Rightarrow} G(\mathrm{succ}^{n+1}(0))$$

$$G(\mathrm{pred}^n(0)) \overset{P_{succ}}{\Rightarrow} G(\mathrm{succ}(\mathrm{pred}^n(0))$$

$$\overset{P_{e}1}{\Rightarrow} G(\mathrm{pred}^{n-1}(0))$$

请读者采用上述方法定义出 stack 类型说明的操作语义。

25. 试确定 stack 类型的初始代数结构，并将 stack 类型中的其他函数都用构造函数定义出来。

26. 试定义出 integer，natural，boolean，character，string，list，queue，stack，set，tree graph 的抽象数据类型。

参考文献

[1] Horst Herrlich，George E. Strecker. Category Theory(Second Edition). Heldermann Verlg，Berlin，1979.

[2] Saunders Mac Lane. Categories for the Working Mathematician. Springer Verlag，1971.

[3] R. Goldblantt，Topoi. The Categorical Analysis of Logic. North-Holland， 1979.

[4] Saunders Mac Lane. Sets，Topoi，and Internal Logic in Categories. Logic Colloquium'73，North-Holland，1975.

[5] M. E. Szabo. Algebra of Proofs. North-Holland New York，1978.

[6] H. Ehrig. Introduction to the Algebraic Theory of Graph Grammars. *Lecture Notes in Computer Science*，73，1978.

[7] M. Nagl. A Tutorial and Bibliographycal. Survey on Graph Grammars. *Lecture Notes in Computer Science*，73，1978.

[8] J. A. Goguen，J. W. Thatcher. E. G. Wagner. An Initial Algebra Approach to the Specification，Correctness，and Implementation of Abstract Data Types in *Current Trends in Programming*

Methodology ,Vol. IV,1978.

[9] Broy,M. Algebraic Definition of a Functional Programming Language. *TUM*-1,8008,1980.

[10] Broy,M. Programming Languages as Abstract Data Types,*TUM*-1,1980.

[11] Broy,M. On the Algebraic Definition of Programming Language. *TUM*-1,1980.

[12] G. Huet. Confluent Reductions: Abstract Properties and Application to Term Rewriting Systems. *JACM*,Vol. 27,No. 4,October 1980.

[13] G. Huet and D. Oppen. Equations and Rewrite Rules—A Survey,R. Book(ed),Formal Language Theory,Perspectives and Open Problems. Academic Press,New York,1980.

[14] D. E. Knuth and P. Bendix. Simple Word Problems in Universal Algebras,J. Leech(ed),Computational Problems in Abstract Algebras. Pergamon Press, 1970.

[15] Nachum Dershowitz,Termination. *Lecture Notes in Computer*, *Science*, 202. Springer,1985.

[16] Kathy Yelick. Combining Unification Algorithms for Confined Regular Equational Theories, *Lecture Notes in Computer Science*,202. Springer,1985.

第 6 章　操作语义学与属性文法

操作语义是以抽象机器为语义解释对象的语义学。

操作语义是最早的语义学形式。早在 1964 年 Landin 提出了施用表达式在 SECD 机器上的执行模型，并进一步提出了“强制型”的施用表达式(IAE)SECD 机器模型的操作语义，而且完成了 ALGOL 60 的操作语义的定义。

IBM 维也纳实验室后来又为开发 PL/1 语言形式定义了 VDL 语言，现在看来，这是一个操作语义的定义语义语言。

自从 1968 年 Knuth 提出属性文法概念以来，属性文法有了广泛的研究与应用。

在这一章，我们将主要介绍 λ-表达式在状态机上的执行及其转换，然后较详细地介绍属性文法。我们认为，属性文法属于操作语义的范畴。

6.1　操作语义概述

首先，我们从几个小例子来建立操作语义的基本概念。

例 6.1　有如下一个很小的语言，其语法域及生成式定义如下：

n: Numerals

e: Expressions

$e ::= n \mid e + e$

该语言的指称语义的语义域为

$v: N$　　　　(integers)

语义解释函数为

$\mathscr{B}$: Numerals $\rightarrow N$

$\mathscr{E}_0$: Expressions $\rightarrow N$

其语义方程为

$\mathscr{E}_0[\![n]\!] = \mathscr{B}[\![n]\!]$

$\mathscr{E}_0[\![e_1 + e_2]\!] = \mathscr{E}[\![e_1]\!] + \mathscr{E}[\![e_2]\!]$

上述的指称语义并没有给出这个语言的实现模型。怎样实现上述语义，方法可以有许多种，例如采用栈来实现。

设栈的语义域为

$\zeta : Z = N^*$　　(stacks)

$v : N$　　(integers)

并定义如下的栈的操作

$\zeta \uparrow i = \langle v_{i+1}, v_{i+2}, \cdots, v_n \rangle$

$\underline{\text{where}}\ \zeta = \langle v_1, v_2, \cdots, v_n \rangle$

$*$ 表示连接操作(concatenation)。其语义解释函数为

$\mathscr{E}_1 : \text{Expressions} \to Z \to Z$

有如下的语义方程

$\mathscr{E}_1[\![n]\!]\zeta = \langle \mathscr{B}[\![n]\!] \rangle * \zeta$

$\mathscr{E}_1[\![e_1 + e_2]\!]\zeta = \text{add}(\mathscr{E}_1[\![e_2]\!](\mathscr{E}_1[\![e_1]\!]_\zeta))$

$\underline{\text{where}}\ \text{add}\ \zeta = \langle \zeta[1] + \zeta[2] \rangle * (\zeta \uparrow 2)$

(即 $\text{add} : Z \to Z$)

这是一种实现。我们还可以给出另一种实现方法，即将上述的语言经编译生成目标代码。假定目标机器指令系统为

$I : \text{Ins}$　　(Instructions)

$\pi : \text{Prog} = (\text{Ins})^*$　　(Programs)

并有如下的文法：

$I ::= \underline{\text{load}}\ n \mid \underline{\text{add}}$

其编译程序可以是如下的语义解释函数：

$\mathscr{C} : \text{Expressions} \to \text{Prog}$

有如下的语义方程：

$\mathscr{C}[\![n]\!] = \langle \text{“}\underline{\text{load}}\ n\text{”} \rangle$

$\mathscr{C}[\![e_1 + e_2]\!] = \mathscr{C}[\![e_1]\!] * \mathscr{C}[\![e_2]\!] * \langle \text{“}\underline{\text{add}}\text{”} \rangle$

其中“load n”及“add”表示它们是一个文字直接量值。$*$ 表示连接操作。

但是在上面的讨论中，仍然没有说明表达式是如何计算的。在下面进一步的讨论中，需要定义一个机器模型。该机器模型为

$\text{machine}(\text{step}, \text{term}) = Y(\lambda\phi\lambda\sigma.\ \text{term}(\sigma) \to \sigma, \phi(\text{step}(\sigma)))$

其中 $\text{term} : S \to T$，$\text{step} : S \to S$，而 S 表示状态(σ 是 S 中的一对象)，T 为布尔值集。

如果非形式地定义这个机器，则为

$\underline{\text{until}}\ \text{term}\ (\sigma)\ \underline{\text{do}}\ \sigma := \text{step}(\sigma)$

而这时 S 域及 term，step 函数定义为

$\sigma : S = \text{Prog} \times N \times Z$　　(states)

$v : N$　　(integers)

$\zeta : Z = N^*$　　(stacks)

$\pi : \text{Prog} = (\text{Ins})^*$　　(programs)

及

$\text{term}_1(\langle \pi, v, \zeta \rangle) = (v > \text{length}(\pi))$

$\text{step}_1(\langle \pi, v, \zeta \rangle) = \langle \pi, v+1, I[\![\pi[v]]\!]\zeta \rangle$

$\underline{\text{where}}\ I: \text{Ins} \to Z \to Z$

并有

$I[\![\underline{\text{load}}\ n]\!]\zeta = \langle \mathscr{B}[\![n]\!] \rangle * \zeta$

$I[\![\underline{\text{add}}]\!]\zeta = \text{add}(\zeta)$(add 在上面已被定义)

然后我们定义语义解释函数:

$\mathscr{M}: \text{Prog} \to Z \to Z$

并有如下语义方程

$\mathscr{M}[\![\pi]\!]\zeta = (\text{machine})(\text{step}_1\ \text{term}_1)\langle \pi, 1, \zeta \rangle \downarrow 3$

(注意$\langle x_1, x_2, x_3 \rangle \downarrow 3 = x_3$)

以上的讨论,实际上是采用指称语义的方法定义操作语义的。而在这里,我们将介绍状态转换机器模型上的操作语义。

例 6.2 定义如下的一个小语言。

c:Cmd	(commands)
b:Boolexp	(boolean expressions)
e:Exp	(expressions)
a:Atom	(atoms)
x:Variables	(variables)

其生成式定义为

$c ::= \underline{\text{skip}} \mid a \mid c_1; c_2 \mid \underline{\text{while}}\ b\ \underline{\text{do}}\ c\ \underline{\text{od}} \mid \underline{\text{if}}\ b\ \underline{\text{then}}\ c_1\ \underline{\text{else}}\ c_2\ \underline{\text{fi}}$

$a ::= x := e$

$e ::= n \mid e_1 + e_2 \mid e_1 - e_2 \mid e_1 * e_2 \mid (e)$

$b ::= \underline{\text{true}} \mid \underline{\text{false}} \mid e_1 = e_2 \mid e_1 < e_2 \mid b_1 \vee b_2 \mid \neg\ b \mid (b)$

其中 n 表示整数集合的语法符号。

首先定义机器模型 $M = (\text{st}, s, \alpha)$,其中 st 是一个栈,$s$ 表示状态,α 表示当前控制。与计算机应当有指令系统一样,这个抽象机也应有它的转换规则(或称之为执行规则)。这些规则应包括编译规则、求值计算规则及执行转换规则。

1. 编译规则

(1) $(\text{st}, s, (\underline{\text{if}}\ b\ \underline{\text{then}}\ c_1\ \underline{\text{else}}\ c_2\ \underline{\text{fi}}):\alpha)$

$\Rightarrow (c_2 : c_1 : \text{st}, s, b : \underline{\text{if}} : \alpha)$

(2) $(\text{st}, s, (\underline{\text{while}}\ b\ \underline{\text{do}}\ c\ \underline{\text{od}}):\alpha)$

$\Rightarrow (\underline{\text{skip}}:(c:(\underline{\text{while}}\ b\ \underline{\text{do}}\ c\ \underline{\text{od}})):\text{st}, s, b:\underline{\text{while}}:\alpha)$

其中":"表示连接操作(concatenation)。

对于(1),对任意 st,s,当前控制如果是$(\underline{\text{if}}\ b\ \underline{\text{then}}\ c_1\ \underline{\text{else}}\ c_2\ \underline{\text{fi}}):\alpha$,那么经过编译分析将 c_1, c_2 先后压入到栈 st 中去,而新的当前控制将变成 $b:\underline{\text{if}}:\alpha$。在编译时,状态不变。

对于(2),对任意 st,s,如果当前控制是$(\underline{\text{while}}\ b\ \underline{\text{do}}\ c\ \underline{\text{od}}):\alpha$,经过编译分析后,栈

中先后压入(c:(while b do c od));skip。当前控制将变成 b:while:α。

2. 求值规则

首先定义三个语义解释函数(求值函数):

$$\mathscr{C}:\text{Cmd}\to S\to S$$

$$\mathscr{E}:\text{Exp}\to S\to V$$

$$\mathscr{E}':\text{Bool exp}\to S\to \text{Bool}$$

其中,S 表示状态语义域,V 表示存储值域,Bool 表示布尔值域。求值规则为

(1) $(\text{st},s,b:\underline{\text{if}}:\alpha)\Rightarrow(\mathscr{E}'[\![b]\!]\sigma:\text{st},s,\underline{\text{if}}:\alpha)$

(2) $(\text{st},s,b:\underline{\text{while}}:\alpha)\Rightarrow(\mathscr{E}'[\![b]\!]\sigma:\text{st},s,\underline{\text{while}}:\alpha)$

3. 执行规则

(1) $(\text{st},s,\underline{\text{skip}}:\alpha)\Rightarrow(\text{st},s,\alpha)$

(2) $(\text{st},s,a:\alpha)\Rightarrow(\text{st},\mathscr{C}[\![a]\!]\sigma,\alpha)$

(3) $(\underline{\text{true}}:c_2:c_1:\text{st},s,\underline{\text{if}}:\alpha)\Rightarrow(\text{st},s,c_1:\alpha)$

(4) $(\underline{\text{false}}:c_2:c_1:\text{st},s,\underline{\text{if}}:\alpha)\Rightarrow(\text{st},s,c_2:\alpha)$

(5) $(\underline{\text{true}}:c_2:c_1:\text{st},s,\underline{\text{while}}:\alpha)\Rightarrow(\text{st},s,c_1:\alpha)$

(6) $(\underline{\text{false}}:c_2:c_1:\text{st},s,\underline{\text{while}}:\alpha)\Rightarrow(\text{st},s,c_2,\alpha)$

(7) $(\text{st},s,(c_1;c_2):\alpha)\Rightarrow(c_2:\text{st},s,c_1:\alpha)$

(8) $(c:\text{st},s,\alpha)\Rightarrow(\text{st},s,c:\alpha)$

机器 M 从 $M_0=(\phi,s,p_0)$ 开始执行,s 是初始状态,ϕ 表空。当 $M=(\phi,s,\phi)$ 时则表示机器执行停止。

我们可以利用这个机器来执行如下一个程序:

$$p=(\underline{\text{while}}\ \underline{\text{true}}\ \underline{\text{do}}\ \underline{\text{skip}}\ \underline{\text{od}})$$

有如下的转换序列:

$M_0=(\phi,s,p)$

$\xRightarrow{\text{编译(2)}}(\underline{\text{skip}}:(\underline{\text{skip}};(\underline{\text{while}}\ \underline{\text{true}}\ \underline{\text{do}}\ \underline{\text{skip}}\ \underline{\text{od}})):\text{st},s,\text{true}:\underline{\text{while}}:\alpha)$

$\xRightarrow{\text{求值(2)}}(\text{true}:\underline{\text{skip}}:(\underline{\text{skip}};(\underline{\text{while}}\ \underline{\text{true}}\ \underline{\text{do}}\ \underline{\text{skip}}\ \underline{\text{od}})):\text{st},s,\underline{\text{while}}:\alpha)$

$\xRightarrow{\text{执行(5)}}(\text{st},s,(\underline{\text{skip}};(\underline{\text{while}}\ \underline{\text{true}}\ \underline{\text{do}}\ \underline{\text{skip}}\ \underline{\text{od}})):\alpha)$

$\xRightarrow{\text{执行(7)}}((\underline{\text{while}}\ \underline{\text{true}}\ \underline{\text{do}}\ \underline{\text{skip}}\ \underline{\text{od}}):\text{st},s,\underline{\text{skip}}:\alpha)$

$\xRightarrow{\text{执行(8)}}(\phi,s,p:\alpha)$

从该例中,我们可以看出 p 是一个"死循环程序"。

从上面的分析中我们可以看到,为了表明语言的操作语义,必须定义一个抽象机及该抽象机的转换规则(也有人称之为归约规则),以使这个语言的程序在其上执行。这种依赖于抽象机执行的语言语义便是操作语义。

有些作者在定义一般程序设计语言的操作语义时,分如下两个步骤进行:

(1) 把所研究的语言首先用 AE(applicative expressions)解释。

(2) 写出 AE 在 SECD 机器上执行的操作语义。

6.2 施用表达式(AE)的机器计算

我们在第 2 章就讨论过施用表达式,其语法形式重写如下:

b:Bas

i:Ide

e:Exp

其抽象文法生成式为

$$
\begin{aligned}
e::=&\,b\\
&|\,i\\
&|\,(e)\\
&|\,e_1,e_2\\
&|\,\lambda i.\,e
\end{aligned}
$$

在那里我们还定义了 AE 的指称语义,现重写如下:

$$\boxed{\mathscr{E}:\text{Exp}\rightarrow U\rightarrow E}$$

$$
\begin{aligned}
&\mathscr{E}[\![b]\!]\rho\triangleq\mathscr{B}[\![b]\!]\\
&\mathscr{E}[\![\mathrm{i}]\!]\rho\triangleq\rho(i)\ \underline{\text{into}}\ E\\
&\mathscr{E}[\![(e)]\!]\rho\triangleq\mathscr{E}[\![e]\!]_\rho\\
&\mathscr{E}[\![e_1e_2]\!]\rho\triangleq\phi(\delta)\ \underline{\text{where}}\ \phi=\mathscr{E}[\![e_1]\!]\rho\ \underline{\text{onto}}\ F\ \underline{\text{and}}\ \delta=\mathscr{E}[\![e_2]\!]\rho\ \underline{\text{onto}}\ D\\
&\mathscr{E}[\![\lambda i.\,e]\!]\rho\triangleq\phi\ \underline{\text{into}}\ E\ \underline{\text{where}}\ \phi(\delta)=\mathscr{E}[\![e]\!]\rho\ [\delta/i]
\end{aligned}
$$

如同在前一节讨论的一样,该语言程序的执行情况并没有得到讨论,为此我们必须讨论 AE 在 SECD 机器上的执行。

首先非形式定义 SECD 机器。

Landin 的 SECD 机器为 $M=(S,E,C,D)$,其中,

S:是一个工作栈,栈中的每一项都表示一个中间结果,并等待执行。

E:表示环境,它是由名字/值的序对所组成的表。

C:表示控制,也是一个表,这个表中的每一项,要么是正在等待计算的 AE,要么是一个区别 AE 中的所有表示的特别记号"apply"。

D:表示一个堆,其中每一项都记录了 SECD 机器的"大状态"(S,E,C,D),即以(S,E,C,D)的形式存放在 D 中。

如果采用形式方法定义 SECD 机器,可以定义如下的归约系统。

定义 6.1 SECD 机器是一个五元组$(\Gamma,T,I,P,\Rightarrow)$,其中 Γ 是格局的集合,定义为 $\Gamma=\{(S,E,C,D)\mid S\in(\text{CL})^*,E\in EN,C\in(\text{Exp}\cup\{\text{'apply'}\})^*,D\in(S\times E\times C\times D)^*\}$,其中 $\text{CL}=(\text{Exp}\times\text{EN})^*$,$\text{EN}=(\text{Ide}\times\text{CL})^*$;$T$ 是终止格局,并且 $T=(x,(\ ),(\ ),(\ ))$;I 为初始格局,并且 $I=((\ ),(\ ),C,(\ ))$;P 为转换规则(归约规则)的集合;$\Rightarrow$为转换函数,即$\Rightarrow:\Gamma\rightarrow\Gamma$。

对于 AE 来说,我们可以定义如下的转换规则:

(1) $(e:(\ ),E,(\ ),(S',E',C',D'))\Rightarrow(e:S',E',C',D')$

(2) $(S,E,x:C,D)\Rightarrow(\mathrm{loc}(E)(x):S,E,C,D)$ $\underline{\mathrm{if}}$ $x\in\mathrm{Ide}$

(3) $(S,E,b:C,D)\Rightarrow(\mathscr{B}[\![b]\!]:S,E,C,D)$ $\underline{\mathrm{if}}$ $b\in\mathrm{Bas}$

(4) $(S,E,(e):C,D)\Rightarrow(S,E,e:C,D)$ $\underline{\mathrm{if}}$ $e\in\mathrm{Exp}$

(5) $(S,E,(e_1e_2):C,D)\Rightarrow(S,E,e_2:e_1:\text{“apply”}:C,D)$ $\underline{\mathrm{if}}$ $e_1,e_2\in\mathrm{Exp}$

(6) $(S,E,(\lambda x.e):C,D)\Rightarrow([e,x,E]:S,E,C,D)$ $\underline{\mathrm{if}}$ $x\in\mathrm{Ide}$ $\underline{\mathrm{and}}$ $e\in\mathrm{Exp}$

(7) $(f:y:S,E,\text{“apply”}:C,D)\Rightarrow(f(y):S,E,C,D)$ $\underline{\mathrm{if}}$ $f\in$ predefined function

(8) $([e,x,E']:y:S,E,\text{“apply”}:C,D)\Rightarrow((\ ),(x,y):E',e:(\ ),(S,E,C,D))$

下面，我们举两个例子。

例 6.3 有如下的一个 AE

$$p(m(pab)c)(fac)$$

其中

$$pxy\triangleq x+y$$

$$mxy\triangleq x-y$$

$$fxy\triangleq x^2+y^2$$

并假定 a,b,c 的值是从环境中取得的，分别令 $a=1,b=2$ 及 $c=3$。为了方便，在下面的计算过程中用大写字母“A”来表示“apply”。由于该例中没有出现 λ-抽象，所以下面过程中(图 6.1)省去 E,D 的记录。

S	C
( )	$p(m(pab)c)(fac)$
( )	$fac,p(m(pab)c),A$
( )	$c,fa,A,p(m(pab)c),A$
3	$fa,A,p(m(pab)c),A$
3	$a,f,A,A,p(m(pab)c),A$
3,1	$f,A,A,p(m(pab)c),A$
3,1,f	$A,A,p(m(pab)c),A$
3,f1	$A,p(m(pab)c),A$
10	$p(m(pab)c),A$
10	$m(pab)c,p,A,A$
10	$c,m(pab),A,p,A,A$
10,3	$m(pab),A,p,A,A$
10,3	pab,m,A,A,p,A,A
10,3	b,pa,A,m,A,A,p,A,A
10,3,2	pa,A,m,A,A,p,A,A
10,3,2	a,p,A,A,m,A,A,p,A,A
10,3,2,1	p,A,A,m,A,A,p,A,A

图 6.1

10,3,2,1,*p*	*A*,*A*,*m*,*A*,*A*,*p*,*A*,*A*
10,3,2,*p*1	*A*,*m*,*A*,*A*,*p*,*A*,*A*
10,3,3	*m*,*A*,*A*,*p*,*A*,*A*
10,3,3,*m*	*A*,*A*,*p*,*A*,*A*
10,3,*m*3	*A*,*p*,*A*,*A*
10,0	*p*,*A*,*A*
10,0,*p*	*A*,*A*
10,*p*0	*A*
10	( )

续图 6.1

例 6.4 有如下的一个 AE

$$\{\lambda f.\lambda x.f(fx)\}(sq)(3)$$

其计算过程为图 6.2。

S	*E*	*C*	*D*
( )	( )	(λ*f*.λ*x*.*f*(*fx*))(*sq*)(3)	*D*
( )	( )	3,(λ*f*.λ*x*.*f*(*fx*))(*sq*),*A*	*D*
3	( )	(λ*f*.λ*x*.*f*(*fx*))(*sq*),*A*	*D*
3	( )	*sq*,λ*f*.λ*x*.*f*(*fx*),*A*,*A*	*D*
3,*sq*	( )	λ*f*.λ*x*.*f*(*fx*),*A*,*A*	*D*
3,(*sq*),[λ*x*.*f*(*fx*),*f*,( )]	( )	*A*,*A*	*D*
( )	(*f*=*sq*)	λ*x*.*f*(*fx*)	(3,( ),*A*,*D*)
[*f*(*fx*),*x*,(*f*=*sq*)]	(*f*=*sq*)	( )	(3,( ),*A*,*D*)
3,[*f*(*fx*),*x*,(*f*=*sq*)]	(*f*=*sq*)	*A*	*D*
( )	(*x*=3,*f*=*sq*)	*f*(*fx*)	(( ),( ),( ),*D*)
( )	(*x*=3,*f*=*sq*)	*fx*,*f*,*A*	(( ),( ),( ),*D*)
( )	(*x*=3,*f*=*sq*)	*x*,*f*,*A*,*f*,*A*	(( ),( ),( ),*D*)
3	(*x*=3,*f*=*sq*)	*f*,*A*,*f*,*A*	(( ),( ),( ),*D*)
3,*sq*	(*x*=3,*f*=*sq*)	*A*,*f*,*A*	(( ),( ),( ),*D*)
9	(*x*=3,*f*=*sq*)	*f*,*A*	(( ),( ),( ),*D*)
9,*sq*	(*x*=3,*f*=*sq*)	*A*	(( ),( ),( ),*D*)
81	(*x*=3,*f*=*sq*)	( )	(( ),( ),( ),*D*)
81	( )	( )	*D*

图 6.2

那么如何用操作语义方法描述编译程序呢？首先，我们讨论编译程序产生的目标指令表的定义。

(1) load 指令。形式为 load(***x***)的指令，其意义在于将操作数 ***x*** 加载到栈里(*s* 的顶)去。

(2) apply 指令。一个 apply 指令在于在栈顶中找到一个函数或者一个 closure。如果找到的是基本函数,那么将该函数作用到自变量上(在栈的第二项上),将施用产生的结果代替栈顶与栈第二项的位置。如果找到的是一个 closure,将 closure 的约束变元与栈的第二项所示的自变量建立对应关系并置入环境表中,将格局中的栈中的其他内容(除去 closure 及自变量),环境表(变化之前的),控制"apply"及 D 保留到堆中去。新栈将是一个空栈,新环境是 closure 环境,新的控制串是 closure 的控制串。

(3) load position 指令(简写成 lpos 指令)。形式为 lpos n 的指令表示将环境表中的 n 位置上的内容加载到栈顶去。

(4) load closure 指令(简写成 ldcl 指令)。一个 ldcl 指令在于将一个放在该指令之后的操作数与当前环境构成一个 closure,并把它加载到栈中。

在编译阶段,由于 SECD 机器中的环境表 E 不需用于计算值,所以也被作来暂存编译结构。一个 SECD 机器的编译规则可以如下定义:

SECD-machine Compiler:

(1) $(S,E,x:C,D)\Rightarrow(\text{lpos}(x):S,E,C,D)\ \underline{\text{if}}\ x\in \text{Ide}$

(2) $(S,E,b:C,D)\Rightarrow(\text{load}(b):S,E,C,D)\ \underline{\text{if}}\ b\in \text{Bas}$

(3) $(S,E,(e):C,D)\Rightarrow(S,E,e:C,D)\ \underline{\text{if}}\ e\in \text{Exp}$

(4) $(S,E,(e_1e_2):C,D)\Rightarrow(S,E,e_2:e_1:\text{"apply"}:C,D)\ \underline{\text{if}}\ e_1,e_2\in \text{Exp}$

(5) $(S,E,(\lambda x.\,e):C,D)\Rightarrow(\text{"}l:\text{"}:(\ \ ),(\ \ ),e:(\ \ ),(\text{ldcl}(l):S,E,C,D))$

$\underline{\text{if}}\ x\in \text{Ide}$

(6) $(S,E,\text{"apply"}:C,D)\Rightarrow(\text{"apply"}:S,E,C,D)$

(7) $(S,E,(\ \ ),(S',E',C',D'))\Rightarrow(S',E:S:E,C',D')$

(8) $(S,E,(\ \ ),(\ \ ))\Rightarrow((\ \ ),(\ \ ),S:E:(\ \ ),(\ \ ))$

下面,我们用两个例子讨论如何使用这些编译规则。

例 6.5 对$(\lambda f.\lambda x.\,f(fx))(sq)(3)$进行编译:

(1) $(\ \ ),(\ \ ),(\lambda f.\lambda x.\,f(fx))(sq)(3),D$

(2) $(\ \ ),(\ \ ),3,(\lambda f.\lambda x.\,f(f(x))(sq),A),D$

(3) $(\text{load}(3)),(\ \ ),(\lambda f.\lambda x.\,f(f(x))(sq),A),D$

(4) $(\text{load}(3)),(\ \ ),(sq,\lambda f.\lambda x.\,f(fx),A,A),D$

(5) $(\text{load}(3),\text{load}(sq)),(\ \ ),(\lambda f.\lambda x.\,f(fx),A,A),D$

(6) $(C_1:),(\ \ ),(\lambda x.\,f(f(x))),((\text{load}(3),\text{load}(sq),\text{ldcl}(C_1)),(\ \ ),(A,A),D)$

(7) $(C_2:),(\ \ ),(f(f(x))),((C_1:,\text{ldcl}(C_2)),(\ \ ),(\ \ ),((\text{load}(3),$
$\text{load}(sq),\text{ldcl}(C_1)),(\ \ ),(A,A),D))$

(8) $(C_2:),(\ \ ),(fx,f,A),((C_1:\text{ldcl}(C_2)),(\ \ ),(\ \ ),((\text{load}(3)$
$\text{load}(sq),\text{ldcl}(C_1)),(\ \ ),(A,A),D))$

(9) $(C_2:),(\ \ ),(x,f,A,f,A),((C_1:,\text{ldcl}(C_2)),(\ \ ),(\ \ ),$
$((\text{load}(3),\text{load}(sq),\text{ldcl}(C_1)),(\ \ ),(A,A),D))$

(10) $(C_2:, \mathrm{lpos}(x)), (\ ), (f, A, f, A), ((C_1, \mathrm{ldcl}(C_2)), (\ ), (\ ),$
$((\mathrm{load}(3), \mathrm{load}(sq), \mathrm{ldcl}(C_1)), (\ ), (A, A), D))$

(11) $(C_2:, \mathrm{lpos}(x), \mathrm{lpos}(f)), (\ ), (A, f, A), ((C_1:, \mathrm{ldcl}(C_2)), (\ ), (\ ),$
$((\mathrm{load}(3), \mathrm{load}(sq), \mathrm{ldcl}(C_1)), (\ ), (A, A), D))$

(12) $(C_2:, \mathrm{lpos}(x), \mathrm{lpos}(f), A), (\ ), (f, A), ((C_1:, \mathrm{ldcl}(C_2)),$
$(\ ), (\ ), ((\mathrm{load}(3), \mathrm{load}(sq), \mathrm{ldcl}(C_1)), (\ ), (A, A), D))$

(13) $(C_2:, \mathrm{lpos}(x), \mathrm{lpos}(f), A, \mathrm{lpos}(f)); (\ ), (A),$
$((C_1:, \mathrm{ldcl}(C_2)), (\ ), (\ ), ((\mathrm{load}(3), \mathrm{load}(sq),$
$\mathrm{ldcl}(C_1)), (\ ), (A, A), D))$

(14) $(C_2:, \mathrm{lpos}(x), \mathrm{lpos}(f), A, \mathrm{lpos}(f), A), (\ ), (\ ),$
$((C_1:, \mathrm{ldcl}(C_2)), (\ ), (\ ), ((\mathrm{load}(3), \mathrm{load}(sq),$
$\mathrm{ldcl}(C_1)), (\ ), (A, A), D))$

(15) $(C_1: \mathrm{ldcl}(C_2)), (C_2:, \mathrm{lpos}(x), \mathrm{lpos}(f), A,$
$\mathrm{lpos}(f), A), (\ ), ((\mathrm{load}(3), \mathrm{load}(sq),$
$\mathrm{ldcl}(C_1)), (\ ), (A, A), D)$

(16) $(\mathrm{load}(3), \mathrm{load}(sq), \mathrm{ldcl}(C_1)), (C_1:, \mathrm{ldcl}(C_2),$
$C_2:, \mathrm{lpos}(x). \mathrm{lpos}(f), A, \mathrm{lpos}(f), A), (A, A), D$

(17) $(\mathrm{load}(3), \mathrm{load}(sq), \mathrm{ldcl}(C_1), A), (C_1:, \mathrm{ldcl}$
$(C_2), C_2:, \mathrm{lpos}(x), \mathrm{lpos}(f), A, \mathrm{lpos}(f), A), (A), D$

(18) $(\mathrm{load}(3), \mathrm{load}(sq), \mathrm{ldcl}(C_1), A, A), (C_1: \mathrm{ldcl}(C_2),$
$C_2: \mathrm{lpos}(x), \mathrm{lpos}(f), A, \mathrm{lpos}(f), A), (\ ), D$

(19) $(\ ), (\ ), (\mathrm{load}(3), \mathrm{load}(sq), \mathrm{ldcl}(C_1), A, A,$
$C_1: \mathrm{ldcl}(C_2), C_2: \mathrm{lpos}(x), \mathrm{lpos}(f), A, \mathrm{lpos}(f), A), (\ )$

如果把编译结果整理一下，是如下的三段程序(C_1, C_2 是两个子程序)：

$\mathrm{load}(3)$	$C_1: \mathrm{ldcl}(C_2)$	$C_2: \mathrm{lpos}(x)$
$\mathrm{load}(sq)$		$\mathrm{lpos}(f)$
$\mathrm{ldcl}(C_1)$		A
A		$\mathrm{lpos}(f)$
A		A

再举一个例子。

例 6.6 对 $Y(f) = (\lambda g.\ f(gg))(\lambda g.\ f(gg))$ 进行编译：

(1) $(\ ), (\ ), (\lambda g.\ f(gg))(\lambda g.\ f(gg)), D$

(2) $(\ ), (\ ), (\lambda g.\ f(gg), \lambda g.\ f(gg), A), D$

(3) $(Y_1:), (\ ), (f(gg)), ((\mathrm{ldcl}(Y_1)), (\ ), (\lambda g.\ f(gg), A), D)$

(4) $(Y_1:), (\ ), (gg, f, A), ((\mathrm{ldcl}(Y_1)), (\ ), (\lambda g.\ f(gg), A), D)$

(5) $(Y_1:), (\ ), (g, g, A, f, A), ((\mathrm{ldcl}(Y_1)), (\ ), (\lambda g, f(gg), A), D)$

(6) ～(10) $(Y_1: \mathrm{lpos}(g), \mathrm{lpos}(g), A, \mathrm{lpos}(f), A), (\ ), (\ ),$

$((\mathrm{ldcl}(Y_1)),(\ ),(\lambda g.f(gg),A),D)$

(11) $(\mathrm{ldcl}(Y_1)),(Y_1:,\mathrm{lpos}(g),\mathrm{lpos}(g),A,\mathrm{lpos}(f),A),(\lambda g.f(gg),A),D$

(12) $(Y_2:),(\ ),(f(gg)),((\mathrm{ldcl}(Y_1),\mathrm{ldcl}(Y_2)),$

$(Y_1:,\mathrm{lpos}(g),\mathrm{lpos}(g),A,\mathrm{lpos}(f),A),(A),D)$

(13) ~(14) $(Y_2:),(\ ),(g,g,A,f,A),(\mathrm{ldcl}(Y_1),\mathrm{ldcl}(Y_2)),$

$(Y_1:,\mathrm{lpos}(g),\mathrm{lpos}(g),A,\mathrm{lpos}(f),A),(A),D$

(15) ~(19) $(Y_2:,\mathrm{lpos}(g),\mathrm{lpos}(g),A,\mathrm{lpos}(f),A),(\ ),$

$(\ ),((\mathrm{ldcl}(Y_1),\mathrm{ldcl}(Y_2)),(Y_1:\mathrm{lpos}(g),$

$\mathrm{lpos}(g),A,\mathrm{lpos}(f),A),(A),D)$

(20) $(\mathrm{ldcl}(Y_1),\mathrm{ldcl}(Y_2)),(Y_1:,\mathrm{lpos}(g),\mathrm{lpos}(g),$

$A,\mathrm{lpos}(f),A,Y_2:,\mathrm{lpos}(g),\mathrm{lpos}(g),A,\mathrm{lpos}(f),A),(A),D$

(21) $(\mathrm{ldcl}(Y_1),\mathrm{ldcl}(Y_2),A),(Y_1:,\mathrm{lpos}(g),\mathrm{lpos}(g),$

$A,\mathrm{lpos}(f),A,Y_2:,\mathrm{lpos}(g),\mathrm{lpos}(g),A,\mathrm{lpos}(f),A),(\ ),D$

(22) $(\ ),(\ ),(\mathrm{ldcl}(Y_1),\mathrm{ldcl}(Y_2),A,Y_1:,\mathrm{lpos}(g),$

$\mathrm{lpos}(g),A,\mathrm{lpos}(f),A,Y_2:,\mathrm{lpos}(g),\mathrm{lpos}(g),A,\mathrm{lpos}(f),A)$

下面，我们再来讨论经编译后的目标机器的转换规则。

SECD-machine Transition

(1) $(S,E,\mathrm{load}(b):C,D)\Rightarrow(b:S,E,C,D)$

(2) $(S,E,\mathrm{lpos}(x):C,D)\Rightarrow(\mathrm{lpos}(x)(E):S,E,C,D)$

(3) $(f:y:S_1,E,\text{"apply"}:C,D)\Rightarrow(fy:S_1,E,C,D)$

(4) $((C_1,E_1):y:S_1,E,\text{"apply"}:C,D)\Rightarrow((\ ),y:E_1,C_1,(S_1,E,C,D))$

(5) $(S,E,\mathrm{ldcl}(C_1):C,D)\Rightarrow((C_1,E):S,(\ ),C,D)$

(6) $(t:(\ ),E,(\ ),(S_1,E_1,C_1,D_1))\Rightarrow(t:S_1,E_1,C_1,D_1)$

下面，我们用这些转换规则对例 6.5 中的编译目标进行计算。

例 6.7 例 6.5 目标程序的执行过程如图 6.3 所示。

S	E	C	D
3	( )	load(3)	D
3, sq	( )	load(sq)	D
3, sq, $[C_1,()]$	( )	$\mathrm{ldcl}(C_1)$	D
( )	sq	A	$(3,(),A,D)$
$[C_2,sq]$	sq	$\mathrm{ldcl}(C_2)$	$(3,(),A,D)$
3, $[C_2,sq]$	( )	(exit)	D
( )	$(3,sq)$	A	$((),(),(),D)$
3	$(3,sq)$	lpos(x)	$((),(),(),D)$
3, sq	$(3,sq)$	lpos(f)	$((),(),(),D)$

图 6.3 $\{\lambda f.\lambda x.f(fx)\}(sq)(3)$的目标程序的执行过程

9	(3, sq)	A	((),(),(),D)
9, sq	(3, sq)	lpos(f)	((),(),(),D)
81	(3, sq)	A	((),(),(),D)
81	( )	(exit)	D

续图 6.3

我们把例 6.6 的编译目标的计算留给读者去完成。

以上我们讨论的是λ-表达式在 SECD 机器上的计算,它实际上是把约束变元按其作用域规则转换到环境表中,并建立变元与值的关系。这种机器模型当然不仅是 SECD 机器,还可以是其他的机器,例如下面我们定义了一个λ-演算机(LCM),它可以直接模拟λ-演算。

定义 6.2 一个λ-演算机(LCM)是一个五元组($\Gamma, T, I, P, \Rightarrow$),其中 Γ 是格局的集合,并被定义为 $\Gamma=\{(s,e,c)\mid s\in L(M), e\in \mathrm{ENV}=(\mathrm{Var}\times L(M)\times \mathrm{ENV})^*, C\in \mathrm{Cont}=(L(M)\times \mathrm{ENV})^*\}$,其中 Var 表示变量的集合,$L(M)$ 表示状态集合,ENV 表示环境,Cont 表示操作数栈;T 是终止格局,并且 $T=(M,(),())$,其中 M 表示不能再化简。I 是初始格局,并且 $I=(M,(),())$;$\Rightarrow:\Gamma\rightarrow\Gamma$ 是转换函数;P 是转换规则。例如 P 可以是如下的规则:

(1) $(x,e,c)\Rightarrow(e[x]\downarrow 1, e[x]\downarrow 2, c)$ $\underline{\text{if}}$ $x\in \mathrm{Var}$

(2) $(\lambda x.B, e, \langle a,e'\rangle : c)\Rightarrow(B, \langle x,a,e'\rangle : e, c)$

(3) $((MN), e, c)\Rightarrow(M, e, \langle N,e\rangle : c)$

其中 $e[x]$ 表示当 $e=\langle x,y_1,\cdots,y_n\rangle$ 时,$e[x]=\langle y_1,\cdots,y_n\rangle$,而 $e[x]\downarrow 1=y_1$,$e[x]\downarrow 2=y_2$。

例 6.8 用λ-演算机对如下λ-表达式进行计算:

$$(\lambda y.(\lambda y.yy)y)(\lambda x.x)$$

为了书写方便,我们令:

$$f=\lambda y.yy, g=\lambda x.x$$

计算过程如下:

$$I=((\lambda y.fy)(g),(\ ),(\ ))$$

$$\overset{(3)}{\Rightarrow}\lambda y.f(y),(\ ),\langle g,(\ )\rangle$$

$$\overset{(2)}{\Rightarrow}f(y),\langle y,g,(\ )\rangle,(\ )$$

$$\overset{(3)}{\Rightarrow}f,\langle y,g,(\ )\rangle,\langle y,\langle y,g(\ )\rangle\rangle$$

$$\overset{(2)}{\Rightarrow}yy,\underbrace{\langle y,y,\langle y,g,(\ )\rangle\rangle:\langle y,g(\ )\rangle}_{e_1},(\ )$$

$$\overset{(3)}{\Rightarrow}y,e_1,\langle y,e_1\rangle$$

$$\overset{(1)}{\Rightarrow}y,\langle y,g,(\ )\rangle,\langle y,e_1\rangle$$

$$\overset{(1)}{\Rightarrow}g,(\ ),\langle y,e_1\rangle$$

$$\overset{(2)}{\Rightarrow} x,\langle x,y,e_1\rangle,(\quad)$$

$$\overset{(1)}{\Rightarrow} y,\langle y,y,\langle y,g(\quad)\rangle\rangle:\langle y,g,(\quad)\rangle,(\quad)$$

$$\overset{(1)}{\Rightarrow} y,\langle y,g,(\quad)\rangle,(\quad)$$

$$\overset{(1)}{\Rightarrow} \lambda x.\,x,(\quad),(\quad)$$

计算终止。

例 6.9 用λ-演算机计算如下的λ-表达式：

$$(\lambda u.\,u(u))(\lambda u.\,u(u))$$

$$I=\underbrace{(\lambda u.\,u(u))}_{F}\ \underbrace{(\lambda u.\,u(u))}_{F},(\quad)(\quad)$$

$$\overset{(3)}{\Rightarrow} F,(\quad),\langle F,(\quad)\rangle$$

$$\overset{(2)}{\Rightarrow} uu,\langle u,F,(\quad)\rangle,(\quad)$$

$$\overset{(3)}{\Rightarrow} u,\langle u,F,(\quad)\rangle,\langle u,\langle u,F,(\quad)\rangle\rangle$$

$$\overset{(1)}{\Rightarrow} F,(\quad),\langle u,\langle u,F,(\quad)\rangle\rangle$$

$$\overset{(2)}{\Rightarrow} uu,\langle u,u,\langle u,F,(\quad)\rangle\rangle,(\quad)$$

$$\overset{(3)}{\Rightarrow} u,\langle u,u,\langle u,F,(\quad)\rangle\rangle,\langle u,\langle u,u,\langle u,F,(\quad)\rangle\rangle\rangle$$

$$\overset{(1)}{\Rightarrow} u,\langle u,F,(\quad)\rangle,\langle u,\langle u,u,\langle u,F,(\quad)\rangle\rangle\rangle$$

$$\overset{(1)}{\Rightarrow} F,(\quad),\langle u,\langle u,u,\langle u,F,(\quad)\rangle\rangle\rangle$$

$$\overset{(2)}{\Rightarrow} uu,\langle u,u,\langle u,u,\langle u,F,(\quad)\rangle\rangle\rangle,(\quad)$$

$$\overset{(3)}{\Rightarrow} u,\langle u,u,\langle u,u,\langle u,F,(\quad)\rangle\rangle\rangle,\langle u,\langle u,u,\langle u,u,\langle u,F,(\quad)\rangle\rangle\rangle\rangle$$

$$\overset{(1)}{\Rightarrow} u,\langle u,u,\langle u,F,(\quad)\rangle\rangle,\langle u,\langle u,u,\langle u,u,\langle u,F,(\quad)\rangle\rangle\rangle\rangle$$

$$\overset{(1)}{\Rightarrow} u,\langle u,F,(\quad)\rangle,\langle u,\langle u,u,\langle u,u,\langle u,F,(\quad)\rangle\rangle\rangle\rangle$$

$$\overset{(1)}{\Rightarrow} F,(\quad),\langle u,\langle u,u,\langle u,u,\langle u,F,(\quad)\rangle\rangle\rangle\rangle$$

我们发现，计算进入“死循环”状态，永远不可终止。

6.3 属性文法概述

属性文法(attribute grammars)是 Knuth 于 1968 年提出的，并得到了很大发展。尤其是 20 世纪 80 年代后期，由于 Ada 语言的提出及其他语言的提出，在研究编译程序的产生中属性文法得到了迅速的发展[7]。属性文法的概念不仅被应用于程序设计语言的操作语义的定义，而且还被用于图文法中以及自然语言的翻译中。

一个属性文法 AG 是前后文无关文法 $G=(V_N,V_T,P,S)$ 的语义延伸文法，其中 V_N 是非终极符号的有限集合，V_T 是终极符的有限集合，P 是生成式的有限集合，

$S \in V_N$是一个开始非终极符。

为了引入属性文法的一个基本概念，我们首先举一个小例子。

例 6.10 定义一个小语言：

<u>Syntactic Domains</u>

p: Programs

Δ: Declarations

e: Expressions

ide: ldentifiers

n: Numbers

op: Operators

t: Types

<u>Abstract Syntax</u>

$p ::= \underline{\text{block}}\quad \Delta; e\quad \underline{\text{end}}$

$\Delta ::= \Delta_1; \Delta_2 \mid \text{ide}: t$

$t ::= \underline{\text{integer}}$

$e ::= n \mid \text{ide} \mid -e \mid e_1\, \text{op}\, e_2$

$\text{op} ::= + \mid *$

用这个文法可以定义如下的一个程序：

p: <u>block</u> x: <u>integer</u>; y: <u>integer</u>; $x+y$ <u>end</u>

从文法上来说，该文法是前后文无关的；但从语义上来说，是前后文有关的。例如在这个程序的前两句声明 x, y 是个整型变量，从而得知在后面的表达式中的加法符号所表示的是整型变量的加法。也就是说，如果定义加法运算为

$$\mathcal{O}[\![+]\!] \underline{\underline{\Delta}} \lambda(x,y).\ \underline{\text{if}}\ x \in \text{Integer}\ \underline{\text{and}}\ y \in \underline{\text{integer}}$$
$$\underline{\text{then}}\ x+y$$
$$\underline{\text{else}} \perp$$

<u>where</u> $\mathcal{O}$: Opr→F（函数域）

由此看出这个程序中的声明将是十分必要的。为了使这些声明的信息能在后面用到，必须得安排一个信息表，在这个信息表中的每一个元素都是一个二元组，即可以形式地定义

Namelist＝{(a, b) | a <u>is</u> a name <u>and</u> b <u>is</u> a type-name}

这个小语言的语义内容，如果用程序来写，可以有如下的一些递归子程序：

<u>procedure</u> mk-p (<u>out</u> x: <u>integer</u>) <u>is</u>

$\quad\quad$ sl_1, sl_2: Namelist

<u>begin</u>

$\quad$ (sl_1, sl_2):=(empty, empty)

$\quad$ mk—Δ(sl_1, sl_2);

$\quad$ mk—e(sl_2, x)

```
  end
procedure  mk—Δ (in sl₁ :Namelist,out sl₂ :
                  Namelist)is
  begin
    case Δ of
    "Δ::=Δ₁ ;Δ₂"→mk-comdec(sl₁ ,sl₂ );
    "Δ::=x;t"→mk-objdec(sl₁ ,sl₂ )
    esac
  end
procedure mk-comdec (in sl₁ :Namelist,
              out sl₃ :Namelist)is
     sl₂ :Namelist
  begin
    mk—Δ(sl₁ ,sl₂ );
    mk—Δ(sl₂ ,sl₃ )
  end
procedure mk-objdec (in sl₁ :Namelist,out sl₂ :Namelist) is
  begin
     sl₂ :=sl₁ ∪{(x,t)}
  end
procedure mk—e(in sl:Namelist,out v:integer)is
  begin
    case e of
    "e::=n"→mk-const(sl,v)
    "e::=ide"→mk-ide(sl,v)
    "e::=—e"→mk-minus(sl,v)
    "e::=e₁ op e₂"→mk-op(sl,v)
    esac
  end
  ⋮
procedure mk-op (in sl:Namelist,out v:integer)is v₁ ,v₂ :integer
  begin
    case op of
    "op::=+"→ v:=plus (mk—e(sl,v₁ ),mk—e(sl,v₂ ))
    "op::= * "→ v:=mult(mk—e(sl,v₁ ),mk—e(sl,v₂ ))
  esac
end
```

上面的这些递归子程序是对应如下的语法树的。在这些递归子程序中，形式参数定义中的关键字in，表示它后面的参数是输入型的；参数模式的关键字out，表示它后面的参数是输出型的(即从形参到实参的传递)。在下面的语法树中(图 6.4)，用虚线描述的是属性传递的路径。

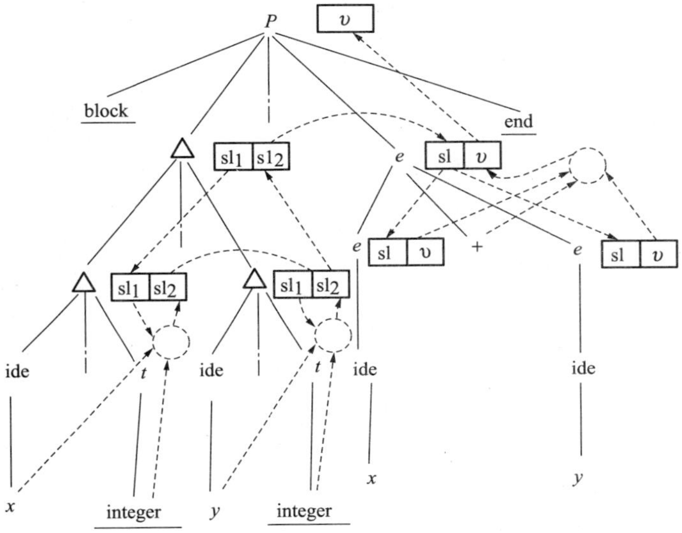

图 6.4 程序 p:block x:integer;y:integer;$x+y$ end
语法树及属性传递路径

从上面的讨论中；有的属性的值来源于继承父亲结点，或继承兄结点；有的属性的值来源于综合儿子结点。于是我们定义：

• 若一个属性的值是继承父兄结点属性的，则这个属性被称之为继承属性(在属性前面标有"↓")。

• 若一个属性的值是综合儿子结点属性(如这个属性的所在结点是叶子结点，那么该属性是综合的源)的，则这个属性被称之为综合属性(在属性前面标有"↑")。

显然，上面例子里的 sl_1 是继承属性，sl_2 是综合属性。如果把文法与属性定义在一个形式系统中，可以有

Attribute Domains:

v: Integer $=\{\cdots,-1,0,1,\cdots\}$

Char $=\{$"a","b",…,"z"$\}$

Identifiers $=\{xy \mid x\in$ Char and

$y\in$ (Integer + Char)$^*\}$

sl: Namelist = (Identifiers × Type)*

Type = {"int"}

Attribute Productions:

p_1: $\langle p\uparrow v\rangle$ ::= block$\langle \Delta \downarrow sl_1' \uparrow sl_1''\rangle$;

$\langle e \downarrow \mathrm{sl}_2 \uparrow v_2 \rangle$ end

$\mathrm{sl}_1' \leftarrow \mathrm{empty}, \mathrm{sl}_2 \leftarrow \mathrm{sl}_1'', v \leftarrow v_2$

$p_2 : \langle \Delta \downarrow \mathrm{sl}_0' \uparrow \mathrm{sl}_0'' \rangle ::= \langle \Delta \downarrow \mathrm{sl}_1' \uparrow \mathrm{sl}_1'' \rangle ;$

$\langle \Delta \downarrow \mathrm{sl}_2' \uparrow \mathrm{sl}_2'' \rangle$

$\mathrm{sl}_1' \leftarrow \mathrm{sl}_0', \mathrm{sl}_2' \leftarrow \mathrm{sl}_1'', \mathrm{sl}_0'' \leftarrow \mathrm{sl}_2''$

$p_3 : \langle \Delta \downarrow \mathrm{sl}_0' \uparrow \mathrm{sl}_0'' \rangle ::= \langle \mathrm{ide} \uparrow a \rangle :$

$\langle t \uparrow c \rangle$

$\mathrm{sl}_0'' \leftarrow \mathrm{insert}(\mathrm{sl}_0', (a, c))$

$p_4 : \langle e \downarrow \mathrm{sl}_0 \uparrow v_0 \rangle ::= \langle n \rangle$

$v_0 \leftarrow \mathrm{value}(n)$

$p_5 : \langle e \downarrow \mathrm{sl}_0 \uparrow v_0 \rangle ::= \langle \mathrm{ide} \rangle$

$v_0 \leftarrow \mathrm{Content}(\mathrm{ide})$

$p_6 \langle e \downarrow \mathrm{sl}_0 \uparrow v_0 \rangle ::= - \langle e \downarrow \mathrm{sl}_1 \uparrow v_1 \rangle$

$\mathrm{sl}_1 \leftarrow \mathrm{sl}_0, v_0 \leftarrow v_1$

$p_7 : \langle e \downarrow \mathrm{sl}_0 \uparrow v_0 \rangle ::= \langle e \downarrow \mathrm{sl}_1 \uparrow v_1 \rangle \langle \mathrm{op} \uparrow f \rangle$

$\langle e \downarrow \mathrm{sl}_2 \uparrow v_2 \rangle$

$\mathrm{sl}_1 \leftarrow \mathrm{sl}_0, \mathrm{sl}_2 \leftarrow \mathrm{sl}_0, v_0 \leftarrow f(v_1, v_2)$

$p_8 : \langle \mathrm{op} \uparrow f \rangle ::= + \uparrow$ “plus”, $f \leftarrow$ “plus”

$p_9 : \langle \mathrm{op} \uparrow f \rangle ::= * \uparrow$ “mult”, $f \leftarrow$ “mult”

如果把这个文法中的生成式与例 6.10 中给出的程序做比较，其属性传递关系与图 6.4 所描述的是一致的。

于是，我们可以形式地定义属性文法。

定义 6.3　一个属性文法 AG 是一个五元组

$$\mathrm{AG} = (D, V, S, A, P)$$

其中 $D = (D_1, D_2, \cdots, f_1, f_2, \cdots)$ 是一个代数结构，它具有域 $D_1, D_2, \cdots$ 及部分函数 $f_1, f_2, \cdots$。这些函数是在这些域的笛卡儿积的组合对象上的操作。这些域中的任一域中的对象叫做属性。V 是 AG 的词汇表，它是一个有限符号的集合，$V = V_N \cup V_T$，其中 V_N 是非终极符词汇表，V_T 是终极符词汇表。$S \in V_N$ 是开始符号。A 是属性文法符号的集合，而每一个属性文法符号的形式为

$$\langle x \updownarrow a_1 \updownarrow a_2 \cdots \updownarrow a_n \rangle$$

其中 $x \in V$，而 $a_i (i = 1, \cdots, n) \in D_i$ 是属性，在具体的属性符号中 $\updownarrow$ 实际上应分别是 $\downarrow$（表示其后是继承属性）或 $\uparrow$（表示其后是综合属性）。可以把属性文法符号分成非终极属性文法符号及终极属性文法符号，即有 $A = A_V = A_{V_N} \cup A_{V_T}$，并令 A_s 是属性开始符号，$A_s \in A_{V_N}$. P 是属性生成式的集合，属性生成式的一般形式为

$$\langle x_0 \updownarrow a_{01} \cdots \updownarrow a_0 n_0 \rangle \rightarrow \langle x_1 \updownarrow a_{11} \cdots \updownarrow a_1 n_1 \rangle \cdots \langle x_m \updownarrow a_{m1} \cdots \updownarrow a_{mn_m} \rangle$$

属性文法中的推导仍然采用符号 $\Rightarrow, \overset{*}{\Rightarrow}, \overset{+}{\Rightarrow}$ 表示。

定义 6.4　前后文无关文法 $G = (V_N, V_T, P, S)$ 所接受的语言 $L(G)$ 为

$$L(G)=\{w \mid S \overset{*}{\underset{G}{\Rightarrow}} w\}$$

而相应的属性文法 $AG=(D, AV_N, AV_T, A_S, A_P)$ 所接受的语言 $L(AG)$ 为

$$L(AG)=\{(w,m) \mid m=(a_1,\cdots,a_k)\ \underline{\text{and}}\langle S \updownarrow a_1 \updownarrow a_2 \cdots \updownarrow a_k\rangle \overset{*}{\Rightarrow} w\}$$

如果 $(w,m)\in L(AG)$，那么称 m 是 w 的意义（语义）。$\langle S \updownarrow a_1 \updownarrow a_2 \cdots \updownarrow a_k\rangle$ 表示开始属性文法符号，一般开始属性文法符号仅有综合属性（也可以安排继承属性，此时所谓继承则表示从外面输入的属性）。

有时对于一个语法符号 x，$A(x)$ 则表示 x 的属性集合，$I(x)$ 表示 x 的继承属性集合，$S(x)$ 表示 x 的综合属性集合。有时，我们需要将属性分成定义属性及引用属性，以表示定义与引用的关系。对于属性生成式 $A_P: A_0 \to A_1 A_2 \cdots A_m$ 定义

$$\mathrm{DEF}(A_P)=I(A_0)\times S(A_1)\times\cdots\times S(A_m)$$

$$\mathrm{REF}(A_P)=S(A_0)\times I(A_1)\times\cdots\times I(A_m)$$

在一般情况下，一个属性函数为

$$f_P: \mathrm{DEF}(A_P)\times \mathrm{REF}(A_P)\to \mathrm{REF}(A_P)$$

下面，我们以 λ-表达式为例，定义其属性文法（描述其编译语义的属性文法）。

例 6.11 λ-表达式的属性文法可以定义如下：

(1) $\langle \phi \uparrow s_0\rangle \to \langle e \downarrow s_1' \uparrow s_1''\rangle$

$s_1' \leftarrow \text{empty}, s_0 \leftarrow s_1''$

(2) $\langle e \downarrow s_0' \uparrow s_0''\rangle \to \langle x \uparrow \text{“lpos}(x)\text{”}\rangle$

$s_0'' \leftarrow \text{push}(s_0', \text{“lpos}(x)\text{”})$

(3) $\langle e \downarrow s_0' \uparrow s_0''\rangle \to \langle b \uparrow \text{“load}(b)\text{”}\rangle$

$s_0'' \leftarrow \text{push}(s_0', \text{“load}(b)\text{”})$

(4) $\langle e \downarrow s_0' \uparrow s_0''\rangle \to \langle e \downarrow s_1' \uparrow s_1''\rangle$

$\langle e \downarrow s_2' \uparrow s_2''\rangle$

$s_1' \to \text{push}(s_0', \text{“apply”}), s_2' \leftarrow s_1'', s_0'' \leftarrow s_2''$

(5) $\langle e \downarrow s_0' \uparrow s_0''\rangle \to \lambda\ \langle x \uparrow \text{“sub(lpos}(x))\text{”}\rangle.$

$\langle e \downarrow s_1' \uparrow s_2''\rangle$

$s_1' \leftarrow \text{push(empty, “exit”)}$

$s_2'' \leftarrow \text{push}(s_2'', \text{“}l\text{: sub(lpos}(x))\text{”})$

$s_0'' \leftarrow \text{push}(s_0', \text{ldcl}(l))$

用这个属性文法的定义描述如下的 λ-表达式：

$(\lambda g.\ f(gg))(k)$

可以得到如下的代码目标：

A	exit
ldcl(l)	A
lpos(h)	lpos(f)
	A

lpos(g)
lpos(g)
l：sub(lpos(g))

6.4　属性文法分类

从属性文法的定义中就可以看出，属性的计算是有依赖关系的，一个属性的计算可能要依赖于另一个属性的计算。根据属性计算的依赖关系可以对属性文法进行分类。属性文法的分类决定着其编译程序遍体制。

属性文法分类本身就是一门科学，目前属性文法有两种分类方法。一种方法是由 Knuth 等人完成的分类方法，即将属性文法分成如下的几个层次：

- 良义属性文法(well-defined AG，WAG)。
- 绝对无循环属性文法(absolutely non-circular AG，ANCAG)。
- 顺序属性文法(ordered AG，OAG)。
- 多遍从左到右，多遍从右到左，多遍交叉属性文法。

另一种分类方法是由 J. Engelfried 及 G. File 等人完成的分类方法，他们将属性文法分成如下几个层次。

1. 不确定类型(或称 pure-type)

- multi-visit
- multi-sweep
- multi-alter. pass
- multi-pass(left to right)

2. 规则类型(或称 uniform-type)

- multi-visit
- multi-sweep
- multi-alter. pass
- multi-pass(left to right)

3. 确定类型(或称 simple-type)

- multi-visit
- multi-sweep
- multi-alter. pass
- multi-pass(left to right)

下面，分别介绍这两种分类法，首先介绍什么叫 WAG，ANCAG 及 OAG。

定义 6.5　如果一个属性文法 AG，它的任意派生树中的所有属性值都是可计算的，那么该 AG 是良义属性文法(WAG)。

所谓可计算，从不动点理论来看，不在乎语义函数是否递归，而在于有不动点。所谓语义函数递归，表现在属性计算图中则一定有循环，即属性计算的依赖关系是递归的，或说是循环的。

下面，我们讨论绝对无循环属性文法（ANCAG）。首先看下面的一个例子。

例 6.12

$$p_1: \langle S\rangle ::= \langle A \downarrow a \downarrow b \uparrow x \uparrow y\rangle$$

$$a \leftarrow x$$

$$p_2: \langle A \downarrow a_0 \downarrow b_0 \uparrow x_0 \uparrow y_0\rangle ::= \langle A \downarrow a_1 \downarrow b_1 \uparrow x_1 \uparrow y_1\rangle a$$

$$a_1 \leftarrow a_0, b_1 \leftarrow y_1,$$

$$x_0 \leftarrow x_1, y_0 \leftarrow 1$$

$$p_3: \langle A \downarrow a \downarrow b \uparrow x \uparrow y\rangle ::= b$$

$$y \leftarrow a, x \leftarrow 1$$

$$p_4: \langle A \downarrow a \downarrow b \uparrow x \uparrow y\rangle ::= bb$$

$$x \leftarrow b, y \leftarrow 1$$

该文法接受的语言是$(b+bb)a^*$，显然接受该语言的任一语法树，其属性计算图都不是循环的，例如图 6.5 所示的语法树中的属性计算图。

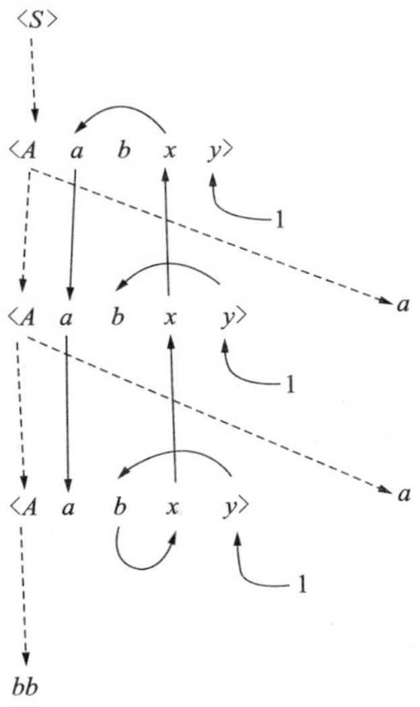

图 6.5

定义 6.6 如果一个属性文法 AG 的任意语法派生树的属性计算图都不包含有循环，那么称该属性文法 AG 是无循环属性文法（noncircular-AG）。

但是一个无循环属性文法却可能不是绝对无循环属性文法，反之，一个绝对无循环属性文法却一定是无循环属性文法。那么什么是绝对无循环属性文法呢？例如对于上述的例子，仅考察非终极符 A，不管其派生树中是否可以出现的推导，将 A 的所有的属性计算图重合在一起，则有图 6.6。

从图 6.6 中可以看出，非终极符 A 的属性计算图是循环的，虽然这样的循环在任一文法派生树中不能出现。我们称上述例子的文法不是绝对无循环的。

为了方便地讨论属性的计算，我们首先定义属性之间的依赖关系。对于生成式 $p: x_0 \to w_0 x_1 w_1 \cdots w_{n-1} x_n w_n$，设 $a, b \in A_p$（即生成式 p 的属性集合）。

定义 6.7 生成式 $p: x_0 \to w_0 x_1 w_1 \cdots w_{n-1} x_n w_n$ 的属性计算的依赖关系为

$\mathrm{DP}_p = \{(x_i \cdot a, x_j \cdot b) \mid$ there is a semantic
function in SF_p defining $x_j \cdot b$
depending on $x_i \cdot a\}$

其中 SF_p 是生成式 p 的语义函数集合。这个依赖关系 DP_p 是将生成式 p 中的语义函数的定义与引用关系定义出来。

另外，将所有生成式的 DP_p 构成一个依赖关系集合：

$$\mathrm{DP} = \bigcup_{p \in P} \mathrm{DP}_p, \mathrm{DP}_p \subseteq A_p \times A_p$$

1	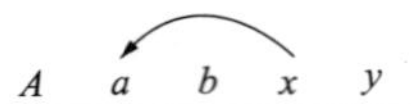	p_1的属性计算图
2	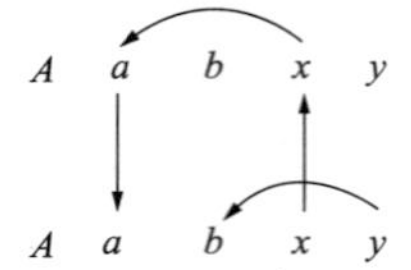	加上p_2的属性计算图 (y_0←1没有加上)
3	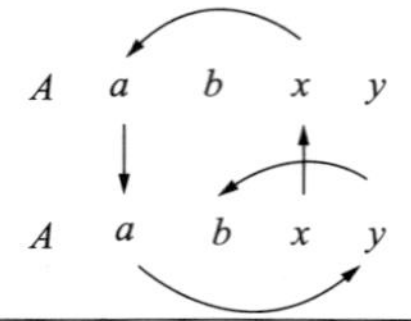	加上p_3的属性计算图 (x←1没有加上)
4	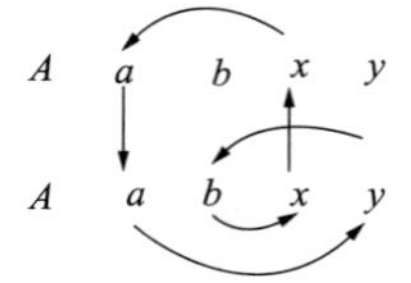	加上p_4的属性计算图 (y←1没有加上)
5	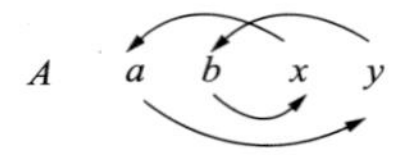	A非终极符的属性计算图

图 6.6

下面我们再定义一种归纳依赖关系 IDP_p。

定义 6.8　绝对无循环属性文法 AG 的依赖关系定义为

$$\mathrm{IDP}-\mathrm{ANCAG}=\bigcup_{p\in P}\mathrm{IDP}_p-\mathrm{ANCAG}$$

其中

$$\mathrm{IDP}_p-\mathrm{ANCAG}=\mathrm{DP}_p\cup$$
$$\{(x_i\cdot a,x_i\cdot b)\mid i>0\ \underline{\text{and}}\ \text{there is } a\ q\in P\ \underline{\text{and}}$$
$$q:Y_0::=W\ \underline{\text{and}}\ Y_0=x_i\,\underline{\text{and}}(Y_0\cdot a,Y_0\cdot b)$$
$$\in\mathrm{IDP}_q-\mathrm{ANGAG}^+\}$$

这个定义表明,$\mathrm{IDP}_p-\mathrm{ANCAG}$ 由两部分组成,一部分是 DP_p,另一部分是归纳得出的。对于生成式 $p:x_0\rightarrow w_0x_1w_1\cdots w_{n-1}x_nw_n$,考虑生成式 p 右边的所有的非终极符,即 $x_1,\cdots,x_n$(注意不包括 x_0,因为 $i>0$),在生成式集合 P 中找到那些左边为 $x_1,\cdots,x_n$ 的所有生成式,将它们的属性依赖关系加到 IDP_p 的依赖关系上,而$(Y_0\cdot a,Y_0\cdot b)\in\mathrm{IDP}_q-\mathrm{ANCAG}^+$除说明了上面的依赖关系之外,进一步自上而下进行归纳,将所有的归纳关系都并进 IDP_p 中。例如有下面的生成式:

$p:z::=xt_1$　　　DP_p

$q:x::=yt_2$　　　DP_q

$r:y::=t_3$　　　DP_r

显然有

IDP$_r$－ANCAG＝DP$_r$（假定生成式 r 中的 t_3 中无非终极符）

IDP$_q$－ANCAG＝DP$_q$ ∪ DP$_r$

IDP$_p$－ANCAG＝DP$_p$ ∪ DP$_q$ ∪ DP$_r$

又例如

DP$_p$：

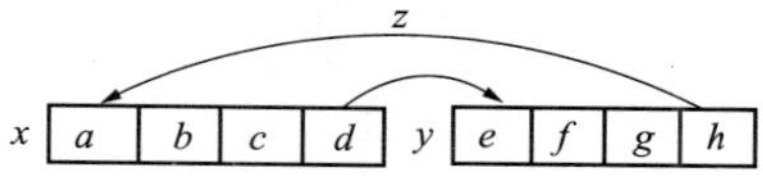

$p: z::=xy$

DP$_q$：

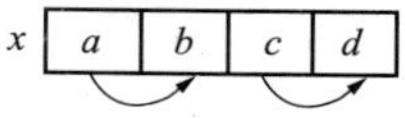

$q: x::=t_1$

IDP$_r$：

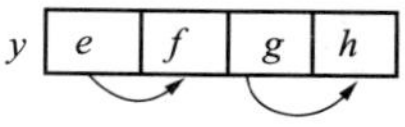

$r: y::=t_2$

显然有 IDP$_q$－ANCAG＝DP$_q$，IDP$_r$－ANCAG＝DP$_r$，而 IDP$_p$－ANCAG 则为

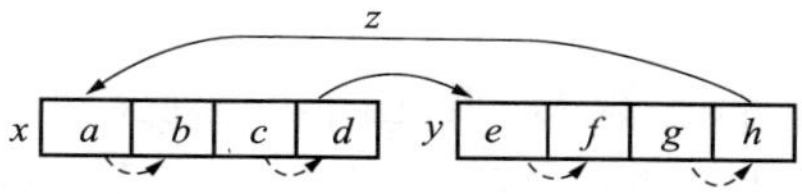

定义 6.9 如果一个属性文法 AG 的依赖关系 IDP-ANCAG 没有循环，那么称该 AG 是一个绝对无循环属性文法（ANCAG）。

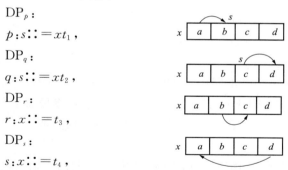

读者应特别注意到无循环属性文法与绝对无循环属性文法实质上的区别。

请再看下面的两个例子。

DP$_p$：

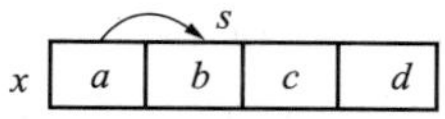

$p: s::=xt_1$，

DP$_q$：

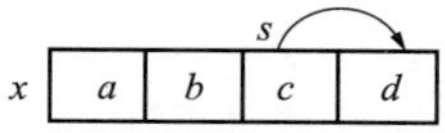

$q: s::=xt_2$，

DP$_r$：

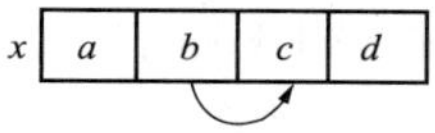

$r: x::=t_3$，

DP$_s$：

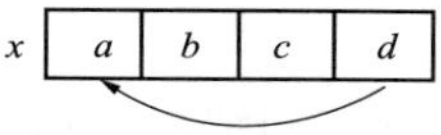

$s: x::=t_4$，

根据绝对无循环属性文法的定义，最后从 IDP$_p$－ANCAGIDP$_q$－ANCAG，IDP$_r$－ANCAG 及 IDP$_s$－ANCAG 看出，IDP$_r$，ANCAG，IDP$_s$－ANCAG 无循环，而

IDP$_p$－ANCAG：x

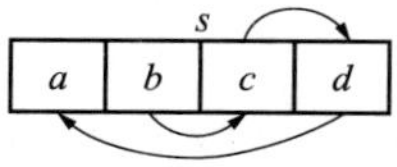

IDP$_q$－ANCAG：

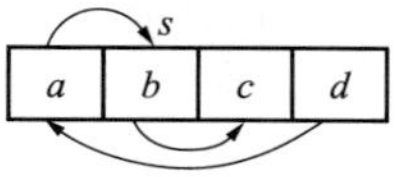

所以该文法是 ANCAG。

又有

DP_p：

$p:s::=x$，

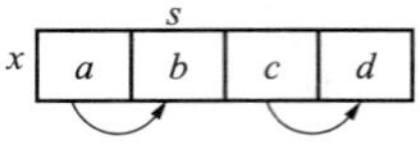

DP_q：

$q:x::=t_1$，

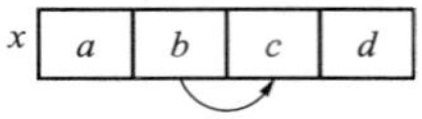

DP_r.

$r:x::=t_2$，

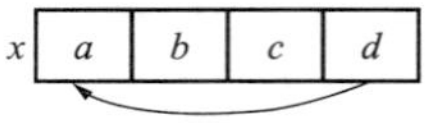

我们看到

$IDP_p-ANCAG$：

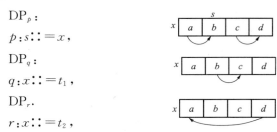

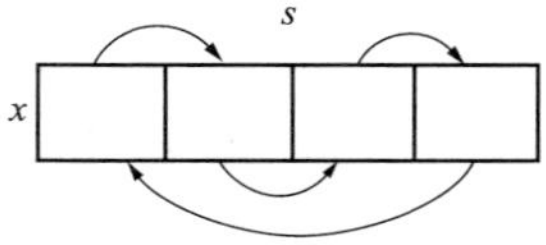

显然，该文法不是 ANCAG，而是 WAG 及无循环属性文法。

下面，我们讨论顺序属性文法（OAG）。首先定义另一种类型的归纳依赖关系。

定义 6.10　定义一个属性文法 AG 归纳依赖关系为

$$IDP=\bigcup_{p\in P}IDP_p, IDP_p\subseteq A_p\times A_p$$

其中

$$IDP_p=DP_p\cup\{(x_i.a,x_i.b)\mid x_i \text{ occurrs in rule } P \ \underline{\text{and}}\ y_j \text{ occurrs in rule } q\ \underline{\text{and}}\ x_i=y_j.\ \underline{\text{and}}\ 0\leqslant j\leqslant n_q \underline{\text{and}}\ (y_j.a,y_j.b)\in IDP_q^+\}$$

这个 IDP_p 与 $IDP_p-ANCAG$ 是不同的。$IDP_p-ANCAG$ 是一种自上而下的归纳依赖关系，而 IDP_p 却不是纯的自上而下，它实际上是将一个非终极符出现在所有其他生成式中的属性依赖关系都归纳在一个生成式之中。有时我们把这种归纳关系称之为属性出现的归纳关系。

下面进一步将这种属性出现的归纳关系转换成属性符号之间的归纳依赖关系。

定义 6.11　定义属性符号之间的归纳依赖关系为

$$IDS=\bigcup_{x\in V}IDS_x, IDS_x\subseteq A\times A$$

其中

$$IDS_x=\{(x.a,x.b)\mid \text{there is an } x_i=x \text{ in a rule } P\ \underline{\text{and}}\ (x_i.a,x_i.b)\in IDP_p\}$$

并对属性进行下面定义的划分。

定义 6.12　设 IDS 是无循环的，对于每一个 $x\in V$ 相继定义（AS 表示综合属性集合，AI 表示继承属性集合）

$A_{x,1}=\{x.a\in AS\mid \text{there is no } x.b \text{ such that}$

$(x.a, x.b) \in \mathrm{IDS}^+\}$

$A_{x,2n} = \{x.a \in \mathrm{AI} \mid \text{for all } x.b \in A_x : (x.a, x.b) \in \mathrm{IDS}^+$

$\text{implies } x.b \in A_{x.m}, m \leqslant 2n\} \setminus \bigcup_{k=1}^{2n-1} A_{x,k}$

$A_{x,2n+1} = \{x.a \in \mathrm{AS} \mid \text{for all } x.b \in A_x : (x.a, x.b) \in$

$\mathrm{IDS}^+ \text{ implies } x.b \in A_{x,m},$

$m \leqslant 2n+1\} \setminus \bigcup_{k=1}^{2n} A_{x,k}$

一直到每一个 $x.a \in A_x$ 都在一个 $A_{x,k}$之中。集合 $A_{x,k}$构成了一个 A_x 的异或的划分：

$A_x = \bigcup_{k=1}^{m_x} A_{x,k}$对于 $m_x \geqslant 1$

$A_{x,k} \cap A_{x,j} \neq \varnothing$意味着 $k=j$

该定义给出的 A_x 的划分，实际上是给出一个计算的顺序。应当判定首先计算的属性是继承属性还是综合属性，即意味着属性计算是从树的根开始还是从树的叶子开始。

定义 6.13 设 IDS 是无循环的，依赖关系 DS 被定义为 IDS 的完全类：

$\mathrm{DS} = \bigcup_{x \in V} \mathrm{DS}_x \subseteq A \times A$

其中 $\mathrm{DS}_x = \mathrm{IDS}_x \cup \{(x.a, x.b) \mid x.a \in A_{x,k}, x.b \in A_{x,k-1}, 2 \leqslant k \leqslant m_x\}$。

定义 6.14 在属性出现上的延伸依赖关系 EDP 被定义为 IDP 的完全类：

$\mathrm{EDP} = \bigcup_{p \in P} \mathrm{EDP}_p$

其中 $\mathrm{EDP}_p = \mathrm{DP}_p \cup \{(x_i.a, x_i.b) \mid (x_i.a, x.b) \in \mathrm{DS}, x_i = x\}$。

如果 EDP 是无循环的，那么称 DS 是属性依赖相容的。

定义 6.15 一个属性文法 AG 是 OAG 当且仅当存在依赖关系 DS 及 DS 是属性依赖相容的。

下面，我们举一个例子。

例 6.13

p_1：〈program〉∷=〈primary ↓ acc ↑ pri ↓ post ↑ ev ↑ val〉

acc←ϕ, post←pri

p_2：〈primary ↓ acc_0 ↑ pri_0 ↓ post_0 ↑ ev_0 ↑ val_0〉∷=

(〈dec ↓ acc_1 ↑ descr〉;

〈ass ↓ acc_2 ↑ pri_2 ↓ post_2〉)

acc_1←acc_0,

acc_2←include(acc_0, descr),

pri_0←pri_2, post_2←post_0,

ev_0←false, val←undefined

p_3：〈primary ↓ acc_0 ↑ pri_0 ↓ post_0 ↑ ev_0 ↑ val_0〉∷=

〈iden ↑ id〉

$\text{pri}_0 \leftarrow \text{identify}(\text{id}, \text{acc}_0)\ \underline{\text{if}}\ \text{is defined}\ (\text{id}, \text{acc}_0),$

$\text{ev}_0 \leftarrow \text{false},$

$\text{val} \leftarrow \text{undefined}$

$p_4: \langle \text{primary} \downarrow \text{acc}_0 \uparrow \text{pri}_0 \downarrow \text{post}_0 \uparrow \text{ev}_0 \uparrow \text{val}_0 \rangle ::=$

$\langle \text{intconstant} \uparrow \text{val}_1 \rangle$

$\text{pri}_0 \leftarrow \text{int}, \text{ev}_0 \leftarrow \text{true},$

$\text{val}_0 \leftarrow \underline{\text{if}}\ \text{post}_0 = \text{real}\ \underline{\text{then}}\ \text{widen}\ (\text{val}_1)$

$\underline{\text{else}}\ \text{val}_1\ \underline{\text{fi}}$

$p_5: \langle \text{primary} \downarrow \text{acc}_0 \uparrow \text{pri}_0 \downarrow \text{post}_0 \uparrow \text{ev}_0 \uparrow \text{val}_0 \rangle ::=$

$\langle \text{realconstant} \uparrow \text{val}_1 \rangle$

$\text{pri}_0 \leftarrow \text{real}, \text{ev}_0 \leftarrow \text{true},$

$\text{val}_0 \leftarrow \text{val}_1$

$p_6: \langle \text{ass} \downarrow \text{acc}_0 \uparrow \text{pri}_0 \downarrow \text{post}_0 \rangle ::= \langle \text{ide} \uparrow \text{id} \rangle := $

$\langle \text{exp} \downarrow \text{acc}_1 \uparrow \text{pri}_1 \downarrow \text{post}_1 \uparrow \text{ev}_1 \uparrow \text{val}_1 \rangle$

$\text{acc}_1 \leftarrow \text{acc}_0$

$\text{pri}_1 \leftarrow \text{identify}(\text{id}, \text{acc}_0)\ \underline{\text{if}}\ \text{is defined}\ (\text{id}, \text{acc}_0)$

$\underline{\text{and}}\ \underline{\text{not}}(\text{pri}_1 = \text{real}\ \underline{\text{and}}\ \text{post}_1 = \text{int})$

$\text{post}_1 \leftarrow \text{post}_0$

$p_7: \langle \text{exp} \downarrow \text{acc}_0 \uparrow \text{pri}_0 \downarrow \text{post}_0 \uparrow \text{ev}_0 \uparrow \text{val}_0 \rangle ::=$

$\langle \text{exp} \downarrow \text{acc}_1 \uparrow \text{pri}_1 \downarrow \text{post}_1 \uparrow \text{ev}_1 \uparrow \text{val}_1 \rangle +$

$\langle \text{primary} \downarrow \text{acc}_2 \uparrow \text{pri}_2 \downarrow \text{post}_2 \uparrow \text{ev}_2 \uparrow \text{val}_2 \rangle$

$\text{acc}_1 \leftarrow \text{acc}_0, \text{acc}_2 \leftarrow \text{acc}_1,$

$\text{pri}_0 \leftarrow \underline{\text{if}}\ \text{pri}_1 = \text{int}\ \underline{\text{and}}\ \text{pri}_2 = \text{int}$

$\underline{\text{then}}\ \text{int}\ \underline{\text{else}}\ \text{real}\ \underline{\text{fi}}$

$\text{post}_2 \leftarrow \text{pri}_0,$

$\text{post}_1 \leftarrow \text{pri}_0,$

$\text{ev}_0 \leftarrow \text{ev}_1\ \underline{\text{and}}\ \text{ev}$

$\text{val}_0 \leftarrow \underline{\text{if}}\ \text{ev}_0\ \underline{\text{then}}\ \text{add}(\text{val}_1, \text{val}_2)$

$\underline{\text{else}}\ \text{undefined}\ \underline{\text{fi}}$

$p_8: \langle \text{exp} \downarrow \text{acc}_0 \uparrow \text{pri}_0 \downarrow \text{post}_0 \uparrow \text{ev}_0 \uparrow \text{val}_0 \rangle ::=$

$\langle \text{primary} \downarrow \text{acc}_1 \uparrow \text{pri}_1 \downarrow \text{post}_1 \uparrow \text{ev}_1 \uparrow \text{val}_1 \rangle$

$\text{acc}_1 \leftarrow \text{acc}_0, \text{pri}_0 \leftarrow \text{pri}_1, \text{post}_1 \leftarrow \text{post}_0,$

$\text{ev}_0 \leftarrow \text{ev}_1, \text{val}_0 \leftarrow \text{val}_1$

$p_9: \langle \text{dec} \downarrow \text{acc}_0 \uparrow \text{descr}_0 \rangle ::= \underline{\text{new}}\ \langle \text{iden} \uparrow \text{id} \rangle$

$:= \langle \text{exp} \downarrow \text{acc}_1 \uparrow \text{pri}_1 \downarrow \text{post}_1 \uparrow \text{ev}_1 \uparrow \text{val}_1 \rangle$

$\text{acc}_1 \leftarrow \text{acc}_0, \text{descr}_0 \leftarrow (\text{id}, \text{pri}_1),$

$\text{post}_1 \leftarrow \text{pri}_1$

针对该文法,我们一步一步地求出属性计算的访问序列。

第一步,计算 DP:

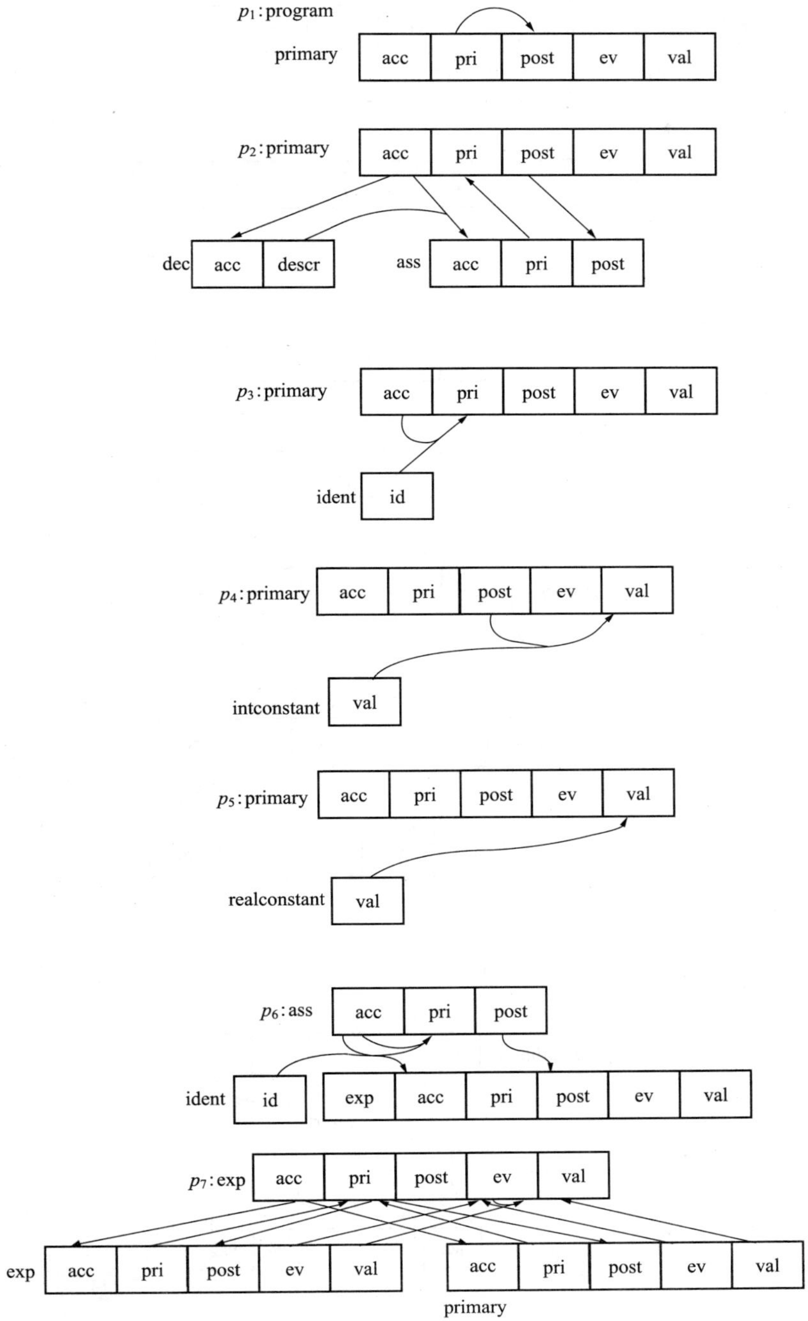

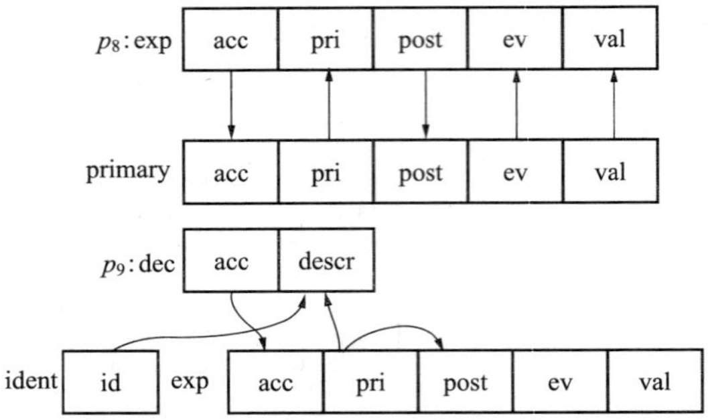
p_8:exp
acc
pri
post
ev
val
primary
acc
pri
post
ev
val
p_9:dec
acc
descr
ident
id
exp
acc
pri
post
ev
val

第二步,计算 IDP:

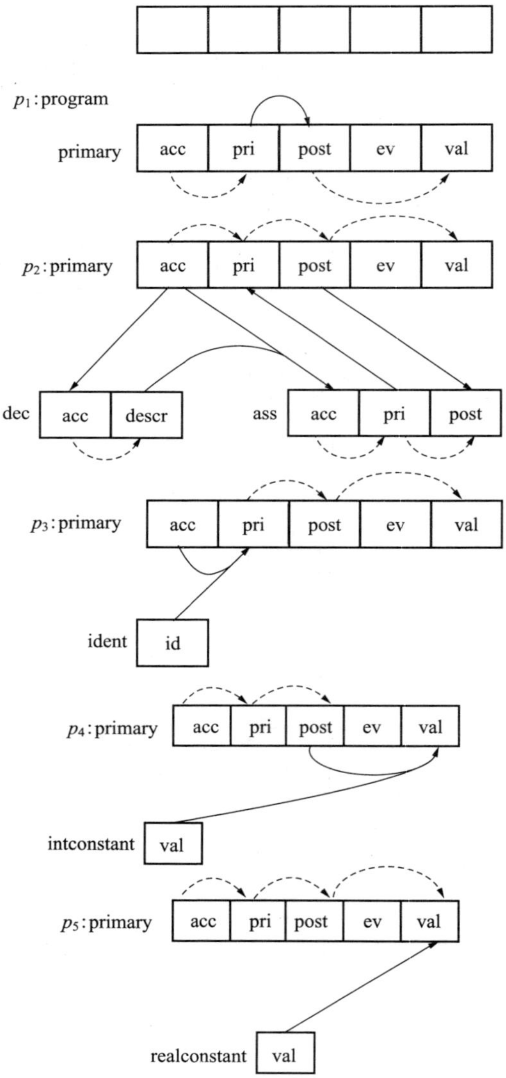
p_1:program
primary
acc
pri
post
ev
val
p_2:primary
acc
pri
post
ev
val
dec
acc
descr
ass
acc
pri
post
p_3:primary
acc
pri
post
ev
val
ident
id
p_4:primary
acc
pri
post
ev
val
intconstant
val
p_5:primary
acc
pri
post
ev
val
realconstant
val

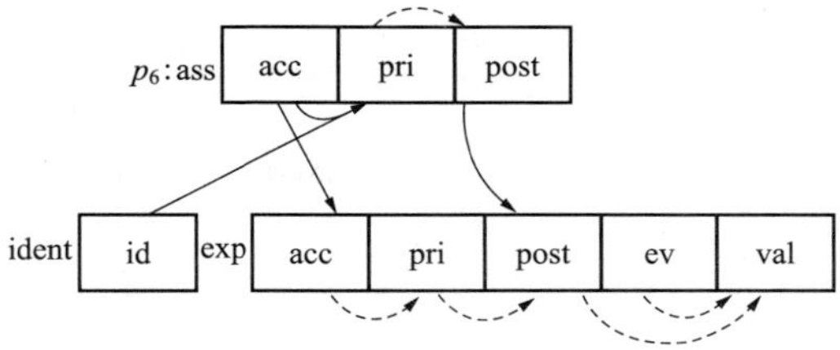
p_6:ass
acc
pri
post
ident
id
exp
acc
pri
post
ev
val

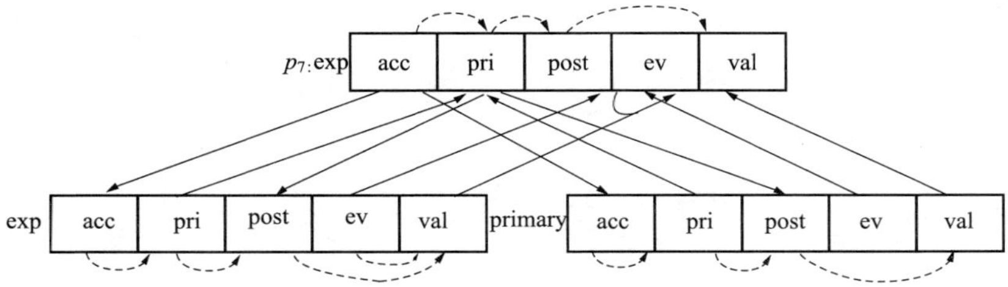
p_7:exp
acc
pri
post
ev
val
exp
acc
pri
post
ev
val
primary
acc
pri
post
ev
val

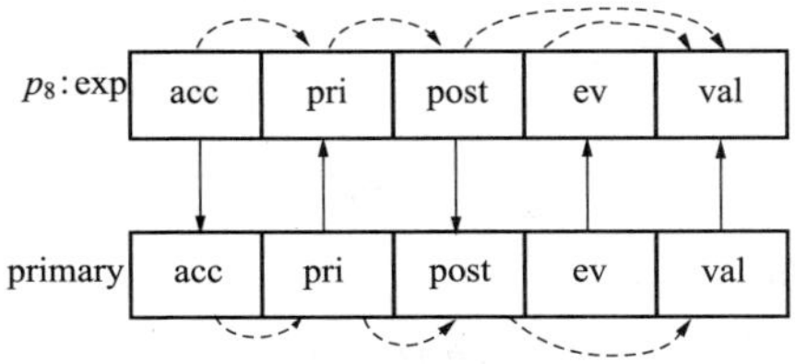
p_8:exp
acc
pri
post
ev
val
primary
acc
pri
post
ev
val

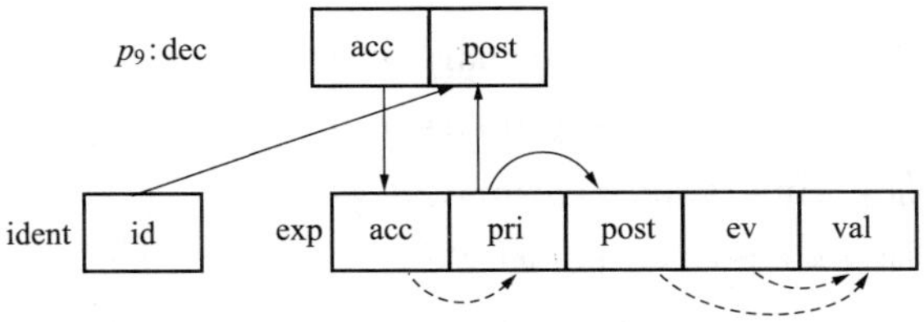
p_9:dec
acc
post
ident
id
exp
acc
pri
post
ev
val

第三步,计算 IDS_x:

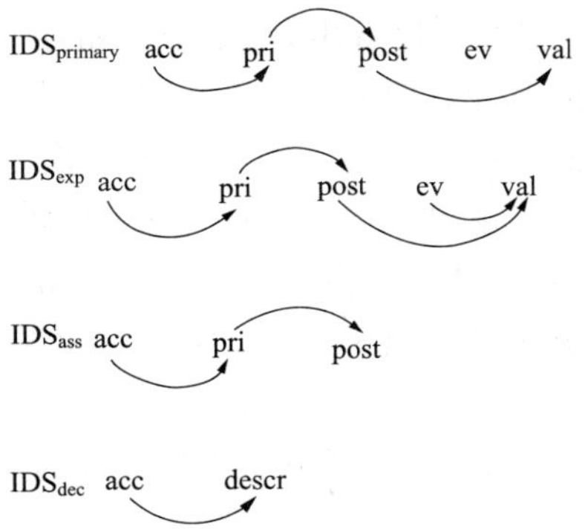
$IDS_{primary}$ acc pri post ev val
IDS_{exp} acc pri post ev val
IDS_{ass} acc pri post
IDS_{dec} acc descr

第四步，对 A_x 进行划分：

x	m_x	$A_{x,4}$	$A_{x,3}$	$A_{x,2}$	$A_{x,1}$
primary					
exp	4	acc	pri	post	val, ev
ass	4	acc	pri	post	
dec	2			acc	descr

第五步，计算 DS_x：

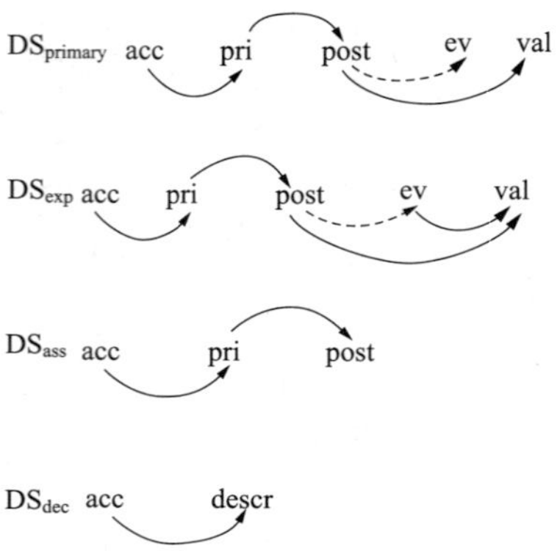

第六步，计算 EDP：

对于 p_1 增加(primary. post, primary. ev)

对于 p_2 增加(primary. post, primary. ev)

对于 p_3 增加(primary. post, primary. ev)

对于 p_4 增加(primary. post, primary. ev)

对于 p_5 增加(primary. post, primary. ev)

对于 p_6 增加(exp. post, exp. ev)

对于 p_7 增加(exp. post, exp. ev)及(primary. post, primary. ev)

对于 p_8 增加(exp. post, exp. ev)及(primary. post, primary. ev)

对于 p_9 增加(exp. post, exp. ev)

从前面 OAG 的讨论中我们可以看出，判定一个属性文法 AG 是否是 OAG，首先要判定一个属性非终极符的属性之间依赖关系，这种依赖关系可以出现在所有属性生成式中及属性生成式派生而引起的语义函数的复合关系之中(归纳依赖关系)。对于没有直接或归纳依赖关系的属性要根据属性的划分(遍划分)，规定相邻划分的属性，如果没有依赖关系的话，具有某种人为指定性的依赖关系(即计算顺序)，从而得到属性计算顺序的全部依赖关系或说是顺序关系。如果这个顺序关系图是无循环的，那么是 OAG。

无论是 WAG，noncircular-AG，ANCAG 还是 OAG，在定义中都有“某依赖关系图中无循环”这一句话。是什么文法，就研究什么样的依赖关系图。不同的依赖关系图讨论循环存在与否便构成了对于一个属性文法的分类的判定条件。虽然都是无循环，但有不同的依赖关系图，于是分类也就不同。

请读者注意：

- 判定一个 AG 是否是 WAG 为指数性时间复杂性。
- 判定一个 AG 是否是 ANCAG 为指数性时间复杂性。
- 判定一个 AG 是否是 OAG 为多项式时间复杂性。

正因如此，属性分析器一般最多做成 ANCAG 或 OAG 的。但是这种完全自动属性分析对于我们来说到不如将属性的遍划分由人或者借助于工具来产生，而每一遍的编译程序则可以由工具自动产生(递归子程序集合与抽象数据类型的程序包)，每一遍的编译程序的属性计算可以是 *L*-AG 或 *R*-AG。关于这方面的内容可见下面分类的进一层的讨论。

下面介绍属性文法的下一层的分类，这个分类是据 J. Engelfriet 及 G. Filè 的讨论进行的。如图 6.7 所示，pure-type(well-defined)，uniform-type(ANCAG)及 simple-type(OAG)又各分四种情况。

不确定类型 (pure-type)
- multi-visit
- multi-sweep
- multi-alter. pass
- multi-pass(left to right)

规则类型 (uniform-type)
- multi-visit
- multi-sweep
- multi-alter. pass
- multi-pass(left to right)

确定类型 (simple-type)
- multi-visit
- multi-sweep
- multi-alter. pass
- multi-pass(left to right)

图 6.7

图 6.7 中的 pure-type 与 simple-type 中的分类是根据如下的八个算法进行的。

N(ondeterministic)-strategy-*V*:

{main program} begin while $C(\text{root}) < k_0$ do

V-evaluate(root) od end

procedure *V*-evaluate (x_0) is

x_0 : node;

{let $x_0 \rightarrow w_0 x_1 w_1 \cdots w_{n-1} x_n w_n$ be the production applied to x_0}

1. begin $C(x_0) := C(x_0) + 1$;
2. comput some inherited attributes of x_0;
3. guess a sequence $V = \langle v(1), \cdots, v(n) \rangle$, such that $m \geqslant 0$ and for each $i \in [1, n]$, $v(i) \in [1, m]$;
4. for $i := 1$ to m do;

5. V-evaluate ($x_{v(i)}$) od;

6. compute some synthesized attributes of x_0 end

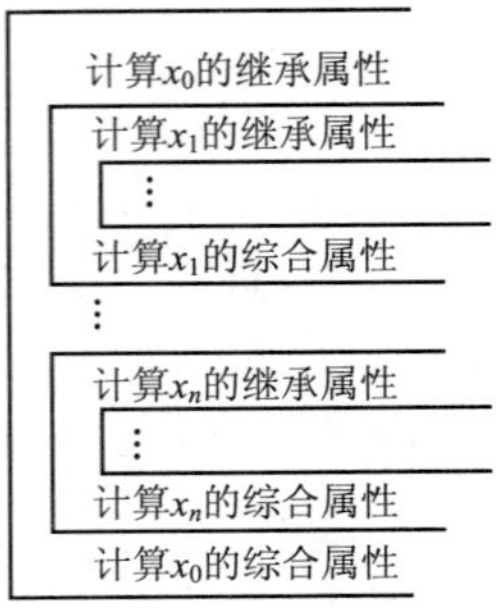

图 6.8

设 t 是属性文法 AG 的派生树，对于 t 中的每一个非终极符 x 安排一个计数器 $C(x)$，初始 $C(x)$ 均置 0。{main program}中表明计算从 t 的根开始，当根的计数器 C(root)等于某个数 k_0 时计算停止，否则继续循环计算。

子程序 V-evaluate 是一个递归子程序，计算是按树结构层次进行的。在这个子程序中继承属性首先被计算，然后转去计算 x_0 儿子结点的属性，返回后再计算 x_0 的综合属性，再考虑进一步的递归调用，其属性计算顺序如图 6.8 所示。

在子程序 V-evaluate 中有两种不确定性，并分成 A 与 B 两类不确定性。

(1) A 类不确定性：对于结点 x_0 的每一次访问，选择它的哪些属性该计算(第 2 行与第 6 行中的 Compute some… 即表示这种选择)。

(2) B 类不确定性：表现在 V-evaluate 中的第 3 行程序中，x_0 有 $x_1, \cdots, x_n n$ 个儿子，这 n 个儿子中挑出 m 个来，并可以任意排列 m 个儿子的计算顺序。如此可以在 k_0 遍中全部选择完毕，或选择其中某些排列，但每一次调用V-evaluate程序时却只做一个选择，在 k_0 遍中可以全部选择，或者选择了某些排列。由于树中每一个结点有计数器，其各计数器的值很可能不一样。

对 B 类不确定性进行某些限制，我们可以得到如下的三个不确定性策略。

N-strategy-S:

{main program} begin for $c \leftarrow 1$ to k do S-evaluate (root) od end

procedure S-evaluate (x_0) is

x_0: node;

{let $x_0 \rightarrow w_0 x_1 w_1 \cdots w_{n-1} x_n w_n$ be the production applied to x_0}

begin

1. compute some inherited attributes of x_0;

2. let visit-sequence be $V = \langle v(1), \cdots, v(n) \rangle$ where for each $i \in [1, n]$, $v(i) \in [1, n]$ and $j \in [1, n]$ and $j \neq i, v(j) \neq v(i)$;

3. for $i \leftarrow 1$ to n do S-evaluate ($x_{v(i)}$) od;

4. compute some synthesized attributes of x_0;

end

N-strategy-A:

Fix some $M = \langle M_1, \cdots, M_k \rangle$, where $M_i \in \{L, R\}$

for each $i \in [1, k]$

{main program} begin for $c \leftarrow 1$ to k do

M_c-evaluate (root) od end

```
procedure L-evaluate (x0) is
  x0 : node;
  {let x0 → w0 x1 w1 … w(n-1) xn wn be the production applied to x0}
begin
1. compute some inherited attributes of x0;
2. let visit-sequence V = ⟨1, …, n⟩;
3. for i ← 1 to n do L-evaluate (xi) od;
4. compute some synthesized attributes of x0
end
procedure R-evaluate (x0) is
  x0 : node;
  {let x0 → w0 x1 w1 … w(n-1) xn wn be the production applied to x0}
begin
1. compute some inherited attributes of x0;
2. let visit-sequence be V = ⟨n, …, 1⟩;
3. for i ← 1 to n do R-evaluate (x(n-i+1)) od;
4. compute some synthesized attributes of x0
end
N-strategy-P:
  {main program} begin for c ← 1 to k do
           L-evaluate (root) od end
```

而 *L*-evaluate 子程序前面已经定义。

从 *N*-strategy-*S* 看到，它与 *N*-strategy-*V* 不同之处在于对 x_0 儿子结点的计算，*N*-strategy-*S* 不是从 n 个儿子中选择 m 个，而是 n 个儿子都被计算，这样访问的次数大家全都一样，于是不需要在树的每一个节点上设置一个计数器，而仅设置一个就行了。但是 x_0 的 n 个儿子的计算顺序却可以是任意排列的。

从 *N*-strategy-*A* 中看到，{main program}中安排了一个序列 $M=\langle M_1,\cdots,M_k\rangle$，而 $M_i\in\{l,k\}$，对子程序for $c\leftarrow 1$ to k do M_c-evaluate(root) od end，当循环执行时，可以得到序列 $M_1,M_2,\cdots,M_k$，而 $M_i\in\{L,R\}$，所以 M_c-evaluate(root)实际上是 *L*-evaluate(root)或 *R*-evaluate(root)。*L*-evaluate 子程序表示从左到右执行一遍，*R*-evaluate 表示从右到左执行一遍。显然，*N*-strategy-*A* 表示 k 遍交叉属性计算，*N*-strategy-*P* 表示 k 遍从左到右的属性计算。

一个属性文法 AG 是 pure-*k*-visit(sweep, alter. pass, pass)当且仅当 AG 的任意派生树 t 的所有属性可以被一个 *N*-strategy-*V*(*S*, *A*, *P*)的计算所处理。

一个属性文法 AG 是 pure-multi-visit(sweep, alter. pass, pass)，如果它是 pure-*k*-visit(sweep, alter. pass, pass)的话，其中 $k>0$。

下面我们讨论 simple 类型的属性文法。simple 类型的属性文法是从 pure 类型的属性

文法中进一步去掉 A 类不确定性。在 A 类不确定性中，计算属性是执行如下两个程序：

Compute some inherited attributes of x

Compute some synthesized attributes of x

这样写，即存在着某个属性在所有 k 遍计算中被计算过多次的可能性，存在着属性计算次数不等的情况，存在着遍间数据信息反馈的可能性。进一步简化属性的计算，显然应把 x_0 的所有的属性按遍数进行划分，这种划分应使得遍间无数据信息反馈，或说是异或的。

一个属性文法 AG 是 simple-k-visit 的当且仅当

(1) 对于 AG 的每一个非终极符 x 存在着一个属性划分 $A_1^x,\cdots,A_{k(x)}^x$，其中 $k(x)\leqslant k$。

(2) 对于 AG 的每一个生成式 $x_0\rightarrow w_0x_1w_1\cdots w_{n-1}x_nw_n$ 及 $j\in[1,k(x_0)]$ 存在着一个访问序列

$$V_j=\langle V_j(1),\cdots,V_j(m_j)\rangle,m_j\leqslant n$$

并按如下 D-strategy-V 计算 AG 的派生树中的所有属性。

D-strategy-V

{main program} <u>begin</u> <u>while</u> c(root)<k(root)

<u>do</u> sv-evaluate(root) <u>od</u> <u>end</u>

<u>procedure</u> sv-evaluate (x_0) <u>is</u>

x_0: node;

{let $x_0\rightarrow w_0x_1w_1\cdots w_{n-1}x_nw_n$ be the production applied to x_0}

1. begin $c(x_0)\leftarrow c(x_0)+1$; let $c=c(x)$;
2. compute the inherited attributes in $A_c^{x_0}$;
3. <u>for</u> $i\leftarrow 1$ <u>to</u> m_c <u>do</u> {let visit sequence V_c has length m_c}
4. SV-evaluate ($x_{V_c(i)}$) <u>od</u>;
5. compute the synthesized attributed in $A_c^{x_0}$

<u>end</u>

应注意 t 中每一个节点的属性划分是可能不同的，因为对于不同的结点，划分 $A_1^{x_i},\cdots,A_{k(x_i)}^{x_i}$ 及 $A_1^{x_j},\cdots,A_{k(x_j)}^{x_j}$ 可以是不同的。

还可以看到，由于对属性计算进行了按访问序列的划分，因此不存在一个属性被计算两次以上，所以 simple-multi-visit 的 AG 是包含在绝对无循环属性文法(absolutely noncircular AG，简写为 ANCAG)之中的。

一个属性文法 AG 是 simple-k-sweep 当且仅当

(1) 对于每一个非终极符 x 存在着一个它的属性划分 $A_1^x,\cdots,A_k^x$。

(2) 对于 AG 的每一个生成式 $x_0\rightarrow w_0\ x_1\ w_1\cdots w_{n-1}x_nw_n$ 及 $j\in[1,k]$存在着一个访问序列

$$V_j=\langle V_j(1),\cdots,V_j(n)\rangle$$

使得 AG 的所有属性都按下面的 D-strategy-S 进行计算。

<u>D-strategy-S</u>

{main program} <u>begin</u> <u>for</u> $c\leftarrow 1$ <u>to</u> k <u>do</u>

```
        SS-evaluate(root) od end
    procedure SS-evaluate (x0) is
      x0 :node;
    {let x0→w0 x1 w1 ⋯ w(n-1) xn wn be the production applied to x0}
  begin
  1. compute the inherited attributes in A_c^{x0}
  2. for i←1 to n do {the visit sequence Vc=⟨Vc(1),⋯,Vc(n)⟩}
  3. SS-evaluate(x_{vc(i)}) od
  4. compute the synthesized attributes in A_c^{x0}
  end
```

一个属性文法 AG 是 simple-k-alter. pass 当且仅当

(1) 存在着一个序列 $M=\langle M_1,\cdots,M_k\rangle$，其中 $M_i\in\{L,R\}$。

(2) 对于每一个 AG 的非终极符 x 存在着一个它的属性划分 $A_1^x,\cdots,A_k^x$，使得 AG 的任意派生树中的所有属性的计算都是按如下的 D-strategy-A 进行的。

```
  D-strategy-A:
  {main program} begin for c←1 to k do
          SMc-evaluate(root) od end
  procedure SL-evaluate (x0) is
      x0 :node;
  {let x0→w0 x1 w1 ⋯ w(n-1) xn wn be the production applied to x0}
  begin
  1. compute the inherited attributes in A_c^{x0} ;
  2. for i←1 to n do {the visit sequence Vc=⟨1,⋯,n⟩}
  3. sl-evaluate (x_{vc(i)}) od;
  4. compute the synthesized attributes in A_c^{x0} ;
  end
  procedure SR-evaluate (x0) is
      x0 :node
    {let x0→w0 x1 w1 ⋯ w(n-1) xn wn be the
                          production applied to x0}
  begin
  1. compute the inherited attributes in A_c^{x0} ;
  2. for i←1 to n do {the visit sequence Vc=⟨n,⋯,1⟩}
  3. SR-evaluate (x_{vc(i)}) od;
  4. compute the synthesized attributes in A_c^{x0} ;
  end
```

一个属性文法 AG 是 simple-k-pass 当且仅当对于 AG 的每一个非终极符 x 存在

着一个它的属性划分 $A_1^{\tau},\cdots,A_k^{\tau}$，使得 AG 的任意派生树中所有属性计算都是按如下 *D*-strategy-*P* 进行的。

<u>*D*-strategy-*P*：</u>

{main program} <u>begin</u> <u>for</u> $c\leftarrow 1$ to k <u>do</u>

sl-evaluate (root) <u>od</u> <u>end</u>

一个属性文法 AG 是 simple-multi-visit(sweep，alter. pass，pass)如果它是 simple-*k*-visit(sweep，alter. pass，pass)，其中 $k>0$。

注意：

pure-1-pass＝simple-1-pass＝*L*-AG

pure-1-alter. pass＝simple-1-alter. pass＝*L*-AG or *R*-AG

pure-1-visit ＝pure-1-sweep＝simple-1-visit

＝simple-1-sweep＝One-visit AG

下面就属性文法判定问题的时间复杂性讨论如下。

令 $Y\in$ {visit，sweep，alter. pass，pass}。有下面的四个问题：

问题 1. 判定任意给定 AG 是否是 pure/simple-multi-*Y*。

问题 2. 判定对于一个固定的 $k>0$，任意给定 AG 是否是 pure/simple-*k*-*Y*。

问题 3. 给定一个文法 AG 及一个整数 $k>0$，判定 AG 是 pure/simple-*k*-*Y*。

问题 4. 对于一个给定 pure/simple-multi-*Y* 的 AG，寻找一个最小 $k>0$ 使得 AG 是 pure/simple-*k*-*Y*。

问题 3 与问题 4 可以互相简化，并且它们的时间复杂性是一样的。用图 6.9(a)，(b)两个表给出这些问题的时间复杂性。

分　类	问题 1	问题 2	问题 3
simple-multi-pass	多项式	多项式	多项式
simple-multi-alter. pass	多项式	多项式	NP-完全类
simple-multi-sweep	多项式	$k\geqslant 2$ 时是 NP-完全类； $k=1$ 时是多项式	NP-完全类
simple-multi-visit	NP-完全类	$k\geqslant 2$ 时是 NP-完全类； $k=1$ 时是多项式	NP-完全类

(a)

分　类	问题 1	问题 2	问题 3
pure-multi-pass	指数上下界	多项式	可判定
pure-multi-alter. pass	指数上下界	多项式	可判定
pure-multi-sweep	指数下界可判定吗？	可判定	可判定
pure-multi-visit	通常假定 无循环性	可判定	可判定

(b)

图 6.9

例 6.14 我们定义一个小语言：

Abstract Syntatic Domains

p: Program

e: Exp = Expressions

c: Cmd = Commands

Δ: Dec = Declarations

t: Types

ide: Identifiers

op: Operators

n: Const

Abstract Syntax:

$p ::= \underline{\text{block}}\,\Delta; c\ \underline{\text{end}}$

$\Delta ::= \text{ide}: t \mid \Delta'; \Delta''$

$t ::= \underline{\text{integer}} \mid \underline{\text{real}} \mid \underline{\text{boolean}}$

$c ::= \underline{\text{skip}} \mid \text{ide} := e \mid \underline{\text{if}}\ e\ \underline{\text{then}}\ c'\ \underline{\text{else}}\ c''\ \underline{\text{fi}} \mid \underline{\text{while}}\ e\ \underline{\text{do}}\ c\ \underline{\text{od}} \mid c'; c''$

$e ::= -e \mid \underline{\text{not}}\ e \mid e'\ \text{op}\ e'' \mid (e) \mid \text{ide} \mid n$

$\text{op} ::= + \mid * \mid \underline{\text{and}} \mid \underline{\text{or}} \mid = \mid <$

下面，我们按照策略 D-strategy-P(simple-multi-pass)进行属性划分。

Declarations

$\langle \Delta A_\Delta^1 A_\Delta^2 A_\Delta^3 \rangle$ where $A_\Delta^1 = \{\downarrow n\}$,

$A_\Delta^2 = \{\downarrow \text{al}^1 \uparrow \text{al}^2\}, A_\Delta^3 = \{\downarrow \text{al}^3 \uparrow v\}$

$\langle \text{ide}\ A_{\text{ide}}^1\ A_{\text{ide}}^2\ A_{\text{ide}}^3 \rangle$ where $A_{\text{ide}}^1 = \{\downarrow n\}$

$A_{\text{ide}}^2 = \{\uparrow a \uparrow b \uparrow d\}, A_{\text{ide}}^3 = \{\downarrow \text{al}^3 \uparrow v\}$

$\langle t A_t^2 A_t^3 \rangle$ where $A_t^2 = \{\uparrow c\}, A_t^3 = \{\uparrow v\}$

Expressions

$\langle e A_e^1 A_e^2 A_e^3 A_e^4 A_e^5 \rangle$ where $A_e^1 = \{\downarrow n\}$,

$A_e^2 = \{\downarrow \text{al}^1 \uparrow \text{al}^2\}, A_e^3 = \{\downarrow \text{al}^3 \uparrow v\}$,

$A_e^4 = \{\downarrow \text{al}^4 \downarrow \sigma^1 \uparrow \text{al}^5 \uparrow \sigma^2\}$,

$A_e^5 = \{\downarrow \text{al}^6 \downarrow \theta^1 \uparrow \theta^2 \uparrow R\}$

$\langle \text{ide}\ A_{\text{ide}}^1\ A_{\text{ide}}^2\ A_{\text{ide}}^3\ A_{\text{ide}}^4\ A_{\text{ide}}^5 \rangle$ where $A_{\text{ide}}^1 = \{\downarrow n\}$

$A_{\text{ide}}^2 = \{\downarrow \text{al}^1 \uparrow \text{al}^2\}, A_e^3 = \{\downarrow \text{al}^3 \uparrow v\}$,

$A_{\text{ide}}^4 = \{\downarrow \text{al}^4 \downarrow \sigma^1 \uparrow \text{al}^5 \uparrow \sigma^2\}$,

$A_{\text{ide}}^5 = \{\downarrow \text{al}^6 \downarrow \theta^1 \uparrow \theta^2 \uparrow R\}$

$\langle n\ A_n^1\ A_n^2\ A_n^3\ A_n^4\ A_n^5 \rangle$ where $A_n^1 = \{\quad\}$,

$A_n^2 = \{\uparrow b \uparrow c \uparrow d\}$,

$A_n^3 = \{\downarrow \text{al}^3 \uparrow v\}$,

$A_n^4 = \{\downarrow \text{al}^4 \downarrow \sigma^1 \downarrow \text{al}^5 \uparrow \sigma^1\}$,

$A_n^5=\{\downarrow \mathrm{al}^6 \downarrow \theta^1 \uparrow \theta^2 \uparrow R\}$

<u>statements</u>

$\langle CA_c^1A_c^2A_c^3A_c^4A_c^5\rangle$ <u>where</u>$A_c^1=\{\downarrow n\}$,

$A_c^4=\{\downarrow \mathrm{al}^1 \uparrow \mathrm{al}^2\}$, $A_c^3=\{\downarrow \mathrm{al}^3 \uparrow v\}$,

$A_c^4=\{\downarrow \mathrm{al}^4 \downarrow \sigma^1 \uparrow \mathrm{al}^5 \uparrow \sigma^2\}$

$A_c^5=\{\downarrow \mathrm{al}^6 \downarrow \theta^1 \uparrow \theta^2 \uparrow R\}$

其中$\downarrow n$表示名字属性，是继承属性。al^1，al^2，al^3，al^4，al^5及al^6分别表示汇集与分散的属性表。$\uparrow v$表示前后文条件检查，并具有Boolean值的合式属性，是综合属性。σ^1及σ^2是存储分配属性，θ^1及θ^2是代码生成属性。$A_x^1,\cdots,A_x^5$表示语义分析分五遍进行。注意本属性文法实际上一遍就可以完成语义分析，这里只是有意划分成五遍。

前面我们已经讨论了 pure-type 与 simple-type 的分类问题，实际上我们还应讨论 uniform-type 的这些分类。这部分也留给读者去讨论吧，或者参考有关文献。

6.5 用属性文法进行编译程序设计

现代编译程序的理论包括词法理论，语法理论与语义理论。现代编译程序工程包括编译程序说明（其中包括语义说明、算法说明、结构说明、测试说明等），编译程序设计，编译程序测试及维护。在本书的讨论中，我们主要讨论各种说明形式。

一个编译程序系统必须包括如下的三个部分：

- 编译程序。
- 编译程序的支持环境。
- 编译程序的运行支持环境。

编译程序由编译程序的遍管理程序（MPA）及多遍的编译程序组成。编译程序的支持系统是由一个接口系统与一个程序库系统组成的。编译程序的运行支持环境包括一个核心的操作系统（分时的或实时的），见图6.10。

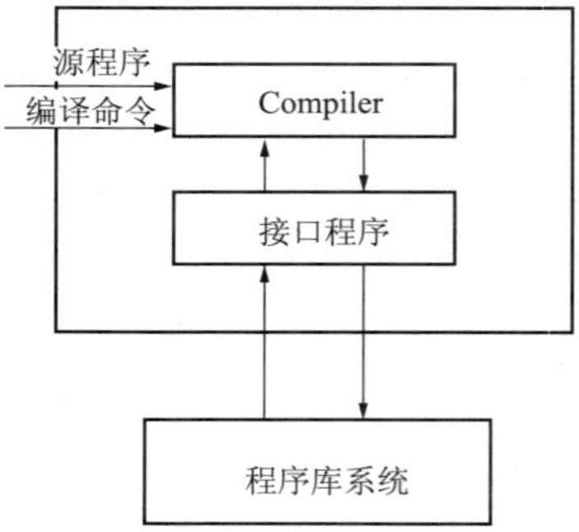

(a)

图6.10 编译程序系统结构

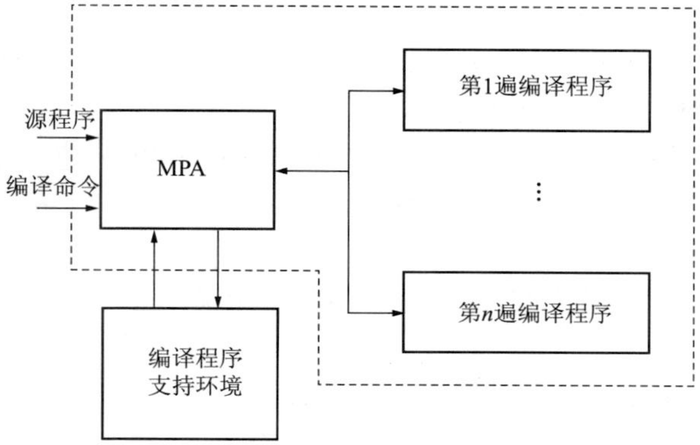

(b)

续图 6.10

一个编译程序的说明应包括如下的内容：

(1) 抽象文法的形式语义定义(往往是指称语义的)，它是用来定义“做什么”(What to do)的。

(2) 算法说明实际上是操作语义的定义，可以采用属性文法的定义形式(How to do)。

(3) 结构说明主要包括编译程序遍间接口说明(中间语言的定义)。

(4) 测试说明主要包括词法、语法及语义的各种测试内容及测试结果。

(5) 编译程序支持环境的结构定义。

(6) 编译程序预定义类型的程序包说明。

如何用指称语义方法定义编译程序的语义，我们在第 2 章～第 4 章已经详细地介绍过了。在这一节我们主要谈如何用属性文法定义语言的编译程序及如何从编译程序的属性文法定义变成编译程序。

为了使读者有一个直觉概念，先看下面的一个例子。看完这个例子，读者会体会到如何定义属性文法的。

例 6.15 我们定义如下的一个小语言。

<u>Abstract Syntactic Domains:</u>

p: Programs

e: Expressions

c: Statements

Δ: Declarations

t: Types

ide: Identifiers

op: Operators

n: Const

<u>Productions:</u>

$p::=\text{block}\quad \Delta;c\ \text{end}$

$\Delta::=\text{ide}:t\mid\Delta_1;\Delta_2$

$t::=\text{integer}\mid\text{real}\mid\text{boolean}$

$c::=\text{skip}\mid\text{ide}:=e\mid\text{if}\ e\ \text{then}\ c_1\quad\text{else}\ c_2\quad\text{fi}\mid\text{while}\ e\ \text{do}\ c\ \text{od}\mid c_1;c_2$

$e::=-e\mid\text{not}\ e\mid e_1\ \text{op}\ e_2\mid(e)\mid\text{ide}\mid n$

$\text{op}::=+\mid *\mid\text{and}\mid\text{or}\mid=\mid<$

语义定义分成两节，首先定义静态语义，然后定义动态语义。

Static Semantics:

Attribute Domains:

$v: T=\{\text{true},\text{false}\}$

$N=\{\cdots,-1,0,1,\cdots\}$

R

$\text{CH}=\{“a”,“b”,\cdots,“z”\}$

$a:\text{Ide}=\{xy\mid x\in\text{CH}\ \text{and}\ y\in(N+\text{CH})^*\}$

$r: B=T+N+R$

$d: \text{LV}=\{0,1,\cdots,\max\}\cup\{\perp\}$

$c: \text{Typeattr}=\{“\text{int}”,“\text{real}”,“\text{bool}”\}$

$\text{sl}:\text{Symbollist}=(\text{Ide}\times\{“\text{var}”\}\times\text{Typeattr}\times\text{LV})^*$

$\text{cl}:\text{Constantlist}=(\{“\text{const}”\}\times\text{Typeattr}\times\text{LV})^*$

$\text{al}:\text{Attributelist}=\text{Symbollist}\times\text{Constantlist}$

Attribute Productions:

1. $\langle p\uparrow\text{al}_0\uparrow v_0\rangle::=\text{block}\langle\Delta\downarrow\text{al}_1'\uparrow\text{al}_1''\uparrow v_1\rangle;$

　　$\langle c\downarrow\text{al}_2'\uparrow\text{al}_2''\uparrow v_2\rangle\ \text{end}$

　　$\text{al}_1'\leftarrow\text{empty},\text{al}_2'\leftarrow\text{al}_1'',\text{al}_0\leftarrow\text{al}_2''$

　　$v_0\leftarrow v_1\ \text{and}\ v_2$

2. $\langle\Delta\downarrow\text{al}_0'\uparrow\text{al}_0''\uparrow v_0\rangle::=\langle\Delta_1\downarrow\text{al}_1'\uparrow\text{al}_1''\uparrow v_1\rangle;$

　　$\langle\Delta_2\downarrow\text{al}_2'\uparrow\text{al}_2''\uparrow v_2\rangle$

　　$\text{al}_1'\leftarrow\text{al}_0',\text{al}_2'\leftarrow\text{al}_1'',\text{al}_0''\leftarrow\text{al}_2'',$

　　$v_0\leftarrow v_1\ \text{and}\ v_2$

3. $\langle\Delta\downarrow\text{al}_0'\uparrow\text{al}_0''\uparrow v_0\rangle::=\langle\text{ide}\uparrow a\uparrow b\uparrow d\uparrow v_1\rangle:$

　　$\langle t\uparrow c\uparrow v_2\rangle$

　　$b\leftarrow“\text{var}”,d\leftarrow“\text{unused}”,a\leftarrow\text{ide},$

　　$v_1\leftarrow\text{if}\ \text{ismember}\ (\text{ide},\text{first}\ (\text{al}_0'))$

　　　$\text{then}\ \text{false}\ \text{else}\ \text{true}$

　　$v_0\leftarrow v_1\ \text{and}\ v_2$

　　$\text{al}_0''\downarrow 1\leftarrow\text{insert}(\text{al}_0'\downarrow 1,(a,b,c,d))$

4. $\langle t\uparrow c\uparrow v\rangle$ ::= integer ↑ "int", $c\leftarrow$"int"

   ::= real ↑ "real", $c\leftarrow$"real"

   ::= boolean ↑ "bool", $c\leftarrow$"bool"

   $v\leftarrow$ if $t\in$ {integer, real, boolean}

   then true else false

5. $\langle c\downarrow \mathrm{al}_0'\uparrow \mathrm{al}''_0\uparrow v_0\rangle ::= \langle c_1\downarrow \mathrm{al}_1'\uparrow \mathrm{al}_1''\uparrow v_1\rangle$;

   $\langle c_2\downarrow \mathrm{al}_2'\uparrow \mathrm{al}_2''\uparrow v_2\rangle$

   $\mathrm{al}_1'\leftarrow \mathrm{al}_0', \mathrm{al}_2'\leftarrow \mathrm{al}_1'', \mathrm{al}_0''\leftarrow \mathrm{al}_2''$,

   $v_0\leftarrow v_1$ and v_2

6. $\langle c\downarrow \mathrm{al}_0'\uparrow \mathrm{al}_0''\uparrow v_0\rangle ::= \langle \mathrm{ide}\downarrow \mathrm{al}_1'\uparrow \mathrm{al}_1''\uparrow v_1\rangle$

   $:= \langle e\downarrow \mathrm{al}_2'\uparrow \mathrm{al}_2''\uparrow v_2\rangle$

   $\mathrm{al}_1'\leftarrow \mathrm{al}_0', \mathrm{al}_1''\leftarrow \mathrm{al}_1', \mathrm{al}_2'\leftarrow \mathrm{al}_1'', \mathrm{al}_0''\leftarrow \mathrm{al}_2''$,

   $v_1\leftarrow$ if ismember (ide, first (al_1'))

   then true

   else false

   $v_0\leftarrow$ if v_1 = true and v_2 = true and

   findsymbol (ide)(al_1') ↓ 3 =

   findsymbol(e)(al_2') ↓ 3

   then true

   else false

7. $\langle c\downarrow \mathrm{al}_0'\uparrow \mathrm{al}_0''\uparrow v_0\rangle ::=$ if$\langle e\downarrow \mathrm{al}_1'\uparrow \mathrm{al}_1''\uparrow v_1\rangle$

   then$\langle c_1\downarrow \mathrm{al}_2'\uparrow \mathrm{al}_2''\uparrow v_2\rangle$

   else$\langle c_2\downarrow \mathrm{al}_3'\uparrow \mathrm{al}_3''\uparrow v_3\rangle$

   $\mathrm{al}_1'\leftarrow \mathrm{al}_0', \mathrm{al}_2'\leftarrow \mathrm{al}_1'', \mathrm{al}_3'\leftarrow \mathrm{al}_2'', \mathrm{al}_0''\leftarrow \mathrm{al}_3''$,

   $v_0\leftarrow$ if v_1 = true and v_2 = true and v_3 = true

   and findsymbol(e)(al_1') ↓ 3 = "bool"

   then true else false

8. $\langle c\downarrow \mathrm{al}_0'\uparrow \mathrm{al}_0''\uparrow v_0\rangle ::=$ while$\langle e\downarrow \mathrm{al}_1'\uparrow \mathrm{al}_1''\uparrow v_1\rangle$

   do$\langle c\downarrow \mathrm{al}_2'\uparrow \mathrm{al}_2''\uparrow v_2''\rangle$od

   $\mathrm{al}_1'\leftarrow \mathrm{al}_0', \mathrm{al}_2'\leftarrow \mathrm{al}_1'', \mathrm{al}_0''\leftarrow \mathrm{al}_2''$,

   $v_0\leftarrow$ if v_1 = true and v_2 = true and

   findsymbol(e)(al_1') ↓ 3 = "bool"

   then true else false

9. $\langle e\downarrow \mathrm{al}_0'\uparrow \mathrm{al}_0''\uparrow v_0\rangle ::= \langle n\uparrow b\uparrow c\uparrow d\uparrow v_1\rangle$

   $\mathrm{al}_0''\downarrow 2\leftarrow$ insert($\mathrm{al}_0'\downarrow 2$, ($b$, c, d))

   $v_0\leftarrow v_1$, $v_1\leftarrow$ true, $b\leftarrow$"const",

   $d\leftarrow$"unused", $c\leftarrow$ consttype(n)

10. $\langle e \downarrow \mathrm{al}_0' \uparrow \mathrm{al}_0'' \uparrow v_0 \rangle ::= \langle \text{ide} \downarrow \mathrm{al}_1' \uparrow \mathrm{al}_1'' \uparrow v_1 \rangle$

$\mathrm{al}_1' \leftarrow \mathrm{al}_0', \mathrm{al}_1'' \leftarrow \mathrm{al}_1', \mathrm{al}_0'' \leftarrow \mathrm{al}_1'',$

$v_0 \leftarrow v_1$

$v_1 \leftarrow \underline{\text{if}}\ \text{ismember (ide, first } (\mathrm{al}_1'))$

$\quad \underline{\text{then}}\ \text{true}\ \underline{\text{else}}\ \text{false}$

11. $\langle e \downarrow \mathrm{al}_0' \uparrow \mathrm{al}_0'' \uparrow v_0 \rangle ::= - \langle e \downarrow \mathrm{al}_1' \uparrow \mathrm{al}_1'' \uparrow v_1 \rangle$

$\mathrm{al}_1' \leftarrow \mathrm{al}_0', \mathrm{al}_0'' \leftarrow \mathrm{al}_1'',$

$v_0 \leftarrow \underline{\text{if}}\ v_1 = \text{true}\ \underline{\text{and}}\ \text{findsymbol}(e)(\mathrm{al}_1') \downarrow 3$

$\in \{\text{"int"}, \text{"real"}\}\ \underline{\text{then}}\ \text{true}\ \underline{\text{else}}\ \text{false}$

12. $\langle e \downarrow \mathrm{al}_0' \uparrow \mathrm{al}_0'' \uparrow v_0 \rangle ::= \underline{\text{not}} \langle e \downarrow \mathrm{al}_1' \uparrow \mathrm{al}_1'' \uparrow v_1 \rangle$

$\mathrm{al}_1' \leftarrow \mathrm{al}_0', \mathrm{al}_0'' \leftarrow \mathrm{al}_1'',$

$v_0 \leftarrow \underline{\text{if}}\ v_1 = \text{true}\ \underline{\text{and}}\ \text{findsymbol}\ (e)\ (\mathrm{al}_1') \downarrow 3$

$\quad = \text{"bool"}\ \underline{\text{then}}\ \text{true}\ \underline{\text{else}}\ \text{false}$

13. $\langle e \downarrow \mathrm{al}_0' \uparrow \mathrm{al}_0'' \uparrow v_0 \rangle ::= (\langle e \downarrow \mathrm{al}_1' \uparrow \mathrm{al}_1'' \uparrow v_1 \rangle)$

$\mathrm{al}_1' \leftarrow \mathrm{al}_0', \mathrm{al}_0'' \leftarrow \mathrm{al}_1''$

$v_0 \leftarrow v_1$

14. $\langle e \downarrow \mathrm{al}_0' \uparrow \mathrm{al}_0'' \uparrow v_0 \rangle ::= \langle e_1 \downarrow \mathrm{al}_1' \uparrow \mathrm{al}_1'' \uparrow v_1 \rangle$

$\quad \langle \text{op} \uparrow f \uparrow v_2 \rangle \langle e_2 \downarrow \mathrm{al}_3' \uparrow \mathrm{al}_3'' \uparrow v_3 \rangle$

$\mathrm{al}_1' \leftarrow \mathrm{al}_0', \mathrm{al}_3' \leftarrow \mathrm{al}_1'', \mathrm{al}_0'' \leftarrow \mathrm{al}_3'',$

$v_0 \leftarrow \underline{\text{if}}\ v_1 = \text{true}\ \underline{\text{and}}\ v_2 = \text{true}\ \underline{\text{and}}\ v_3 = \text{true}$

$\underline{\text{and}}\ \text{findsymbol}(e_1)(\mathrm{al}_1') \downarrow 3 =$

$\quad \text{findsymbol}(e_2)(\mathrm{al}_1'') \downarrow 3$

$\underline{\text{and}}\ ((\text{findsymbol}\ (e_1)(\mathrm{al}_1') \downarrow 3$

$\in \{\text{"int"}, \text{"real"}\}$

$\quad \underline{\text{and}}\ f \in \{\text{"add"}, \text{"mult"}\}$

$\underline{\text{or}}\ (\text{findsymbol}(e_1)(\mathrm{al}_1') \downarrow 3 \in \{\text{"int"}, \text{"real"}\}$

$\quad \underline{\text{and}}\ f \in \{\text{"eq"}, \text{"lt"}\})$

$\text{or}\ (\text{findsymbol}(e_1)(\mathrm{al}_1') \downarrow 3 = \text{"bool"}$

$\quad \underline{\text{and}}\ f \in \{\text{"and"}, \text{"or"}\})))$

$\underline{\text{then}}\ \text{true}\ \underline{\text{else}}\ \text{false}$

15. $\langle \text{op} \uparrow f \uparrow v_0 \rangle ::= + \uparrow \text{"add"}, f \leftarrow \text{"add"}$

$::= * \uparrow \text{"mult"}, f \leftarrow \text{"mult"}$

$::= \underline{\text{and}} \uparrow \text{"and"}, f \leftarrow \text{"and"}$

$::= \underline{\text{or}} \uparrow \text{"or"}, f \leftarrow \text{"or"}$

$::= = \uparrow \text{"eq"}, f \leftarrow \text{"eq"}$

$::= < \uparrow \text{"lt"}, f \leftarrow \text{"lt"}$

$v_0 \leftarrow \underline{\text{if}}\ \text{op} \in \{+, *, \underline{\text{and}}, \underline{\text{or}}, =<\}$

then true

else false

Auxiliary Functions:

insert: Symbollist × Symbollistentry → Symbollist

findsymbol: Expressions → Attributelist → Symbollistentry

ismember: Item × Set → T

consttype: Const → Typeattr

再看动态语义的属性文法定义。

Dynamic Semantics

Attribute Domains

除静态属性域之外，增加定义

σ: S = STORE

C = Target Language string

其目标语言定义为

I ::= st(I, l) | load(l, R) | jump(l) |

condjump((I, v), l) | ncondjump((I, v), l)

| bop(I, I) | not(I) | minus(I) | (I) | l: I

bop ::= plus | mult | and | or | eq | lt

v ::= true | false

l ::= n

关于存储分配的属性生成式为

Attribute Productions:

1. $\langle p \downarrow al_0 \uparrow \sigma\rangle$ ::= block $\langle \Delta \downarrow al_1 \downarrow \sigma_1' \uparrow \sigma_1''\rangle$;

$\langle c \downarrow al_2 \downarrow \sigma_2' \uparrow \sigma_2''\rangle$ end

$al_1 \leftarrow al_0$, $al_2 \leftarrow al_0$, $\sigma_1' \leftarrow$ empty, $\sigma_2' \leftarrow \sigma_1''$, $\sigma \leftarrow \sigma_2''$

2. $\langle \Delta \downarrow al_0 \downarrow \sigma_0' \uparrow \sigma_0''\rangle$ ::= $\langle \Delta_1 \downarrow al_1 \downarrow \sigma_1' \uparrow \sigma_1''\rangle$;

$\langle \Delta_2 \downarrow al_2 \downarrow \sigma_2' \uparrow \sigma_2''\rangle$

$al_1 \leftarrow al_0$, $al_2 \leftarrow al_0$, $\sigma_1' \leftarrow \sigma_0'$, $\sigma_2' \leftarrow \sigma_1''$, $\sigma_0'' \leftarrow \sigma_2''$

3. $\langle \Delta \downarrow al_0 \downarrow \sigma_0' \uparrow \sigma_0''\rangle$ ::= $\langle ide \downarrow al_1 \downarrow \sigma_1' \uparrow \sigma_1''\rangle$: $\langle t\rangle$

$al_1 \leftarrow al_0$, $\sigma_1' \leftarrow \sigma_0'$, $\sigma_0'' \leftarrow \sigma_1''$

$\sigma_1'' \leftarrow$ new(findsymbol(ide)(al_1) $\downarrow$ 4)(σ_1')

其中 new: $LV \to S \to S \times$ Attributelist.（即上述 new 函数式子表明：按照 ide 在 Attributelist 表的 Symbollist 表中找到相应的一项，new 函数为它分配一个存储单位地址，并在 Symbollist 表中该项第四个成分填上相应的地址。）

4. $\langle t\rangle$ ::= integer | real | boolean

5. $\langle c \downarrow al_0 \downarrow \sigma_0' \uparrow \sigma_0''\rangle$ ::= $\langle c_1 \downarrow al_1 \downarrow \sigma' \uparrow \sigma_1''\rangle$;

$\langle c_2 \downarrow al_2 \downarrow \sigma_2' \uparrow \sigma_2'\rangle$

$\mathrm{al}_1 \leftarrow \mathrm{al}_0, \mathrm{al}_2 \leftarrow \mathrm{al}_0, \sigma_1' \leftarrow \sigma_0', \sigma_2' \leftarrow \sigma_1'', \sigma_0'' \leftarrow \sigma_2''$

6. $\langle c \downarrow \mathrm{al}_0 \downarrow \sigma_0' \uparrow \sigma_0'' \rangle ::= \langle \mathrm{ide} \downarrow \mathrm{al}_1 \downarrow \sigma_1' \uparrow \sigma_1'' \rangle$

$:= \langle e \downarrow \mathrm{al}_2 \downarrow \sigma_2' \uparrow \sigma_2'' \rangle$

$\mathrm{al}_1 \leftarrow \mathrm{al}_0, \mathrm{al}_2 \leftarrow \mathrm{al}_0, \sigma_1' \leftarrow \sigma_0', \sigma_1'' \leftarrow \sigma_1',$

$\sigma_2' \leftarrow \sigma_1'', \sigma_0'' \leftarrow \sigma_2''$

7. $\langle c \downarrow \mathrm{al}_0 \downarrow \sigma_0' \uparrow \sigma_0'' \rangle ::= \mathrm{if} \langle e \downarrow \mathrm{al}_1 \downarrow \sigma_1' \uparrow \sigma_1'' \rangle$

$\underline{\mathrm{then}} \langle c_1 \downarrow \mathrm{al}_2 \downarrow \sigma_2' \uparrow \sigma_2'' \rangle$

$\underline{\mathrm{else}} \langle c_2 \downarrow \mathrm{al}_3 \downarrow \sigma_3' \uparrow \sigma_3'' \rangle \underline{\mathrm{fi}}$

$\mathrm{al}_1 \leftarrow \mathrm{al}_0, \mathrm{al}_2 \leftarrow \mathrm{al}_0, \mathrm{al}_3 \leftarrow \mathrm{al}_0, \sigma_1' \leftarrow \sigma_0',$

$\sigma_2' \leftarrow \sigma_1'', \sigma_3' \leftarrow \sigma_2'', \sigma_0'' \leftarrow \sigma_3''$

8. $\langle c \downarrow \mathrm{al}_0 \downarrow \sigma_0' \uparrow \sigma_0'' \rangle ::= \underline{\mathrm{while}} \langle e \downarrow \mathrm{al}_1 \downarrow \sigma_1' \uparrow \sigma_1'' \rangle$

$\underline{\mathrm{do}} \langle c \downarrow \mathrm{al}_2 \downarrow \sigma_2' \uparrow \sigma_2'' \rangle \underline{\mathrm{od}}$

$\mathrm{al}_1 \leftarrow \mathrm{al}_0, \mathrm{al}_2 \leftarrow \mathrm{al}_0, \sigma_1' \leftarrow \sigma_0', \sigma_2' \leftarrow \sigma_1'', \sigma_0'' \leftarrow \sigma_2''$

9. $\langle e \downarrow \mathrm{al}_0 \downarrow \sigma_0' \uparrow \sigma_0'' \rangle ::= \langle n \downarrow \mathrm{al}_1 \downarrow \sigma_1' \uparrow \sigma_1'' \rangle$

$\mathrm{al}_1 \leftarrow \mathrm{al}_0, \sigma_1' \leftarrow \sigma_0', \sigma_0'' \leftarrow \sigma_1''$

$\sigma_1'' \leftarrow \mathrm{new}(\mathrm{findconst}(n)(\mathrm{al}_1) \downarrow 3)(\sigma_1')$

（表示为常数在常数表记录分配地址，new 函数是存储分配函数。）

10. $\langle e \downarrow \mathrm{al}_0 \downarrow \sigma_0' \uparrow \sigma_0'' \rangle ::= \langle \mathrm{ide} \downarrow \mathrm{al}_1 \downarrow \sigma_1' \uparrow \sigma_1'' \rangle$

$\mathrm{al}_1 \leftarrow \mathrm{al}_0, \sigma_1' \leftarrow \sigma_0', \sigma_0'' \leftarrow \sigma_1'', \sigma_1'' \leftarrow \sigma_1'$

11. $\langle e \downarrow \mathrm{al}_0 \downarrow \sigma_0' \uparrow \sigma_0'' \rangle ::= - \langle e \downarrow \mathrm{al}_1 \downarrow \sigma_1' \uparrow \sigma_1'' \rangle$

$\mathrm{al}_1 \leftarrow \mathrm{al}_0, \sigma_1' \leftarrow \sigma_0', \sigma_0'' \leftarrow \sigma_1''$

12. $\langle e \downarrow \mathrm{al}_0 \downarrow \sigma_0' \uparrow \sigma_0'' \rangle ::= \mathrm{not} \langle e \downarrow \mathrm{al}_1 \downarrow \sigma_1' \uparrow \sigma_1'' \rangle$

$\mathrm{al}_1 \leftarrow \mathrm{al}_0, \sigma_1' \leftarrow \sigma_0', \sigma_0'' \leftarrow \sigma_1''$

13. $\langle e \downarrow \mathrm{al}_0 \downarrow \sigma_0' \uparrow \sigma_0'' \rangle ::= (\langle e \downarrow \mathrm{al}_0 \downarrow \sigma_1' \uparrow \sigma_1'' \rangle)$

$\mathrm{al}_1 \leftarrow \mathrm{al}_0, \sigma_1' \leftarrow \sigma_0', \sigma_0'' \leftarrow \sigma_1''$

14. $\langle e \downarrow \mathrm{al}_0 \downarrow \sigma_0' \uparrow \sigma_0'' \rangle ::= \langle e_1 \downarrow \mathrm{al}_1 \downarrow \sigma_1' \uparrow \sigma_1'' \rangle$

$\langle \mathrm{op} \rangle \langle e_2 \downarrow \mathrm{al}_2 \downarrow \sigma_2' \uparrow \sigma_2'' \rangle$

$\mathrm{al}_1 \leftarrow \mathrm{al}_0, \mathrm{al}_2 \leftarrow \mathrm{al}_0, \sigma_1' \leftarrow \sigma_0', \sigma_2 \leftarrow \sigma_1,$

$\sigma_0'' \leftarrow \sigma_2''$

15. $\langle \mathrm{op} \rangle ::= + \mid * \mid \underline{\mathrm{and}} \mid \underline{\mathrm{or}} \mid = \mid <$

下面再用属性文法定义代码生成遍。

1. $\langle P \downarrow \mathrm{al}_0 \uparrow \theta \rangle ::= \underline{\mathrm{block}} \langle \Delta \rangle ; \langle c \downarrow \mathrm{al}_1 \downarrow \theta' \uparrow \theta'' \rangle$

$\underline{\mathrm{end}}$

$\theta' \leftarrow \mathrm{empty}, \theta \leftarrow \theta'', \mathrm{al}_1 \leftarrow \mathrm{al}_0$

2. $\langle \Delta \rangle ::= \langle \Delta_1 \rangle ; \langle \Delta_2 \rangle \mid \langle \mathrm{ide} \rangle : \langle t \rangle$

3. $\langle t \rangle ::= \underline{\mathrm{integer}} \mid \underline{\mathrm{real}} \mid \underline{\mathrm{boolean}}$

4. $\langle c \downarrow \mathrm{al}_0 \downarrow \theta_0' \uparrow \theta_0'' \rangle ::= \langle c \downarrow \mathrm{al}_1 \downarrow \theta_1' \uparrow \theta_1'' \rangle ;$

$\langle c_2 \downarrow al_2 \downarrow \theta_2' \uparrow \theta_2'' \rangle$

$al_1 \leftarrow al_0, al_2 \leftarrow al_0, \theta_1' \leftarrow \theta_0', \theta_2' \leftarrow \theta_1'',$

$\theta_0'' \leftarrow \theta_2''$

5\. $\langle c \downarrow al_0 \downarrow \theta_0' \uparrow \theta_0'' \rangle ::= \langle ide \downarrow al_1 \downarrow \theta_1' \uparrow \theta_1'' \rangle :$

$= \langle e \downarrow al_2 \downarrow \theta_2' \uparrow \theta_2'' \uparrow R \rangle$

$al_1 \leftarrow al_0, al_2 \leftarrow al_0, \theta_2' \leftarrow \theta_0'$(注意这里顺序有些特别)

$\theta_1' \leftarrow \theta_2'', \theta_0'' \leftarrow \theta_1''$

$\theta_1'' \leftarrow$ suffix (θ_1', "st(R, findsymbol (ide)(al_1) $\downarrow$ 4)")

6\. $\langle c \downarrow al_0 \downarrow \theta_0' \uparrow \theta_0'' \rangle ::=$ if$\langle e \downarrow al_1 \downarrow \theta_1' \uparrow \theta_1' \uparrow R \rangle$

then$\langle c_1 \downarrow al_2 \downarrow \theta_2' \uparrow \theta_2'' \rangle$

else$\langle c_2 \downarrow al_3 \downarrow \theta_3' \uparrow \theta_3'' \rangle$ fi

$al_1 \leftarrow al_0, al_2 \leftarrow al_0, al_3 \leftarrow al_0,$

$\theta_1' \leftarrow \theta_0,$

$\theta_2' \leftarrow$ suffix(θ_1', "condjump((R, false), l_1)")

$\theta_3' \leftarrow$ suffix(θ_2'', "jump(l_2)l_1:")

$\theta_0'' \leftarrow$ suffix(θ_3'', "l_2:")

7\. $\langle c \downarrow al_0 \downarrow \theta_0' \uparrow \theta''_0 \rangle ::=$ while$\langle e \downarrow al_1 \downarrow \theta_1' \uparrow \theta_1'' \uparrow R \rangle$

do$\langle c \downarrow al_2 \downarrow \theta_2' \uparrow \theta_2'' \rangle$od

$al_1 \leftarrow al_0, al_2 \leftarrow al_0, \theta_1' \leftarrow \theta_0',$

$\theta_2' \leftarrow$ suffix(θ_1'', "l_1: condjump((R, false), l_2)")

$\theta_0'' \leftarrow$ suffix(θ_2'', "jump(l_1)l_2:")

8\. $\langle e \downarrow al_0 \downarrow \theta_0' \uparrow \theta_0'' \uparrow R_0 \rangle ::= \langle n \downarrow al_1 \downarrow \theta_1' \uparrow \theta_1'', \uparrow R_1 \rangle$

$al_1 \leftarrow al_0, \theta_1' \leftarrow \theta_0',$

$\theta_1'' \leftarrow$ suffix(θ_1', "(load(findconst)(n)(al_1) $\downarrow$ 3, R_1)")

$\theta_0'' \leftarrow \theta_1'', R_0 \leftarrow R_1$

9\. $\langle e \downarrow al_0 \downarrow \theta_0' \uparrow \theta_0'' \uparrow R_0 \rangle ::= \langle ide \downarrow al_1 \downarrow \theta_1' \uparrow \theta_1'' \uparrow R_1 \rangle$

$al_1 \leftarrow al_0, \theta_1' \leftarrow \theta_0'$

$\theta_1'' \leftarrow$ suffix(θ_1', "load(findsymbol (ide)(al_1) $\downarrow$ 4, R_1)")

$\theta_0'' \leftarrow \theta_1'', R_0 \leftarrow R_1$

10\. $\langle e \downarrow al_0 \downarrow \theta_0' \uparrow \theta_0'' \uparrow R_0 \rangle ::= -\langle e \downarrow al_1 \downarrow \theta_1' \uparrow \theta_1'' \uparrow R_1 \rangle$

$al_1 \leftarrow al_0, \theta_1' \leftarrow \theta_0'$

$\theta_0'' \leftarrow$ suffix(θ_1'', "minus(R_1)")

$R_0 \leftarrow (-R_1)$

11\. $\langle e \downarrow al_0 \downarrow \theta_0' \uparrow \theta_0'' \uparrow R \rangle ::=$ not$\langle e \downarrow al_1 \downarrow \theta_1' \uparrow \theta_1'' \uparrow R_1 \rangle$

$al_1 \leftarrow al_0, \theta_1' \leftarrow \theta_0',$

$\theta_0'' \leftarrow$ suffix(θ_1'', "not(R_1)")

$R_0 \leftarrow$ not(R_1)

12. $\langle e \downarrow \mathrm{al}_0 \downarrow \theta_0' \uparrow \theta_0'' \uparrow R_0 \rangle ::= \langle e_1 \downarrow \mathrm{al}_1 \downarrow \theta_1' \uparrow \theta_1'' \uparrow R_1 \rangle$

$\langle \mathrm{op} \uparrow f \rangle \langle e_2 \downarrow \mathrm{al}_2 \downarrow \theta_2' \uparrow \theta_2'' \uparrow R_2 \rangle$

$\mathrm{al}_1 \leftarrow \mathrm{al}_0, \mathrm{al}_2 \leftarrow \mathrm{al}_0, \theta_1' \leftarrow \theta_0', \theta_2' \leftarrow \theta_1'',$

$\theta_0'' \leftarrow \mathrm{suffix}(\theta_2'', \text{“}f(R_1, R_2)\text{”})$

13. $\langle e \downarrow \mathrm{al}_0 \downarrow \theta_0' \uparrow \theta_0'' \uparrow R_0 \rangle ::= (\langle e \downarrow \mathrm{al}_1 \downarrow \theta_1' \uparrow \theta_1'' \uparrow R_1 \rangle)$

$\mathrm{al}_1 \leftarrow \mathrm{al}_0, \theta_1' \leftarrow \theta_0', R_0 \leftarrow (R_0)$

$\theta_0'' \leftarrow \theta_1''$

读者不妨将以上定义的属性文法与同一语言的指称语义定义(见例3.1)比较一下,我们可以发现如下的规律。

(1) 语义解释函数与属性文法符号的一致性。用指称语义方法定义静态语义时,我们曾用到如下的语义解释函数:

$\mathrm{wfe}: \mathrm{Exp} \to U_s \to T$

$\mathrm{wfc}: \mathrm{stmt} \to U_s \to T$

$\mathrm{wfd}: \mathrm{Dec} \to U_s \to T$

$\mathscr{D}: (\mathrm{Dec} + \mathrm{stmt} + \mathrm{Exp}) \to U_s \to U_s$

如果将上面语义解释函数合在一起,则为

$\mathrm{SS}: (\mathrm{Dec} + \mathrm{Stmt} + \mathrm{Exp}) \to U_s \to (U_s \times T)$

这个语义解释函数与下面的属性文法符号是一致的:

$\langle \Delta \downarrow \mathrm{al}_0' \uparrow \mathrm{al}_0'' \uparrow v_0 \rangle$

$\langle c \downarrow \mathrm{al}_0' \uparrow \mathrm{al}_0'' \uparrow v_0 \rangle$

$\langle e \downarrow \mathrm{al}_0' \uparrow \mathrm{al}_0'' \uparrow v_0 \rangle$

(2) 语义解释函数与属性文法定义在遍体制上是一致的。定义语言的指称语义及属性文法时,可以不分遍定义在一起,也可以分遍来定义,使每一遍的语义十分清楚。就拿静态语义的定义来说吧,如采用单遍体制(如果属性文法的性质是许可的),那么语义定义与属性文法定义可以写成

$\mathrm{SS}: (\mathrm{Dec} + \mathrm{Stmt} + \mathrm{Exp}) \to U_s \to U_s \times T$

或

$\langle \Delta \downarrow \mathrm{al}_0' \uparrow \mathrm{al}_0'' \uparrow v_0 \rangle$

$\langle e \downarrow \mathrm{al}_0' \uparrow \mathrm{al}_0'' \uparrow v_0 \rangle$

$\langle c \downarrow \mathrm{al}_0' \uparrow \mathrm{al}_0'' \uparrow v_0 \rangle$

而如果采用二遍体制,则可以写成

$\mathscr{D}: (\mathrm{Dec} + \mathrm{Stmt} + \mathrm{Exp}) \to U_s \to U_s$

与

$\mathrm{wf}: (\mathrm{Dec} + \mathrm{Stmt} + \mathrm{Exp}) \to U_s \to T$

或

$\langle \Delta \downarrow \mathrm{al}_0' \uparrow \mathrm{al}_0'' \rangle$

$\langle e \downarrow \mathrm{al}_0' \uparrow \mathrm{al}_0'' \rangle$

$\langle c \downarrow al_0' \uparrow al_0'' \rangle$

与

$\langle \Delta \downarrow al_0' \uparrow v_0 \rangle$

$\langle e \downarrow al_0' \uparrow v_0 \rangle$

$\langle e \downarrow al_0' \uparrow v_0 \rangle$

如果我们把属性文法定义成一个说明语言，为这个说明语言研制一个编译程序，这个编译程序输出的目标是一个编译程序的语义分析程序。用这样一个思想，可以研制出一个编译程序的生成器(图 6.11)。

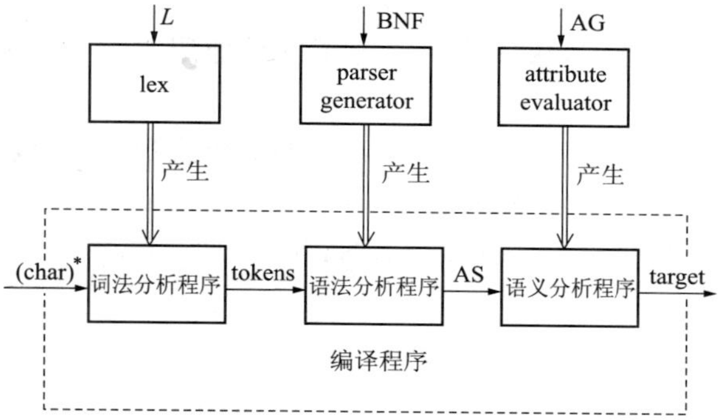

图 6.11

图 6.11 中 lex 是词法分析程序产生器，parser generator 是语法分析程序产生器，而 attribute evaluator 就是我们要讨论的语义分析程序产生器。一个语义分析程序产生器实际上是一特殊的编译程序(图 6.12)。

有兴趣的读者可以参考本章所附参考文献。

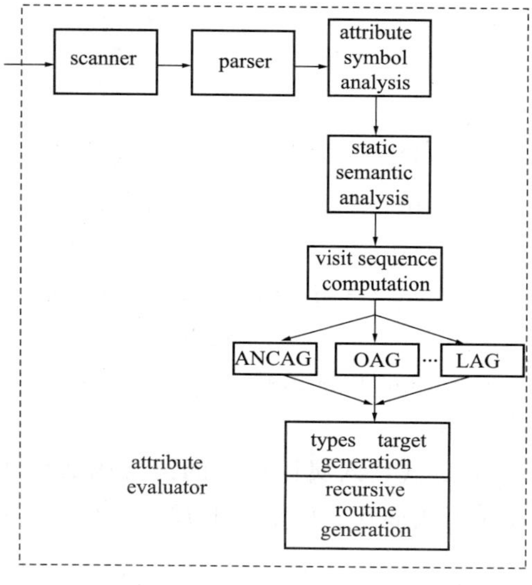

图 6.12

6.6　属性文法定义语言

属性文法定义语言是用于定义属性文法的。目前已经研究出的属性文法定义语言有ALADIN[7],AGDL[12]等。在这节我们将以AGDL为例,介绍属性文法的定义语言。

AGDL(attribute grammar definition language)语言的语法定义参看本章6.7节。AGDL语言有如下的特点:

- AGDL是施用语言(applicative language)。
- AGDL是一个具有抽象数据类型支持的语言。
- AGDL中的函数施用,从形式上规定了两种施用类型,一种是自由型施用,另一种是约束型施用。
- 属性生成式对其编译程序而言分成范式与非范式形式,非范式形式为

RULE 100:nt—A_θ//INHa_0 SYNb_0//

　　::=nt—A_1//INHa_1 SYNb_1//

　　⋮

　　nt—A_n//INHa_n SYNb_n//

where

　"$a_0,\cdots,a_n,b_0,\cdots,b_n$ Object-definition"

SEMANTIC

　$b_0 \leftarrow f_0(b_1,\cdots,b_n)$

　$a_1 \leftarrow f_1(a_0)$

　⋮

　$a_n \leftarrow f(a_0,b_1,\cdots,b_{n-1})$

END SEMANTIC

END RULE

而属性生成式的范式形式为

RULE 100:nt—A_0//INHa_0 SYN$f_0(b_1,\cdots,b_n)$//

　　::=nt—A_1//INH$f(a_0)$SYNb_0//

　　⋮

　　nt—A_n ⋮ INH$f_n(a_0,b_1,\cdots,b_{n-1})$

　　　SYNb_n//

where "$a_0,b_1,\cdots,b_n$ object-definition"

END RULE

所谓范式形式是非范式形式代入属性相应的语义函数而得到的。非范式形式阅读性好,所以向用户推荐非范式形式。而范式形式主要有较好的与编译程序的递归子程序的对应关系。

在AGDL中规定,每一个对象和操作(函数)都必须属于某个类型。

在 AGDL 中的类型声明均为实例数据类型的产生声明。AGDL 受抽象数据类型库环境的支持，由于抽象数据类型库中的类大多数是抽象数据类型，经实例发生之后才可使用（关于这一点，可以参看第 5 章中的有关内容）。

下面，我们分别以 AGDL 中的有关语义内容做简单介绍（请参看本章 6.7 节 ADGL 的语法定义）。

1. AGDL 的结构

使用 AGDL 定义一个语言的属性文法时，大体上可以按如下结构进行：

```
ATTRIBUTE GRAMMAR(〈name〉)IS
  ATTRIBUTE DOMAINS
    "symbol-definitions"
    "instance-data-type-definitions"
    "global-proper-object-definitions"
    "function-abstractions"
  END ATTRIBUTE DOMAINS
  ATTRIBUTE PRODUCTIONS
    "attribute rules"
  END ATTRIBUTE PRODUCTIONS
END AG
```

其中符号定义（symbol-definitions）包括非终极符定义，终极符定义及开始符号的定义。在 AGDL 中规定，被其定义的终极符是由带有前缀 te-的标识符或分割符所组成。非终极符是带有前缀 nt-的标识符。开始符号是某一非终极符。AGDL 定义这些符号的语法形式为

```
TERMINALS=(…)
NONTERMINALS=(…)
START SYMBOL=nt-name
```

符号定义之后，便是实例数据类型的定义（instance-data-type-definitions）。利用如下形式的声明语句由抽象数据类型库产生实例数据类型。

```
TYPE tp-name 1=INST tp-name 2
            (〈type-values-List〉)
```

其中 tp-name 2 是抽象数据类型库中的预定义类型。tp-name 1 是产生的实例数据类型名。

实例数据类型定义之后是全程对象定义（当然，用户不愿意使用全程对象，可以不定义）。

如用户还想定义一些新的函数，可以在函数抽象（function-abstraction）中定义。

下面，我们分几部分来讨论。

2. 实例数据类型定义

关于抽象数据类型的定义，我们在 5.5 节中已经详细谈到，并在 5.7.1 节中给出

了一个已经实现的抽象数据类型库的说明，在5.7.2节中又给出了一个抽象数据类型的定义语言的文法定义。

用户在定义属性文法时，可以首先查看抽象数据类型库中的定义类型是否够用并且满意，如需要新定义类型，可以在这个库中定义新的类型或者在类型中延拓某些新操作而命名新的类型。当这些抽象数据类型被认为是满意的时候，便可以发生实例数据类型，这是由于抽象数据类型往往有类型参数，需要确定。

实例类型一旦发生，此时使用的函数要按实例类型中的声明去做。

3. 对象定义

AGDL的对象定义与一般程序设计语言是类似的，但是在AGDL中允许给同一对象定义不同的名字，这是属性计算所需要的。例如

x,y: tp-mystack 或

(x,y): tp-mystack

上面的对象声明，第一行在于定义两个类型为tp-mystack的对象。在第二行定义了一个起有两个名字(x 及 y)的类型为tp-mystack的对象。

4. 表达式

表达式在代数语义中被称之为框图。另一方面我们也知道，一个函数的自变量可以是由参数传递而来的，也可以是从环境中继承而来的。为区别这两种值的来源，AGDL引入了两种函数施用概念。

为了说明清楚，我们先从λ-表达式谈起，有如下的两个函数：

f_1: $\lambda x.\,x+y$

f_2: $\lambda xy.\,x+y$(或 $\lambda(x,y).\,x+y$)

f_1 中的 x 的值是在函数施用时由实参传来，而 y 的值则必须从环境(更外一层的λ-表达式中)继承，于是 f_1 这个函数是依赖于环境的，不能独立施用。而 f_2 函数的自变量的值却都是从参数中传递来的，独立于环境，处处可以施用。我们把处处可以施用的函数称为自由施用型的。把对程序中全程变量的施用称为约束型施用。对于上面的λ-表达式而言，就其函数性质来说，都是

f_1: $I\times I\to I$

f_2: $I\times I\to I$(其中 I 表示整数)

与参数表中的参数是无关的。

函数 f 对于变量 x 的自由施用，在AGDL中记为 $f(x)$。函数 f 对于变量的约束施用，在AGDL中记为 $x\cdot f$(后缀形式)。

表达式的施用顺序是从内层括号向外进行的，是约束型施用；如果没有括号，其顺序从左向右进行。

例如：

stack-iseq(stack-new( ), s. stack-push(i)) = false

该表达式先计算括号内的内容。s. stack-push(i)就是约束施用与自由施用都有的函数施用，它表示将 i 压入栈 s 之中。关于这方面内容读者可以参看5.7.1节。

5. 属性生成式

读者学习前面的属性文法的知识时,对属性生成式只要看完语法定义也就明白了其语义了。

如果读者想更详细地了解 AGDL,可参看文献[12],[14]。

6.7 实例:AGDL 的语法

作为一个可用的属性文法定义语言的实例,我们给出 AGDL 语言的语法定义。

```
〈ag〉                              ::= ATTRIBUTE GRAMMAR(〈name〉)
                                       Is<sequence>END AG
〈sequence〉                        ::= 〈compilation〉|〈compilation〉〈sequence〉
〈compilation〉                     ::= 〈dom_compilation〉|
                                       〈rules_compilation_sequence〉
〈dom_compilation〉                 ::= ATTRIBUTE DOMAINS 〈definitions〉
                                       END ATTRIBUTE DOMAINS
〈rules_compilation_sequence〉      ::= ATTRIBUTE PRODUCTIONS 〈rules〉
                                       END ATTRIBUTE PRODUCTIONS
〈definitions〉                     ::= 〈one_definitions〉|
                                       〈one_definitions〉;〈definitions〉
〈one_definition〉                  ::= 〈symbol_definition〉|
                                       〈global_proper_object_definition〉|
                                       〈instance_data_type_definition〉|
                                       〈function_abstraction〉
〈digit〉                           ::= 0|1|2|3|4|5|6|7|8|9
〈letter〉                          ::= 〈upper_case_letter〉|〈lower_case_letter〉
〈upper_case_letter〉               ::= A|B|C|D|E|F|G|H|I|J|K|L|M|
                                       N|O|P|Q|R|S|T|U|V|W|X|Y|Z
〈lower_case_letter〉               ::= a|b|c|d|e|f|g|h|i|j|k|l|m|
                                       n|o|p|q|r|s|t|u|v|w|x|y|z
〈delimiter〉                       ::= "|#|'|(|)|,|*|+|、|-|:|;|<|>
                                       ?|!|@|$|%|¥|/|[|]|{|}|
〈symbol〉                          ::= 〈digit〉|〈letter〉|〈delimiter〉|
                                       〈identifier〉|〈number〉
〈identifier〉                      ::= 〈letter〉{[〈underline〉]〈letter_or_digit〉}
〈letter_or_digit〉                 ::= 〈letter〉|〈digit〉
〈underline〉                       ::= _
〈number〉                          ::= 〈digit〉{〈digit〉}

〈symbol_definition〉               ::= 〈terminal_definition〉|
                                       〈nonterminal_definition〉|
```

```
                                          〈start_symbol_definition〉
〈terminal_definition〉                  ∷ = TERMINALS = (〈terminal_symbol_list〉)
〈terminal_symbol_list〉                 ∷ = 〈terminal_symbol〉{,〈terminal_symbol〉}
〈nonterminal_definition〉               ∷ = NONTERMINALS = (〈nonterminal_symbol_list〉)
〈nonterminal_symbol_list〉              ∷ = 〈nonterminal_symbol〉{,〈nonterminal_symbol〉}
〈start_symbol_definition〉              ∷ = START SYMBOL = 〈nonterminal_symbol〉
〈terminal_symbol〉                      ∷ = te_〈identifier〉|〈delimiter〉
〈nonterminal_symbol〉                   ∷ = nt_〈identifier〉
〈type_name〉                            ∷ = tp_〈identifier〉

〈function_definition〉                  ∷ = FUNCTION 〈function_name〉
                                          ([〈function_parameter_list〉])
                                          RETURN〈type_name〉[OR UNDEFINED]
〈function_parameter_list〉              ∷ = … |〈function_parameter〉
                                          {,〈function_parameter〉}
〈function_parameter〉                   ∷ = 〈proper_object_definition〉
〈function_abstraction〉                 ∷ = 〈function_definition〉IS〈expression〉

〈instence_data_type_definition〉        ∷ = TYPE〈type_name〉 = INST〈type_name〉
                                          [(〈type_value_list〉)]
〈type_value_list〉                      ∷ = 〈type_value〉{,〈type_value〉}
〈type_value〉                           ∷ = 〈identifier〉|〈type_name〉|

                                          〈number〉|FUNCTION〈identifier〉|
                                          ENTRY〈object_name〉:〈type_name〉
                                          {,〈object_name〉:〈type_name〉}END ENTRY

〈expression〉                           ∷ = 〈constant〉|〈object_name〉|
                                          〈function_application〉|〈condition_function〉
〈constant〉                             ∷ = EMPTY|〈string_literals〉|
                                          〈number〉|〈truth_value〉
〈string_literals〉                      ∷ = "〈self_def_constant〉"
〈self_def_constant〉                    ∷ = 〈delimiter〉|〈identifier〉
〈truth_value〉                          ∷ = FALSE|TRUE
〈function_application〉                 ∷ = 〈function_part〉(〈arguments_list〉)
〈function_part〉                        ∷ = 〈function_name〉|
                                          〈function_application〉.〈function_name〉
〈function_name〉                        ∷ = [〈restraint_name〉.]〈identifier〉
〈restrain_name〉                        ∷ = 〈object_name〉
〈arguments_list〉                       ∷ = 〈arguments〉{,〈arguments〉}
〈arguments〉                            ∷ = 〈expression〉|(〈argument_list〉)
```

```
⟨condition_function⟩                    ::= IF⟨expression⟩THEN⟨expression⟩
                                            ELSE⟨expression⟩FI

⟨rules⟩                                 ::= ⟨one_rule⟩{;⟨one_rule⟩}
⟨one_rule⟩                              ::= RULE ⟨number⟩:⟨nonterminal_symbol⟩
                                            [//⟨semantic_rule⟩//]:=⟨rule_right⟩
                                            [WHERE⟨rule_post_definition⟩]END RULE
⟨rule_right⟩                            ::= ⟨syntax_symbol⟩[//⟨semantic_rule⟩//]
                                            {⟨syntax_symbol⟩[//⟨semantic_rule⟩//]}
⟨syntax_symbol⟩                         ::= ⟨terminale_symbol⟩|⟨nonterminal_symbol⟩
⟨semantic_rule⟩                         ::= ⟨attribute⟩{⟨attribute⟩}
⟨attribute⟩                             ::= INH⟨expression⟩|SYN⟨expression⟩
⟨rule_post_definition⟩                  ::= ⟨rule_object_definition⟩
                                            [[⟨function_abstraction⟩]
                                            ⟨rule_semantic_post_definition⟩]
⟨rule_object_definition⟩                ::= ⟨proper_object_definition⟩
                                            {;⟨proper_object_definition⟩}
⟨rule_semantic_post_definition⟩         ::= SEMANTIC⟨semantic_post_definition⟩
                                            {;⟨semantic_post_definition⟩}
                                            END SEMANTIC
⟨semantic_post_definition⟩              ::= ⟨object_name⟩←⟨expression⟩
⟨global_proper_object_definition⟩       ::= GLOBAL ⟨proper_object_definition⟩
                                            {,⟨proper_object_definition⟩}
⟨proper_object_definition⟩              ::= ⟨object_name_list⟩:⟨type_name⟩
⟨object_name_list⟩                      ::= ⟨object_name⟩{,⟨object_name⟩}|
                                            (⟨object_name_list⟩)
⟨object_name⟩                           ::= ⟨identifier⟩
```

习　题

1. 试证明 λ-表达式的指称语义与操作语义是一致的。
2. 试在 SECD 机器上计算例 6.6 中的编译目标程序。
3. 按例 6.11 中定义的属性文法,画出$(\lambda g \cdot f(gg))(h)$的语法树与属性计算图。
4. 定义 λ-表达式的属性文法,并使之与其操作语义一致,并证明这种一致性。

参考文献

[1] D. E. Knuth. Semantics of Context-free Language, Math. Syst. , 1968, 2: 127～145. Correction: Math. Syst. ,1971,5:95～96.

[2] P. J. Landin. The Mechanical Evaluation of expressions. Computer J. ,1964,6(4).

[3] P. J. Landin. A Correspondence Between ALGOL60 and Church's Lambda-notation. CACM, Part 1,1965,8(2).

[4] P. Wegner. The Vienna Defiuition Language. Computing Surveys,1972,(4):1.
[5] W. H. Burge. Recursive Programming Techniques. ADDISON-WESLEY PUBLISHING COMP. California. 1975.
[6] U. Kastens. Ordered Attributed Grammars. Acta Informatica. 1980:13.
[7] U. Kastens, B. Hutt, E. Zimmermann. GAG: A Practical Compiler Generator, Lecture Notes in Computer Science,1982:141.
[8] J. Engelfriet,G. Filè. Passes,Sweeps and Visits. Lecture Notes in Computer Science,1981:115.
[9] J. Engelfriet,G. Filè. Simple Malti-visit Attribute Grammars. Comput. Syst. Sci. ,1982:24.
[10] G. V. Bochmann. Semantic Evaluation from Left to Right. CACM. ,1976,19(2).
[11] G. D. Plotkin. An Operational Semantics for CSP. Technical Report. Scotland:Dept. of Computer Science, University of Edinburgh, EH9 3JZ, 1981.
[12] Qu Yanwen(屈延文). AGDL: A Definition Language for Attribute Grammars,Journal of Computer Science and Technology,1986,1(3).
[13] 屈延文．编译程序的范式结构及用属性文法进行编译程序设计．计算机研究与发展,1985,22(10).
[14] Xiu Jian (修鉴), Qu Yanwen (屈延文). A Design and Implementation of a Compiler for AGDL,in Proceedings of International Conference on Computer and Communication(ICCC'86),1986,10.

第 7 章 组合逻辑

组合逻辑的重要性是由于它是施用函数型程序设计语言的逻辑,也可以说它是λ-演算(λ-calculus)的逻辑。组合逻辑(combinatory logic)是由 H. B. Curry 首先提出并研究的。在这一章中我们将介绍组合逻辑的基本理论框架,并在最后将组合逻辑与范畴论结合起来,讨论范畴组合逻辑(categorical combinatory logic)。

7.1 概 述

组合逻辑系统是一个形式系统。自 Euclid 初等几何以来,已经有了许多形式系统。除了组合逻辑研究的内容不同之外,单从形式系统出发,组合逻辑的形式系统与以往的形式系统也有所不同,但区别在哪儿呢?其特点是什么呢?

Curry 的组合逻辑系统也可以称之为 Curry 语言或者程序。这个形式系统的基本特点如下:

(1) Curry 的组合逻辑是完全显示的形式系统。他指出了以往的形式系统的不完全显示性及不完全构造性。当然,这种哲学观点是直觉数学派观点。

(2) Curry 的组合逻辑系统是一个完全的施用系统(applicative)。在 Curry 定义形式系统时,其 obs 类不区别其范畴(例如,值、操作常量、谓词常量、关系量等),所有 obs 中的对象都必须在施用(application)这个意义上是一致的。我们只有在讨论 obs 类中的对象的范畴归属时,即函数性时才区别这些范畴。

下面,我们以自然数为例讨论形式系统问题。假定这个形式系统被称为 N_0。

例 7.1

(1) Primitive ideas:

① Primitive obs(atoms):

· 一个初始对象(ob):0。

② Operations:

· 一个一元操作:succ。

· 一个对象公式规则:如果 x 是一个 ob,那么 succ(x)也是一个 ob。

③ Predicates:

· 一个二元谓词:=。

• 基本陈述句的公式规则：如果 x 与 y 是 ob，那么 $x=y$ 是一个基本陈述句。

(2) Postulates：

• axioms：一个公理：0=0。

• Rule of inference：如果 x,y 是 obs，并且 $x=y$，那么 $\text{succ}(x)=\text{succ}(y)$。

在 Curry 看来，如下的三个专门的形式系统是非常重要的形式系统。

1. 关系系统(relational systems)

首先定义如下一个关系系统。

如果一个形式系统存在一个二元的初始谓词，那么称这个形式系统为关系系统。如果这个系统的谓词是一个具有等式特性的谓词(自反，对称，传递)，那么称这个系统为等关系系统(equational system)；如果这个系统的谓词是偏序关系，那么称这个系统为偏序关系系统。

对于等价关系 R，有如下的特性：

$(\rho)XRX$(reflexiveness)

$(\sigma)XRY\rightarrow YRX$(symmetry)

$(\tau)XRY$ and $YRZ\rightarrow XRZ$(transitivity)

$(\mu)XRY\rightarrow ZXRZY$(right monotony)

$(\gamma)XRY\rightarrow XZRYZ$(left monotony)

其中 X,Y,Z 表示任意的 ob。

对于偏序关系 R_0，上面的特性中只是对称性

$XR_0Y\rightarrow YR_0X$

不再成立，其他特性依然成立。

偏序关系 R_0 与等价关系 R 之间还有

$(\varepsilon)XR_0Y\rightarrow XRY$($\varepsilon$-rule)

2. 逻辑系统(logistic systems)

首先定义逻辑系统。

如果一个形式系统仅有的谓词是一元谓词，那么称这个系统为逻辑系统。这个谓词用 Frege 记法表示，其前缀为“$\vdash$”。组合逻辑的初始谓词我们看到有“$\vdash$”前缀的一元谓词(表示什么是可判定的)，及等式谓词“=”。然而，如果为组合逻辑增加一个表示“等关系”的常数 Q 于 obs，那么整个系统就剩下“$\vdash$”一个谓词了。

如果一个数学系统中没有“$\vdash$”这个谓词，我们可以为这个系统引入一个谓词“$\vdash$”，使这个系统变为我们需要的逻辑系统。从原则上讲，任何一个形式系统都可以转化出一个具有附加辅助范畴的逻辑系统。如果 A 是一数学系统中的一个 n 元谓词，当它施用项 $t_1,\cdots,t_n$ 时，将给出一个语句 $A(t_1,\cdots,t_n)$，那么这个数学系统相应的组合逻辑系统中的形式为$\vdash((\cdots(At_1)t_2\cdots)t_n)$，其中的 A 是对应于数学系统中的 A 的一个对象。

3. 施用系统(applicative systems)

首先定义施用系统。

一个数学系统由对象、操作、谓词及公理等组成。在逻辑系统中，谓词(例如等式谓词)可以变成系统的常数(例如 Q)，从而使一个系统的谓词仅存在一个一元谓词“$\vdash$”，那么系统中的操作是否可以都化成系统中的常数(对象)，而且仅剩下一个操作施用呢？答案是肯定的。我们称这个仅有一个施用操作的系统为施用系统。

例如在一个系统中，包括加法操作“+”，假定 a，b 是系统的 obs，通常可以得到一个表达式 $a+b$。如果再为这个系统定义一个常数 A，用于对应加法操作“+”，那么 $a+b$的表达式可以表示成 Aab(这种表示法，在学习指称语义时就已经清楚了)。在 Aab 之中包括一个操作，即施用。

如果一形式系统不再包含任何辅助注释及函数可施用性的限制，那么这个系统是完全形式化的。

下面仍然以自然数为例，按照上面谈到的施用形式系统及逻辑系统来变化自然数的形式系统 N_0。

例 7.2 自然数的施用系统 N_1。

(1) Primitive ideas：

① Atoms：0，succ。

② Operations：

• application。

• 如果 x，y 是 obs，那么(xy)也是一个 ob。

③ Predicates：

• 一个二元谓词：=。

• 基本陈述句的公式规则：如果 x 与 y 是 ob，那么 $x=y$ 是一个基本陈述句。

(2) Postulates：

• Axioms：一个公理：0=0。

• Rule of inference：如果 x，y 是 obs 并且 $x=y$，那么 $\text{succ}(x)=\text{succ}(y)$。

例 7.3 自然数的逻辑系统 N_2。

(1) Primitive ideas：

① Atoms：0，succ，Q。

② Operations：

• application。

• 如果 x，y 是 obs，那么(xy)也是一个 ob。

③ Predicates：

• 一个一元谓词：$\vdash$。

• 如果 x，y 是 obs，那么 Qxy 是一个公式，如果 A 是一个公式，那么$\vdash A$ 是一个基本陈述句。

(2) Postulates：

• Axioms：一个公理：$\vdash Qoo$。

• Rule of inference：如果 x，y 是 obs 并且$\vdash Qxy$，那么$\vdash Q(\text{succ}(x))(\text{succ}(y))$。

再举两个例子。

例 7.4 有如下的一个无类别(untyped)的 λ-演算的形式系统。

(1) Primitive ideas:

① Atoms: $x, y, z, \cdots, M, N, \cdots$。

② Operations:

- application。
- λx。
- 如果 M, x 是 obs,那么 $\lambda x. M$ 是一个 ob。
- 如果 M, N 是 obs,那么 (MN) 是一个 ob。

③ Predicates:

- 一个二元谓词:=。
- 基本陈述句的公式规则:如果 M 与 N 都是 obs,那么 $M=N$ 是一个基本陈述句。

(2) Postulates:

- $M=M$。
- $(\lambda x. M)N=M[N/x]$ (α)
- $X=Y\rightarrow ZX=ZY$。
- $X=Y\rightarrow XZ=YZ$。
- $X=Y\rightarrow\lambda x\cdot X=\lambda x\cdot Y$。
- $X=Y$ and $Y=Z\rightarrow X=Z$。
- $X=Y\rightarrow Y=X$。
- $\lambda x. Mx=M$ if x 在 M 中不是自由的 (η)

在后面讨论的组合逻辑系统中,与如下的命题演算逻辑系统有很好的对应关系。

设 x, y 是命题演算的逻辑系统的 obs,设"→"为该系统的连接词,$x\rightarrow y$ 是系统的公式,如果 A, B, C 是系统的公式,那么有如下的公理与推理规则:

(1) $A\rightarrow(B\rightarrow A)$。

(2) $(A\rightarrow(B\rightarrow C))\rightarrow((A\rightarrow B)\rightarrow(A\rightarrow C))$。

及

$$\frac{A\rightarrow B \quad A}{B} \quad \text{(modus ponens)}$$

Curry 认为一个形式系统的定义必须是简明与可构造的,还指出,在早期的数理逻辑中的替换规则是错误的。例如在早期的数理逻辑的定义中有如下的两个规则:

$$\frac{\vdash A\rightarrow B \quad \vdash A}{\vdash B} \quad \text{(MP: modus ponens)}$$

及如下的替换规则:

$$\frac{\vdash A}{\vdash B}$$

Curry 认为上面的第一个规则是简明的,而第二个规则却不是这样,其中包含着模糊与不正确的地方。对于第二个规则，它表明，B 总是可以由 A 并对 A 中的变量 $p_1, p_2, \cdots, p_m$ 施行 $p_1, p_2, \cdots p_m$ 的替换而得到。在这样的模式中存在着无穷多的替换情况。甚至讨论 $m=1$ 的情况时，在进行替换时也必须考虑变量的顺序。函数的变量，其顺序不同，那么可以被认为这些函数是不同的函数。例如 $p \vee q$ 与 $q \vee p$ 就可以认为是两个不同的函数。因此，在做替换时，替换第 i 个变量与替换第 k 个变量也是不同的（如果把这种替换连同一个变量的出现顺序考虑进去，替换的情况就更多了）。

以往定义一个形式系统时，要避免出现悖论(paradox)。让我们考虑 Russell 悖论，令 $F(f)$ 是特性 f 的特性，并定义如下的等式：

$$F(f) = \neg\ f(f)$$

其中"$\neg$"是表示否定的逻辑符号。如果在进行 F 对 f 的替换之后，我们可以得到

$$F(F) = \neg\ F(F)$$

如果假定 $F(F)$ 是一个命题，我们立刻就会发现矛盾。这就是悖论。但是在一个施用系统中讨论问题，$F(f) = \neg\ f(f)$ 定义的 F 是有意义的，而且等式 $F(F) = \neg\ F(F)$ 也是直觉为真的。这样做绝对没有削弱一个系统，相反是一个进步。因为在 Curry 看来，悖论并不都是没有意义的，有些悖论是有意义的，其意义在于它有时能为我们提供某些信息。从语言学的角度来看，矛盾的出现是由于处理了像是语句的非语句；从逻辑学的角度来看，矛盾的出现是由于处理了像是命题的非命题。至少从我们的认识来看，悖论向我们勾画了系统的一层又一层的外壳，并向我们所追求的真理的宇宙中延伸去！

什么是组合逻辑的形式系统，我们将在后面介绍。

反过来，我们再从函数型程序设计语言来谈组合逻辑。例如我们有如下的函数项

$$f(x, g(h(y)))$$

如果用一棵树来表示，那么有

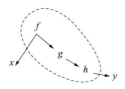

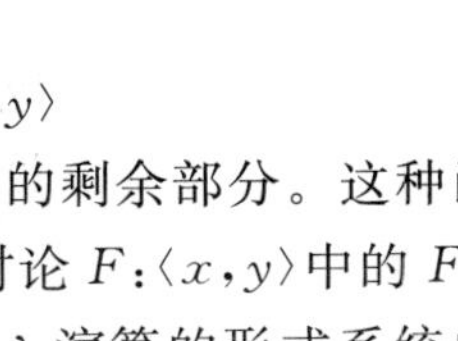

如果我们将这棵树的叶子（即变量）去掉，或说使之形参化，那么上面的一棵树的形式可以变成

$$f(x, g(h(y))) \Rightarrow F : \langle x, y \rangle$$

其中 F 即为上图树中去掉变量后的剩余部分。这种函数型程序设计思想，就是 Buckus 的 FP 的思想。下面，我们要讨论 $F:\langle x, y \rangle$ 中的 F 是如何定义的问题，显然 F 是一种 λ-演算的形式。从上面讨论的 λ-演算的形式系统中看出，如果构成一个施用系统，需将操作的个数化简为一个，即 application 一个，那么"$\lambda x.$"的操作应从形式系统中去掉，而组合逻辑表明"$\lambda x.$"操作是可以去掉的，可以定义组合子(combinators) S, K 等来表示，而 S, K 等组合子可以扩充到系统的常量中去（如同将等词"$=$"用 Q 来代

替以扩充到系统常量中去一样)。

直觉数学强调定义与证明的构造性。所谓定义的构造性即为递归可定义性,它实际上是解决元语言与语言的关系以及在一个语言中相互定义的层次性问题。由于篇幅所限,递归可定义性的讨论就不进行了。所谓证明构造性,直觉数学认为归纳证明是直觉接受的证明方法,尤其是在证明无限概念意义上的结论更是如此。一般逻辑系统中,证明这个概念是在系统之外的概念,而在Martin-Löf的类型论中,证明被作为一个命题类型中的一个对象而被引入系统,从而丰富了直觉逻辑的理论。关于类型论(type theory)我们将在第 8 章向读者介绍。

7.2 组合子

在这一小节,我们将介绍组合子(combinators)的直觉理论。这些组合子将在后面研究的组合逻辑的形式系统中充当常量。这些组合子是 I,C,W,B,K,S,Φ 及 Ψ。我们还讨论这些组合子之间相互定义的关系及它们的特性。在下一小节我们讨论组合逻辑的语法问题。

(1) 组合子 I(elementary identificator)。组合子 I 定义为

$$I=_{\text{def}}\lambda x.\ x$$

并且有如下的施用规则:

$$Ix=x \tag{I}$$

(2) 组合子 C(elementary permulator)。组合子 C 定义为

$$C=_{\text{def}}\lambda fxy.\ fyx$$

并且有如下的施用规则:

$$Cfxy=fyx \tag{C}$$

其中 f 是两个变量的函数。

(3) 组合子 W(elementary duplicator)。组合子 W 定义为

$$W=_{\text{def}}\lambda fx.\ fxx$$

并且有如下的施用规则:

$$Wfx=fxx \tag{W}$$

其中 f 是两个自变量的函数。

(4) 组合子 B(elementary compositor)。组合子 B 定义为

$$\begin{aligned} B &=_{\text{def}}\lambda fgx.\ f(gx) \\ &=_{\text{def}}\lambda fxy.\ f(xy) \end{aligned}$$

并且有如下的施用规则:

$$Bfgx=f(gx) \tag{B}$$

其中 f 是一个变量的函数。

(5) 组合子 K(elementary cancellator)。组合子 K 定义为

$$K=_{\text{def}}\lambda fx.\ f$$

$=_{\text{def}}\lambda xy.\,x$

并且有如下的施用规则

$$Kcx=c \tag{K}$$

(6) 组合子 S(elementary distributor)。组合子 S 定义为

$S=_{\text{def}}\lambda fgx.\,fx(gx)$

$=_{\text{def}}\lambda xyz.\,xz(yz)$

并有如下的施用规则

$$Sfgx=fx(gx) \tag{S}$$

(7) 组合子 Φ。组合子 Φ 定义为

$\Phi=_{\text{def}}\lambda fghx.\,f(gx)(hx)$

并有如下的施用规则

$$\Phi fabx=f(ax)(bx) \tag{Φ}$$

及

$$\Phi fab=\lambda x.\,f(ax)(bx) \tag{Φ}$$

其中 f 是两个变量的函数。

(8) 组合子 Ψ。组合子 Ψ 定义为

$\Psi=_{\text{def}}\lambda fgxy.\,f(gx)(gy)$

$=_{\text{def}}\lambda fxyz.\,f(xy)(xz)$

并有如下的施用规则

$$\Psi fgxy=f(gx)(gy) \tag{Ψ}$$

下面,我们举一些例子,说明如何用这些组合子定义 λ-函数。

例 7.5 求如下 λ-函数的组合子项。并,假定有 0,1,2,3,…9,A(加法)及 M(乘法)常数。

(1) $\lambda x.\,x+1$ $CA1$

(2) $\lambda x.\,2x$ $M2$

(3) $\lambda x.\,x^2$ WM

(4) $\lambda x.\,(x+1)^2$ $B(WM)(CA1)$

(5) $\lambda x.\,x^2+2x$ $\Phi A(WM)(M2)$

(6) $\lambda x.\,1$ $K1$

(7) $\lambda x.\,((x^2+2x)+1)$ $\Phi A(\Phi A(WM)(M2))(K1)$

下面,我们列表(图 7.1)说明这些组合子的关系。从这些关系中我们可以看出,上面谈到的组合子并不全是独立的。

组 合 子	等 关 系
I	$I=WK$ $I=SKK=SKS=SKX$(X is an arbitrary combinator)
B	$B=S(KS)K$

图 7.1

组合子	等关系
W	$W=SS(KI)$ $W=CSI=S(CI)$
C	$C=S(BBS)(KK)$
S	$S=B(B(BW)C)(BB)$
Φ	$\Phi=B(BS)B$ $=B(B(B(B(BW)C)(BB)))B$
Ψ	$\Psi=B(BW(BC))(BB(BB))$

续图 7.1

图 7.1 中关系的证明，我们留给读者作为习题。

从上面的相互定义的关系中看出，Φ 与 Ψ 对其他组合子的定义显然是无关的，即用不着 Φ 及 Ψ 来定义其他组合子。因此，组合子 I,B,W,C,S,K 是基本的组合子。进一步分析发现，组合子 S,K 是最基本的组合子。在讨论这些基本组合子定义的独立性时，可以有如下的一些定理。在叙述这些定理时，需要几个术语名词，我们首先介绍这些术语名词。

对于一个施用系统(仅有一个操作 application)，组合(combination)这个概念是针对施用这个概念而言的，组合是施用组合。一个纯组合是仅有变量的组合。我们在前面谈到的组合子，其形式为

$$\lambda x_1 \cdots x_m \cdot \mathscr{X}$$

其中 $\mathscr{X}$ 是 $x_1,\cdots,x_m$ 的组合。我们使用组合 ob(combinatory ob)这个概念来表示组合子与变量的组合。在应用这个理论时，某些附加的常量是允许的。如果 $\mathscr{X}$ 是 $x_1,\cdots,x_m$ 的组合，一个组合子 X 使得

$$Xx_1 \cdots x_m=\mathscr{X}$$

那么，我们称上式是组合子 X 的化简规则。

如果一个组合子对应于纯组合，那么这个组合子称之为真组合子。

如果一个真组合子 X 具有如下形式的化简规则

$$Xfx_1 \cdots x_n=f\mathscr{X}_1 \cdots \mathscr{X}_n$$

其中 $\mathscr{X}_1,\cdots,\mathscr{X}_n$ 是 $x_1,\cdots,x_m$ 的组合，那么这个组合子被称之为正规组合子(regular combinator)。

显然，前面定义的组合子都是正规组合子。

现在让我们考虑任意组合 X，其化简规则为

$$Xx_1 \cdots x_m=\mathscr{X}$$

我们说 X 是有“二次效应”(duplicative effect)的当且仅当在 $\mathscr{X}$ 中至少有一个变量出现一次以上。

我们说 X 是有“消去效应”(cancellative effect)的当且仅当在 $\mathscr{X}$ 中变量 $x_1,\cdots,x_m$ 中至少有一个变量是不出现的。

我们说 X 是有“复合效应”(compositive effect)的当且仅当在 $\mathscr{X}$ 中包含有“括弧”(parentheses)。

我们说 X 是有“交换效应”(permutative effect)的当且仅当对于某个 $i<j$(即 x_i 与 x_j 的下标),在 $\mathscr{X}$ 中 x_i 的出现在 x_j 出现的右边。

我们说 X 是有“保持从左出现效应”(preserve the order of first occurrence)(或者“保持从右出现效应”(preserve the order of last occurrence))的当且仅当在 $\mathscr{X}$ 中出现的变量顺序为 $x_1,x_2,\cdots,x_m$(或 $x_m,x_{m-1},\cdots,x_1$)。

下面,我们将给出几个定理,它们是用于判定组合子独立性的。这些定理的证明请参看本章文献[2]。

定理 7.1 令 X 是真组合子的组合,而这些组合子中没有一个是有二次效应的,那么对于任意真组合 $\mathscr{X}_1,\cdots,\mathscr{X}_n,X\mathscr{X},\cdots,\mathscr{X}_n$ 仅有有限数的化简,因而如果 X 是一个真组合,那么 X 没有“二次效应”。

定理 7.2 令 X 是真组合子的组合,而这些组合子中没有一个是有“消去效应”的,并且 X 是一个真组合,那么 X 是没有“消去效应”的。

定理 7.3 令 X 是真组合子的组合,而这些组合子中没有一个是有“复合效应”的,并且 X 是一个真组合,那么 X 是没有“复合效应”的。

定理 7.4 令 X 是真组合子的一个组合,而这些组合子中没有一个有“交换效应”,并且令 X 是真组合,它的化简规则为

$$Xx_1\cdots x_m=\mathscr{X}$$

那么 $\mathscr{X}$ 有如下的特性:考虑在 $\mathscr{X}$ 中左于 x_i 出现的任何 x_j 的出现,其中 $i<j$,存在着一个 ob$\mathscr{X}'$ 使得在 $\mathscr{X}$ 中 x_j 的出现在 $\mathscr{X}'$ 的较早出现之中,x_i 的出现在 $\mathscr{X}'$ 的较晚的出现之中,并且使得考虑作为在 $\mathscr{X}'$ 中的出现,x_i 的出现早于 x_j 的出现。

定理 7.5 令 X 是真组合子的组合,而这些组合子中没有一个组合子有“二次效应”而且没有一个组合子有“交换效应”,那么 X 是真组合而且没有“交换效应”。

定理 7.6 令 X 是真组合子的组合,而这些组合子没有一个组合子有“二次”、“交换”或“复合”效应,使得每一个在 X 中的组合子要么是一个“组合子 I”,要么是一个(正规)“组合子 K”,要么是一个删除第一个或删除某些其他变量的非正规组合子,那么 X 是一真组合,并且没有“二次”、“交换”或者“复合”效应。

定理 7.7 令 X 是真组合子的组合,这些组合子的每一个都有“保持从左出现效应”(“保持从右出现效应”),而且令 X 是真组合,那么 X“保持从左出现效应”(“保持从右出现效应”)。

对于任何组合子 $K^{i-1}K^{n-i}$,如果有如下的化简规则

$$K^{i-1}K^{n-i}x_1\cdots x_n=x_i \quad (1\leqslant i\leqslant n)$$

那么称这个组合子为选择子(selector)。

特殊情况为 $I=K^0K^0$,$K=K^0K^1$。其中 K^j 解释如下:

我们定义组合 ob 的幂(powers)

$$X^1={}_{\text{def}}X$$

$$X^{n+1}=_{def}X.X^{n}$$

即 $X^2=X.X$，$X^3=X.X.X$ 等，而 $X.Y=_{def}BXY$。我们称 $X.Y$ 为复合积的运算，该操作遵守向左的结合律，即 $X.Y.Z=(X.Y).Z$。并且认为，复合积是较高于施用(application)的一个操作，即有 $XU.YV=(XU).(YV)$；并且任意组合子的零次幂为 I，即 $X^0=I$。

下面，我们还有两个定理。

定理 7.8　令 X 是真组合子的复合，这些组合子中没有一个是选择子，那么 X 不是选择子。

定理 7.9　考虑真组合子的一个任意集合，这些组合子中至少包含一个选择子及至少包含一个具有"二次效应"、"交换效应"或"复合效应"的组合子，那么任意该集合的基本集合至少包含一个选择子及至少包含一个其他组合子。

有了上面的几个定理，我们便可以讨论 S,K,C,B,W,I 这些基本组合子的独立性了。

如果有一个组合子集合及一个真组合子 X，如果用这个组合子集合中组合子的组合，在具有相同化简规则的意义上定义 X 是不可能的，那么称 X 组合子独立于该组合子的集合。

- S 组合子。用 C,B 及 W 我们可以定义 $S=_{def}B(B(BW)C)(BB)$。根据定理7.4，没有 C 而用 K,B,W 及 I 定义 S 组合子是不可能的。根据定理7.3，没有 B 定义 S 是不可能的。根据定理7.1，没有 W 定义 S 是不可能的。
- K 组合子。根据定理7.2，由其他五个组合子来定义 K 组合子是不可能的。
- C 组合子。我们有 $C=_{def}S(BBS)(KK)$，其中 B 是由下面讨论的 S,K 定义的。根据定理7.4，没有 S 而用 K,B,W 及 I 定义 C 是不可能的。根据定理7.7，没有 K 定义 C 也是不可能的。
- B 组合子。我们有 $B=_{def}S(KS)K$，根据定理7.3，没有 S 定义 B 是不可能的。没有 K 定义 B 也是不可能的。
- W 组合子。我们有 $W=SS(SK)$，用 S 与 C 定义 W 是存在着一个定义的，$W=C(S(CC)(CC))$。根据定理7.1，没有 S,W 的定义是不可能的。
- I 组合子。我们有 $I=SKK$，根据定理7.8没有 K,I 的定义是不可能的。

通过上面的分析，我们可以最后确认组合子 S,K 是最基本的组合子。

下面我们讨论两个特殊的组合子。

例 7.6　我们来定义迭代组合子(iterators)，使得对于任意组合子 X 有

$$X^n=Z_nX$$

由于有

$$X^{n+i}=BXX^n=BX(Z_nX)=SBZ_nX=Z_{n+1}X$$

所以有

$$Z_{n+1}=SBZ_n(Z_n=(SB)^n(KI))$$

如果我们希望 $X^n=Z_nX$ 在 $n=0$ 时也成立，那么有

$Z_0=KI$

显然还有 $Z_1=SB(KI)=CBI$。

例 7.7 下面我们来讨论悖论组合子(paradoxical combinator)。我们在前面谈到 Russell 悖论时曾定义过

$F(f)=\neg f(f)$

如果我们用 N 表示否定词"$\neg$",那么上式可以有

$Ff=N(ff)=BNff=W(BN)f$

所以有

$F=W(BN)$

这个 F 已经有悖论特性,即

$FF=W(BN)F=BNFF=N(FF)$

即 FF 变成了它自己的否定。

将 $F=W(BN)$进行推广,由于

$BWBN=W(BN)=F$

所以有

$$\begin{aligned}FF&=BWBN(BWBN)=S(BWB)(BWB)N\\&=WS(BWB)N\end{aligned}$$

于是令

$Y=WS(BWB)$

所以有 $YN=FF=N(FF)$。

例 7.8 在这个例子中将介绍形式化的组合子(formalizing combinators),这些组合子是模拟 S,Φ 组合子而产生的系列组合子。

(1) 组合子 Φ_n。Φ_n 组合子是组合子 Φ 向 n 变量的扩充,并有如下的施用规则:

$\Phi_n f g_1 g_2 \cdots g_n x=f(g_1 x)(g_2 x)\cdots(g_n x)$

(2) 组合子 S_n:(对组合子 S 的 n 变元扩充)

$S_n f g_1 g_2 \cdots g_n x=fx(g_1 x)(g_2 x)\cdots(g_n x)$

①$S_n f g_1\cdots g_n x=\Phi_{n+1} l f g_1\cdots g_n x$

②$$\begin{aligned}\Phi_n f g_1\cdots g_n x&=S_n(Kf)g_1\cdots g_n x\\&=BS_nKfg_1\cdots g_n x\\&=(S_n\cdot K)fg_1\cdots g_n x\end{aligned}$$

③$S_1=S,S_{n+1}=BS_n\cdot S$

④$\Phi_n=S_n\cdot K,\Phi_1=B,\Phi_2=\Phi$。

以上①,②,③,④是 Φ_n,S_n 的几个性质。

例 7.9 在这个例子中,我们给出组合逻辑系统中组合子定义的类型公式的表示。我们知道,对于如下的 λ-抽象:

$K=\lambda xy.\ x$

$S=\lambda fgx.\ fx(gx)$

如果 x,y 及 z 的类型注释为

$$x:A, y:B, g:A\Rightarrow B, f:A\Rightarrow(B\Rightarrow C)$$

可以有如下的对应关系：

$$K=\lambda xy.\ x \qquad K:A\Rightarrow(B\Rightarrow A)$$

$$S=\lambda fgx.\ fx(gx) \qquad S:(A\Rightarrow(B\Rightarrow C))\Rightarrow(A\Rightarrow B)\Rightarrow(A\Rightarrow C)$$

其中"⇒"表示映射。

于是对于如下的一个施用系统：

(1) Primitive ideas：

① Atoms：obs(including S,K)。

② Operation：

- application。
- 如果 X,Y 是 obs，那么 (XY) 也是 ob。

③ predicate：=(equality)。

(2) Postulates：

$(\rho)X=X$

$(\sigma)X=Y\rightarrow Y=X$

$(\tau)X=Y \& Y=Z\rightarrow X=Z$

$(\mu)X=Y\rightarrow ZX=ZY$

$(\nu)X=Y\rightarrow XZ=YZ$

$(\mathrm{S})SXYZ=XZ(YZ)$

$(\mathrm{K})KXY=X$

我们可以采用逻辑形式来表示。如果 A,B,C 是类型公式，那么 $A\Rightarrow B$ 也是类型公式，于是我们可以定义上面的形式系统为

Axioms：

$$K:A\Rightarrow(B\Rightarrow A)$$

$$S:(A\Rightarrow(B\Rightarrow C))\Rightarrow(A\Rightarrow B)\Rightarrow(A\Rightarrow C)$$

Rule of Inference (MP)

$$\frac{A \qquad A\Rightarrow B}{B}$$

例 7.10 我们知道，完全显示的演绎系统其构造即是证明，而且不再包含证明之外的其他构造。例如，我们考虑由二元操作"施用"构造的表达式就是构造的。例如其表达式为 $((\alpha\beta)(\gamma(\alpha\gamma)))$ 是如下构造的：

$$\cfrac{\cfrac{\alpha \qquad \beta}{(\alpha\beta)} \qquad \cfrac{\gamma \qquad \cfrac{\alpha \qquad \gamma}{(\alpha\gamma)}}{(\gamma(\alpha\gamma))}}{((\alpha\beta)(\gamma(\alpha\gamma)))}$$

例如要证明 $B=S(KS)K$，由于有 $Bfgx=f(gx)$，我们看看 $(S(KS)K)fgx$ 是什么：

$$\cfrac{\cfrac{\cfrac{\cfrac{S(KS)Kfgx}{(KS)f(Kf)gx}\,(\mathrm{S})}{S(Kf)gx}\,(\mathrm{K})}{Kfx(gx)}\,(\mathrm{S})}{f(gx)}\,(\mathrm{K})$$

从而证明了 $B=S(KS)K$(在施用规则的意义上是相同的)。

7.3 组合逻辑的语法理论

现在我们着手建立没有形式变量而且是组合完全的系统。当然,这个系统还是施用的,在这个系统中包含一个等词,该等词满足(ρ),(σ),(τ),(μ)及(ν)特性。我们记这个系统为$\mathscr{H}$。在这个系统中还将包含两个特殊常量 S 和 K 及它们的施用规则(S)和(K)作为公理扩充,这个系统可以任意定义函数抽象。经过进一步的扩充之后,这个扩充后的系统可以证明等价于 λ-演算的系统。

下面,我们首先讨论组合逻辑的形式系统。

$\mathscr{H}$系统可以如下说明:

(1) Primitive ideas:

① Atoms:obs(including S,K)。

② Operation:

• application。

• 如果 X,Y 是 obs,那么(XY)也是 ob。

③ Predicate:=(equality)。

(2) Postulates。

(ρ)$X=X$	(reflexiveness)
(σ)$X=Y\rightarrow Y=X$	(symmetry)
(τ)$X=Y\&Y=Z\rightarrow X=Z$	(transitivity)
(μ)$X=Y\rightarrow ZX=ZY$	(right monotony)
(ν)$X=Y\rightarrow XZ=YZ$	(left monotony)

(S)$SXYZ=XZ(YZ)$

(K)$KXY=X$

其中 X,Y,Z 是$\mathscr{H}$的 obs。

首先我们讨论在$\mathscr{H}$系统的函数抽象(abstraction),然后再讨论$\mathscr{H}$系统的组合完全性。所谓组合完全性是指在$\mathscr{H}$系统上能否定义所需函数的能力,而这些函数是由常数(常量)及变量的组合所确定。定义一个新的函数,这个函数根据组合逻辑的形式系统概念,它应是 ob,当然,我们在定义$\mathscr{H}$的系统时,这个对象并不是原子对象,而是一个新的扩充对象。

从下面的讨论中,我们可以看出函数的抽象是函数施用的逆操作。

令 X 是一个函数，当然它是$\mathscr{C}$的一个对象，又 x 是一个函数的变量并有

$$Xx=\mathscr{X}$$

其中$\mathscr{X}$是由组合子及$\mathscr{C}$中的对象构成的组合。那么其函数抽象定义为

$$X=[x]\mathscr{X}$$

并有如下的施用规则

$$([x]\mathscr{X})x=\mathscr{X}$$

对于多元函数的抽象可以有

$$X=[x_1,\cdots,x_m]\mathscr{X}$$

使得

$$([x_1,\cdots,x_m]\mathscr{X})x_1x_2\cdots x_m=\mathscr{X}$$

我们可以有如下的定理。

定理 7.10($\mathscr{C}$组合完全性定理)　如果完全形式系统$\mathscr{C}$是施用的，并且包含一个等词，该等词满足(ρ)，(σ)，(τ)，(μ)，(ν)并包含两个常量 S，K，而这两个常量满足如下条件：

(S) $Sxyz=xz(yz)$

(K) $Kxy=x$

那么$\mathscr{C}$是组合完全的。令$[x_1,\cdots,x_m]\mathscr{X}$是一函数抽象，其中 $\mathscr{X}$ 是由常量及变量构成的组合，该函数抽象被如下说明所定义：

(1) 如果 $\mathscr{X}=x$，那么$[x]\mathscr{X}=SKK=I$。

(2) 如果 $\mathscr{X}$ 是一个区别 x 的原始对象，那么

$$[x]\mathscr{X}=K\mathscr{X}$$

(3) 如果$\mathscr{X}=\mathscr{X}_1\mathscr{X}_2$，那么

$$[x]\mathscr{X}=S([x]\mathscr{X}_1)([x]\mathscr{X}_2)$$

(4) $[x_1,\cdots,x_m,y]\mathscr{X}=[x_1,\cdots,x_m]([y]\mathscr{X})$

其中$[x_1,\cdots,x_m]\mathscr{X}$是一个 S，K 与原始常数的组合。下面，我们讨论这个定理的正确性。

对于情况(1)，由于 $\mathscr{X}=x$，所以$([x]\mathscr{X})x=Ix=x$。对于情况(2)，令 $\mathscr{X}=a(a\neq x)$，所以有$([x]\mathscr{X})x=Kax=a$。对于情况(3)，由于 $\mathscr{X}=\mathscr{X}_1\mathscr{X}_2$，而如果令 $X=[x]\mathscr{X}$，$X_1=[x]\mathscr{X}_1$，$X_2=[x]\mathscr{X}_2$，那么$([x]\mathscr{X})x=SX_1X_2x=X_1x(X_2x)=\mathscr{X}_1\mathscr{X}_2$。对于情况(4)，表示的是一种递归定义形式。

下面，我们举些例子。

例 7.11

(1) 定义后继函数 succ$=[x]$(plus $1x$)，其中 plus$=\lambda xy\cdot x+y$。现在我们用无形式变量的组合逻辑方法定义这个函数。

$$\begin{aligned}&[x](\text{plus }1x)\\&\quad=S([x]((\text{plus})1))([x]x)\\&\quad=S(S([x](\text{plus}))([x]1))I\\&\quad=S(S(K(\text{plus}))(K1))I\end{aligned}$$

(2) 有如下的一个表达式：

$(1+x)\times(1-x)$ where $x=7$

我们首先可以进行如下的抽象：

$$
\begin{aligned}
&[x]((\text{times})((\text{plus})1x)((\text{minus})1x))\\
&\quad =S([x](\text{times}))([x](((\text{plus})1x)((\text{minus})1x)))\\
&\quad =S(K(\text{times}))(S([x]((\text{plus})1x))([x]((\text{minus})1x)))\\
&\quad =S(K(\text{times}))(S(S(S(K(\text{plus}))(K1))I)\\
&\qquad (S(S(K(\text{minus}))(K1))I))
\end{aligned}
$$

可以利用如下的两个性质(其证明留作习题)：

$$S(K\mathscr{X}_1)(K\mathscr{X}_2)=K(\mathscr{X}_1\mathscr{X}_2)$$

$$S(K\mathscr{X}_1)I=\mathscr{X}_1$$

上面的抽象可以变为

$$S(K(\text{times}))(S((\text{plus})1)((\text{minus})1))$$

有了这个抽象之后，我们可以把它施用于 $x=7$，则有

$$
\begin{aligned}
&S\ (K(\text{times}))(S((\text{plus})1)((\text{minus})1))7\\
&\quad =(K(\text{times})7)(S((\text{plus})1)((\text{minus})1)7)\\
&\quad =(\text{times})((\text{plus})(1)(7))((\text{minus})(1)(7))
\end{aligned}
$$

读者可以从这个例子中看到无形式变量抽象的实在含义。

(3) 无形式变量抽象$[x,y]((\text{plus})xy)$由于

$$[x,y]((\text{plus})xy)=[x]([y]((\text{plus})xy))$$

而

$$([y]((\text{plus})xy))=S(S(K(\text{plus}))(Kx))I$$

进一步

$$
\begin{aligned}
&[x](S(S(K(\text{plus}))(Kx))I)\\
&\quad =[x](S(K(\text{plus}\ x))I)\\
&\quad =[x]((\text{plus})x)\\
&\quad =S(K(\text{plus}))I\\
&\quad =\text{plus}
\end{aligned}
$$

从上面的例子中我们可以看到，在某些函数抽象时，仅用 S,K,I 组合子是十分繁杂的，为了简化这个过程，除多引入组合子之外，例如在上一节中我们谈到的组合子 B,C,W,Φ 及 Ψ，我们还可以引入一些更简便的简化规则。例如我们可以给出如下的简化规则的说明：

(a) $[x].\ X=KX$

(b) $[x].\ x=I$

(c) $[x].\ Xx=X$

(d) $[x].\ Y\mathscr{X}_2=BYZ$

(e) $[x].\ \mathscr{X}_1 Z=CYZ$

(f) $[x].\mathscr{X}_1\mathscr{X}_2=SYZ$

上面的公式中 $X=[x]\mathscr{X}$,$Y=[x]\mathscr{X}_1$,$Z=[x]\mathscr{X}_2$,并且这里的点“.”代替括弧的作用,如$[x].X$ 即为$[x](X)$。上面的规则中 X,Y,Z 中不包含有 x,而 $\mathscr{X}_1,\mathscr{X}_2$ 可以包含也可以不包含 x。上述规则中的(a),(b),(f)都很清楚,而(c),(d),(e)则可以如下推出。

(c) $[x].Xx=[x](Xx)=S(KX)I$。如将它施用于一个 a,$S(KX)Ia=KXa(Ia)=Xa$。而规则(c)$[x].Xx=X$ 右端施用 a 也为 Xa。

(d) $[x].Y\mathscr{X}_2=[x](Y\mathscr{X}_2)=S(KY)Z$。将它施用于 a,则有 $S(KY)Za=KYa(Za)=Y(Za)$,而公式(d)右端 BYZ 施于 a 为 $BYZa=Y(Za)$。

(e) $[x].\mathscr{X}Z=[x](\mathscr{X}_1Z)=SY(KZ)$,将它施用于 a,则有 $SY(KZ)a=Ya(KZa)=YaZ$。而公式右端 CYZ 施用于 a 为 $CYZa=YaZ$。

显然规则(c),(d),(e)对于函数抽象将十分方便。

在上面的六条规则中,选择哪一个对$[x]\mathscr{X}$的成分进行替换,可以规定一个顺序,称这个使用顺序为一种算法(algorithm)。这种顺序被写在一个括弧之中,例如(fab),它包含(f),(a)及(b)三个说明的算法。这个算法表明在进行$[x]\mathscr{X}$替换时,根据在这个顺序中可施用的最早者进行,为明确起见,在这个算法中把(f)放在(a)的前面,意思是(a)仅可以在(f)不能施用时它才可以施用,于是我们得到了与定理 7.10 相同的情况。构造算法实际上就是安排规则施用顺序。例如我们还可以有(abf),(bdef),(abdef)等算法。假定我们用$\mathscr{U}$表示这样一个算法(当然是(a)～(f)这些规则说明组成的算法),在这个$\mathscr{U}$算法中规定,规则中右边出现的组合子被称之为$\mathscr{U}$的基本组合子(basic combinators)。当系统中的一个 ob 不再包含在这些化简规则左端的成分时,称该 ob 是不可以化简的。

于是,我们可以有如下的定理。

定理 7.11　令$\mathscr{U}$是一个由(a)～(f)所组成的算法,并令 $\mathscr{X}$ 是 $x_1,\cdots,x_m$ 及基本常数 $a_1,\cdots,a_n$ 所组成的组合,令

$$X=[x_1,\cdots,x_m]\mathscr{X}$$

而 X 是由 $a_1,\cdots,a_n$ 及$\mathscr{U}$的基本组合子所组成的一个组合(即没有 $x_1,\cdots,x_m$)并使得

(1) $Xx_1\cdots x_m=\mathscr{X}$。

(2) 如果 $\mathscr{X}$ 的所有常量成分——这些成分可以出现在(a)或(c)的 X 位置上,或者出现在(d)的 Y 位置上,或者出现在(e)的 Z 位置上——是不可化简的,那么 X 是不可化简的。

下面,我们来讨论这个定理是正确的。

对于 $m=1$ 的情况,我们可以采用结构归纳法。如果 $\mathscr{X}$ 是一个原子,我们只能使用(a)或(b),显然(1)与(2)是正确的。如果 $\mathscr{X}$ 是一复合形式,可以施用的规则是(a)及(c)—(f)。读者很容易对(a)及(c)—(f)中的所有情况,根据本定理假设,归纳前提及化简关系的(μ)及(υ)特性证明(1)与(2)也是正确的。

对于 $m>1$ 时的情况。对 m 进行归纳,由于

$$X=[x_1,\cdots,x_m]\mathscr{X}=[x_1]([x_2](\cdots([x_m]\mathscr{X})\cdots))$$

如令 $\mathscr{X}_m=\mathscr{X}$，有

$$X=[x_1]\mathscr{X}_1$$
$$\mathscr{X}_1=[x_2]\mathscr{X}_2$$
$$\vdots$$
$$\mathscr{X}_{m-1}=[x_m]\mathscr{X}_m$$

由于 $\mathscr{X}_{K-1}x_K=\mathscr{X}_K$（相当于 $m=1$ 时的情况），运用(υ)，(τ)我们可以证明(1)是正确的。为证明(2)是正确的，我们需要在各算法中讨论，如果我们在算法(abcf)中讨论，可以发现 $\mathscr{X}_{K-1}$ 要么是 I，即 $\mathscr{X}_K$ 的一个常量成分（不含 x_K 的成分），要么是 I 与由 U 组成的一元操作 KU 所组成的 $\mathscr{X}_K$ 的常数构成的组合，再或是 I 与由 U 与 V 组成的二元操作 SUV 组成的 $\mathscr{X}_K$ 的常量成分构成的组合。因此 $\mathscr{X}_K$ 的常量成分是不可化简的，那么依此类推，可以推出在 $K=m$ 时，其 $\mathscr{X}$ 是不可化简的是由所有常量成分是不可化简而得到的。从而证明了在这个算法中(2)是正确的。其他算法的情况可以采用类似方法证明，就不一一证明了。

于是我们可以得到如下的性质表。

(1) 对于(abcf)算法我们有

① $[x,y].\ x=K$

② $[x,y].\ y=KI$

③ $[x,y].\ xy=I$

④ $[x,y].\ yx=S(K(SI))K$

⑤ $[x,y].\ xyy=SS(KI)$

⑥ $[x,y,z].\ xz(yz)=S$

⑦ $[x,y,z].\ x(yz)=S(KS)K$

⑧ $[x,y,z].\ xzy=S(S(KS)(S(KK)S))(KK)$

⑨ 如果 $x_1,\cdots,x_m$ 不在 X 中自由出现

$[x_1,\cdots,x_m].\ Xx_1\cdots x_m=X$

(2) 对于(abcdf)算法。上述的①，②，③，⑤，⑥及⑨没有变化，继续成立，但是④，⑦及⑧将变成

④′ $[x,y].\ yx=B(SI)K$

⑦′ $[x,y,z].\ x(yz)=B$

⑧′ $[x,y,z].\ xzy=S(BBS)(KK)$

在这里，对于本算法④′与算法(abcf)的④进行比较。对于(abcf)算法

$$\begin{aligned}[x,y].\ yx &=[x].[y].\ yx\\ &=[x].\ SI(Kx) && \text{(f),(b),(a)}\\ &=S(K(SI))K && \text{(f),(b),(c)}\end{aligned}$$

而对于算法(abcdf)，比上述算法多了一个规则(d)

$$\begin{aligned}[x,y].\ yx &=[x].[y].\ yx\\ &=[x].\ SI(Kx) && \text{(f),(b),(a)}\end{aligned}$$

$=B(SI)K \qquad (d),(c)$

其他规则读者可以自己去验证。

另外，我们还要附加四个规则。

⑩ $[x,y,z,u].x(yu)(zu)=B(BS)B$

⑪ $[x,y,z,u].xu(yu)(zu)=B(BS)S$

⑫ 如果 $\mathscr{X}$ 不包含变量 $y_1,\cdots,y_m,z_1,\cdots,z_n$ 中的任一个，那么

$[y_1,\cdots,y_m,x,z_1,\cdots,z_n].\mathscr{X}=[K^m(BK)^nX]$

⑬ $[x,y,u,v].x(yu)(yv)=[(S^{[2]}.B^2S)(B^3BB)(KK)]$

其中 $S^{[2]}$ 是如下定义的：对于任意组合子 ob$X$ 与自然数 n 有：$X^{[1]}=X$, $X^{[n+1]}=X.BX^{[n]}$。

(3)对于算法(abcdef)。上述(2)中的特性①～③，⑥，⑦，⑨～⑫继续成立，但是特性④′，⑤′及⑧′变成：

④″ $[x,y].yx=CI$

⑤″ $[x,y].xyy=CSI$

⑧″ $[x,y,z].xzy=C$

对于$\mathscr{H}$系统我们可以证明规则(ν)是冗余的，我们定义去掉规则(ν)的形式系统为$\mathscr{H}_0$系统。

下面，我们举几个例子。

例 7.12 我们首先证明几个性质，它们是

(1) $S(Kx)y=Bxy$

(2) $BSK=B$

(3) $Sx(Ky)=Cxy$

(4) $Cx=B(Sx)K$

(5) $Wx=SxI$

下面，我们来证明这些等式。

(1) 将 Bxy 施于 z 有 $Bxyz=x(yz)$，而左边施于 z 则有 $S(Kx)yz=Kxz(yz)=x(yz)$，故左右相等。

(2) 组合子 B 施于 xyz 有 $x(yz)$，而左边施于 xyz 有 $BSK\ xyz=S(Kx)yz=Kxz(yz)=x(yz)$，故左右相等。

(3) 等式右边施于 z 有 $Cxyz=xzy$，而左边施于 z 则有 $Sx(Ky)z=xz(Kyz)=xzy$，故左右相等。

(4) 等式右边施于 yz 则有 $B(Sx)Kyz=(Sx)(Ky)z=xz(Kyz)=xzy$，而左边施于 yz 则有 $Cxyz=xzy$，故左右相等。

(5) 等式右边施于 y 则有 $SxIy=xy(Iy)=xyy$，而左边施于 y 则有 $Wxy=xyy$，故左边与右边相等。

例 7.13 无形式变量抽象如下的阶乘函数。

fac n=<u>if</u> $n=0$ <u>then</u> 1 <u>else</u> $n\times$fac $(n-1)$

我们可以把上面的函数改写成

$$\text{cond}((\text{eq})x0)1((\text{times})x((\text{fac})(\text{minus})x1))$$

其中

$$\text{cond}(\text{true})xy=x$$

$$\text{cond}(\text{false})xy=y$$

eq$x$0 即为 $x=0$

如果将此函数写成 cond $\mathscr{X}_1 1.\mathscr{X}_2$，那么首先有

$$\begin{aligned}[x](\text{cond}\mathscr{X}_1 1\mathscr{X}_2) &= S([x](\text{cond}\mathscr{X}_1 1))([x]\mathscr{X}_2)\\ &= S(S([x](\text{cond}\mathscr{X}_1))([x]1))([x]\mathscr{X}_2)\\ &= S(S(S(K\text{cond})([x]\mathscr{X}_1))(K1))([x]\mathscr{X}_2)\end{aligned}$$

而

$$\begin{aligned}[x]\mathscr{X}_1 &= [x]((\text{eq})x0)\\ &= S([x]((\text{eq})x))([x]0)\\ &= S(S(K(\text{eq}))(I))(K0)\\ [x]\mathscr{X}_2 &= [x]((\text{times})x((\text{fac})(\text{minus})x1))\\ &= S(S(K(\text{times}))I)(S(K(\text{fac}))(S(S(K(\text{minus}))I)(K1)))\end{aligned}$$

将$[x]\mathscr{X}_1$及$[x]\mathscr{X}_2$的抽象代入后有

$$\begin{aligned}\text{fac}=&S(S(S(K(\text{cond}))(S(S(K(\text{eq}))(I))(K0)))(K1))\\ &(S(S(K(\text{times}))I)(S(K(\text{fac}))(S(S(K(\text{minus}))I)(K1))))\end{aligned}$$

读者可以利用例 7.12 中的性质，得到如下一个更简单的抽象：

$$\text{fac}=S(C(B(\text{cond})(\text{eq})0))1(S(\text{times})(B(\text{fac})(C(\text{minus})1)))$$

从前面的讨论中，我们可以看出引入了函数抽象的操作。那么对于组合逻辑的形式系统做某些扩充，我们称这个扩充后的形式系统为 $\mathscr{G}$ 系统。$\mathscr{G}$ 系统可以如下说明：

(1) <u>Primitive ideas</u>

① <u>Atoms</u>：obs (including S,K)。

② <u>Operation</u>：

· application。

· Abstraction。

· 如果 X,Y 是 obs，那么(XY)也是 ob。

· 如果 x,M 是 obs，那么$[x]M$ 也是 ob。

③ <u>Predicates</u>

· 一个二元谓词：=。

· 基本陈述句规则，如果 X 与 Y 是 obs，那么 $X=Y$ 是一个基本陈述句。

(2) <u>Postulates</u>

$(\rho)X=X$

$(\sigma)X=Y\rightarrow Y=X$

$(\tau) X=Y \& Y=Z \rightarrow X=Z$

$(\mu) X=Y \rightarrow ZX=ZY$

$(\mathrm{S}) SXYZ=XZ(YZ)$

$(\mathrm{K}) KXY=X$

$(\omega) U_K=V_K \quad K=1,2,\cdots,n$

$(\xi) \mathscr{X}_1=\mathscr{X}_2 \leftrightarrow [x].\mathscr{X}_1=[x].\mathscr{X}_2$

$(\mathrm{a}) [x].X=KX$

$(\mathrm{b}) [x].x=I(=SKK)$

$(\mathrm{c}) [x].Xx=X$

$(\mathrm{f}) [x].\mathscr{X}_1\mathscr{X}_2=S([x].\mathscr{X}_1)([x].\mathscr{X}_2)$

其中 U_K 与 V_K 是一个常数，我们称 $U_K=V_K$ 是组合公理(combinatory axioms)，X，$\mathscr{X}_1$，$\mathscr{X}_2$ 是 $\mathscr{X}$-obs，X 不包含 x，而 $\mathscr{X}_1$，$\mathscr{X}_2$ 可以包含或不包含 x。所谓组合公理是指一些组合子组成的等式，例如 $I=SKS$，$BCC=B^2I$，$BI=I$，$\Psi SK=BK$ 等。

请读者注意，采用不同的组合子系统，其抽象得到的表达式繁简不同，称此为表示复杂性。读者可以做些专门研究。

7.4 组合逻辑的逻辑基础

这一小节与下一小节我们将讨论组合逻辑的语义，并且把组合逻辑系统作为一个逻辑系统讨论。我们在开始讨论组合逻辑时就说过，一个逻辑系统应仅有一个谓词，这个谓词前面将冠有前缀"$\vdash$"。逻辑系统的基本语句形式为

$$\vdash X$$

其中 X 是一个 ob。

这个系统当然还应是一个施用系统，即仅有一个操作——施用(虽然我们后来扩充了施用操作的逆运算——抽象)。这个系统是完全形式的。从施用意义上讲，它仅存在一个 obs 的范畴(category)。这个系统有有限的公理及推理规则。

我们在前面介绍施用系统时，也谈到谓词(等词)，如果把施用系统变成逻辑系统，用一个常量 Q 代替等词"="。

一般数学系统中的谓词，如在转换成组合逻辑系统时，可将一个 n 元谓词 $A(t_1,\cdots,t_n)$ 变成 $\vdash At_1t_2\cdots t_n$，例如对于等词可以有 Qxy，即表示 $x=y$ 或 $Q(x,y)$。

因此，组合逻辑系统中引入的公设将变成

$(\rho) \vdash QXY$

(σ) <u>if</u> $\vdash QXY$ <u>then</u> $\vdash QYX$

(τ) <u>if</u> $\vdash QXY$ <u>and</u> $\vdash QYZ$ <u>then</u> $\vdash QXZ$

(μ) <u>if</u> $\vdash QXY$ <u>then</u> $\vdash Q(UX)(UY)$

<u>if</u> $\vdash QXY$ <u>and</u> $\vdash X$ <u>then</u> $\vdash Y$

$(\mathrm{K}) \vdash Q(KXY)X$

(S) $\vdash Q(SXYZ)(XZ(YZ))$

其中(σ)及(μ)如用 C 及 Ψ 两个组合子来表示,则有

(σ)if $\vdash QXY$ then $\vdash CQXY$

(μ)if $\vdash QXY$ then $\vdash \Psi QUXY$

在组合逻辑的系统中,我们不仅仅有定义围绕施用操作的组合子与常量,如果一个系统既是施用的而且还是逻辑的,就得引入逻辑方面的常量以用于描述逻辑方面的概念。这些常量是 E, Ξ, P, F, Π 等。下面,我们分别介绍它们。

(1) 常量 E(epsilon)。有常量 E(一个 ob),使得

$$\vdash EX$$

对于任意 ob X 成立。$\vdash EX$ 对于系统的所有原子假定是成立的,那么下面的规则也是成立的:

$(E) \vdash EX$ and $\vdash EY \rightarrow E(XY)$

解释 $\vdash EX$ 的含义为"X 是一个 ob"。对于规则(E)来说,"X 是一个 ob,Y 是一个 ob,那么(XY)也是一个 ob"。

我们需要声明的是 $\vdash XY$ 的解释,即我们需要对施用操作做新的解释。对于 $\vdash XY$,表示"Y 是类(集合)X 的一个元素"或者表示"谓词 X 对于 Y 成立"。

(2) 常量Ξ(Ksai)。有常量Ξ(一个 ob),使得它有如下规则:

(Ξ)if $\vdash \Xi XY$ and $\vdash XU$ then $\vdash YU$

这里的 $\vdash \Xi XY$ 可以解释为"X 是 Y 的一个子类(集合)"或者解释为"YU 对于所有 X 中的 U 成立"。

(3) 常量 P。有常量 P,它代替一般逻辑的蕴涵词(implication),即 $X \rightarrow Y =_{\text{def}} PXY$,并有如下的规则:

(ρ)if $\vdash PXY$ and $\vdash X$then $\vdash Y$

从这里我们看到(ρ)规则就是通常的 MP(modus ponens),我们还可以有

$$PXY = \Xi(KX)(KY)$$

(4) 常量 F。有常量 F 用于表示函数语义抽象,其形式为

$$F\alpha\beta$$

其中 α, β 分别表示范畴。$F\alpha\beta$ 也表示一个复合范畴,于是我们可以表示"如果 f 是 $F\alpha\beta$ 中的一个对象,X 是 α 中的一个对象,那么 fX 是 β 的一个对象"。或说 f 是一个从 X 到 Y 的一个函数,并被 $\Xi X(BYf)$ 表示。我们有如下的规则:

(F)if $\vdash FXYZ$ and $\vdash XU$ then $\vdash Y(ZU)$

它表示 Z 是 FXY 的 ob,U 是 X 的一个 ob,那么(ZU)是 Y 的一个 ob。它类似如下的表示:

$U:X, Z:X \rightarrow Y$,那么 $ZU:Y$

用 F 组合子可以讨论组合子的函数性(functionality)。

(5) Π 常量。常量 Π,被解释为全程量词,因此从 $\vdash \Pi X$ 我们希望得到 $\vdash XU$(对于任意 ob U)。但是由于 U 不是原子对象,所以有必要声明 U 是一个 ob,应增加一个条件 $\vdash EU$,于是我们有如下的规则:

(Π)if $\vdash \Pi X$ and $\vdash EU$ then $\vdash XU$

这些常量之间的关系,我们用图 7.2 表示。

常　量	公　式
E	
Ξ	$\Xi = B^2\Pi(\Phi P)$ $\Xi = [x,y].\Pi([z].P(xz)(yz))$
P	$P = \Psi\Xi K$ $P = [x,y].\ \Xi(Kx)(Ky)$
F	$F = \Phi B^2\ \Xi(KB)$ $F = [x,y,z].\ \Xi x(Byz)$
Π	$\Pi = \Xi E$

图 7.2

由上面的定义,我们可以来讨论这些新组合子的逻辑作用。组合子 E 的作用在于为系统引入新的对象的组成规则,并且使这些对象识别的原则通过它也变成系统中公理规则。下面,我们主要介绍Ξ,P 与 F 三个规则的含义。P 组合子与通常的蕴涵概念是一致的,而Ξ却表示了子类(集合)与全称量词的约束形式,而且Ξ还包括了有意义的考虑。因此,使用Ξ的逻辑比使用蕴涵与全程量词的逻辑要更有一般性。组合逻辑对Ξ的解释"YU 对于所有 X 中的 U 成立"比对$\vdash(\forall U)(XU\rightarrow YU)$的任何解释都具有一般性。对于$\vdash(\forall U)(XU\rightarrow YU)$,$XU$ 与 YU 对约束范围内的所有 U 都必须是有意义的,并且不管 XU 与 YU 的真值状况,对于各 U,$XU\rightarrow YU$ 必须成立。但是$\vdash\Xi XY$仅仅是说,一旦$\vdash XU$ 成立,$\vdash YU$ 必须成立,当$\vdash XU$ 不成立或者无意义时,对 $XU\rightarrow YU$ 或 YU 的意义及真值情况不做任何假设。

下面,我们将详细讨论 F 组合子。

例 7.14 用 F 组合子讨论组合子 S,K,I,B,C 及 W 的函数性。

(1) 对于 K。由于 $Kxy=x$,因此 Kxy 与 x 属于同一范畴,即 $K:\alpha\Rightarrow(\beta\Rightarrow\alpha)$,如果 x 属于 α,y 属于 β,那么 Kx 将属于 $F\beta\alpha$,所以 K 属于 $F\alpha(F\beta\alpha)$,因此有

(FK):$\vdash F\alpha(F\beta\alpha)K$

(2) 对于 S 组合子。根据 $S:(\alpha\Rightarrow(\beta\Rightarrow\gamma))\Rightarrow((\alpha\Rightarrow\beta)\Rightarrow(\alpha\Rightarrow\gamma))$我们很容易就写出

(FS):$\vdash F(F\alpha(F\beta\gamma))(F(F\alpha\beta)(F\alpha\gamma))S$

(3) 对于 I 组合子。由于 $I:\alpha\rightarrow\alpha$,所以有

(FI):$\vdash F\alpha\alpha I$

(4) 对于 B 组合子。由于 $B:(\beta\Rightarrow\gamma)\Rightarrow((\alpha\Rightarrow\beta)\Rightarrow(\alpha\Rightarrow\gamma))$

(FB):$\vdash F(F\beta\gamma)(F(F\alpha\beta)(F\alpha\gamma))B$

(5) 对于 C 组合子。由于 $C:(\alpha\Rightarrow(\beta\Rightarrow\gamma))\Rightarrow(\beta\Rightarrow(\alpha\Rightarrow\gamma))$

(FC):$\vdash F(F\alpha(F\beta\gamma))(F\beta(F\alpha\gamma))C$

(6) 对于 W 组合子。由于 $W:(\alpha\Rightarrow(\alpha\Rightarrow\beta))\Rightarrow(\alpha\Rightarrow\beta)$

$$(\mathrm{FW}):\vdash F(F\alpha(F\alpha\beta))(F\alpha\beta)W$$

例 7.15 如果我们用如下的简写形式：

$$X_1,X_2,\cdots,X_n\vdash Y$$

代替

$$\underline{\mathrm{if}}\vdash X_1,\vdash X_2,\cdots,\vdash X_n\,\underline{\mathrm{then}}\vdash Y$$

并用"HX"表示"X 是一个命题"，那么在命题演算中作为公理的语句

$$\vdash X\to(Y\to X)$$

在组合逻辑中应变成如下的规则：

$$HX,HY\vdash X\to(Y\to X)$$

它表示组合逻辑的 obs 类比命题类大。而且，我们还可以有如下的定理：

$$\vdash\Xi H(B(B(\Xi H)(SP))P)$$

并可以得到如下的证明：

$$\begin{array}{l}
\vdash\Xi H(B(B(\Xi H)(SP))P)\qquad\vdash HY\\ \hline
\vdash(B(B(\Xi H)(SP))P)Y\\ \hline
\vdash B(\Xi H)(SP)(PY)\\ \hline
\vdash\Xi H((SP)(PY))\qquad\vdash HX\\ \hline
\vdash((SP)(PY))X\\ \hline
\vdash PX(PYX)
\end{array}$$

希望读者去做本章的习题 11。

7.5 函数性基本理论

我们在 7.4 节介绍了逻辑组合子。在一个函数性系统中，如果使用 F 作为原始基础，我们称之为 $\mathscr{P}_1$ 系统。如果逻辑系统中使用Ξ作为原始基础，被称之为 $\mathscr{P}_2$ 系统。如果逻辑系统使用 Π 及 P 作为基础，被称之为 $\mathscr{P}_3$ 系统。在本文中，我们将给读者介绍 $\mathscr{P}_1$ 系统，对其他两个系统读者如感兴趣可以参看本章文献[2]。

我们首先明确一些术语。

我们定义 F-ob 概念如下：

(1) 原始 obs 是 F-obs(包括初始及原子的范畴)。

(2) 如果 α 及 β 是 F-obs，那么 $F\alpha\beta$ 也是一个 F-ob。

所有的 F-ob 都用希腊小写字母表示。

再来定义 F-函数，给定一些 obs $X_1,X_2\cdots;X_1,X_2,\cdots$的 F-函数如下归纳定义：

(1) 每一个 X_i 是一个 F-函数。

(2) 如果 Y,Z 是 F-函数，那么 FYZ 也是 F-函数。

我们在 7.4 节中介绍了 S,K,I,B,C,W 等组合子的函数性规则(FS)，(FK)，(FI)，(FB)，(FC)，(FW)，我们希望把这些规则扩充到系统的公理之中去。为了区

别，$\mathscr{P}_1(S,K)$是基于(FK)及(FS)的 $\mathscr{P}_1$ 理论，当然，同理我们还可以有 $\mathscr{P}_1(B,I,C,K)$ 系统等。

我们称用(F)规则的施用叫做 F-推理，其形式为

$$\frac{\vdash FXYZ \qquad \vdash XU}{\vdash Y(ZU)}$$

在线上面左边的叫做"主前提"(major premise)，而右边的叫做"次前提"(minor premise)；线下面叫做结果。所有推理都是 F-推理的演绎是 F-演绎。例如我们可以采用这种方法建立一个演绎树：

$$\frac{\dfrac{\vdash F\alpha(F\beta\gamma)X \qquad \vdash \alpha Y}{\vdash F\beta\gamma(XY)} \qquad \vdash \beta Z}{\vdash \gamma(XYZ)}$$

为了提高 F 组合子的能力，即处理多自变量的能力，我们如下定义 F-序列，使得

$$F_m\alpha_1\cdots\alpha_m\beta$$

表示 m 变量函数 f 的范畴，它的值 $f_1x_1\cdots x_m$ 是属于 β 范畴的。

定义 7.1 定义：

- $F_1=F$
- $F_{m+1}=[x_1,\cdots,x_m,y,z]$。$F_mx_1\cdots x_m(Fyz)$
- $F_0=I$

并有如下定理 7.12。

定理 7.12 对于所有 $m,n\geqslant 0$，我们有

(1) $F_m=[x_1,\cdots,x_m,y](Fx_1.Fx_2\cdot\cdots\cdot Fx_m)y$

(2) $F_{m+n}=[x_1,\cdots,x_m,y_1,\cdots,y_n,z]F_mx_1\cdots x_m(F_ny_1\cdots y_nz)$

(3) 如果 $\vdash F_{m+n}\alpha_1\cdots\alpha_m\beta\cdots\beta_n\gamma f$

$$\underline{\text{and}}\ \vdash \alpha_iX_i \quad i=1,2,\cdots,m$$

那么 $\vdash F_n\beta_1\cdots\beta_n\gamma(fX_1\cdots X_m)$。

所以，我们在前面讨论过的规则(FK)，(FS)，(FB)，(FC)，(FW)可以重新表示如下：

(FK) $\vdash F_2\alpha\beta\alpha K$

(FS) $\vdash F_3(F_2\alpha\beta\gamma)(F(\alpha\beta))\alpha\gamma S$

(FB) $\vdash F_2(F\beta\gamma)(F\alpha\beta)(F\alpha\gamma)B$

(FC) $\vdash F(F_2\alpha\beta\gamma)(F_2\beta\alpha\gamma)C$

(FW) $\vdash F(F_2\alpha\alpha\beta)(F\alpha\beta)\mathrm{W}$

由于组合逻辑是直觉数学派系的，所以组合逻辑的定义与证明都要求是构造性的。那么一个构造性的证明是怎样进行的呢？请看下面的定理。

定理 7.13 令 $\mathscr{B}$ 是演绎系统的基础

$$\vdash \alpha_ja_j \qquad j=1,2,\cdots,p \tag{1}$$

令 X,η 构成一个从 $\mathscr{B}$ 到下式的一个 F-演绎。

$$\vdash \eta X \tag{2}$$

那么存在着 $X_1,\cdots,X_q,\eta_1,\cdots,\eta_q$ 使得

(1) 陈述句$\mathfrak{T}_1,\cdots,\mathfrak{T}_q$,其中$\mathfrak{T}_K$ 是

$$\vdash \eta_K X_K \tag{3}$$

组成了由式(1)为基础的正规 F-演绎 $\mathscr{D}$。

(2) $X_1,\cdots,X_q$ 这些 obs 由 $a_1,\cdots,a_p$ 通过施用构成了 X 的正规的结构。

(3) 如果 X_K 不是 a_j 中的一个 ob,并且

$$X_K = X_i X_j \tag{4}$$

那么

$$\eta_i = F\eta_j\eta_K \tag{5}$$

(4) 如果 a 是初始的并且 $X_K=a$,那么$\mathfrak{T}_K$ 是对 $a_j=a$ 的 $\mathscr{B}$ 的一个陈述句。

(5) 如果 a 是初始的并且在 X 中不出现,那么对于 $a_j=a$,式(1)表示的陈述句中没有一个是实用在 $\mathscr{D}$ 中的。

我们不证明该定理,读者如有兴趣可参考本章文献[2]。在这里我们仅打算做些解释。演绎系统的基础$\vdash \alpha_j a_j (j=1,2,\cdots,p)$表示 a_j 属于范畴α_j,我们希望通过这些基础得到$\vdash \eta X$,即 X 属于 η 范畴。X 是由 $X_1,\cdots,X_q$ 组成的组合,而 $X_K(K=1,\cdots,q)$又有如下陈述句

$$\mathfrak{T}_K: \vdash \eta_K X_K$$

于是有了如下的对应关系,即 X_K 如果不是 $a_j(j=1,\cdots,p)$中的一个,并且有 $X_K=X_iX_j$,那么 X_K,X_i 与 X_j 所属的范畴η_K,η_i 及 η_j 有如下关系:

$$\eta_i = F\eta_j\eta_K$$

上面的解释如果清楚了,那么(4)与(5)也很容易明白。下面,我们举些例子。

例 7.16 $\vdash F\xi\eta l$ 可以从(FK)及(FS)的 F-演绎中得到的充分必要条件是 $\xi=\eta$。

【证明】$I=SKK$ 的构造可以展示成

$$\cfrac{\cfrac{(1)S \quad (2)K}{(3)SK \quad (4)K}}{(5)SKK}$$

这个构造表明了,$X_1=S,X_2=K,X_3=SK,X_4=K,X_5=SKK$。根据定理 7.13(3)可以得到

$$\eta_3 = F\,\eta_4\,\eta_5$$

$$\eta_1 = F\,\eta_2\,\eta_3 = F\,\eta_2(\eta_4\,\eta_5)$$

(即假定$\vdash \eta_1 X_1,\vdash \eta_2 X_2,\vdash \eta_3 X_3,\vdash \eta_4 X_4,\vdash \eta_5 X_5$)。

由于 η_1 可以从(FS)中得到,对于适当的 α,β,γ 有

$$\eta_1 = F(F\alpha(F\beta\gamma))(F(F\alpha\beta)(F\alpha\gamma))$$

因此,我们从 η_1 的施用关系中得到

$$\eta_2 = F\alpha(F\beta\gamma)$$

$$\eta_4 = F\alpha\beta$$

$$\eta_5 = F\alpha\gamma$$

另一方面,因为 η_2 必须从(FK)得出,而且还要有 $\alpha=\gamma$,因此

$\eta_2 = F\xi\eta = F\alpha\alpha$

从而证明条件是必要的。下面来证明其充分性。因为 η_4 也可以从(FK)得到，所以必须有 $\beta = F\delta\alpha$，这将给出

$\eta_1 = F(F\alpha(F(F\delta\alpha)\alpha))(F(F\alpha(F\delta\alpha))(F\alpha\alpha))$

$\eta_2 = F\alpha(F(F\delta\alpha)\alpha)$

$\eta_3 = F(F\alpha(F\delta\alpha))(F\alpha\alpha)$

$\eta_4 = F\alpha(F\delta\alpha)$

$\eta_5 = F\alpha\alpha$

从而得证。

例 7.17 试由(FK)及(FS)证明

$\vdash F(F\beta\gamma)(F(F\alpha\beta)(F\alpha\gamma))B$

【证明】$B = S(KS)K$ 的构造为

$$\cfrac{\cfrac{(1)S \qquad \cfrac{(2)K \qquad (3)S}{(4)KS}}{(5)S(KS)} \qquad (6)K}{(7)B}$$

根据定理 7.13(3)可以得到

$\eta_5 = F\eta_6\eta_7$

$\eta_1 = F\eta_4\eta_5 = F_2\eta_4\eta_6\eta_7$

$\eta_2 = F\eta_3\eta_4$

因为 η_1 可以从(FS)得到，对于适当的 ρ,σ,τ：

$\eta_4 = F_2\rho\sigma\tau$

$\eta_6 = F\rho\sigma$

$\eta_7 = F\rho\tau$

因为 η_2 可以从(FK)得到

$\eta_2 = F\eta_3(F\delta\eta_3)$

$\eta_4 = F\delta\eta_3$

所以 $\delta = \rho, \eta_3 = F\sigma\tau$。

因为 η_6 可以从(FK)得到

$\eta_6 = F\rho(F\lambda\rho)$

$\sigma = F\lambda\rho$

$\eta_3 = F\sigma\tau = F(F\lambda\rho)\tau$

因为 η_3 可以从(FS)得到

$\eta_3 = F(F\alpha(F\beta\gamma))(F(F\alpha\beta)(F\alpha\gamma))$

比较前面的 η_3 的公式

$\lambda = \alpha,\ \rho = F\beta\gamma$

$\tau = F(F\alpha\beta)(F\alpha\gamma)$

因此,最后有

$$\rho=F\beta\gamma$$

$$\sigma=F\alpha\rho=F\alpha(F\beta\gamma)$$

$$\tau=F(\alpha\beta)(F\alpha\gamma)$$

$$\eta_1=F_2(F_2\rho\sigma\tau)(F\rho\sigma)(F\rho\tau)$$

$$\eta_2=F(F\sigma\tau)(F_2\rho\sigma\tau)$$

$$\eta_3=F\sigma\tau=F(F\alpha(F\beta\gamma))(F(F\alpha\beta)(F\alpha\gamma))$$

$$\eta_4=F_2\rho\sigma\tau$$

$$\eta_5=F(F\rho\sigma)(F\rho\tau)$$

$$\eta_6=F\rho\sigma=F(F\beta\gamma)(F\alpha(F\beta\gamma))$$

$$\eta_7=F\rho\tau=F(F\beta\gamma)(F(F\alpha\beta)(F\alpha\gamma))$$

例 7.18 对于 $X=WI$,X 的构造为

$$\frac{(1)W \qquad (2)I}{(3)WI}$$

根据条件(3)有

$$\eta_1=F\eta_2\eta_3$$

根据(FW)可以得到 η_1,并有

$$\eta_2=F\alpha(F\alpha\beta)$$

但因为 η_2 必须从(FI)得到,所以还应当有

$$\alpha=F\alpha\beta$$

可以看出这是不可能的,因为它要求一个 ob 等于它自己的一部分。如果我们取 S 及 I 作为初始机制,令 $X=SII$,我们可以构造

$$\cfrac{\cfrac{(1)S \qquad (2)I}{(3)SI} \qquad (4)I}{(5)SII}$$

并根据条件(3)有

$$\eta_3=F\eta_4\eta_5$$

$$\eta_1=F\eta_2\eta_3=F_2\eta_2\eta_4\eta_5$$

因为 η_1 可以从(FS)得到并有

$$\eta_2=F_2\alpha\beta\gamma=F\alpha(F\beta\gamma)$$

$$\eta_4=F\alpha\beta$$

因为 η_2 可以从(FI)中得到,有

$$\alpha=F\beta\gamma$$

又因为 η_4 也可以从(FI)中得到,所以还有

$$\alpha=\beta$$

将这两个条件联立起来,要求 $\beta=F\beta\gamma$,这又表明它是不可能的。它表明在上述给定的情况中,WI 及 SII 的函数性是不存在的。

下面，我们给出组合子的函数特性表(图 7.3)。

X	(FX)
K	$F\alpha(F\beta\alpha)$
S	$F_2(F_2\alpha\beta\gamma)(F\alpha\beta)(F\alpha\gamma)$
I	$F\alpha\alpha$
B	$F_2(F\beta\gamma)(F\alpha\beta)(F\alpha\gamma)$
C	$F(F_2\beta\alpha\gamma)(F_2\alpha\beta\gamma)$
W	$F(F_2\alpha\alpha\beta)(F\alpha\beta)$
Φ	$F(F_2\alpha\beta\gamma)(F_2(F\delta\alpha)(F\delta\beta)(F\delta\gamma))$
Ψ	$F_2(F_2\beta\beta\gamma)(F\alpha\beta)(F_2\alpha\alpha\gamma)$
CI	$F_2\alpha(F\alpha\beta)\beta$
CB	$F_2(F\alpha\beta)(F\beta\gamma)(F\alpha\gamma)$
B^n	$F_2(F\beta\gamma)(F_n\alpha_1\cdots\alpha_n\beta)(F_n\alpha_1\cdots\alpha_n\gamma)$
$K_{n+1}(=B^nK)$	$F(F_n\alpha_1\cdots\alpha_n\gamma)(F_{n+1}\alpha_1\cdots\alpha_n\beta\gamma)$
$C_{n+1}(=B^nC)$	$F(F_{n+2}\alpha_1\cdots\alpha_n\gamma\beta\delta)(F_{n+2}\alpha_1\cdots\alpha_n\beta\gamma\delta)$
$W_{n+1}(=B^nW)$	$F(F_{n+2}\alpha_1\cdots\alpha_n\beta\beta\gamma)(F_{n+1}\alpha_1\cdots\alpha_n\beta\gamma)$
S_n	$F_{n+1}(F_{n+1}\alpha\beta_1\cdots\beta_n\gamma)(F\alpha\beta_1)\cdots(F\alpha\beta_n)(F\alpha\gamma)$
Φ_n	$F_{n+1}(F_n\beta_1\cdots\beta_n\gamma)(F\alpha\beta_1)\cdots(F\alpha\beta_n)(F\alpha\gamma)$
SB	$F_2(F(F\beta\gamma)(F\alpha\beta))(F\beta\gamma)(F\alpha\gamma)$

图 7.3

我们把上表中的各组合子的函数性证明留给读者作为练习。

7.6 范畴组合逻辑

范畴组合逻辑是采用组合逻辑的理论方法研究范畴论。在组合逻辑中，形式化一个数学系统时，把变量、函数甚至谓词不分范畴都定义在 obs 类中，其中包括 S,K 等这些组合子。这个形式系统的操作化简到仅存在一个操作——施用。而把谓词并入到 obs 之中后，也仅剩一个谓词“$\vdash$”(把等词也并到 obs 之中，并记为 Q)，于是就得到了我们在前面研究的完全形式化的、显式的组合逻辑系统。

从范畴的定义中可以看出，被范畴论关心的操作是“$\circ$”(composition)，即复合操作。把复合作为操作，那么“施用”这个概念放到什么地方去呢？在范畴组合逻辑中，施用(application)也被放到了 obs 之中。

我们可以模拟组合逻辑的方法，先初步定义如下的一个形式系统：

(1) Primitive ideas

① atoms

• (including $A,B,C,\cdots,f,g,\cdots,I_A,I_B,I_C,\cdots$)。

• App(意义为 application)。

• dom,cod。

② operations

• 一个二元操作:$\circ$。

• dom(f),cod(g)是 obs,如果 dom(f)=cod(g),那么称 $f\circ g$ 有定义,并且 $f\circ g$ 也是一个 ob。

③ predicates

• 一个二元谓词:=。

• 如果 X,Y 是 obs 那么 $X=Y$ 是一个基本陈述句。

(2) Postulates

• $f=f$。

• if $f=g$ then $\mathrm{dom}(f)=\mathrm{dom}(g)$。

• if $f=g$ then $\mathrm{cod}(f)=\mathrm{cod}(g)$。

• if $f=g$ and $k=h$ then $k\circ f=h\circ g$。

• $(f\circ g)\circ h=f\circ(g\circ h)$。

• if $\mathrm{dom}(f)=A$ then $f\circ 1_A=f$。

• if $\mathrm{cod}(f)=B$ then $1_B\circ f=f$。

• $\mathrm{dom}(f\circ g)=\mathrm{dom}(g)$。

• $\mathrm{cod}(f\circ g)=\mathrm{cod}(f)$。

显然,这样做是直接按照范畴的定义来定义这个形式系统的。在组合逻辑中我们曾定义了一些组合子,那么在范畴组合逻辑中,我们该定义什么样的组合子呢?

在范畴论中,对一个范畴的定义还有另外一种形式,即一个范畴为

$$\boldsymbol{C}=(M,\circ)$$

其中 M 为 Mor$\boldsymbol{C}$,而"$\circ$"仍然是复合,但只是要把"$\circ$"定义成一个部分操作(偏操作),也就是说这个操作"$\circ$"存在着没有定义的情况,此时"$\circ$"操作也必须满足如下条件:

(1) 如果 $f\circ g$ 与 $g\circ h$ 是有定义的,那么$(f\circ g)\circ h$ 与 $f\circ(g\circ h)$是有定义的。

(2) 如果 $f,g,h\in M$,$(f\circ g)\circ h$ 有定义当且仅当 $f\circ(g\circ h)$有定义,并有

$$(f\circ g)\circ h=f\circ(g\circ h)$$

(3) 存在单位射 $1_A,1_B$,使得

$$f\circ 1_B=f$$

$$1_A\circ f=f$$

在范畴论中已证明,这两个范畴的定义是等价的。在范畴的后一种定义中,已经把变量去掉,显然,在范畴组合逻辑中采用这种定义形式也许会更好。

下面,我们来定义这些组合子。

(1) 组合子 Id。组合子 Id 的定义为

类型公式形式:$\mathrm{Id}:\alpha\rightarrow\alpha$

λ-抽象形式:$\mathrm{Id}=\lambda f\cdot f$

该组合子的复合规则为

(IdR) $\mathrm{Id}\circ f=f$

(IdL) $f\circ \mathrm{Id}=f$

(2) 组合子 Fst。组合子 Fst 的定义为

类型公式形式：$\mathrm{Fst}:\alpha\times\beta\rightarrow\alpha$

λ-抽象形式：$\mathrm{Fst}=\lambda(\langle f,g\rangle)\cdot f$

该组合子的复合规则为

(Fst) $\mathrm{Fst}\circ\langle f,g\rangle=f$

(3) 组合子 Snd。组合子 Snd 的定义为

类型公式形式：$\mathrm{Snd}:\alpha\times\beta\rightarrow\beta$

λ-抽象形式：$\mathrm{Snd}=\lambda(\langle f,g\rangle)\cdot g$

该组合子的复合规则为

(Snd) $\mathrm{Snd}\circ\langle f,g\rangle=g$

(4) 组合子 Pair。组合子 Pair 的定义为

类型公式形式：$\langle -,-\rangle:(\alpha\rightarrow\beta)\times(\alpha\rightarrow\gamma)\rightarrow(\alpha\rightarrow\beta\times\gamma)$

λ-抽象形式：$\langle -,-\rangle=\lambda(f,g)\cdot\lambda h\cdot\langle f\circ h,g\circ h\rangle$

该组合子的复合规则为

$\langle f,g\rangle=\lambda h\cdot\langle f\circ h,g\circ h\rangle$

(Pair)$\langle f,g\rangle\circ h=\langle f\circ h,g\circ h\rangle$

(5) 组合子 App。组合子 App 的定义为

类型公式形式：$\mathrm{App}:(\alpha\rightarrow\beta)\times\alpha\rightarrow\beta$

λ-抽象形式：$\mathrm{App}=\lambda(\langle f,g\rangle)\cdot f\circ g$

该组合子的复合规则为

(App) $\mathrm{App}\circ\langle f,g\rangle=f\circ g$

(6) 组合子 Cur(Curry)。组合子 Cur 的定义为

类型公式形式：$\mathrm{Cur}:((\alpha\times\beta)\rightarrow\gamma)\rightarrow(\alpha\rightarrow(\beta\rightarrow\gamma))$

λ-抽象形式：$\mathrm{Cur}=\lambda f\cdot\lambda gh\cdot f\circ\langle g,h\rangle$

该组合子的复合规则为

(Cur) $\mathrm{Cur}(f)\circ g\circ h=f\circ\langle g,h\rangle$

我们可以利用上述规则加上复合的结合律规则

(ass) $(f\circ g)\circ h=f\circ(g\circ h)$

证明出如下的性质。

例 7.19 试证明

(1) $\langle\mathrm{Fst},\mathrm{Snd}\rangle=\mathrm{Id}$

(2) $\mathrm{Cur}(\mathrm{App})=\mathrm{Id}$

【证明】由于

(1) $\langle\mathrm{Fst},\mathrm{Snd}\rangle\circ h=\langle\mathrm{Fst}\circ h,\mathrm{Snd}\circ h\rangle=h$

而 $\mathrm{Id}\circ h=h$(对于任意 h)，所以 $\langle \mathrm{Fst},\mathrm{Snd}\rangle=\mathrm{Id}$。

(2) 由于 $\mathrm{App}:((\alpha\to\beta)\times\alpha)\to\beta$，根据(Cur)规则有

$$\mathrm{Cur}(\mathrm{App}):(\alpha\to\beta)\to(\alpha\to\beta)$$

所以 $\mathrm{Cur}(\mathrm{App})=\mathrm{Id}$。

例 7.20 试证明如下的性质：

(1) $\mathrm{App}\circ\langle \mathrm{Cur}(f)\circ\mathrm{Fst},\mathrm{Snd}\rangle=f$。

(2) $\mathrm{Cur}(\mathrm{App}\circ\langle h\circ\mathrm{Fst},\mathrm{Snd}\rangle)=h$。

(3) $\mathrm{Cur}(f\circ\langle g\circ\mathrm{Fst},\mathrm{Snd}\rangle)=\mathrm{Cur}(f)\circ g$。

(4) $\mathrm{App}\circ\langle \mathrm{Cur}(f),g\rangle=f\circ\langle \mathrm{Id},g\rangle$。

【证明】

(1) $\mathrm{App}\circ\langle \mathrm{Cur}(f)\circ\mathrm{Fst},\mathrm{Snd}\rangle$

$=(\mathrm{Cur}(f)\circ\mathrm{Fst})\circ\mathrm{Snd}$ (App)

$=f\circ\langle \mathrm{Fst},\mathrm{Snd}\rangle$ (Ass),(Cur)

$=f\circ\mathrm{Id}$ (根据例 7.19)

$=f$ (Idl)

(2) $\mathrm{Cur}(\mathrm{App}\circ\langle h\circ\mathrm{Fst},\mathrm{Snd}\rangle)\circ f\circ g$

$=(\mathrm{App}\circ\langle h\circ\mathrm{Fst},\mathrm{Snd}\rangle)\circ\langle f,g\rangle$ (Cur)

$=\mathrm{App}\circ\langle h\circ f,g\rangle$ (Ass),(Pair)

$=h\circ f\circ g$

所以 $\mathrm{Cur}(\mathrm{App}\circ\langle h\circ\mathrm{Fst},\mathrm{Snd}\rangle)=h$。

(3) $\mathrm{Cur}(f\circ\langle g\circ\mathrm{Fst},\mathrm{Snd}\rangle)\circ h_1\circ h_2$

$=(f\circ\langle g\circ\mathrm{Fst},\mathrm{Snd}\rangle)\circ\langle h_1,h_2\rangle$ (Cur)

$=f\circ\langle g\circ h_1,h_2\rangle$ (Ass),(Pair)

而

$$\mathrm{Cur}(f)\circ g\circ h_1\circ h_2=f\circ\langle g\circ h_1,h_2\rangle \qquad \text{(Cur)}$$

左右相等，故证毕。

(4) $f\circ\langle \mathrm{Id},g\rangle=(\mathrm{App}\circ\langle \mathrm{Cur}(f)\circ\mathrm{Fst},\mathrm{Snd}\rangle)\circ\langle \mathrm{Id},g\rangle$

$=\mathrm{App}\circ\langle \mathrm{Cur}(f)\circ\mathrm{Id},g\rangle$

$=\mathrm{App}\circ\langle \mathrm{Cur}(f),g\rangle$

如果考虑把上述的复合运算直接施用到变量上去，我们可以得到如下的规则：

(Ass) $(f\circ g)x=f(gx)$

(Id) $\mathrm{Id}x=x$

(Fst) $\mathrm{Fst}(x,y)=x$

(Snd) $\mathrm{Snd}(x,y)=y$

(Pair) $\langle f,g\rangle x=(fx,gx)$

(App) $\mathrm{App}(f,x)=fx$

(Cur) $\mathrm{Cur}(f)xy=f(x,y)$

如何用范畴组合逻辑来构造 S,K 呢？

(1) $K=\mathrm{Cur}(\mathrm{Fst})$

由于 $\mathrm{Cur}(\mathrm{Fst})xy=\mathrm{Fst}(x,y)=x$，而 $Kxy=x$，所以 $K=\mathrm{Cur}(\mathrm{Fst})$。

(2) $S=\mathrm{Cur}(\mathrm{Cur}(\mathrm{App}\circ\langle\mathrm{App}\circ\langle\mathrm{Fst}\circ\mathrm{Fst},\mathrm{Snd}\rangle,\mathrm{App}\circ\langle\mathrm{Snd}\circ\mathrm{Fst},\mathrm{Snd}\rangle\rangle))$

由于

$$\begin{aligned}
&\mathrm{Cur}\,(\mathrm{Cur}(\mathrm{App}\circ\langle\mathrm{App}\circ\langle\mathrm{Fst}\circ\mathrm{Fst},\mathrm{Snd}\rangle,\mathrm{App}\circ\langle\mathrm{Snd}\circ\mathrm{Fst},\mathrm{Snd}\rangle\rangle))fgx\\
&\quad=\mathrm{Cur}(\mathrm{App}\circ\langle\mathrm{App}\circ\langle\mathrm{Fst}\circ\mathrm{Fst},\mathrm{Snd}\rangle,\mathrm{App}\circ\langle\mathrm{Snd}\circ\mathrm{Fst},\mathrm{Snd}\rangle\rangle)(f,g)x\\
&\quad=\mathrm{App}\circ\langle\mathrm{App}\circ\langle\mathrm{Fst}\circ\mathrm{Fst},\mathrm{Snd}\rangle,\mathrm{App}\circ\langle\mathrm{Snd}\circ\mathrm{Fst},\mathrm{Snd}\rangle\rangle((f,g),x)\\
&\quad=\mathrm{App}(\mathrm{App}\circ\langle\mathrm{Fst}\circ\mathrm{Fst},\mathrm{Snd}\rangle((f,g),x),\mathrm{App}\circ\langle\mathrm{Snd}\circ\mathrm{Fst},\mathrm{Snd}\rangle((f,g),x))\\
&\quad=\mathrm{App}(\mathrm{App}(f,x),\mathrm{App}(g,x))\\
&\quad=fx(g\lambda)
\end{aligned}$$

而 $Sfgx=fx(gx)$。

下面，我们分别对上面的规则进行范畴方面的解释。例如对(Fst)和(Pair)规则可以用如下的图解释。

已知范畴 $\mathbf{C}$ 的两个象元 A,B，那么($A\times B,\mathrm{Fst}:A\times B\rightarrow A,\mathrm{Snd}:A\times B\rightarrow B$)是一个 A,B 的积。如果 $\forall c(f:C\rightarrow A,g:C\rightarrow B)$ 唯一存在一个 $h:C\rightarrow A\times B$ 使得 $\mathrm{Fst}\circ h=f$，$\mathrm{Snd}\circ h=g$，其中 h 可以被写成 $\langle f,g\rangle$。即图 7.4 是对易的。

又例如，对于性质 $\mathrm{Cur}(\mathrm{App}\circ\langle h\circ\mathrm{Fst},\mathrm{Snd}\rangle)=h$ 可以有图 7.5。对于所有的 $C,f:C\times A\rightarrow B$，唯一存在一个 $h:C\rightarrow(A\rightarrow B)$ 使得 $\mathrm{App}\circ\langle h\circ\mathrm{Fst},\mathrm{Snd}\rangle=f$。$h$ 可以被 $\mathrm{Cur}(f)$ 所确定，所以有

$$h=\mathrm{Cur}(\mathrm{App}\circ<h\circ\mathrm{Fst},\mathrm{Snd}>)$$

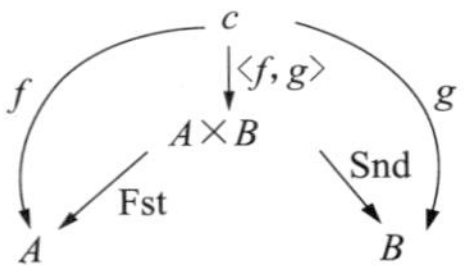

图 7.4

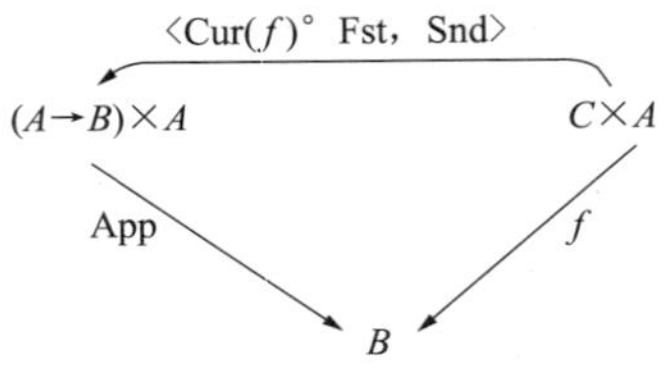

图 7.5

范畴组合逻辑就介绍到这里。读者可以为上面的讨论增加一个操作“+”(union)，讨论其性质。

7.7 小 结

Curry 的组合逻辑问世以后，直到 20 世纪 80 年代才被人们关心起来，这是由于它被用于研究新一代的计算机，它为函数型语言的编译程序提供了新的方法。英国计算机科学家 D. A. Turner 于 1979 年首先发表了用 Curry 的组合逻辑理论讨论施用语言的新的实现方法[5]。组合逻辑在计算机硬件方面的研究也十分活跃，例如美国人 P. Hudak 在

这方面就做了大量的工作。在组合逻辑的理论方面,R. J. M. Hughes 提出了"超组合子"(super-combinators)概念。所有这些研究,大大发展了函数型程序设计语言的概念。

用组合逻辑方法研究计算机与函数型程序设计语言,实际上是解决图 7.6 所示的问题。

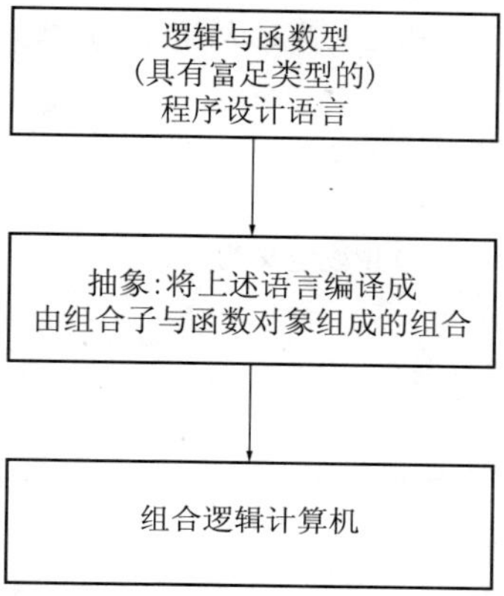

图 7.6 组合逻辑计算机与函数型程序设计语言

在本章的习题中,定义了"超组合子"的概念,读者不妨去做几道题。

习 题

1. 定义化简关系 $X \rhd Y$ 满足如下的条件:

(ρ):$X \rhd X$

(μ):$X \rhd Y \to ZX \rhd ZY$

(ν):$X \rhd Y \to XZ \rhd YZ$

(τ):$X \rhd Y$ and $Y \rhd Z \to X \rhd Z$

(K):$KXY \rhd X$

(S):$SXYZ \rhd XZ(YZ)$

(I)$IX \rhd X$

(即去掉了(σ)规则),再讨论组合逻辑形式系统的变化。

2. 说明 $X \rhd Y \rhd X$ 并不意味着 $Y \equiv X$。

3. $Y[M_1/x_1,\cdots,M_n/x_n]$,$Y[M_1/x_1][M_2/x_2]\cdots[M_n/x_n]$之间的差别是什么?

(提示:$Y[M_1/x_1,\cdots,M_n/x_n]$表示同时用 $M_1,\cdots,M_n$ 去替换 $x_1,\cdots,x_n$。)

4. 证明图 7.1 中的所有关系是正确的。

5. 证明 $Z_nFx = F^nX$,其 Z_n 表示迭代组合子。

6. 试写出以组合逻辑组合子(S,K,I)为目标代码的 AE 编译操作语义。AE 的语法为

$$e ::= a \mid x \mid e_1e_2 \mid \lambda x \cdot e \mid (e)$$

7. 对如下表达式进行抽象(无形式参数抽象):

(1) $\mathrm{Cond}(x,y,m(g(m(x,y),d(x)),P(x,y)))$

(2) $f(g(x,y),h(y,g(x,y)))$

(3) $f(x,f(x,f(x,g(y))))$

(4) 请给出不动点组合子 Y 的抽象规则。

(首先将函数形式变成 Curry 形式。)

8. 超组合子(super-combinators)。在 λ-表达式 $\lambda v \cdot e$ 中的一个自由表达式,被定义为 e 中的任意一个子表达式,在该表达式中 v 不作为自由变元出现。如果一个自由表达式不再分成任何更大的自由表达式的一部分,则称这个自由表达式为最大自由表达式。Hughes 提供了如下的一个算法来产生超组合子:

(1) 找到一个最左最内 λ-表达式 $L=\lambda v \cdot e$。

(2) 找到 L 的最大自由表达式 $e_1,\cdots,e_n$。

(3) 建立一个新的组合子(称之为 α)并被定义为

$$\alpha i_1 \cdots i_n \quad v=e[i_1/c_1,\cdots,i_2/e_n]$$

其中形式参数名 $i_1,\cdots,i_n$ 并不自由出现在 e 中。

(4) 用 $(\alpha e_1 \cdots e_n)$ 替换 L。

(5) 重复(1)～(4)直到第一步不能再进行。

9. 求如下 λ-表达式的超组合子:

(1) $P=Y(\lambda f.\lambda x.\lambda y.\text{if}(=xy)x$

$(\text{if}(=y(+x1))(*xy)$

$(*(fx(/(+xy)2))$

$(f(+(/(+xy)2)1)y))))$

(2) $f=\lambda x.\lambda y.\lambda z.\text{if}(=(-xy)(+yz))$

$(+(**x2)(-yz))(-z(+xy))$

10. 证明图 7.3 中的公式。

11. 请解释如下的 Curry's-paradox(Curry 悖论)。

有如下的一个系统:假定对于每一个 X,Y 都对应一个项 $X\to Y$,该项应满足如下公理与规则:

(1) $X\to Y,X \vdash Y$

(2) $\vdash (X\to(X\to Y))\to(X\to Y)$

如果我们还有等式规则,于是我们可以证明这个系统是不相容的。因为,在这个系统中,我们可以推出:对于任意项 Y,$\vdash Y$ 成立。请看下面的证明,令 Y 是任意项,并定义

$Z=\lambda z.(zz\to(zz\to Y))$　　　$(z\notin Y)$

$X=ZZ$

那么有

(3) $X=X\to(X\to Y)$

(4) $\quad =(X\to(X\to Y))\to(X\to Y)$

所以可以推出:

$\vdash (X\to(X\to Y))\to(X\to Y)$　　(2)

(5) $\vdash X\to(X\to Y)$　　(4)

(6) $\vdash X$　　(3)

(7) $\vdash X\to Y$　　(5),(6),(1)

$\vdash Y$　　(5),(7),(1)

12. 试做如下证明:

(1) 利用定义 $P=\lambda xy.\Xi(Kx)(Ky)$ 证明

$PXY, X \vdash Y$ （即(P)规则）

(2) 利用定义 $\Pi = \Xi E$ 证明(Π)规则。

(3) 利用定义 $F = \lambda xyz. \Xi x(Byz)$ 证明(F)规则。

参考文献

[1] J. Backus. Can Programming be Liberated from the Von Neumann Style A Functional Style and Its Algebra of Programs. CACM. ,1978,21(4).

[2] H. K. Curry, R. Feys. Combinatory Logic. North-Holland,1958.

[3] J. P. Seldin, J. R. Hindley(ed.), H. B. Curry. Essays on Combinatory Logic. Lambda Calculus and Formalism,London,Academic Pr. ,1980.

[4] J. R. Hindley,B. Lercher, J. P. Seldin. Introduction to Combinatory Logic. Cambridge University Press,1972.

[5] D. A. Turner. A New Implementation Technique for Applicative Languages. Software-Practice and Experience,1979,(9):31～49.

[6] R. J. M. Hughes. Super-Combinators: A New Implementation Method for Applicative Languages. In Park et al. (editors),Sym. on Lisp and Functional Prog. ,ACM. Aug. ,1982.

[7] P. Hudak, D. Kranz. A Combinatorbased Compiler for a functional Language. In Proc. 11th ACM Symp. Principles Programming Lang. ,Jan. ,1984.

[8] P. Hudak, B. Goldberg. Serial Combinators:"Optimal"Grains of Parallelism. Lecture Notes in Computer Science,1985:201.

第 8 章　公理语义方法

这一章，我们向读者介绍公理语义方法。所谓公理语义方法是指采用逻辑方法对程序设计语言的语义进行研究的方法。我们首先向读者介绍什么叫程序的正确性，判定程序正确的条件，然后介绍 Hoare 及 Dijkstra 的公理系统。最后，我们将向读者介绍新直觉主义数学派 Martin-Löf 的类型论(type theory)。

8.1 概　述

研究程序中的逻辑现象，首先要研究什么叫做正确的程序。如何采用形式方法定义程序的正确性概念呢？在这方面最早作出贡献的是 E. W. Floyd。他首先用谓词演算的方法定义了程序的终止、部分正确与完全正确，从而使程序正确性讨论有了一个良好的基础。Z. Manna 在这方面也做出了自己的贡献，其主要表现在程序不变式(invariant)的研究中。C. A. R. Hoare 于 1969 年提出了程序的公理化系统，这个公理化系统是不研究程序终止性的部分正确的公理规则。E. W. Dijkstra 提出了最弱前置条件的公理语义系统，这个公理系统是以程序必须终止为前提的，是程序完全正确的公理系统[4,5]。虽然当时讨论程序正确性验证(证明)十分活跃，但是将这些理论用于程序的证明仍然十分困难，往往不能完成预想的目标，在这些困难面前，有人提出程序正确性证明是一个社会活动，是不可能由机器形式完成的。就在这种热烈的争论之中，有人却去开辟新的出路，这就是以 Martin-Löf 为代表的新直觉主义数学派别。他们认为，问题在于一阶谓词演算的非构造性需要产生更适合于计算机的新数学，Martin-Löf 称这个数学为类型论。读者在学习本章时，应把重点放在这些派别之间的差别在什么地方；一阶谓词演算作为证明的基础，在计算机上实现的困难到底是什么等问题上。Martin-Löf 的类型论能够解决这些问题吗？如果真能弄清楚这些问题，其收获一定会很大。

程序正确性证明，从哲学上讲到底是一个什么概念呢？我们把程序的正确性证明看成图 8.1 所示的三个世界的协调。

图 8.1

从认识论的角度来看，要想采用形式方法证明“认识世界”等价“客观世界”，也就是说，要证明我们对于客观世界的认识是完全正确的，当然是一个社会活动(社会过程)。但是,在假定认识是正确的之后,根据这个认识我们编出程序(如果是可以编出来的话)那么这个程序是否完成了程序员想做的事情,却又是另一回事。我们在这一章谈到的所谓程序正确性就是指如下的意思:“程序做的→程序员想做的”。

按照软件工程的方法,从“认识世界”到“程序世界”的转换,首先要写说明(specification),然后根据这个说明去实现程序(implementation)。一个程序说明的主要任务在于说明“做什么”(What to do),而实现却主要解决“怎么做”(How to do)。描写“做什么”采用一阶谓词演算方法被认为是很理想的。一阶谓词演算是一个形式逻辑系统,具有一整套的证明技术。将一阶谓词演算与程序联系起来,实际上要解决如下两个问题:

· 将谓词演算转换成程序。
· 将程序转换成谓词演算。

读者在学习本章时,最好首先复习一下可计算性理论的有关内容。

8.2 程序正确性验证的基本概念

一个程序可用图 8.2 表示。

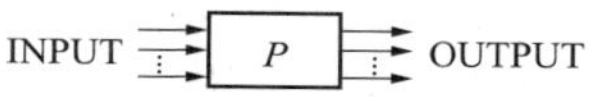

(a)

	程序员的意图	程序执行
INPUT	Input Specifications $\phi(\overline{X})$	Input Conditions $\phi(\overline{X})$
OUTPUT	Output Specifications $\psi_H(\overline{X},\overline{Z})$	Output results $p_H(\overline{X},\overline{Z})$

(b)

图 8.2

图 8.2 中的 $\phi(\overline{x})$ 称之为输入说明;$\psi_H(\overline{x},\overline{z})$ 是程序员的主观目标,希望结果,称之为输出说明。$\phi(\overline{x})$ 及 $\psi_H(\overline{x},\overline{z})$ 都是用谓词书写的。$p_H(\overline{x},\overline{z})$ 表示程序终止后,程序实际输出的结果。以后为区别起见,称 $p_H(\overline{x},\overline{z})$ 为“执行谓词”——程序做了什么。

设有一个程序 P,它的输入变量值的集合是 S_1,其输出变量值的集合是 S_2,通过程序 P,如果程序是终止的,那么可以建立图 8.3 所示的关系。

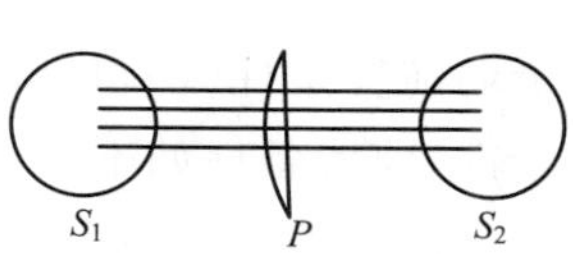

图 8.3

请注意,一个程序的执行停止时,才能建立这种映射。如果一个程序的值域定义为 $D\overline{x}\times D\overline{y}=D_1$,那么这种映射在考虑了无定义⊥意义之后,应当是 $D_1^{\perp}\rightarrow D_1^{\perp}$。

为了今后讨论问题方便,将这个关系表示为

$$S_1\langle P\rangle S_2 \tag{8.1}$$

$$S_2 = S_1\langle P\rangle \tag{8.2}$$

我们规定式(8.1)的形式为“说明形式”，而式(8.2)为“运算形式”。运算形式中的等式只在程序 P 执行停止时才有意义，或称 S_2 有定义。然而，一个集合可以表示成

$$S=\{\langle \overline{x},\overline{y}\rangle \mid p(\overline{x},\overline{y})\} \tag{8.3}$$

其中谓词 $p(\overline{x},\overline{y})$ 称为约束条件。如果 S 不空，那么一定存在 $\overline{x},\overline{y}$ 使 $p(\overline{x},\overline{y})$ 为真。

下面，我们定义程序的正确性。

定义 8.1　如果对于每一个使 $\phi(\overline{a})$ 为真的 $\overline{a}$ 程序 P 的计算是终止的，那么称程序 P 对于 $\phi(\overline{x})$ 是终止的。

定义 8.2　如果对于每一个使 $\phi(\overline{a})$ 为真并且使程序 P 计算终止的 $\overline{a}$，$\psi(\overline{a},p(\overline{a}))$ 为真，那么称程序 P 对于 $\phi(\overline{x})$ 及 $\psi(\overline{x},\overline{z})$ 是部分正确的。

定义 8.3　如果对于每一个使 $\phi(\overline{a})$ 为真的 $\overline{a}$，程序 P 是终止的并且使 $\psi(\overline{a},p(\overline{a}))$ 为真，那么称程序 P 是完全正确的。

这里的 $\phi(\overline{x})$ 表示输入谓词，$\psi(\overline{x},\overline{z})$ 是输出谓词。所以，谈论一个程序正确与否就是考察程序执行状态的关系谓词与程序员“意图谓词”之间的关系。

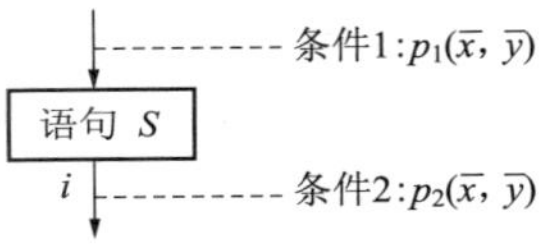

图 8.4

程序执行到 i 点，此时程序状态的关系谓词，或称条件可以用图 8.4 表示。对于语句 S 而言，条件 1：$p_1(\overline{x},\overline{y})$ 称为前置条件，而条件 2：$p_2(\overline{x},\overline{y})$ 称为后继条件。显然，程序执行到 i 点时，假定程序变量状态为 $(\overline{x},\overline{y})=(\overline{a},\overline{b})$，那么将 $(\overline{a},\overline{b})$ 代入之后使之为真的谓词是可以有很多的。这些在 i 点为真的谓词（或称条件）它们的强弱程度是不一样的。下面我们给出强化及弱化的两个过程。

(1) 强化条件的过程。如果在程序 i 点的条件是如下的析取形式：

$$p=p_1 \vee p_2 \vee p_3 \vee \cdots \vee p_k;\qquad (k\geqslant 2)$$

企图寻找该析取形式中的任何子析取式，并也使之在程序 i 点为真的过程，称为强化条件过程。

(2)弱化条件的过程。如果在程序 i 点的条件是如下的合取形式：

$$p=p_1 \wedge p_2 \wedge \cdots \wedge p_k;\qquad (k\geqslant 2)$$

企图寻找该合取形式中的任何子合取式，并也使之在程序 i 点为真的过程称为弱化条件过程。

显然，在程序 i 点处存在着一个最弱的条件。如果前置条件是最弱的，则称之为最弱前置条件(weakest pre-condition)。最弱前置条件对程序正确性证明是充分必要条件，前置条件如不是最弱的，那么它只是充分条件。

在程序验证中还有一个谓词概念是必须谈到的，即不变式概念。什么叫做不变式呢？

定义 8.4　如果每一个输入 $\overline{a}$ 使 $\phi(\overline{a})$ 为真，且程序无论什么时候执行到 i 点都有 $\overline{y}=\overline{b}$ 使得 $p_i(\overline{a},\overline{b})$ 为真，那么就说谓词 $p_1(\overline{x},\overline{y})$ 在断点 i 相对于 $\phi(\overline{x})$ 是一不变式断言（简称不变式）。

显然在程序 i 点处的不变式也是许多许多的，但作为机器实现验证而言，我们关心的是程序执行中产生的不变式。当然，不同的不变式产生规则，产生出的不变式也是不同的。因此，我们把机器执行产生出来的谓词，称之为“执行谓词”。这个执行谓词是否符合不变式的定义呢？也就是说你的不变式产生规则，或说你的不变式产生器产生出的谓词一定是不变式吗？这是需要严格证明的。但在这里只是承认这些规则产生出来的谓词，或说“候选不变式”(candidate invariant)确是不变式。

在下面的讨论中，除特别声明之外，我们提到的不变式都是上述的机器产生的谓词，这个谓词描述了程序在输入条件 $\phi(\overline{x})$ 下“干什么”。请注意，我们是狭义地定义了不变式概念。不注意这一点，就会引起混乱。

有了上述讨论之后，我们可以将程序正确性的讨论建立在不变式基础之上。

定理 8.1A 程序 P 对 $\phi(\overline{x})$ 是终止的，当且仅当下式为真。

$$\forall P \forall \overline{x} \exists h \exists \overline{y}[p_h(\overline{x},\overline{y})]$$

定理 8.2A 程序 P 对 $\phi(\overline{x})$ 及 $\psi_h(\overline{x},\overline{y})$ 是部分正确的，当且仅当下式为真。

$$\exists P \forall \overline{x} \forall h \forall \overline{y}[p_h(\overline{x},\overline{y}) \rightarrow \psi_h(\overline{x},\overline{y})]$$

定理 8.3A 程序 P 对 $\phi(\overline{x})$ 及 $\psi_h(\overline{x},\overline{y})$ 是完全正确的，当且仅当下式为真。

$$\forall P \forall \overline{x} \exists h \exists \overline{y}[p_h(\overline{x},\overline{y}) \wedge \psi_h(\overline{x},\overline{y})]$$

以上定理正是我们在前面讨论的程序正确性的描述。相反，如果叙述一个程序不正确，也相应有如下三个定理。

定理 8.1B 程序 P 对 $\phi(\overline{x})$ 是不终止的，当且仅当下式为真。

$$\exists P \exists \overline{x} \forall h \forall \overline{y}[\neg\, p_h(\overline{x},\overline{y})]$$

定理 8.2B 程序 P 对 $\phi(\overline{x})$ 及 $\psi_h(\overline{x},\overline{y})$ 不是部分正确的，当且仅当下式为真。

$$\forall P \exists \overline{x} \exists h \exists \overline{y}[p_h(\overline{x},\overline{y}) \wedge \neg\, \psi_h(\overline{x},\overline{y})]$$

定理 8.3B 程序 P 对 $\phi(\overline{x})$ 及 $\psi_h(\overline{x},\overline{y})$ 不是完全正确的，当且仅当下式为真。

$$\exists P \exists \overline{x} \forall h \forall \overline{y}[p_h(\overline{x},\overline{y}) \rightarrow \neg\, \psi_h(\overline{x},\overline{y})]$$

注意，以上 $\forall \overline{x} \exists \overline{x}$ 应当分别理解为“对于每一个满足 $\phi(\overline{x})$ 为真的 $\overline{x}$”及“存在着一个满足 $\phi(\overline{x})$ 为真的 $\overline{x}$”。$p_h(\overline{x},\overline{y})$ 表示程序执行产生的不变式。

下面，我们考虑的重点在于部分正确性。

关于程序的终止性判定，就是我们谈到的 Turing 机停机问题。任意程序的终止性是不能判定的。所以说，程序的终止性判定只有充分条件，而没有必要条件。

下面，我们给出判定程序终止性定理。判定程序终止性有良基集法、计数器法及不动点法。

首先，让我们复习良基集的基本概念。

设有一个集合 (S,R)，S 是一个非空集合，R 是关系，当它满足下列前三个条件时，称为偏序的。

(1) 对于所有的 $a,b,c \in S$，如果 aRb 及 bRc，那么 aRc。

(2) 对于所有的 $a,b \in S$，如果 aRb，那么 $b\not R a$。

(3) 对于所有的 $a \in S$，$a\not R a$。

如果再加一条：

(4) 如果 S 构成一个无穷序列 $a_1, a_2, a_3, \cdots, a_n, \cdots$ 在这个序列中不存在 $a_{n+1}Ra_n$；那么集合(S,R)是良基集。

请看下面的例子。

例 8.1 (1) 0 与 1 之间的所有实数的集合，并考虑小于关系“$<$”。这个集合是偏序的，但不是良基集，因为可以找到一个无穷递减序列：

$$\frac{1}{2}>\frac{1}{3}>\frac{1}{4}>\cdots$$

(2) 整数集合 I，研究小于关系“$<$”时，也不是良基集，因为我们也可以找到一个无穷递减序列 $0>-1>-2>-3>\cdots$

(3) 自然数集合 N，研究小于关系“$<$”时，是一个良基集。

(4) Σ^* 具有子串关系 R(即 w_1Rw_2 当且仅当 w_1 是 w_2 的真子串)，也是良基集。

那么程序终止性与良基集有什么关系呢？

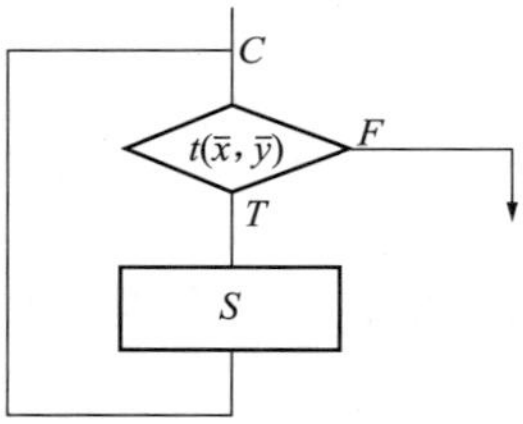

首先，我们看一个循环体的情况，即把 WHILE $t(\overline{x},\overline{y})$ DO s 语句用一个框图(见左图)表示。

我们在程序框图上做一切点 C。程序在循环体上循环执行时，不变式序列为(在 C 点的)

$$p_0(\overline{x},\overline{y}), p_1(\overline{x},\overline{y}), p_2(\overline{x},\overline{y}), \cdots, p_i(\overline{x},\overline{y}), \cdots$$

程序在回路上循环执行时，有一个变量值集合：

$$S_c=\{\langle\overline{x},\overline{y}\rangle \mid \text{program 在回路上运行时，在 } C \text{ 点上数据变量值}\}$$

我们把这个集合可以看作某一个函数的自变量空间，令这个函数为 $u(\overline{x},\overline{y})$，将 S_C 中在程序运行时出现的程序变量值代入 $u(\overline{x},\overline{y})$，那么也有一个序列：

$$u_0(\overline{x},\overline{y}), u_1(\overline{x},\overline{y}), u_2(\overline{x},\overline{y}), \cdots, u_k(\overline{x},\overline{y}), \cdots$$

并假定$\langle\overline{x},\overline{y}\rangle$与 $u(\overline{x},\overline{y})$建立的关系是一一对应的。如果 $u_k(\overline{x},\overline{y})$所组成的集合是良基集，那么尽管程序在回路中运行没有终止(正在运行)，也可以断定该程序在这个回路上是一定要终止的。

良基集法的关键在于找到函数 $u(\overline{x},\overline{y})$。

因此，我们有下面的定理。

定理 8.4 一个程序 P，切断某回路的切断点 C，当且仅当存在一个不变式序列$\{p_i\}(i\geqslant 0)$和函数 $u_i(\overline{x},\overline{y})$，且 $u_i(\overline{x},\overline{y})\in W$，及集合$(W,R)$是关于关系 R 的良基集。如果有

$$\forall\,\overline{x}\,\forall\,\overline{y}[p_i(\overline{x},\overline{y})\rightarrow u_i(\overline{x},\overline{y})\in W]$$

那么这个程序在这个回路上是终止的。

显然，一个程序在一切回路上满足上面的条件，那么这个程序 P 是终止的。

程序终止问题，当然并不一定非要利用良基集方法。下面介绍计数器方法。这个方法的原理如下述。

同样地，我们在每一个回路中设置一个切断点 C，在这个切断点上设置一个计数

器 n，并且假定计数器 $n<K_c$（K_c 为某一常数）。显然，一个程序要终止，这个切断点 C 不能到达无穷多次。那么我们设置两个函数，一个函数是输入变量$\overline{x}$及 n 的函数；另一个是仅与 $\overline{x}$ 有关的函数。它们分别是 $a_C(\overline{x},n)$，$b_C(\overline{x})$，其中 $a_C(\overline{x},n)$是一个整数值的单调递增函数。于是，有下面的定理。

定理 8.5 一个程序 P，有一个回路的切断点为 C。当存在一个不变式序列 $p_i(\overline{x},\overline{y})$，$(i\geqslant 0)$及函数 $a_C(\overline{x},n)$，$b_C(\overline{x})$使得

$$\forall\overline{x}\forall\overline{y}\forall n[p_n(\overline{x},\overline{y})\rightarrow q(\overline{x},\overline{y},n)]$$

$$\forall\overline{x}\forall\overline{y}\forall n[q(\overline{x},\overline{y},n)\rightarrow a_C(\overline{x},n)\leqslant b_C(\overline{x})]$$

那么这个程序在这个回路上是终止的。其中 $a_C(\overline{x},n)$是整值单调递增函数。

当然，如果一个程序 P 上的所有回路都满足上述条件，那么程序 P 是终止的。

无论是定理 8.4 还是定理 8.5 都是将一个程序与有界序列对应起来，只不过一个找到的是下界，另一个找到的是上界，本质上没有什么区别。

用上面谈到的方法证明一个程序终止，显然是很困难的，往往很难找到函数 $u(\overline{x},\overline{y})$及 $a_C(\overline{x},n)$。想采用形式化方法去寻找这么一个函数，几乎可以说是不可能的。

程序终止判定，还有一种不动点方法，这种方法采用递归程序的最小不动点程序语句的语义，我们已在第 2 章介绍了。

8.3 程序正确性验证技术

一个程序中的基本现象是赋值、分支、聚合及循环。

所谓赋值，表现为在程序设计语言中的赋值语句，赋值语句的一般形式可以表示成图 8.5。

引理 8.1 程序中 $p_{\text{in}}(\overline{x},\overline{y})<\overline{y}=g(\overline{x},\overline{y})>p_{\text{out}}(\overline{x},\overline{y})$问题，有如下的不变式：

$$p_{\text{out}}(\overline{x},\overline{y}_{\text{new}})=\exists\overline{y}_{\text{old}}(p_{\text{in}}(\overline{x},\overline{y}_{\text{old}})\wedge\overline{y}_{\text{new}}=g(\overline{x},\overline{y}_{\text{old}}))$$

其中$\overline{y}_{\text{old}}$表示"老的$\overline{y}$"，$\overline{y}_{\text{new}}$表示"新的$\overline{y}$"。

下面，我们再来谈一下程序分支问题。所谓分支是程序通路产生分支，这在程序中表现为框图 8.6。

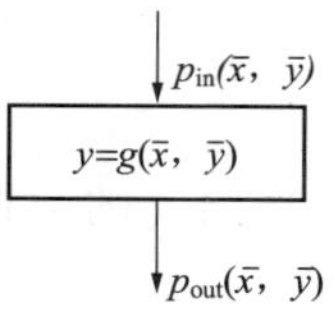

图 8.5

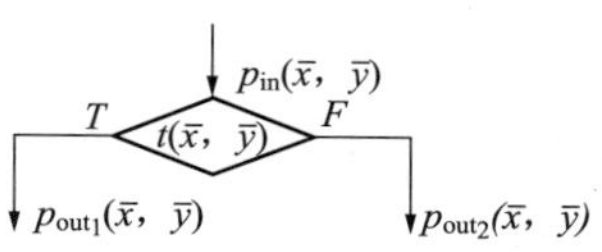

图 8.6

从集合的角度看，在分支前变量数据集合为

$$S=\{\langle\overline{x},\overline{y}\rangle\mid p_{\text{in}}(\overline{x},\overline{y})\}$$

所谓分支，就是将集合 S 划分成两个子集，划分的原则是按分支条件 $t(\overline{x},\overline{y})$进行

的，即

$$S_1=\{\langle\overline{x},\overline{y}\rangle \mid p_{\text{in}}(\overline{x},\overline{y}) \wedge t(\overline{x},\overline{y})\}$$

$$S_2=\{\langle\overline{x},\overline{y}\rangle \mid p_{\text{in}}(\overline{x},\overline{y}) \wedge \neg\, t(\overline{x},\overline{y})\}$$

显然，

$$S=S_1 \cup S_2$$

S_1 变量集合按照 $t(\overline{x},\overline{y})=T$ 的通路传送下去，而 S_2 变量集合是按 $t(\overline{x},\overline{y})=F$ 的通路传送下去。由于有两个出口，为今后讨论方便，我们把这类情况划分成两个单出口测试语句，即用如下形式表示：

$$p_{\text{in}}\langle \text{IF}\,t(\overline{x},\overline{y})=T\rangle p_{\text{out}_1}$$

$$p_{\text{in}}\langle \text{IF}\,t(\overline{x},\overline{y})=F\rangle p_{\text{out}_2}$$

于是我们有下面的引理。

引理 8.2 对于程序中 $p_{\text{in}}\langle \text{IF}\,t(\overline{x},\overline{y})=T\rangle p_{\text{out}_1}$ 及 $p_{\text{in}}\langle \underline{\text{IF}}\,t(\overline{x},\overline{y})=F\rangle p_{\text{out}_2}$ 问题，有如下的不变式公式：

$$p_{\text{out}_1}(\overline{x},\overline{y})=\begin{cases} p_{\text{in}} \wedge t(\overline{x},\overline{y});\ \exists\overline{x}\,\exists\overline{y}[p_{\text{in}} \wedge t(\overline{x},\overline{y})] \ \text{且} \\ \qquad \exists\overline{x}\,\exists\overline{y}[p_{\text{in}} \wedge \neg\, t(\overline{x},\overline{y})] \ \text{为真} \\ \square; \quad \forall\overline{x}\,\forall\overline{y}[p_{\text{in}} \to \neg\, t(\overline{x},\overline{y})] \ \text{为真} \\ p_{\text{in}}; \quad \forall\overline{x}\,\forall\overline{y}[p_{\text{in}} \to t(\overline{x},\overline{y})] \ \text{为真} \end{cases}$$

$$p_{\text{out}_2}(\overline{x},\overline{y})=\begin{cases} p_{\text{in}} \wedge \neg\, t(\overline{x},\overline{y});\ \exists\overline{x}\,\exists\overline{y}[p_{\text{in}} \wedge t(\overline{x},\overline{y})] \ \text{且} \\ \qquad \exists\overline{x}\,\exists\overline{y}[p_{\text{in}} \wedge \neg\, t(\overline{x},\overline{y})] \ \text{为真} \\ p_{\text{in}}; \quad \forall\overline{x}\,\forall\overline{y}[p_{\text{in}} \to \neg\, t(\overline{x},\overline{y})] \ \text{为真} \\ \square; \quad \forall\overline{x}\,\forall\overline{y}[p_{\text{in}} \to t(\overline{x},\overline{y})] \ \text{为真} \end{cases}$$

其中符号"□"表示空，或称之为假。

程序中所谓聚合(reconverging point)是指程序分支通路又聚合成一个通路。一个聚合通路的例子如图 8.7 所示。

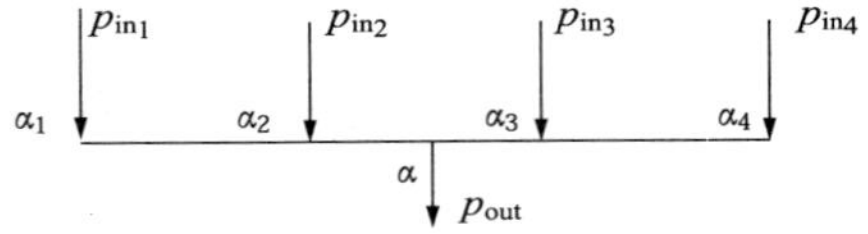

图 8.7

它一共有四个通路 $\alpha_1,\alpha_2,\alpha_3,\alpha_4$，聚合于 α；假定每个通路上的数据集合分别为

$$S_1=\{\langle\overline{x},\overline{y}\rangle \mid p_{\text{in}_1}(\overline{x},\overline{y})\}$$

$$S_2=\{\langle\overline{x},\overline{y}\rangle \mid p_{\text{in}_2}(\overline{x},\overline{y})\}$$

$$S_3=\{\langle\overline{x},\overline{y}\rangle \mid p_{\text{in}_3}(\overline{x},\overline{y})\}$$

$$S_4=\{\langle\overline{x},\overline{y}\rangle \mid p_{\text{in}_4}(\overline{x},\overline{y})\}$$

显然，在聚合点处数据集合为

$$S_\alpha=S_1 \cup S_2 \cup S_3 \cup S_4$$

因此，我们有下面的引理。

引理 8.3 程序中$\left(\bigvee_{i=1}^{n} p_{\mathrm{in}_i}(\overline{x},\overline{y})\right)\langle$RECONVERGING POINT$\rangle p_{\mathrm{out}}(\overline{x},\overline{y})$问题，有如下不变式产生公式：

$$p_{\mathrm{out}}(\overline{x},\overline{y})=\bigvee_{i=1} p_{\mathrm{in}_i}(\overline{x},\overline{y})$$

有了上面三个引理，我们就可以研究程序中的第四个现象——循环，但我们不马上研究它。

对于四种基本形式，可以归纳为

(1) $\overline{y}:=g(\overline{x},\overline{y})$

(2) $\underline{\mathrm{IF}}\ p(\overline{x},\overline{y})\underline{\mathrm{THEN}}\ s_1\ \underline{\mathrm{ELSE}}\ s_2$

(3) $\underline{\mathrm{WHILE}}\ p(\overline{x},\overline{y})\ \underline{\mathrm{DO}}\ s$

(4) $\underline{\mathrm{BEGIN}}\ s_1;s_2;\cdots;s_n\ \underline{\mathrm{END}}$

这实际上与 PASCAL 语言的基本语句的相同。作为第一种赋值语句，我们已经没有必要再多言了。而第四种复合语句，也不必多言了。下面，我们只对第二、第三种情况进行讨。

定理 8.6 程序中 $p_{\mathrm{in}}(\overline{x},\overline{y})\langle \mathrm{IF}t(\overline{x},\overline{y})\ \underline{\mathrm{THEN}}\ s_1\ \underline{\mathrm{ELSE}}\ s_2\rangle p_{\mathrm{out}}(\overline{x},\overline{y})$问题，有如下不变式产生公式：

$$p_{\mathrm{out}}(\overline{x},\overline{y})=p_{\mathrm{out}_1}\langle s_1\rangle \vee p_{\mathrm{out}_2}\langle s_2\rangle$$

其中

$$p_{\mathrm{out}_1}=p_{\mathrm{in}}\langle \mathrm{IF}t(\overline{x},\overline{y})=\mathrm{T}\rangle$$

$$p_{\mathrm{out}_2}=p_{\mathrm{in}}\langle \mathrm{IF}\neg\ t(\overline{x},\overline{y})=\mathrm{T}\rangle$$

该定理很容易由引理 8.2 及引理 8.3 加以证明，它是图 8.8 所示的程序图。

定理 8.7 程序中 $p_{\mathrm{in}}(\overline{x},\overline{y})\langle \underline{\mathrm{WHILE}}\ t(\overline{x},\overline{y})\ \underline{\mathrm{DO}}\ s\rangle p_{\mathrm{out}}(\overline{x},\overline{y})$问题，其不变式产生公式为

$$p_{\mathrm{out}}(\overline{x},\overline{y})=\bigvee_{i=0}^{\infty} p_{\mathrm{out}_i}$$

其中

$$p_{\mathrm{out}_0}=p_{\mathrm{in}}(\overline{x},\overline{y})\langle \mathrm{IF}\neg\ t(\overline{x},\overline{y})=T\rangle$$

$$q_0=p_{\mathrm{in}}(\overline{x},\overline{y})\langle \mathrm{IF}t(\overline{x},\overline{y})=T\rangle$$

$$q_i=(q_{i-1}\langle s\rangle)\langle \mathrm{IF}t(\overline{x},\overline{y})=T\rangle;\quad i\geqslant 1 \text{ 的整数}$$

$$p_{\mathrm{out}_i}=(q_{i-1}\langle s\rangle)\langle \mathrm{IF}\neg\ t(\overline{x},\overline{y})=T\rangle;\quad i\geqslant 1 \text{ 的整数}$$

【证明】$\underline{\mathrm{WHILE}}\ t(\overline{x},\overline{y})\ \underline{\mathrm{DO}}\ s$ 可以表示成图 8.9。

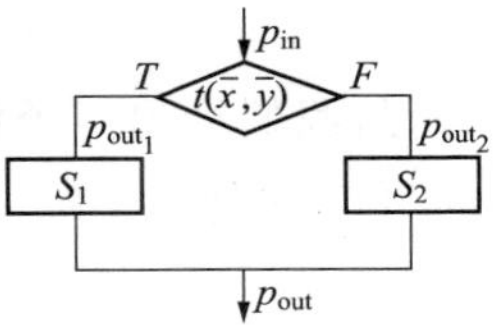

图 8.8

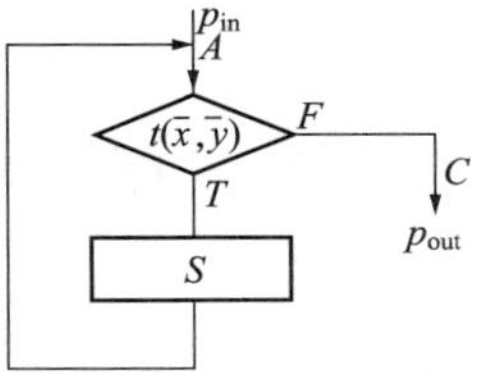

图 8.9

图 8.10 是将图 8.9 的时间循环变成空间的重复。

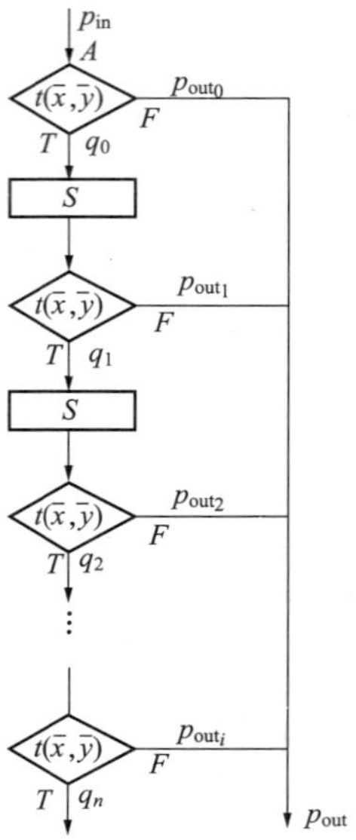

图 8.10

从图 8.10 看出，真正的聚合点是 C 而不是 A。从图 8.10 中还可看出定理 8.7 是显然的。读者应用引理 8.1 及引理 8.2 便可以证明。

应当说明的是，本定理中给出的公式并不表示循环一定是无穷的。因为从引理 8.2 可以看出，每次执行到循环控制的条件时，分析 $p_{in}(\overline{x},\overline{y})\rightarrow t(\overline{x},\overline{y})$ 产生的不变式是三种情况之一。因此，如果一个程序可以终止，那么一定到一时刻有 $q_i=\square$，表示循环可以结束了。如果一个程序发生了死循环，那么有 $q_i=q_{i-1}\langle s\rangle$。在循环中如果出现 $\exists\overline{x}\exists\overline{y}[p_{in}(\overline{x},\overline{y})\wedge t(\overline{x},\overline{y})]$ 且 $\exists\overline{x}\exists\overline{y}[q_{i-1}\langle s\rangle\wedge\neg\ t(\overline{x},\overline{y})]$ 为真时，是较难处理的。因为循环可能在任何一次出口，我们称这类循环为“不确定循环次数的循环”。对于不确定循环次数的循环，它的出口不变式 $\bigvee\limits_{i=0}^{\infty}p_{out_i}$ 中的 p_{out_i} 不都是假。由此可见，这么多的不变式集中在出口处，显然给进一步处理不变式带来困难。因此，为了处理这一类问题，引入一个“智能指令”叫做“归纳指令”〈INDUCTIVE〉。顾名思义，归纳指令就是根据不变式序列 p_{out_i} 的特征，归纳出一个与循环次数 n 有关系的谓词 $p(\overline{x},\overline{y},n)$，称之为归纳不变式。

定义 8.5 设程序一个循环体（不再包含有循环体）出口不变式序列为 $p_k(\overline{x},\overline{y})$ $(k=0,1,2,\cdots)$，如果存在一个与循环次数 n 有关系的谓词 $p(\overline{x},\overline{y},n)$（$n\geqslant0$ 的整数），使得下式为真：

$$\forall n\forall\overline{x}\forall\overline{y}[p_k(\overline{x},\overline{y})\rightarrow p(\overline{x},\overline{y},n)]$$

那么该循环体程序出口不变式将归纳为

$$p(\overline{x},\overline{y},n)\wedge n\geqslant0\wedge n\in\text{INTEGER}$$

并称之为〈INDUCTIVE〉。

这一定义非常重要，在例 8.2 中，读者将会体会到归纳不变式的具体含义。

归纳不变式的形式表现为

(1) $\bigvee\limits_{i=1}^{m}p_{out_i}\langle\text{INDUCTIVE}\rangle p_{out}$

$$p_{out}=p(\overline{x},\overline{y},n)\wedge(0\leqslant n\leqslant m)\wedge(n,m\in\text{INTEGER})$$

(2) $\bigvee\limits_{i=0}^{\infty}p_{out_i}\langle\text{INDUCTIVE}\rangle p_{out}$

$$p_{out}=p(\overline{x},\overline{y},n)\wedge n\geqslant0\wedge n\in\text{INTEGER}$$

为了让读者更清楚地了解不变式的执行产生过程，我们给出一个简单的例子。读者还可以从这个例子看到如何进行归纳循环程序的出口不变式序列。

例 8.2 计算 $z=[\sqrt{x}]$。参见图 8.11，利用公式

$$1+3+5+7+\cdots+(2n+1)=(n+1)^2$$

不变式产生要求给出 $\phi(\overline{x})$，这个例子 $\phi(\overline{x})$ 是 $x\geqslant 0 \wedge x\in \mathrm{INTEGER}$。第一次到达 B 点的不变式为

$$x\geqslant 0 \wedge y_1=0 \wedge y_2=0 \wedge y_3=1 \wedge x\in \mathrm{INTEGER}$$

第一次到达 C 点的不变式为

$$x\geqslant 0 \wedge y_1=0 \wedge y_2=1 \wedge y_3=1 \wedge x\in \mathrm{INTEGER}$$

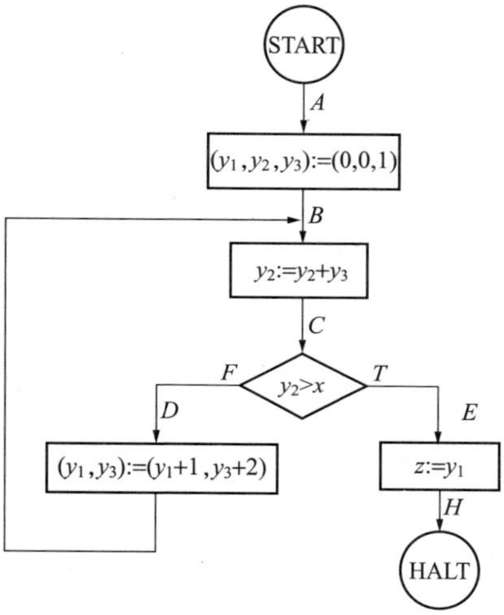

图 8.11

在 C 点判断

$$\exists \overline{x} \exists \overline{y}[x\geqslant 0 \wedge y_1=0 \wedge y_2=1 \wedge y_3=1 \wedge x\in \mathrm{INTEGER} \wedge y_2\leqslant x]$$

$$\exists \overline{x} \exists \overline{y}[x\geqslant 0 \wedge y_1=0 \wedge y_2=1 \wedge y_3=1 \wedge x\in \mathrm{INTEGER} \wedge y_2> x]$$

均为真，则 F 通路上 D 点不变式为

$$x\geqslant 0 \wedge y_1=0 \wedge y_2=1 \wedge y_3=1 \wedge y_2\leqslant x \wedge x\in \mathrm{INTEGER}$$

T 通路上 E 点不变式为(下式记为 p_0)

$$x\geqslant 0 \wedge y_1=0 \wedge y_2=1 \wedge y_3=1 \wedge y_2> x \wedge x\in \mathrm{INTEGER}$$

第二次到达 C 点不变式为

$$x\geqslant 0 \wedge y_1=1 \wedge y_2=4 \wedge y_3=3 \wedge y_2\leqslant x+3 \wedge x\in \mathrm{INTEGER}$$

在 C 点判断，下面两个式子均为真。

$$\exists \overline{x} \exists \overline{y}[x\geqslant 0 \wedge y_1=1 \wedge y_2=4 \wedge y_3=3 \wedge y_2\leqslant x+3 \wedge x \in \mathrm{INTEGER} \wedge y_2\leqslant x]$$

$$\exists \overline{x} \exists \overline{y}[x\geqslant 0 \wedge y_1=1 \wedge y_2=4 \wedge y_3=3 \wedge y_2\leqslant x+3 \wedge x \in \mathrm{INTEGER} \wedge y_2> x]$$

则在 F 通路上 D 点不变式为

$$x\geqslant 0 \wedge y_1=1 \wedge y_2=4 \wedge y_3=3 \wedge y_2\leqslant x \wedge x\in \mathrm{INTEGER}$$

在 T 通路上 E 点不变式为(以下记为 p_1)

$$x\geqslant 0 \wedge y_1=1 \wedge y_2=4 \wedge y_3=3 \wedge y_2\leqslant x+3 \wedge y_2> x \wedge x\in \mathrm{INTEGER}$$

同样，第三次到达 B—C 后，F 通路上 D 点的不变式为

$$x\geqslant 0 \wedge y_1=2 \wedge y_2=9 \wedge y_3=5 \wedge y_2\leqslant x \wedge x\in \text{INTEGER}$$

T 通路上 E 点不变式为(以下记为 p_2)

$$x\geqslant 0 \wedge y_1=2 \wedge y_2=9 \wedge y_3=5 \wedge y_2\leqslant x+5 \wedge y_2>x \wedge x\in \text{INTEGER}$$

如此执行下去。

在循环结束出口时输出不变式为

$$p_0 \vee p_1 \vee p_2 \vee p_3 \vee \cdots \vee p_k \vee \cdots$$

通过输出 $p_0, p_1, p_2, \cdots, p_k$ 可以归纳出

$$x\geqslant 0 \wedge y_1=n \wedge y_3=2n+1 \wedge y_2 =(n+1)^2 \wedge y_2\leqslant x+(2n+1) \wedge y_2>x \wedge x\in \text{INTERER}$$

到达 H 点不变式为(记 p_H)

$$x\geqslant 0 \wedge z_1=y_1 \wedge y_1=n \wedge y_3=2n+1 \wedge y_2 =(n+1)^2 \wedge y_2\leqslant x+(2n+1) \wedge y_2>x \wedge x\in \text{INTEGER}$$

假定输出说明 $\Psi_H(\overline{x},\overline{z})$ 为 $z^2\leqslant x\leqslant (z+1)^2$，那么有

$$\forall \overline{x} \forall \overline{z}[p_H \rightarrow \Psi_H(\overline{x},\overline{z})]$$

为真，完成了程序的证明。

由 p_H 中，

$$y_2>x \wedge y_2=(n+1)^2 \rightarrow (n+1)^2>x$$

又 $y_2\leqslant x+(2n+1) \leftrightarrow x\geqslant n^2$，所以，

$$z=n \wedge y_2>x \wedge y_2=(n+1)^2 \wedge y_2\leqslant x+(2n+1) \rightarrow z^2\leqslant x<(2+1)^2$$

下面，我们介绍在本章文献[1]中谈到的反向推导技术，并将这个方法与上面谈到的执行产生技术进行比较。

这种反向代入技术是建立在如下验证原理上的。

定理 8.8　对于任意一个程序 P，及它的输入断言 $\phi(\overline{x})$ 和输出断言 $\Psi_H(\overline{x},\overline{z})$，并采用如下步骤：

(1) 切断所有回路并得到一个程序 P 的完全的断点集 S。

(2) 找到一个适当的归纳断言集合 $\{q_i(\overline{x},\overline{y}) \mid i\in S\}$。

(3) 构造如下的验证条件：

① 对于每一个从 START 语句开始到断点 j 的通路 α(其中不再包括其他断点)有

$$\forall \overline{x}(\phi(\overline{x}) \wedge R_\alpha(\overline{x}) \rightarrow q_j(\overline{x}, r_\alpha(\overline{x})))$$

② 对于每一个从断点 i 开始到断点 j 的通路 α(其中不再包括其他断点)有

$$\forall \overline{x} \forall \overline{y}(q_i(\overline{x},\overline{y}) \wedge R_\alpha(\overline{x},\overline{y}) \rightarrow q_j(\overline{x}, r_\alpha(\overline{x},\overline{y})))$$

③ 对于每一个从断点 i 到 HALT 语句的通路 α(其中不再包括其他断点)有

$$\forall \overline{x} \forall \overline{y}(q_i(\overline{x},\overline{y}) \wedge R_\alpha(\overline{x},\overline{y}) \rightarrow \Psi_H(\overline{x}, r_\alpha(\overline{x},\overline{y})))$$

如果所有的验证条件都是真，那么程序 P 是部分正确的。其中 $R_\alpha(\overline{x},\overline{y})$ 表示通路 α 到达的通路条件，$r_\alpha(\overline{x},\overline{y})$ 是通路 α 上的 $D_{\overline{x}}\times D_{\overline{y}}\rightarrow D_{\overline{y}}$ 的函数映射。关于 $R_\alpha(\overline{x},\overline{y})$

及 $r_\alpha(\overline{x},\overline{y})$ 的产生规则如下表所示。

项 目	规 则
初始赋值语句	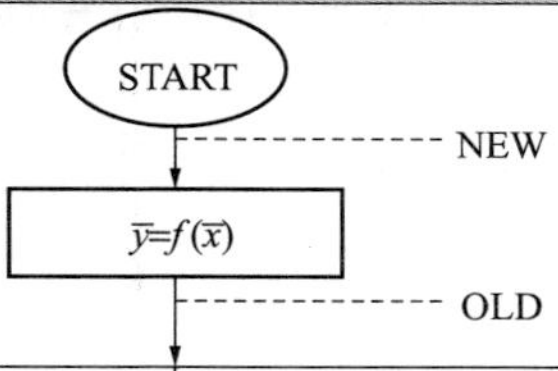 NEW: $\begin{cases}R(\overline{x},f(\overline{x}))\\ r(\overline{x},f(\overline{x}))\end{cases}$ OLD: $\begin{cases}R(\overline{x},\overline{y})\\ r(\overline{x},\overline{y})\end{cases}$
赋值语句	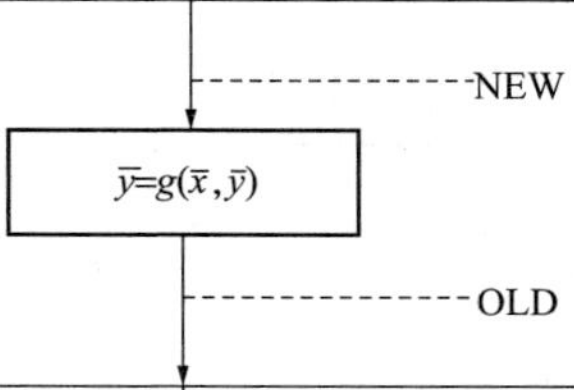 NEW: $\begin{cases}R(\overline{x},g(\overline{x},\overline{y}))\\ r(\overline{x},g(\overline{x},\overline{y}))\end{cases}$ OLD: $\begin{cases}R(\overline{x},\overline{y})\\ r(\overline{x},\overline{y})\end{cases}$
条件真转移	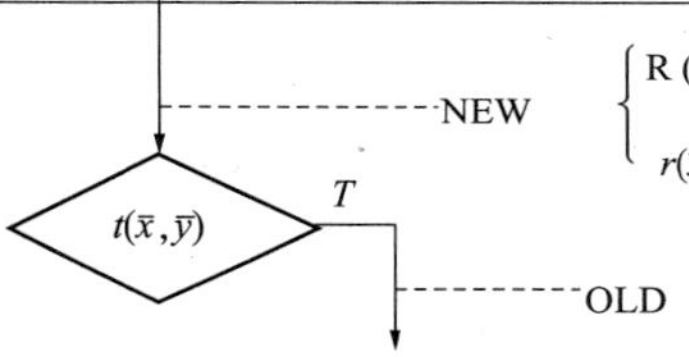 NEW: $\begin{cases}R(\overline{x},\overline{y})\wedge t(\overline{x},\overline{y})\\ r(\overline{x},\overline{y})\end{cases}$ OLD: $\begin{cases}R(\overline{x},\overline{y})\\ r(\overline{x},\overline{y})\end{cases}$
条件假转移	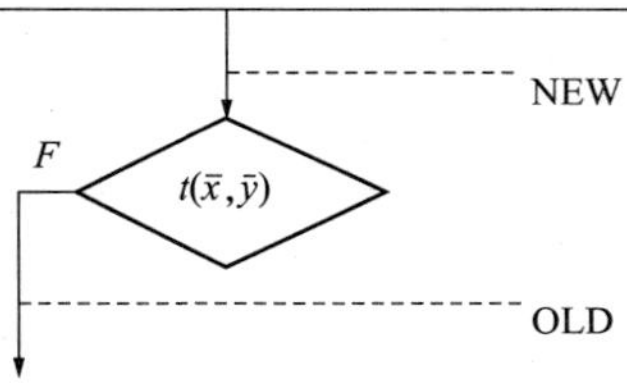 NEW: $\begin{cases}R(\overline{x},\overline{y})\wedge\neg\, t(\overline{x},\overline{y})\\ r(\overline{x},\overline{y})\end{cases}$ OLD: $\begin{cases}R(\overline{x},\overline{y})\\ r(\overline{x},\overline{y})\end{cases}$
聚合点	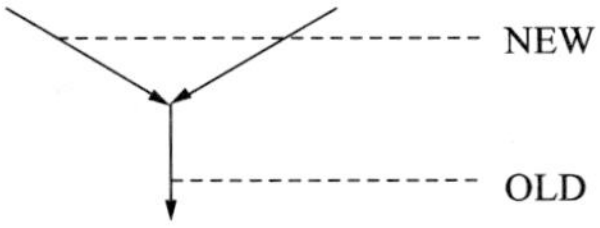 NEW: $\begin{cases}R(\overline{x},\overline{y})\\ r(\overline{x},\overline{y})\end{cases}$ OLD: $\begin{cases}R(\overline{x},\overline{y})\\ r(\overline{x},\overline{y})\end{cases}$
终值赋值语句	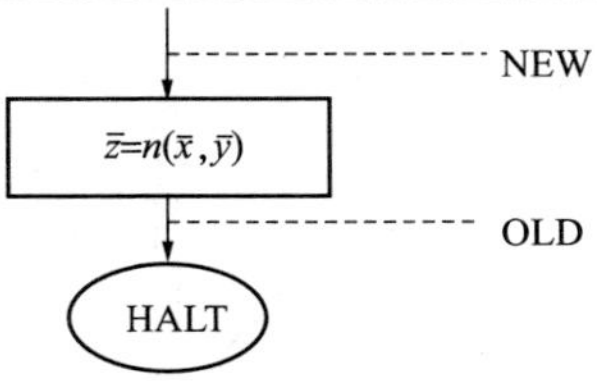 NEW: $\begin{cases}R(\overline{x},\overline{y}):T\\ r(\overline{x},\overline{y}):n(\overline{x},\overline{y})\end{cases}$ OLD: $\begin{cases}R(\overline{x},\overline{y}):T\\ r(\overline{x},\overline{z}):\overline{z}\end{cases}$

同样以图 8.11 的程序为例来说明反向代入技术的实现。我们首先找一个断点集 $\{A,C,G\}$ 并确定如下的三个通路：

α 通路（从 A 到 C）

β 通路（从 C 到 C）

γ 通路（从 C 到 G）

并假定在 A,C,G 点的断言分别为

在 A 点,$\phi(\overline{x}):x\geqslant 0$。

在 C 点,$q_C(\overline{x},\overline{y}):y_1^2\leqslant x\wedge y_2=(y_1+1)^2\wedge y_3=2y_1+1$。

在 G 点,$\psi_G(\overline{x},\overline{y}):z^2\leqslant x\leqslant(z+1)^2$。

下面,我们利用反向代入技术求出各通路的 $R(\overline{x},\overline{y})$ 及 $r(\overline{x},\overline{y})$。

对于 α 通路:

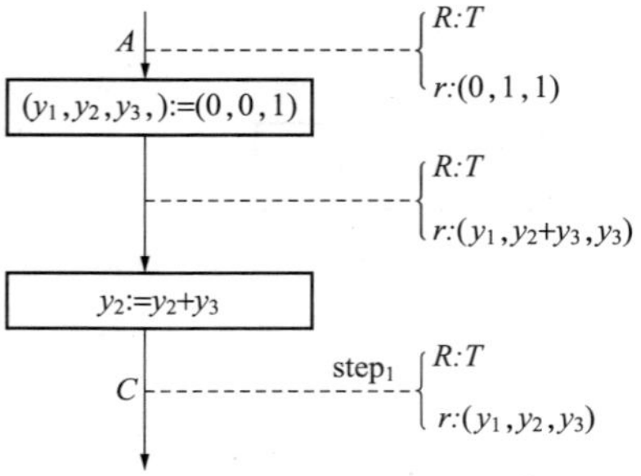

对于 β 通路:

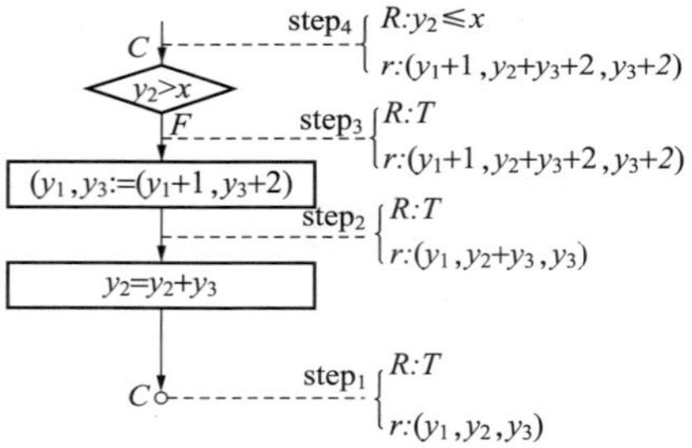

对于 γ 通路:

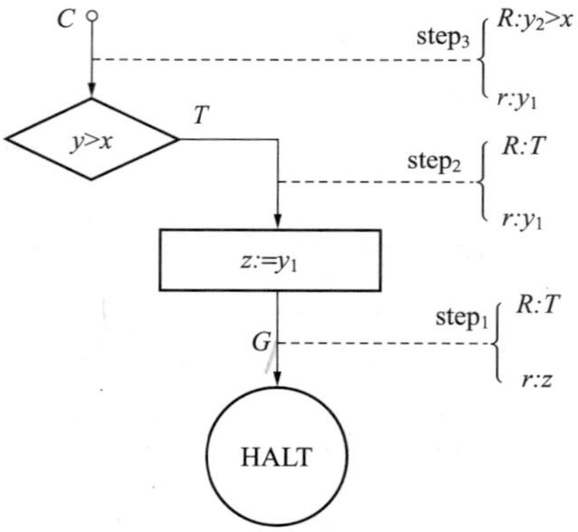

下面,我们就来验证图 8.11 所示程序的正确性。由于

$$q_A(x,y_1,y_2,y_3):y_1^2\leqslant x\wedge y_2=(y_1+1)^2\wedge y_3=2y_1+1$$

则对于 α 通路的验证条件为

$$[\phi(x)\wedge T]\rightarrow q_A(x,0,1,1)$$

也即

$$x \geqslant 0 \to [0^2 \leqslant x \wedge 1=(0+1)^2 \wedge 1=2 \cdot 0+1]$$

对于 β 通路的验证条件为

$$q_C(x, y_1, y_2, y_3) \wedge y_2 \leqslant x \to q_c(x, y_1+1, y_2+y_3+2, y_3+2)$$

也即

$$y_1^2 \leqslant x \wedge y_2 = (y_1+1)^2 \wedge y_3 = 2y_1+1 \wedge y_2 \leqslant x \to [(y_1+1)^2 \leqslant x \wedge y_2+y_3+2 = (y_1+2)^2 \wedge y_3+2=2(y_1+1)+1]$$

对于 γ 通路的验证条件为

$$q_C(x, y_1, y_2, y_3) \wedge y_2 > x \to \psi_G(x, y)$$

也即

$$y_1^2 \leqslant x \wedge y_2 = (y_1+1)^2 \wedge y_3 = 2y_1+1 \wedge y_2 > x \to y_1^2 \leqslant x < (y_1+1)^2$$

显然，上述的验证条件全部为真，所以该程序对于 $\phi(x): x \geqslant 0$ 及 $\psi_G(x, z): z^2 \leqslant x < (z+1)^2$ 是部分正确的。

不变式产生技术与反向代入技术相比，我们认为不变式产生技术更便于用户使用。但在不变式产生技术中，赋值语句的处理要比反向代入技术困难得多。这表现在 $p_{\text{in}}(\overline{x}, \overline{y}_{\text{old}})\langle \overline{y} = f(\overline{x}, \overline{y}_{\text{old}})\rangle p_{\text{out}}(\overline{x}, \overline{y})$。反向代入技术是从 $p_{\text{out}}(\overline{x}, \overline{y})$ 向 $p_{\text{in}}(\overline{x}, \overline{y})$ 计算。在 $p_{\text{out}}(\overline{x}, \overline{y})$ 中的 $\overline{y}$ 是新的，所以可以直接将 $\overline{y} = f(\overline{x}, \overline{y})$ 代入到 $p_{\text{out}}(\overline{x}, \overline{y})$ 中，得到 $p_{\text{in}}(\overline{x}, \overline{y}_{\text{old}})$，其中 $\overline{y}_{\text{old}}$ 表示老的 $\overline{y}$。而从 $p_{\text{in}}(\overline{x}, \overline{y}_{\text{old}})$ 计算 $p_{\text{out}}(\overline{x}, \overline{y})$，由于 $\overline{y}_{\text{old}}$ 在 $\overline{y} = f(\overline{x}, \overline{y}_{\text{old}})$ 的右边，所以需要解方程求出 $\overline{y}_{\text{old}}$ 来，如果有解，则可以得到 $\overline{y}_{\text{old}} = f^{-1}(\overline{x}, \overline{y})$，但许多情况下解不出方程。为解决这个困难，在不变式产生技术中，要借助于符号执行树方法。

8.4 Hoare 公理系统

早在 1969 年，C. A. R. Hoare 就提出了计算机程序设计的公理系统[3]，第一个将程序设计的基本语句与一阶谓词演算用公理方式联系起来。

一个程序设计语言语句的语法定义如果是

$s ::= \underline{\text{skip}} \mid x := e \mid s_1 ; s_2 \mid \underline{\text{if}}\ e\ \underline{\text{then}}\ s_1\ \ \underline{\text{else}}$
$\quad s_2\ \underline{\text{fi}} \mid \underline{\text{while}}\ e\ \underline{\text{do}}\ s\ \underline{\text{od}}$

$e ::= n \mid \text{true} \mid \text{false} \mid \text{not}\ e \mid -e \mid (e) \mid e_1\ \text{op}\ e_2$

其中 s 表示语句，e 表示表达式，x 是变量。那么这个程序的逻辑基础可以用如下的公理规则表示：

（1）空语句规则。

$\vdash P\{\text{skip}\}P$

（2）赋值语句规则。

$\vdash P[e/x]\{x := e\}P$

（3）复合语句规则。

$$\frac{\vdash P\{s_1\}Q \qquad \vdash Q\{s_2\}R}{\vdash P\{s_1;s_2\}R}$$

（4）条件语句规则。

$$\frac{\vdash P\wedge B\{s_1\}Q \qquad \vdash P\wedge\neg B\{s_2\}Q}{\vdash P\{\underline{\text{if}}\ B\ \underline{\text{then}}\ s_1\ \ \underline{\text{else}}\ s_2\ \ \underline{\text{fi}}\}Q}$$

（5）迭代语句规则。

$$\frac{\vdash I\wedge B\{s\}I}{\vdash \cdot I\{\underline{\text{while}}\ B\ \underline{\text{do}}\ s\ \underline{\text{od}}\}(I\wedge\neg B)}$$

（6）后继规则。

$$\frac{\vdash P\rightarrow P_1 \quad \vdash P_1\{s\}P_2 \quad \vdash P_2\rightarrow Q}{\vdash P\{s\}Q}$$

以上符号中，P,P_1,P_2,Q,R 等是谓词，I 是不变式。对于形式

$P\{s\}Q$

P 称为前置条件谓词；Q 为后继条件谓词。

为了使读者更清楚这些公理规则的意义，我们不妨举一个例子。

例 8.3　有如下的程序 P

P：$r:=x$;
　$q:=0$;
　$\underline{\text{while}}$ $y\leqslant r$ $\underline{\text{do}}$
　　$r:=r-y$
　　$q:=1+q$
　$\underline{\text{od}}$

用公理规则进行计算：

（1）$\underline{\text{true}}\rightarrow x=x+y*0$

（2）$x=x+y*0\{r:=x\}x=r+y*0$

（3）$x=r+y*0\{q:=0\}x=r+y*q$

（4）$$\frac{\begin{array}{c}x=x+y*0\{r:=x\}x=r+y*0\\ x=r+y*0\{q:=0\}x=r+y*q\end{array}}{x=x+y*0\{r:=x;q:=0\}\quad x=r+y*q}$$

（5）$$\frac{\begin{array}{c}\underline{\text{true}}\{r:=x\}x=r+y*0 \quad x=r+y*0\\ \{q:=0\}x=r+y*q\end{array}}{\underline{\text{true}}\ \{r:=x;q:=0\}x=r+y*q}$$

（6）$x=r+y*q\wedge y\leqslant r\rightarrow x=(r-y)+y*(1+q)$

（7）$x=(r-y)+y*(1+q)\{r:=r-y\}x=r+y*(1+q)$

（8）$x=r+y*(1+q)\{q:=1+q\}x=r+y*q$

（9）$$\frac{(7)\qquad\qquad (8)}{x=(r-y)+y*(1+q)\{r:=r-y;q:=1+q\}x=r+y*q}$$

（10）$$\frac{(6)\qquad\qquad (7)\qquad\qquad (8)}{x=r+y*q\wedge y\leqslant r\{r:=r-y;q:=1+q\}x=r+y*q}$$

(11) $\dfrac{x=r+y*q\wedge y\leqslant r\{c\}x=r+y*q}{x=r+y*q\{\underline{\text{while}}\ y\leqslant r\ \underline{\text{do}}\ c\ \underline{\text{od}}\}}$

$$x=r+y*q\wedge y>r \text{ where } C=r:=r-y;q:=1+q$$

(12) $\dfrac{(5)\qquad\qquad(11)}{\text{true}\{P\}x=r+y*q\wedge y>r}$

公理语义方法提出的公理规则必须是合理的，即必须保证公理规则的一致性，也就是说公理语义方法定义语言的语义，必须要保证公理规则有实际模型。在这里，我们拿语言的指称语义作为模型，证明一个语言的 Hoare 公理系统一致于它的指称语义模型。

我们用指称语义方法定义 Hoare 的公理系统。Hoare 公理系统首先可以定义成如下的语言（如果其逻辑系统定义成命题演标的话）：

Syntactic Domains

e:Exp	(Expressions)
p:Bexp	(Bool-expressions)
a:Aexp	(Arith-expressions)
s:Stmts	(Statemets)
h:Hoare's	(Hoare's well formulas)
n:Numl	

Abstract syntax

$h::=p\mid p_1\{s\}p_2$

$e::=a\mid p$

$a::=n\mid \text{ide}\mid (a)\mid a_1+a_2\mid a_1*a_2$

$p::=\text{true}\mid\text{false}\mid a_1=a_2\mid a_1<a_2\mid \underline{\text{not}}\ p\mid$
$\quad p_1\ \underline{\text{and}}\ p_2\mid p_1\ \underline{\text{or}}\ p_2\mid p_1\rightarrow p_2\mid (p)$

$s::=\underline{\text{skip}}\mid \text{ide}:=e\mid s_1;s_2\mid\ \underline{\text{if}}\ p\ \underline{\text{then}}\ s_1\ \underline{\text{else}}$
$\quad s_2\ \underline{\text{fi}}\mid \text{while}\ p\ \underline{\text{do}}\ s\ \underline{\text{od}}$

下面，我们再来定义这个语言的语义。

Semantic Domains

$T=\{\underline{\text{tt}},\underline{\text{ff}}\}$

$N=\{0,1,\cdots\}$

$\sum_N=\{+,*,=,<\}$

$\sum_T=\{\neg,\wedge,\vee,\rightarrow\}$

σ:states$=\text{Ide}\rightarrow(T+N)$

Semantic Functions

$\mathscr{L}$:Bexp→states→T

$\mathscr{A}$:Aexp→states→N

$\mathscr{E}$:Exp→states→$(N+T)$

$\mathscr{C}$:Stmts→states→states

op: Hoare's → states → T

$\mathscr{B}$: Numl → N

Semantic Equations

$\mathscr{E}$: Exp → states → $(N+T)$

$\mathscr{E}[\![a]\!]\sigma \triangleq \mathscr{A}[\![a]\!]\sigma$

$\mathscr{E}[\![P]\!]\sigma \triangleq \mathscr{L}[\![P]\!]\sigma$

$\mathscr{A}$: Aexp → states → N

$\mathscr{A}[\![n]\!]\sigma \triangleq \mathscr{B}[\![n]\!]$

$\mathscr{A}[\![\text{ide}]\!]\sigma \triangleq \sigma[\![\text{ide}]\!]\ \underline{\text{onto}}\ N$

$\mathscr{A}[\![(a)]\!]\sigma \triangleq (\mathscr{A}[\![a]\!]\sigma)$

$\mathscr{A}[\![a_1+a_2]\!]\sigma \triangleq \mathscr{A}[\![a_1]\!]\sigma + \mathscr{A}[\![a_2]\!]\sigma$

$\mathscr{A}[\![a_1 * a_2]\!]\sigma \triangleq \mathscr{A}[\![a_1]\!]\sigma * \mathscr{A}[\![a_2]\!]\sigma$

$\mathscr{L}$: Bexp → states → T

$\mathscr{L}[\![\underline{\text{true}}]\!]\sigma \triangleq \text{tt}$

$\mathscr{L}[\![\underline{\text{false}}]\!]\sigma \triangleq \text{ff}$

$\mathscr{L}[\![\underline{\text{ide}}]\!]\sigma \triangleq \sigma[\![\underline{\text{ide}}]\!]\underline{\text{onto}}\ T$

$\mathscr{L}[\![a_1=a_2]\!]\sigma \triangleq \mathscr{A}[\![a_1]\!]\sigma = \mathscr{A}[\![a_2]\!]\sigma$

$\mathscr{L}[\![a_1<a_2]\!]\sigma \triangleq \mathscr{A}[\![a_1]\!]\sigma < \mathscr{A}[\![a_2]\!]\sigma$

$\mathscr{L}[\![\underline{\text{not}}\ p]\!]\sigma \triangleq \neg\ \mathscr{L}[\![b]\!]\sigma$

$\mathscr{L}[\![p_1\ \underline{\text{and}}\ p_2]\!]\sigma \triangleq \mathscr{L}[\![p_1]\!]\sigma \wedge \mathscr{L}[\![p_2]\!]\sigma$

$\mathscr{L}[\![p_1\ \underline{\text{or}}\ p_2]\!]\sigma \triangleq \mathscr{L}[\![p_1]\!]\sigma \vee \mathscr{L}[\![p_2]\!]\sigma$

$\mathscr{L}[\![p_1 \rightarrow p_2]\!]\sigma \triangleq \mathscr{L}[\![p_1]\!]\sigma \rightarrow \mathscr{L}[\![p_2]\!]\sigma$

$\mathscr{L}[\![(p)]\!]\sigma \triangleq (\mathscr{L}[\![p]\!]\sigma)$

$\mathscr{C}$: Stmts → states → states

$\mathscr{C}[\![\underline{\text{skip}}]\!]\sigma \triangleq \sigma$

$\mathscr{C}[\![\underline{\text{ide}:}=e]\!]\sigma \triangleq \sigma[\mathscr{E}[\![e]\!]\sigma/\text{ide}]$

$\mathscr{C}[\![s_1;s_2]\!]\sigma \triangleq \mathscr{C}[\![s_2]\!](\mathscr{C}[\![s_1]\!]\sigma)$

$\mathscr{C}[\![\underline{\text{if}}\ p\ \underline{\text{then}}\ s_1\ \underline{\text{else}}\ s_2\ \text{fi}]\!]\sigma \triangleq \mathscr{L}[\![p]\!]\sigma = \text{tt} \rightarrow \mathscr{C}[\![s_1]\!]\sigma, \mathscr{C}[\![s_2]\!]\sigma$

$\mathscr{C}[\![\underline{\text{while}}\ p\ \underline{\text{do}}\ s\ \text{od}]\!]\sigma \triangleq Y(\lambda\phi, \lambda\sigma, \mathscr{L}[\![p]\!]\sigma = \text{tt} \rightarrow \phi(\mathscr{C}[\![s]\!]\sigma), \sigma)$

op: Hoare's → states → T

$\text{op}[\![p]\!]\sigma \triangleq \mathscr{L}[\![p]\!]\sigma$

$\text{op}[\![p_1\{s\}p_2]\!]\sigma = \mathscr{L}[\![p_1]\!]\sigma \wedge \sigma' = \mathscr{L}[\![s]\!]\sigma \rightarrow \mathscr{L}[\![p_2]\!]\sigma'$

从上面的讨论中可以看出 Hoare 的公理系统的一个合式公式 F，可以是一阶算术系统的一个合式公式，也可以是形式为 $p_1\{s\}p_2$ 的合式公式，其中 p_1, p_2 是一阶算术系统中的合式公式，s 是语句。

定义 Hoare 的公理系统的一个有穷公式序列 $F_1,\cdots,F_n$，称作是一个证明，若对于一切 $1\leqslant i\leqslant n$ 有

(1) 若 F_i 是一阶算术系统的合式公式，则所有 F_i 是一阶算术系统的定理，即 $\mathscr{L}[\![F_i]\!]\sigma=\mathrm{tt}$（因为一阶算术系统的 $\mathscr{L}$ 解释是一致的）。

(2) 若 F_i 不是一阶算术系统的合式公式，则 F_i 是由 $F_1,\cdots,F_{i-1}$ 中的某些公式经 Hoare 的规则(1)到规则(6)中的某一规则推出的。

定义 Hoare 系统中的公式 F（F 不是一阶算术系统的合式公式），如果存在证明 $F_1,\cdots,F_n$，使得

$$F_n=F$$

那么称 F 是可证的，并记为 $\vdash F$。由于此时 F 的形式为 $p_1\{s\}p_2$，即 $p_1\{s\}p_2$ 是可证的，记为 $\vdash p_1\{s\}p_2$。从上面语义解释中可以看出，应当证明 $\vdash p_1\{s)p_2$ 推出 $\mathrm{op}[\![p_1\{s\}p_2]\!]\sigma=\mathrm{tt}$。

定理 8.9 如果 $\vdash p_1\{s\}p_2$，那么 $\mathrm{op}[\![p_1\{s\}p_2]\!]\sigma=\mathrm{tt}$。

【证明】令 $F=p_1\{s\}p_2$，如果 $\vdash p_1\{s\}p_2$，那么一定存在着一个证明 $F_1,\cdots,F_n$（$F=F_n$）。对这个证明的长度及 Hoare 系统的结构进行归纳。

(1) F_1 是一阶算术系统中的一个定理，即有

$$\mathrm{op}[\![F_1]\!]\sigma=\mathscr{L}[\![F_1]\!]\sigma=\mathrm{tt}$$

(2) 令 $F_1,\cdots,F_{i-1}$ 是一阶算术系统，而 $F_i=p_{i_1}\{s\}p_{i_2}$，且 p_{i_1} 是 $F_1,\cdots,F_{i-1}$ 中的一个公式。

$$\mathrm{op}[\![p_{i_1}\{s\}p_{i_2}]\!]\sigma=\mathscr{L}[\![p_{i_1}]\!]\sigma\wedge\sigma'=\mathscr{C}[\![s]\!]\sigma\rightarrow\mathscr{L}[\![p_{i_2}]\!]\sigma'$$

其真假值情况可以从下面的讨论得到。

由于 $\mathscr{L}[\![p_{i_1}]\!]\sigma=\mathrm{tt}$，如果 $\sigma'=\mathscr{C}[\![s]\!]\sigma$ 也为真，那么 $\mathrm{op}[\![p_{i_1}\{s\}p_{i_2}]\!]\sigma$ 真假值情况将由 $\mathscr{L}[\![p_{i_2}]\!]$ 决定。为讨论 $\sigma'=\mathscr{C}[\![s]\!]\sigma$ 成立，需要对语句逐项讨论。

当 $s::\underline{\mathrm{skip}}$ 时，根据语义方程，由于 $\mathscr{C}[\![\mathrm{skip}]\!]\sigma\triangleq\sigma$，则显然存在一个 σ' 使得 $\sigma'=\sigma$。所以有 $\mathrm{op}[\![p_{i_1}\{\underline{\mathrm{skip}}\}p_{i_2}]\!]\sigma=\mathscr{L}[\![p_{i_2}]\!]\sigma$。由于 $\vdash p_{i_1}\{\underline{\mathrm{skip}}\}p_{i_2}$，此时 $p_{i_2}=p_{i_1}$，所以有 $\mathscr{L}[\![p_{i_2}]\!]\sigma=\mathrm{tt}$。

当 $s::\mathrm{ide}:=e$ 时，由于 $\mathscr{C}[\![\mathrm{ide}:=e]\!]\sigma\triangleq\sigma[\mathscr{E}[\![e]\!]\sigma/\mathrm{ide}]$，显然存在着一个 σ' 使得 $\sigma'=\sigma[\mathscr{E}[\![e]\!]\sigma/\mathrm{ide}]$。由于 $p_{i_1}=p_{i_2}[e/\mathrm{ide}]$，又由于 $\vdash p_{i_2},[e/\mathrm{ide}]\{\mathrm{ide}:=e\}p_{i_2}$，而且 $p_{i_2}[e/\mathrm{ide}]$ 是 $\mathscr{L}$ 解释为真的，因此有

$$\mathscr{L}[\![p_{i_2}]\!]\sigma[\mathscr{E}[\![e]\!]\sigma/\mathrm{ide}]=\mathscr{L}[\![p_{i_2}[e/\mathrm{ide}]]\!]\sigma=\mathrm{tt}$$

当 $s::s_1;s_2$ 时，如果存在着 σ_1，使得 $\sigma_1=\mathscr{L}[\![s_1]\!]\sigma$ 并且 $\sigma'=\mathscr{C}[\![s_2]\!]\sigma_1$。如果 $\mathrm{op}[\![p_{i_1}\{s\}p_{i_2}]\!]\sigma=\mathrm{tt}$，$\mathrm{op}[\![p_{i_2}\{s\}p_{i_3}]\!]\sigma=\mathrm{tt}$，那么 $\mathrm{op}[\![p_{i_1}\{s_1;s_2\}p_{i_3}]\!]\sigma=\mathrm{tt}$。

当 $s::\underline{\mathrm{if}}\ p\ \underline{\mathrm{then}}\ s_1\ \underline{\mathrm{else}}\ s_2\ \underline{\mathrm{fi}}$ 时，由于 $\mathscr{C}[\![\underline{\mathrm{if}}\ p\ \underline{\mathrm{then}}\ s_1\ \underline{\mathrm{else}}\ s_2\ \underline{\mathrm{fi}}]\!]\sigma\triangleq\mathscr{L}[\![p]\!]\sigma=\mathrm{tt}\rightarrow\mathscr{C}[\![s_1]\!]\sigma,\mathscr{C}[\![s_2]\!]\sigma$。如果存在一个 σ'，当 $\mathscr{L}[\![p]\!]\sigma=\mathrm{tt}$ 并且 $\sigma'=\mathscr{C}[\![s_1]\!]\sigma$，或者当 $\mathscr{L}[\![p]\!]\sigma=\mathrm{ff}$ 并且 $\sigma'=\mathscr{C}[\![s_2]\!]\sigma$ 时，$\sigma'=\mathscr{C}[\![\underline{\mathrm{if}}\ p\ \underline{\mathrm{then}}\ s_1\ \underline{\mathrm{else}}\ s_2\ \underline{\mathrm{fi}}]\!]\sigma$。由于如果 $\vdash p_{i_1}\{\underline{\mathrm{if}}\ p\ \underline{\mathrm{then}}\ s_1\ \underline{\mathrm{else}}\ s_2\ \underline{\mathrm{fi}}\}p_{i_2}$ 与 $\mathrm{op}[\![p_{i_1}\wedge p\{s_1\}p_{i_2}]\!]\sigma=\mathrm{tt}$ 及 $\mathrm{op}[\![p_{i_1}\wedge\neg p\{s_2\}p_{i_2}]\!]\sigma=\mathrm{tt}$，那么 $\mathrm{op}[\![p_{i_1}\{\underline{\mathrm{if}}\ p\ \underline{\mathrm{then}}\ s_1\ \underline{\mathrm{else}}\ s_2\ \underline{\mathrm{fi}}\}p_{i_2}]\!]\sigma=\mathrm{tt}$。

当 s∷$\underline{\text{while}}\ p\ \underline{\text{do}}\ s\ \underline{\text{od}}$ 时，由于 $\mathscr{C}[\![\underline{\text{while}}\ p\ \underline{\text{do}}\ s\ \underline{\text{od}}]\!] \triangleq Y(\lambda\phi,\lambda\sigma,\mathscr{L}[\![p]\!]\sigma=\text{tt}\rightarrow\phi(\mathscr{C}[\![s]\!]\sigma),\sigma)$，如果语义方程右边不动点存在，那么就存在着一个 $\sigma'=\mathscr{C}[\![\underline{\text{while}}\ p\ \underline{\text{do}}\ s\ \underline{\text{od}}]\!]\sigma$。由于 $\vdash p_{i_1}\{\underline{\text{while}}\ p\ \underline{\text{do}}\ s\ \underline{\text{od}}\}p_{i_2}$，此时 $p_{i_1}=I$，$p_{i_2}=I\wedge\neg p$，又由于 $\text{op}[\![I\wedge p\{s\}I]\!]\sigma=\text{tt}$，而语句$\underline{\text{while}}\ p\ \underline{\text{do}}\ s\ \underline{\text{od}}$ 出口时，$\mathscr{L}[\![p]\!]\sigma=\text{ff}$，所以 $\mathscr{L}[\![p_{i_2}]\!]\sigma=\text{tt}$，故 $\text{op}[\![p_{i_1}\{\underline{\text{while}}\ p\ \underline{\text{do}}\ s\ \underline{\text{od}}\}p_{i_2}]\!]\sigma=\text{tt}$。

(3) 如果对于 $F_1,\cdots,F_{n-1}$，有 $\text{op}[\![F_i]\!]\sigma=\text{tt}(1\leqslant i\leqslant n-1)$ 可以采用类似(2)的方法证明 $\text{op}[\![p_1\{s\}p_2]\!]\sigma=\text{tt}$。

关于 Hoare 系统的完全性与可表达性等方面的讨论，可参看本章文献[15]。

8.5 Dijkstra 的最弱前置条件

E. W. Dijkstra 在文献[4]中，首先谈到了最弱前置条件的产生技术，并对语言的不确定性进行了讨论。关于 Dijkstra 的卫式语言的更形式的讨论，我们将放在第 10 章中进行。在这里，只是给出卫式语言的自然语义的解释。

首先用 BNF 定义卫式语言的语法。

〈guarded command〉∷=〈guard〉→〈guarded list〉

〈guard〉∷=〈baolean expression〉

〈guarded list〉∷=〈statement〉{;〈statement〉}

〈statement〉∷=skip|abort|〈assignment statement〉

|〈alternative construct〉|〈repetitive construct〉

〈assignment statement〉∷=〈variable〉:=〈expression〉

〈alternative construct〉∷=if 〈guarded command set〉 $\underline{\text{fi}}$

〈repetitive construct〉∷=do 〈guarded command set〉 $\underline{\text{od}}$

〈guarded command set〉∷=〈guarded command〉{□〈guarded command〉}

根据这些结构定义，可以写出如下的程序。

例 8.4

$\underline{\text{if}}\ x\geqslant y\rightarrow m:=x$

$\square\ y\geqslant x\rightarrow m:=y$

$\underline{\text{fi}}$

例 8.5

$x:=x;y:=y$

$\underline{\text{do}}\ x>y\rightarrow x:=x-y$

$\square\ y>x\rightarrow y:=y-x$

$\underline{\text{od}}$

下面对上述结构进行语义定义。我们在本章的开头就曾谈到最弱前置条件 WP(s,R)，其中 s 表示语句，R 表示后继条件，WP(s,R)表示从后继条件 R(post-condition)通过语句 s 的一个转换，并得到最弱前置条件(weakest pre-condition)。

首先定义 P,Q 及 R 是谓词，它们是关于系统的布尔函数，或称为条件。这些谓词对于最弱前置条件有如下基本性质：

(1) 对于任意 s 有

WP(s,F)=F，对所有状态

即为 law of the excluded miracle。

(2) 对于任意 s 和任意两个后继条件 P 和 Q 有

$P \Rightarrow Q$，对于所有状态

则有

WP(s,P)⇒WP(s,Q)，对于所有状态

(3) 对于任意 s 和任意两个后继条件 P 和 Q 有

WP(s,P) <u>and</u> WP(s,Q)=WP(s,P <u>and</u>,Q)，对于所有状态

(4) 对于任意 s 和任意两个后继条件 P 和 Q 有

(WP(s,P) <u>or</u> WP(s,Q))⇒WP(s,P <u>or</u> Q)，对于所有状态

(4)′对于任意确定 s 和任意两个后继条件 P 和 Q 有

(WP(s,P) <u>or</u> WP(s,Q))=WP(s,P <u>or</u> Q)

从上面的基本性质中，还可以推出：

WP(s,P <u>and</u> Q)⇒WP(s,P)

WP(s,P <u>and</u> Q)⇒WP(s,Q)

WP(s,P)⇒WP(s,P <u>or</u> Q)

WP(s,Q)⇒WP(s,P <u>or</u> Q)

下面，我们讨论两个主要概念，即不确定性及确定性。首先讨论确定性概念。

对于确定 s 及某些后继条件 R，每一个初始状态落在三个互斥集合中的一个。

(a)s 的活动将引入终止状态并满足 R。

(b)s 的活动将引入终止状态并满足<u>non</u> R。

(c)s 的活动将不引入终止状态。

第一个集合可以用 WP(s,R)表征。第二个集合可以用 WP(s,<u>non</u>R)表征。将第一个集合与第二个集合并起来，则其并集表征为

(WP(s,R) <u>or</u> WP (s,<u>non</u> R))=WP(s,P <u>or</u> <u>non</u> R)=WP(s,T)

因此，第三个集合是这个并集的补集，所以第三个集合可以表征为<u>non</u> WP(s,T)。

对于不确定性则还要求多一些。即不确定性则要求初始状态可以落在上述(a)，(b)，(c)一个集合上，也可以落在两个集合上，也可以落在三个集合上。共有七种情况，这七种情况的表征分别为

(a)WP(s,R)=WLP(s,R) <u>and</u> WP(s,T)

(b)WP(s,<u>non</u> R)=(WLP(s,<u>non</u> R) <u>and</u> WP(s,T))

(c) $WLP(s,F)=(WLP(s,R)$ and $WLP(s,\text{non } R))$

(ab) $WP(s,T)$ and non $WLP(s,R)$ and non $WLP(s,\text{non } R)$

(ac) $WLP(s,R)$ and non $WP(s,T)$

(bc) $WLP(s,\text{non } R)$ and non $WP(s,T)$

(abc) non$(WLP(s,R)$ or $WLP(s,\text{non } R)$ or $WP(s,T))$

其中 $WLP(s,R)$，$WLP(s,\text{non } R)$表示"最弱富足前置条件"(the weakest liberal pre-condition)。假如有一个前置条件，它将保证产生正确结果，也就是说能够达到终止状态并满足 R，这样的条件称之为"最弱前置条件"。假如有一个前置条件，它将保证不产生错误结果，也就是如果进入终止状态则一定满足 R，否则就不进入终止状态，我们称这个前置条件为"富足前置条件"。对于富足前置条件可以介绍其中的最弱富足前置条件，则用 $WLP(s,R)$表示。

下面，我们回过来讨论本节开始定义的几个基本语句结构的最弱前置条件的产生。

(1)"skip"(空语句)语义：

$WP(\text{skip},R)=R$，对于所有的后继条件 R

(2)"abort"语句的语义：

$WP(\text{abort},R)=F$，对于所有后继条件 R

abort 的提出是基于 constant weakest pre-condition，所谓 constant weakest pre-condition 是说它不依赖于任何后继条件 R，即 $WP(s,R)=T$(对于所有的 R)，而这个谓词转换器是不存在的。但是，对于所有 R，$WP(s,R)=F$ 则存在一个谓词转换器，于是称这个语句 s 为 abort。

(3) $x:=E$(赋值语句)的语义：

$WP(\text{“}x:=E\text{”},R)=R_{E\to x}$，对于所有后继条件 R

其中 $R_{E\to x}$表示将 R 中的 x 用 E 代替。

(4) "$s_1;s_2$"(复合语句)的语义：

$WP(\text{“}s_1;s_2\text{”},R)=WP(s_1,WP(s_2,R))$

而对于选择结构及重复结构则是下面我们讨论的重点。

(5) 选择结构的语义：首先定义"IF"

if $B_1\to sl_1 \square B_2\to sl_2 \square \cdots \square B_n\to sl_n$ fi

设 BB 为

$(\exists i:1\leqslant i\leqslant n:B_i)$：

那么定义 IF 结构的最弱前置条件：

$WP(IF,R)=(BB \text{ and} (\forall i:1\leqslant i\leqslant n:B_i\Rightarrow WP(sl_i,R)))$

如果解释这个等式，则为

$$WP(IF,R)=(B_1 \text{ or } B_2 \text{ or } \cdots \text{ or } B_n) \text{ and} (B_1\Rightarrow WP(sl_1,R)) \text{ and } (B_2\Rightarrow WP(sl_1,R)) \text{ and} \cdots \text{and} (B_n\to WP(sl_n,R))$$

一个不造成夭折的 IF 结构，其$\underline{\text{non}}\ BB=F$。

(6) 循环结构语义：首先定义“DO”，

$$\underline{\text{do}}\ B_1\rightarrow \text{sl}_1 \,\square\, B_2\rightarrow \text{sl}_2 \,\square\, \cdots \,\square\, B_n\rightarrow \text{sl}_n\,\underline{\text{od}}$$

设条件 $H_k(R)$由下面递归定义给出：

$$H_0(R)=R\ \underline{\text{and}}\ \underline{\text{non}}\ (\underline{\exists j}: 1\leqslant j\leqslant n: B_j)$$

对于 $k>0$ 有

$$H_k(R)=\text{WP}(\text{IF}, H_{k-1}(R))\ \underline{\text{or}}\ H_0(R)$$

对于整个循环则有

$$\text{WP}(\text{DO},\text{R})=(\underline{\exists}\, k: k\geqslant 0: H_k(R))$$

下面，我们对这两个结构做一点解释。可以给它们两个新框图表示(图 8.12)。

有了这两个框图，读者再去理解这两个结构的语义就比较简单了。

下面，我们将给出选择结构及循环结构两个定理。这两个定理对于程序推导很有用。

定理 8.10 设有选择结构 IF 和两个谓词 Q 和 R 使得对于所有状态有

$$Q\Rightarrow BB$$

并有

$$(\forall j: 1\leqslant j\leqslant n: (Q\ \underline{\text{and}}\ B_j)\Rightarrow \text{WP}(\text{sl}_j, R))$$

那么

$$Q\Rightarrow \text{WP}(\text{IF}, R)$$

定理 8.11 设具有诱导的选择结构 IF 的警戒命令集(guarded command set)及谓词 P 使得

$$(P\ \underline{\text{and}}\ BB)\Rightarrow \text{WP}(\text{IF}, P)\text{，对于所有状态}$$

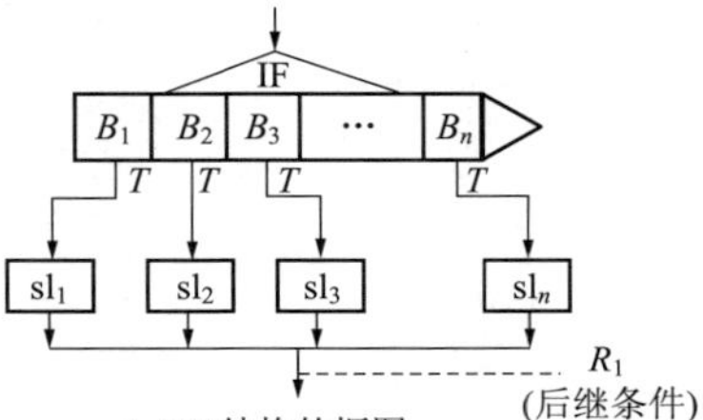

(a)IF 结构的框图

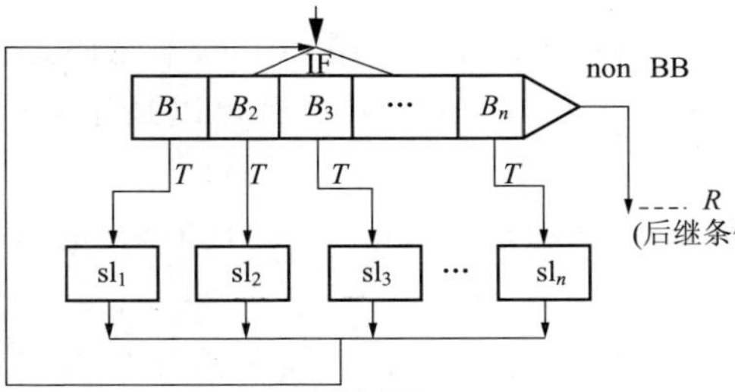

(b)DO结构框图

图 8.12 选择结构及循环结构

那么对其相应的循环结构 DO,我们可以得出结论:

$(P$ and $\mathrm{WP}(\mathrm{DO},T))\Rightarrow \mathrm{WP}(\mathrm{DO},P$ and non $BB)$,对于所有状态

以上两个定理均不证明,请参见本章文献[5]。

有了上面的讨论之后,我们可以举几个例子来说明程序推导方法是如何实施的。程序推导方法是从后继条件经前面谈到的前置条件产生规则产生出前置条件的。也就是从输出断言推导出程序来,这是程序设计的一种机械化方法。

例 8.6 给出某程序的输出断言为 $R(m)$:

$(m=x$ or $m=y)$ and $m\geqslant x$ and $m\geqslant y$

请推导出程序。

从关系$(m=x$ or $m=y)$可以建立一赋值语句$(m:=x$ or $m:=\mathrm{y})$,这是一个选择结构,有如图 8.13 所示的情况。

用 $R(m)$经两个赋值语句前置条件产生规则产生如图 8.14 所示情况,其中$R(x)$和$R(y)$为

$R(x)=((x=x$ or $x=y)$ and $x\geqslant x$ and $x\geqslant y)=(x\geqslant y)$

$R(y)=((y=x$ or $y=y)$ and $y\geqslant x$ and $y\geqslant y)=(y\geqslant x)$

于是得出程序为

if $x\geqslant y\rightarrow m:=x$ □ $y\geqslant x\rightarrow m:=y$ fi

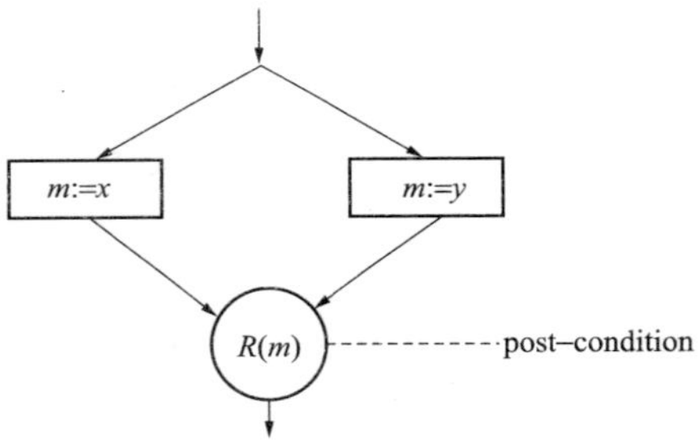

图 8.13

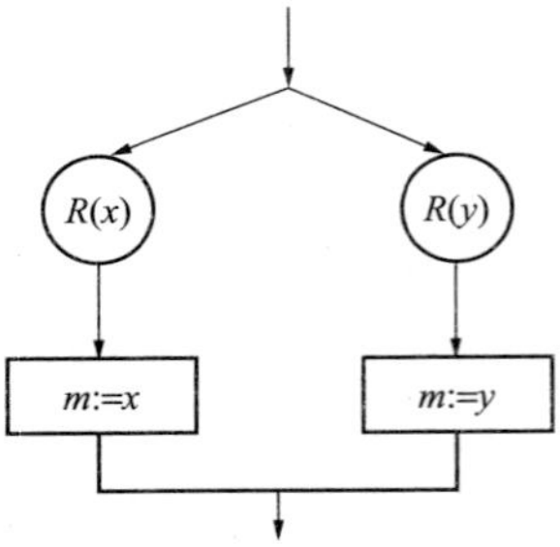

图 8.14

例 8.7 对于固定值 $n(n>0)$,函数 $f(i)$对于 $0\leqslant i<n$ 有如下输出断言 R:

$0\leqslant k<n$ and $(\forall i:0\leqslant i<n:f(k)\geqslant f(i))$

在 R 中有全称量词,这意味着要由一个循环结构来完成。首先寻找一个比 R 还要弱的条件 P,使得$(P$ and non $BB)\Rightarrow R$。例如 P 可以是如下形式的:

$0\leqslant k<j\leqslant n$ and $(\forall i:0\leqslant i<j:f(k)\geqslant f(i))$

这里 j 是个新变量。显然这个 P 满足$(P$ and non $BB)\Rightarrow R$ 的条件,因为

$(P$ and $j=n)\Rightarrow R$

为了验证这个谓词 P 是否选择的合适,我们必须在循环结构的开始有一个建立它的简单方法。即(根据 Dijkstra 的经验建议的)

$(k=0$ and $j=1)\Rightarrow P$

于是可以写出这个程序组的结构:

$k,j:=0,1\{P$ 已经被建立$\}$

$\underline{\text{do}}\ j\neq n\rightarrow$ 在不变式 P 上向 $j=n$ 走一步 $\underline{\text{od}}$

$\{R$ 已经被建立$\}$

又是根据 Dijkstra 的经验，建议选择当前状态为 $t=(n-j)$ 的单调递减函数 t，它的确可以使 $P\Rightarrow(t\geqslant 0)$。为了确保 t 单调递减，应假定 j 是按 1 递增的，于是有

$$\text{WP}(\text{“}j:=j+1\text{”},P)=0\leqslant k<j+1\leqslant n\ \underline{\text{and}}(\forall i:0\leqslant i<j+1:f(k)\geqslant f(i))$$
$$=0\leqslant k<j+1\leqslant n\underline{\text{and}}(\forall i:0\leqslant i<j:f(k)\geqslant f(i))\underline{\text{and}}\ f(k)\geqslant f(j)$$

上式前两项意味着 $P\ \underline{\text{and}}\ j\neq n$（这是因为$(j\leqslant n\ \underline{\text{and}}\ j\neq n)\Rightarrow(j+1\leqslant n)$），这也就是我们为什么决定 j 是按 1 递增的原因。所以有

$$(P\ \underline{\text{and}}\ j\neq n\ \underline{\text{and}}\ f(k)\geqslant f(j))\Rightarrow\text{WP}(\text{“}j:=j+1\text{”},P)$$

我们可以取最后一个条件为警戒，则程序为

$k,j:=0,1$

$\underline{\text{do}}\ j\neq n\rightarrow\ \underline{\text{if}}\ f(k)\geqslant f(j)\rightarrow j:=j+1\ \underline{\text{fi}}\ \underline{\text{od}}$

但是该程序只有终止时它才会给出正确的答案，而上述程序的终止是不能保证的，这是因为如果 $k=0$ 不能满足 R（即 $BB\neq T$）则选择结构将导致失败。所以我们还得考虑另外的情况，即 $f(k)\leqslant f(j)$ 的情况。此时，再考虑下一步，则应当令 $k:=j$，并研究如下最弱条件的产生：

$$\text{WP}(\text{“}k,j:=j,j+1\text{”},P)=0\leqslant j<j+1\leqslant n\ \underline{\text{and}}(\ \underline{\forall\ i}:0$$
$$\leqslant j\leqslant j+1:f(j)\geqslant j(i))=0\leqslant j<j+1\leqslant n\ \underline{\text{and}}(\ \underline{\forall\ i}:0\leqslant i<j:f(j)\geqslant f(i))$$

因此可以得到

$$(P\ \underline{\text{and}}\ j\neq n\quad \underline{\text{and}}\ f(k)\leqslant f(j))\Rightarrow\underline{\text{WP}}(\text{“}k,j:=j,j+1\text{”}P)$$

及下面没有失败危险的程序：

$k,j:=0,1$

$\underline{\text{do}}\ j\neq n\rightarrow\ \underline{\text{if}}\ f(k)\geqslant f(j)\rightarrow j:=j+1\ \square\ f(k)$

$\leqslant f(j)\rightarrow k,j:=j,j+1\quad \underline{\text{fi}}\ \underline{\text{od}}$

还可以把这个程序进行进一步整理为

$k,j,\max:=0,1,f(0)$

$\underline{\text{do}}\ j\neq n\rightarrow\ \underline{\text{if}}\ \max\geqslant f(j)\rightarrow j:=j+1\ \square\ \max$

$\leqslant f(j)\rightarrow k,j,\max:=j,j+1,f(j)\ \underline{\text{fi}}\ \underline{\text{od}}$

本例完。

Dijkstra 在文献[5]中还给了许多例子，有兴趣的读者可以去读一读。

在前面几节中我们较详细地介绍了目前可以采用的各种验证技术以及 Dijkstra 的将验证与程序设计结合起来的推导方法。有人会说，这些技术对于小程序还差不多，对于较大程序就无能为力了。如何将这种小程序验证技术推广到大程序上去呢？

现在看来道路有两条。一个办法就是借助于不变式产生器解决一个模块的验证问题（当然，这个模块不能太大），然后走定理化方法的道路完成大程序的验证。

第二个是 Dijkstra 的方法,用 Dijkstra 方法进行程序设计,每设计一步进行一步验证。验证技术虽然处理程序规模不大,但当代验证技术处理 Dijkstra 的语句结构大概还绰绰有余。设计一步验证一步,虽然程序设计时间长了,但换来了程序可靠性好、错误少,所用的测试时间大大减少的局面,而且这种程序设计容易使错误在早期消灭掉。更有意义的是,这种程序设计方法与形式语义学的理论接口很好。可以从形式语义书写的断言一步一步将程序推导出来。

那么是否说采用 Dijkstra 方法就能保证程序正确呢? 假如是一个理想的程序设计者,从不会出现任何错误,那么该方法设计出的程序是可靠的。我想,这就如同一个数学定理的证明一样,会有人证错。大概 Dijkstra 本人,如领导许多程序员按他的方法设计程序,当程序员设计完程序后,向他说程序已没有错误,他大概也只能相信他们是对的,并不能保证他们是对的。

但是,有人说 Dijkstra 方法不能针对所有程序,而只能处理绝大多数程序(但这也相当好了),也就是说该方法产生出来的程序一定是终止的。

8.6 Martin-Löf 类型论

Martin-Löf 类型论是近 30 年发展起来的、直觉主义数学派别,它是所有直觉数学派别中最年轻的一个派别。为了介绍 Martin-Löf 类型论,有必要简要地介绍一下直觉主义数学。

8.6.1 直觉主义数学

直觉主义数学(以下简称直觉数学),它首先是一种独立的哲学派别,到近代及现代,直觉数学学派不仅是一种哲学,也是一种数学实体。

直觉数学学派的哲学思想是什么呢?

· 决定概念的正确性是直观,而不是经验和逻辑。例如数学家 Poincare 说:算术是不能由公理基础来判别它是正确的,我们的直觉是先于这样一个结构的。他还认为数学归纳法是一种基本的直观。无论逻辑原则,还是所谓的元数学概念都必须是直觉正确的。

· 直觉主义数学认为数学的思维是一种构造程序,它建造自己的世界,与我们的经验世界无关,只受到应以基本数学直观为基础的限制。这种构造性,无论对于定义与证明都是必需的。

· 对于排中律持批判态度。反证法可以用下面的一个公理来表示:

$$(\neg B \to \neg A) \to ((\neg B \to A) \to B)$$

近代直觉数学的创立者是 Brouwer(博士论文:On the Foundations of Mathematics,1907),该学派认为:

“当一个数学家证明一个问题有一个解,他(她)应当能够显式地展示出这个解(至少在原则上如此)。”

下面，我们就直觉数学中的规则、集合、证明及逻辑等方面的内容进行简要的讨论。

1. 规　则

直觉数学(也称构造数学)的基本宗旨告诉我们，如果一个人想要证明 $\exists yA(y)$，那么他(她)应当显式地产生 y 使 $A(y)$ 成立。从具有直觉正确的元数学出发，要构造出新的概念与数学结构，当然必须要有一些构造规则(在以后的讨论中，我们称这些规则是构子(constructor))，那么这些规则应当是什么样的呢？对这些规则应当有什么限制呢？

(1) 最强限制：一个规则是递归的，或是算法的。

(2) 最弱限制：一个规则是一步步明确叙述的，是过程性的。

(3) 自由性与创造性：因这些规则而产生的构造方法必须允许某种机会与自由意志的实现，也必须允许数学家创造性解决问题的活力。

2. 集　合

在构造数学中，如果构造一个集合，至少完成一个什么事情，才算一个集合被定义呢？构造数学认为，一个集合 X 如果满足如下的条件，就说 X 是被定义的：

(1) 说明构造 X 的一个成员必须做什么。

(2) 说明为证明两个成员是相等的必须做什么。

(3) 证明在(2)中定义的等词是一个等价词。如果集合 X 仅做了(1)中规定的事情，我们说 X 是一个 preset。

3. 构造证明

直觉数学仅承认构造证明，什么是构造证明呢？为什么非构造性证明不予承认呢？让我们首先看看构造数学的证明观。

构造数学拒绝任何先验的真值概念。那么有人会问，不承认任何先验的真假值概念，例如对于谓词 $\exists xA(x)$，如果它没有先验的真假值概念，除去说我们能够展示一个 x 使 $A(x)$ 之外，为判断它，我们还能说什么呢？在直觉数学中，$\exists xA(x)$ 表示，我们有一个有效的方法找到一个 a 与 $A(a)$ 的一个证明。因此，构造数学的第二个宗旨表明，对于所有有意义的断言 A，有

(A－p)断言是证明：

$A \leftrightarrow \exists p(p \text{ is a proof of } A)$

在经典的逻辑中，逻辑常量是有明确的真或假的值的，一个断言是由真值及逻辑操作(逻辑函数)在真值域中讨论的。例如 $A \vee B$，其真值表为

$A \vee B$	A	B
F	F	F
T	F	T
T	T	F
T	T	T

而在直觉逻辑中，由于没有先验的真或假的值，那么逻辑操作的意义是什么呢？例如 $A \vee B$，对于经典逻辑 A, B 可以有自己确定的真假值，$A \vee B$ 的值为 A 的真值或 B 的真值。但对于直觉逻辑 $A \vee B$ 的意思则为：$A \vee B$ 的证明要么是 A 的证明，要么是 B 的证明。

从直觉逻辑的形式系统中，我们也可以看出，它没有先验的真假值。在直觉逻辑的自然演绎系统中还没有任何先验的永真公理。由于缺少公理，它允许我们在任何阶段引入一个公式作为前提假设。如果我们用形式 $\Gamma:A$ 表示一个推理式(sequent)，A 是一个公式，Γ 是公式的有限集合。

如果令

$\Gamma,\Delta:A$	为 $\Gamma \cup \Delta:A$
$\Gamma,B:A$	为 $\Gamma \cup \{B\}:A$
$B_1,\cdots B_n:A$	为 $\{B_1,\cdots,B_n\}:A$
$:A$	为 $\phi:A$(其中 ϕ 为空集)

其中 Γ 称为推理式的前件(antecedent)，而 A 称为推理式的后件(succedent)。

自然演绎系统的推理规则又分成结构规则与逻辑规则。

仅存在着一个结构规则，称为 thinning 规则：

$$\frac{\Gamma:B}{\Gamma,A:B}$$

逻辑规则又分成引入规则与消去规则。引入规则我们用"+"表示，消去规则用"−"表示，则有下表。

引入规则(introduction)	消去规则(elimination)
$\&_+:\dfrac{\Gamma:A \quad \Gamma:B}{\Gamma:A\&B}$	$\&_-:\dfrac{\Gamma:A\&B}{\Gamma:A}$ 或 $\dfrac{\Gamma:A\&B}{\Gamma:B}$
$\vee_+:\dfrac{\Gamma:A}{\Gamma:A\vee B} \quad \dfrac{\Gamma:B}{\Gamma:A\vee B}$	$\vee_-:\dfrac{\Gamma:A\vee B\ \Delta_1,A:C\ \Delta_2,B:C}{\Gamma,\Delta_1,\Delta_2:C}$
$\to_+:\dfrac{\Gamma,A:B}{\Gamma:A\to B}$	$\to_-:\dfrac{\Gamma:A \quad \Delta:A\to B}{\Gamma,\Delta:B}$
$\neg_+:\dfrac{\Gamma,A:B\ \Delta,A:\neg B}{\Gamma,\Delta:\neg A}$	$\neg_-:\dfrac{\Gamma:A \quad \Delta:\neg A}{\Gamma,\Delta:B}$
$\forall_+:\dfrac{\Gamma:A(y)}{\Gamma:\forall xA(x)}$ (其中 x 不是自由出现在 Γ 中)	$\forall_-:\dfrac{\Gamma:\forall xA(x)}{\Gamma:A(t)}$ (其中 t 对于 $A(x)$ 中的 x 是自由的)
$\exists_+:\dfrac{\Gamma:A(t)}{\Gamma:\exists xA(x)}$ (其中 t 对于 $A(x)$ 中的 x 是自由的)	$\exists_-:\dfrac{\Gamma:\exists xA(x) \quad \Delta,A(y):C}{\Gamma,\Delta:C}$ (其中 y 不自由出现在 $\exists xA(x)$ 或 C 中)

一个采用公理化的直觉逻辑，可以将规则变化成公理而得到

axioms：

(1) $A\to(B\to A)$

(2) $A\to(B\to A\& B)$

(3) $A\& B\to A$

(4) $A\& B\to B$

(5) $A\to A\vee B$

(6) $B\to A\vee B$

(7) $A\vee B\to((A\to C)\to((B\to C)\to C))$

(8) $(A\to B)\to((A\to(B\to C))\to(A\to C))$

(9) $(A\to B)\to((A\to\neg B)\to\neg A)$

(10) $A\to(\neg A\to B)$

（(9)、(10) 比反证法规则弱）

(11) $\forall xA(x)\to A(t)$

(12) $A(t)\to\exists xA(x)$

Rules of inference:

(1) $\dfrac{A\quad A\to B}{B}$ (MP)

(2) $\dfrac{C\to A(y)}{C\to\forall xA(x)}$

(3) $\dfrac{A(y)\to C}{\exists xA(x)\to C}$

下面，我们举两个例子，看一看对于非构造性证明，构造数学是如何看的。

例 8.8 有如下定理。

定理：令 x,y 是无理数（irrational），而 z 是有理数（rational），那么 $x^y=z$ 存在着一个解。

证明：$\sqrt{2}$是无理数，而$\sqrt{2}^{\sqrt{2}}$是有理数或者是无理数。如果$\sqrt{2}^{\sqrt{2}}$是有理数，在令 $x=\sqrt{2},y=\sqrt{2}$的情况下，$z=\sqrt{2}^{\sqrt{2}}$根据假设是有理数，如果令$\sqrt{2}^{\sqrt{2}}$是无理数，令 $x=\sqrt{2}^{\sqrt{2}},y=\sqrt{2}$使得 $z=(\sqrt{2}^{\sqrt{2}})^{\sqrt{2}}=(\sqrt{2})^2=2$ 当然是一个有理数了，所以解存在。

例 8.9 有如下定理。

定理：如果$\underline{s}$ 是一闭区间$[a,b]$的无穷子集，那么$[a,b]$至少包含一个$\underline{s}$ 的聚点（point of accumulation）。

证明：我们有如下的无限嵌套区间$[a_i,b_i]$的序列，并有 $a_0=a,b_0=b$，对于每一个 i 考虑以下两种情况：

(1) 如果$\left[a_i,\dfrac{a_i+b_i}{2}\right]$包含$\underline{s}$ 的无穷多点，令

$$a_{i+1}=a_i,b_{i+1}=\frac{a_i+b_i}{2}$$

(2) 如果$\left[a_i,\dfrac{a_i+b_i}{2}\right]$仅包含有限多的$\underline{s}$ 的点，令

$$a_{i+1}=\frac{a_i+b_i}{2},b_{i+1}=b_i$$

那么，我们采用归纳法说明每一个$[a_i,b_i]$都包含$\underline{s}$的无穷多点。对于$i=0$，在(1)情况时，根据定理的假设，$[a_i,b_i]$包含无穷多点；在(2)情况时，也包含无穷多点。对于$i>0$时，在(1)情况时，我们可以根据定义做出判断，$[a_i,b_i]$有无穷多点；在(2)情况时，由于$[a_i,b_i]$都是由外面一层区间(无穷多点)去掉左边的一个包含有穷点的区间而得到的，所以$[a_i,b_i]$也包含无穷多点。由于这个嵌套序列必须收敛于一点，而这个序列中的每一个相邻的区间又都包含无穷多点，所以$\underline{s}$中至少有一点是聚点。

例 8.10　有如下定理。

定理：有无限多个素数。

证明：假设素数是有限多个，共有n个，它们是$p_1,p_2,\cdots,p_n$，其中$p_1=2,p_2=3,p_3=5,\cdots$令$a=p_1\cdots p_n+1$，如果a是素数，则因a不等于$p_1,p_2,\cdots,p_n$中的任何一个，故素数的个数至少有$n+1$个，与假设素数的个数为n相矛盾。如果a不是素数，则有一个大于1的整数，其大于1的最小因数是素数b。由于$a=p_1\cdots p_n+1$中的第一项可以被$p_1,\cdots,p_n$中的任一素数除尽，第二项1被$p_1,\cdots,p_n$中的任一素数都除不尽，所以a被$p_1,\cdots,p_n$中的任意一个素数都除不尽。因此，b不等于$p_1,\cdots,p_n$中的任何一个素数，故在$p_1,\cdots,p_n$以外还有素数。

上面三个例子中，第一个例子的证明表示了满足定理条件的等式的两个特别的解的一个或另一个，并没有给出我们如何去确定它们的方法。是典型的非构造性的证明。第二个例子，其证明道是展示出一个构造，虽然这个构造是无法完成的(即无限构造下去)。因为我们不能决定是情况(1)还是情况(2)被采用，我们说证明没有给出一个找到这个聚点的方法，也不知道这个聚点是什么。第三个例子是反证法。

直觉数学家认为，数学中的无限概念也要有限构造，这正如我们的大脑去思考无限概念时，是在有限的时间、有限步数中去思考一样。概念是无限的，而构造这个无限概念的结构却应是有限的。例如，集合是无限的，而这在直觉数学家看来，就我们已经找到的任意大的集合，我们总还能构造一个有限的集合比它还大，他并不去想象我们不能达到的无限概念是什么。

近代直觉主义数学并不局限于批判，他们在建立自己的在构造基础上的新的数学。他们已经成功地把微积分连同它的极限程序构造出来。在这方面，给出实数的构造定义是直觉数学最为显著的成就，实数可以定义为有理数 cauchy 序列的等价类，这种做法首先是定义一个实数产生器。有兴趣的读者可以去参看有关文献。

现代直觉主义数学还分为一些学派，大概可以划分成如下的几个学派，它们是：

- Russian 构造主义。
- Bishop 构造主义。
- 递归分析构造主义。
- 客观直觉主义。
- Brouwerian 直觉主义。

· Martin-Löf 哲学派别。

8.6.2 Martin-Löf 类型论概述

Martin-Löf 类型论是 20 世纪 80 年代发展起来的新的直觉主义数学派别，它是所有直觉数学派别中最年轻的一个。Martin-Löf 的类型论，是一个具有变量类型的 λ-演算的类别(sort)。Martin-Löf 说，他研究类型论主要是把数学逻辑作为数学基础来研究的。Martin-Löf 还认为，没有一个数学对象是不属于某个确定类型的，这种类型概念不只是一个数值对象有，一个函数有，一个操作有，就是证明也有类型概念。Martin-Löf 采用一种新的语言方式来描述他的系统，他认为这个语言至少在两个方面有着特别明显的优点。第一，Zermelo-Fraenkel 集合论不适合处理范畴论的基础问题，例如所有集合的范畴、所有群的范畴、函子的范畴等概念，这些问题在直觉类型论是采用区别集合与范畴的方法来解决的(这里谈到的范畴与集合的区别是在逻辑或哲学的意义上谈的)。第二，现有的逻辑符号体系不适合于程序设计语言，这就是为什么计算机科学需要发展它们自己的语言(如 FORTRAN，ALGOL60，LISP，PASCAL 等)及证明规则系统(如 Hoare 及 Dijkstra 的公理方法)。直觉类型理论与一阶谓词逻辑比较，它更适合于程序设计语言。

Martin-Löf 的直觉数学派别继承与发展了 Bishop 直觉数学派别。Bishop 派别的哲学思想强调：

· 所有的数学对象必须是客观的、显式的，但不坚持每一个数学对象必须由固定语言描述。

· 认为构造性操作都应化简成具有“数值意义”的操作，以提供定义抽象对象的可能性。不引入所有操作与规则必须是递归的任何限制，同时也不引入任何非递归的方法。

· 因此 Bishop 派别提出的系统将是最少逻辑假设及约束的。

Martin-Löf 在操作方面的注释与 Bishop 并没有什么不同，只是强调每一个操作都应当有一个域(domain)。Martin-Löf 也接受了 Bishop 的集合定义，但是 Martin-Löf 将集合更精细化了。我们称这样的集合论思想是 Martin-Löf 的构造集合论思想。

Martin-Löf 的构造集合论是一个具有计算规则的数学语言，这个语言的推理规则被解释为，如何从已知判断(judgements)来构造新的判断。一个形式如下的判断：

$$a \in A$$

可以理解其有以下的几种意义：

(1) a 是集合 A 的一个元素。

(2) a 是命题 A 的一个证明(构造的)。

(3) a 是任务 A 的一个程序。

(4) a 是问题 A 的一个解。

当然，在这里我们主要感兴趣的是前两个解释。Martin-Löf 构造集合论的基本构造形式有四种：

- $a \in A$——a 是 A 的一个元素。
- A set——A 是一个集合。
- $a = b \in A$——a 与 b 是集合 A 中的两个相等元素。
- $A = B$——A,B 两个集合相等。

Martin-Löf 构造集合论描述语言的描述方法有如下几种：

(1) 构造规则(rules of set formation)。这个规则表明如何从给定的集合构造新的集合。

(2) 引入规则(introduction rules)。这个规则表明，在构造集合时，必须给出该集合中的规范元素(canonical elements)是如何构造的。所谓规范元素是指那些自己作为值的元素。例如自然数 N 集合，0 是一个规范元素，如果 x 是一个规范元素，那么 succ(x)也是一个规范元素。

(3) 消去规则(elimination rules)。这个规则表明，由集合中的任意元素 P 如何构造一个任务 $s(p)$的一个程序，其中 s 是一个集合族的特性。这个规则可以看作语言的控制结构。由这种控制结构构成的表达式表示非规范对象。例如 10^{10} 就是自然数集合 N 的非规范对象，因为 10^{10} 是一个程序，是由定义指数、乘法、加法运算规则计算的，这个程序可以得到规范对象的值。或者说，消去规则告诉我们，如何在引入规则定义的集合上定义函数。

(4) 等式规则(equality rules)。等式规则在于找到非规范对象的值。规范对象的值即为它自己。

下面，我们将较详细地介绍 Martin-Löf 的类型理论，并分为如下几个小节：

- Martin-Löf 类型理论非形式说明。
- Martin-Löf 类型理论的形式说明。
- 一些例子。

8.6.3　Martin-Löf 类型理论非形式说明

这一节我们主要讨论如何由一个给定类型去构造一个新的类型，以及构造新类型构子(constructors)的意义。

1. 命题与判断(propositions and judgements)

在类型论中对命题与判断做了区别，一个命题可以由逻辑操作的方法组合，命题可以去掉真值概念。当一个命题为真，我们就说做了一个判断，如图 8.15 所示。

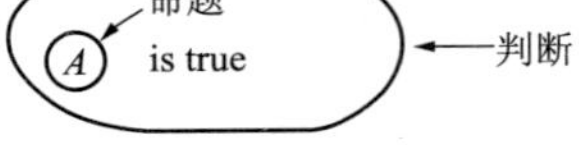

图 8.15　命题与判断

逻辑推理的前提与结论是判断。那么命题是否为真呢？类型论认为，如果命题存在着一个证明，那么该命题为真。把真假概念与是否存在着证明联系起来。

Martin-Löf 类型论还要建立一个形式规则系统，他甚至认为，通常的自然演绎系统其规则是不完全显式的，例如下面的规则

$$\frac{A}{A \vee B}$$

其中 A,B 都是一些公式，这个规则仅说，当 A 为真时，我们可以赋予 $A \vee B$ 一个真值。然而一个完全显式的形式系统，上面的规则应写成

$$\frac{A\ \text{prop.}\ B\ \text{prop}\ A\ \text{true}}{A \vee B\ \text{true}}$$

或

$$\frac{A,B\ \text{prop.}\ \vdash A}{\vdash A \vee B}$$

既然一个命题真假与否要看它是否有证明存在，那么一个逻辑运算符构成的命题又拒绝任何先验的真值概念，于是有人会问，既然不承认任何先验的真值概念，那么对于 $\exists xA(x)$，如果没有先验的真假值概念，为了判断它，我们除去说能够展示一个 a 使 $A(a)$ 之外，还能说什么呢？为了说明这个，我们列出下表。

一个命题的证明	意　义
$\perp$	没有任何东西可以作为 $\perp$ 的证明
$A\&B$	A 的一个证明与 B 的一个证明
$A \vee B$	A 的一个证明或 B 的一个证明
$A \supset B$	取 A 的任何证明进入 B 的一个证明中的一种方法
$(\forall x)B(x)$	取一个任意个体 a 进入 $B(a)$ 的一个证明中的一种方法
$(\exists x)B(x)$	一个个体 a 与 $B(a)$ 的一个证明

其中后两行中的 B 是一个特性（在类型 A 上的命题函数），$B(x)$ 表示一个类型或者解释为下表。

一个命题的证明	意　义
$\perp$	没有任何东西可以作为 $\perp$ 的证明
$A\&B$	(a,b) 其中 a 是 A 的一个证明，b 是 B 的一个证明
$A \vee B$	$i(a)$ or $j(b)$，其中 a 是 A 的一个证明，b 是 B 的一个证明
$A \supset B$	$\lambda x.b(x)$，其中 $b(a)$ 是 B 的一个证明，如果 a 是 A 的一个证明
$(\forall x)B(x)$	$\lambda x.b(x)$，其中 $b(a)$ 是 $B(a)$ 的一个证明，如果 a 是一个个体
$(\exists x)B(x)$	(a,b)，其中 a 是一个个体，并且 b 是 $B(a)$ 的一个证明

其中 $i(a)$，$j(b)$ 中的 i,j 表示规范注入（canonical injection）。

2. 集合族的笛卡儿积（cartesian product of a family of sets）

集合族的笛卡儿积定义为

$$(\Pi x \in A)B(x)$$

其中 A 是一个类型，B 是在 A 上定义的一个函数，$B(x)$ 是一个类型。显然，$x \in A$，$b(x) \in B(x)$ 是一个类型，那么 $\lambda x.b(x) \in (\Pi x \in A)B(x)$，即 $a \in A$，$b(a) \in B(a)$。

当对于每一个 A 中的对象 x，$B(x)$表示一个命题时，$(\Pi x\in A)B(x)$将表示全称命题：

$(\forall x\in A)B(x)$

当 $B(x)$被定义成一个类型时，即对于 A 中的每一个 x 都有相同的 B 类型，那么$(\Pi x\in A)B(x)$将被表示成

$A\rightarrow B$

此时，它是一个从 A 到 B 的函数。在此基础上，A，B 都表示命题，那么 $A\rightarrow B$ 将表示逻辑命题，$A\rightarrow B$ 将表示逻辑系统的蕴涵：

$A\supset B$

3. 集合族的不相交并(disjoint union of a family of sets)

集合族的不相交并定义为

$(\Sigma x\in A)B(x)$

其中 A 是类型，B 是一个函数，它将 A 中的任意对象 x 赋给类型 $B(x)$。$(\Sigma x\in A)B(x)$是一个二元组(x,y)的类型，其中 $x\in A$，$y\in B(x)$。

当对于每一个 A 中的对象 x，$B(x)$表示命题时，那么$(\Sigma x\in A)B(x)$表示存在命题：

$(\exists x\in A)B(x)$

在特殊情况下，$B(x)$被定义成一个类型，对于每一个 $x\in A$，都有相同的类型 B，此时$(\Sigma x\in A)B(x)$简写成

$A\times B$

即两个类型 A，B 的笛卡儿积。如果 A，B 表示命题，那么 $A\times B$ 表示逻辑系统中的“与操作”(conjunction)：

$A\& B$

4. 两个类型的不相交并(disjoint union of two types)

两个类型的不相交并定义如下：

$A+B$

其中 i，j 表示两个规范注入(injections)。A，B 是两个类型，$A+B$ 是具有 A 中 x 的形式为 $i(x)$的对象的类型，或者具有 B 中 y 的形式为 $j(y)$的对象的类型。

当 A，B 表示两个命题时，$A+B$ 表示逻辑系统中的“或操作”(disjunction)：

$A\vee B$

5. 等式(identity)

等式定义为，如果 x 与 y 是同一类型 A 的两个对象，则

$I(x,y)$

是一个命题。由于 $I(x,y)$是一个命题，当然它应当有一个证明存在，即如果 x 是 A 中的任一对象，那么 $r(x)$是 $I(x,x)$的一个证明，其中 r 是等式$(\forall x\in A)I(x,x)$的引入公理。

下面，我们介绍假设判断及替换规则，对于在前面谈到的四种判断形式，都可以有一个假设：A 是一个集合，它们分别是

(1) $B(x)\text{set}(x\in A)$。它表明,$B(x)$是一个 A 上的集合族,或用传统方式表示则为$\{B_x:x\in A\}$。要注意 $B(a)(a\in A)$是一个集合。于是有如下的替换规则:

$$\frac{\begin{array}{cc} & (x\in A) \\ a\in A & B(x)\ \text{set}\end{array}}{B(a)\ \text{set}} \qquad \frac{\begin{array}{cc} & (x\in A) \\ a=c\in A & B(x)\ \text{set}\end{array}}{B(a)=B(c)}$$

其中形式

$$\begin{array}{l}(x\in A)\\ B(x)\ \text{set}\end{array}$$

仅表示在假设 $x\in A$ 的条件下,做了一个 $B(x)$是一个集合的判断。

(2) $B(x)=D(x)(x\in A)$。它表明,$B(x)$与 $D(x)$是在 A 上的相等的两个集合的族。

$$\frac{\begin{array}{cc} & (x\in A) \\ a\in A & B(x)=D(x)\end{array}}{B(a)=D(a)} \qquad \frac{\begin{array}{cc} & (x\in A) \\ a=c\in A & B(x)=D(x)\end{array}}{B(a)=D(c)}$$

(3) $b(x)\in B(x)(x\in A)$。它表明,如果我们假设已知 a 是集合 A 的一个元素,那么 $b(a)$是集合 $B(a)$的一个元素。其替换规则为

$$\frac{\begin{array}{cc} & (x\in A) \\ a\in A & b(x)\in B(x)\end{array}}{b(a)\in B(a)} \qquad \frac{\begin{array}{cc} & (x\in A) \\ a=c\in A & b(x)\in B(x)\end{array}}{b(a)=b(c)\in B(a)}$$

(4) $b(x)=d(x)\in B(x)(x\in A)$。它表明,对于每一个集合 A 中的元素 a,$b(a)$与 $d(a)$是集合 $B(a)$中的两个相等的元素。其替换规则为

$$\frac{\begin{array}{cc} & (x\in A) \\ a\in A & b(x)=d(x)\in B(x)\end{array}}{b(a)=d(a)\in B(a)}$$

有了上面的非形式讨论之后,我们给出一个类型层次性定义的例子。

例 8.11 从上面的讨论中,我们已经知道构子是用于给定一些类型来构造新的类型的,这实际上是一种递归定义。显然必须有初始的小类型(small types),经过如下的构子可以构造一个所有小类型的类型 V。

Primitive small types:

ϕ:空类型 $\phi\in V$

1:仅具有一个元素的单位类型 $1\in V$

B:具有两个元素的布尔类型 $B\in V$

Individuals:

$0_1\in 1$

$0_B\in B$

$1_B\in B$

Type constructors:

Π:$A\in V\rightarrow(A\rightarrow V)\rightarrow V$(product constructor)

$\Sigma: A \in V \to (A \to V) \to V$(disjoint union constructor)

$W: A \in V \to (A \to V) \to V$(well-ordering constructor)

$/: A \in V \to (A \to A \to V)$(quotient constructor)

$=: A \in V \to (A \to A \to V)$(equality)

由初始小类型,经$\sqcap$,Σ,W,$/$,$=$构子构造的类型称之为所有小类型的类型,记为UNIVERSE,简写为V_1。如果我们把V_1视为一个新的类型,再以此为起点,经$\sqcap$,Σ,W,$/$,$=$又可以构造出一个新的类型,称为V_2,如此不断做下去,我们可以得到在任意层次i上的V_i类型。

8.6.4 Martin-Löf 类型理论的形式说明

Martin-Löf 类型理论的形式系统是由如下的项(terms)、符号(symbols)、变量(variables)、常量(constants)及规则(rules)所组成的。而规则又分构造规则、引入规则、消去规则及等式规则。

1. $\sqcap$的规则

给定一个集合A及集合A上的集合族$B(x)$,我们有

(1) $\sqcap$-formation。

$$\frac{\begin{matrix}(x \in A) \\ A \text{ set} \quad B(x) \text{ set}\end{matrix}}{(\sqcap x \in A)B(x) \text{ set}} \qquad \frac{\begin{matrix}(x \in A) \\ A = C \quad B(x) = D(x)\end{matrix}}{(\sqcap x \in A)B(x) = (\sqcap x \in C)D(x)}$$

上面的第一个规则表明A是一个集合,$B(x)$是一个在A上的集合族,那么$(\sqcap x \in A)B(x)$也是一个集合。第二个规则表明新构成集合的等式的意义是什么。

(2) $\sqcap$-introduction。

$$\frac{\begin{matrix}(x \in A) \\ b(x) \in B(x)\end{matrix}}{\lambda x.\, b(x) \in (\sqcap x \in A)B(x)}$$

$$\frac{\begin{matrix}(x \in A) \\ b(x) = d(x) \in B(x)\end{matrix}}{\lambda x.\, b(x) = \lambda x.\, d(x) \in (\sqcap x \in A)B(x)}$$

(3) $\sqcap$-elimination。

$$\frac{c \in (\sqcap x \in A)B(x) \quad a \in A}{\mathrm{Ap}(c, a) \in B(a)}$$

及

$$\frac{c = d \in (\sqcap x \in A)B(x) \quad a = b \in A}{\mathrm{Ap}(c, a) = \mathrm{Ap}(d, b) \in B(a)}$$

(4) $\sqcap$-equality。

$$\frac{\begin{matrix}(x \in A) \\ a \in A \qquad b(x) \in B(x)\end{matrix}}{\mathrm{Ap}(\lambda x.\, b(x), a) = b(a) \in B(a)}$$

及

$$\frac{c \in (\Pi x \in A)B(x)}{c = \lambda x.\,\mathrm{Ap}(c,x) \in (\Pi x \in A)B(x)}$$

2. Σ 的规则

(1) Σ-formation。

$$\frac{\begin{matrix} & (x \in A) \\ A \text{ set} & B(x) \text{ set}\end{matrix}}{(\Sigma x \in A)B(x) \text{ set}}$$

$(\Sigma x \in A)B(x)$ set 的传统注释是 $\sum_{a \in A} B(x)$（或 $\bigcup_{x \in A} B(x)$）

(2) Σ-introduction。

$$\frac{a \in A \qquad b \in B(a)}{(a,b) \in (\Sigma x \in A)B(x)}$$

(3) Σ-elimination。

$$\frac{\begin{matrix} & (x \in A, y \in B(x)) \\ c \in (\Sigma x \in A)B(x) & d(x,y) \in C((x,y))\end{matrix}}{E(c,(x,y)d(x,y)) \in C(c)}$$

其中 E 是一个新的常数(execute)。下面我们简述 E 的意义，首先执行 c，得到一个形式为(a,b)的规范元素($a \in A, b \in B(a)$)，用 a,b 分别替换 x,y。在右边的前提中，$d(a,b) \in C((a,b))$，执行 $d(a,b)$，可以得到 $C((a,b))$的规范元素 c。注意形式$(x,y)d(x,y)$实为 $\lambda(x,y).\,d(x,y)$。

(4) Σ-equality。

$$\frac{\begin{matrix} & & (x \in A, y \in B(x)) \\ a \in A & b \in B(a) & d(x,y) \in C((x,y))\end{matrix}}{E((a,b),(x,y)d(x,y)) = d(a,b) \in C((a,b))}$$

3. ＋的规则

(1) ＋-formation。

$$\frac{A \text{ set} \qquad B \text{ set}}{A+B \text{ set}}$$

(2) ＋-introduction。

$$\frac{a \in A}{i(a) \in A+B} \qquad \frac{b \in B}{j(b) \in A+B}$$

其中 i,j 是两个新的原始常量，它们用于给出 $A+B$ 中的一个元素从 A 还是从 B 中来的信息。

$$\frac{a = c \in A}{i(a) = i(c) \in A+B} \qquad \frac{b = d \in B}{j(b) = j(d) \in A+B}$$

(3) ＋-elimination。

$$\frac{\begin{matrix} & (x \in A) & (y \in B) \\ c \in A+B & d(x) \in C(i(x)) & e(y) \in C(j(y))\end{matrix}}{D(c,(x)d(x),(y)e(y)) \in C(c)}$$

其中 A set，B set，$C(z)$ set($z \in A+B$)是预先假设，虽然在上面规则中没有显式写出。

下面我们来解释 $D(c,(x)d(x),(y)e(y))$ 是如何执行的。假定我们知道 $c\in A+B$，那么 c 将得到一个规范元素 $i(a)(a\in A)$ 或者 $j(b)(b\in B)$。对于第一种情况，在 $d(x)$ 中用 a 替换 x，从而得到 $d(a)$，并执行它。根据第二个前提，$d(a)\in C(i(a))$，所以 $d(a)$ 的执行将得到 $C(i(a))$ 的一个规范元素。对于第二种情况，在 $e(y)$ 中用 b 来替换 y，从而得到 $e(b)$，它将产生 $C(j(b))$ 的一个规范元素（根据第三个前提）。也就是说，如果 c 有 $i(a)$ 的值，那么 $c=i(a)\in A+B$，并且 $C(c)=C(i(a))$；如果 c 有 $j(b)$ 的值，那么 $c=j(b)\in A+B$，并且 $C(c)=C(j(b))$。

(4) +-equality。

$$\frac{a\in A \quad \begin{matrix}(x\in A)\\ d(x)\in C(i(x))\end{matrix} \quad \begin{matrix}(y\in B)\\ e(y)\in C(j(y))\end{matrix}}{D(i(a),(x)d(x),(y)e(y))=d(a)\in C(i(a))}$$

$$\frac{b\in B \quad \begin{matrix}(x\in A)\\ d(x)\in C(i(x))\end{matrix} \quad \begin{matrix}(y\in B)\\ e(y)\in C(j(y))\end{matrix}}{D(j(b),(x)d(x),(y)e(y))=e(b)\in C(j(b))}$$

4. $I(A,a,b)$ 的规则

在 Martin-Löf 系统中区别了不同意义的等概念。我们在类别代数理论中曾区别了值等概念与 Σ-恒等概念，Σ-恒等（≡）是一种表示语法意义上的等概念（或称语法等、定义等）。例如在算术中的 $2^2=2+2$，并不意味着它们定义相等，而是从它们有相同值的意义上具有相等的意义。在经典逻辑中等词是命题，而在类型论中等式是一个判断。在类型论中规定了如下等概念：

(1) $\equiv$ 或 $=_{\text{def}}$

(2) $A=B$

(3) $a=b\in A$

(4) $I(A,a,b)$

上面的等式规定中(1)中的等概念是语言学中的在表示方面的定义或规定。(2)是集合（范畴）之间的等关系。(3)是同一集合（范畴）中元素之间的等关系。(4) $I(A,a,b)$ 是一个命题，而 $I(A,a,b)$ true 是一个判断。例如 $2^2=2+2\in N$ 是从有相同的值的意义上被认为是正确的，但是从语言表示上来说，$2^2=_{\text{def}}2+2$ 是不正确的。

下面，我们介绍 $I(A,a,b)$ 的规则。

(1) I-formation。

$$\frac{A \text{ set} \quad a\in A \quad b\in A}{I(A,a,b)\text{set}}$$

(2) I-introduction。

$$\frac{a=b\in A}{r\in I(A,a,b)}$$

这里 r 是 $I(A,a,b)$ 的一个证明。

(3) I-elimination。

$$\frac{c\in I(A,a,b)}{a=b\in A}$$

(4) I-equality。

$$\frac{c\in I(A,a,b)}{c=r\in I(A,a,b)}$$

由这些规则我们可以分别得到等式引入公理及等式消去公理。

等式引入公理 设 A 是一个 set，$x\in A$，那么 $x=x\in A$。根据 I_introduction，$r\in I(A,x,x)$。在 x 上抽象有 $\lambda x.r\in(\forall x\in A)\cdot I(A,x,x)$，所以 $\lambda x.r$ 是一个在 A 上的等式公理的规范证明：

$$\frac{\dfrac{\dfrac{x\in A}{x=x\in A}}{r\in I(A,x,x)}}{\lambda x.r\in(\forall x\in A)I(A,x,x)}$$

等式消去公理 给定一个集合 A 和一个在 A 上的特性 $B(x)$. prop. $(x\in A)$，我们要求相等元素必须满足同一特性：

$$(\forall x\in A)(\forall y\in A)(I(A,x,y)\supset(B(x)\supset B(y)))\text{true}$$

为了证明它，假设 $x\in A, y\in A, z\in I(A,x,y)$，那么 $x=y\in A$ 并且 $B(x)=B(y)$（根据假设），所以假设 $w\in B(x)$，根据集合的等式，我们得到 $w\in B(y)$。在 w,x,y,z 上抽象，我们可以得到所要求的证明。

5. W 的规则

在这一小节中，我们介绍良序(well-ordering)的四个规则。用这个规则我们可以定义树类型(具有良基)。

(1) W-formation。

$$\frac{A\ \text{set}\qquad \begin{matrix}(x\in A)\\ B(x)\ \text{set}\end{matrix}}{(Wx\in A)B(x)\ \text{set}}$$

我们可以问"c 是$(W\,x\in A)B(x)$的一个元素意味着什么呢?"它意味着，当计算时，c 可以得到一个形式为 $\sup(a,b)$的值，其中 $a\in A$，b 是这样一个函数，对于元素 $v\in B(a)$的任意一个选择，b 施用于 v 可以得到一个 $\sup(a_1,b_1)$的值，其中 $a_1\in A$，b_1 是这样一个函数，对于元素 $v_1\in B(a_1)$的任意一个选择，b_1 施用于 v_1，可以得到一个 $\sup(a_2,b_2)$的值，如此不断做下去，一直做到 $\sup(a_n,b_n)$时，$B(a_n)$为空，在 $B(a_n)$再没有选择的可能，过程就结束了。

如用一个图表示，则为图 8.16。

因此，我们可以得到如下 W_introduction 规则。

(2) W-introduction。

$$\frac{a\in A\quad b\in B(a)\rightarrow(Wx\in A)B(x)}{\sup(a,b)\in(Wx\in A)B(x)}$$

(3) W-elimination。

$$\frac{c\in(Wx\in A)B(x)\qquad \begin{matrix}(x\in A, y\in B(x)\rightarrow(Wx\in A)B(x), z\in(\Pi v\in B(x))C(\mathrm{Ap}(y,v)))\\ d(x,y,z)\in C(\sup(x,y))\end{matrix}}{T(c,(x,y,z)d(x,y,z))\in C(c)}$$

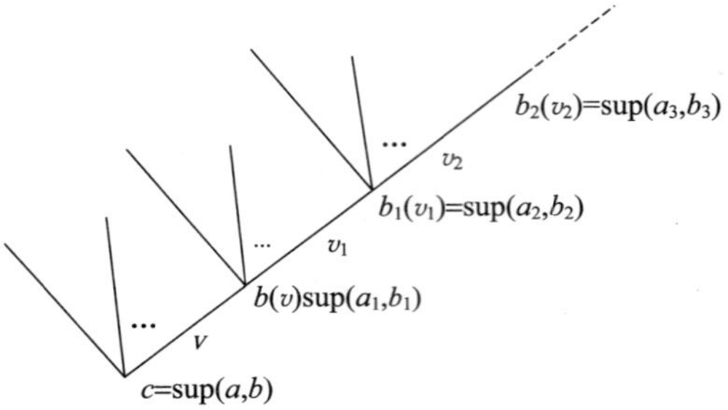

图 8.16

其中 $T(c,(x,y,z)d(x,y,z))$ 按如下步骤执行。首先执行 c，得到 $\sup(a,b)$，其中 $a\in A$，$b\in B(a)\to(Wx\in A)B(x)$。选择成分 a,b，并且将它们替换 x 与 y，得到 $d(a,b,z)$。必须用以前函数值的整个序列去替换 z，这个序列是 $\lambda v.\,T(\mathrm{Ap}(b,v),(x,y,z)d(x,y,z))$，因为 $\mathrm{Ap}(b,v)\in(Wx\in A)B(x)(v\in B(a))$ 是一个枚举 $\sup(a,b)$ 子树(predecessors)的函数。然后 $d(a,b,\lambda(v)T(\mathrm{Ap}(b,v),(x,y,z)d(x,y,z)))$ 得到一个规范元素 $e\in C(c)$ 作为在如下假设条件下的一个值：

$$T(\mathrm{Ap}(b,v),(x,y,z)d(x,y,z))\in C(\mathrm{Ap}(b,v))(v\in B(a))$$

(4) W-equality。

$$\frac{\dfrac{(x\in A,y\in B(x)\to(Wx\in A)B(x),z\in(\sqcap v\in B(x))C(\mathrm{Ap}(y,v)))}{a\in A\ b\in B(a)\to(Wx\in A)B(x)\ \ d(x,y,z)\in C(\sup(x,y))}}{\begin{array}{l}T(\sup(a,b),(x,y,z)d(x,y,z))\\=d(a,b,\lambda v.\,T(\mathrm{Ap}(b,v),(x,y,z)d(x,y,z)))\in C(\sup(a,b))\end{array}}$$

下面，我们再以施用语言的形式，针对例 8.11 中的有关内容进行引入规则与消去规则的讨论，它有助于对本小节内容的理解。

例 8.12 对于例 8.11 中的内容进行引入与消去的讨论。

(1) 初始类型的引入与消去。

① 初始类型不存在引入其元素的函数，因为初始类型的元素是假定存在的。

② 初始类型上有三个消去函数，它们是

$$Z:T\in V\to(\phi\to T)$$

$$\mathrm{if}:T\in(B\to V)\to x\in T(0_B)\to(T(1_B)\to(x\in B\to T(x)))$$

上述的消去函数由于 K 组合子可以省去。

(2) $\sqcap$的引入与消去。

① $\sqcap$的引入：

$$K:A\in V\to B\in(A\to V)\to x\in A\to(y\in B(x)\to A)$$

$$\begin{array}{l}S:A\in V\to B\in(A\to V)\to C\in(A\to V)\to D\in\\ \quad(x\in A\to B(x)\to V)\to(x\in A\to(y\in B(x)\to\\ \quad D(x,y)))\to g\in(x\in A\to y\in C(x))\to\\ \quad(x\in A\to(B(x)=C(x)))\to x\in A\to D(x,g(x))\end{array}$$

② $\sqcap$的消去：施用即为$\sqcap$的消去操作，给定类型$\sqcap(A)(B)$中的一个元素 f，与 A 中的元素 a，那么 $f(a)$是类型 $B(a)$中的一个元素。

(3) Σ 的引入与消去。

① Σ 的引入：

$$P: A\in V\to B\in(A\to V)\to t\in A\to(s\in B(t)\to\Sigma(A)(B))$$

② Σ 的消去：

$$P_1: A\in V\to B\in(A\to V)\to\Sigma(A)(B)\to A$$

$$P_2: A\in V\to B\in(A\to V)\to x\in\Sigma(A)(B)\to B(P_1(x))$$

(4) W 的引入与消去。

① W 的引入：

$$\mathrm{sup}: A\in V\to B\in(A\to V)\to x\in A\to(B(x)\to W(A)(B))\to W(A)(B)$$

② W 的消去：

$$1_b: A\in V\to B\in(A\to V)\to x\in W(A)(B)\to A$$

$$pd: A\in V\to B\in(A\to V)\to x\in W(A)(B)\to(B(1_b(x))\to W(A)(B))$$

$$\mathrm{rec}: A\in V\to B\in(A\to V)\to c\in(W(A)(B)\to V)\to(x\in W(A)(B)\to(v\in B(1_b(x))\to C(pd(x)(v)))\to C(x))\to\sqcap(W(A)(B))(C)$$

(5) /的引入与消去。商构子的引入与消去如下。

① /的引入：

$$q: A\in V\to E\in(A\to A\to V)\to A\to(A/E)$$

② /的消去：

$$\bar{q}: f\in A\in V\to B\in(A\to V)\to E\in(A\to A\to V)\to\sqcap(A)(B)\to\sqcap(A/E)(\bar{q}B)$$

(6) =的引入与消去。

① =的引入：

$$=: T\in V\to(T\to(T\to V))$$

② =的消去：

$$\mathrm{syn}: T\in V\to x\in T\to y\in T\to =(T)(x)(y)\to =(T)(y)(x)$$

$$\mathrm{tran}: T\in V\to x\in T\to y\in T\to z\in T\to =(T)(x)(y)\to =(T)(y)(z)\to =T(x)(z)$$

注意，上面所定义函数的类型，都有类型的定义(即类型也参数化了)，如对于具体的类型上面的公式都可以化简成

$$z: \phi\to T$$

$$\mathrm{if}: x\in T(0_B)\to(T(1_B)\to(x\in B\to T(x)))$$

$$K: x\in A\to(B(x)\to A)$$

等。

8.6.5 一些例子

我们首先讨论命题类型，有限集合、自然数、线性表等类型，然后用类型论讨论组

合逻辑的几个组合子。

例 8.13　讨论命题类型。

(1) 对于 & 的规则。

&-formation：

$$\frac{A\ \text{prop} \qquad \begin{matrix}(A\ \text{true})\\ B\ \text{prog}\end{matrix}}{A\&B\quad \text{prop}}$$

&-introduction：

$$\frac{A\ \text{true} \qquad B\ \text{true}}{A\&B\quad \text{true}}$$

&-elimination：

$$\frac{A\&B\ \text{true}\quad (A\quad \text{true})}{A\quad \text{true}} \qquad \frac{A\&B\quad \text{true}\ (B\quad \text{true})}{B\quad \text{true}}$$

(2) 对于 ∨ 的规则。

∨-formation：

$$\frac{A\ \text{prop} \qquad B\ \text{prop}}{A\vee B\quad \text{prop}}$$

∨-introduction：

$$\frac{A\ \text{true}}{A\vee B\qquad \text{true}} \qquad \frac{B\quad \text{true}}{A\vee B\qquad \text{true}}$$

∨-elimination：

$$\frac{A\vee B\ \text{true} \qquad \begin{matrix}(A\ \text{true})\\ C\ \text{true}\end{matrix} \qquad \begin{matrix}(B\ \text{true})\\ C\ \text{true}\end{matrix}}{C\ \text{true}}$$

(3) 对于⊃的规则。

⊃-formation：

$$\frac{A\ \text{prop} \qquad \begin{matrix}(A\ \text{true})\\ B\ \text{prop}\end{matrix}}{A\supset B\quad \text{prop}}$$

⊃-introduction：

$$\frac{\begin{matrix}(A\ \text{true})\\ B\ \text{true}\end{matrix}}{A\supset B\ \text{true}}$$

⊃-elimination：

$$\frac{A\supset B\ \text{true} \qquad A\ \text{true}}{B\ \text{true}}$$

(4) 对于 ∀ 的规则。

∀-formation：

$(x\in A)$

$$\frac{A \text{ set} \qquad B(x) \text{ prop}}{(\forall x \in A)B(x) \text{ prop}}$$

$\forall$-introduction：

$$\frac{\begin{matrix}(x \in A) \\ B(x) \text{ true}\end{matrix}}{(\forall x \in A)B(x) \text{true}}$$

$\forall$-elimination：

$$\frac{a \in A \qquad (\forall x \in A)B(x) \quad \text{true}}{B(a) \quad \text{true}}$$

(5) 对于 $\exists$ 的规则。

$\exists$-formation：

$$\frac{A \text{ set} \qquad \begin{matrix}(x \in A) \\ B(x) \text{ prop}\end{matrix}}{(\exists x \in A)B(x) \text{ prop}}$$

$\exists$-introduction：

$$\frac{a \in A \qquad B(a) \text{ true}}{(\exists x \in A)B(x) \text{true}}$$

$\exists$-elimination：

$$\frac{(\exists x \in A)B(x) \quad \text{true} \qquad \begin{matrix}(x \in A, B(x) \text{true}) \\ C \text{ true}\end{matrix}}{C \quad \text{true}}$$

例 8.14 讨论有限集合类型。在下面假定 $n=0,1,2,\cdots$，有限集合类型记为 N_n。

N_n-formation：

$$N_n \quad \text{set}$$

N_n-introduction：

$$m_n \in N_n (m=0,1,\cdots,n-1)$$

N_n-elimination：

$$\frac{c \in N_n \quad c_m \in C(m_n)(m=0,1,\cdots,n-1)}{R_n(c, c_0, \cdots, c_{n-1}) \in C(c)}$$

N_n-equality：

$$\frac{c_m \in C(m_n)(m=0,1,\cdots,n-1)}{R_n(m_n, c_0, \cdots, c_{n-1}) = c_m \in C(m_n)}$$

上面的 $R_n(c, c_0, \cdots, c_{n-1})$ 相当于如下的程序：

```
case    c         of
        0:        c0
        1:        c1
        ⋮
        n-1:      c(n-1)
end   case
```

例 8.15 讨论自然数类型，构造一个无穷集合 N。

N-formation：

$$N \text{ set}$$

N-introduction：

$$0 \in N \qquad \frac{a \in N}{\text{succ}(a) \in N}$$

N-elimination：

$$\frac{c \in N \quad d \in C(0) \quad \overset{(x \in N,\, y \in C(x))}{e(x,y) \in C(\text{succ}(x))}}{R(c,d,(x,y)e(x,y)) \in C(c)}$$

N-equality：

$$\frac{a \in N \quad d \in C(0) \quad \overset{(x \in N,\, y \in C(x))}{e(x,y) \in C(\text{succ}(x))}}{R(\text{succ}(a),d,(x,y)e(x,y)) = e(a,R(a,d,(x,y)e(x,y))) \in C(\text{succ}(a))}$$

从上面的规则中，我们可以得到数学归纳法：

$$\frac{c \in N \quad C(0)\text{true} \quad \overset{(x \in N,\, C(x)\text{true})}{C(\text{succ}(x))\text{ true}}}{C(c)\text{ true}}$$

这些规则的意义，我们可以从下面的三个例子看出。

(1) $\text{pred}(a) =_{\text{def}} R(a,0,(x,y)e(x,y))$

此时令 $e(x,y)=x$，则有

$$\text{pred}(a) =_{\text{def}} R(a,0,(x,y)x)$$

例如计算 pred(4)

$$\begin{aligned}
\text{pred}(4) &= R(4,0,(x,y)x) \\
&= e(3,R(3,0,(x,y)x)) \\
&= e(3,e(2,R(2,0,(x,y)x))) \\
&= e(3,e(2,e(1,0,(x,y)x))) \\
&= \text{e}(3,e(2,e(\bot,e(0,0(x,y)x)))) \\
&= 3
\end{aligned}$$

(实际上 $e(3,R(3,0,(x,y)x))=3$)

(2) $a+b =_{\text{def}} R(b,a,(x,y)e(x,y))$

其中如令 $e(x,y)=\text{succ}(y)$，则有

$$a+b = R(b,a,(x,y)\text{succ}(y))$$

例如计算 4+3，有

$$\begin{aligned}
4+3 &= R(3,4,(x,y)\text{succ}(y)) \\
&= e(2,R(2,4,(x,y)\text{succ}(y))) \\
&= e(2,e(1,R(1,4,(x,y)\text{succ}(y)))) \\
&= e(2,e(1,e(0,R(0,4,(x,y)\text{succ}(y)))))
\end{aligned}$$

$=e(2,e(1,\text{succ}(4)))$

$=\text{succ}(\text{succ}(\text{succ}(4)))$

(3) $a.b=_{\text{def}}R(b,0,(x,y)e(x,y))$

其中 $e(x,y)=y+a$，则有

$$a.b=R(b,0,(x,y)(y+a))$$

例如计算 4.3，有

$$\begin{aligned}4.3 &=R(3,0,(x,y)(y+4))\\&=e(2,R(2,0,(x,y)(y+4)))\\&=e(2,e(1,R(1,0,(x,y)(y+4))))\\&=e(2,e(1,e(0,R(0,0,(x+y)(y+4)))))\\&=e(2,e(1,e(0,0)))\\&=e(2,e(1,4))\\&=e(2,8)\\&=12\end{aligned}$$

例 8.16 讨论线性表类型 list。

list-formation：

$$\frac{A\ \text{set}}{\text{list}(A)\text{set}}$$

list-introduction：

$$\text{nil}\in\text{list}(A)\qquad\frac{a\in A\quad b\in\text{list}(A)}{(a.b)\in\text{list}(A)}$$

list-elimination：

$$\frac{c\in\text{list}(A)\quad d\in C(\text{nil})\qquad \begin{array}{c}(x\in A,y\in\text{list}(A),z\in C(y))\\ e(x,y,z)\in C((x.y))\end{array}}{\text{listrec}(c,d,(x,y,z)e(x,y,z))\in C(c)}$$

list-equality：

$$\frac{d\in C(\text{nil})\qquad \begin{array}{c}(x\in A,y\in\text{list}(A),z\in C(y))\\ e(x,y,z)\in C((x.y))\end{array}}{\text{listrec}(\text{nil},d,(x,y,z)e(x,y,z))=d\in C(\text{nil})}$$

及

$$\frac{\begin{array}{c}(x\in A,y\in\text{list}(A),z\in C(y))\\ a\in A\quad b\in\text{list}(A)\quad d\in C(\text{nil})\quad e(x,y,z)\in C((x.y))\end{array}}{\text{listrec}((a.b),d,(x,y,z)e(x,y,z))}$$

$$=e(a,b,\text{listrec}(b,d,(x,y,z)e(x,y,z)))\in C((a.b))$$

下面，我们来定义一个表的函数。

$$\text{concat}(s,t)=\text{listrec}(s,t,(x,y,z)e(x,y,z))$$

其中的 $e(x,y,z)=_{\text{def}}$ if $x=\text{nil}$

<u>then</u> $y.z$

$\underline{\text{else}}\ x.z$

计算 concat(ab,cd)，

$$\begin{aligned}\text{concat}(ab,cd)&=\text{listrec}(ab,cd,(x,y,z)e(x,y,z))\\&=e(a,b,\text{listrec}(b,cd,(x,y,z)e(x,y,z)))\\&=e(a,b,e(\text{nil},b,\text{listrec}(\text{nil},cd,e(x,y,z)e(x,y,z))))\\&=e(a,b,e(\text{nil},b,cd))\\&=e(a,b,bcd)\\&=abcd\end{aligned}$$

例 8.17 用类型论的方法来讨论组合逻辑的 I,S,K 组合子。

(1) 组合子 I。假定 A set，而且 $x\in A$，根据$\sqcap$-introduction 我们可以得到 $\lambda x.x\in A\rightarrow A$。如果 A 是命题，$(A\supset A)$true，那么 I 是它的一个证明并与 A 中的证明相同。

(2) 组合子 K。假定 A set，$B(x)$set$(x\in A)$，而且令 $x\in A,y\in B(x)$，根据在 y 上的 λ-抽象，我们可以得到 $\lambda y.x\in B(x)\rightarrow A$。根据在 x 上的 λ-抽象，我们可以得到 $\lambda x.\lambda y.x\in(\sqcap x\in A)(B(x)\rightarrow A)$。于是，我们可以定义组合子 $K=_{\text{def}}\lambda x.\lambda y.x$。如果 A,B 是命题，其中 B 不依赖于 x，K 可以是 $A\supset(B\supset A)$的一个证明，所以 $A\supset(B\supset A)$ 是真的。

(3) 组合子 S。假设 A set，$B(x)$set$(x\in A)$，$C(x,y)$set$(x\in A,y\in B(x))$并且令 $x\in A,f\in(\sqcap x\in A)B(x),g\in(\sqcap x\in A)(\sqcap y\in B(x))C(x,y)$。根据$\sqcap$-elimination，有 $\text{Ap}(f,x)\in B(x),\text{Ap}(g,x)\in(\sqcap y\in B(x))C(x,y)$。再一次使用$\sqcap$-elimination：

$$\text{Ap}(\text{Ap}(g,x),\text{Ap}(f,x))\in C(x,\text{Ap}(f,x))$$

现在，按在 x 上的 λ-抽象，我们有

$$\lambda x.\text{Ap}(\text{Ap}(g,x),\text{Ap}(f,x))\in(\sqcap x\in A)C(x,\text{Ap}(f,x))$$

再接在 f 上的 λ-抽象，有

$$\begin{aligned}&\lambda f.\lambda x.\text{Ap}(\text{Ap}(g,x),\text{Ap}(f,x))\\&\quad\in(\sqcap f\in(\sqcap x\in A)B(x))(\sqcap x\in A)C(x,\text{Ap}(f,x))\end{aligned}$$

因为上式的右边与 g 无关，在 g 上进行 λ-抽象，可以有

$$\begin{aligned}&\lambda g.\lambda f.\lambda x.\text{Ap}(\text{Ap}(g,x),\text{Ap}(f,x))\in\\&\quad(\sqcap x\in A)(\sqcap y\in B(x))C(x,y)\rightarrow\\&\quad(\sqcap f\in(\sqcap x\in A)B(x))(\sqcap x\in A)C(x,\text{Ap}(f,x))\end{aligned}$$

所以有

$$S=_{\text{def}}\lambda g.\lambda f.\lambda x.\text{Ap}(A(g,x),\text{Ap}(f,x))$$

如果我们把 $C(x,y)$看作一个命题函数，可以有

$$\begin{aligned}&(\forall x\in A)(\forall y\in B(x))C(x,y)\supset(\forall f\in(\sqcap x\in A)B(x))\\&(\forall x\in A)C(x,\text{Ap}(f,x))\text{true}\end{aligned}$$

如果我们假定 $C(x,y)$不依赖于 y，那么有

$$(\sqcap y\in B(x))C(x,y)=_{\text{def}}B(x)\rightarrow C(x)$$

进一步有

$$S\in(\Pi x\in A)(B(x)\to C(x))\to((\Pi x\in A)B(x)\to(\Pi x\in A)C(x))$$

如果 $B(x)$ 与 $C(x)$ 是命题，我们有

$$(\forall x\in A)(B(x)\supset C(x))\supset((\forall x\in A)B(x)\supset(\forall x\in A)C(x))\text{true}$$

假设 $B(x)$ 不依赖于 x，而且 $C(x,y)$ 不依赖于 x 与 y，我们可以得到

$$S\in(A\to(B\to C))\to((A\to B)\to(A\to C))$$

上面的过程，我们还可以用证明树形式表示出来。

$$\dfrac{\dfrac{\dfrac{\dfrac{\dfrac{(x\in A)\quad(f\in A\to B)}{\mathrm{Ap}(f,x)\in B}\qquad\dfrac{(x\in A)(g\in A\to(B\to C))}{\mathrm{Ap}(g,x)\in B\to C}}{\mathrm{Ap}(\mathrm{Ap}(g,x),\mathrm{Ap}(f,x))\in C}}{\lambda x.\,\mathrm{Ap}(\mathrm{Ap}(g,x),\mathrm{Ap}(f,x))\in A\to C}}{\lambda f.\,\lambda x.\,\mathrm{Ap}(\mathrm{Ap}(g,x),\mathrm{Ap}(f,x))\in(A\to B)\to(A\to C)}}{\lambda g.\,\lambda f.\,\lambda x,\mathrm{Ap}(\mathrm{Ap}(g,x),\mathrm{Ap}(f,x))\in(A\to(B\to C))\to((A\to B)\to(A\to C))}$$

习 题

1. 用 BNF 定义方法定义出一阶谓词演算，并以此作为说明语言，试写出它的指称语义。

2. 试说明

(1) $\forall\overline{x}\exists\overline{y}(p_h(\overline{x},\overline{y}))$

(2) $\forall\overline{x}\forall\overline{y}(p_h(\overline{x},\overline{y})\to\psi_h(\overline{x},\overline{y}))$

(3) $\forall\overline{x}\exists\overline{y}(p_h(\overline{x},\overline{y})\wedge\psi_h(\overline{x},\overline{y}))$

的含义与相应的程序模式。

3. 复习：

(1) $\forall x(p(x)\to q(x))$

(2) $\forall x(p(x)\wedge q(x))$

(3) $\exists x(p(x)\to q(x))$

(4) $\exists x(p(x)\wedge q(x))$

并说明它们的差别。

4. 试写出 FORTRAN 语言的基本语句结构的 Hoare 公理系统规则。

5. 用 Dijkstra 方法，首先给出下面计算程序的输出断言，然后推导出程序。

(1) 计算 $z=(\sqrt{x})$

(2) $\gcd(x,y)$

6. 用 Martin-Löf 类型论方法定义如下类型：

(1) 笛卡儿积(×)类型。

(2) 函数映射(→)类型。

(3) 程序设计语言中的记录(record)类型。

7. 用 Martin-Löf 类型论方法定义以下类型与相应的函数：

(1) stack 类型与函数 top，pop。

(2) string 类型与函数 head，tail。

(3) eneumeration 类型。

(注：其函数定义见第 5 章 5.7 节)

8. 定义如下的树域 D_t。令 $\Sigma=\{0,1\}$，那么 D_t 是 Σ^* 中满足如下条件的子集：

(1) 如果 $m=n_1\cdots n_q\in D_t$，那么它的每一个左因子($W=W_1W_2$，W_1 称之为 W 的左因子)$n_1\cdots n_p$ ($p\leqslant q$)也属于 D_t。

(2) 如果 $m=n_1\cdots n_{q-1}n$ 属于 D_t，那么对于 $\alpha\leqslant n_q$，$n_1\cdots n_{q-1}\alpha$ 也属于 D_t。

例如 $\Sigma=\{0,1\}$，其树域所构成的一个序列：

$$\{\varepsilon\},\{\varepsilon,0\},\{\varepsilon,0,1\},\{\varepsilon,0,1,00\},\{\varepsilon,0,1,00,01\},\cdots,t_\infty$$

其中 t_∞ 是无穷树。试判定它是良序的，并用 Martin-Löf 类型理论定义类型。

9. 讨论 Martin-Löf 类型论的 Universe 的层次性。

10. 用 Martin-Löf 类型论方法证明以下定理：

$(x\diamondsuit y)\diamondsuit z=x\diamondsuit(y\diamondsuit z)\in \mathrm{list}(A)$

if $x,y,z\in \mathrm{list}(A)$, where A is a type

(注：◇表示连接操作即 $x\diamondsuit y=_{\mathrm{def}}$ concat (x,y))

参考文献

[1] Z. Manna. Mathematic Theory of Computation. McGraw-Hill,1974, CACM,1972,(15):7.

[2] S. M. Katz, Z. Manna. Logic Analysis of Programs. CACM,1976,19(4).

[3] C. A. R. Hoare. An Axiomatic Basic of Computer Programming. CACM,1969,12.

[4] E. W. Dijkstra. Guarded Commands, Nondeterminacy, and Formal Derivation of Programs. CACM, 1975,8.

[5] E. W. Dijkstra. A Discipline of Pragraming. Prentice-Hall,1976.

[6] D. Gries. The Science of Programming. New York:Springer,1981.

[7] J. C. King. Symbolic Excecution and Program Testing. CACM,1976,19.

[8] L. Clarke. A System to Generate test Data and Symbolicolly Exercise Programs. IEEE,Software Eng.,1976,2.

[9] Bishop E. Foundations of Comstructive Analysis. McGraw-Hill,1967.

[10] Martin-Löf P. An Intuitionistic Theory of Types: Predicative Part. In Logic Colloquium, New York,1975.

[11] Martin-Löf P. Constructive Mathematics and Computer Programming. 6th International Congress for Logic,Method and Philosophy of Science,1979.

[12] Martin-Löf P. Intuitionistic. Type Theory. Bibliopolis,Napoli,1984.

[13] K. Petersson, J. M. Smith. Program Derivation in Type Theory: A Patitioning Problem. Comput. Lang., 1986,11.

[14] 王稚慧，屈延文．程序不变式产生器——一个程序验证的重要工具．计算机学报，1984,7(3).

[15] 周巢尘．形式语义学引论．长沙：湖南科技出版社，1985.

第 9 章　维也纳发展方法：Meta-Language

形式说明在 VDM(The Vienna development method)得到很大的发展，并取得了成功。在这方面，C. B. Jones 及 D. Bjorner 做出了很大贡献。在这一章，我们将向大家介绍 Meta-Language 的定义，以及如何使用这个语言来形式说明一个软件系统。

9.1　概　况

VDM 是在 Vienna 实验室由 Vienna 工作组发展的大型计算机软件系统的发展方法。在 Vienna 实验室，早期(1960 年)发展了语言注释的 VDL(Vienna definition language)。VDL 在北美及 IBM 公司内外曾得到广泛的应用，有很大的影响。但 VDL 在于写语言的操作定义，而 VDM 在于写语言的指称定义。在 VDM 中除一般抽象原则外，其方法主要表现在 Meta-Language 上。

下面，我们对 Meta-Language 做一概述。

指称语义要建立语法域与语义域，在这两个域上建立解释函数并定义一些辅助函数，利用语义方程来解释语法单位的语义。从指称语义学习中，便知道由域、对象、函数和组合规则构成了指称语义形式结构的几个主要方面。在指称语义中并没有固定一些原始函数，而是由写指称语义的人去预定义一些函数。而在 Meta-Language 中在语言上就规定了每个域上的基本操作(函数)。

在指称语义的讨论中，从原始域(数值域、字符域、真值域等)中经过求并、求积、求幂、求子、映射等构子来构造各种各样的域。其实，域是有类型的，在 Meta-Language 中对域进行了分类，定义了抽象数据类型，它们是

<u>sets：</u>

　　域：A-set

　　构造成分：{…}

　　操作：$\cup$，$\cap$，$\backslash$，$\subseteq$，$\subset$，$\in$，card，power，$=$，$\neq$

<u>Tuples：</u>

　　域：A^*，A^+

构造成分：〈…〉

操作：hd，tl，Len，ind，elems，$\frown$，[·]，conc，=，≠

Maps：

域：$A \xrightarrow[m]{} B$

构造成分：[··→··]

操作：dom，rng，(·)，∪，+，\，·，=，≠

Functions：

域：$A \to B, A \xrightarrow{\sim} B$

构造成分：λ…·…

操作：(·)

Trees：

域：$A::B_1B_2\cdots B_n,(C_1C_2\cdots C_n)$

构造成分：mk_A，mk，(…)

操作：S_B_i，=，≠

其实，域的构造成分在VDM中是有明确规定的。例如，集合、多元组及映射这三个域的构造都允许两种形式，一种是显示枚举的定义形式，另一种是带有约束条件的隐式枚举形式，如：对于集合有

$\{a_1,a_2,\cdots,a_n\}$及$\{F(d)\mid P(d)\}$

对于多元组有

$\langle a_1,a_2,\cdots,a_n\rangle$及$\langle F(i)\mid P(i)\wedge m\leqslant i\leqslant n\rangle$

对于映射有

$[a_1\mapsto b_1,a_2\mapsto b_2,\cdots,a_n\mapsto b_n]$及

$[F(0)\mapsto G(0)\mid P(0)]$

对于函数则用λ-注释来抽象一个函数，其在VDM中的构造为

λ id. clause

这里id是约束变量，clause可以是表达式，也可以是语句。

对于树，其域定义采用特别定义符“::”。定义符的右边是域表达式：

$A::B_1B_2\cdots B_n,(C_1C_2\cdots C_n)$

实际含义为：A为根结点域名，而$B_1B_2\cdots B_n$为$B_1\times B_2\times\cdots\times B_n$。应特别注意在VDM中笛卡儿积“×”符号是被省去的。树有标号树(有根树)和无名根树之分。

假定读者是学习过指称语义的，我们首先介绍VDM的定义规则及符号说明，稍后再来介绍域表达式(与指称语义表示基本上一致)，然后分别介绍上述各域的对象及域对象的操作，最后介绍组合规则(即Meta-Language的语句)以及函数定义。

在本章的后几节中还将介绍VDM与程序设计语言的关系和几个例子。

在读者学习过代数语义学、组合逻辑与Martin-Löf的类型论之后，再没有哪个说明语言比VDM更适合于我们对它评论了，VDM的Meta-Language作为一个评论、

研究的对象是非常有用的。我相信，读者在学习 VDM 之后，会在许多方面得到帮助。

利用 VDM 定义被研究语言的语义时，一般分成四部分：

(1) 抽象文法(abstract syntax)。

(2) 行文条件(context conditions)。

(3) 语义对象(semantic objects)。

(4) 语义函数(semantic functions or meaning functions)。

抽象文法是将所研究语言的文法变成 VDM 定义的抽象文法的书写形式；然后需要对抽象文法的对象进行谓词约束，这个谓词定义了由抽象文法指定的对象的子集。满足行文条件的那些对象称之为“合式”的(well-formed)。语义对象，如同我们在学习指称语义时了解到的语义域的定义。语义函数可以是语义解释函数，也可以是语义解释方程，甚至还可以是附加函数。以上四部分对语言的定义，与指称语义学习中习惯采用的方式是一致的。

无论是抽象文法还是语义对象，实际上都是研究域(语法域及语义域)。所以对于域的讨论及域表达式的讨论同样对于 VDM 是首要的。所以说，对于熟悉指称语义的人来了解 VDM 是不困难的。为了使读者了解这一点，还是从 D. Bjorner 所举的一个小例子说起。这个小例子在于描述一个“杂货店”(grocer)。

首先定义“杂货店”的语义域：

(1) GROCER::SHELVES STORE CASH CATALOGUE

(2) SHELVES$=$Wno $\underset{m}{\longrightarrow} N_1$

(3) STORE$=$Wno $\underset{m}{\longrightarrow} N_1$

(4) CASH$=N_0$

(5) CATALOGUE$=$Wno$\rightarrow$Description

(6) Description::Price Minimum Maximum Size

(7) Price$=N_1$

(8) Minimum$=N_1$

(9) Maximum$=N_1$

(10) Size$=N_1$

对应以上(1)～(10)分别注释如下：

(1) 杂货店是由四个部分组成的，即货架(SHELVES)、储藏室(STORE)、钱柜(CASH)及账簿(CATALOGUE)。

(2) 货架上展示了有限种货物(商品)非零数的项目，在这里商品将被用数码标记。

(3) 储藏室中储存有有限的、包装非零数成盒的货品项目。

(4) 钱柜中存有现金款数。

(5) 账簿记录每种货物的描述。

(6) 账簿中的货物描述在这里是单位销售价、货物项目在货架上的最小、最大数量及贮藏盒的货物的数量。

(7)～(10) 价格、最小最大数量都是正整数。

上面(1)～(10)条所谓语义域以及我们在下面介绍的(12)～(15)一起构成了抽象文法。(1)～(10)条中的每一行都是一个抽象文法的规则。这些规则的左边都有一个标识符，而右边都是一个域表达式。所描述的域如是在指明“是什么”的，那么是语义域；如果描述的域中的对象在于指明语义域的操作(manipulations)则是语法域。(12)～(15)条我们暂且留下来在下面介绍。

下面，介绍行文条件。合式约束：

(11) is-wf-GROCER(mk-GROCER(shelves，store，cash，catalogue))＝
　　(dom store ⊆ dom shelves ⊆ dom catalogue)
　　∧(∀who ∈ dom calalogue)
　　(let mk-Description(price，min，max，
　　size)＝catalogue(wno)in
　　(0≤size≤max-min)∧((wno∈dom shelves)
　　⊃(let items＝shelves(wno)in
　　((wno∈dom store)→(min≤items≤max)，*T*→items≤max))))

上述在于说明我们讨论“杂货店”是满足上述条件的那些商店，否则就不是我们研究的对象，或者说是“不合适的”。

is-wf-*A*(这里是泛指一个研究对象)是一个谓词，即 is-wf-*A*：$D_1 \times D_2 \times \cdots \times D_n \to$ Boolean，$n \geqslant 0$。而对于 is-wf-GROCER(mk-GROCER(shelves，store，cash，catalogue))则声明定义合适 GROCER 的约束条件。这些条件简单写起来如下：

① 所有在储藏室的商品一定在货架上也有这个商品，在货架上的商品则一定在账薄上有登记，并且所有商品在账簿上都有登记。

② 规定货架上商品的数量关系以及贮藏室中的商品与货架上商品数量的关系。

上面的谓词形式，即使不熟悉 VDM 规定写法的人，看了后也能明白其大概意义。

下面，我们来定义语法域。

(12) Transaction＝purchase|control|…

(13) purchase∷Wno^+

(14) control∷Wno-set

(15) …

这个语法域说明了商店的活动事项，它是由顾客买东西和店员盘点等活动组成的。一个顾客买东西，总是带着预先拟好的采购单来的，Wno^+ 即为此意。而盘点则在于将物品分门别类进行清理。

对于上述语法域的定义也应该给出一些约束规定。即可以得到如下的行文条件：

(16) is-well-formed-purchase(purchase，grocery)＝
　　(let mk-purchase(wl)＝purchase

mk-GROCER(shelves, , ,)=grocery in
let mini-shelf=make-shelf(wl)([ ])in
(dom mini-shelf⊆dom shelves) ∧
(∀ wno∈dom mini-shelf)
mini-shelf(wno)≤shelves(wno)))

上述的约束条件表明了顾客买东西仅从货架上选购。顾客来时已拟好购物的货单,即已清楚要买的东西。在上述约束条件中的第四行(let mini-shelf=make-shelf(wl)([ ])…中引入了一个辅助函数 make-shelf(wl)(shelf),这个辅助函数将在后面定义。这里的 mini-shelf 被看成一个抽象的 shelves,它是 SHELVES 的对象,它是被买物品的集合。显然,一开始 shelf 是空的,买一件,在 shelf 中加一件。显然所采购的东西的数量要小于等于货架上物品的数量。

下面,定义辅助函数 make-shelf。

(17) make-shelf(wl)(shelf)=
if wl=〈 〉
then shelf
else(let wno=hd(wl)in
let shelf′=((wno∈dom shelf)
→shelf+[wno→(shelf(wno)+1)]
T→shelf∪[wno→1])in
make-shelf(tl(wl))(shelf′))
type: Wno^{+}→(SHELVES→SHELVES)

这是一个递归定义的函数。该函数的类型为 Wno^{+} →(SHELVES → SHELVES)。如果顾客来买东西,wl=〈 〉表示什么也不买,那么这个顾客原来买了什么东西还是什么东西,shelf 不变。应该注意 shelf 是一个与 shelves(即 SHELVES 中的对象)性质一样的对象,也是符合语义域中定义的映射: $Wno \underset{m}{\longrightarrow} N$ 中的一个对象。如果顾客要买东西,那么查看货单中的第一个,使之成为当前关心的东西,并设置中间变量 shelf′以条件表达式赋值,即如果 Wno∈dom shelf,那么 shelf′即为 shelf+[Wno→(shelf (Wno)+1)],这表示同一类的东西又买了一件;否则这个东西是第一次买。买完了一件东西之后,以 shelf′为新的已买东西的集合,递归地开始买第二件,即tl(wl)表示开始买货单中后面的物品。一直到 wl 空了(即按照 wl 登记的全部买完了)为止。

下面,我们定义语义函数。

(18) Elab-purchase (mk-purchase(wl),grocer)=
if wl=〈 〉
then groces
else let mk-GROCER(shs,sto,cash,cat)
=grocer,

```
            mk-Description(p,min,max,size)=cat(hd(wl)),
         wno=hd(wl) in
         let cash'=cash+p,
    (shs',sto')=
      (let items=shs(wno),
        stored=((wno∈dom(sto))→sto(wno),T→0)) in
      if((items=min) ∧ (stored>0))
        then
        (shs+[wno→items-1+size],
        ((stored=1)→sto\{wno},
          T      →sto+[wno→stored-1]))
        else
        (((items=1)→shs\{wno},
          T        →shs+[wno→items-1])
            sto)) in
        Elab-purchase(mk-purchase(tl(wl)),
              mk-GROCER(shs',sto,cash',cat)))
    type:purchase GROCER ⥲GROCER
```

注意 type:purchase GROCER ⥲GROCER 实为 type: purchase×GROCER ⥲ GROCER。这是一个语义解释函数。这个函数的性质,已由 type 子句定义得很清楚了。下面对它进行一些解释。if wl=〈 〉then grocer 则表明wl 为空时,杂货店将维持没有变化。如果 wl≠〈 〉,那么杂货店将会有如下变化:

```
    let mak-GROCER(shs,sto,cash,cat)=Grocer,
       mk-Description(p,min,max,size)=cat (hd,wl),
       wno=hd wl in
```

表示下面谈到定义中使用的标识符(变量)的意义。在货单 wl 中,第一个要买的东西是当前关心的,显然杂货店卖了一件东西,钱柜中就增加与该商品价格相同数目的钱,所以 cash′=cash+P,每买走一件东西,货架和储藏室也会引起变化。对于货架来说,shs 表示买走商品后的货架,而对于储藏室 sto′表示买走一个商品后可能引起变化的储藏室。为了表示这种变化后的货架和储藏室,首先要令 items=shs(wno),而 stored 当条件 wno∈dom sto 时则为 sto(wno),否则为 0。以下的定义在于说明不同情况下的货架和储藏室的变化。读者是可以自己看明白的,这里就不多说了。

另定义一个语义解释函数如下:

```
(19) Elab-control(mk-control(wno),grocer)=
            Tabulate(wno,grocer)([ ])
  type:control GROCER→(wno →m N0)
```

而 Tabulate(wno,grocer)([ ])是下面定义的辅助函数。

(20) Tabulate(wnos,grocer)(table)=

```
if wnos={ }
   then table
   else(let mk-GROCER(shs,sto,,cat)=grocer,
         wno∈wno in
         let items=((wno∈dom shs)→
                    shs(wno),T→0),
         stored=((wno∈dom sto)→sto(wno),T→0),
         size=s-size(cat(wno))in
   let sum=items+(stored * size)in
Tabulate(wnos\{wno},grocer)(table∪[wno→sum]))
type:wno-set GROCER→((wno →m N0)→(wno →m N0))
```

对于上述函数的理解请读者自己去体会。

在 VDM 中使用标识符时也有些简单的规定:

(1) 语义域名:语义域名完全采用大写字母序列表示,后面可以跟数字。

(2) 语法域名:大写字母开头,后面跟着一个以上的小写字母,后面也可以跟有数字。

(3) 对象名:使用相应域名的小写字母写出。

(4) 可赋值变量名:变量名应以草体书写并且在字的下面打有波浪形的记号。如果一个变量是全程变量,第一个字母要大写,后面的小写。

(5) 函数名:函数名在定义时对于函数有无副作用,在书写形式上是有区别的。一个表达式是纯表达式的,无副作用的,那么称之为可施用的或者是语法的。如果一个表达式还负有改变状态的副作用,那么称之为“强制表达式”或是语义的。

描述函数(elaboration functions):

(1) elab_*Xyz*——强制型描述函数名。

E_Xyz——施用型描述函数名。

(2) int_*Xyz*——强制型解释函数名。

I_Xyz——施用型解释函数名。

(3) eval_*Xyz*——强制型计算函数名。

V_Xyz——施用型计算函数名。

另外对于域 *A* 还可以有如下函数:

(4) is_*A*——成员(*A* 的)判定函数。

(5) s_*A*——选择函数。

(6) mk_*A*——树的构造成分。

(7) is_wf_*A*——行文条件函数。

9.2　在VDM中的逻辑注释

在VDM中选择一阶谓词演算作为Mela-Language中的一个组成部分。在说明及定义语言中采用谓词-函数表示法,比采用纯函数(即将谓词也用函数表示)在易读性方面显然要好得多。

TRUE	真值(真)
FALSE	真值(假)
&	and(与)
$\vee$	or(或)
$\Rightarrow$	implies(蕴涵)
$\Leftrightarrow$	equivalence(等价)
$\neg$	not(非)
$\forall$	for all(对于所有…)
$\exists$	there exists(存在…)
$\exists_1$	there exists exactly one(恰存在一个)
ɿ(读iota)	the unigue object
$(\forall x\in X)(P(x))$	for all member of set $X, P(x)$
$(\forall x \mid C(x))(P(x))$	for all x satisfying $c, P(x)$

上表描述的谓词表示与一般数理逻辑书中给出的符号没有什么不同,但是我们就其中两点做些解释。第一,在上述的描述中使用量词时主张使用"受囿"量词形式。这样做的目的在于减少"无定义"操作数的数目。所以在VDM中提倡使用

$$(\forall x\in X)(P(x))$$

的形式,而不提倡使用

$$(\forall x)(x\in X\Rightarrow P(x))$$

的形式,显然它们的意义是相似的。但是第二个式的"论域"并无显式给出,因为$\forall x$可以在$x\in Y$中讨论。

第二,描述操作(ɿ(读作iota))将得到满足一个谓词的唯一的对象。使用该操作时,如没有或多于一个操作数都是错误的,值满足谓词

$$(\exists !\ x_0\in X)(P(x_0))\Rightarrow P((\iota\, x\in X)(P(x)))$$

关于无定义及错误,我们在后面专门讨论。

9.3　抽象数据类型

抽象数据类型的讨论包括域、对象和操作。在VDM中的抽象数据类型包括集合、多元组、映射、函数及树。下面我们将分别讨论。

1. 集　合

判别一个对象是否属于某一集合 S，有两个中缀操作，它们是"$\in$"及"$\notin$"。例如

$$e \in S$$

及

$$e \notin S$$

它们的关系是

$$e \notin S \Leftrightarrow \neg\ (e \in S)$$

$e \in S$ 及 $e \notin S$ 的运算结果为{false,true}中的一个。若用函数定义，则可以定义一个函数 is-in-set(e,S)，它表示 Object×SET→BOOL，即对象 e 若在集合 S 中，那么函数为真值，否则为假值。

集合中的空集用{　}表示。

集合定义可以用两种方式，一种是显示枚举形式，另一种隐式枚举形式(或约束条件表示)，如

$$A = \{a_1, a_2, \cdots, a_n\}$$

$$A = \{F(d) \mid P(d)\} \triangleq \{z \mid (\exists d)(P(d) \,\&\, z = F(d))\}$$

其中 $F: D \rightarrow A$，D 为任意一个域，A 为我们所讨论的集合，谓词 $P: D \rightarrow$ BOOL。

集合的命名可以用 set 前面加前缀名的方法来命令，例如

R-set

例如可以有

IS=INTG-set

它表示一个整数的有限集合。集合可以成为集合的对象。此时，如对于 IS 集合，则有

IS-set

或表示成

(INTG-set)-set

例如

{{1,3,5,7,9},{2,5,11,13,15},…,{　},…{2,1,8}}

集合的操作如下表定义。

集合操作	定　义
$S=R$	$e \in S \Leftrightarrow e \in R$
$S \cup R$	$\{x \mid x \in S \vee x \in R\}$
union S	$\{e \mid (\exists s \in S)(e \in s)\}$
$S \cap R$	$\{x \mid x \in S \,\&\, x \in R\}$
$S-R$	$\{x \mid x \in S \,\&\, x \notin R\}$
$S \subseteq R$	$e \in S \Rightarrow e \in R$
$S \subset R$	$S \subseteq R \,\&\, S \neq R$
power S	$\{s \mid s \subseteq S\}$
card S	定义为集合 S 中成员的数目

另外在VDM中，当表示整数集合时还可以表示成

$$\{i:j\} \triangleq \{x \in \mathrm{INT} \mid i \leqslant x \leqslant j\}$$

2. 序　对

序对是多元组二元的情况。首先讨论序对是为我们下面定义MAP所必需的。序对是两个集合的笛卡儿积产生的，即

$$S=\{x \mid x \in S\}$$

$$R=\{y \mid y \in R\}$$

那么

$$S \times R=\{(x,y) \mid x \in S \text{ and } y \in R\}$$

在$S \times R$的集合中均由序对所组成。如用大写字母PAIR表示所有序对的集合，那么任一序对$(e_1,e_2) \in \mathrm{PAIR}$。

序对的集合定义为

$$(e_1,e_2)=\{e_1,\{e_1,e_2\}\}$$

在序对上定义选择函数first，second，它们分别定义为

$$\mathrm{first}(e_1,e_2)=(\iota\, e_1)(\exists\, e_2)(\{e_1,\{e_1,e_2\}\})=e_1$$

$$\mathrm{second}(e_1,e_2)=(\iota\, e_2)(\exists\, e_1)(\{e_1,\{e_1,e_2\}\})=e_2$$

如果两个序对相等，则意味着

$$(e_1,e_2)=(e'_1,e'_2) \Leftrightarrow e_1=e_1 \;\&\; e_2=e'_2$$

3. 映　射

设有两个集合A，B，它们各有元素$A_i(i=1,2,\cdots,n)$及$B_j(j=1,2,\cdots,l)$，映射$A \xrightarrow[m]{} B$则表示为

$$A_i \xrightarrow[m]{} B_j(i=1,2,\cdots,n;j=1,2,\cdots,l)$$

映射$A \xrightarrow[m]{} B$是我们定义的一个域，也就是说域$[A \xrightarrow[m]{} B]$中的每一个对象都是映射实例。映射域与域的操作合在一起，可以有如下与映射有关的域：

$$(A_1 \mid A_2 \mid \cdots \mid A_n) \xrightarrow[m]{} (B_1 \mid B_2 \mid \cdots \mid B_l)$$

$$(A_1 \xrightarrow[m]{} B_1) \underline{\cup} (A_2 \xrightarrow[m]{} B_2) \underline{\cup} \cdots \underline{\cup} (A_k \xrightarrow[m]{} B_k)$$

$$(A_1 \xrightarrow[m]{} B_1) \mid (A_2 \xrightarrow[m]{} B_2) \mid \cdots \mid (A_k \xrightarrow[m]{} B_k)$$

以上操作$\underline{\cup}$是映射域操作merge-union。

一个映射的表示同样也有两种表示法，即显式枚举表示和隐式枚举表示。

设$a_1,a_2,\cdots,a_d$是相互区别的A的对象，$a_{i1},a_{i2},a_{i3},\cdots,a_{id}$是相互区别的$A_i$的对象，$b_1,b_2,\cdots,b_d$是一些不必相互区别的$B$的对象，$b_{j1},b_{j2},\cdots,b_{jd}$是一些不必相互区别的$B_j$的对象，那么

$$[a_1 \to b_1, a_2 \to b_2, \cdots, a_d \to b_d]$$

$$[a_{i1} \to b_{j1}, a_{i2} \to b_{j2}, \cdots, a_{id} \to b_{jd}]$$

它们分别表示A到B的映射（或A的子集到B），或A_i到B_j的映射（或A_i的子集到

B_j)，分别记为 $A \xrightarrow[m]{} B$ 或 $A_i \xrightarrow[m]{} B_j$。

而如下枚举结构：

$$[a_{11} \to b_{11}, a_{12} \to b_{12}, \cdots, a_{1m_1} \to b_{1m_1},$$
$$a_{21} \to b_{21}, a_{22} \to b_{22}, \cdots, a_{2m_2} \to b_{2m_2},$$
$$\cdots$$
$$a_{k1} \to b_{k1}, a_{k2} \to b_{k2}, \cdots, a_{km_k} \to b_{km_k}]$$

则表示如下的映射：

$$(A_1 \xrightarrow[m]{} B_1) \underline{\cup} (A_2 \xrightarrow[m]{} B_2) \underline{\cup} \cdots \underline{\cup} (A_k \xrightarrow[m]{} B_k)$$

其中假设 $a_{ij} \in A_i, B_{ij} \in B_i$。

对如下枚举结构：

$$[a_{x1} \to b_{y1}, a_{x2} \to b_{y2}, \cdots, a_{xm} \to b_{ym}]$$

则表示

$$(A_1 | A_2 | \cdots | A_n) \xrightarrow[m]{} (B_1 | B_2 | \cdots | B_l)$$

其中

$$a_{xi} \in (A_1 | A_2 | \cdots | A_n), b_{y_j} \in (B_1 | B_2 | \cdots | B_l)$$

空映射表示为[ ]。

映射也有隐式枚举形式。设 $F: D_d \xrightarrow{\sim} A$ 及 $G: D_r \xrightarrow{\sim} B$ 表示部分函数，那么

$$[F(d) \to G(r) | P(d,r)]$$

其中 $P: D_d \times D_1 \to \mathrm{BOOL}$，表示 $A \xrightarrow[m]{} B$ 的映射。

设 F_i, F_{1n}, G_j, G_{1l} 表示如下部分函数：

$$F_i: D_d \xrightarrow{\sim} A_i$$

$$F_{1n}: D_d \xrightarrow{\sim} (A_1 | A_2 | \cdots | A_n)$$

$$G_j: D_r \xrightarrow{\sim} B_j$$

$$G_{1l}: D_r \xrightarrow{\sim} (B_1 | B_2 | \cdots | B_l)$$

对于 $i=1,2,\cdots,n; j=1,2,\cdots l$，如下形式

$$[F_i(d) \to G_j(r) | P(d,r)]$$
$$[F_{1n} \to G_{1l}(r) | P(d,r)]$$

则分别表示为 $A_i \xrightarrow[m]{} B_j$ 及 $(A_1 | A_2 | \cdots | A_n) \xrightarrow[m]{} (B_1 | B_2 | \cdots | B_l)$。

对于如下表达式：

$$[F_1(d) \to G_1(r) | P_1(d,r)] \cup$$
$$[F_2(d) \to G_2(r) | P_2(d,r)] \cup$$
$$\vdots$$
$$\cup [F_k(d) \to G_k(r) | P_k(d,r)]$$

其中 $P_i(i=1,2,\cdots,k)$ 为上述定义的谓词，它表示如下的映射集合：

$$(A_1 \xrightarrow[m]{} B_1)\underline{\cup}(A_2 \xrightarrow[m]{} B_2)\underline{\cup}\cdots\underline{\cup}(A_k \xrightarrow[m]{} B_k)$$

如用序对来定义映射，则

设 map 为映射 MAP 中的一个对象，定义

for map∈MAP

$p_1, p_2 \in$ map & first(p_1)=first(p_2)

$\Rightarrow P_1 = P_2$

它表明了映射的一个基本模型，它是一个序对的集合，而这些序对第一个元素是任意的，而第二个元素是唯一的。

映射的操作为

∪	merge(合并)
+	override(覆盖)
(…)	apply(施用)
\	restrict with(删除)
|	restrict to(投影)
dom	domain(定义域)
rng	range(值域)
	composition(复合)

可以用下表表示。

表　示	意　义	域
$[d \to r \mid P(d,r)]$	$\{(d,r) \mid P(d,r)\}$	$\{d \mid (\exists r)(P(d,r))\}$
$[d_1 \to r_1, \cdots, d_n \to r_n]$	$[d \to r \mid (d=d_1$ & $r=r_1) \vee \cdots \vee$ $(d=d_n$ & $r=r_n)]$	$\{d_1, \cdots, d_n\}$
dom map	dom map$=\{d \mid (\exists P \in m)$ $(d=$first$(P))\}$	
map(d)	map$(d)=(\iota r)((d,r) \in m)$	
rng map	rug map$=\{m(d) \mid d \in$ dom map$\}$	
for：dom $\text{map}_1 \cap$ dom $\text{map}_2=\{\ \ \}$ $\text{map}_1 \cup \text{map}_2$	$\text{map}_1 \cup \text{map}_2$	dom $\text{map}_1 \cup$ dom map_2
$\text{map}_1+\text{map}_2$	$[d \to r \mid d \in$ dom map_2 & $r=$ $\text{map}_2(d) \vee d \in$ (dom map_1-dom map_2) & $r=\text{map}_1(d)]$	dom $\text{map}_1 \cup$ dom map_2
map|set	$[d \to$ map$(d) \mid d \in$ (dom map∩set)$]$	dom map∩set
map\set	[d→map$(d) \mid d \in$ (dom map-set)]	dom map-set
for：rng $\text{map}_2 \subset$ dom map_1 $\text{map}_1 \cdot \text{map}_2$	$[d \to \text{map}_1(\text{map}_2(\text{d})) \mid d \in$ dom $\text{map}_2]$	dom map_2

4. 多元组

多元素(TUPLE)是我们在第 2 章介绍的域表达式 D^* 。VDM 还特别声明了

$D^{+}=D^{*}-\{\langle\ \rangle\}$，其中$\langle\ \rangle$表示空元组。多元组在定义时也有显式枚举定义形式和隐式枚举定义形式。

A 的显式枚举定义形式为

$$\langle a_1,a_2,\cdots,a_n\rangle$$

它表示一个 n 元组，它是 A^* 中的一个对象，如 $n>0$，则也是 A^+ 中的一个对象。

多元组的隐式枚举定义为，给定函数 F:INTG→D，那么其隐式枚举形式为

$$\langle F(i)\mid 1\leqslant i\leqslant n\rangle$$

它表示上述的一个 n 元组，还可以表示成

$$\langle F(i)\mid i\in\{1:n\}\rangle$$

$$\langle G(d)\mid i\in\{m:m+n-1\}\rangle$$

其中 G:D→A。

多元组相当于程序设计中数据结构中的线性表。一个多元组还可以是多元组中的一个成员。所以说多元组是有序的成员排列。这一点是多元组与集合的重要差别，请读者注意。

在多元组上的操作可以用下表来表示。

表　示	意　义
⟨ ⟩	[ ]
$\langle e_1,\cdots,e_n\rangle$	[HD→e_1,TL[⋯,TL→[HD→e_n,TL→[I]⋯]]]
for tup≠⟨ ⟩ hd tup	tup(HD)
for tup≠⟨ ⟩ tl tup	tup(TL)
len tup	(HD∈ dom tup→0,T→len tl tup+1)
for1≤i≤len tup tup(i)	(i=1→hd tup,T→(tl tup)(i−1))
tup_1 ^ tup_2	(ι tup)(len tup=len tup_1+len tup_2 &(1≤i≤len tup_1⇒tup(i)=tup_1(i)) &(1≤i≤len tup_2⇒tup(i+len tup_1)=tup_2(i)))
conc tt	(tt=⟨ ⟩→⟨ ⟩,T→hd tt^conc tl tt)
elems tup	{tup(i)|1≤i≤len tup}
inds tup	{1:len tup}

在这个表中多元组是以映射为基础定义，假设 t 是多元组，要么是空的，要么有一个头和一个尾。多元组的尾仍然是一个多元组。多元组是有限的。

i∈TUPLE⇒(dom t={ } ∨

dom t={HD,TL} & t(TL)∈TUPLE)

函数hd，tl 是如下定义的：

hd=λx · if $x=\langle a_1,\cdots,a_n\rangle$ & $n\geqslant 0$ then

$\underline{\text{if}}\ n=0\ \underline{\text{then}}\ \bot\ \underline{\text{else}}\ a_1\ \underline{\text{else}}\ \bot$

$\underline{\text{tl}}=\lambda x\cdot\underline{\text{if}}\ x=\langle a_1,\cdots,a_n\rangle\ \&\ n\geqslant 0\ \underline{\text{then}}$

$\underline{\text{if}}\ n=0\ \underline{\text{then}}\ \langle\rangle\ \underline{\text{else}}\ \langle a_2,\cdots,a_n\rangle\ \underline{\text{else}}\ \bot$

5. 树

为了定义程序等抽象结构形式,必须有一种方法将对象实例组合成一个新的对象,正像我们已经知道的那样,文法可用树来表示。

在定义树时利用定义符"::"。"::"表示树根域名,"::"符号右边的域表达式是根结点的儿子结点域名。如

$D::D_1D_2\cdots D_n$

(实际上其意义是 $D::D_1\times D_2\times\cdots\times D_n$)。

还可以定义一种无名树,使用域表达式操作(…):

$(D_1D_2\cdots D_n)$

前者实际定义标号树:

$\{\text{mk-}D(d_1,d_2,\cdots,d_n)\,|\,\text{is-}D_i(d_i)\ \underline{\text{for}}\ \underline{\text{all}}\ i\}$

而后者实际上定义无名树:

$\{\text{mk}(d_1,d_2,\cdots,d_n)\,|\,\text{is-}D_i(d_i)\underline{\text{for}}\ \underline{\text{all}}\ i\}$

或者

$\{(d_1,d_2,\cdots,d_n)\,|\,\text{is-}D_i(d_i)\underline{\text{for}}\ \underline{\text{all}}\ i\}$

关于树的构造有如下两个公理,对于任意两个域 D' 与 D'',其树定义为

$D'::A_1A_2\cdots A_m$

$D''::B_1B_2\cdots B_n$

其对象为

$\text{mk\_}D'(a_1,a_2,\cdots,a_m)$

$\text{mk\_}D''(b_1,b_2,\cdots,b_n)$

如果它们相等当且仅当 D' 与 D'' 标识符相同,$m=n$ 并且 $a_i=b_i$(对于所有的 i)。

对于两个隐式树域其表达式为

$(A_1A_2\cdots A_m)$

$(B_1B_2\cdots B_n)$

其对象为

$\text{mk}(a_1,a_2,\cdots,a_m)$

$\text{mk}(b_1,b_2,\cdots,b_n)$

如果它们相等当且仅当 $m=n,a_i=b_i$ 而且 A_i 是对于所有 i 与 B_i 有相同的标识符。

在树上定义的操作只有三个,即选择函数、等于与不等于。上述两个公理已实际给出这三个操作中的后两个。而选择函数可以分成显示定义及隐式定义两种形式。假定以抽象文法规则构造一个树。

$D::S_{\text{-}nm1}:D_1S_{\text{-}nm2}:D_2\cdots S_{\text{-}nml}:D_l$

或

$(S_{-nm1}:D_1 S_{-nm2}:D_2 \cdots S_{-nml}:D_l)$

而其中标识符

$S_{-nm1}, S_{-nm2}, \cdots, S_{-nml}$

表示显式选择函数，其意义在于

$S_{-nmi}(\text{mk\_}D(x_1, x_2, \cdots, x_l)) = x_i;\quad 1 \leqslant i \leqslant l$

或

$S_{-nmi}((x_1, x_2, \cdots, x_l)) = x_i;\quad 1 \leqslant i \leqslant l$

关于隐式选择函数，对于所有 $i \in \{1:l\}$

$D::D_1 D_2 \cdots D_l$

或

$(D_1 D_2 \cdots D_l)$

其隐式选择函数定义为

S_D_i

如果用一棵树表示，则为

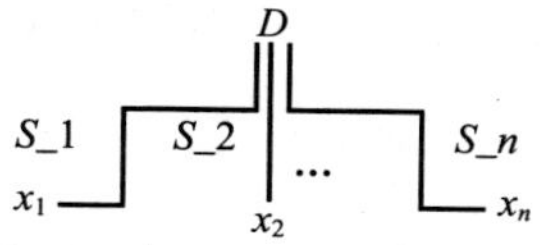

下面，我们举一些例子，看看树的表示。

例如程序设计语言中的 Block 可以有如下的文法树：

$\text{Block}::\text{Var-Set id} \xrightarrow[m]{} \text{proc Stmt}^{+}$

其对象为

<u>mk</u>-<u>Block</u>(<u>vs</u>. <u>pm</u>, <u>sl</u>)

其中

$\text{vs} \in \text{Var-Set}, \text{pm} \in \text{id} \xrightarrow[m]{} \text{proc}, \text{sl} \in \text{Stmt}^{+}$

又例如有如下文法：

stmt＝Asgn|while|If then

Asgn::id Expr

while::Expr Stmt

If then::Expr Stmt

其中最后两个文法树可以表示成

$\{\text{mk-while}(e,s) \mid \text{is-expr}(e) \wedge \text{is-stmt}(s)\}$

$\{\text{mk-If then}(e,s) \mid \text{is-expr(e)} \wedge \text{is-stmt}(s)\}$

再例如有如下的抽象文法：

$\text{CTLG} = \text{Fid} \xrightarrow[m]{} (k\text{tp } D\text{tp})$

$\text{Define}::\text{Fid}(k\text{tp } D\text{tp})$

可以分别定义它们的域如下：

$[\mathrm{fid}_1 \rightarrow \mathrm{mk}(k\mathrm{tp}_1, d\mathrm{tp}_1),$

…

$\mathrm{fid}_n \rightarrow \mathrm{mk}(k\mathrm{tp}_n, d\mathrm{tp}_n)]$

及

mk-Define(fid,mk($k$tp,$d$tp))

再例如有如下的抽象文法：

stmt＝…|For|If

For::Id Expr Expr Expr Stmt *

If::Expr Stmt Stmt

但上面的文法树中，第一个有三个表达式，而第二个有两个语句，如要区别它们就要将 For 及 If 的树进行修改，变成

For::Id *s*-init:Expr *s*-step:Expr *s*-limit:Expr Stmt *

及

If::Expr *s*-then:Stmt *s*-slse:Stmt

照此定义了带选择函数名的文法树才可施用选择函数，例如

s-then(IF)＝stmt

6．函　数

函数的概念我们已经谈过很多，在 VDM 中谈到的函数是指全函数和部分函数。全函数用操作→表示，而部分函数用操作$\underset{\sim}{\rightarrow}$表示，例如 $A \underset{\sim}{\rightarrow} B, A \rightarrow B$。我们可以用这种方法定义 ADM 中谈到的 set，tuple，map 上的操作。

对于集合：

type: $\cup$: SET × SET → SET

$\cap$: SET × SET → SET

$\backslash$: SET × SET → SET

$\subseteq$: SET × SET → BOOL

$\subset$: SET × SET → BOOL

power:　SET → SET

union:　SET $\underset{\sim}{\rightarrow}$ SET

$\in$: OBJ × SET → BOOL

card:　SET → N_0

对于多元组：

type: $\frown$: TUPLE × TUPLE → TUPLE

hd: TUPLE $\underset{\sim}{\rightarrow}$ OBJ

tl: TUPLE $\underset{\sim}{\rightarrow}$ TUPLE

len: TUPLE → N_0

[·]: TUPLE × N_1 → OBJ

elems：TUPLE→SET

ind：TUPLE→N_1-set

conc：TUPLE $\xrightarrow{\sim}$ TUPLE

t：TUPLE×MAP $\xrightarrow{\sim}$ TUPLE

\：TUPLE×N_1-set $\xrightarrow{\sim}$ TUPLE

对于映射：

type：∪：MAP×MAP $\xrightarrow{\sim}$ MAP

+：MAP×MAP→MAP

\：MAP×SET→MAP

|：MAP×SET→MAP

(•)：MAP×OBJ $\xrightarrow{\sim}$ OBJ

dom：MAP→SET

rng：MAP→SET

•：MAP×MAP $\xrightarrow{\sim}$ MAP

在指称语义的学习中已经知道，一谈到函数，应着重谈到两个方面，一个是函数定义，另一个是函数的施用(或说是 λ-注释及 λ-施用)。

函数在 VDM 中也是区分函数名与变量名的。例如设一函数名为 f，其变量为 a，那么如下的几种写法意义是相同的。

$fa, f(a), (f)(a), (fa), (f)a$

例如有一抽象文法为

prc::id* block

那么过程 prc 如果定义成函数，其性质为

prc：ARG* $\xrightarrow{\sim}$ (S→S)

其中 S 表示状态。

下面定义 prc 的指称，需要定义一个解释函数

V-prc(mk-Prc(idl, bl))(ρ)(σ)

　　=<u>let</u> <u>fct</u>(al)(ξ)=

　　<u>let</u> ρ'=[idl[i]→al[i] | 1≤i≤<u>len</u>(al)]

　　<u>in</u> I_Blk(bl)($\rho+\rho'$)(ξ)<u>in</u> fct

但函数的抽象定义仍然是 λ-注释，即用 λ-表达式进行定义。在 VDM 中 λ-表达式在形式上规定为如下两种写法：

$\lambda id_1 \cdot \lambda id_2 \cdot \cdots \cdot \lambda id_n \cdot$ clause

或

$\lambda(id_1, id_2, \cdots, id_n) \cdot$ clause

这两种方法表示的函数性质分别为

$$D_1 \to (D_2 \to (\cdots \to (D_n \to D) \cdots))$$

及

$$D_1 \times D_2 \times \cdots \times D_n \to D$$

在 VDM 中定义函数,一般采用如下形式:

$\underline{\text{let}}\ f = \lambda(\quad) \cdot \text{clause}$

或

$\underline{\text{let}}\ f(\quad) = \text{clause}$

对于递归定义可以采用

$\underline{\text{let}}\ \underline{\text{rec}}\ f(\text{id}_1, \cdots, \text{id}_m) = \text{clause}$

或

$\underline{\text{let}}\ f = Y\lambda g \cdot \lambda(\text{id}_1, \cdots, \text{id}_m) \cdot \text{clause}'$

其中 $\text{clause}' = \text{clause}[g/f]$。

这些表示已假定读者了解了泛函不动点的概念。在 λ-表达式中自由变元、约速变元的意义仍然如同一般数学意义下的定义(见第 2 章)。

下面,我们讨论函数施用。

在 Meta-Language 中,函数施用仅有 call-by-value,其一般书写形式为

$\underline{\text{let}}\ f(a) = \text{clause}\ \underline{\text{in}}\ c(f)$

或

$(\lambda(\text{var})\text{clause})(\text{arg})$

对于递归定义的函数,其施用形式为

$(\underline{\text{let}}\ f(x) = F(x, f)\ \underline{\text{in}} \cdots)$

$(\underline{\text{let}}\ f = (\lambda g \cdot \lambda x \cdot F(x, g))(f)\ \underline{\text{in}} \cdots)$

如果令

$F = \lambda g \cdot \lambda x \cdot F(x, g)$

上面的第二式也可以写成

$(\underline{\text{let}}\ f = F(f)\ \underline{\text{in}} \cdots)$

这种计算正是我们在第 2 章介绍的 λ-演算。

最后,给出函数定义的各种合法形式如下:

$\underline{\text{let}}\ f(x) = F(x, f)$

$\underline{\text{let}}\ f = \lambda x \cdot F(x, f)$

$\underline{\text{let}}\ f = (\lambda g \cdot \lambda x \cdot F(x, g))(f)$

$\left.\begin{array}{l}\underline{\text{let}}\ f = F(f) \\ \text{let}\ f = YF\end{array}\right\}$ 其中 $F = \lambda g \cdot \lambda x \cdot F(x, g)$

$\underline{\text{let}}\ f = Y\lambda g \cdot \lambda x \cdot F(x, g)$

$\underline{\text{let}}\ f = Y\lambda f \cdot \lambda x \cdot F(x, f)$

9.4 抽象文法

抽象文法是用域表达式书写的文法。

如用 BNF 定义抽象文法，则为

〈抽象文法〉∷=〈规则$_1$〉〈规则$_2$〉…〈规则$_n$〉

〈规则〉∷=〈标识符〉=〈域表达式〉|

〈标识符〉∷〈域表达式〉

其中〈标识符〉∷〈域表达式〉用于构造一棵树。符号“=”及“∷”都是定义符号。

域表达式是由 Meta-Language 中预定义的几个域：集合、多元组、映射、函数及抽象树经域操作结合而成。这些域操作已经介绍过，它们是

$$\text{-set};\ *,+;\ \underset{m}{\longrightarrow};\ \tilde{\rightarrow},\rightarrow;\ (\cdots);\ |;\ \underline{\cup}$$

其中(…)表示树结构，例如

$(D_1 D_2 \cdots D_n)$

则实意为

$(D_1 \times D_2 \times \cdots \times D_n)$

将省略书写的操作×计算在内，操作符可以划分为两类，一类是中缀操作符，另一类是后缀操作符。

后缀操作符：-set。

中缀操作符：$*,+;\ \underset{m}{\longrightarrow};\ \tilde{\rightarrow},\rightarrow;\ (\cdots),\times,|,\underline{\cup}$。

所有的操作符中，后缀操作符优先级最高，在中缀操作符中以笛卡儿积×的优先级最高。域表达式中可以使用括号，以改变其操作的优先级。

在以上操作符中：

(1) $|,\underline{\cup}$两个操作符具有交换律。

(2) $\underset{m}{\longrightarrow},\tilde{\rightarrow},\rightarrow$三个操作符具有向右的结合律。

对于任何抽象语法规则，都定义了一个谓词，被称作 is-Function。这个函数的书写规则为

is-Identifier(obj)

其性质为

type is-Identifier：OBJ→BOOL

它相当于

obj∈Identifier

下面，我们给出两个表。第一个表在于举例说明什么样的域表达式是正确的。第二个表给出限制名(modified name)的意义。

规 则	对象集合
$A=B$	B
$A::B$	$\{\text{mk-}A(b)\mid b\in B\}$
$A=B\mid C$	$B\cup C$
$A=(BC)\mid D$	$\{\text{mk-}A(b,c)\mid b\in B\ \&\ c\in C\}\cup D$
$A::C\mid D$	无定义
$A=B\mid(C\mid D)$	错误

限制名	被注释的集合
N-set	power N
N^*	$\{l\in \text{TUPLE}\mid 1\leqslant i\leqslant \underline{\text{len}}(l)\Rightarrow l(i)\in N\}$
N^+	$\{l\in N^*\mid \underline{\text{len}}(l)\geqslant 1\}$
$[B]$	$B\cup\{\text{NIL}\}$
$B\underset{m}{\longrightarrow}C$	$\{m\in \text{MAP}\mid \underline{\text{dom}}(m)\subseteq B\ \&\ \underline{\text{rng}}(m)\subseteq C\}$
$B\underset{m}{\leftrightarrow}C$	$\{m\in(B\underset{m}{\longrightarrow}C)\mid m(d_1)=m(d_2)\Rightarrow d_1=d_2\}$
$B\rightarrow C$	连续函数
$B\xrightarrow{\sim}C$	部分函数

下面谈一下面对抽象文法的组合算子。对于域表达式,Me Carthy 条件子句及 Cases 条件子句也适用,关于这一点,可以参看 9.5 节的构造子句的讨论。

9.5 组合算子

在组合算子(combinators)这一节中,我们将对变量、构造子句、块及出口分别进行讨论。在变量中我们将讨论声明、赋值语句及状态。在构造子句中介绍条件子句、顺序与迭代子句和并行子句等。在块中,我们将介绍 let 结构及 return。出口主要讨论连续概念。

1. 变 量

在 Meta-Language 中,变量的定义是很明确的,变量必须涉及状态,否则不称之为变量。在 Meta-Language 中,变量用字母表示并在其下面打有“波浪记号”,例如$\underset{\sim}{v}$及$\underset{\sim}{i}$。

一个变量的声明其形式如下:

$$\underline{\text{dcl}}\ \underset{\sim}{\text{var}}:=\cdots\underline{\text{type}}\ D$$

如果定义状态为全部变量到它的定义域上的映射的合并,即如果有

$$\begin{aligned}\underline{\text{dcl}}\quad &\underset{\sim}{v_1}:=\cdots\underline{\text{type}}\ D_1,\\ &\underset{\sim}{v_2}:=\cdots\underline{\text{type}}\ D_2,\\ &\cdots\\ &\underset{\sim}{v_n}:=\cdots\underline{\text{type}}\ D_n;\end{aligned}$$

那么状态域则为

$$\Sigma=(\underset{\sim}{v_1} \underset{m}{\longrightarrow} D_1)\underline{\cup}(\underset{\sim}{v_2} \underset{m}{\longrightarrow} D_2)\underline{\cup}\cdots\underline{\cup}(\underset{\sim}{v_m} \underset{m}{\longrightarrow} D_n)$$

例如有下面的语法域：

$$\text{Block}::(\text{id} \underset{m}{\longrightarrow} \text{Type})\cdots\text{stmt}^*$$

$$\text{stmt}=\text{In}|\text{Out}|\text{Assign}|\cdots$$

$$\text{In}::\text{Var-ref}$$

$$\text{Out}::\text{Expr}$$

$$\text{Assign}::\text{Var-ref Expr}$$

针对该文法可以设计如下三个变量：

$$\text{del } \underset{\sim}{\text{Input}}:=\langle\cdots\rangle\underline{\text{type}}(\text{INTG}|\text{BOOL})^*,$$

$$\underset{\sim}{\text{Output}}:=\langle\quad\rangle\underline{\text{type}}(\text{INTG}|\text{BOOL})^*$$

$$\underset{\sim}{\text{STG}}:=[\quad]\underline{\text{type}}\ \text{STG}$$

此时的状态空间为

$$\Sigma=(\underset{\sim}{\text{Input}} \underset{m}{\longrightarrow}(\text{INTG}|\text{BOOL})^*)\underline{\cup}$$

$$(\underset{\sim}{\text{Output}} \underset{m}{\longrightarrow}(\text{INTG}|\text{BOOL})^*)\underline{\cup}$$

$$(\underset{\sim}{\text{STG}} \underset{m}{\longrightarrow}\text{STG})$$

如果声明中去掉了 $\underline{\text{type}}\ D$ 子句，那么一个变量声明所表示的意义为

$$\sigma\cup[\underset{\sim}{\text{Var}}\rightarrow\text{Obj}]$$

σ 表示状态。

在 Meta-Language 中的变量引用与传统的指称语义方法不同。在第 3 章中对于赋值语句，定义了 $e_1:=e_2$，其中 e_1 称之为左值，计算结果表示地址；而 e_2 是右值，表示计算出的是内容值。而在这里变量 $\underset{\sim}{v}$ 表示地址，其内容则加入一个操作 $\underline{c}$ 施于 $\underset{\sim}{v}$ 上，记为 $\underline{c}\underset{\sim}{v}$。例如可以有

$$\underset{\sim}{v}:=\cdots\underline{c}\underset{\sim}{v}\cdots$$

$\underset{\sim}{v}$ 及 $\underline{c}\underset{\sim}{v}$ 都是 Meta-Language 的表达式，给定状态 σ：

$$\sigma=[\underset{\sim}{v}\rightarrow\text{obj},\cdots]$$

而 $\underline{c}\underset{\sim}{v}$ 的意义则为

$$\sigma(\underset{\sim}{v})$$

也可以表示成

$$\underline{c}\sim\lambda v\cdot\lambda\sigma\cdot(\sigma,\sigma(v))$$

或

$$\underline{c}\in(v\rightarrow(\Sigma \xrightarrow{\sim}\Sigma\times\text{OBJ}))$$

一谈到状态的改变必然要谈到赋值语句。其形式为

$$\underset{\sim}{v}:=\text{espr}$$

其中$\underset{\sim}{v}$是一 ref D 的类型,expr 必须是D'类型,并有$D' \subseteq D$,其中 ref D 表示引用类型D中的一个对象。也就是说左值表示一个 ref D,而右值,即在 Meta-Language 中$\underset{\sim}{\underline{c}v}$表示"非引用"$\underset{\sim}{v}$。

赋值语句定义如下性质:

$$:= \sim \lambda v \cdot \lambda(\text{obj}) \cdot \lambda\sigma \cdot (\sigma + [v \to \text{obj}])$$

或

$$:= \in (v \to (\text{OBJ} \to (\Sigma \xrightarrow{\sim} \Sigma)))$$

对于 TUPLE,MAP 及 TREE 还存在稍复杂一些的引用关系。

对于 TUPLE 的引用,如果给定一个变量声明:

$$\underline{\text{dcl}}\ \underset{\sim}{\text{Tuple}} := \langle \cdots \rangle\ \underline{\text{type}}\ D^*$$

如求$\underline{c}$ $\underset{\sim}{\text{Tuple}}$第$i$元素,其基本表示为

$$(\underline{c}\ \ \underset{\sim}{\text{Tuple}})[i] \tag{1}$$

对这个 Tuple 的第i位置上的修改则为

$$\underset{\sim}{\text{Tuple}} := \underline{c}\ \ \underset{\sim}{\text{Tuple}} + [i \to d] \tag{2}$$

如果建议用

$$\underset{\sim}{\text{Tuple}} \cdot [i] \tag{3}$$

来表示$\underline{c}$ $\underset{\sim}{\text{Tuple}}$的第$i$位置的"引用",那么式(1)可以写成

$$\underline{c}(\underset{\sim}{\text{Tuple}} \cdot [i]) \tag{1'}$$

而式(2)可以写成

$$\underset{\sim}{\text{Tuple}} \cdot [i] := d \tag{2'}$$

对于 MAP 元素的引用,如果声明 MAP 的变量为

$$\underline{\text{dcl}}\ \text{Map} := [\cdots]\ \underline{\text{type}} \cdot A \xrightarrow[m]{} D$$

那么对应于 TUPLE 元素引用的条款,MAP 变量有

$$(\underline{c}\ \ \underset{\sim}{\text{Map}})(a) \tag{1}$$

$$\underset{\sim}{\text{Map}} := \underline{c}\ \underset{\sim}{\text{Map}} + [a \to b] \tag{2}$$

$$\underset{\sim}{\text{Map}} \cdot (a) \tag{3}$$

$$\underline{c}(\underset{\sim}{\text{Map}} \cdot (a)) \tag{1'}$$

$$\underset{\sim}{\text{Map}} \cdot (a) := \text{b} \tag{2'}$$

其中$a \in \underset{\sim}{\text{dom}}\ \underset{\sim}{\underline{c}}\ \underset{\sim}{\text{Map}}$。

对于子树的引用,在如下声明下:

$$D :: S_{-nm_1} : D_1\, S_{-nm_2} : D_2 \cdots S_{-nml} : D_l$$

及

$$\text{dcl}\ \underset{\sim}{\text{Tree}} := \text{mk-}D(\cdots)\,\text{type}\ D$$

其相应式(1)、(2)、(3)、(1')及(2')分别为

$$S_{-nm_l}(\underline{c}\ \ \underset{\sim}{\text{Tree}}) \quad 1 \leqslant i \leqslant l \tag{1}$$

$$\underline{\text{let}}\ \text{mk-}D(d_1, \cdots, d_i, \cdots, d_l) := \underline{c}\ \ \underset{\sim}{\text{Tree}};$$

$\underset{\sim}{\text{Tree}} := \text{mk-}D(d_1, \cdots, d_i, \cdots, d_l)$ (2)

式(2)只改变了 S_{-nm_l} 子树。

$S_{-nm_i} \cdot \underset{\sim}{\text{Tree}}$ (3)

$\underline{c}(S_{-nm_i} \cdot \underset{\sim}{\text{Tree}})$ (1′)

$S_{-nm_i} \cdot \underset{\sim}{\text{Tree}} := d_2$ (2′)

2. 构造子句

构造子句可以用在语句上，也可以用在表达式上。

(1) 条件子句。条件子句有三种类型五种书写方式。它们分别是

① $\underline{\text{if}}$ pe $\underline{\text{then}}$ c_1 $\underline{\text{else}}$ c_2

② $(\text{pe}_1 \to C_1,$ 　②′$(\text{pe}_1 \to C_1,$

$\text{pe}_2 \to C_2,$ 　或　$\text{pe}_2 \to C_2,$

… 　…

$\text{pe}_n \to C_n)$ 　$T \to C_n)$

③ Cases e_0: 　③′Cases e_0:

$(e_1 \to C_1$ 　或　$(e_1 \to C_1,$

$e_2 \to C_2$ 　$e_2 \to C_2,$

… 　…

$e_n \to C_n)$ 　$T \to C_n)$

所有以上形式都无需再加以解释。

(2) 迭代子句。

① $\underline{\text{for}}$ $i = m$ $\underline{\text{to}}$ n $\underline{\text{do}}$ $S(i)$

或者$\langle E(i) \mid m \leqslant i \leqslant n \rangle$

② $\underline{\text{for}}$ $\underline{\text{all}}$ id∈set $\underline{\text{do}}$ $S(\text{id})$

或者$\{E(\text{id}) \mid \text{id} \in \text{set}\}$

或者$[\text{id} \to E(\text{map (id)}) \mid \text{id} \in \text{dom map}]$

③ $\underline{\text{while}}$ $\underline{\text{pe}}$ $\underline{\text{do}}$ s

或者 $f(\text{obj}) = \underline{\text{if}}$ $P(\text{obj})$ $\underline{\text{then}}$ $F(\text{obj})$

$\underline{\text{else}}$ $G(\text{obj}, f(H(\text{obj})))$

以上 s，$S(\cdots)$表示语句；e，$E(\cdots)$表示表达式；pe，$P(\cdots)$表示谓词。

3. 块

Meta-Language 的 block 概念本质上是处理作用域注释。块(block)的形式是

(let id=expr in clause)(施用let 结构)

及

(def id:expr;clause)(强制def 结构)

定义

$(\underline{\text{def}}\ \text{id}: f_1; f_2(\cdots v \cdots) = \lambda\sigma \cdot (\underline{\text{let}}(\sigma', v) = f_1(\sigma)\ \underline{\text{in}}\ f_2(\cdots v \cdots)(\sigma')))$

还有

(dcl id:=expr type D;clause)

我们称上述定义为标识符 id 的let 定义、def 定义及dcl 定义。该标识符的作用域将扩充到其更内层和嵌套内层中去,而且在内层中不需要再定义。

let 结构还有变体形式,例如

(let obj∈D be s · t · P(obj):clause)

其中 s · t · 表示 satisfied,即这个let 结构的意义为:域 D 中的一个对象 obj 是满足谓词 P 为真的一个对象。

常用到两个简单形式:

(def obj∈set;clause)

(def obj be s · t · P(obj);clause)

对于树、多元组及集合也可以使用let 结构:

(let mk-D(d_1,d_2,…,d_n)=expr_d in clause)

其中 expr_d 必须是对树 D::D_1D_2…D_n 中的一个对象进行计算的,上式等价于

```
(let tree=expr_d  in
   (let d_1 =S_D_1(tree),
      d_2 =S_D_2(tree),
        …
      d_n=S_D_n(tree) in
      clause))
```

对于多元组则有

(let⟨d_1,d_2,…,d_n⟩=expr_t in clause)

表达式必须是对一个 n 元组对象计算的。

```
(let tuple=expr_t  in
   (let  d_1=tuple  [1]
         d_2=tuple  [2]
          …
         d_n=tuple  [n]  in clause))
```

对于集合则有

(let{d_1,d_2,…,d_n}=expr_s in clause)

其意义为

```
(let set=expr_s  in
   (let d_1∈set in
     (let d_2∈set\{d_1}in
       (let d_3∈set\{d_1,d_2}in
         …
       (let d_n∈set\{d_1,d_2,…,d_(n-1)}in
              clause)…))))
```

let 结构有时还采用其方便形式,例如

(let $d_1 = e_1$,
$d_2 = e_2$
…
$d_n = e_n$ in clause)

(let $d_1 = e_1$ in
let $d_2 = e_2$ in
…
let $d_n = e_n$ in clause)

(其相当于

(let $d_1 = e_1$ in
(let $d_2 = e_2$ in
(…
(let $d_n = e_n$ in clause)…))))

有时也使用如下的方便 let 结构:

(let mk-A(,C,)$=c_a$ in clause)

或

(let $\langle x, z\rangle = e_t$ in clause)

它们表示对一个树或多元组中某些成分“不关心”。它们分别相当于

(let mk-$A(b, c, d) = e_t$ in clause)

或

(let $t = e_t$ in
let $x = t$ [1]
$z = t[3]$ in clause)

一个块(block)可以是语句,也可以是表达式,其分别的域定义为

stmt-block: $\Sigma_i \xrightarrow{\sim} \Sigma_i$

expr-block: $\Sigma_i \xrightarrow{\sim} (\Sigma_i \times \mathrm{OBJ})$

对于 return 则有

return$\sim\lambda$(obj) · $\lambda\sigma$ · (σ,obj)

return$\in$ (OBJ→(Σ→($\Sigma\times$OBJ)))

对于 VDM 中“;”的语义是纯复合的意义,我们就不多谈了。

4. 出口(EXITS)

在学习指称语义时,曾经提到声明连续、命令连续和表达式连续。声明连续在VDM 中也是以作用域规则表示的,因此,在 VDM 中声明连续问题是很简单的。而在VDM 中,与命令连续和表达式连续类似的问题,却采用了完全不相同的解决途径,即采用所谓“异常处理”的方法。程序设计中的 GOTO 相当于“异常顺序”,表达式连续则相当于“异常返回值”。所有这些,在 VDM 中均采用exit 方法来解决。

对于 Meta-Language 中的块结构，一般定义为

block∷=([exit-spec][let-cl]{;• stmt…})

一谈到块，当然就要谈到它的入/出口，以及块与块之间的信息流通。那么在 VDM 中，是如何采用exit 方法来解决问题的呢？先看如下的所谓exit 机制的设计。

Meta-Language 定义两种类型的出口符号：

(1) exit。

(2) exit(expr)。

子句exit 及exit(expr)可以出现在 Meta-Language 语句及表达式出现的任何地方，exit 是强制型的，而exit(expr)是施用型的。一个 Block 有其自然终止，还有以exit(或exit(expr))表示的 Block 的范围界线。一个 Block 对于强制型而言，必然涉及状态的改变，令 Σ 表示状态集，并有 $\sigma:\Sigma$，如下的语义域定义可以看出一个 Block 的意义：

$$E=\Sigma \xrightarrow{\sim} \Sigma\times[\mathrm{Abn}]$$

其中 Abn 表示异常出口。如果 Abn 为 NIL，则表示正常出口。

显然，在一个 Block 中恰当地安排exit(或exit(expr))，就可以表示异常顺序及异常返回值。对于 VDM 中的出口机制可以做如下抽象定义：

$$\underline{\mathrm{exit}}\triangleq\lambda\sigma\cdot(\sigma,a)$$

$$\underline{\mathrm{exit}}(\mathrm{expr})\triangleq\lambda\sigma\cdot(\sigma,v)$$

而对于return 则有

$$\underline{\mathrm{return}}(v):\Sigma \xrightarrow{\sim} \Sigma\times[\mathrm{Abn}]\times V$$

$$\underline{\mathrm{return}}(v)\triangleq\lambda\sigma\cdot\langle\sigma,\mathrm{NIL},v\rangle$$

除此之外，在 Meta-Language 中还定义了如下三个 exit 的停机结构(以后称为停止子句)：

(3) (always $F(\cdots)$　in $C(\cdots)$)

(4) (trap exit (def) with F(def) in $C(\cdots)$)

(5) (tixe [G(def)→F(def) | P(def)] in (…))

任意子句 $C(\cdots)$前缀以always $F(\cdots)$，trap exit (def) with F(def)及tixe[G(def)→F(def) | P(def)]停机结构，都将变成一个块(block)。always 停止子句构成的块是一强制块。

其中def 可以是如下形式中的一种：

$\{d_1,\cdots,d_n\}$

$\langle d_1,\cdots,d_n\rangle$

mk-$D(d_1,d_2,\cdots,d_n)$，$(d_1,d_2,\cdots,d_n)$，

id

或

cst

其中 id 是标识符，cst 表示常数，d_i 还可以是上述类型形式，并且 def 形式不包括任意自由标识符。

下面，我们首先非形式地对 Meta-Language 的出口机制进行说明，然后再给出它

们的形式定义。

exit 概念基于下面四个原则：

(1) exit 的第一个基本原则是允许类似goto 的描述转移(语句描述及表达式计算)，以控制 block 的范围界限。

(2) exit 的第二个基本原则是允许用户指明结束出口。

首先定义一个不带停止子句的 Block 为不明确停止任意exit。其描述可以导致一个出口的trap exit 单元也被称作不明确停止任意exit。如果 F(…)的描述是完全的，并不带exit，那么这个exit 被称作是明确被追捕的。

(3) exit 的第三个基本原则是允许 Meta-Language 的程序员指明在停止 Block 时的结束活动。

停止子句服务于该目的。

一个没有明确被函数定义的最外层 Block 的停止子句所停止的exit，将被动态地传递到包含它的外层 Block，这种传递是通过函数的实际应用达到的。

always 停止子句无条件地过滤任意exit，其 $F(\cdots)$将不处理exit 信息，而只处理二元信息$\langle\sigma,a\rangle$中的 $\sigma(\sigma\in\Sigma)$，并且该exit 将转向外层 Blocks。

一个函数定义的exit 依赖于动态调用模式，它是许多包含在其他函数定义中的 Block 的停止子句捕获的对象。递归定义函数的活动出口可以被前面临时暂停的同一函数的活动所停止。

(4) exit 的第四个原则是，可以进行exit 上的返回数据与trap exit 及tixe 子句中的 $F(\cdots)$的信息通讯。exit(expr)的 expr 的值 v 会被相应停止子句发现并找到，这个值 v 将替换这个单元的 $F(\cdots)$的形式参数的所有自由出现，使 $F(\cdots)$变成了 $F'(\cdots)$，进而 $F'(\cdots)$变成是被描述的。

再来介绍其作用域规则。

作用域规则分成语法的(静态的)及语义的(动态的)。

语法作用域规则关心在trap exit 子句中 def 中出现的标识符。def 的标识符在所含内层行文中是自由的，并约束在相应 F(def)中的这些标识符的自由出现(即在trap exit def…中的 def 声明的标识符在 F(def)中是约束的)。tixe"映射"的静态作用域规则是与任意隐式映射(集合或多元组)的作用域规则相同的。

语义作用域规则是关心always，trap exit，tixe 子句规则。always 及trap exit 子句的动态作用域是 $C(\cdots)$的行文。tixe 子句的动态作用域包括tixe"映射"及行文 $C(\cdots)$。因此，exit 作为 F(def)的描述结果出现。如果在 $F(\cdots)$中exit 没有被停止，那么它没有被always 或trap exit 子句所停止。

一个exit 作为tixe 子句中某 F(def)的描述结果，如果在 $F(\cdots)$中它没有被捕获，那么它将被tixe 子句所捕获。

下面，给出一些等价关系。

(always $F(\cdots)$in $C(\cdots)$) 是语义等价于

trap exit(id)with($F(\cdots)$;exit(id))in$C(\cdots)$

一般没有停止子句的 Block

(def x:$E(\cdots)$;$C(\cdots)$)

等价于

(trap exit (id) with exit (id) in

(def:$E(\cdots)$;$C(\cdots)$))

当在强制型 Block 中没有 Block 的终止活动时，那么可以写：

(trap exit with I in $C(\cdots)$)

当返回值无条件返回时(可以作为这个 Block 的结果)可以写：

(trap exit (id) with id in $C(\cdots)$)

或

(trap exit (id) with return (id) in $C(\cdots)$)

exit(e)及exit 可以混合嵌套使用，如

(trap exit with $V(\cdots)$ in $C(\cdots)$)and

(trap exit (id) with F(id) in $C(\cdots)$)

的嵌套可以写成

(trap exit(id) with F_1(id) in(…)

(trap exit with $F_2(\cdots)$in

(…exit(expr)…)))

下面，我们给出 VDM 中的停止子句的形式定义。

令，$\sigma:\Sigma$……状态

t_1：Abn→E

t_2：E

P：[Abn]→BOOL

$E=\Sigma \xrightarrow{\sim} \Sigma\times$[Abn]

对于tixe[$a\rightarrow t_1(a)\mid P(a)$]in t_2 其类型为

(tixe[$a\rightarrow t_1(a)\mid P(a)$]in t_2)：E

它的意义相当于

(tixe [$a\rightarrow t_1(a)\mid P(a)$]in t_2)

$\triangleq$(let e=[$a\rightarrow t_1(a)\mid P(a)$]) in

let $r(\sigma,a)=(a\in$ dom $e\rightarrow r\cdot e(a)(\sigma)$,

$T\rightarrow\langle\sigma,a\rangle$) in $r\cdot t_2$)

或者

(tixe m in t)$\triangleq$let $\rho=m$ in

let $r=(\lambda(\sigma,a)\cdot$ if $a\in$ dom ρ then

$r(\rho(a)(\sigma))$else (σ,a))in $r\cdot t$

对于trap 结构

(rtap (a) with $t_1(a)$;t_2)：E

其意义为

$$(\underline{\text{trap}}(a)\underline{\text{with}}\ t_1(a);t_2)$$
$$\triangleq(\underline{\text{let}}\ h(\sigma,a)=(a\neq\underline{\text{NIL}}\rightarrow t_1(a)(\sigma),$$
$$T\rightarrow\langle\sigma,\underline{\text{NIL}}\rangle)\underline{\text{in}}\ h\cdot t_2)$$

对于$\underline{\text{always}}$结构

$$(\underline{\text{always}}\ t\ \underline{\text{in}}\ e):E$$

其意义为

$$(\underline{\text{always}}\ t\ \underline{\text{in}}\ e)\triangleq(\lambda(\sigma,a)\cdot\langle t(\sigma),a\rangle)\cdot e$$

其中

$$t:\Sigma \xrightarrow{\sim} \Sigma$$

$$e:E$$

操作“$f\cdot g$”表示(参见“映射”一节):

$$f\cdot g=\lambda x\cdot f(g(x))$$

5. 抽象模型

我们介绍一下如何建立一个抽象模型。一个抽象模型的建立我们知道需要四个部分,语法域、语义域、它们的行文条件的合式定义及它们的解释函数。而一个函数抽象对象我们已经介绍过了,下面定义函数的语法。

一个函数定义分成三部分:

a header:fid$(d_1,d_2,\cdots,d_k)(d_{k+1})\cdots(d_m)=$

a body:$C(\cdots)$

a type clause:$\underline{\text{type}}$:$D_1\times D_2\times\cdots\times D_k\rightarrow(D_{k+1}\rightarrow(\cdots\rightarrow(D_n\rightarrow D')\cdots))$

其中 d_i 是 D_i 中的一个对象。

关于它们的施用规则,与我们在第 2 章介绍的语义解释函数和函数施用规则完全一致,我们就不多说了。

9.6 VDM与程序设计语言

这一节我们将着重讨论如何使用 VDM 的 Meta-Language 定义程序设计语言的语义,当然是讨论程序设计语言的指称语义。读者在阅读本节时,除一方面巩固已了解的指称语义概念之外,主要在于了解 VDM 的表示方法。

首先介绍语言中的表达式。

定义如下一个布尔表达式:

Boolexpr=Boolinfixexpr|Negation|Boolconst

Boolinfixexpr::Boolexpr Boolop Boolexpr

Negation::NOTBoolexpr

Boolconst=true|false

Boolop=AND|OR|IMPL|EQUIV

这些表达式都是 Boolconst 构成的，所以语义解释函数仅定义成

M：Boolexpr→Bool

其中 Bool 定义为指称域，即 Bool＝{false，true}，并有如下的语义解释：

M[mk-Bool infixexpr (e_1，op，e_2)]≜

let $v_1=M[e_1]$ in

let $v_2=M[e_2]$ in

case op：

AND→if v_1 then v_2 else false

OR→if v_1 then true else v_2

IMPL→if v_1 then v_2 else true

EQUIV→if v_1 then v_2 else if v_2 then

false else true

及

M[mk-Negation (e)]≜

let $v=M[e]$ in if v then false else true

而实际布尔中缀表达式的任一操作 M[op]为

M[op]：Bool×Bool→Bool

所以也有

M[mk-Boolinfixexpr(e_1，op，e_2)]≜

M[op]($M[e_1]$，$M[e_2]$)

假定 op＝AND

M[AND]≜λ(v_1，v_2)·(if v_1 then v_2 else false)

应当注意上面 AND 运算的定义与布尔代数的 AND 运算有差别。因为布尔代数中还可以有，令 $v_1=x$，$v_2=$false，则

x AND false＝false

而 $x\in$ {false，true}，是一false，true 不确定值。

如果将上面定义的 Boolexpr 再扩充一个变量引用(不仅是布尔常量)，此时 BNF 的扩充部分为

Boolexpr＝…|Varref

Varref::Id

变量引用概念我们早在第3章中就知道，这实际上是引入了存储器状态。令

σ：STORE＝Id $\xrightarrow[m]{}$ Bool

此时的语义解释函数也要修改为

M：Boolexpr→STORE→Bool

于是我们在此基础上得到语义解释为

M[mk-Boolinfixexpr(e_1，op，e_2)](σ)≜

let $v_1=M[e_1](\sigma)$in

$\underline{\text{let}}\ v_2 = M[e_2](\sigma)\ \underline{\text{in}}\ M[\text{op}](v_1, v_2)$

$M[\text{mk-Negation}\ (e)](\sigma) \triangleq$

$\underline{\text{let}}\ v = M[e](\sigma)\ \underline{\text{in}}\ \underline{\text{if}}\ v\ \underline{\text{then}}\ \underline{\text{false}}\ \underline{\text{else}}\ \underline{\text{true}}$

$M[\text{mk-Varref}\ (\text{id})](\sigma) \triangleq \sigma(\text{id})$

再将我们研究的语言扩充语句，首先扩充赋值语句，其抽象文法为

Assign::Id Expr

其相应的指称语义解释函数为

M: Assign→STORE→STORE

对于赋值语句的语义解释为

$M[\text{mk-Assign}(\text{id}, e)](\sigma) \triangleq$

$\underline{\text{let}}\ v = M[e](\sigma)\ \underline{\text{in}}\ \sigma + [\text{id} \rightarrow v]$

程序中允许一个赋值语句串，其语义解释函数相当于

Ml: Assign^* →STORE→STORE

显然

$\text{Ml}[\langle\ \rangle](\sigma) \triangleq \sigma$ 或 $\text{M1}[\langle\ \rangle] = \lambda\sigma \cdot \sigma$

$\text{Ml}[\text{al}]_{(\sigma)} \triangleq \text{Ml}[\underline{\text{tl}}\ \text{al}](M[\underline{\text{hd}}\ \text{al}](\sigma))$

或

$\text{Ml}[\text{al}] \triangleq \lambda\sigma, (\text{Ml}[\underline{\text{tl}}\ \text{al}](M[\underline{\text{hd}}\ \text{al}]_{(\sigma)}))$

如果引入

$f_1; f_2 = \lambda\sigma \cdot (f_2(f_1(\sigma)))$

那么

$\text{Ml}[\text{al}] \triangleq M[\underline{\text{hd}}\ \text{al}]; \text{Ml}[\underline{\text{tl}}\ \text{al}]$

在这时，我们假定表达式有副作用，对于表达式的语义解释函数为

M: Expr→STORE→STORE×Bool

对于赋值语句的语义解释也应该做相应的改变：

$M[\text{mk-Assign}(\text{id}, e)](\sigma) \triangleq$

$\underline{\text{let}}(\sigma', v) = M[e](\sigma)\ \underline{\text{in}}$

$\sigma' + [\text{id} \rightarrow v]$

注意在对 id 赋值以前，由于表达式的副作用，σ 已经变成了 σ'。

$M[\text{mk-Boolinfixexpr}(e_1, \text{op}, e_2)]_{(\sigma)} \triangleq$

$\underline{\text{let}}(\sigma', v_1) = M[e_1]_{(\sigma)}\ \underline{\text{in}}$

$\underline{\text{let}}(\sigma'', v_2) = M[e_2]_{(\sigma')}\ \underline{\text{in}}\ (\sigma'', M[\text{op}](v_1, v_2))$

这是一种显式表示状态改变的语义书写方法。如果采用 def 组合算子，则可以写成

$M[\text{mk-Assign}(\text{id}, e)] \triangleq \underline{\text{def}}\ v: M[e];$

$\text{assign}(\text{id}, v)$

而

$\text{assign}\ (\text{id}, v)(\sigma) \triangleq \sigma + [\text{id} \rightarrow v]$

$M[\text{mk-Boolinfixexpr}(e_1,\text{op},e_2)]\triangleq$

$\underline{\text{def}}\ v_1:M[e_1]$;

$\underline{\text{def}}\ v_2:M[e_2]$;

$\underline{\text{return}}\ (M[\text{op}](v_1,v_2))$

我们已经知道$\underline{\text{return}}(v)$的意义为

$\text{return}(v)=\lambda\sigma\cdot(\sigma,v)$

我们再引入条件语句及循环语句：

if::Expr Stmt Stmt

while::Expr Stmt

其语义解释为

$M[\text{mk-If}(e,\text{th},\text{el})]\triangleq$

$\underline{\text{def}}\ v:M[e];\underline{\text{if}}\ v\ \underline{\text{then}}\ M[\text{th}]\underline{\text{else}}\ M[\text{el}]$

$M[\text{mk-While}(e,s)]\triangleq$

$\underline{\text{let}}\ L=(\underline{\text{def}}\ v:M[e];\underline{\text{if}}\ v\ \underline{\text{then}}(M[s];L)$

$\underline{\text{else}}\ I_{\text{STORE}})\underline{\text{in}}\ L$

其中 $I_{\text{STORE}}=\lambda\sigma\cdot\sigma$。显然，这个定义是递归的。

应注意的是，While 可能不终止(无定义)，所以其语义解释函数为

$M:\text{While}\to\text{STORE}\xrightarrow{\sim}\text{STORE}$

如果在语句这个范围内引入 While，例如

Stmt=If|While|Assign

那么有

$M:\text{Stmt}\to\text{STORE}\xrightarrow{\sim}\text{STORE}$

此时不能写成

$M:\text{Stmt}\to\text{STORE}\to\text{STORE}$

我们再把讨论的语言范围扩大，并引入 Block，Call 等语句，其抽象文法扩充部分为

Program::Stmt

Stmt=Block|Call|Assign

Block::*s*-Vars:Id-set *s*-Procm:$(\text{Id}\xrightarrow[m]{}\text{proc})$*s*-body:Stmt*

Proc::*s*-parml:Id* *s*-body:Stmt

Call::*s*-proc:Id *s*-argl:Varref*

Assign::Varref Boolexp

Boolexpr=Boolinfixexpr|Rhsref|Boolconst

Rhsref::Varref

定义如下语义域：

$\text{Staticenv}=\text{Id}\xrightarrow[m]{}\text{Attribute}$

Attribute=Bool|Proctype

Proctype::Nat_0

其相应的语义解释函数为

WF:Program→Bool

WF:Stmt→Staticenv→Bool

其相应的语义解释函数为:首先给出行文条件,

$WF[mk\text{-}Program(s)] \triangleq WF[s]([\,])$

$WF[mk\text{-}Block(Vars, procm, sl)]_{(\rho)} \triangleq$

$\quad Vars \cap \underline{dom}\ Procm = \{\ \} \wedge$

$\quad (\forall p \in \underline{rng}(Procm))(WF[p]_{(\rho)}) \wedge$

$\quad (\underline{let}\ \rho' = \rho + ([id \to Bool \mid id \in Vars] \cup$

$\qquad\qquad [id \to ATTR[Procm(id)] \mid id \in \underline{dom}\ Procm])\underline{in}$

$\quad (\forall s \in \underline{elems}(sl))(WF[s](\rho')))$

$WF[mk\text{-}Proc(Pl, b)](\rho) \triangleq$

$\quad (\forall i, j \in \underline{inds}\ Pl)(Pl[i] = Pl[j] \supset i = j) \wedge$

$\quad (WF[b](\rho + [Pl][i] \to \underline{Bool} \mid i \in \underline{inds}\ P]))$

$ATTR[mk\text{-}Proc(Pl, b)] \triangleq mk\text{-}Proctype(\underline{len}\ Pl)$

$WF[mk\text{-}Call(pid, al)](\rho) \triangleq$

$\quad pid \in \underline{dom}\ \rho \wedge \rho(pid) \in Proctype \wedge$

$\qquad (\underline{let}\ mk\text{-}Proctype\ (n) = \rho(pid)\underline{in}\ \underline{len}\ al = n)$

$WF[mk\text{-}Varref(id)](\rho) \triangleq id \in \underline{dom}\ \rho \wedge \rho(id) = Bool$

读者也许看到,上述新扩充的语义解释是以行文条件的形式给出的,都是谓词。下面,我们来讨论该语言合式程序的语义。假定有如下的一个程序:

```
begin Boolean a,b,c;
  begin Boolean a;…end;
    …
  begin Boolean b;…end
end
```

从作用域规则知道,外层分程序有类型为Boolean 的变量 a,内层分程序也有一类型为Boolean 的变量 a,它们在存储中占有两空间单元,显然名字都叫 a,但不是同一变量。外层分程序中如有对 a 的操作是针对外层的 a,内层分程序中如有对 a 的操作是针对内层 a 的。但,外层声明的 b,c 可以进入内层。

再考虑下面一个包含参数传递的(call-by-reference)过程调用的分程序:

```
begin Boolean a;
    Procedure P(x,y);x:= a + y;
      …;P(a,a);…
end
```

其中 a,x,y 都是引用同一实体,即同一存储单元。

我们要引入环境概念，其语义域为

$$\mathrm{ENV}=\mathrm{Id}\xrightarrow[m]{}\mathrm{DEN}$$

$$\mathrm{DEN}=\mathrm{SCALARLOC}\mid\cdots$$

$$\mathrm{STORE}=\mathrm{SCALARLOC}\xrightarrow[m]{}[\mathrm{Bool}]$$

$$M:\mathrm{Stmt}\to\mathrm{ENV}\to\mathrm{STORE}\xrightarrow{\sim}\mathrm{STORE}$$

于是可以得到如下语义解释：

$M[\text{mk-Assign}(vr,e)](\rho)\triangleq$

$\underline{\mathrm{def}}\ l:\mathrm{MLOC}[vr](\rho);$

$\underline{\mathrm{def}}\ v:M[e](\rho);$

$\mathrm{assign}(l,v)$

其中

$\mathrm{MLOC}:\mathrm{Varref}\to\mathrm{ENV}\to\mathrm{SCALARLOC}$

$\mathrm{MLOC}[\text{mk-Varref}(\mathrm{id})](\rho)\triangleq\rho(\mathrm{id})$

$\mathrm{assign}(l,v)\triangleq\lambda\sigma\cdot\sigma+[l\to v]$

而表达式的语义为

$M[\text{mk-Rhsref}(vr)](\rho)\triangleq\underline{\mathrm{def}}\ l:\mathrm{MLOC}[vr](\rho);$

$\quad\mathrm{contents}(l)$

$\mathrm{contents}\ (l)\triangleq\lambda\sigma\cdot\sigma(l)$

对于 Block 的语义则有

$M[\text{mk-Block}(\mathrm{Vars},\mathrm{Procm},\mathrm{sl})](\rho)\triangleq$

$\quad\underline{\mathrm{def}}\ \rho':\rho+([\mathrm{id}\to\mathrm{Newloc}(\quad)\mid\mathrm{ld}\in\mathrm{vars}]\cup$

$\qquad[\mathrm{id}\to M[\mathrm{Procm}(\mathrm{id})]_{(\rho)}\mid\mathrm{id}\in\underline{\mathrm{dom}}\ \mathrm{Procm}]);$

$\quad\underline{\mathrm{for}}\ i=1\ \mathrm{to}\ \underline{\mathrm{len}}\ \mathrm{sl}\ \underline{\mathrm{do}}\ M[\mathrm{sl}[i]](\rho');$

$\quad\mathrm{epilogue}(\underline{\mathrm{rng}}(\rho'\mid\mathrm{vars}))$

其中

$\mathrm{newloc}(\quad)(\sigma)=(\sigma',l)\supset\neg\ (l\in\underline{\mathrm{dom}}\ \sigma)\wedge\sigma'$

$\quad\sigma\cup[l\to\underline{\mathrm{NIL}}]$

$\mathrm{epilogue}(\mathrm{ls})=\lambda\sigma\cdot\sigma\mid\mathrm{ls}$

我们对 Block 的语义做一点解释。新的地址必须与在一个 Block 中被声明的标识符相联系，一个地址是新的，应必须满足它不在存储的定义域中（即$\neg(l\in\mathrm{dom}\ \sigma)$）。引入一个函数 newloc，它为一个标识符（在它赋值之前）分配一个新的地址。

还可以考虑下面的例子：

$M[\underline{\mathrm{begin}}\ \underline{\mathrm{integer}}\ a,b;a:=a+b\ \underline{\mathrm{end}}]([\quad])$

$\quad=\underline{\mathrm{def}}\ \mathrm{la}:\mathrm{newloc}(\quad);$

$\qquad\underline{\mathrm{def}}\ \mathrm{lb}:\mathrm{newloc}(\quad);$

$\qquad M[a:=a+b]([a\to\mathrm{la},b\to\mathrm{lb}]);$

epilogue({la,lb})

$=$ def la:…;def lb:…;

def va:contents(la);def vb:contents(lb);

assign (la,(va+vb));

epilogue…

下面,我们来解释 Call 的语义,其语义解释函数仍为

M:Call→ENV→STORE $\xrightarrow{\sim}$ STORE

并有如下一个例子:

begin Boolean a;

Procedure $P \cdots a \cdots$;

…

begin integer a;…P…end;…

end

过程 P 的调用是在内层 Block 中的,而 a 在内层中声明的类型与外层不同。有一标识符 P 表明是一过程,所以在指称域中也得扩充一过程域,即

DEN=…|PROCDEN

PROCDEN=SCALARLOC* →STORE $\xrightarrow{\sim}$ STORE

PROCDEN 域中的自变量是地址,所以参数传递机制为 Call-by-reference。

M[mk-Call(pid,al)](ρ)$\triangleq$

let $f=\rho$(pid) in

let locl=⟨(MLOC[al[i]](ρ))|$i\in$ inds al⟩

in f(locl)

M[mk-Proc(pl,s)](ρ)$\triangleq$

let f(locl)=(let $\rho'=\rho+$[pl[i]→locl[i]|

$i\in$ inds Pl] in M[s](ρ'))in f

既然引入过程,就有过程的递归调用问题。于是将Block 的行文条件改成

WF[mk-Block(vars,procm,sl)](ρ)$\triangleq$

vars∩dom Procm={ }∧

(let $\rho'=\rho+$([id→Bool|id∈Vars]∪

[id→ATTR(procm(id))|id∈dom procm])in

(∀R∈rng(procm))(WF[R](ρ'))∧

(∀s∈elems(sl))(WF[s](ρ')))

其语义方程也得修改,有

M[mk-Block(Vars,procm,sl)](ρ)$\triangleq$

def ρ':$\rho+$([id→newloc( )|id∈Vars]∪

[id→M[procm(id)](ρ')|id∈dom procm]);

…

其中“…”表示原 $M[\text{mk-Block}(\text{Vars},\text{procm},\text{sl})](\rho)$ 中的相应部分。

$M[\underline{\text{begin}}\ \underline{\text{procedure}}\ P_1;\cdots,P_2\cdots;$
$\quad\underline{\text{procedure}}\ P_2;\cdots,P_1\cdots P_2\cdots;$
$\quad\cdots P_1\cdots\underline{\text{end}}]([\quad])$
$\quad=\underline{\text{let}}\ \rho'=[P_1\rightarrow M[\cdots P_2\cdots](\rho'),$
$\qquad P_2\rightarrow M[\cdots P_1\cdots P_2\cdots](\rho')]\underline{\text{in}}$
$M[\cdots P_1\cdots](\rho')$

如果过程名已在过程指称中介绍,那么过程指称变为

$\underline{\text{let}}\ \text{pden}_1=\cdots\text{pden}_2\cdots\text{in}$
$\underline{\text{let}}\ \text{pden}_2=\cdots\text{pden}_1\cdots\text{pden}_2\cdots\text{in}$
$\quad\cdots\text{pden}_1\cdots$

下面,将连续概念正式引入我们的讨论。对于语句,引入 GOTO 及带标号语句,其文法的相应修改部分为

program::Namedstmt*
Namedstmt::*s*-Lab:[Id]*s*-body:stmt
　stmt=…|Goto
　Goto::Id

VDM 解决指称语义中连续概念时,与标准的指称语义解决方法不同,它利用exit方法,尤其是异常出口的方法来处理。Jones 对这两种方法进行过比较,并证明了它们是等价的。在这里,我们只介绍exit 方法,指称语义的连续方法在第 3 章介绍过,读者可以去比较。

首先介绍一个宏扩展方法,它不使用exit 出口。

exit 方法的基本点是增加一个转换,这个转换指称定义为

$\text{TR}=\text{STORE}\xrightarrow{\sim}\text{STORE}\times[\text{ABNORMAL}]$

TR 域中值域的第二个成分如是 NIL,则为正常返回;否则便指出后继处理的顺序——异常顺序。ABNORMAL 值的选择依赖于系统定义。但对于上面只增加 GOTO 及带标号语句的语言而论,有

$\text{TR}=\text{STORE}\xrightarrow{\sim}\text{STORE}\times[\text{Id}]$

所以,在假定后继语句为一赋值语句时,

$M[\text{mk-Goto}(\text{id})]\triangleq\lambda\sigma\cdot(\sigma,\text{id})$
$M[\text{mk-Assign}(\text{vr},e)]\triangleq$
$\quad\lambda\sigma\cdot(\underline{\text{let}}\ l=\text{MLOC}[\text{vr}]\sigma\ \underline{\text{in}}$
$\qquad\underline{\text{let}}\ v=M[e]_\sigma\underline{\text{in}}$
$\qquad\text{Assign}(l,v)(\sigma),\underline{\text{NIL}})$

对于一个命令语句表,情况也得变化,即

$\text{Ml}:\text{Namedstmt}^*\rightarrow\text{TR}$
$\text{Ml}:[\langle\quad\rangle]\triangleq\lambda\sigma\cdot(\sigma,\underline{\text{NIL}})$

$\mathrm{Ml}[\mathrm{nsl}] \triangleq (\lambda(\sigma,a) \cdot \underline{\mathrm{if}}\ a=\underline{\mathrm{NIL}}\ \underline{\mathrm{then}}\ \mathrm{Ml}[\mathrm{tl\ nsl}](\sigma)$

$\quad \underline{\mathrm{else}}(\sigma,a)) \cdot M[s\text{-body}(\underline{\mathrm{hd}}\ \mathrm{nsl})]$

下面讨论异常返回值问题。GOTO 语句可以构成循环,所以在定义程序时应如下递归定义:

$\mathrm{M}[\text{mk-Program}(\mathrm{nsl})] \triangleq$

$\underline{\mathrm{let}}\ \rho=[\mathrm{id} \rightarrow \mathrm{Ml}[\mathrm{sel}(\mathrm{id},\mathrm{nsl})] \mid \mathrm{id} \in \mathrm{dlabs}(\mathrm{nsl})]\underline{\mathrm{in}}$

$\underline{\mathrm{let}}\ r=\lambda(\sigma,a) \cdot \underline{\mathrm{if}}\ a \in \underline{\mathrm{dom}}\ \rho\ \underline{\mathrm{then}}\ r(\rho(a)(\sigma))\ \underline{\mathrm{else}}$

$\quad (\sigma,a)\underline{\mathrm{in}}\ r \cdot Ml[\mathrm{nsl}]$

其中

$\mathrm{dlabs}(\mathrm{nsl}) \triangleq \{\mathrm{id} \mid (\exists i \in \mathrm{inds\ nsl})(s\text{-lab}(\mathrm{nsl}[i])=\mathrm{id} \wedge \mathrm{id} \neq \underline{\mathrm{NIL}})\}$

sel(id,nsl)选择 nsl 中一个子顺序,使它的第一个语句其标号是 id。

可见采用上述方法的困难性,而 VDM 中定义了一组使用方便的组合算子,它们就是<u>exit</u> 方法(这个我们在上一节中已经谈到),可以很方便地完成上述定义:

$M[\text{mk-Program}(\mathrm{nsl})] \triangleq$

$\quad \underline{\mathrm{tixe}}[\mathrm{id} \rightarrow \mathrm{Ml}[\mathrm{sel}(\mathrm{id},\mathrm{nsl})] \mid \mathrm{id} \in \mathrm{dlabs}(\mathrm{nsl})]$

$\quad\quad \underline{\mathrm{in}}\ \mathrm{Ml}[\mathrm{nsl}]$

$\mathrm{Ml}[\langle\ \ \rangle] \triangleq I_{\mathrm{STORE}}$

$\mathrm{Ml}[\mathrm{nsl}] \triangleq \mathrm{M}[s\text{-body}(\underline{\mathrm{hd}}\ \mathrm{nsl})];\mathrm{Ml}[\underline{\mathrm{tl}}\ \mathrm{nsl}]$

$\mathrm{M}[\text{mk-GOTO}(\mathrm{id})] \triangleq \mathrm{exit}(\mathrm{id})$

如果 GOTO 的转向可以到达一个<u>begin</u>…<u>end</u> 之外,例如

```
begin…
  begin…goto lab…end
    …lab:…;…
end
```

那么上述讨论的语义还得有一点变化,此时 Block 的文法原是

$\mathrm{Block}::s\text{-vars}:\mathrm{Id\text{-}set}\ s\text{-procm}:(\mathrm{Id} \xrightarrow[m]{} \mathrm{proc})$

$\quad\quad s\text{-body}:\mathrm{Stmt}^*$

变成

$\mathrm{Block}::\cdots s\text{-body}:\mathrm{Namedstmt}^*$

此时语义定义可以使用<u>always</u> 停止子句,有

$M[\text{mk-Block}(\mathrm{vars},\mathrm{procm},\mathrm{nsl})](\rho) \triangleq$

$\quad \underline{\mathrm{def}}\ \rho':\cdots;$

$\underline{\mathrm{always}}\ \mathrm{epilogue}(\cdots)\underline{\mathrm{in}}$

$(\underline{\mathrm{tixe}}[\mathrm{id} \rightarrow \mathrm{Ml}[\mathrm{sel}(\mathrm{id},\mathrm{nsl})](\rho')] \mid \mathrm{id} \in \mathrm{dlabs}(\mathrm{nsl})$

$\quad \mathrm{in\ Ml}[\mathrm{nsl}](\rho'))$

下面,我们举一个小例子。

例 9.1 确定一个抽象程序的语义需要行文条件(被 WF 函数所定义),WF 函数

建立并使用静态环境。

静态环境：

$\text{Staticenv} = \text{Id} \xrightarrow[m]{} (\text{Attr} \mid \text{LABEL} \mid \text{procattr})$

$\text{procattr} :: \text{Attr}^*$

其中 Attr 将在后面定义。

对于文法树：

$Q :: Q_1 Q_2 :: \cdots Q_n$

其合式定义有如下一条规则：

$\text{WF}[\text{mk-}Q(Q_1, Q_2, \cdots, Q_n)](\text{senv}) \triangleq$
$\quad \text{WF}[Q_1](\text{senv}) \wedge \text{WF}[Q_2](\text{senv}) \wedge \cdots \wedge$
$\quad \text{WF}[Q_n](\text{senv})$

我们假定将要讨论语言的语义域为

$\text{STATE} :: \text{STR} : \text{STORE AID} : \text{AID-set IN} : \text{Int}^*$
$\qquad \text{OUT} : \text{Int}^*$

$\text{STORE} = \text{SCALARLOC} \xrightarrow[m]{} [\text{SCALARVALUE}]$

SCALARLOC……无穷集合

SCALARVALUE=Bool|lnt

AID……无穷集合

局部变量标识符的指称包含在一个环境中，它是语义函数的参数。

$\text{ENV} = \text{Id} \xrightarrow[m]{} \text{DEN}$

DEN=LOC|LABDEN|PROCDEN

LOC=SCALARLOC|ARRAYLOC

$\text{ARRAYLOC} = \text{Nat}^* \xrightarrow[m]{} \text{SCALARLOC where}$

$\quad \text{al} \in \text{ARRAYLOC} \supset (\exists \text{nl})(\text{dom al} = \text{rect}(\text{nl}))$

$\text{LABDEN} :: s\text{-aid} : \text{AID } s\text{-Lab} : \text{Id}$

$\text{PROCDEN} = \text{LOC}^* \rightarrow \text{TR}$

而

$\text{TR} = \text{STATE} \xrightarrow{\sim} \text{STATE} \times [\text{LABDEN}]$

下面，我们就来一部分一部分地讨论如下一个语言的指称语义。

(1) Programs。

Program::stmt

其行文条件及语义为

$\text{WF}[\text{mk-Program}(s)] \triangleq \text{WF}[s]([\quad])$

type: Program→Bool

$\text{M}[\text{mk-Program}(s)](\text{inl}) \triangleq$

let state$_0$ = mk-state([ ], { }, inl, ⟨ ⟩) in
  OUT(M[s]([])(state$_0$))
type: Program→Int* →Int*

(2) Statement。

Stmt = Block | If | while | Call | Goto |
  Assign | In | Out | NULL

其行文条件及语义解释函数的定义为

WF: stmt→staticenv→Bool
M: stmt→ENV→TR

① Block:: s-dclm: Id $\xrightarrow[m]{}$ DCl s-procm: Id $\xrightarrow[m]{}$
  Proc s-body: Namedstmt

WF[mk-Block(dclm, procm, nsl)](senv) ≜
  let labl = contndll (nsl) in
    is-uniquel(labl) ∧
    is-disjointl(⟨elems labl, dom procm,
      dom dclm⟩) ∧
  (let lenv = [id→ATTR[dclm(id)] | id∈ dom dclm]
  ∪[id→ATTR[Procm(id)] | id∈ dom Procm]
  ∪[id→LABEL | id∈ elems labl]
in
  let renv = senv\dom lenv in
  let nenv = senv + lenv in
(∀ dcl∈ rng dclm)(WF[dcl](renew)) ∧
(∀ proc∈ rng Procm)(WF[proc](nenv)) ∧
(∀ ns∈ elems nsl)(WF[ns])(nenv)))

而

M[mk-Block(dclm, Procm, nsl)](env) ≜
  def cas: c s-aids;
  let aid∈ (AID-cas) in
  s-aids: = c s-aids ∪ {aid};
  def nenv: env +
  ([id→M[dclm(id)](env) | id∈ dom dclm] ∪
  [id→M[Procm(id)](nenv) | id∈ dom Procm] ∪
  [id→mk-LABDEN(aid, id) | id∈ elems contndll
    (nsl)]);
always epilogue (dom clm, aid) in
(tixe[mk-LABDEN(aid, id)→

M[sel(id,nsl)](nenv) | id∈ elems
contndll(nsl)] in M[nsl](nenv))

② Namedstmt∷ s-nm：[Id] s-body：Stmt

M[nsl](env)≜
for i=1 to len(nsl) do M[s-body(nsl[i])]
(env)
type：Nemedstmt* → ENV → TR

③ if∷ s-test：Expr s-th：Stmt s-el：Stmt

其行文条件为

WF[mk-If(e,th,el)](senv)≜TP[e](senv)
=mk-Scalarattr(BOOL)

即条件分支上的语句不能是带标号的语句。

M[mk-If(e,th,el)](env)≜
def b：M[e](env)；
if b then M[th](env) else M[el](env)

④ While∷ s-test：Expr s-body：Stmt

其行文条件为

WF[mk-While(e,s)](senv)≜TP[e](senv)
=mk-Scalarattr(BOOL)

而语义为

M[mk-While(e,s)](env)≜
let wh=(def v：M[e](env)；if v then)
M[s](env)；wh else I_{STATE}) in wh

注意这里 wh 是递归的。

⑤ call∷ s-pn：Id s-app：Varref*

其行文条件为

WF[mk-Call(pid,apl)](senv)≜
pid∈ dom senv ∧ senv(pid) ∈ Procattr ∧
(let mk-Procattr(fpl)=senv(pid) in
len apl=Len fpl ∧ (∀ i∈ inds fpl)
(TP[apl[i]](senv)=fpl(i)))

而语义为

M[mk-Call(pid,apl)](env)≜
def locl：⟨M[apl(i)](env) | 1≤i≤len apl⟩
let f=env(pid) in f (loc)

⑥ Goto∷ s-lab：Id

其行文条件为

WF[mk-Goto(lab)](senv)$\triangleq$lab∈dom senv∧
senv(lab)=LABEL

而语义为

M[mk-Goto(lab)](env)$\triangleq$exit(env(lab))

⑦ Assign∷s-lhs:Varref s-rhs:Expr

其行文条件为

WF[mk-Assign(lhs,rhs)](senv)
$\triangleq$TP[rhs](senv)=TP[lhs](senv)

而语义为

M[mk-Assign(lhs,rhs)](env)$\triangleq$
def loc:M[lhs](env);
def v:M[rhs](env);
STR:=$_c$STR+[Loc→v]

⑧ In∷s-Var:Varref

其行文条件为

WF[mk-In(vr)](senv)$\triangleq$TP[vr](senv)
=mk-scalarattr(INT)

而语义为

M[mk-In(vr)](env)$\triangleq$
def inl:c IN;
if inl=⟨ ⟩then error
else(def loc:M[vr](env);
IN:=tl inl;
STR:=$_c$ STR+[loc→hd(inl)])

⑨ Out∷s-val:Expr

其行文条件为

WF[mk-Out(e)](senv)$\triangleq$TP[e](senv)=
mk-scalarattr(INT)

而语义为

M[mk-Out(e)](env)$\triangleq$def v:M[e](env);
OUT:=$_c$ OUT∧⟨v⟩

最后

M[NULL](env)$\triangleq I_{\text{STATE}}$

(3) Declaration。

该语言的声明包括标量声明、数组声明及过程声明。

数据类型声明文法:

Dcl=Scalardcl|Arraydcl

Scalardcl::Scalartype

Arraydcl::*s*-sctp:Scalartype *s*-bdl:Expr$^+$

Scalartype=INT|BOOL

定义 Dcl 的语义解释函数:

ATTR:Dcl→Attr

ATTR[mk-Scalar dcl(sctp)]≜

mk-Scalarattr(sctp)

ATTR[mk-Arraydcl(sctp,bdl)]≜

mk-Arrayattr(sctp,len bdl)

WF[mk-Arraydcl(sctp,bdl)](senv)≜

(∀ bd∈elems bdl)(TP[bd](senv)=

mk-Scalarattr(INT))

type:Arraydcl→Staticenv→Bool

① *M*[mk-Scalardcl(sctp)](env)≜

def ulocs:dom *c* STR;

let *l*∈(SCALARLOC-ulocs)in

STR:=*c* STR∪[*l*→NIL];

return(*l*)

epilogue(ids,aid)(env)≜

let sclocs={env(id)|id∈ids∧env(id)

∈SCALARLOC}∪

union{rng(env(id))|id∈ids∧env(id)∈

ARRAYLOC}in

STR:=*c* STR\sclocs

AIDS:=*c* AIDS-{aid}

type:Id_set×AID→ENV→TR

② *M*[mk-Arraydcl(sctp,bdl)](env)≜

def bdvl:⟨*M*[bdl(*i*)](env)|1≤*i*<len bdl⟩;

if (∃*i*∈in ds bdvl)(bdvl(*i*)<1)then

error else(def ulocs:dom *c* STR;

let al∈ARRAYLOC be s. t. is-disjointl

(⟨ulocs,rng al⟩)∧

dom al=rect (bdvl)in

STR:=*c* STR=[scl→NIL|scl∈rng al];

return(al))

type Dcl→ENV→STATE $\tilde{\to}$(STATE×[LABDEN]×LOC)

对于过程声明

Proc∷*s*-fpl:Parm* *s*-body:Stmt

Parm∷*s*-nm:Id *s*-attr:Attr

Attr=scalarattr|Array attr

scalarattr∷scalartype

Arrayattr∷*s*-sctp:Scalartype *s*-bdinf:Nat

ATTR[mk-proc(fpl,*s*)]≜

mk-procattr(⟨*s*-attr(fpl(*i*))|1≤*i*≤len fpl⟩)

type:Proc→Procattr

③ WF[mk-Proc(fpl,*s*)](senv)≜

is-uniquel(⟨*s*-nm(fpl[*i*])|1≤*i*<len fpl⟩)

∧(let nenv=senv+[*s*-nm(fpl[*i*])→

s-attr(fpl[*i*])|*i*∈inds fpl]in

WF(*s*)(nenv))

③′*M*[mk-Proc(pl,*s*)](env)≜

let *f*(al)=let nenv=env+[*s*-nm(pl[*i*])

→al[*i*]|*i*∈inds pl] in *M*[*s*](nenv)

in f

type Proc→ENV→PROCDEN

(4) Expression。

表达式分中缀表达式及右值引用及常值。其语义解释函数(包括行文条件、类型检查函数 TP 及语义解释):

WF:Expr→Staticenv→BOOL

TP:Expr→Staticenv→Attr

M:Expr→ENV→STATE $\xrightarrow{\sim}$(STATE×

[LABDEN]×SCALARVALUE)

其中缀表达式:

Infixexpr∷Expr op Expr

op=Intop|Boolop|Comparisonop

① WF[mk-Infixexpr(e_1,op,e_2)](senv)≜

op∈Intop∧TP[e_1](senv)=TP[e_2](senv)

=mk-scalarattr(INT)∨

op∈Boolop∧TP[e_1](senv)=TP[e_2](senv)

=mk-scalarattr(Bool)∨

op∈Comparison op∧TP[e_1](senv)=

TP[e_2](senv)=mk-Scalarattr(INT)

TP[(mk-Infixexpr(e_1,op,e_2)](senv)≜

if op∈Intop then mk-scalarattr(INT)

else mk-scalarattr(BOOL)

①′M[mk-Infixexpr(e_1,op,e_2)](env)≜

def v_1:M[e_1](env);

def v_2:M[e_2](env);

return M[op](v_1,v_2)

M对于各类操作解释为

M:OP →(SCALARVALUE×SCALARVALUE)

→SCALARVALUE

对于右值引用的抽象文法定义为

Rhsref::Varref

Varref::s-nm:Id s-bdp:[Expr$^+$]

② WF[mk-Rhsref(vr)](senv)≜TP[vr](senv)

∈Scalarattr

②′TP[mk-Rhsref(vr)](senv)≜TP[vr](senv)

③ WF[mk-Varref(id,bdp)](senv)≜

id∈dom senv∧senv(id)∈Attr∧

(bdp=nil∧senv(id)∈Scalarattr)∨

(senv(id)∈Arrayattr∧

(let mk-Arrayttr(sctp,dim)=senv(id) in

len bdp=dim ∧

(∀bd∈elems bdp)(TP[bd](senv)=mk-

scalarattr(INT))))

type:Varref→Staticenv→Bool

③′TP[mk-Varref(id,bdp)](senv)≜

if senv(id)∈Scalarattr then senv (id)

else if bdp≠ NIL then(let mk-Arrayattr

(sctp,bdi)=senv(id)in mk-scalarattr

(sctp))else senv(id)

type:Varref→Staticenv→Attr

④ M[mk-Rhsref(vr)](env)≜

def loc:M[vr](env);

def v:(c STR)(loc);

if v=NIL then error else return(v)

⑤ M[mk-Varref(id,bdp)](env)≜

if bdp=NIL then return(env(id))

else let aloc=env (id) in

def esscl:⟨M[bdp(i)](env)|

$1 \leqslant i < \underline{\text{len}}(\text{bdp})\rangle$;

$\underline{\text{if}}\ \rceil(\text{esscl} \in \underline{\text{dom}}\ \text{aloc})\ \underline{\text{then}}\ \underline{\text{error}}\ \underline{\text{else}}$

$\underline{\text{return}}(\text{aloc}(\text{esscl})))$

$\underline{\text{type}}: \text{Varref} \to \text{ENV} \to \text{STATE} \xrightarrow{\sim}$

$(\text{STATE} \times [\text{LABDEN}] \times \text{LOC})$

而常值为

Const＝Intconst | Boolconst

TP：Intconst→Staticenv→

{mk-Scalarattr(INT)}

TP：Boolconst→Staticenv→

{mk-Scalarattr(Bool)}

M 函数是常函数。

在上述定义中用到了如下的辅助函数：

contndll：Namedstmt * →Id *（得到标识符表）

is-uniquel：*X* * →BOOL（指示一个表是否包括一个元素）

is-disjointl：(*X*-set) * →BOOL（指出这些集合是否两两互不包含）

rect：Nat * →(Nat *)-set

sel：Id×Namedstmt * →Namedstmt *

pre-sel(id，nsl)$\triangleq$id∈ $\underline{\text{elems}}$ contndll(nsl)

（返回一个子表，它的第一语句是 id 作为标号，其自变量满足前置条件。）

习　题

1. 将 Meta-Language 抽象数据类型的定义与第 5 章 ADT 的定义进行比较。
2. 讨论出口机制与停止子句语法、语义方面的问题。
3. 读一读文献[3]中有关 Ada 的并发语义。

参考文献

[1] D. Bjorner, B. Jones. The Vienna Development Method: The Meta-Language. Lecture Notes in Computer Science, 1978:61.

[2] P. Wegner. The Vienna Definition Language. Computing Surveys, 1972, (4):1.

[3] D. Bjorner, O. N. Oest. Towards and Formal Description of Ada. Lecture Notes in Computer Science, 1980:98.

第 10 章 并发程序设计语言的语义与说明

在这一章，我们首先向读者介绍并行系统中的基本问题及并发程序设计语言，而后介绍并发程序设计语言形式语义的研究现状及未来可能的发展前景。10.3 节以后，我们将讨论幂域和不确定性，以及通讯顺序进程(CSP)、通讯顺序进程的操作语义、并发程序设计语言的指称语义。最后在 10.7 节和 10.8 节讨论进程、通讯类型和并发程序设计语言的公理语义方法。

10.1 并行系统概述

要深刻地理解并发程序设计语言的设计思想，必须首先深刻地理解并行系统。什么是并行系统呢？在并行系统中有哪些问题是必须讨论的呢？

广义地说，人类社会就是一个并行系统，地球上的全部生态系统也是一个并行系统。假如一个人一生的生活过程为一个进程(请允许我们在没有定义进程之前使用进程这个概念)，全世界几十亿人口的生活就是一个庞大的并发进程的系统，每一个人都在做自己的事情，同时又在与别人的活动过程(进程)发生联系，相互之间进行通讯。

就计算机系统而言，为了计算机的高可靠性及高效率，早在 20 世纪 60 年代，国外就研制了并行处理机系统。在这样的系统中，有两个或两个以上的处理机。在我国，于 70 年代开始研制多处理机系统。随着微型计算机的发展，提出了如同细胞结构的成千(甚至是上万)台微处理机连接起来的并行处理系统。但是，并行处理系统的研制却为软件提出了难题，这里面有两个问题需要研究。第一，应有一个并行系统的描述语言，该语言要能够描述该并行系统的每一个组成成分的活动行为，还要能描述它们的联结关系及固有的基本现象；第二，是并行算法的研究。

自 20 世纪 70 年代以来，随着网络的研究与发展，多计算机系统(请注意，多处理系统及多计算机系统是两个概念，但都是并行系统)也有了很大的进展，并提出了分布式处理的概念，例如后来发展的分布式数据库、分布式进程，都是这一领域中的重要概念。相比之下，分布式系统的数学模型的建立比多处理系统中的数学模型的建立更合乎人的思维习惯，并且容易建立，算法也容易产生(这似乎是一个哲学问题)。

早期的并行处理系统，其基本特点是全程变量式的资源共享。这一类系统是单总线上连接的并行处理系统，如有多个 CPU，共享存储器及输入输出设备连接在一个单总线上(图 10.1)。

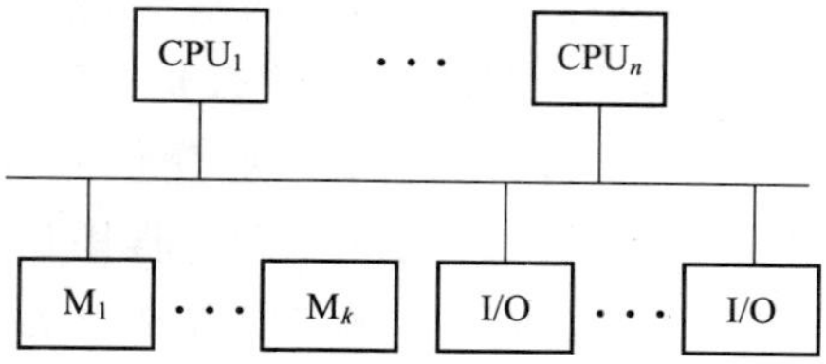

图 10.1

显然，在这种系统中，每一个 $CPU_i(i=1,\cdots,n)$ 都可以访问任何一个存储部件 M_j $(j=1,\cdots,k)$ 及任何一个 I/O 部件。当然，就存在着这样一种可能性，即两个或两个以上的 CPU 同时访问 M_j 的情况。这个存储器 M_j 如不丢失任何一个访问，就必须有足够深度的“访问命令”和信息缓冲器及充分的处理速度以适应这个系统的要求。

从系统效率上来说，其总线速率是关键性的。为提高它的能力，有人提出了“开关矩阵”的连接方法，也有实例机器模型，但它并没有改变“全程变量式的资源共享”式的这一基本特征。

如同在软件设计时，认为全程变量是不可靠因素一样，在系统设计方面也提出 CPU 的操作直接访问存储器是不好的，提出 CPU 通过存储器与输入/输出设备专门使用的终端处理机进行管理(在软件设计中，其相应的技术是 monitor)。我们可以称这样的系统为“受约束的全程变量式的资源共享”。

并行系统目前流行的是分布式处理方式，例如布尔立方体网络结构的并行系统，全环二叉树的网络结构的并行系统，星状网络等结构的并行系统。在这样的并行系统中一般不采用“全程变量式的资源共享”。

在一个并行系统中，一般认为必须解决如下一些问题：

(1) 并发性。

(2) 同步机制与通讯性。

(3) 不确定性。

(4) 系统的拓扑结构。

(5) 系统的“死锁”与“饥饿”问题。

(6) 信息流量分析与信道确定算法。

(7) 故障对信息通讯的影响及可靠性分析。

当然，在上述题目下还有许多更细致的题目。

10.2 并发程序设计语言概述

20 世纪 70 年代，并发程序设计语言的研究达到了非常“热闹”的地步，许多并发程序设计语言相继诞生。并发程序设计不仅在一般状态语言中得到研究，而且在逻辑程序设计语言与泛函程序设计语言(也称函数型程序设计语言)中也得到了广泛与深入的研究。

在这一节，我们主要介绍并发程序设计语言的基本概念。

并发程序设计语言中的基本概念是进程。什么是进程？有的人说是程序的并发执行。但从广义上说，进程是事件在时间上的序列，是行为，是活动。正因为进程像生命一样是事件的序列，所以进程给人以运动的概念。程序员写的程序是死的，并不像生命一样在活动或者是在执行，因此程序变成进程需要建立(像生命产生一样)。程序活起来，执行起来便是进程，每一个进程在它的生命期间需要与其他进程联系及通讯，就像人在生活中要与其他人发生联系一样。一个进程在完成特定任务之后会终止，就像生命会死去一样。当然，这种终止可以是正常的，也可以是异常的。

1. 进程类型概念

一个类型被定义成值集加操作。所谓值集即为对象的集合，那么进程类型的值集即为进程对象的集合，其操作即为进程对象的操作。那么进程对象的操作都包括哪些呢？一般必须有如下的操作(当然还可以有其他操作)：

(1) 进程建立。进程建立是指进程对象的建立。在现有的各类并发程序设计语言中，进程建立分为两类，一类是静态进程创立，一类是动态进程创立。所谓静态是在编译时间建立的进程。编译时建立的进程其类型其数量都是固定的。所谓动态，是指在运行时间建立的进程。无论是静态创立还是动态创立，进程对象都是按照该进程类型规定去创立的。显然，不同的进程类型有各自不同的进程建立操作，依此达到创立各种不同的进程对象。

(2) 进程激活。尽管进程对象已经建立，但此时的进程对象并没有被激活，所谓激活即为进程对象运行起来。进程激活在并发程序设计语言中有两种安排方式，一种是隐式方法，一种是显式方法。所谓隐式方法即进程激活隐含在其他语言成分之中。

(3) 进程终止。进程终止与进程激活正好相反，在于停止一个进程的执行。进程终止又可以分为正常终止与异常终止两种情况。一般说来，不同的语言其进程终止的语义定义也各不相同，但为避免出现“病态进程图”，如下的原则一般是要遵守的(除非特别定义)：调用进程必须在被调用进程终止之后终止(“父”进程在“儿子”进程终止之后终止)。

(4) 进程睡眠(挂起)。进程在运行过程中，由于某些条件不满足，而无法再执行下去，这时应当暂时挂起，等待条件满足。

(5) 进程唤醒。进程处在睡眠状态中，一旦进入睡眠时没有满足的条件被满足，那么唤醒这个处于睡眠状态的进程，该进程重新处于激活状态。

2. 进程对象概念

目前流行的并发程序设计语言，其进程都无类型概念，这是一个很大的缺点。一般仅有进程对象概念，例如 CSP 就没有进程类型概念，该语言中的进程是进程对象。在 Ada 语言中，定义了一个进程类型(task type)概念，但这个进程类型概念，仅有语法方面的意义，因为它没有定义类型中的操作。进程对象是构成系统的实体。

3. 进程同步及通讯

进程同步是服务于进程通讯的。这两者之间，通讯是目的，同步是手段。对象与对象之间的通讯不外乎有如下几种方式：

- 全程变量的通讯方式。
- 管程(monitor)通讯方式(一种受约束的全程变量的通讯方式)。
- 进程间直接通讯。

前两者方式是进程之间的间接通讯方式。

在流行的并发程序设计语言中，采用的同步机制在形式上也分成隐式与显式两种。所谓隐式是指同步隐含在并发子进程的援引的语义之中。在所谓的显式同步机制中，如采用无值变量(信号与条件)的信号灯，通过它来实现同步，或在有的语言中通过引入显式通路表达式(path expression)进行同步。在现有的语言中同步机制还有利用“排队”“警戒区”及“会聚”(rendezvous)等方式进行同步的。

4. 进程的不确定执行

我们将在10.3节中着重描述不确定性，这里我们只谈一下目前各类并发程序设计语言对于这一问题是如何处理的。显然绝大多数并发程序设计语言都包括这一特性，但处理十分随便。在Dijkstra提出卫式语言之后，一些并发程序设计语言才有显式的不确定语句用以表示不能预言执行顺序的语义。

5. 异常处理

并发程序设计语言的异常处理能力是指用户定义在运行发生错误及异常事件时的某些功能性处理。异常处理提供了防止错误“锁住”一个系统的控制能力，这尤其对于实时应用的并发程序语言是有意义的，因为许多实时系统不能在错误发生时停机。

6. 实时支持

实时特性是并发程序设计的一个应有的重要特性，例如在军事、工业过程控制、原子能反应堆控制、实时模拟等应用中都需要并发程序设计语言具有实时支持特性。我们知道当并发进程异步活动之后，有时需要人为地控制进程的执行顺序，而不是让它们自由地顺序执行。实时控制的另一个时间概念——“时超”也非常有用。时超控制在于避免进程通讯中可能出现的“死等”现象，以及由于故障使系统出现“死锁”现象。

7. 进程拓扑说明

并行进程在并发程序中的通讯及同步的相互联结被称为进程网络拓扑。在当前大多数的程序设计语言中，进程网络拓扑是靠隐式方法建立的，进程之间的联结是靠互相间的调用来完成的。这种进程拓扑定义与进程本身的定义是分不开的，如要改变进程拓扑必须改变进程本身程序中的调用部分。目前仅有少数语言是显式进程拓扑说明的，在这种语言中将进程拓扑定义与进程本身定义分开，目的在于调整进程拓扑时，无需修改进程程序，而只需修改连接部分。

进程拓扑的建立也分静态与动态两种。动态拓扑的进程连接在程序执行中是可变的，而静态拓扑一旦建立将不再改变。应注意，进程的静态/动态建立与进程拓扑的静态/动态建立是两回事。例如,一个新的进程可以是动态建立的,但它的潜在连接却是在编译时间确定的,是静态的;相反一个进程的静态集合却可以展示出动态拓扑。动态拓扑,在具有进程值或管程值作为变量的语言中也会出现。

8. 进程登记及处理机固定策略

这是两个非常实际的问题。一个并发程序设计语言是没有必要限制进程数量的,但处理机是有限的。此时会出现两种情况,一种情况是处理机数量多于进程的数量,其进程登记容易解决;另一种情况是进程数量大于处理机数量,处理机分配不过来。所谓进程登记策略是指建立一种并发进程的执行顺序。一个好的策略应是不使任何进程得不到处理机而在饥饿中,同时尽量避免在某些分享资源上的死锁问题并能对死锁进行检查。一般情况下,此类语言的进程登记是隐式自动进行的,但在实际情况中,常要求程序员能人工控制执行顺序。

处理机固定策略是决定一个进程到哪个处理机上去执行的问题。该问题十分不好解决。当然可以在编译时指定一个进程到某个处理机上去执行,但这样做常会造成一些"慢进程"被分组在一组(一个处理机上),这是一种人工指定方式。显然需要一种自动指定方式,自动指定则需要进程的相对执行速度(这种信息隐藏于程序编码之中)。还有一种方法,即在进程准备运行时才决定处理机,这种作法可以消除坏的进程编组,但显然要求专门的硬件支持及相应的进程拓扑,物理通道的改变必须是可以管理的。

9. 程序结构

帮助程序员脱离算法执行增加程序的泛函特性,对于并发程序设计语言来说是很重要的。程序设计模块化是构成程序结构的一条重要原则,顺序程序设计提出了procedure/subroutine 概念,而并发程序设计由于时间依赖原因,增加了程序模块化的复杂性。

为便于构造大型软件,采取分别编译方法是一很重要的措施。

很多人都知道有些机器的操作系统十分庞大,大到很难把它搞清楚。这些操作系统做大的原因是不断增长的用户要求,做一个统一的操作系统适用各方用户,这实在是一个极端困难的事情。作者认为,操作系统除了向层次化、模块化发展以外,应特别追求另一个指标——系统的可重新组合特性。一个操作系统应由一些基本模块组成——称它们为原始函数。像递归函数论一样,经组合规则便可以构造出面向专门用户的操作系统。不同的用户可以构造不同的专用操作系统,相互之间并无影响。

10. 便于验证

程序正确性验证对于顺序程序都是一件难事,更何况并发程序设计呢! 并发程序正确性验证不仅包括证明程序逻辑的正确性,而且还包括并发进程无死锁及无饥饿。程序验证的复杂性可以由语言设计者精心安排及选择进程之间的通讯及同步机制而得到控制。

下面,我们列出一个当前并发程序设计语言特性的比较表(图 10.2)。

除该表中列举的语言之外,还有 CHILL 语言、PLITS 语言等没有列入。

其中 DP 表示分布式进程，它是 Hansen 在 1978 年提出的一种模型。CSP 是 Hoare 在 1978 年提出的通讯顺序进程。我们将在 10.4 节给予介绍。

并发语言特性						
特性	Ada (80)	CSP (78)	CONCUR. PASCAL(75)	DP (78)	Edison (81)	Gypsy
通讯	rendez	message	monitor	module	monitor	message
同步	rendez	sync. send	queue	guard. reg	condition	buffer
分享变量	yes	no	no	no	yes	no
缓冲器/用户	no	no	no	no	no	yes/yes
进程创立	dynamic	dynamic	static	static	dynamic	dynamic
进程拓扑	dynamic	static	dynamic	static	static	dynamic
抽象数据类型	yes	no	yes	no	no	no
不确定性/显示表示	yes/yes	yes/yes	yes/no	yes/yes	yes/no	yes/no
分别编译	yes	no	no	no	no	no
实时	yes	no	yes	yes	yes	no
抽象	+++	—	+	+	+	—
异常	yes	no	no	no	no	yes
验证	—	—	+	—	—	+++

(a)

并发语言特性						
特性	Mesa (80)	Modula	Modula-2 (81)	Parlance	Path PASCAL	PL/1
通讯	monitor	monitor	module	message	monitor	globals
同步	Condition	signals	transfer	sync. send	path. exp	event
分享变量	yes	yes	yes	no	yes	yes
缓冲器/用户	no	no	no	no	no	no
进程创立	dynamic	dynamic	dynamic	static	dynamic	dynamic
进程拓扑	dynamic	static	dynamic	static	dynamic	dynamic
抽象数据类型	yes	no	yes	no	yes	yes
不确定性/显式表示	yes/no	yes/no	yes/no	no	yes/no	yes/no
分别编译	yes	no	yes	yes	no	yes
实时	yes	yes	yes	no	no	no
抽象	++	+	++	+	+	—
异常	yes	no	no	no	no	yes
验证	—	—	—	+	—	——

(b)

图 10.2

Edison 是 Hansen 提出的基于发展了的 monitor 并发程序设计语言。

10.3 幂域及不确定性

我们曾在公理语义方法一章中介绍过 Dijkstra 的卫式语言及其谓词转换系统。卫式语言显示地表现了不确定计算概念，谓词转换系统是对卫式语言的语义解释，当然包含着不确定性计算语义的解释。幂域理论是在状态转换中发展的，用在描述不确定计算的指称语义中。我们在本节的后面，将讨论这两种语义解释系统（谓词转换与幂域）是等价的。

在幂域理论的研究中，R. Milner，G. D. Plotkin，M. Smyth 等人在这方面作出了贡献。

10.3.1 幂域的基本概念

在第 2 章和第 3 章学习指称语义时，我们就已经知道，语言中的命令的语义是“执行改变状态”。这对于机器模型而言，其映射为

$\delta(s_0, \alpha) \to s_1$

$\mathscr{C}$: Cmd$\to S \to S$

其中 s_0，s_1 均表示状态，α 表示输入，其意义为该机器模型在 s_0 状态下，如果接受输入 α，那么该机器的状态将变成 s_1。但对于不确定机器模型而言，其映射式为

$\delta(s_0, \alpha) \to \{s_1, \cdots, s_k\} k \geqslant 1$

显然，此时的语义解释函数仍然采用

$\mathscr{C}$: Cmd$\to S \to S$

这样的形式就不正确了，而应采用

$\mathscr{C}$: Cmd$\to S \to (P[S] - \{\phi\})$

其中 $P[S]$ 是 S 域（状态域）的幂域，“ϕ”表示空，$P[S] - \{\phi\}$ 表示从 S 的幂域中减去空集。

学过集合论的读者都知道幂集合，如集合 A 的幂集合为 2^A。有了幂集合不就行了吗？为什么还要有幂域呢？这正像我们第 2 章讨论域而不讨论集合一样。在这里我们要讨论递归定义问题，要研究集合的偏序关系，要讨论函数的单调性与连续性，在此基础上才能求出泛函不动点。这就是说，幂域是幂集合中那样一些集合，即幂域中的每一个属于幂集合中的子集要按照一个方向组成偏序关系，即

$x \sqsubseteq y$ iff $x = \perp$ <u>or</u> $x = y$

而对于研究不确定问题来说，这种平坦序显然是不够的。而在这一节，我们将介绍两个新的序关系，它们是 Egli-Milner 序及 Smyth 序。

为了讨论幂域，我们先要介绍有关方向集，代数-CPO 等概念。

定义 10.1 设 D 是一个偏序集合，并且 A 是 D 的一个子集，如果 A 的每一个有限子集都有在 A 中的上确界(upper bound)，那么 A 是一个方向集；如果 A 的每一个可数子集都有在 A 中的上确界，那么 A 是一个可数方向集。

定义 10.2 设 D 是一个偏序集合，A 是它的一个方向集，如果 D 的每一个方向子集 A 都有一个 LUB(least upper bound)，记为$\sqcup A$，并且 D 有一个最小元素，记为$\perp$，那么 D 是一个 CPO(complete partial order)。

例如对于任何一个具有偏序关系 $x \sqsubseteq y$ iff $x=\perp$ <u>or</u> $x=y$(其中 $x,y \in D$)的集合 D，都存在着一个平坦 CPO。

定义 10.3 设 D,D'是偏序的，并且 $f:D \to D'$是一单调函数，如果 $A \subseteq D$ 总是一个具有 LUB 的方向子集，那么函数 f 是连续的，并且有一个 LUB，记为 $f(\sqcup A)$(也就是说，f 保留了方向子集的所具有的那些 LUB)。如果它总保留有最小元素，那么 f 是精确连续的。

定理 10.1 设 D,D'是偏序的，X 是一个可枚举集，如果 D 是一个 CPO，那么 $X \to D$也是一个 CPO；如果 D,D'是 CPO，那么 $D \times D'$也是 CPO。

下面，我们讨论不动点问题。在第 2 章的讨论中，我们要求递归程序在一个单调函数空间$[(D^{\perp})^n \to D]$，另要求连续才能保证求出不动点，而我们在下面的讨论中，是在无穷可枚举集合中进行的，不再要求连续性，而只要求在单调性的条件下去求不动点。当然，这样求不动点，就不能保证总可以求出不动点。所以对于不动点的定义，我们重新给出如下。

定义 10.4 对于任意偏序集合 D，任意单调函数 $f:D \to D$ 及全体序数 λ，定义 f^{λ} 为

$$f^{\lambda} = f(\bigsqcup_{k<\lambda} f^k)$$

这里 f^{λ} 不一定总是存在的，因为$\bigsqcup_{k<\lambda} f^k$不一定存在。如果 f^{λ} 不存在，那么对于任意 $\lambda'>\lambda$，$f^{\lambda'}$也不存在(f^{λ} 在 λ 之中是单调的)，如果 D 是 CPO，那么 f^{λ} 总是存在的。

在讨论方向集时，我们只说 D 是偏序的，那么这种偏序关系应是什么样的偏序关系呢？下面，我们定义两种新的偏序关系。

定义 10.5(Egli-Milner 序) 令 $\varepsilon(D^{\perp})$是一 D 的非空子集的集合，并有序

$A \sqsubseteq B$ iff$(\forall a \in A \cdot \exists b \in B \cdot a \sqsubseteq b)$<u>and</u>

$(\forall b \in B \cdot \exists a \in A \cdot a \sqsubseteq b)$

其中 $A,B \in \varepsilon(D^{\perp})$。

该定义也等于：

$A \sqsubseteq B$ iff $A-\{\perp\} \subseteq B$(<u>if</u>$\perp \in A$)<u>or</u>

$A=B$(<u>if</u>$\perp \notin A$)

其中 $a \sqsubseteq b$ 表示的是平坦序的偏序关系。

例 10.1 令 $D=\{x,y,z\}$，那么 $\varepsilon(D^{\perp})$即为一个具有 Egli-Milner 序的非空子集的集合，例如对于 $\varepsilon(D^{\perp})$中的两个子集

$A:\{x,y\}, B:\{x,y\}$

显然对于 A 中的每一个元素 x 与 y，在 B 中都存在着一个元素 x 与 y，满足 $x \sqsubseteq x$，$y \sqsubseteq y$的关系；并且在 B 中的每一个元素 x 与 y，在 A 中都存在着一个元素 x 与 y，满足 $x \sqsubseteq x$，$y \sqsubseteq y$ 的关系，也即 $A \sqsubseteq B$。从这个例子中看出，在 $\varepsilon(D^{\perp})$中所有子集都是

自身具有 Egli-Milner 序的。

对于两个不同子集，例如$\{\bot, x, y\}$与$\{x, y, z\}$，由于对于第一个集合中的每一个元素，在第二个集合中都存在着一个元素满足$\bot \sqsubseteq y, x \sqsubseteq x, y \sqsubseteq y$，而且对于第二个集合中的每一个元素在第一个集合存在着一个元素满足$\bot \sqsubseteq z, x \sqsubseteq x, y \sqsubseteq y$，所以

$$\{\bot, x, y\} \sqsubseteq \{x, y, z\}$$

从这里我们可以看到

$$\{\bot, x, y\} - \{\bot\} \subseteq \{x, y, z\}$$

当然，$\{\bot, x, y\}$与$\{x\}$没有 Egli-Milner 序，$\{x, y\}$与$\{x, z\}$或$\{x, y, z\}$等也没有 Egli-Milner 序，我们可以用图 10.3 来表示 $\varepsilon(D^{\bot})$的偏序关系。

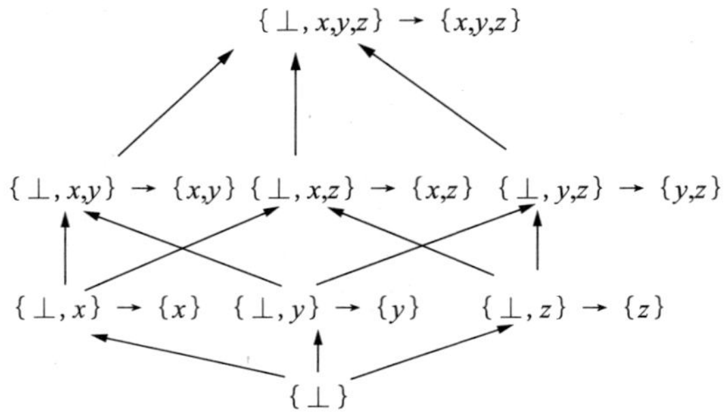

图 10.3

当然，在图 10.3 中自身的偏序关系没有画出。

定理 10.2　$\varepsilon(D^{\bot})$是具有最小元素$\{\bot\}$的 CPO；每一个可数方向子集是最终常数的；而且对于并运算是封闭的。

在后面的语义论述中，我们将用到如下有用函数：

<u>Singleton</u>$\{\cdot\}: D \to \varepsilon(D^{\bot})$

<u>Union</u>　$\bigcup: \varepsilon(D^{\bot})^2 \to \varepsilon(D^{\bot})$

注意：它是连续的。

Extension：对于 $f: D_1 \to \varepsilon(D_2^{\bot})$定义

$f^+: \varepsilon(D_1^{\bot}) \to \varepsilon(D_2^{\bot})$并且

$f^+(A) = \bigcup f(A - \{\bot\}) \cup \{\bot \mid \bot \in A\}$

定理 10.3　每一个 f^+ 是连续的，然而 f^+ 不能作为 f 的函数而连续，但是单调的。

下面，我们定义函数复合。

令 $f: D_1 \to \varepsilon(D_2^{\bot}), g: D_2 \to \varepsilon(D_3^{\bot})$，那么

$$f; g: D_1 \to \varepsilon(D_3^{\bot})$$

并有

$$f; g = g^+ \circ f$$

定理 10.4　复合函数 $f;g$ 是在 f 中连续的，并且是单调的，但不在 g 中连续。

这就是说 $f;g$ 仅在 f 中是连续的，但无论是在 f 中还是在 g 中它都是单调的，由

于 $f;g$ 在 g 中缺少连续性，这将迫使我们在非连续泛函上考虑最小不动点。

下面，我们来考虑另外一个序关系——Smyth 序。

定义 10.6 设 $J(D^{\perp})$是

$$\{A\subseteq D \mid A\neq\varnothing\}\cup\{D^{\perp}\}$$

并有如下的序

$$A\sqsubseteq B \text{ iff } A\supseteq B$$

其中 $A,B\in J(D^{\perp})$。

例 10.2 令 $D=\{x,y,z\}$，那么 $J(D^{\perp})$是$(2^D-\{\varnothing\})\cup\{\perp,x,y,z\}$，并有如图 10.4的偏序关系。当然图 10.4 中每个子集自身也有 Smyth 序。

将 Egli-Milner 序与 Smyth 序画在一起，对于这个例子有图 10.5。

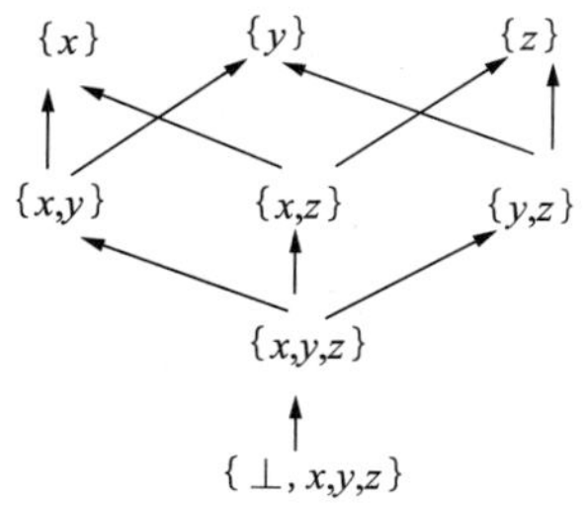

图 10.4

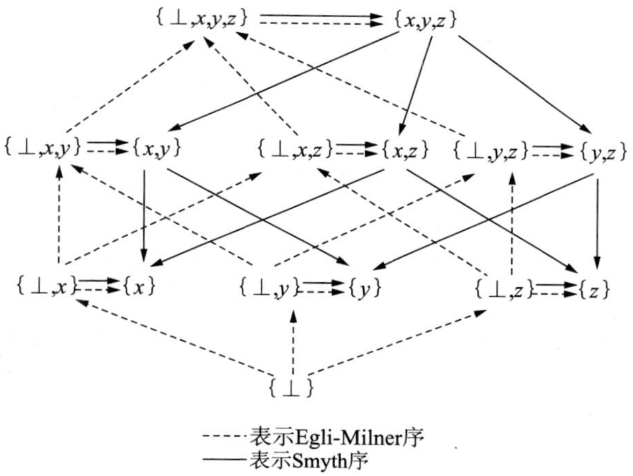

图 10.5

图 10.5 中的结点自身的序关系没有画在其中，我们把 $J(\{\perp,x,y\})$，$J(\{\perp,x,z\})$，$J(\{\perp,y,z\})$，$J(\{\perp,x\})$，$J(\{\perp,y\})$，$J(\{\perp,z\})$中的 Smyth 序画在其中了。

定理 10.5 $J(D^{\perp})$有一最小元素 $D^{\perp}$，但不是 CPO；每一个可数方向子集是最终常数的，它对于任意并运算是封闭的。

下面，我们给出几个有用的函数：

Singleton　$\{\cdot\}:D\to J(D^{\perp})$

Union　$\cup:J(D^{\perp})^2\to J(D^{\perp})$

注意：它是连续的。

Extension　对于 $f:D_1\to J(D_2^{\perp})$定义

$$f^{+}:J(D_1^{\perp})\to J(D_2^{\perp})$$

为

$$f^{+}(A)=\begin{cases}\bigcup f(A) & (\perp \notin A \\ D_2^{\perp} & (\perp \in A)\end{cases}$$

定理 10.6　每一个 f^{+} 是单调的，但不必是连续的；函数 Extension，$(\cdot)^{+}$ 是单调的，但不必是连续的。

下面，定义复合函数：令 $f:D_1\to J(D_2^{\perp})$，$g:D_2\to J(D_3^{\perp})$ 那么

$$f;g:D_1\to J(D_3^{\perp})$$

并有

$$f;g=g^{+}\circ f$$

定理 10.7　复合 $f;g$ 在每一个自变量中是单调的，但不连续。

Egli-Milner 序与 Smyth 序可以有下面的关系。

定义函数 $\mathscr{C}_D:\varepsilon(D^{\perp})\to J(D^{\perp})$ 并有

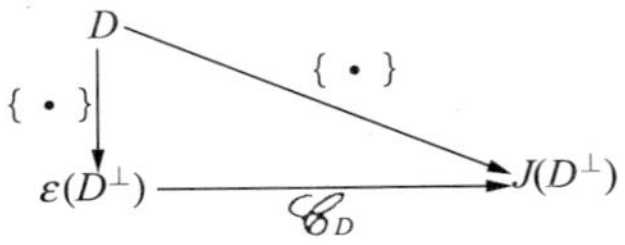

$$\mathscr{C}_D(A)=\begin{cases}A & (\perp \notin A) \\ D^{\perp} & (\perp \in A)\end{cases}$$

即

$$\mathscr{C}_D(A)=\{b\in D^{\perp}\mid \exists a\in A\cdot a\sqsubseteq b\}$$

应注意 $\mathscr{C}_D$ 是连续的。

并有，对于任意 $f:D_1\to\varepsilon(D_2^{\perp})$ 及 $g:D_2\to\varepsilon(D_3^{\perp})$ 那么有

$$\mathscr{C}_{D_3}\circ(f;g)=(\mathscr{C}_{D_2}\circ f);(\mathscr{C}_{D_3}\circ g)$$

例 10.3　我们可以把一般偏序集合与 Egli-Milner 序幂域与 Smyth 序幂域应遵守的关系列在图 10.6 中。

一般偏序	Smyth	Egli-Milner
$x\cup x=x$	$x\cup x=x$	$x\cup x=x$
$x\cup y=y\cup x$	$x\cup y=y\cup x$	$x\cup y=y\cup x$
$(x\cup y)\cup z=x\cup(y\cup z)$	$(x\cup y)\cup z=x\cup(y\cup z)$	$(x\cup y)\cup z=x\cup(y\cup z)$
$x\sqsubseteq x\cup y$	$x\cup y\sqsubseteq_s x$	$x\sqsubseteq_{E-M} x\cup y$

图 10.6

我们很容易看到这三种偏序集合的关系。如果应用泛函计算不动点，那么在 Egli-Milner 幂域上，可以从完全无定义开始，最后求出的不动点是不具有 $\perp$ 的集合。但仍然显示着多种选择。那么到底按什么样的选择计算下去呢？如果完全确定下来，此时计算应转入 Smyth 幂域上去进行。从这里看出，这两个幂域对于不确定性语义都是不可缺少的。我们希望读者能够体会这一点。

10.3.2　不确定性语义

在这一小节，我们将考虑在不确定意义上的四个语义形式，这当然是针对一个小语言而言的。第一个语义是操作语义，第二、三是分别在 Egli-Milner 序与 Smyth 幂

域上的指称语义，最后给出最弱前置条件公理语义。

我们首先给出一个小语言：

ACom 是原子命令的集合，其对象用 A 表示。

BExp 是布尔表达式的集合，其对象用 B 表示。

Com 是该语言命令的集合，其对象用 c 表示。

其文法为

$$c::=\underline{\text{Skip}}\mid A\mid c;c\mid \underline{\text{if}}\ B\ \underline{\text{the}}\ c\ \underline{\text{else}}\ c\ \underline{\text{fi}}\mid\ \underline{\text{while}}\ B\ \underline{\text{do}}\ c\ \underline{\text{od}}$$

如果令 S 表示状态集，那么对于原子命令及布尔表达式的语义解释函数分别为

$$\mathscr{A}:\text{ACom}\rightarrow(S\rightarrow(\mathscr{P}(\text{S})-\{\phi\}))$$

$$\mathscr{B}:\text{BExp}\rightarrow(S\rightarrow\{\text{tt},\text{ff}\})$$

其中{tt,ff}表示真值集合，tt 表示真，ff 表示假。

下面，我们首先来讨论操作语义。该操作语义是在由命令与状态的格局$\langle c,\sigma\rangle$上进行讨论的，格局之间的转换关系（transition relation）或称之为归约关系用"→"表示，这些都同我们在第 6 章学习的内容是一致的。那么其操作语义可以写为

(1) $\langle A,\sigma\rangle\rightarrow\langle\underline{\text{skip}},\sigma'\rangle\ \underline{\text{if}}\ \sigma'\in\mathscr{A}[\![A]\!](\sigma)$

(2) $\underline{\text{if}}\langle c_1,\sigma\rangle\rightarrow\langle c'_1,\sigma'\rangle\ \underline{\text{then}}$

$\langle c_1;c_2,\sigma\rangle\rightarrow\langle c'_1;c_2,\sigma\rangle$

(3) $\langle\underline{\text{skip}};c,\sigma\rangle\rightarrow\langle c,\sigma\rangle$

(4) ①$\langle\underline{\text{if}}\ B\ \underline{\text{then}}\ c_1\ \underline{\text{else}}\ c_2\ \underline{\text{fi}},\sigma\rangle\rightarrow$

$\langle c_1,\sigma\rangle(\underline{\text{if}}:\mathscr{B}[\![B]\!](\sigma)=\text{tt})$

②$\langle\underline{\text{if}}\ B\ \underline{\text{then}}\ c_1\,\underline{\text{else}}\ c_2\,\underline{\text{fi}},\sigma\rangle\rightarrow$

$\langle c_2,\sigma\rangle(\underline{\text{if}}\ \mathscr{B}[\![B]\!](\sigma)=\text{ff})$

(5)①$\langle\underline{\text{while}}\ B\ \underline{\text{do}}\ c\ \underline{\text{od}},\sigma\rangle\rightarrow$

$\langle c;\underline{\text{while}}\ B\ \underline{\text{do}}\ c\ \underline{\text{od}},\sigma\rangle\underline{\text{if}}\ \mathscr{B}[\![B]\!](\sigma)=\text{tt}$

②$\langle\underline{\text{while}}\ B\ \underline{\text{do}}\ c\ \underline{\text{od}},\sigma\rangle\rightarrow$

$\langle\underline{\text{skip}},\sigma\rangle\underline{\text{if}}\ \mathscr{B}[\![B]\!](\sigma)=\text{ff}$

因此，操作语义可以用一个函数来描述

$$\text{OP}:\text{Com}\rightarrow S\rightarrow\varepsilon(S^{\perp})$$

显然，一个程序执行的终止用操作语义来描述即为

$$\langle c,\sigma\rangle\xrightarrow{*}\langle\text{skip},\sigma'\rangle$$

其中 σ'为终止时的状态。一个程序 c 执行可以不终止，我们称 c 在 σ 上是发散的，那么

$$\text{OP}[\![c]\!](\sigma)=\{\sigma'\mid\langle c,\sigma\rangle\xrightarrow{*}\langle\underline{\text{skip}},\sigma'\rangle\}\cup\{\perp\mid c\ \text{在}\ \sigma\ \text{上是发散的}\}$$

下面，我们再来定义两个指称语义，所谓两个指称语义是指分别在 Egli-Milner 幂域与 Smyth 幂域上讨论的。

首先定义两个语义解释函数：

$$\mathscr{D}_{\varepsilon}:\text{Com}\rightarrow S\rightarrow\varepsilon(S^{\perp})$$

$\mathscr{D}_J$: Com→S→$J(S^{\perp})$

由于有相同类型的语义方程，令 h 分别可以表示 ε 或 J(即 $\mathscr{D}_h \in \{\mathscr{D}_\varepsilon, \mathscr{D}_J\}$)，于是有

(1) $\mathscr{D}_h[\![\underline{\text{skip}}]\!]=\{\cdot\}$(这里的$\{\cdot\}$是在上一小节中定义的 Singleton 函数)。

(2) $\mathscr{D}_h[\![A]\!]=\lambda\sigma\in S\cdot\mathscr{A}[\![A]\!]\sigma$。

(3) $\mathscr{D}_h[\![c_1;c_2]\!]=\mathscr{D}_h[\![c_1]\!];\mathscr{D}_h[\![c_2]\!]$(注意这里的 $\mathscr{D}_h[\![c_1]\!];\mathscr{D}_h[\![c_2]\!]$表示复合关系，而这种复合关系在上小节中定义过 $f;g=g^{+}\circ j$)。

(4) $\mathscr{D}_h[\![\underline{\text{if}}\ B\ \underline{\text{then}}\ c_1\ \underline{\text{else}}\ c_2\ \underline{\text{fi}}]\!]\sigma=\underline{\text{if}}\ \mathscr{B}[\![B]\!]\sigma\ \underline{\text{then}}\ \mathscr{D}_h[\![c_1]\!]\sigma\ \underline{\text{else}}\ \mathscr{D}_h[\![c_2]\!]\sigma$

(5) $\mathscr{D}_h[\![\underline{\text{while}}\ B\ \underline{\text{do}}\ c\ \underline{\text{od}}]\!]=\mu_m\cdot\lambda\sigma\in S\cdot\underline{\text{if}}\ \mathscr{B}[\![B]\!]\sigma\ \underline{\text{then}}(\mathscr{D}_h[\![c]\!];m)\sigma\ \underline{\text{else}}\{\sigma\}$

这两个指称语义的关系，可以借助于 10.3.1 节中定义的$\mathscr{C}_s$ 函数来描述，即对于所有的 S，$\mathscr{D}_\sigma$ 是合式的并且有

$\mathscr{C}_s\circ\mathscr{D}_\varepsilon[\![c]\!]=\mathscr{D}_h[\![c]\!]$

指称语义与操作语义的等价性可以表现在下面的定理之中。

定理 10.8 $\mathscr{D}_\varepsilon$=OP。

定理 10.9($\mathscr{D}_J$的操作特性)

(1) 如果 c 不能在 σ 上发散，那么

$\sigma'=\mathscr{D}_J[\![c]\!]\sigma$ iff $\langle c,\sigma\xrightarrow{*}\langle\underline{\text{skip}},\sigma'\rangle$

(2) $\perp\in\mathscr{D}_J[\![c]\!]\sigma$ iff c 在 σ 上发散。

最后，我们讨论最弱前置条件语义。首先介绍 Smyth 幂域与谓词转换(Dijkstra)的关系。

一个谓词转换器是任一个从 D_1 到 D_2 的映射 $P:P(D_2)\to P(D_1)$并使得

(1) $P(\phi)=\phi$ (law of exluded miracle)

(2) $P(\bigcap_{i\in w}B_i)=\bigcap_{i\in w}P(B_i)$ (countable multiplicativity)

它们是相应的健康条件。

我们用 PT 表示从 D_1 到 D_2 的谓词转换器的集合，并遵守如下点态序关系(ordered pointwise)：

$p\sqsubseteq q$ iff $\forall B\subseteq D_2\cdot p(B)\subseteq q(B)$

再设 Smyth 状态转换器(从 S_1 到 S_2)是函数 $m:S_1\to J(S_2^{\perp})$，那些所有状态转换器组成的集合用 ST 表示，并且也是点态序的，于是我们可以对于 $B\subseteq S_2$ 及任意这样的 m 定义：

$\text{WP}(m,B)=\{a\in S_1\mid m(a)\subseteq B\}$

注意：如果$\perp\in m(a)$，那么不会有 $a\in\text{WP}(m,B)$。在第 6 章学习 Dijkstra 卫式语言及谓词转换系统(最弱前置条件公理语义方法)，WP(c,R)中的 c 表示命令语句，R 表示后继条件谓词，从语义上讲，命令 c 的 Smyth 幂域上的解释为 $\mathscr{D}_J[\![c]\!]:S\to\sigma(S^{\perp})$，

因此函数 m 在此的意义是完全可以理解的。

定理 10.10 函数 WP(m,·)是一谓词转换器并且在 m 上是单调的。

于是我们现在有了一个单调函数 ω:ST→PT,其中 $\omega(m)(B)=\mathrm{WP}(m,B)$,并且在下面的定理中甚至可以看到它是一个同构。注意 $\omega(m)$得到谓词转换器。

定理 10.11(Isomorphism) 函数 $\omega:\mathrm{ST}\cong\mathrm{PT}$ 是个偏序的同构。

有了这些讨论之后,我们再来讨论最弱前置条件语义。

首先定义一个函数 $\mathscr{R}$:Com→PT,用它来解释该语言为

(1) $\mathscr{R}[\![\mathrm{Skip}]\!]=\mathrm{id}$

(等式谓词转换 $\mathrm{id}(R)=R$)

(2) $\mathscr{R}[\![A]\!](\mathrm{R})=\mathrm{WP}(\mathscr{A}[\![A]\!],R)$

(其中 WP 是一个在上面定义的函数)

(3) $\mathscr{R}[\![c_1;c_2]\!]=\mathscr{R}[\![c_1]\!]\circ\mathscr{R}[\![c_2]\!]$

(注意,这里是 $\mathscr{R}[\![c_1]\!]\circ\mathscr{R}[\![c_2]\!]$,而不是 $\mathscr{R}[\![c_1]\!];\mathscr{R}[\![c_2]\!]$)

(4) $\mathscr{R}[\![\underline{\mathrm{if}}\ B\ \underline{\mathrm{then}}\ c_1\ \underline{\mathrm{else}}\ c_2\ \underline{\mathrm{fi}}]\!](R)=$

$(\mathscr{B}[\![B]\!]^{-1}(\mathrm{tt})\cap\mathscr{R}[\![c_1]\!](R))\cup$

$(\mathscr{B}[\![B]\!]^{-1}(\mathrm{ff})\cap\mathscr{R}[\![c_2]\!](R))$

(5) $\mathscr{R}[\![\underline{\mathrm{while}}\ B\ \underline{\mathrm{do}}\ c\ \underline{\mathrm{od}}]\!](R)=$

$\mu Q\subseteq S\cdot((\mathscr{B}[\![B]\!]^{-1}(\mathrm{tt})\cap\mathscr{R}[\![c]\!](Q))$

$\cup(\mathscr{R}[\![B]\!]^{-1}(\mathrm{ff})\cap R))$

有如下一个定理。

定理 10.12 对于所有的 $c\in\mathrm{Com}$ 及 $R\subseteq S$ 有 $\mathrm{WP}(\mathscr{D}[\![c]\!],R)=\mathscr{R}[\![c]\!](R)$。

定理 10.13 对于所有的 $c\in\mathrm{Com}$ 及 $R\subseteq S$ 有 $\mathscr{D}_J[\![c]\!]=\omega^{-1}(\mathscr{R}[\![c]\!])$。

定理 10.14(WP 语义的操作特性) $\sigma\in\mathscr{R}[\![c]\!](R)$ iff c 不在 σ 上发散并且

$$\forall\sigma'\cdot[\langle c,\sigma\rangle\xrightarrow{*}\langle\underline{\mathrm{skip}},\sigma'\rangle\to\sigma'\in R]$$

最后我们将以例子的形式给出 Dijkstra 卫式语言的指称语义。

例 10.4(Dijkstra 卫式语言的指称语义) 为了使读者能够更清楚地理解我们在前面介绍的概念,我们将给出两个指称语义,一个是在 Smyth 幂域上进行的,另一个是在谓词转换概念上进行的。

<u>Syntactic Domains</u>

a:ACom	Atomic Commands
b:BExp	Boolean Expressions
c:Com	Commands
g:GCom	Guarded Commands

<u>Productions</u>

$c::=a\mid\underline{\mathrm{skip}}\mid\underline{\mathrm{abort}}\mid(c;c)\mid\underline{\mathrm{if}}\ g\ \underline{\mathrm{fi}}\mid\underline{\mathrm{do}}\ g\ \underline{\mathrm{od}}$

$g::=\underline{\mathrm{empty}}\mid b\to c\mid(\mathrm{g}\,\Box\,\mathrm{g})$

对于在 Smyth 幂域上讨论的指称语义为

Semantic Domains

$T=\{tt,ff\}$	真值集合
$\sigma:S$	状态
$m:ST=S\to Ps(S^{\perp})$	状态转换
$d-ST=S\to S$	确定状态转换
$p,q:BOOL=S\to T$	
$x:\mathscr{P}s(S^{\perp})$	Smyth 幂域($J(S^{\perp})$)

Semantic Functions

$\mathscr{A}:ACom\to S\to S$

$\mathscr{B}:BExp\to S\to T$

$\mathscr{C}_{ST}:Com\to ST$

$\mathscr{G}_{ST}:GCom\to BOOL\times ST$

Semantic Equation

$\mathscr{C}_{ST}[\![a]\!]=conv(\mathscr{A}[\![a]\!])$

$\mathscr{C}_{ST}[\![\underline{skip}]\!]=\lambda\sigma\in S.\ \{\sigma\}$

$\mathscr{C}_{ST}[\![\underline{abort}]\!]=\perp_{ST}$

$\mathscr{C}_{ST}[\![c_1;c_2]\!]=Comp(\mathscr{C}_{ST}[\![c_1]\!],\mathscr{C}_{ST}[\![c_2]\!])$

$\mathscr{C}_{ST}[\![\underline{if}\ g\ \underline{fi}]\!]=Cond(\mathscr{G}_{ST}[\![g]\!])$

$\mathscr{C}_{ST}[\![\underline{do}\ g\ \underline{od}]\!]=DO(\mathscr{G}_{ST}[\![g]\!])$

$\mathscr{G}_{ST}[\![empty]\!]=\langle\lambda\sigma\in S.\ ff,\perp_{ST}\rangle$

$\mathscr{G}_{ST}[\![b\to c]\!]=\langle\mathscr{B}[\![b]\!],\mathscr{C}_{ST}[\![c]\!]\rangle$

$\mathscr{G}_{ST}[\![g_1\ \square\ g_2]\!]=Bar(\mathscr{G}[\![g_1]\!],\mathscr{G}[\![g_2]\!])$

Predefined Functions

Conversion 定义:Conv:d-st→ST:

$Conv(m)(\sigma)=\{m(\sigma)\}$

Composition 定义:Comp:$ST^2\to ST$

$Comp(m,m')(\sigma)=App(m',m(\sigma))$

Conditional 定义:Cond:BOOL×ST→ST

$Cond(p,m)(\sigma)=\underline{if}\ p(\sigma)\ \underline{then}\ m(\sigma)\ \underline{else}\ \perp$

Iteration 定义:Do:BOOL×ST→ST

$Do(p,m)=Y(\lambda m'\in ST.\ \lambda\sigma\in S.\ if\ p(\sigma)$

$\underline{then}\ Comp(m,m')(\sigma)\ \underline{else}\{\sigma\})$

Bar 定义:Bar:$(BOOL\times ST)^2\to(BOOL\times ST)$

$Bar(\langle p,m\rangle,\langle q,m'\rangle)=\langle p\vee g,\lambda\sigma\in S.$

$\underline{if}\ p(\sigma)\underline{then}(\underline{if}\ q(\sigma)\underline{then}\ m(\sigma)\cup m'(\sigma)$

$\underline{else}\ m(\sigma))\underline{else}\ (\underline{if}\ q(\sigma)$

$\underline{then}\ m'(\sigma)\ \underline{else}\ \perp))\rangle$

Application 定义：App：$(ST\times\mathscr{P}_S(S^{\perp})\to\mathscr{P}_S(S^{\perp}))$

$$\mathrm{App}(m,x)=\begin{cases}\bigcup\{m(\sigma)\mid\sigma\in x\} & (\underline{\text{if}}\ x\neq\perp\ \underline{\text{and}}\ \underline{\text{for}}\ \underline{\text{any}}\ \sigma\ \underline{\text{in}}\ x\ m(\sigma)\neq\perp)\\ \perp & \text{其他}\end{cases}$$

以上指称语义定义，对于学习过本书第 2、3、4 章的人来说，是不难掌握的。下面，我们在谓词转换系统上再定义一次卫式语言的指称语义。

Semantic Domains

$T=\{\mathrm{tt},\mathrm{ff}\}$	真值集合
$\sigma:S$	状态
$P=\mathscr{P}(S)$	S 的幂，定义为谓词
$g,f:\mathrm{PT}=P\to P$	谓词转换
$d\text{-}\mathrm{ST}=S\to S$	确定状态转换
$p,q:\mathrm{BOOL}=S\to T$	

（对于任意 BOOL 中的 $p,q,p^{+}=p^{-1}(\mathrm{tt}),p^{-}=p^{-1}(\mathrm{ff})$ 且 $p\vee q$ 有 $(p\vee q)(\sigma)=p(\sigma)\vee q(\sigma)$。）

Semantic Functions

$\mathscr{A}:\mathrm{Acom}\to S\to S$

$\mathscr{B}:\mathrm{BExp}\to S\to T$

$\mathscr{C}_{\mathrm{PT}}:\mathrm{Com}\to\mathrm{PT}$

$\mathscr{G}_{\mathrm{PT}}:\mathrm{GCom}\to\mathrm{Bool}\times\mathrm{PT}$

Semantic Equations

$\mathscr{C}_{\mathrm{PT}}[\![a]\!]=\mathrm{Conv}(\mathscr{A}[\![a]\!])$

$\mathscr{C}_{\mathrm{PT}}[\![\underline{\mathrm{skip}}]\!]=\mathrm{id}_{\mathrm{PT}}$（等式函数）

$\mathscr{C}_{\mathrm{PT}}[\![\underline{\mathrm{abort}}]\!]=\perp_{\mathrm{PT}}$

$\mathscr{C}_{\mathrm{PT}}[\![c_1;c_2]\!]=\mathrm{Comp}(\mathscr{C}_{\mathrm{PT}}[\![c_1]\!],\mathscr{C}_{\mathrm{PT}}[\![c_2]\!])$

$\mathscr{C}_{\mathrm{PT}}[\![\underline{\mathrm{if}}\ g\ \underline{\mathrm{fi}}]\!]=\mathrm{Cond}(\mathscr{G}_{\mathrm{PT}}[\![g]\!])$

$\mathscr{C}_{\mathrm{PT}}[\![\underline{\mathrm{do}}\ g\ \underline{\mathrm{od}}]\!]=\mathrm{Do}(\mathscr{G}_{\mathrm{PT}}[\![g]\!])$

$\mathscr{G}_{\mathrm{PT}}[\![\underline{\mathrm{empty}}]\!]=\langle\lambda\sigma\in S.\,\mathrm{ff},\perp_{\mathrm{PT}}\rangle$

$\mathscr{G}_{\mathrm{PT}}[\![b\to c]\!]=\langle\mathscr{B}[\![b]\!],\mathscr{C}_{\mathrm{PT}}[\![c]\!]\rangle$

$\mathscr{G}_{\mathrm{PT}}[\![g_1\ \square\ g_2]\!]=\mathrm{Bar}(\mathscr{G}_{\mathrm{PT}}[\![g_1]\!],\mathscr{G}_{\mathrm{PT}}[\![g_2]\!])$

Predefined Functions

Conversion：定义 Conv：$d-\mathrm{ST}\to\mathrm{PT}$

$\mathrm{Conv}(m)(R)=m^{-1}(R)$

Composition：定义 Comp：$\mathrm{PT}^2\to\mathrm{PT}$

$\mathrm{Comp}(f,g)=f\circ g$

Condition：定义 Cond：$\mathrm{Bool}\times\mathrm{PT}\to\mathrm{PT}$

$\mathrm{Cond}(p,f)(R)=p^{+}\cap f(R)$

并且因为

$$\mathrm{Cond}(p,f)(R)=(p^{+}\cap f(R))\cup(p^{-}\cap\perp_{\mathrm{PT}}(R))$$

Iteration：定义 Do：Bool×PT→PT

$$\mathrm{Do}(p,f)(R)=Y(\lambda Q\in P.\,(p^{-1}\cap R)\cup(p^{+}\cap f(Q)))$$

Bar：定义 Bar：(Bool×PT)^2→(Bool×PT)

$$\mathrm{Bar}(\langle p,f\rangle,\langle q,g\rangle)=$$
$$\langle p\vee q,\lambda R\in P.\,(p^{+}\cap[(q^{+}\cap f(R)\cap g(R))$$
$$\cup(q^{-}\cap f(R))])\cup(p^{-}\cap q^{+}\cap g(R))\rangle$$

还可以写成

$$\mathrm{Bar}(\langle p,f\rangle,\langle q,g\rangle)=$$
$$\langle p\vee q,\lambda R\in P.\,(p^{+}\cup q^{+})\cap(p^{-1}\cup f(R))$$
$$\cap(q^{-}\cup g(R))\rangle$$

该例子就谈到这里。如果读者对于证明这种语义的等价性感兴趣，可以参考本章文献[4]。

10.4 通讯顺序进程(CSP)

通讯顺序进程(CSP)是 Hoare 于 1978 年提出的。它可以被认为是后来的分布式进程及并发语言的思想基础，是并发程序设计语言中的一次极重要的概念整理。如果对于 CSP 有了深刻的理解，对后来发展起来的语言就好理解了，例如 DP，Edison，Mesa 及 Ada 等，虽然它们都有自己的特点。

下面，我们就来详细介绍 CSP 的一些基本概念。计算机网络的发展，以极大的需要提出了分布式操作系统。作为描述分布式操作系统的一种语言，必须注意到如下事实：

- 分布式系统没有公共的存储器，存储器是分布式的。
- 分布式系统中网络点间的连接是通过通道进行的。
- 分布式系统中网络结点上的计算机都是独立异步工作的，没有统一时钟。

鉴于上述特点，一个并行系统可以发生我们在第 10.1 节中讨论的许多问题，一个并发程序设计语言要能够描述这些问题。下面，我们来看 CSP 是如何解决这些问题的。

CSP 的基本设计思想是

(1) 采用 Dijkstra 的卫式命令语言作为顺序控制结构，并以卫式语言中的不确定性语义作为 CSP 的不确定性语义。

(2) 在 Dijkstra 的卫式命令语言中再引入并行命令以指明它的顺序命令(进程)的并发执行。所有进程同时开始，一个并行命令仅当其所有进程结束时它才结束。进程之间不能用修改全程变量的方法进行通讯。

(3) 在 Dijkstra 的卫式命令语言中再引入简单形式的输入/输出命令，它们用于并发进程的通讯。

(4) 如有两个进程需要通讯,当第一个进程把第二个进程作为输出目标,而第二个进程又把第一个进程作为输入源时,这种通讯才能发生。此时被输出值从第一个进程中 COPY 到第二个进程上去,不存在自动缓冲。一般说来,一个进程的输入或输出命令要延迟到另一个进程准备好相应的输出或输入时。延迟是无形的。

(5) 输入命令可以出现在一个 guard 之中。一个具有输入 guard 的警戒命令,仅当输入命令中被命名的源准备执行相应的输出命令时才被选择。如果选择集合中几个输入 guard 已准备了目标,仅一个被选择,其他无效,但这种选择是任意的。在一个有效执行中,一个输出命令如准备很长时间,那么它仍应当受到支持,但是语言的定义并没有指明这点,因为进程执行的相对速度没有定义。

(6) 一个重复命令可以有输入 guard。如果被它命名的源都终止,那么重复命令也终止。

(7) 有一简单的模式匹配特性,用以判别输入信息的结构及访问其成分。它将禁止没有匹配指定模式的信息输入。

10.4.1 CSP 的基本概念

下面,讨论 CSP 的基本概念。CSP 的语法定义忽略声明及表达式部分,其 BNF 定义如下:

〈command〉::=〈simple-command〉|
〈structured-command〉
〈simple-command〉::=〈null-command〉|
〈assignment-command〉|
〈input-command〉|
〈output-command〉
〈structured-command〉::=
〈alternative-command〉|
〈repetitive-command〉|
〈parallel-command〉|
〈null-command〉::=skip
〈command-list〉::={〈declaration〉;|
〈command〉;}〈command〉

命令的执行可以成功,也可以失败。

null-command 没有任何效能,并且永不会失败。assignment-command 在于改变执行机器的内部状态。input-command 在于改变内部环境的状态。output-command 在于改变外部环境的状态。structured-command 包括部分或者全部成分命令的执行,其中任一执行失败了,则认为整个 structured-command 执行失败了。命令表(command-list)是按照书写顺序执行。

在 CSP 中并发进程是使用中缀符号“‖”来连接的，例如有进程 P 及 Q 是并发的，那么书写起来为 $P \| Q$。下面是 CSP 的并行命令的语法结构：

〈parallel-command〉∷=[〈process〉{‖〈process〉}]

〈process〉∷=〈process-label〉〈command-list〉

〈process-label〉∷=〈empty〉|〈identifier〉∷

|〈identifier〉(〈label-subscript〉

{,〈label-subscript〉})∷

〈label subscript〉∷=〈integer-constant〉|〈range〉

〈integer-constant〉∷=〈numeral〉|

〈bound-variable〉

〈bound-variable〉∷=〈identifier〉

〈range〉∷=〈bound-variable〉:〈lower-bound〉··

〈upper-bound〉

〈lower-bound〉∷=〈integer-constant〉

〈upper-pound〉∷=〈integer-constant〉

从上面看出，进程在“方括弧”之中。进程分进程标号及进程体(command-list)两部分。而进程标号可以描述进程数组。例如下面的三个并发进程：

$[R \| X∷P \| Y(i:0..4)∷Q]$

其中成分进程 R 没有名字标号。第二个成分进程命名为 X，而第三个则是一个进程数组，它表示

$Y(i:0..4)∷Q \triangleq$

$Y(0)∷Q_0 \| Y(1)∷Q_1 \| \cdots \| Y(4)∷Q_4$

在并行命令中还规定：每一个并行命令的进程必须有异于其他该命令中的进程。并发命令指明了它的并发进程并发执行。同时开始而且仅当其所有的进程成功执行终止后，并行命令才成功终止。相对执行速度是任意的。

有下面三个小例子：

(1) [cardreader? cardimage ‖ lineprinter! lineimage]

这个并行命令有两个成分并发进程。仅当每一个成分命令都完成了，该命令才终止。其时间为执行时间较长者(计算、等待及转换时间的和)。

(2) [west∷DISASSEMBLE ‖ X∷SQUASH ‖ east∷ASSEMBLE]

这是一个三进程的并行命令。

(3) [room∷ROOM ‖ for k (i:0..4)∷FORK ‖ phil

(i:0..4)∷PHIL]

这个并行命令一共有 11 个进程。

下面，介绍赋值语句命令，其语法结构为

〈assignment-command〉∷=

〈target-variable〉:=〈expression〉

〈expression〉∷=〈simple-expression〉|
〈structured-expression〉

〈structured-expression〉∷=〈constructor〉
(〈expression-list〉)

〈constructor〉∷=〈identifier〉|〈empty〉

〈expression-list〉∷=〈empty〉|
〈expression〉{,〈expression〉}

〈target-variable〉∷=〈simple-variable〉|
〈structured-target〉

〈structured-target〉∷=〈constructor〉
(〈target-variable-list〉)

〈target-variable-list〉∷=〈empty〉|
〈target-variable〉{,〈target-variable〉}

在赋值语句命令中还有如下的语义规定：

(1) 一个表达式表明了将它的操作施于它的操作数的被执行设备所计算的值。

(2) 如果一个操作是无定义的,那么这个值也无定义。

(3) 被简单表达式注明的值可以是简单的或是结构的(structured)。

(4) 被结构表达式所注明的值是结构的。

(5) 赋值命令表明按表达式求值并将值赋给目标变量。如值无定义,赋值失败。

(6) 赋值时要遵守如下的匹配原则：

① 它们必须有相同的 constructor。

② 目标变量表长度与值成分表长度相同。

③ 表中的每一个目标变量匹配相应值成分。

下面是一系列的赋值语句的例子：

(1) $x:=x+1$

(2) $(x,y):=(y,x)$

(3) $x:=$cons (left,right)

(4) cons (left,right)$:=x$

如果 x 没有形成为 cons (y,z)的形式,那么赋值失败。如果有,那么 y 赋给 left,z 赋给 right。

(5) insert$(n):=$insert$(2*x+1)$

它等价于 $n:=2*x+1$。

(6) $c:=p(\ \ )$

赋给 c 一个"signal",具有 p 的 constructor,但没有成分。

(7) $p(\ \ ):=c$

如果 c 的值不是 $p(\ \ )$则失败,否则执行无效用。

(8) insert(n)：=has(n)

错误匹配，赋值失败。

应注意(3)及(4)表明后继条件 x=cons(left,right)是真。但是(3)是靠改变 x 得到的，而(4)是靠改变 left 及 right 得到的。

下面再来谈谈输入/输出命令。

输入/输出命令的语法结构为

〈input-command〉∷〈source〉?〈target-variable〉

〈output-command〉∷=〈destination〉!〈expression〉

〈source〉∷=〈process-name〉

〈destination〉∷=〈process-name〉

〈process-name〉∷=〈identifier〉|

　　　〈identifier〉(〈subscripts〉)

〈subscripts〉∷=〈integer-expression〉

　　　{,〈integer-expression〉}

其语义解释为，输入输出命令指明了两个并发操作的顺序过程之间的通讯。

通讯是在如下时刻发生：

(1) 在一个进程中一个输入命令指明另一个进程名作为它的源。

(2) 而在另一个进程中一个输出命令指明了第一个进程名作为它的目标。

(3) 两个进程中的输入/输出命令的值必须匹配。此时称输入/输出命令是对应的。

(4) 相互对应的输入/输出命令在同时执行时输出命令的表达式的值赋给输入命令中的目标变量。

(5) 如果输入命令的源是终止的，那么这个输入命令失败。如果一个输出命令的目标是终止的，那么这个输出命令失败。如果输出命令的表达式无定义，该输出命令也失败。

以上要求意味着一对对应的输入/输出命令在执行中互相等待，早者延迟等待晚者。但延迟等待中，如果在另一进程中的相应命令已准备好，或者被等待的进程终止了，那么这种等待结束，后者的情况根据(5)，正在延迟的命令失败。存在着延迟永远不能结束的可能性。(例如一组进程企图互相通讯，但它们的输入/输出命令中没有一个与其他命令相对应，这种情况被称之为“死锁”。)

下面举一些例子。

(1) cardreader? cardimage

表示从读卡机读一张卡片，并将其赋值给变量 cardimage。

(2) lineprinter! lineimage

向 lineprinter 输出，发送 lineimage 的值。

(3) X? (x,y)

从 X 为名的进程中输入一个序对值，并赋给 x 及 y。

(4) DIV! $(3*a+b,13)$

向进程 DIV 输出两个值。

(5) console(i)? c

从 console 的数组的第 i 个元素(也是进程),输入一个值并赋给 c。

(6) console$(j-1)$! "A"

向第$(j-1)$个 console 输出字符 A。

(7) $X(i)$? $V(\ )$

从 X 进程数组第 i 个元素(进程)输入一个信号 $V(\ )$,拒绝输入任何其他信号。

(8) sem! $p(\ )$

向进程 sem 输出一个信号 $p(\ )$。

下面,我们讨论选择结构及重复结构,其语法定义为

〈repetitive-command〉∷= *〈alternative-command〉
〈alternative-command〉∷=[〈guarded-command〉
　　　　{□〈guarded command〉}]
〈guarded-command〉∷=〈guard〉→〈command-list〉
　　　　|(〈range〉{,〈range〉})〈guard〉
　　　　→〈command-list〉
〈guard〉∷=〈guard-list〉|
　　　　〈guard-list〉,〈input-command〉|
　　　　〈input-command〉
〈guard-list〉∷=〈guard-element〉{;
　　　　〈guard-element〉}
〈guard-element〉∷=〈boolean-expression〉
　　　　|〈declaration〉

并有如下的语义规定。

range 值仍表示上下界,例如

$(i{:}1..n)G\rightarrow CL$

guarded-command 仅当 guard 的执行没有失败时才执行。首先执行 guard,然后才执行 command-list。guard 的执行是从左向右执行它的组成成分。一个布尔表达式被计算,如果它表示为假值,那么 guard 失败,但表示为真值的表达式可以没有效用。其中的声明在于引入新的变量,其作用域是声明点到 guarded command 结束。一个处于 guard 位置上的输入命令仅当它的相应的输出命令被执行才被执行。

对于选择命令,只能选择其成分中的一个去执行,如果所有 guard 执行失败,那么选择命令失败(如有几个 guard-command 都满足执行条件,则任选一个执行)。

重复命令是迭代机构。如果所有 guard 失败,则重复命令无效终止;否则,选择命令执行一次,那么重复命令再执行一次。考虑到输入 guard 的情况,一个命令可以延

迟到

(1) 对应于一个输入 guard 的输出命令变为准备为止。

(2) 所有以这个输入 guard 为名的源已经终止。

在情况(2)中重复命令终止。如果没有任何事件发生，那么进程失败(在死锁中)。

下面，我们举几个小例子。

(1) $[x\geq y\rightarrow m:=x\ \square\ y\geq x\rightarrow m:=y]$

如果 $x\geq y$ 那么 $m:=x$；如果 $y\geq x$，那么 $m:=y$。如果 $x\geq y$ and $y\geq x$ 为真，那么两个赋值语句的任一被选择执行(不确定性)。

(2) $i:=0$; $*[i<$size;content$(i)\neq n\rightarrow i:=i+1]$其中的重复命令扫描 content$(i)$，$i=0,1,\cdots$。直到 $i\geq$size 或者 content$(i)=n$ 为止。

(3) $*[c$:character;west? $c\rightarrow$east! $c]$其中 c:character 是一声明，声明变量 c 是字符型的。

west 读所有字符，并一个一个地输出它们。当进程 west 终止，重复终止。

(4) $*[(i:1..10)$continue(i);console(i)? $c\rightarrow X$! (i,C);console(i)! ack(　　);

continue$(i):=(c\neq$sign off$)]$

这个命令重复从十个 consoles 中的任一个输入，这个输入是由布尔数组相应元素是真值的那个 console 所提供的。约束变量 i 用于识别起因 console。它的值连同刚输入的字符一起输出给 X，并有一个回答返回给起因 console。如果字符是“sign off”，那么 continue(i)置假值，以阻止进一步从那个 console 继续输入。当 continue 的十个元素全部都是假值时，重复命令终止。

10.4.2　协同进程，子程序及数据表示

我们曾经在10.2节中提到过协同进程。协同进程(coroutine)是一个比子程序还要基本的程序结构(对于并发程序设计语言而言)。什么叫做协同进程呢？为了弄清楚这个问题，我们来看一个进程对另一个进程的调用(或说援引)，例如下面的并行命令：

[subr::SUBROUTINE ‖ X::USER]

其中 SUBROUTINE 及 USER 是两个并发的进程。SUBROUTINE 进程将包括一个如下的重复命令：

$*[X$? (value params)$\rightarrow\cdots X$! (result params)]

其中“…”表示从输入值计算结果。当它的使用者进程终止时，子程序将终止。USER 进程将以一个命令序对调用子程序。

subr! (arguments);…;subr? (result)

这两个命令中的任一命令都将与子程序并发执行。

所以说，一个常规非递归的子程序，执行起来则可以看成一个协同进程。它的参数可以是 call-by-value 及 call-by-result，它不同于它的调用程序。一个 coroutine 可以保留局部变量的值，可以用一个输入命令达到多入口点的效用，一个 coroutine 还可

以使用像 SIMULA-67 中的实例作为抽象数据的具体表示。

Hoare 在介绍 CSP 时曾给出如下的六个协同进程,它们是 COPY,SQUASH,DISASSEMBLE,ASSEMBLE,REFORMAT 及 Conway's Problem。

(1) COPY。

问题:试写出一个进程 X,完成从进程 west 向进程 east copy 字符(可以是多个字符)。

解:

```
X:: *[c:character;west? c→east!c]
```

注意:①当 west 终止,输入"west?c"将失败,使得重复命令终止,并且进程 X 也终止。

②进程 X 可以作为 west 及 east 之间的一个单字符缓冲器。它允许在 east 准备输入前一个字符之前,west 继续产生下一个字符。

(2) SQUASH。

问题:用上箭头"↑"代替一对相邻的(双星)星号"* *",并假定最后一个输入字符不是星号。

解:

```
X:: *[c:character;west?c→
        [c≠asterisk→east!c
        □c=asterisk→west?c;
        [c≠asterisk→east! asterisk;east!c
        □c=asterisk→east! upward arrow]]]
```

注意:①因为 west 没有以星号结束,那么第二个"west?c"不会失败。

②作为练习,用这个进程机敏处理其结尾是奇数个星号的输入。

(3)DISASSEMBLE。

问题:从卡片文件读卡片,并输出给进程 X 的它们包含的字符串,一个附加空间应插入每一张卡片的结尾。

解:

```
*[cardimage:(1..80)character;cardfile?
   cardimage→i:integer;
   i:=1;
  *[i≤80→X! cardimage(i);i:=i+1]
 X! space]]
```

注意:①"(1..80)character"是声明一个 80 个字符的数组,它的下标范围是 1 到 80。

②当 cardfile 进程终止,则重复命令终止。

(4)ASSEMBLE。

问题:读字符序列(从进程 X 上),而且在行式打印机上(可以每 125 个字符一行)

打印它们。如果必须，最后一行应安排空位置。

解：

```
lineimage:(1..125)character;
i:integer;i:=1;
*[c:character:X?c→
    lineimage(i):=c
    [i≤124→i:=i+1
     □i=125→lineprinter! lineimage;
       i:=1]];
[i=1→skip
□i>1→*[i≤125→lineimage(i):=
          space;i:=i+1];
lineprinter! lineimage]
```

注意：当 X 终止，该进程的第一个重复命令终止。

(5)REFORMAT。

问题：读80字符的卡片序列，并且在一个每行可以打印125个字符的行式打印机上打印，每一张卡片后面跟着一个附加空间，最后一行如必须应当安排空位置。

解：

[west::DISASSEMBLE ‖ X::COPY ‖ east::ASSEMBLE]

注意：①DISASSEMBLE，COPY 及 ASSEMBLE 表示前面介绍的程序行文。

②并行命令被设计成在 cardfile 已经终止后才终止。

③这个问题如果希望优美地、不用协同进程来解是困难的。

(6)Conway's Problem。

问题：用上述程序，用上箭头代替每一对相邻的星号。

解：

[west::DISASSEMBLE ‖ X::SQUASH ‖ east::ASSEMBLE]

下面，我们再回过头来讨论子程序。

对于多入口子程序，例如可采用如下结构：

```
*[X? entry1(Value params)→…
□X? entry2(Value params)→…]
```

调用进程 X 将确定在每一次重复中哪一个选择被激活。当 X 终止，重复命令也将终止。类似的技术还可以用于多出口的设计。

对于递归子程序可以用一进程数组来模拟，递归的每一层对应于数组的一个元素，用户进程是0层。每一次激活与它的先行层通讯其参数及结果并调用它的后继(如果需要的话)。

[recsub(0)::USER ‖ recsub(i:1..reclimit)::RECSUB]

用户进程将调用如下序列的第一个元素：

```
recsub:recsub(1)! (arguments);…
     recsub(1)? (result);
```

固定递归深度的上限,对于语言静态设计是必需的。

下面,我们进一步给出几个例子。

例 10.5 具有余数的除法。

问题:构造一个进程用以表示函数类型的子程序。除数与被除数都是正整数,商是整数,余数也是整数,效率是不关心的。

解:

```
[DIV:: *[x,y:integer;X? (x,y)→
quot,rem:integer;quot:=0;rem:=x;
  *[rem≥y→rem:=rem-y;quot:=quot+1];
   X! (guot,rem)]
   ‖ X::USER]
```

例 10.6 阶乘。

问题:用递归方法计算阶乘,并给出限止。

解:

```
[fac(i:1..limit)::
 *[n:integer;fac(i-1)?n→
  [n=0→fac(i-1)!1
□n>0→fac(i+1)!n-1;
        r:integer:fac(i+1)?r;
        fac(i+1)!(n*r)]]
‖ fac(0)::USER]
```

例 10.7 数据表示:整数小集合。

问题:将小于等于 100 之内的整数表示成一个进程,它从其调用进程 X 接受两种类型的指令

(1)S!insert(n),将整数 n 插入该集合。

(2)如果 n 在集合中,S!has(n);…;S?b,其 b 置真值,否则置假值,该集合的初值为空。

解:

```
S::
content:(0..99)integer:size:integer;
size:=0;
*[n:integer:X? has(n)→SEARCH:X! (i<size)
□n:integer,X? insert(n)→SEARCH;
  [i<size→skip
    □i=size:size<100→
```

```
content(size):=n;
size:=size+1]]
```

其中 SEARCH 是下面式子的简写

```
i:integer;i:=0;
*[i<size;content(i)≠n→i:=i+1]
```

例 10.8　就餐哲学家问题。直接写出其进程表示：

```
PHIL= *[…during ith lifetime…→
THINK;
room! enter( );
fork(i)! pickup( );fork((i+1)mod5)!
        pickup( );
EAT;
fork(i)! putdown( );
fork((i+1)mod 5)! putdown( );
room! exit( )
]
```

另有

```
FORK=
  *[phil(i)? pickup( )→phil(i)? putdown( )
  □phil((i−1)mod 5)? pickup( )→
    phil((i−1)mod 5)? putdown( )
    ]
ROOM=
      occupancy:integer;occupancy:=0;
    *[(i:0..4)phil(i)? enter( )→
          occupancy:=occupancy+1
     □(i:0..4)phil(i)? exit( )→
      occupancy:=occupancy−1
      ]
```

以上三个成分都是在如下的并行命令之中：

```
[room::ROOM ‖ fork(i:0..4)::FORK
             ‖ phil(i:0..4)::PHIL]
```

对于 CSP 我们就介绍到此。但我们应当注意，CSP 忽视了某些问题，例如 CSP 的考虑中没有注意到效率问题，尤其是对于传统的顺序计算机。

为解决这些问题，就要明确设计纪律及清楚的注释方法，还需要自动优化技术及设计相应的硬件。CSP 在注释上学习了 APL 语言，使用显式命名、港口命名(源及目标)、自动缓冲、无约束进程激活等技术。其实，如果允许 output guard，也许对有些问题会更方便些。

例如对于

$Z::[X!\ 2 \parallel Y!\ 3]$

可以写成如下的选择结构：

$Z::[X!\ 2 \rightarrow Y!\ 3 \square Y!\ 3 \rightarrow X!\ 2]$

CSP 提出时并没有考虑其证明方法，但后来这方面的工作补上了，这些我们将在 10.5 节及 10.6 节介绍给读者。

下面，我们讨论 CSP 的形式语义定义。CSP 的形式语义在指称语义、操作语义及公理语义方面都做了许多工作，都有代表性的文章。

10.5 并发程序设计语言的指称语义

从语义上讲，并发程序设计语言必须能够描述如下三个方面的内容：

- 不确定性。
- 并发性。
- 通讯。

我们知道，进程是并发程序设计语言中的基本概念，它的语义中就应反映这三个方面的内容。指称语义就是对语言的语法成分注释于数学中"值"的意义，那么，什么是进程的"值"呢？一个进程对象需要什么要素来描述它呢？

进程是一个在时间轴上的事件序列。因此，进程可以注释为

$(X \rightarrow p)$

其中 X 表示事件，也称之为"卫士"(guard)，p 表示一个进程，如用 BNF 定义，则为

〈进程〉::=(〈事件〉→〈进程〉)|STOP

于是可以有

$(X_1 \rightarrow (X_2 \rightarrow (X_3 \rightarrow (\cdots(X_n \rightarrow p_n)\cdots))))$

那么该进程定义中的事件是什么呢？如果我们把进程看成一个"黑箱子"，输入输出活动即为事件，如用 CSP 的表示方法，即为

$C!\ e$

或

$C?\ X{:}A$

其中 C 为通道名，e 为表达式，X 为变量，A 为变量 X 的类型名，所以进程的专门注释分别为

$(C!\ e \rightarrow p)$

或

$(C?\ X{:}A \rightarrow p)$

例如有

(wire! $j \rightarrow$ COPIER)

(input? X:NAT→wire! X→COPIER)

于是,我们在通道上可以看到进程输入输出值的变化,我们通俗地称这个值的串为“踪迹”(trace)。所以说踪迹即进程的值的注释。

由于不确定性计算的存在,仅一个踪迹是不能表示这种不确定性的,显然应当用一个踪迹树表示进程的值。请看下面一个例子。

图 10.7(a)中的“∨”表示不确定选择。

如果用踪迹树表征一个进程的语义,那么必须讨论踪迹树的数学方面的性质。从踪迹树上看,踪迹树上的每一个结点作为树根的一个子树都是一个进程,踪迹树上从根结点到叶子结点通路上所标记的值串即为一条踪迹,叶子结点是原子进程。两条不同的通路表示不确定性。

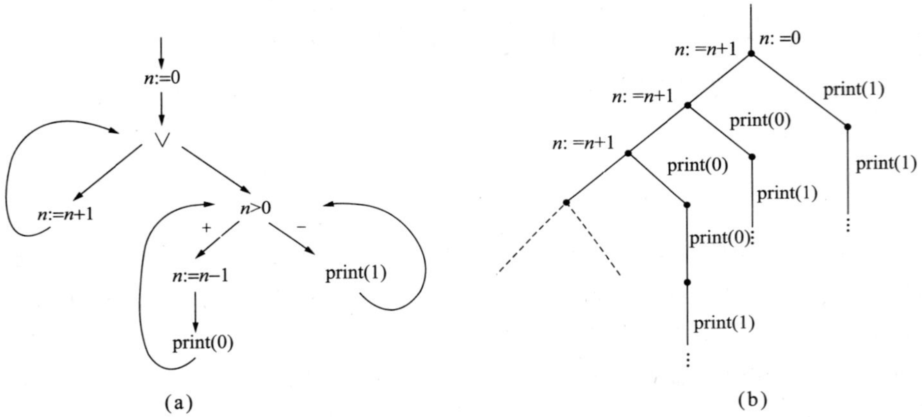

图 10.7

10.5.1　进程描述与踪迹树

我们首先看两个最简单的程序,它们分别是图 10.8(a)和图 10.8(b)。

从图 10.8 可以看到,它们的踪迹的集合都是{ab,ac},所以我们必须有方法区别它们。下面首先从一个最简单的进程与其踪迹树讨论起,并逐步讨论复杂结构的进程及其踪迹树。

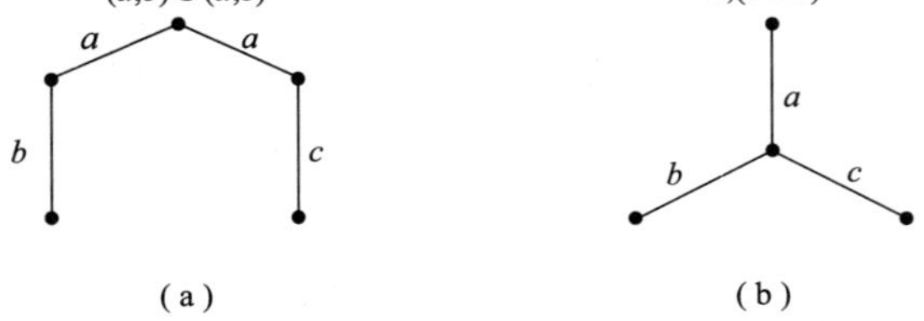

图 10.8

1. 简单进程及踪迹树

令 A 是任意的字符表(有限的或无限的),并设 $a,b,c,\cdots$ 是 A 的元素,还令 p, $q,\cdots$是简单进程,并有如下的定义。

定义 10.7 (1) p_0 是空进程,在踪迹树中它处在叶子结点位置上。

(2)定义进程 $p_n(n=0,1,\cdots)$ 为 $p_0=\{p_0\}$, $p_{n+1}=\mathscr{P}(A\times p_n)$其中 $\mathscr{P}(\cdot)$表示$(\cdot)$的所有子集的集合,所有有限进程的集合写作 $P_\omega=\bigcup\limits_n p_n$

(3)所有有限或无限进程(在 A 上的)的集合作为如下域方程的解:

$$P=\{p_0\}\cup\mathscr{P}(A\times P)$$

其中 $\mathscr{P}(\cdot)$表示$(\cdot)$的所有封闭子集的集合。

例如有

$\{p_0\}$

$\{\langle a,p_0\rangle,\langle b,p_0\rangle\}$

$\{\langle a,\{\langle b,p_0\rangle,\langle c,p_0\rangle\}\rangle\}$

$\{\langle a,\{\langle b,p_0\rangle\}\rangle,\langle a,\{\langle c,p_0\rangle\}\rangle\}$

…

上面这些例子都分别是 p_0,p_1,p_2 和 p_3 的元素。下面是 P 中的两个无限元素的例子:

$\{\langle a,\{\langle a,\{\langle a,\cdots\rangle\}\rangle\}\rangle\}$

$\{\langle a,\{\langle a,\cdots\rangle,\langle b,\cdots\rangle\}\rangle,\langle b,\{\langle a,\cdots\rangle,\langle b,\cdots\rangle\}\rangle\}$

由于进程以集合方式定义,所以进程是无序的,例如对于如图 10.9 所示的树,图 10.9(a)与(b)是两个不同的树,但作为进程它们都是$\{\langle a,p_0\rangle,\langle b,p_0\rangle\}$。在下面的讨论中,还认为如图 10.10 所示的两个不同的树,在作为进程时是一致的。

也就是说,树与进程并不是一一对应的。

下面,我们讨论在进程上的操作。首先定义:

p_0 表示空进程。

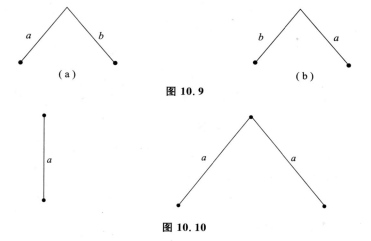

图 10.9

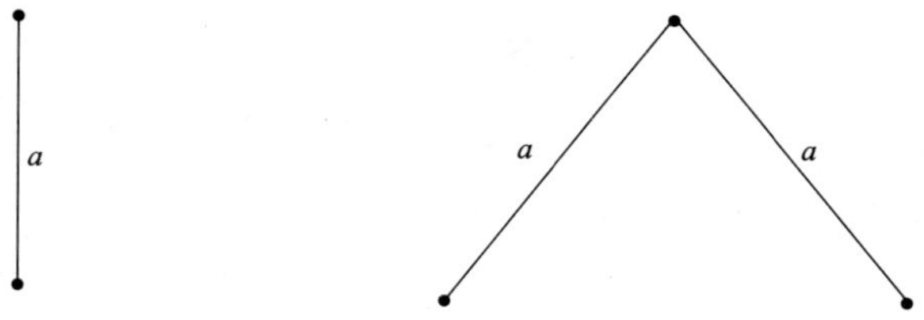

图 10.10

p,q 表示有限进程。

$X,Y\in p(A\times p_n)$,对于某个 n。

$\lim_n P_n$ 表示无限进程。

$a:A,b:B$。

定义 10.8

(1) 复合(composition)"∘"被定义为

$$p\circ p_0=p,p\circ X=\{p\circ X\mid x\in X\}$$

$$p\circ\langle a,q\rangle=\langle a,p\circ q\rangle$$

$$p\circ\lim_n q_n=\lim_n(p\circ q_n)$$

(2)并(union)"∪"被定义为

$$p\cup p_0=p_0\cup p=p$$

对于 $p,q\neq p_0$,$p\cup q$ 是通常集合论中的并操作。

(3)merge"‖"被定义为

$$p\parallel p_0=p_0\parallel p=p$$

$$X\parallel Y=(X\parallel_L Y)\cup(X\parallel_R Y)$$

$$X\parallel_L Y=\{x\parallel Y\mid x\in X\}$$

$$X\parallel_R Y=\{X\parallel y\mid y\in Y\}$$

$$\langle a,p\rangle\parallel Y=\langle a,p\parallel Y\rangle$$

$$X\parallel\langle b,q\rangle=\langle b,X\parallel q\rangle$$

$$(\lim_i p_i)\parallel(\lim_j q_j)=\lim_k(p_k\parallel q_k)$$

以上操作都是合式的(良义的)并满足结合律;操作"∪"与"‖"还满足交换律,并且它们都具有通常的连续特性。

例 10.9 (1) 令 $p=\{\langle a,p_0\rangle,\langle b,p_0\rangle\}$,$q=\{\langle c,\{\langle d,p_0\rangle,\langle e,p_0\rangle\}\rangle\}$,那么

$$p\circ q=\{\langle c,\{\langle d,p\rangle,\langle e,p\rangle\}\rangle\}$$

用图表示则如图 10.11 所示。

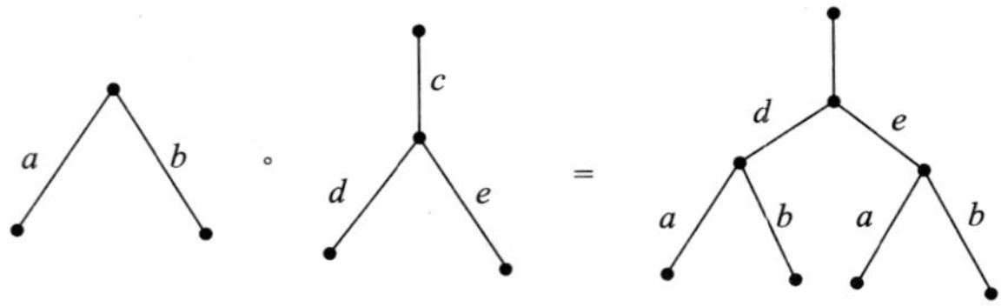

图 10.11

(2)$\{\langle a,\{\langle b,p_0\rangle\}\rangle\}\parallel\{\langle c,\{\langle d,p_0\rangle\}\rangle\}$(见图 10.12)。

从上面的例子看出,所谓并行实际上是交替执行。

下面,我们给出一个简单语言 L_1 的指称语义的注释。

例 10.10 命令 $c\in L_1$ 被定义成

$$c::=a\mid \text{skip}\mid c_1;c_2\mid c_1\cup c_2\mid c_1\parallel c_2\mid c^*$$

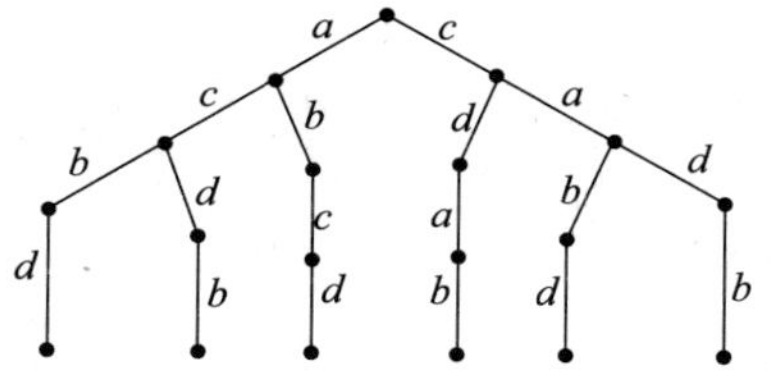

图 10.12

设 τ 是特殊元素并加到 A 中(Milner 称它为不能观察到的行为),此时的进程域方程为

$$P_1=\{p_0\}\cup\mathscr{P}_1((A\cup\{\tau\})\times P_1)$$

如果给出的语义解释函数为

$$\mathscr{M}:L_1\to P_1$$

有如下的语义方程:

$$\mathscr{M}[\![a]\!]=\{\langle a,p_0\rangle\}$$

$$\mathscr{M}[\![\text{skip}]\!]=\{\langle\tau,p_0\rangle\},$$

$$\mathscr{M}[\![c_1;c_2]\!]=\mathscr{M}[\![c_2]\!]\circ\mathscr{M}[\![c_1]\!],$$

$$\mathscr{M}[\![c_1\cup c_2]\!]=\mathscr{M}[\![c_1]\!]\cup\mathscr{M}[\![c_2]\!],$$

$$\mathscr{M}[\![c_1\parallel c_2]\!]=\mathscr{M}[\![c_1]\!]\parallel\mathscr{M}[\![c_2]\!],$$

$$\mathscr{M}[\![c^*]\!]=\lim_i p_i\ \underline{\text{where}}\ p_0\ \text{is the nil}$$
$$\text{process}\ \underline{\text{and}}\ p_{i+1}=(p_i\circ\mathscr{M}[\![c]\!])\cup\{\langle\tau,p_0\rangle\}$$

例如:

(1) $\mathscr{M}[\![a_1;a_2]\!]=\mathscr{M}[\![a_2]\!]\circ\mathscr{M}[\![a_1]\!]=\{\langle a_2,p_0\rangle\}\circ\{\langle a_1,p_0\rangle\}=\{\langle a_1,\{\langle a_2,p_0\rangle\}\rangle\}$

(2) $\mathscr{M}[\![a_1;(a_2\cup a_3)]\!]=\{\langle a_1,\{\langle a_2,p_0\rangle,\langle a_3,p_0\rangle\}\rangle\}\neq\mathscr{M}[\![(a_1;a_2)\cup(a_1;a_3)]\!]$

(3) $\mathscr{M}(a^*)=\{\langle\tau,p_0\rangle,\langle a,\{\langle\tau,p_0\rangle,\langle a,\cdots\rangle\}\rangle\}$

2. 同步进程与踪迹树

令 Γ 是一个"港口"的集合,它的元素是以对 $r,\bar{r},\cdots$ 的形式出现的(请注意 $\bar{\bar{r}}=r$),同步进程可以视为如下幂域方程的解:

$$P_s=\{p_0\}\cup\mathscr{P}((A\cup\{\tau\}\cup\Gamma)\times P_s)$$

以下的讨论中令 $\beta:A\cup\{\tau\}\cup\Gamma$。下面,我们定义在进程上的操作:

定义 10.9

(1)复合"$\circ$"被定义为

$$p\circ p_0=p,\ q\circ X=\{p\circ x\mid x\in X\}$$

$$p\circ\langle\beta,q\rangle=\langle\beta,p\circ q\rangle$$

$$p\circ\lim_n p_n=\lim_n p\circ p_n$$

(2)并"$\cup$"被定义为

$$p\cup p_0=p_0\cup p=p$$

对于 $p,q\neq p_0$,$p\cup q$ 是通常集合论中的并操作。

(3) merge“$\|$”被定义为

$$p \| p_0 = p_0 \| p = p, \langle a, p\rangle \| Y = \langle a, p \| Y\rangle,$$

$$X \| \langle b, q\rangle = \langle b, X \| q\rangle$$

$$X \| Y = (X \|_L Y) \cup (X \|_R Y) \cup (X \|_S Y)$$

$$X \|_L Y = \{x \| Y \mid x \in X\}$$

$$X \|_R Y = \{X \| y \mid y \in Y\}$$

$$X \|_S Y = \{\langle \tau, p' \| p''\rangle \mid \langle r, p'\rangle \in X, \langle \bar{r}, p''\rangle \in Y,$$

对于某相应的一对港口 $r, \bar{r}\}$

$$\lim_i p_i \| \lim_j q_j = \lim_k (p_k \| q_k)$$

(4) restriction“\”操作定义为

$$p_0 \backslash r = p_0$$

$$(\lim_n p_n) \backslash r = \lim_n (p_n \backslash r)$$

$$X \backslash r = \{\langle \beta, p'\rangle \backslash r \mid \langle \beta, p'\rangle \in X, \beta \neq r, \bar{r}\}$$

下面，我们对同步进程作较详细的解释。

所谓同步进程表示进程执行到港口操作时要等待。具有对偶港口的进程的执行也要达到相应的港口操作，以便进行通讯。例如一个进程 $p = \{\langle a, \{\langle b, \{\langle \alpha, \{\cdots\}\rangle\}\rangle\}\rangle\}$ 与进程 $q = \{\cdots\{\langle \bar{\alpha}, \{\cdots\}\rangle\}\cdots\}$，它们可以通过港口 α 与 $\bar{\alpha}$ 的相互等待取得同步。

例 10.11　设有如下两个进程

$$p = \{\langle a, \{\langle r, \{\langle b, p_0\rangle\}\rangle\}\rangle\}$$

$$q = \{\langle c, \{\langle \bar{r}, \{\langle d, p_0\rangle\}\rangle\}\rangle\}$$

(1) $p' = p \| q =$

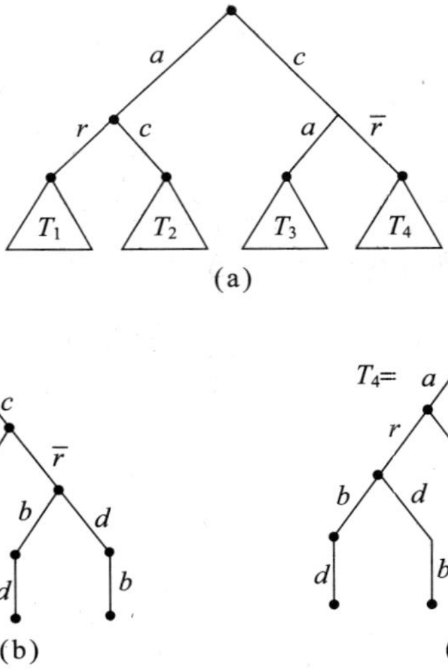

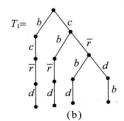

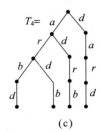

图 10.13

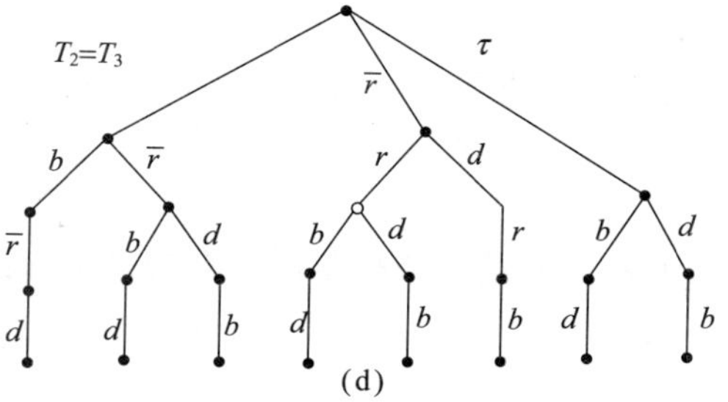

(d)

图 10.13(续)

(2) $p'\backslash r$. $p'\backslash r$ 根据定义，实际上是将图 10.13 中所有的 r 和$\bar{r}$标志的子树剪掉，剩下则如图 10.14 所示。

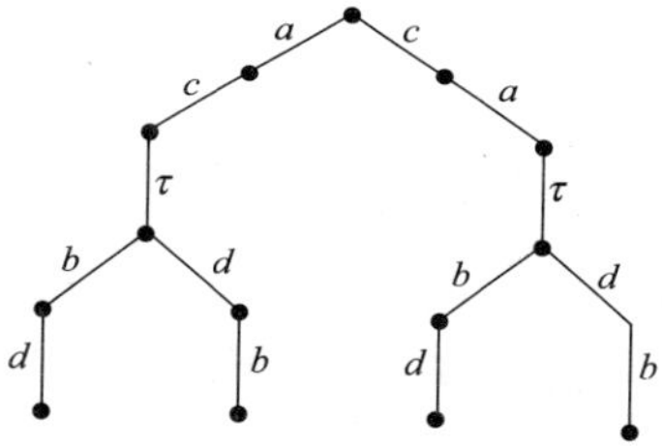

图 10.14

如果一个进程 $p\backslash r$ 在其踪迹树的向叶子方向的计算中最后全得到的是空集，那么该进程被称之为一个“死进程”。也就是说，可以利用“$\backslash r$”操作进行死锁的判定。读者不妨试一下如下两个进程的并行同步实验：

$$p=\{\langle a,\{\langle \alpha,\{\langle \bar{r},\{\cdots\}\rangle\}\rangle\}\rangle\}$$

$$q=\{\langle a,\{\langle r,\{\langle \bar{\alpha},\{\cdots\}\rangle\}\rangle\}\rangle\}$$

3. 函数进程及其踪迹树

设 A,B 是两个任意集合，我们令函数进程 P_f 是如下幂域方程的解：

$$P_f=\{p_0\}\cup(A\to\mathscr{P}(B\times P_f))$$

并有如定义 10.10 的操作。

定义 10.10

(1) $p\circ q=\lambda a\cdot(p\circ q(a))$

$p\circ X=\{p\circ x\mid x\in X\}$

$p\circ\langle b,q\rangle=\langle b,p\circ q\rangle$

(2) $p\cup q=\lambda a\cdot(p(a)\cup q(a))$

(3) $p\parallel q=\lambda a\cdot((p\parallel(q)(a))\cup(p(a)\parallel q))$

$X\parallel q=\{x\parallel q\mid x\in X\}$

$p\parallel Y=\{p\parallel y\mid y\in Y\}$

$\langle b,p\rangle\parallel q=\langle b,p\parallel q\rangle$

$$p \parallel \langle b,q\rangle = \langle b, p \parallel q\rangle$$

应特别注意 $p \cup q$ 与 $p \parallel q$ 有本质的不同，$p \parallel q$ 不为 $\lambda a \cdot (p(a) \cup q(a))$ 而为 $\lambda a \cdot ((p \parallel q(a)) \cup (p(a) \parallel q))$。作为一种特殊情况，

$$P_f = \{p_0\} \cup (\Sigma \rightarrow \mathscr{P}(\Sigma \times P_f))$$

它表示进程改变状态，这与我们在前面谈到不确定自动机相符：

$$\delta(s_0, \alpha) = \{s_1, \cdots, s_k\}$$

4. 通讯进程及其踪迹树

通讯进程 P_c 是如下幂域方程的解

$$P_c = \{p_0\} \cup \mathscr{P}((B \times P_c) \cup (B \rightarrow P_c))$$

并有如定义 10.11 的进程操作。

定义 10.11

(1) $p \circ X = \{p \circ x \mid x \in X\}$，$p_0\langle b,q\rangle = \langle b, p \circ q\rangle$，$p \circ \pi = \lambda b \cdot (p \circ \pi(b))$

(2) $\cup$ 操作同一般集合。

(3) $X \parallel Y = (X \parallel_L Y) \cup (X \parallel_R Y) \cup (X \parallel_C Y)$

其中 $X \parallel_L Y$ 与 $X \parallel_R Y$ 同定义 10.8，但

$$X \parallel_C Y = \{\pi(b) \parallel p' \mid \pi \in X, \langle b, p'\rangle \in Y\} \cup \{p'' \parallel \pi(b) \mid \langle b, p''\rangle \in X, \pi \in Y\}$$

其中 $\pi: B \rightarrow P_C$。

从上面(3)中看出，一个进程 p 与进程 q 通讯，是在进程 p 包括某个 $\langle b, p'\rangle$，而进程 q 又包含某个函数 π(反之也然)的情况下进行的。从上面的 P_C 的语义域的定义中看出，这里所谓的通讯是一种内部通讯方式，并没有经过通道港口，显然通讯的输出在 $B \times P_C$ 中，而通讯输入在 $B \rightarrow P_C$ 中。

10.5.2　一个类 CSP 语言的指称语义

在这一节我们介绍一个类 CSP 语言的语法与语义。

设 $x, y, \cdots$ 是一些在集合 V_{ar} 中的变量，$s, t, \cdots$ 是一些在集合 Exp 中的表达式，b 是在集合 $BExp$ 中的布尔表达式，c 是通道。于是可以有如下的一个简单文法 (L_2)：

$$s ::= x := e \mid \text{skip} \mid b \mid s_1 ; s_2 \mid s_1 \cup s_2 \mid s_1 \parallel s_2 \mid$$
$$s^* \mid c?x \mid c!s \mid s \backslash c \mid b \Rightarrow s$$

并定义如下的语义域：

$a: V$——值集合

$\sigma: \Sigma = V_{ar} \rightarrow V$——状态集

$r, \bar{r}: \Gamma$——港口集

$$P = \{p_0\} \cup (\Sigma \rightarrow \mathscr{P}((\Sigma \times P) \cup (\Gamma \times V \times \Sigma \times P)$$
$$\cup (\Gamma \times (V \rightarrow (\Sigma \times P)))))$$　进程域

再定义如下的语义解释函数：

$\mathscr{D}$: Exp → Σ → V

$\mathscr{B}$: B Exp → Σ → {tt, ff}

$\mathscr{M}$: L → P

语义方程如下：

$\mathscr{M}[\![x:=e]\!]=\lambda\sigma\cdot\{\langle\sigma\{\mathscr{D}[\![e]\!]\sigma/x\},p_0\rangle\}$

$\mathscr{M}[\![\text{skip}]\!]=\lambda\sigma\cdot\{\langle\sigma,p_0\rangle\}$

$\mathscr{M}[\![b]\!]=\lambda\sigma\cdot\underline{\text{if}}\,\mathscr{B}[\![b]\!]\sigma\ \underline{\text{then}}\{\langle\sigma,p_0\rangle\}\underline{\text{else}}\ \phi\underline{\text{fi}}$

$\mathscr{M}[\![s_1;s_2]\!]=\mathscr{M}[\![s_2]\!]\circ\mathscr{M}[\![s_1]\!]$

$\mathscr{M}[\![s_1\cup s_2]\!]=\mathscr{M}[\![s_1]\!]\cup\mathscr{M}[\![s_2]\!]$

$\mathscr{M}[\![s_1\parallel s_2]\!]=\mathscr{M}[\![s_1]\!]\parallel\mathscr{M}[\![s_2]\!]$

$\mathscr{M}[\![s^*]\!]=\lim_i p_i$，其中 $p_{i+1}=(p_i\circ\mathscr{M}[\![s]\!])\cup\lambda\sigma\cdot\{\langle\sigma,p_0\rangle\}$

$\mathscr{M}[\![c?\ x]\!]=\lambda\sigma\cdot\{\langle r,\lambda\alpha\cdot\langle\sigma\{\alpha/x\},p_0\rangle\rangle\}$

$\mathscr{M}[\![c!\ e]\!]=\lambda\sigma\cdot\{\langle\bar{r},\mathscr{D}[\![e]\!]\sigma,\sigma,p_0\rangle\}$

$\mathscr{M}[\![s\backslash c]\!]=\mathscr{M}[\![s]\!]\backslash r$

$\mathscr{M}[\![b\Rightarrow s]\!]=\lambda\sigma\cdot\underline{\text{if}}\,\mathscr{B}[\![b]\!]\sigma\ \underline{\text{then}}\ \mathscr{M}[\![s]\!]\sigma\ \underline{\text{else}}\ \phi\underline{\text{fi}}$

在上述语义方程中出现的操作“∘”“∪”“‖”与“/”，如下定义。

定义 10.12

(1)“∘”操作同定义 10.10。

(2)“∪”操作同定义 10.10。

(3) $p\parallel q=\lambda\sigma\cdot((p(\sigma)\parallel q)\cup(p\parallel q(\sigma))\cup(p(\sigma)\parallel_C q(\sigma)))$

$X\parallel q=\{x\parallel q\mid x\in X\},\pi\parallel q=\lambda\alpha\cdot(\pi(\alpha)\parallel q)$

$\langle\sigma,p\rangle\parallel q=\langle\sigma,p\parallel q\rangle,\langle\bar{r},\alpha,\sigma,p\rangle\parallel q=\langle\bar{r},\alpha,\sigma,p\parallel q\rangle,$

$\langle r,\pi\rangle\parallel q=\langle r,\pi\parallel q\rangle,$

$X\parallel_C Y=\{\pi(\alpha)\parallel p'\mid\langle r,\pi\rangle\in X,\langle\bar{r},\alpha,\sigma,p'\rangle\in Y\}\cup$

$\{p''\parallel\pi(\alpha)\mid\langle\bar{r},\alpha,\sigma,p''\rangle\in X,\langle r,\pi\rangle\in Y\}$

(4) $p\backslash r=\lambda\sigma\cdot(p(\sigma)\backslash r)$

$\pi\backslash r=\lambda\alpha\cdot(\pi(\alpha)\backslash r)$

$x\backslash r=\{x\}\backslash r$

$X\backslash r=\{\langle\sigma,p'\backslash r\rangle\mid\langle\sigma,p'\rangle\in X\}\cup$

$\{\langle r',\pi\backslash r\rangle\mid\langle r',\pi\rangle\in X,r'\neq r,\bar{r}\}\cup$

$\{\langle r',\alpha,\sigma,p'\backslash r\rangle\mid\langle r',\alpha,\sigma,p'\rangle\in X,r'\neq r,\bar{r}\}$

例如，

$\mathscr{M}[\![c?\ x\parallel c!\ 1]\!]$

$=\lambda\sigma\cdot\{\langle r,\lambda\alpha\cdot\langle\sigma\{\alpha\backslash x\},p_0\rangle\rangle\}\parallel\lambda\sigma\cdot\{\langle\bar{r},1,\sigma,p_0\rangle\}$

$=\lambda\sigma\cdot\{\langle r,\cdots\rangle,\langle\bar{r},\cdots\rangle,\lambda\alpha\cdot(\langle\sigma\{\alpha\backslash x\},p_0\rangle)(1)\parallel p_0\}$

$=\lambda\sigma\cdot\{\langle r,\cdots\rangle,\langle\bar{r},\cdots\rangle,\langle\sigma\{1/x\},p_0\parallel p_0\rangle\}$

下面，我们做一些讨论。

$\mathscr{M}[\![c?\ x]\!]_{(\sigma)}$属于$\Gamma\times(V\to(\Sigma\times P))$，而$\mathscr{M}[\![c!\ s]\!]_{(\sigma)}$属于$\Gamma\times V\times\Sigma\times P$，这一点是很清楚的。从进程幂域方程中看出，进程可以不确定改变机器状态，这表现在$\Sigma\to\mathscr{P}((\Sigma\times P)\cup\cdots)$之中。进程不仅可以改变状态，还可以通过通道港口进行输出，这表现在$\Sigma\to\mathscr{P}(\cdots\cup(\Gamma\times V\times\Sigma\times P)\cup\cdots)$中；进程还可以通过港口进行输入并改变状态，则表现在$\Sigma\to\mathscr{P}(\cdots U(\Gamma\times(V\to\Sigma\times P)))$之中。

10.5.3 Ada 语言汇聚的指称语义

下面，我们介绍 Ada 语言汇聚(rendezvous)的指称语义。我们首先介绍一下 Ada 语言汇聚的机制，例如下面一个 Ada 的任务，它的说明是

```
task Q is
    entry APPEND(M:in MESSAGE);
    entry REMOVE(M:out MESSAGE)
end Q
```

它的体是

```
task body Q is
    …
    accept APPEND(M:in MESSAGE)do
        BUFFER:=M;
    end
    …
    accept REMOVE(M:out MESSAGE)
        M:=BUFFER
    end
    …
    end Q
```

我们假定任务 Q 是被调用的，下面，还有一个调用任务 P：

```
task body P is
    …
    …
    Q·APPEND(x)
    …
    Q·REMOVE(x)
    …
end P
```

调用任务 P 有两个调用，一个是 $Q\cdot$ APPEND(x)，另一个是 $Q\cdot$ REMOVE(x)，仅看它们是看不出信息是发出还是接收的，这只能从任务 Q 中看出。由于入口 APPEND 中的参数是in 模式的，所以调用 $Q\cdot$ APPEND(x)是将 x 的值传送给形参变量

M,而 Q·REMOVE(x)则不然,由于入口 REMOVE 的参数是out 模式的,所以信息是由参数变量 M 将值传送给变量 x,从整个汇聚过程来看,可以用图 10.15来表示。

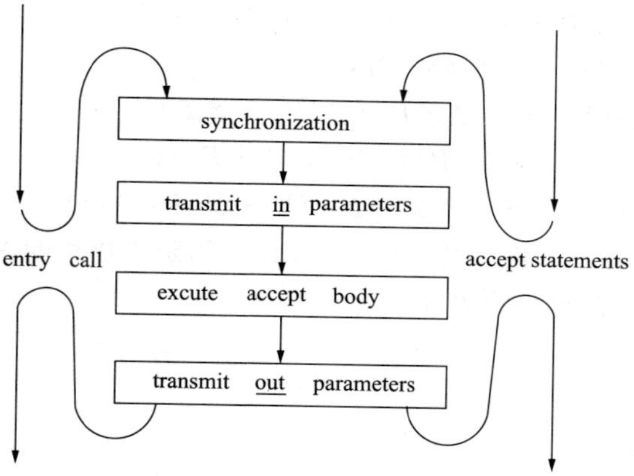

图 10.15

Ada 语言有关并发部分可以用如下一个小语言来表示,如令 S 表示并发程序,T 表示任务,则有如下文法(L_3):

$S::=T_1 \parallel T_2 \parallel \cdots \parallel T_m$

$T::=x:=e\,|\,\underline{\text{skip}}\,|\,\underline{\text{if}}\ b\ \underline{\text{then}}\ T_1\,\underline{\text{else}}\ T_2\,\underline{\text{fi}}\,|$

$\quad \underline{\text{while}}\ b\ \underline{\text{do}}\ T\ \underline{\text{od}}\,|\,c(e,z)\,|\,T_1;T_2\,|$

$\quad \underline{\text{accept}}\ c(x,y)\ \underline{\text{do}}\ T\ \underline{\text{end}}\,|$

$\quad \underline{\text{select}}\ b_1 \rightarrow c_1(x_1,y_1)\ \underline{\text{do}}\ T_1'\ \underline{\text{end}};\ T_1'' \square \cdots \square$

$\qquad b_n \rightarrow c_n(x_n,y_n)\ \underline{\text{do}}\ T_n'\ \underline{\text{end}};T_n''$

$\quad \underline{\text{end}}$

其中 $c(e,z)$表示入口调用语句,e 与 z 是其实参,accept $c(x,y)$ do T end 是入口接受语句。当汇聚成功时,T 在 x,y 与 e,z 交换信息之后开始执行。select 语句是一种不确定的入口接受语句,$b_1,\cdots,b_n$ 表示 guard。

下面,我们来定义将语言 L_3 转换成 L_2,定义"∘"为转换的操作

$(x:=e)^\circ=(x:=e)$

$(\underline{\text{skip}})^\circ=\underline{\text{skip}}$

$(T_1:T_2)^\circ=(T_1^\circ;T_2^\circ)$

$(\underline{\text{if}}\ b\ \underline{\text{then}}\ T_1\,\underline{\text{else}}\ T_2\,\underline{\text{fi}})^\circ=(b;T_1^\circ)\cup(\neg_b;T_2^\circ)$

$(\underline{\text{while}}\ b\ \underline{\text{do}}\ T\ \underline{\text{od}})^\circ=(b;T^\circ)^*;\neg\ b$

$(c(e,z))^\circ=c!\ e;c!\ z;c?\ z$

$(\text{accept}\ c(x,y)\ \underline{\text{do}}\ T\ \underline{\text{end}})^\circ=c?\ x;c?\ y;T^\circ;c!\ y$

$(\text{select}\cdots\text{end})^\circ=\bigcup\limits_{i=1}^{n}(b_i \Rightarrow c_i?\ x_i;c_i?\ y_i;(T_i')^\circ;$

$\qquad c_i!\ y_i;(T''_i)^\circ)\cup$

$$(\neg b_1 \wedge \cdots \wedge \neg b_n);\Delta$$

$$S^\circ = (T_1^\circ \parallel \cdots \parallel T_m^\circ) \backslash \{c_1, \cdots, c_s\}$$

其中 $c_1, \cdots, c_s$ 表示所有出现在 $T_1, \cdots, T_m$ 中的入口名字。

Ada 语言的进程是如下进程域的解，

$$P_A = \{p_0\} \cup (\Sigma \to \mathscr{P}(((\Sigma \times P_A) \cup (\Gamma \times V \times \Sigma \times P_A) \cup (\Gamma \times (V \to \Sigma \times P)) \cup \mathbf{N} \times ((\Sigma \times P_A) \cup (\Gamma \times V \times \Sigma \times P_A) \cup (\Gamma \times (V \to \Sigma \times P_A))))))$$

下面，我们为给出 Ada 汇聚的 fair semantics，需定义进程的 Merge 操作“$p \parallel_f q$”，其中 $p, q \in P_A$，$\mathbf{N}$表示自然数的集合。

定义 10.13

(1) $p \parallel_f q = (p \parallel_L q) \cup (p \parallel_R q)$

$p \parallel_L q = \lambda\sigma \cdot ((p(\sigma) \parallel_L q) \cup (p(\sigma) \parallel_f q(\sigma)))$

$p \parallel_{L,n} q = \lambda\sigma \cdot ((p(\sigma) \parallel_{L,n} q) \cup (p(\sigma) \parallel_f q(\sigma)))$

(2) $X \parallel_L q = \{\langle n, x \parallel_{L,n} q \rangle \mid x \in X, n \in \mathbf{N}\}$

$X \parallel_{L,n} q = \{x \parallel_{L,n} q \mid x \in X\}$

(3) $\langle \sigma, p \rangle \parallel_{L,n+1} q = \langle \sigma, p \parallel_{L,n} q \rangle$

$\langle \sigma, p \rangle \parallel_{L,0} q = \langle \sigma, p \parallel_R q \rangle$

$\langle \bar{r}, \alpha, \sigma, p \rangle \parallel_{L,n+1} q = \langle \bar{r}, \alpha, \sigma, p \parallel_{L,n} q \rangle$

$\langle \bar{r}, \alpha, \sigma, p \rangle \parallel_{L,0} q = \langle \bar{r}, \alpha, \sigma, p \parallel_R q \rangle$

(4) $\langle r, \pi \rangle \parallel_{L,n} q = \langle r, \pi \parallel_{L,n} q \rangle$

$\langle m, x \rangle \parallel_{L,n} q = \langle m, x \parallel_{L,n} q \rangle$

$\pi \parallel_{L,n} q = \lambda\alpha \cdot (\pi(\alpha) \parallel_{L,n} q)$

(5) $X \parallel_f Y = \{\pi(\alpha) \parallel_f q \mid \langle r, \pi \rangle \in X, \langle \bar{r}, \alpha, \sigma, q \rangle \in Y\} \cup \{q \parallel_f \pi(\alpha) \mid \langle \bar{r}, \alpha, \sigma, q \rangle \in X, \langle r, \pi \rangle \in Y\}$

$\langle \sigma, p \rangle \parallel_f q = \langle \sigma, p \parallel_f q \rangle$

由于以上是对称的，所以省略了 $\parallel_R$ 与 $\parallel_{R,n}$ 的定义。读者可以根据上面的定义自己去定义。

10.6　通讯顺序进程的操作语义

本节介绍 G. D. Plotkin 为 CSP 写的一个操作语义。我们在第 6 章介绍过操作语义，一般可以将语言在一个抽象机上进行运行。这种运行可以是解释的，也可以是经“编译”后生成抽象机目标码运行的。对于后一种情况，就是要对语言进行“静态语义分析”及“动态语义分析”，关于这些我们曾不止一次提到过。所谓抽象机就是多元式的转换。SECD 机器就是一个四元式的转换系统。我们在这里仍然定义如下的四元式转换系统：$\langle \Gamma. T. \Lambda, \to \rangle$；其中 Γ 是一个格局的集合，$T \subseteq \Gamma$ 是一终极格局的集合，Λ 是一标号集合，$\to \subseteq \Gamma \times \Lambda \times \Gamma$ 是转换关系。

我们定义格局为如下的二元式

$\langle c,\sigma\rangle$

其中 c 表示一个命令，σ 表示状态。如果令 $r_0=\langle c_0,\sigma_0\rangle$ 为一初始格局，每一步计算都会产生新的格局，如 $r_1=\langle c_1,\sigma_1\rangle$，$r_2=\langle c_2,\sigma_2\rangle$，等。如此一个执行序列 $r_0\rightarrow r_1\rightarrow\cdots\rightarrow r_i\rightarrow\cdots$ 称之为计算过程。称 $r_i\rightarrow r_{i+1}$ 表示从一步向下步的一次转换：

Trans：Command→State→Configuration

或者

Trans$[\![c]\!]$：State→Configuration

再或者

$\text{Trans}[\![c]\!]_\sigma=\{r'\mid\langle c,\sigma\rangle\rightarrow r'\}$

我们知道，定义语义时，应首先将一个具体文法变成抽象文法。定义如下的语法域：

a：ACom	原子命令
b：BExp	布尔表达式
in：IExp	输入表达式
out：OExp	输出表达式
P,Q,R：Plab	进程标号
x,y,z：Var	变量
c：Com	命令
gc：GCom	警戒命令(卫式命令)

还应当声明，我们忽略了进程声明、进程数组及带范围的卫式命令。与我们在10.5节定义的语法结构中还有不同的是(也是 Hoare 提出过的)增加了作为 guard 的输出命令。

其抽象文法为

$c::=a\mid\underline{\text{skip}}\mid\underline{\text{abort}}\mid c;c\mid\underline{\text{if}}\ gc\ \underline{\text{fi}}\mid\underline{\text{do}}\ gc\ \underline{\text{od}}$

$\quad\mid P?\ \text{in}\mid Q!\ \text{out}\mid c\parallel c\mid R::c\mid\underline{\text{process}}\ R;c$

$gc::=\underline{\text{empty}}\mid b\Rightarrow c\mid gc\,\square\,gc$

在定义 CSP 的操作语义时会碰到两个困难。

第一个困难是，在 Hoare 的语法定义中，输入命令可以出现在警戒(guard)及命令(command)两者之中。这种冗余出现，在一些人看来是会造成危险的。然而，它要求不能将 $b,P?x\rightarrow c$ 同 $b\rightarrow P?x,c$ 等同起来，因为第二个可以与 P 通讯，而第一个却不能。例如

$[R::\ \underline{\text{if}}\ \underline{\text{true}},P?x\rightarrow c_0\,\square\ \underline{\text{true}},Q?x\rightarrow P!2\ \underline{\text{fi}}\parallel Q::R!5\parallel P::R?x]$

与

$[R::\ \underline{\text{if}}\ \underline{\text{true}}\rightarrow P?x;c_0\,\square\,\underline{\text{true}},Q?x\rightarrow P!2\ \text{fi}\parallel Q::R!5\parallel P::R?x]$

前者将不出现死锁(如果 c_1 不死锁)，但后者会出现死锁。

第二个困难是如何分析并行命令，例如

$[P_1::c_1\parallel\cdots\parallel P_n::c_n]$

其中中缀操作符“‖”及“::”连接的表达式 $c_0 \parallel c_1$ 及 $P::c$，也有个作用域的问题。例如

$$[P::Q!5$$
$$\parallel Q::[R::P?x \parallel P::P?x]$$
$$\parallel R::[P::Q!3 \parallel Q::P?x]$$
$$]$$

外层的 P 的作用域应包括外层进程 Q 与 R，这样才能使 Q 与 R 同 P 进行通讯。我们希望外层的 P 与 Q 对内层 R 以及在 R 内的 P 与 Q 通讯。现在的问题是，外层的 P 与包括在 Q 内的内层 P 能否通讯，我们称这种情况为“selfdeadlock”。所以 Plotkin 对 CSP 在作用域规则上略作了修改，统一了作用域规则：进程的作用域在它的标号的作用域之中，它将不允许自己与自己通讯。关于这一点可以与 block 之中标号相比较，例如

$\underline{\text{begin}}\ L_1::c_1;\cdots;L_n::c_n\underline{\text{end}}$

其中 L_1 的作用域是整个 block，标号必须是显式声明的（像在 PASCAL 中那样），以这种方法显式声明一个进程。所以在上面的抽象文法中增加了 process$R;c$，因此在原 CSP 中的$(P_1::c_1 \parallel \cdots \parallel P_n::c_n)$则被看成

process P_1;…process P_n;$(P_1::c_1 \parallel (\cdots P_n::c_n\cdots))$

10.6.1 静态语义

静态语义在于检查用户编写的程序是否符合 CSP 的语法及语义要求。它相当于在 VDM 中对行文进行合式条件的检查。例如下面两个例子就是违背 CSP 规定的：

$x:=1 \parallel x:=2$——共享变量只能读不能写（如果有共享变量）

$P::c_0 \parallel P::c_1$——同一进程名定义两个不同进程

所谓只读不能写（或称之为“无干涉”），即下面情况是合式的：

$x:=5+y \parallel z:=2+y$

即两个并行命令中的 y 都在“:=”的右边。

为叙述方便，我们特定义

FV——可写可读变量集合。

RV——只读变量集合。

WV——只写变量集合。

FPL——自由进程标号函数。

对于上述集合，其特性函数可以用下面的结构归纳法定义（见图 10.16）。

	a	$\underline{\text{skip}}$	$\underline{\text{abort}}$	$c_0;c_1$	$\underline{\text{if}}\ gc\ \underline{\text{fi}}$	$\underline{\text{do}}\ gc\ \underline{\text{od}}$
RV	RV(a)	ϕ	ϕ	$V_0 \cup V_1$	RV(gc)	RV(gc)
WV	WV(a)	ϕ	ϕ	$V_0 \cup V_1$	WV(gc)	WV(gc)
FPL	ϕ	ϕ	ϕ	$I_0 \cup I_1$	FPL(gc)	FPL(gc)

(a)

图 10.16

	P? in	*Q*! out	$c_0 \parallel c_1$	R::c	process R;c
RV	ϕ	RV(out)	$V_0 \cup V_1$	RV(c)	RV(c)
WV	FV(in)	ϕ	$V_0 \cup V_1$	WV(c)	WV(c)
FPL	ϕ	ϕ	$I_0 \cup I_1$	$\{R\}$	FPL(c)$\backslash\{R\}$

(b)

	empty	$b \Rightarrow c$	$gc_0 \square gc_1$
RV	ϕ	FV(b)$\cup$RV(c)	$V_0 \cup V_1$
WV	ϕ	WV(c)	$V_0 \cup V_1$
FPL	ϕ	FPL(c)	$I_0 \cup I_1$

(c)

续图 10.16

当然,以上是需要验证的:

$$\mathrm{RV}(c_0;c_1)=\mathrm{RV}(c_0)\cup\mathrm{RV}(c_1)$$

$$\mathrm{WV}(c_0 \parallel c_1)=\mathrm{WV}(c_0)\cup\mathrm{WV}(c_1)$$

$$\mathrm{FPL}(gc_0 \square gc_1)=\mathrm{FPL}(gc_0)\cup\mathrm{FPL}(gc_1)$$

等。另有

$$\mathrm{FV}(c)=\mathrm{RV}(c)\cup\mathrm{WV}(c)$$

$$\mathrm{FV}(gc)=\mathrm{RV}(gc)\cup\mathrm{WV}(gc)$$

如果我们用

$$\vdash c$$

或

$$\vdash gc$$

表示 c 及 gc 是有效的,那么 CSP 的静态语义规则可以如下定义。

对于 command 有

(1) $\vdash a$

(2) $\vdash \underline{\mathrm{skip}}$

(3) $\vdash \underline{\mathrm{abort}}$

(4) $\dfrac{\vdash c_0, \vdash c_1}{\vdash c_0;c_1}$

(5) $\dfrac{\vdash gc}{\vdash \underline{\mathrm{if}}\ gc\ \underline{\mathrm{fi}}}$

(6) $\dfrac{\vdash gc}{\vdash \underline{\mathrm{do}}\ gc\ \underline{\mathrm{od}}}$

(7) $\vdash P?\ \underline{\mathrm{in}}$

(8) $\vdash Q!\ \underline{\mathrm{out}}$ (无干涉及进程名不同)

(9) $\dfrac{\vdash c_0, \vdash c_1}{\vdash c_0 \parallel c_1}$ (如果 $\mathrm{FV}(c_0)\cap\mathrm{WV}(c_1)=\mathrm{FV}(c_1)\cap\mathrm{WV}(c_0)=\phi$,并且 $\mathrm{FPL}(c_0)\cap\mathrm{FPL}(c_1)=\phi$)

(10) $\dfrac{\vdash c}{\vdash R::c}$　　（注意，我们已经在前面声明过，c 内部如有进程则必须有声明）

(11) $\dfrac{\vdash c}{\vdash \text{process } R:c}$　　（无干涉及进程名不同）

对于卫式命令有

(1) $\vdash$ empty

(2) $\dfrac{\vdash c}{\vdash b \Rightarrow c}$

(3) $\dfrac{\vdash gc_0, \vdash gc_1}{\vdash gc_0 \,\square\, gc_1}$

下面，我们就来讨论 CSP 的操作语义。

10.6.2　动态语义(操作语义)

在系统地给出 CSP 的动态语义之前，我们先看几个小例子。

输出命令 $Q!x$。我们知道，输出命令仅改变环境状态，而不改变该命令执行机的内部状态。如果用 σ 表示执行机内部状态，那么应当有 $\langle Q!x,\sigma\rangle \rightarrow \sigma$。例如 $Q!x$ 为 $Q!2$，则可以写成

$$\langle Q!x,\sigma\rangle \xrightarrow{Q!2} \sigma$$

输入命令 $\langle P?y,\sigma\rangle$ 是改变命令执行机状态的，所以有

$$\langle P?y,\sigma\rangle \xrightarrow{P?2} \sigma[2/y]$$

即意味着从进程 P 输入 2，将改变内部状态 $\sigma[y=2]$（即使 y 有 2 值）。

对于命令 $P::Q!x$，则表示进程 P 输出 2 给进程 Q，可以写成

$$\langle P::Q!x,\sigma\rangle \xrightarrow{P,Q!2} \sigma$$

同样，对于命令 $Q::P?y$，它表示进程 Q 从进程 P 输入 2 并赋给变量 y，可以写成

$$\langle Q::P?y,\sigma\rangle \xrightarrow{Q,P?2} \sigma[2/y]$$

对于并行命令 $[P::Q!x \parallel Q::P?y]$，同样也可以表示成

$$\langle [P::Q!x \parallel Q::P?y],\sigma\rangle \xrightarrow{C} \sigma[2/y]$$

为了叙述清楚，我们首先定义标号转换系统（有人称之为“归约系统”）。

定义 10.14　一个标号转换系统是一四元式 $\langle \Gamma, T, \Lambda, \rightarrow\rangle$，其中 Γ 是格局的集合，$T \subseteq \Gamma$ 是终极格局的集合，Λ 是标号集合，$\rightarrow \subseteq \Gamma \times \Lambda \times \Gamma$ 是一转换关系，使得

$$(\forall r \in \Gamma)(\forall \lambda \in \Lambda)(\forall r' \in \Gamma)\, r \xrightarrow{\lambda} r'$$

而格局的定义为

$$\Gamma_c = \{\langle c,\sigma\rangle \mid \vdash c\} \cup \{\sigma\} \cup \{\underline{\text{abortion}}\}$$

$$\Gamma_{gc} = \{\langle gc,\sigma\rangle \mid \vdash gc\} \cup \{\langle c,\sigma\rangle \mid \vdash c\} \cup \{\underline{\text{failure}}, \underline{\text{abortion}}\}$$

上面的下标 c 与 gc 则分别表示命令与卫式命令。另有

$$T_c=\{\sigma\}\cup\{\underline{\text{abortion}}\}$$

$$T_{gc}=\{\langle c,\sigma\rangle \mid \vdash c\}\cup\{\sigma\}\cup\{\underline{\text{failure}},\underline{\text{abortion}}\}$$

failure(失败)及abortion(夭折或异常终止)有什么差别呢?从前面的 $\Gamma_c\,\Gamma_{gc}$,T_c 及 T_{gc} 的定义,对于命令而言abortion 表示非正常状态下的终止。而对于卫式命令,则有两种异常或错误的表示。把在 guard 位置上发生错误(例如所有 guard 都为假)定义为failure,而在卫式命令中命令处仍定义了abortion。如用一个图示之为图 10.17。

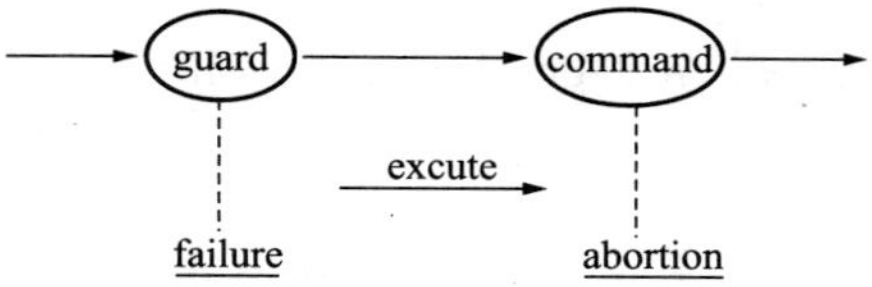

图 10.17

或简单定义

failure:不能通过guard。

abortion:不能到达正常终止状态而终止。

对标号而言有

$$\begin{aligned}\Lambda_c &=\Lambda_{gc}\\ &=\{P?v,P,Q?v,Q!v,P,Q!v \mid \\ &\qquad\qquad P,Q\in Lab,P\neq Q,v\in V\}\cup\{\varepsilon\}\end{aligned}$$

其中

$P?v$:从进程 P 向一个未知进程输入 v_0。

$P,Q?v$ 进程 P 从进程 Q 输入 v。

$Q!v$ 一个未知进程输出 v 到 Q。

$P,Q!v$ 进程 P 输出 v 到进程 Q。

对于转换关系→则有

$$\rightarrow_a\subseteq\{\langle a,\sigma\rangle\}\times T_c$$

$$\rightarrow_b\subseteq\{\langle b,\sigma\rangle\}\times(T\cup\{\underline{\text{abortion}}\})$$

$$\rightarrow_{\text{in}}\subseteq\{\langle \text{in},\sigma\rangle\}\times\{V\}\times\{\sigma\}$$

$$\rightarrow_{\text{out}}\subseteq\{\langle \text{out},\sigma\rangle\}\times(\{V\}\cup\{\underline{\text{abortion}}\})$$

下面我们给出 CSP 的操作语义规则。

(1)commands:

Atomic: $$\frac{\langle a,\sigma\rangle\rightarrow a^r}{\langle a,\sigma\rangle\xrightarrow{\varepsilon}c^r}$$

skip:

$$\langle \underline{\text{skip}},\sigma\rangle\xrightarrow{\varepsilon}\sigma$$

abort:

$\langle \underline{\text{abort}}, \sigma\rangle \xrightarrow{\varepsilon} \underline{\text{abortion}}$

(2) composition：

$$\frac{\langle c_0, \sigma\rangle \xrightarrow{\lambda} \langle c_0', \sigma'\rangle \mid \sigma' \mid \underline{\text{abortion}}}{\langle c_0; c_1, \sigma\rangle \xrightarrow{\lambda} \langle c_0'; c_1, \sigma'\rangle \mid \langle c_1, \sigma'\rangle \mid \underline{\text{abortion}}}$$

(3) conditional：

$$\frac{\langle gc, \sigma\rangle \xrightarrow{\lambda} \langle c, \sigma'\rangle \mid \sigma' \mid \underline{\text{failure}} \mid \underline{\text{abortions}}}{\langle \underline{\text{if}}\ gc\ \underline{\text{fi}}, \sigma\rangle \xrightarrow{\lambda} \langle c, \sigma'\rangle \mid \sigma' \mid \underline{\text{abortion}} \mid \underline{\text{abortion}}}$$

(4) repetition：

$$\frac{\langle gc, \sigma\rangle \xrightarrow{\lambda} \langle c, \sigma\rangle \mid \sigma' \mid \underline{\text{failure}} \mid \underline{\text{abortion}}}{\langle \underline{\text{do}}\ gc\ \text{od}, \sigma\rangle \xrightarrow{\lambda} \langle c; \underline{\text{do}}\ gc\ \underline{\text{od}}, \sigma'\rangle \mid \langle \underline{\text{do}}\ gc\ \underline{\text{od}}, \sigma'\rangle \mid \sigma \mid \underline{\text{abortion}}}$$

(5) input

$$\frac{\langle \text{in}, \sigma\rangle \xrightarrow{v} \sigma'}{\langle P?\ \underline{\text{m}}, \sigma\rangle \xrightarrow{P?v} \sigma'}$$

(6) out put：

① $$\frac{\langle \underline{\text{out}}, \sigma\rangle \rightarrow v}{\langle Q!\ \underline{\text{out}}, \sigma\rangle \xrightarrow{Q!v} \sigma}$$

② $$\frac{\langle \underline{\text{out}}, \sigma\rangle \rightarrow \underline{\text{abortion}}}{\langle Q!\ \underline{\text{out}}, \sigma\rangle \xrightarrow{\varepsilon} \underline{\text{abortion}}}$$

(7) parallel command：

① $$\frac{\langle c_0, \sigma\rangle \xrightarrow{\lambda} \langle c_0, \sigma'\rangle \mid \sigma' \mid \underline{\text{abortion}}}{\langle c_0 \parallel c_1, \sigma\rangle \xrightarrow{\lambda} \langle c'_0 \parallel c_1, \sigma'\rangle \mid \langle c_1, \sigma'\rangle \mid \underline{\text{abortion}}}$$

(如果 σ 是独立于 c_1 的)

② $$\frac{\langle c_1, \sigma\rangle \xrightarrow{\lambda} \langle c'_1, \sigma'\rangle \mid \sigma' \mid \underline{\text{abortion}}}{\langle c_0 \parallel c_1, \sigma\rangle \xrightarrow{\lambda} \langle c_0 \parallel c'_1, \sigma'\rangle \mid \langle c_0, \sigma'\rangle \mid \underline{\text{abortion}}}$$

(如果 λ 是独立于 c_0 的)

③ $$\frac{\langle c_0, \sigma\rangle \xrightarrow{P,Q!v} \langle c'_0, \sigma\rangle \mid \sigma, \langle c_1, \sigma\rangle \xrightarrow{P,Q?v} \langle c'_1, \sigma'\rangle \mid \sigma'}{\langle c_0 \parallel c_1, \sigma\rangle \xrightarrow{\varepsilon} \langle c'_0 \parallel c_1, \sigma'\rangle \mid \langle c'_0, \sigma'\rangle \mid \langle c'_1, \sigma'\rangle \mid \sigma'}$$

④ $$\frac{\langle c_0, \sigma\rangle \xrightarrow{P,Q?v} \langle c'_0, \sigma'\rangle \mid \sigma', \langle c_1, \sigma\rangle \xrightarrow{P,Q!v} \langle c'_1, \sigma\rangle \mid \sigma}{\langle c_0 \parallel c_1, \sigma\rangle \xrightarrow{\varepsilon} \langle c_0' \parallel c_1', \sigma'\rangle \mid \langle c_0', \sigma'\rangle \mid \langle c_1', \sigma'\rangle \mid \sigma'}$$

第①与②是对称相反的，③与④也是对称相反的。

(8) labelling：

首先定义部分函数“$R::$”：$\Lambda_c \rightharpoonup \Lambda_c$，并有下面定义：

$$R::\lambda=\begin{cases}\varepsilon, & \text{如是 } \lambda=\varepsilon \\ P,R?v, & \text{如果 } \lambda=P?v \ \underline{\text{and}}\ P\neq R \\ P,R?v, & \text{如果 } \lambda=P,Q?v \ \underline{\text{and}}\ P\neq R \\ R,Q!v, & \text{如果 } \lambda=Q!v \ \underline{\text{and}}\ R\neq Q \\ R,Q!v, & \text{如果 } \lambda=P,Q!v \ \underline{\text{and}}\ R\neq Q\end{cases}$$

其操作规则为

$$\frac{\langle c,\sigma\rangle \xrightarrow{\lambda} \langle c',\sigma'\rangle \mid \sigma' \mid \underline{\text{abortion}}}{\langle R::c,\sigma\rangle \xrightarrow{\lambda'} \langle R::c',\sigma'\rangle \mid \sigma' \mid \underline{\text{abortion}}} \quad (\text{如果 } \lambda'=R::\lambda)$$

(9)process declaration：

需要定义部分函数“$R;$”：$\Lambda_c \rightharpoonup \Lambda_c$，并有

$$R;\lambda=\begin{cases}\varepsilon, & \text{如果 } \lambda=\varepsilon \\ \lambda, & \text{如果 } \lambda=P?v \ \underline{\text{and}}\ P\neq R \\ \lambda, & \text{如果 } \lambda=P,Q?v \ \underline{\text{and}}\ P\neq R \ \underline{\text{and}}\ P\neq Q \\ P?v, & \text{如果 } \lambda=P,R?v \\ \lambda, & \text{如果 } \lambda=Q!v \ \underline{\text{and}}\ R\neq Q \\ \lambda, & \text{如果 } \lambda=P,Q!v \ \underline{\text{and}}\ P=R \ \underline{\text{and}}\ Q\neq R \\ Q!v, & \text{如果 } \lambda=R,Q!v\end{cases}$$

其操作规则为

$$\frac{\langle c,\sigma\rangle \xrightarrow{\lambda} \langle c',\sigma'\rangle \mid \sigma' \mid \underline{\text{abortion}}}{\langle \underline{\text{process}}\ R;c,\sigma\rangle \xrightarrow{\lambda'} \langle \underline{\text{process}}\ R;c',\sigma'\rangle \mid \sigma' \mid \underline{\text{abortion}}}$$
$$(\text{如果 } \lambda'=R;\lambda)$$

考虑如下情况对理解这个规则是有益的：

$\underline{\text{process}}\ R;\cdots \parallel R::P?x \parallel \cdots$

$\underline{\text{process}}\ R;\cdots \parallel Q::R?x \parallel \cdots$

$\underline{\text{process}}\ R;\cdots \parallel R::Q!x \parallel \cdots$

$\text{process}\ R;\cdots \parallel P::R!x \parallel \cdots$

(10)guard commands：

empty：

$$\langle \underline{\text{empty}},\sigma\rangle \xrightarrow{\varepsilon} \underline{\text{failure}}$$

guard：

① $$\frac{\langle b,a\rangle \rightarrow_b \text{tt}, \langle c,\sigma\rangle \xrightarrow{\lambda} r}{\langle b\Rightarrow c,\sigma\rangle \xrightarrow{\lambda} r}$$

② $$\frac{\langle b,\sigma\rangle \rightarrow_b \underline{\text{ff}} \mid \underline{\text{abortion}}}{\langle b\Rightarrow c,\sigma\rangle \xrightarrow{\varepsilon} \underline{\text{failure}} \mid \underline{\text{abortion}}}$$

alternative:

$$①\ \frac{\langle gc_0,\sigma\rangle \xrightarrow{\lambda} \langle c_0,\sigma'\rangle \mid \sigma' \mid \underline{\text{abortion}}}{\langle gc_0 \square gc_1,\sigma\rangle \xrightarrow{\lambda} \langle c_0,\sigma'\rangle \mid \sigma' \mid \underline{\text{abortion}}}$$

$$②\ \frac{\langle gc_1,\sigma\rangle \xrightarrow{\lambda} \langle c_1,\sigma'\rangle \mid \sigma' \mid \underline{\text{abortion}}}{\langle gc_0 \square gc_1,\sigma\rangle \xrightarrow{\lambda} \langle c_1,\sigma'\rangle \mid \sigma' \mid \underline{\text{abortion}}}$$

$$③\ \frac{\langle gc_0,\sigma\rangle \xrightarrow{\varepsilon} \underline{\text{failure}},\langle gc_1,\sigma\rangle \xrightarrow{\varepsilon} \underline{\text{failure}}}{\langle gc_0 \square gc_1,\sigma\rangle \xrightarrow{\varepsilon} \underline{\text{failure}}}$$

CSP 语言的操作语义就如此了。后面,我们还将定义通讯失败;先举一个小例子。

例 10.12 有如下并行命令:

$$\text{PAR} = \underline{\text{process}}\ A,B;A::\text{CR?}\ \text{card} \parallel B::\text{LB!}\ \text{Line}$$

可以有下面计算序列:

$$\langle \text{PAR},\sigma_1\rangle \xrightarrow{\text{CR?}c} \langle \underline{\text{process}}\ A,B;B::\text{LP!}\ \text{Line},\sigma_2\rangle$$

因为

$$\langle \underline{\text{process}}\ B;A::\text{CR?}\ \text{card} \parallel B::\text{LP!}\ \text{line},\sigma_1\rangle$$

$$\xrightarrow{\text{CR},A?c_2} \langle \underline{\text{process}}\ B;B::\text{LP!}\ \text{line},\sigma_2\rangle$$

因为

$$\langle A::\text{CR?}\,\text{card} \parallel B::\text{LP!}\ \text{line},\sigma_1\rangle \xrightarrow{\text{CR},A?c_2} \langle B::\text{LP!}\ \text{line},\sigma_2\rangle$$

因为

$$\langle A::\text{CR?}\,\text{card},\sigma_1\rangle \xrightarrow{\text{CR},A?c_2} \sigma_2$$

因为

$$\langle \text{CR?}\,\text{card},\sigma_1\rangle \xrightarrow{\text{CR?}c_2} \sigma_2$$

因为

$$\langle \text{card},\sigma_1\rangle \xrightarrow{c_1} \sigma_2$$

用一图表示为图 10.18。

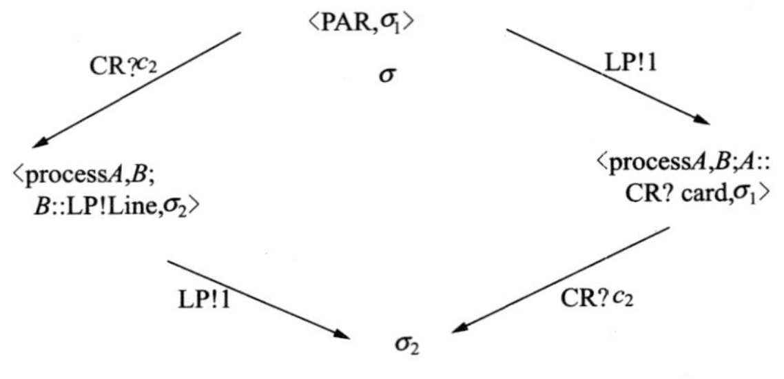

图 10.18

下面向读者介绍一个方面的专门语义定义，即通讯失败。

Hoare 在他的 CSP 的描述中指出，在 guard 中的输入/输出命令如果与已经终止的进程通讯将失败。为了处理这个问题，我们在状态中引入了未终止进程标号。如果将 $b,P?x\rightarrow c$ 与 $b\Rightarrow P?x;c$ 等同起来，那么命令也有失败，此时转换系统的格局将重新定义：

$$\Gamma_c=\{\langle c,\sigma,L\rangle \mid \mathrm{FLO}(c)\subseteq L\}\cup\{\langle\sigma,L\rangle\}\cup\{\underline{\text{failure}},\underline{\text{abortion}}\}$$

$$\Gamma_{gc}=\{\langle gc,\sigma,L\rangle \mid \mathrm{FLO}(gc)\subseteq L\}\cup\Gamma_c$$

其中 L 是 PLab 的有穷子集，T_c 及 T_{gc} 可以照做，Λ_c 及 Λ_{gc} 保持同前面的定义。

给出如下的规则：

(1) $\underline{\text{commands}}$：

$$\underline{\text{atomic}}\ \frac{\langle a,\sigma\rangle\rightarrow\sigma' \mid \underline{\text{abortion}}}{\langle a,\sigma,L\rangle\rightarrow\langle\sigma',L\rangle \mid \underline{\text{abortion}}}$$

$\underline{\text{skip}}$,$\underline{\text{abort}}$ 是显然的。

(2) $\underline{\text{composition}}$：

$$\frac{\langle c_0,\sigma,L\rangle\xrightarrow{\lambda}\langle c'_0,\sigma',L'\rangle \mid \langle\sigma',L'\rangle \mid \underline{\text{abortion}} \mid \underline{\text{failure}}}{\langle c_0;c_1,\sigma,L\rangle\xrightarrow{\lambda}\langle c'_0;c_1,\sigma',L'\rangle \mid \langle c_1,\sigma',L'\rangle \mid \underline{\text{abortion}} \mid \underline{\text{failure}}}$$

(3) $\underline{\text{conditional}}$ 是显然的。

(4) $\underline{\text{repetition}}$ 是显然的。

(5) $\underline{\text{input}}$：

① $$\frac{\langle \underline{\text{in}},\sigma\rangle\xrightarrow{v}\sigma'}{\langle P?\,\underline{\text{in}},\sigma,L\rangle\xrightarrow{P?v}\sigma'}$$ （如果 $P\in L$）

② $\langle P?\,\underline{\text{in}},\sigma,L\rangle\xrightarrow{\varepsilon}\underline{\text{failure}}$ （如果 $P\notin L$）

(6) $\underline{\text{output}}$：

① $$\frac{\langle \text{out},\sigma\rangle\rightarrow v}{\langle Q!\,\underline{\text{out}},\sigma,L\rangle\xrightarrow{Q!v}\langle\sigma,L\rangle}$$ （如果 $Q\in L$）

② $$\frac{\langle \underline{\text{out}},\sigma\rangle\rightarrow\underline{\text{abortion}}}{\langle Q!\,\underline{\text{out}},\sigma,L\rangle\xrightarrow{\varepsilon}\underline{\text{abortion}}}$$

③ $\langle Q!\,\underline{\text{out}},\sigma,L\rangle\xrightarrow{\varepsilon}\underline{\text{failure}}$ （如果 $Q\notin L$）

(7) $\underline{\text{parallel}}$：

①～④规则同前文所定义。

⑤ $$\frac{\langle c_0,\sigma,L\rangle\xrightarrow{\varepsilon}\underline{\text{failure}},\langle c_1,\sigma,L\rangle\xrightarrow{\varepsilon}\underline{\text{failure}}}{\langle c_0\parallel c_1,\sigma,L\rangle\xrightarrow{\varepsilon}\underline{\text{failure}}}$$

(8) $\underline{\text{labelling}}$：

$$\frac{\langle c,\sigma,L\rangle \xrightarrow{\lambda} \langle c',\sigma',L'\rangle \mid \langle \sigma',L'\rangle \mid \underline{\text{abortion}} \mid \underline{\text{failure}}}{\langle R{::}c,\sigma' L\rangle \xrightarrow{\lambda'} \langle R{::}c',\sigma',L\rangle \mid \langle \sigma',L'\backslash\{R\}\rangle \mid \underline{\text{abortion}} \mid \underline{\text{failure}}}$$

（如果 $\lambda'=R{::}\lambda$）

(9) process declaration：

$$\frac{\langle c,\sigma,L_0\rangle \xrightarrow{\lambda} \langle c',\sigma',L'_0\rangle \mid \langle \sigma',L'_0\rangle \mid \underline{\text{abortion}} \mid \underline{\text{failure}}}{\langle \underline{\text{process}}\ R;c,\sigma,L\rangle \xrightarrow{\lambda'} \langle \underline{\text{process}}\ R;c',\sigma',L''_0\rangle \mid \langle \sigma',L''_0\rangle \mid \underline{\text{abortion}} \mid \underline{\text{failure}}}$$

（如果$\lambda'=\underline{\text{process}}\ R;\lambda$ and 其中 $L_0=L\cup\{R\mid R\in \text{FLO}(c)\}$ and $L''_0=L'_0\cup\{R\mid R\in L\}$）

guard commads 同前文所述。

下面，我们再举一个例子。

例 10.13 有如下的转换序列：

$\langle[P{::}\underline{\text{skip}}\parallel Q{::}\underline{\text{do}}\ \underline{\text{true}}\Rightarrow P?x\ \underline{\text{od}}],\sigma,\varnothing\rangle$

$\xrightarrow{\varepsilon}\langle \underline{\text{process}}\ P,Q;Q{::}\underline{\text{do}}\ \underline{\text{true}}\Rightarrow P?x\ \underline{\text{od}},\sigma,\varnothing\rangle$

$\xrightarrow{\varepsilon}\langle\sigma,\phi\rangle$

这第一个转换成立是因为

$$\langle \underline{\text{process}}\ Q;P{::}\underline{\text{skip}}\parallel Q{::}\cdots,\sigma,\{P\}\rangle \xrightarrow{\varepsilon} \langle \underline{\text{process}}\ Q;Q{::}\cdots,\sigma,\varnothing\rangle$$

因为

$$\langle P{::}\underline{\text{skip}}\parallel Q{::}\cdots,\sigma,\{P,Q\}\rangle \xrightarrow{\varepsilon} \langle Q{::}\cdots,\sigma,\{Q\}\rangle。$$

因为

$$\langle P{::}\underline{\text{skip}},\sigma',\{P,Q\}\rangle \xrightarrow{\varepsilon} \langle\sigma,\{Q\}\rangle$$

因为

$$\langle \underline{\text{skip}},\sigma,\{P,Q\}\xrightarrow{\varepsilon}\langle\sigma,\{P,Q\}\rangle$$

第二个转换成立是因为

$$\langle Q{::}\ \underline{\text{do}}\ \underline{\text{true}}\Rightarrow P?x\ \underline{\text{od}},\sigma,\{Q\}\rangle \xrightarrow{\varepsilon} \langle\sigma,\varnothing\rangle$$

因为

$$\langle \underline{\text{do}}\ \underline{\text{true}}\Rightarrow P?x\ \underline{\text{od}},\sigma,\{Q\}\rangle \xrightarrow{\varepsilon} \langle\sigma,\{Q\}\rangle$$

因为

$$\langle \underline{\text{true}}\Rightarrow P?x,\sigma,\{Q\}\rangle \xrightarrow{\varepsilon} \underline{\text{failure}}$$

因为

$$\langle P?x,\sigma,\{Q\}\rangle \xrightarrow{\varepsilon} \underline{\text{failure}}$$

CSP 的操作语义就介绍到这里。我国计算机科学家李未教授曾采用这种方法为 Ada 语言定义了操作语义[10]。

10.7 进程与通讯网络的抽象数据类型

这一节，我们用代数方法对进程与通讯网络进行描述。

10.7.1 概 述

并发程序设计是以进程为基础，为完成进程之间的通讯控制的程序设计。在这方面已有许多研究，但把进程与通讯作为抽象数据类型却是个新问题。早在并发 PASCAL 语言上，后来在 Ada 语言中都相应定义了进程类型(在 Ada 语言中称之为 task type)。但在并发 PASCAL 语言中的类型概念，并不是一类别代数理论概念，当然也就不是抽象数据类型概念。由于是非代数理论的，因为其不完全性、非构造性、非显式性而很难测试及保证其正确性。在 Ada 语言中的 task type 是一个纯语法概念的类型，没有定义进程操作，所以就无法对进程状态进行控制。

并发程序设计是依赖于操作系统的(或者实时操作系统)。一个操作系统的核心可以分成进程管理、存储管理、文件管理、进程通讯等几个大方面。如果在考虑虚存这个概念时，存储管理与文件管理可以都看成存储管理。而存储管理可以统一定义成一个类型(例如我们在第 5 章谈到的那样)。如果我们能够对进程与通讯网络进行抽象数据类型的定义，那么一个操作系统就可以基于抽象数据类型来形式地说明了，这当然是我们极感兴趣的事情(见第 5 章 5.7 节)。

将进程与通讯定义为抽象数据类型，用这两个类型去富化程序设计语言，就可以使这个程序设计语言具有并发程序设计的能力。将进程与通讯两个类型去丰富抽象数据类型库系统，便可以在这个库系统上做并发软件自动生成的工作及并发软件重用性的工作。

进程即为程序的执行。程序、程序运行状态与进程通讯港口一起构成了进程的对象。进程状态的改变是由进程的操作完成的。进程的类型是由进程对象的值集与进程操作所组成的。显然，进程对象值集不同，进程的类型也就不同。不同的进程类型构成一个范畴，我们将它称为进程的抽象数据类型。具体的进程类型称之为实例进程类型。

通讯网络的一个对象是由进程与通道所组成的。将这些通讯网络对象集合与通讯网络的操作集合联系在一起，便构成了通讯网络的类型，将不同的通讯网络类型构成一个范畴，便称之为通讯网络的抽象数据类型。

10.7.2 进程的抽象数据类型

这一小节，我们首先定义进程对象及其集合，然后定义进程对象上的操作的集合。有这两个定义后，我们就可以定义进程的类别代数、进程类别代数的范畴、进程的抽象数据类型。最后讨论进程抽象数据类型的说明。

一个进程对象是由程序、程序运行状态及输入/输出港口所组成。输入/输出港口又是什么呢？实际上是由执行通讯任务的输入/输出程序及其运行状态所组成的。因此，进程对象实际上可以归纳成两类，第一类是初始进程对象(例如在港口中完成输入/输出任务的进程对象)，第二类是复合进程对象，即进程对象中嵌套有初始进程对象或进程对象。

为了将进程对象的定义适合于各个层次的通讯协议，一个进程应具有港口。港口中的初始进程是完成通讯协议的，而一个通讯协议实际上是由一对互相匹配的输入/输出程序所组成的。如何描述通讯协议中的一对相互匹配的输入/输出程序呢？我们可以借助有穷时序机(具有输出能力的有穷自动机)。我们假定读者熟悉这方面的内容。

定义 10.15(互补有穷时序机)　令 S,D 是两个有穷时序机，令 $I(S),O(S)$ 是有穷时序机 S 的输入字的集合与输出字的集合，$I(D),O(D)$ 是有穷时序机 D 的输入字的集合与输出字的集合。如果这两个时序机满足如下条件之一，称它们是互补的。

(1) 对于如下图所示的时序机关系

有 $I(D)=O(S)$。

(2) 对于如下图所示的时序机关系

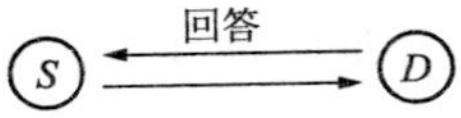

有

①$I(D)=O(S)$。

②令 $W\in I(S)$ 并有 $W=S_1\cdots S_n$，令 $r\in O(D)$ 并有 $r=d_1\cdots d_m$ $(n\geqslant m)$，如果有 $V(i)\in[1,\cdots,n]$ $(i=1,\cdots,m)$ 时 $di=Sv(i)$，并且在 $i<j$ 时 $Sv(i)$ 在 W 中的位置序号小于 $Sv(j)$ 在 W 中的位置序号。

(3) 对于如下图所示的时序机关系

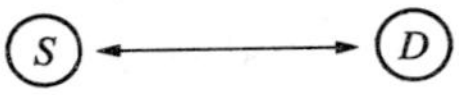

有

① $I(S)=O(D)$。

② $I(D)=O(S)$。

下面，我们举一个例子。

例 10.14　有如下的两个有穷时序机：

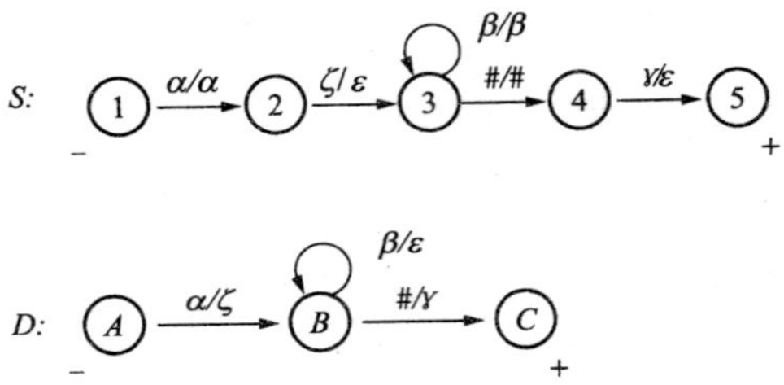

对于有穷时序机 S 有

$$I(S)=\alpha\zeta\beta^{*}\#\gamma$$

$$O(S)=\alpha\beta^{*}\#$$

对于有穷时序机 D 有

$$I(D)=\alpha\beta^{*}\#$$

$$O(D)=\zeta\gamma$$

根据互补有穷时序机定义的第二个条件，可以判定 S,D 是互补的，并记为 $D=\overline{S}$。在有穷时序机等价意义上，有$\overline{\overline{S}}=S$。

定义 10.16 令实现有穷时序机 S 功能的程序为 P_S。设有两个有穷时序机 S，D，其程序分别为 P_S,P_D。如果 S 与 D 是互补的，则 P_S 与 P_D 也是互补的。如果 P_S，P_D 是互补的，那么二元组(P_S,P_D)被称之为通讯协议。

将上述的讨论延伸，可以定义任意程序 f 为一个三元组(I,F,O)，其中 I,O 是完成有序时序机功能的输入、输出程序，其中 F 为 f 的功能程序，F 与 I,O 之间是程序调用关系(注意，不是进程通讯关系)。对于两个任意程序 $f_1=(I_1,F_1,O_1)$，$f_2=(I_2,F_2,O_2)$，如果 I_1 与 O_2，或者 I_2 与 O_1 是互补的，那么程序 f_1,f_2 在通讯协议意义上是互补的(因为我们没有定义任意程序(或说 Turing 机)的互补概念)。

下面，我们定义进程对象的集合。

定义 10.17(初始进程值对象集合) 初始进程值对象集合为

$$\underline{P}=\{p_i=(c_i,f)\mid c_i\in C \ \underline{\text{and}}\ 0\leqslant i\leqslant n \ \underline{\text{and}}\ n=\text{Card}(C)-1\}$$

其中 C 是进程状态的集合，并且 $C=\{c_i\mid 0\leqslant i\leqslant n\}$，$f$ 是一程序。

定义 10.18(互补初始进程值对象集合) 令$\underline{P},\underline{Q}$是两个初始进程值对象的集合，如果它们具有相同的状态集合，并且$\underline{P}$ 中的程序 f 与$\underline{Q}$ 中的程序 g 是互补的(通讯协议互补的)，那么称$\underline{P},\underline{Q}$ 是互补的，并记为$\underline{P}=\overline{\underline{Q}}(\underline{Q}=\overline{\underline{P}})$。

定义 10.19(进程值对象集合) 进程值对象集合为

$$\underline{P}=\{P_i=(c_i,f,\gamma)\mid c_i\in \underline{C}\ \underline{\text{and}}\ 0\leqslant i\leqslant n\ \underline{\text{and}}\ n=\text{card}(S)-1$$
$$\underline{\text{and}}\ (c_i,f)\text{与 }\gamma\text{ 中的每一个对象是(通讯协议)互补的}\}$$

其中$\underline{C}$ 为进程状态集合并且 $C=\{c_i\mid 0\leqslant i\leqslant n\}$，$f$ 为一程序；γ 为一港口集合被定义为

$$\gamma=\{x_1:\underline{P}_1,\cdots,x_m:\underline{P}_m;y_1:\underline{Q}_1,\cdots,y_n:\underline{Q}_n\}$$

其中$\underline{P}_1,\cdots,\underline{P}_m,\underline{Q}_1,\cdots,\underline{Q}_n$ 表示初始进程对象的集合。

定义 10.20(互补进程对象集合) 令$\underline{P},\underline{Q}$是两个进程值对象集合，如果它们有相同的进程状态集合，并且两个港口集合是(通讯协议)互补的，那么称$\underline{P},\underline{Q}$ 是(通讯协议)互补的。

下面，我们再来定义进程操作。

定义 10.21(进程操作) 令进程值对象的集合有$\underline{P}_0,\underline{P}_1,\cdots,\underline{P}_n$，其进程操作定义为

$$\sigma:\underline{P}_1\times\cdots\times\underline{P}_n\rightarrow\underline{P}_0$$

如令 $t_i\in\underline{P}_i(1\leqslant i\leqslant n)$，那么 $\sigma(t_1,\cdots,t_n)\in\underline{P}_0$ 被称之为 σ 对于$(t_1,\cdots,t_n)$的施用。

定义 10.22(进程值对象的等概念)　$\underline{P}$ 是进程对象的集合，并令 $x,y\in\underline{P}$ 是任意两个进程对象，如果下面的条件被满足，那么 $x=y$。

(1) 对于初始进程值对象 $x=(c_1,f_1)$，$y=(c_2,f_2)$，如果 $c_1=c_2$，$f_1=f_2$，那么 $x=y$。

(2) 对于进程值对象 $x(c_1,f_1,\gamma_1)$，$y=(c_2,f_2,\gamma_2)$，如果 $c_1=c_2$，$f_1=f_2$，$\gamma_1=\gamma_2$，那么 $x=y$。

定义 10.23(进程类别代数)　一个进程类别代数是一个三元组 $A=(S,X,E)$，其中 S 是(进程)类别名的集合；Σ 是在 S 中的类别名所表示的值集上操作的集合；$\Sigma=\{\Sigma_{w,c}\mid w\in S^*,c\in S\}$，当 w 为空时，记为 $\Sigma_{\lambda,c}$；E 是 Σ 中操作应满足的公理(等式)集合。

注意：进程类别名 $P\in S$ 所表示的进程对象集合被记为$\underline{P}$。

下面，我们举两个例子。

例 10.15　首先定义一个初始进程类别代数。令状态集合

$$C=\{\text{CREATED},\text{OPENED},\text{CLOSED},\text{EXCEPTION}\}$$

对于任意程序 f，其进程值对象集合(类别名记为 P_0)：

$$\underline{P_0}=\{(\text{CREATED},f),(\text{OPENED},f),(\text{CLOSED},f),(\text{EXCEPTION},f)\}$$

其进程操作的集合(Σ)为

create:(　)→P

open:P→P

close:P→P

get:P→C

这些操作应满足如下的公理：

(1) get(create(　))=CREATED

(2) get(open(P))=<u>if</u> get(P)=CREATED
　　<u>then</u> OPENED
　　<u>else</u> EXCEPTION

(3) get(close(P))=<u>if</u> get(P)=OPENED
　　<u>then</u> CLOSED
　　<u>else</u> EXCEPTION

例 10.16　在例 10.15 的基础上，再做如下定义：状态集合

$$C=\{\text{CREATED},\text{ACTIVATED},\text{SUSPENDED},\text{TERMINATED},\text{EXCEPTION}\}$$

对于任意程序 g，其进程值对象集合(类别名为 P_1)为

$$\underline{P_1}=\{(\text{CREATED},g,\gamma),(\text{ACTIVATED},g,\gamma)\ (\text{SUSPENDED},g,\gamma),(\text{TERMINATED},g,\gamma),(\text{EXCEPTION},g,\gamma)\}$$

其中 $\gamma=\{x:\underline{P_0},y:\overline{\underline{P_0}}\}$。

进程操作的集合(Σ)为

create:( )→P

activate:P→P

suspend:P→P

terminate:P→P

get:P→C

这些操作应满足如下公理:

(1) get(create( ))=CREATED

(2) get(activate(P))=if get(P)=CREATED
or get(P)=SUSPENDED then ACTIVATED
else EXCEPTION

(3) get(suspend(P))=if get(P)=ACTIVATED
then SUSPENDED else EXCEPTION

(4) get(terminate(P))=if get(P)=ACTIVATED
then TERMINATED else EXCEPTION

从上面的讨论中我们可以看出,进程类别代数与通常谈到的类别代数是一致的,只是类别名所表示的集合是进程对象集合罢了。

有时,我们称类别代数为Σ-代数。所谓Σ-代数是指类别名所表示的集合中的每一个对象都可以用Σ-项表示。下面定义Σ-项。

定义 10.24(Σ-项) Σ-项(Σ-terms)被如下定义:

(1) $\Sigma_{\lambda,c}$是一个Σ-项。

(2) 如果$\sigma\in\Sigma_{w,c}$且$w=(s_1,\cdots,s_n)$,如令$t_i(1\leqslant i\leqslant n)$是Σ-项,那么$\sigma(t_1,\cdots,t_n)$也是Σ-项。

如果引入变量,那么Σ-项的定义可以修改如下:

(1) $\Sigma_{\lambda,c}$是一个Σ-项。

(2) $x_s,y_s,\cdots$也是Σ-项,且$s\in S$。

(3) 如果$\sigma\in\Sigma_{w,c}$,且$w=(s_1,\cdots,s_n)$,如令$t_i(1\leqslant i\leqslant n)$是Σ-项,那么$\sigma(t_1,\cdots,t_n)$也是Σ-项。

类别名所表示的集合中的元素都可以用Σ-项表示。例如,对于任意自然数n,其Σ-项为

$$\underbrace{\text{succ}(\text{succ}(\cdots\text{succ}(0))\cdots)}_{n\text{个succ函数的施用}}$$

对于例10.16中进程对象集合中的每一个元素都可以用Σ-项表示。

p_0=create( )

p_1=activate (create( ))

p_2=suspend(activate(create( )))

p_3=terminate(activate(create( )))

p_4=suspend(create( ))

当然,我们也可以发现

$p_1 = \text{activate}(\text{suspend}(\text{activate}(\text{create}(\quad))))$

由于 Σ-项可以表示集合中的每一个对象,所以"相等"概念也可以用 Σ-项重新定义。

定义 10.25(Σ-等) 令 $x, y \in \underline{s}, s \in S$,并令 t_x, t_y 是 x, y 的 Σ-项,如果 $t_x \equiv t_y$,那么,$x = y$。其中等词"≡"被称之为 Σ-等(Σ-congruence)并被定义为,对于一个类别 $s \in S$,有

(1) $\Sigma_{\lambda,s} \equiv \Sigma_{\lambda,s}$。

(2) 如果 $a_i \equiv a'_i (i = 1, \cdots, m)$那么 $\sigma(a_1, \cdots, a_n) \equiv \sigma(a'_1, \cdots, a'_n)$。

下面,我们定义进程类别代数的范畴。定义类别代数范畴首先定义类别代数的射。

定义 10.26(进程类别代数的射) 令进程类别代数 $P_1 = (s_1, \Sigma_1, E_1)$,$P_2 = (s_2, \Sigma_2, E_2)$,进程类别代数之间的射是一个序对$(\phi, g)$,该序对是进程类别代数类别标记(signature)的射$(s_1, \Sigma_1) \rightarrow (s_2, \Sigma_2)$,其中 $\phi: s_1 \rightarrow s_2$,$g$ 是一个族 $g_{w,c}: \Sigma_{1w,c} \rightarrow \Sigma_{2\phi(w),\phi(c)}$,且 $\phi(s_1, \cdots, s_n) = (\phi(s_1), \cdots, \phi(s_n))$。即如果 $\sigma \in \Sigma, \sigma: s_1, \cdots, s_n \rightarrow s_0$,$(s_0, s_1, \cdots, s_n \in S)$,那么 $g(\sigma): \phi(s_1), \cdots, \phi(s_n) \rightarrow \phi(s_0)$。

进程类别代数射的复合仍然是进程类别代数的射,即

$$(s_1, \Sigma_1) \xrightarrow{(\phi, g)} (s_2, \Sigma_2) \xrightarrow{(\phi', g')} (s_3, \Sigma_3)$$

其复合射为

$$(\phi' \circ \phi, g' \circ g): (s_1, \Sigma_1) \rightarrow (s_3, \Sigma_3)$$

定义 10.27(进程类别代数的范畴) 类别代数范畴 $\boldsymbol{C}$ 是由 obj $\boldsymbol{C}$ 及 Mor $\boldsymbol{C}$ 所组成。obj $\boldsymbol{C}$ 中的所有象元都是类别代数,Mor $\boldsymbol{C}$ 中所有的射元均为 Σ-同态(即进程类别代数的射)。既然 $\boldsymbol{C}$ 是一个范畴,那么就要遵守范畴必须满足的条件(等式律、复合律及复合结合律)。即 Σ-同态的复合仍然是 Σ-同态,并遵守结合律。对于 $\boldsymbol{C}$ 中的每一个代数 A,其等式射 $1_A: A \rightarrow A$,对于任意 $f: A \rightarrow B$ 有 $f \circ 1_A = f$,对于 $1_B: B \rightarrow B$,$1_B \circ f = f$。

定义 10.28(Σ-同构) 一个 Σ-同态 $f: A \rightarrow B$ 是 Σ-同构的,当且仅当存在着一个 Σ-同态 $g: B \rightarrow A$ 使 $g \circ f = 1_A$,$f \circ g = 1_B$。

定义 10.29(初始代数) 在 Σ-代数范畴 $\boldsymbol{C}$ 中,代数 A 是一个初始代数,当且仅当对于范畴 $\boldsymbol{C}$ 中的每一个代数 B 都存在着一个唯一的 Σ-同态 $f: A \rightarrow B$。

定义 10.30(进程抽象数据类型) A 是进程类别代数范畴 $\boldsymbol{C}$ 的初始代数,在范畴 $\boldsymbol{C}$ 中 A 的 Σ-同构类被定义为进程的抽象数据类型。

下面,我们讨论进程抽象数据类型的说明。这种说明形式与顺序抽象数据类型是一致的,于是,我们没有必要再讨论如何说明了。只用两个例子来进行这种讨论。

例 10.17 定义一个港口进程类型。

```
type port(f:protocol)is
  specification
    states=(CREATED,OPENED,CLOSED,EXCEPTION)
```

```
    sorts port=(c,f)where c∈states end sorts
  operations
      create:→pot;
      open:port→port;
      close:port→port;
      get:port→states
  axioms for all p:port let
  1:get(create(  ))=CREATED;
  2:get(open(p))=if get(p)=CREATED
                 then OPENED
                 else EXCEPTION
  3:get(close(p))=if get(p)=OPENED
                  then CLOSED
                  else EXCEPTION
  end type
```

例 10.18 可以对例 10.16 的类别代数所表示的范畴进行进程抽象数据类型的定义：

```
type task(f:program,PORT)is
  specification
    states=(CREATED,ACTIVATED,SUSPENDED,
            TERMINATED,EXCEPTION)
    sorts task=(c,f,PORT)where c∈states end sorts
    operations:
      create:→task;
      activate;task→task;
      suspend:task→task;
      terminate:task→task;
          get:task→states
    axioms for all p:task let
    1:get(create(  ))=CREATED;
    2:get(activate(p))=if get(p)=CREATED
      or get(p)=SUSPENDED then
      ACTIVATED else EXCEPTION
    3:get(suspend(p))=if get(p)=
      ACTIVATED then SUSPENDED
      else EXCEPTION
    4:get(terminate(p))=if get(p)=
```

```
        ACTIVATED then TERMINATED
        else EXCEPTION
    end type
```

10.7.3 通讯网络的抽象数据类型

通讯网络是由进程对象的港口互连而成的网络。因此,通讯网络的构造与进程的状态没有关系,与进程的程序也没有直接关系,而仅与港口有关。令 x 是一个进程的变量对象,它的港口分别为 $\alpha,\beta,\cdots$。我们使用 x 变量约束的方法来表示这些港口的归属,例如 $x\cdot\alpha,x\cdot\beta,\cdots$,从而区别其他进程变量港口。如果进程变量的港口集合为 $\Gamma=\{\alpha,\beta,\nu\}$,有时采用 $x:\Gamma$ 或 $x:\{\alpha,\beta,\nu\}$ 来表示进程 x 的港口。

由于通讯的方向是由港口的初始进程的类型决定的,两个港口互连的条件是这两个港口的类型是互补的,而且港口进程的状态控制又可以起到港口扇出输出时通讯目标的选择。因此,通讯网络图在连接关系上是无方向的,可以用无向图来描述。

定义 10.31(通讯网络值集) 通讯网络值集被定义为

$$\text{Net}=\{g\mid g \text{ is a graph}\}$$

其中 g 的一般描述形式为 $g=(V,E)$,而 V 是进程变量对象港口的集合,E 是图的边的集合。

定义 10.32(通讯网络操作) 令通讯网络值集合为$\underline{N}_0,\underline{N}_1,\cdots,\underline{N}_n$,其通讯网络操作为

$$\sigma:\underline{N}_1\times\cdots\times\underline{N}_n\rightarrow\underline{N}_0$$

如果令 $t_i\in\underline{N}_i(1\leqslant i\leqslant n)$,那么 $\sigma(t_1,\cdots,t_n)\in\underline{N}_0$ 被称为 σ 对$(t_1,\cdots,t_n)$的施用。

定义 10.33(通讯网络的等概念) 令 N 是通讯网络的值集,并令 $x,y\in N$ 是任意两个通讯网络的对象,那么通讯网络的等词定义为:若令 $x=(V_1,E_1),y=(V_2,E_2)$,如果 $V_1=V_2,E_1=E_2$,那么 $x=y$。

下面我们列举通讯网络的一些操作。

例 10.19 有如下的两个进程对象:

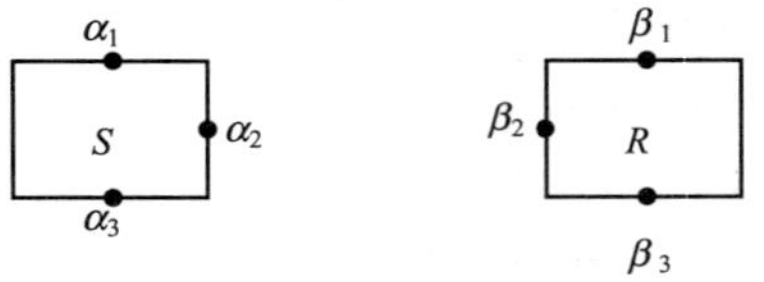

我们对这两个进程对象港口进行连接,连接的一般形式可以有

(1) 如果 α_2,β_2 具有互补的港口类型如图 10.19 所示。将 $S\cdot\alpha_2$ 与 $R\cdot\beta_2$ 连接起来。连接后,原来的港口 $S\cdot\alpha_2,R\cdot\beta_2$ 不再具有与其他港口连接的能力,如果新构成的网络是 T,则其表示如图 10.20 所示。所以 $S\cdot\alpha_2$ 与 $R\cdot\beta_2$ 连接可以理解成港口的内部连接。并给这个操作起一个函数名:mutual。

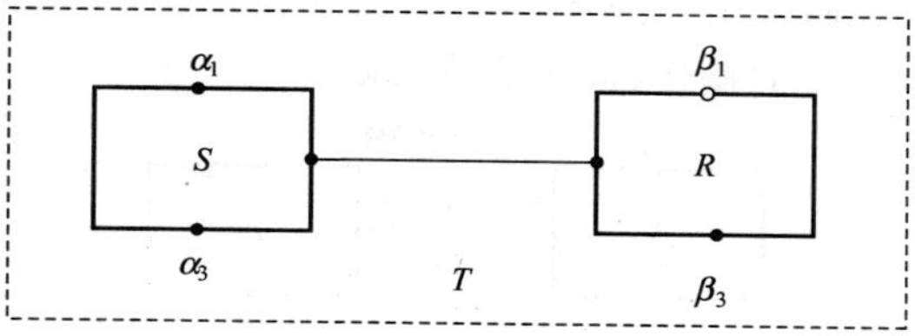

图 10.19

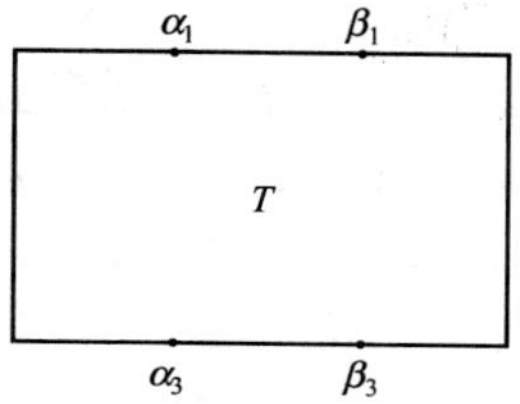

图 10.20

(2)如果 α_2 与 β_2 具有互补的港口类型如图 10.21 所示。将 $S\cdot\alpha_2$ 与 $R\cdot\beta_2$ 连接起来,连接后,原来的港口 $S\cdot\alpha_2$,$R\cdot\beta_2$ 仍然具有与其他港口的连接能力。例如此时,我们可以连接新的进程港口 $Q\cdot\delta_2$(见图 10.22)。我们给这种连接操作起一个函数名:chan。

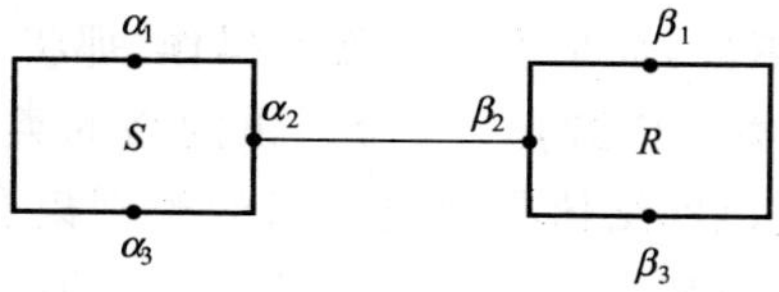

图 10.21

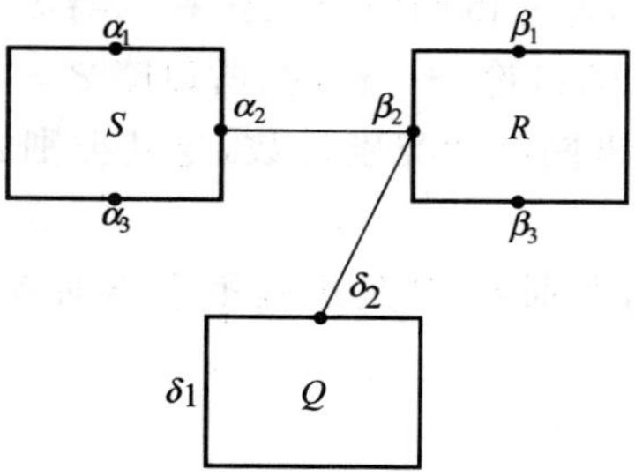

图 10.22

例 10.20　下面，我们来定义进程港口的屏蔽操作。例如图 10.23 的网络，我们可以对它进行屏蔽港口 α_2 的操作(起名为 mask)。

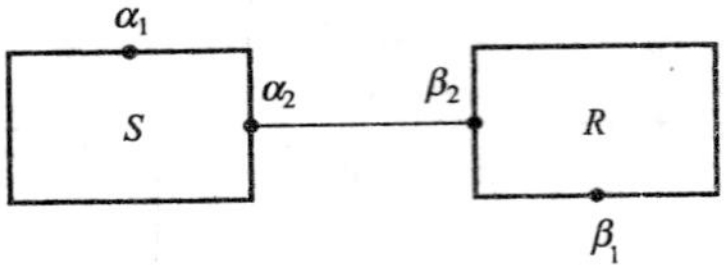

图 10.23

屏蔽 α_2 后成图 10.24。

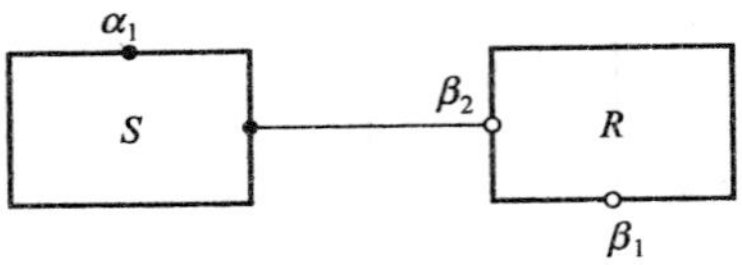

图 10.24

我们可以看到

$$\text{mutual}(S\cdot\alpha_2,R\cdot\beta_2)=\text{mask}(\text{mask}(\text{chan}(S\cdot\alpha_2,R\cdot\beta_2),\alpha_2),\beta_2)$$

例 10.21　经常需要对通讯网络中的一个进程对象进行操作，于是需要从通讯网络 N 中找到一个指定进程对象 S 的操作，命名为 select，可以简写为 $N\cdot S$，表示网络 N 的进程对象 S。进程对象的选择操作与一个进程港口的选择操作构成了对网络结点的操作能力。

由于程序设计语言的需要，如果有一个换名操作，那将是很方便的。

定义 10.34(通讯网络类别代数)　一个通讯网络的类别代数是一个三元组 $A=(S,\Sigma,E)$，其中 S 是包括通讯网络值集合类别名的类别集合；Σ 是在 S 中的类别名所表示值集上操作的集合，$\Sigma=\{\Sigma_{w,c}\mid w\in S^*,c\in S\}$，当 w 为空时，记为 $\Sigma_{\lambda,c}$；E 是 Σ 中的操作应满足的公理的集合(可以为空)。

如同在讨论进程类别代数时一样，我们可以讨论它的 Σ-项和 Σ-等、通讯网络类别代数的射(Σ-同态)、Σ-同构以及通讯网络类别代数范畴等概念。但这些讨论与我们已经在进程类别代数中所进行的讨论是一样的，所以略之。

例 10.22　定义一个通讯网络的类别代数，令其类别名集合为

$$S=\{\text{Net},P,E\}$$

其中 Net 是通讯网络值集的类别名，P 是进程集合类别名，$E=P\times P$ 是港口序对集合的类别名，表示通道。

可以有如下的操作：

emptynet：$\rightarrow$Net

　　insert：Net，$P\rightarrow$Net

　　chan：Net，$E\rightarrow$Net

　　　[　]：Net，$P\rightarrow P$

$\downarrow 1$: Net→P

$\downarrow 2$: Net→E

这些操作可以有定义：对于所有的 $n\in$ Net，$S,R\in P$ 及 $S\cdot\alpha\in S\downarrow 3$，$R\cdot\beta\in R\downarrow 3$，有（下面 $S:\{\alpha_1,\cdots,\alpha_k\}$ 中的 $\alpha_1,\cdots,\alpha_k$ 是进程 S 的港口）：

(1) $(n\downarrow 1, n\downarrow 2)=n$

(2) insert(emptynet, S)

$=(S:\{\alpha_1,\cdots,\alpha_k\}$, empty)

(3) insert$(n,S)=(n\downarrow 1\cup S:\{\alpha_1,\cdots,\alpha_k\}, n\downarrow 2)$

(4) chan$(n,(S\cdot\alpha, R\cdot\beta))$

$=$ <u>if</u> $S\cdot\alpha\in n\downarrow 1$ <u>and</u> $R\cdot\beta\in n\downarrow 1$ <u>and</u>

iscompltype$(S\cdot\alpha, R\cdot\beta)$

<u>then</u>$(n\downarrow 1, n\downarrow 2\cup\{(S\cdot\alpha, R\cdot\beta)\})$

<u>else</u> $\perp$

(5) $n[S]=S:\{a_1,\cdots,\alpha_k\}$

函数 iscompltype$(S\cdot\alpha, R\cdot\beta)$表示判定 $S\cdot\alpha$，$R\cdot\beta$ 的港口类型互补。

如果将上面类别代数延拓，还可以定义如下操作：

mask: Net, P→Net

mutual: Net, E→Net

reappear: Net, P→Net

chandelete: Net, E→Net

mutdelete: Net, E→Net

delete: Net, P→Net

这些操作可以如下定义：

(6) <u>mask</u>$(n, S\cdot\alpha)=(n\downarrow 1\backslash\{S\cdot\alpha\}, n\downarrow 2)$

(7) <u>mutual</u>$(n,(S\cdot\alpha, R\cdot\beta))=$ <u>mask</u>(<u>mask</u>(<u>chan</u>$(n,(S\cdot\alpha, R\cdot\beta)), S\cdot\alpha), R\cdot\beta)$

(8) reappear$(n, S\cdot\alpha)=$ <u>if</u> $S\cdot\alpha\in(n\downarrow 2)\downarrow 1$

<u>or</u> $S\cdot\alpha\in(n\downarrow 2)\downarrow 2$ <u>then</u>$(n\downarrow 1\cup\{S\cdot\alpha\}$,

$n\downarrow 2)$ <u>else</u> $\perp$

(9) <u>chandelete</u>$(n,(S\cdot\alpha, R\cdot\beta))$

$=$ <u>if</u>$(S\cdot\alpha, R\cdot\beta)\in n\downarrow 2$

<u>then</u>$(n\downarrow 1, n\downarrow 2\backslash\{(S\cdot\alpha, R\cdot\beta)\})$

<u>else</u> $\perp$

(10) mutdelete$(n,(S\cdot\alpha, R\cdot\beta))$

$=$chandelete(reappear(reappear

$(n, S\cdot\alpha), R\cdot\beta), (S\cdot\alpha, R\cdot\beta))$

(11) delete$(n,S)=$ <u>if</u> $S:\{\alpha_1,\cdots,\alpha_k\}\not\subseteq(n\downarrow 2)\downarrow 1$

<u>and</u> $S:\{\alpha_1,\cdots,\alpha_k\}\not\subseteq(n\downarrow 2)\downarrow 2$ <u>and</u>

$S:\{\alpha_1,\cdots,\alpha_k\}\subseteq n\downarrow 1$ then$(n\downarrow 1\backslash$

$S:\{\alpha_1,\cdots,\alpha_k\},n\downarrow 2)$ else $\perp$

通讯网络的抽象数据类型的说明形式可以采用如下形式。

```
type net(processes)is
  specification
    sorts net=(P,E)where(P={…,x,…}
        where x:processes) and(
        E={…,(x·α,y·β),…}where
        x,y∈P and x·α is a port of the
        process x and y·β is a port of
        the process y)
    end sorts
    operations:
    net'emptynet:→Net
    net'insert:Net,P→Net
    net'chan:Net,E→Net
    [  ]:Net,P→P
    ↓1:Net→P
    ↓2:Net→E
    net'mask:Net,P→Net
    net'mutual:Net,E→Net
    net'reappear:Net,P→Net
    net'chandelete:Net,E→Net
    net'mutdelete:Net,E→Net
    net'delete:Net,P→Net
    net'isequal:Net,Net→Boolean
    net'is in:Net,P→Boolean
    end operations
  axioms
    ⋮
  end axioms
end type
```

下面，我们举一个进程通讯网络的例子。

例 10.23 假定我们有如图 10.25 的进程通讯网络。

我们首先对 A,B,C 的港口的进程类型进行描述。有如下的通讯协议程序：

```
source:do
    while "data not to send" do skip od;
```

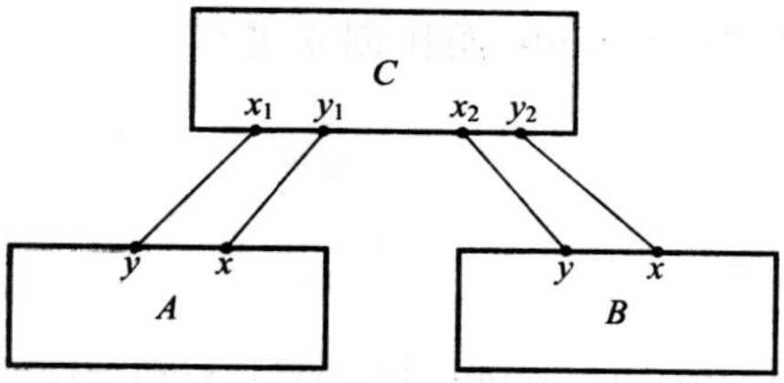

图 10.25

"prepare data";
"request to send"
while "destination not ready" do skip od;
"send data to destination"
while "data not consumed" do skip od
od

destination:
do
while "request not to send" do skip od
"get ready"
"tell source:ready to receive"
"receive data from source"
"tell source:data consumed"
od

如果我们用这两个通讯协议程序对例 10.17 中的初始进程类型进行实例类型发生，可以有

type read＝INST port(destination)

type write＝INST port(source)

显然，这两个港口类型是互补的。

假定进程对象 A 的类型为 pipe，而进程对象 B，C 的类型为 user；类型 pipe 与 user 又是进程抽象数据类型 task(例 10.18)的两个实例类型，它们是

type pipe＝INST task(channel, (x_1, x_2: read, y_1, y_2: write))

type user＝INST task(xyz, (x: read, y: write))

其中 channel，xyz 是假定的两个已知程序。于是，我们可以采用如下程序来描述这个网络，首先令实例网络类型为

type mynet＝INST net(UNION(pipe, user))

可以有如下程序：

A,B：user⋯ ⎫
　C：pipe⋯ ⎭（相当于 create 操作创立进程）
　N：mynet
　　⋮
　begin
　　N：=mynet' insert(mynet' insert(mynet' insert
　　　　(mynet' emptynet(　),A),B),C);
　　N：=mynet'chan(mynet'chan(mynet'chan(mynet'chan
　　　$(N,(A\cdot y,C\cdot x_1)),(C\cdot y_1\cdot A\cdot x)),(B\cdot y,C\cdot x_2)),(C\cdot y_2,B\cdot x))$;
　　$N\cdot C$：=pipe' activate($N\cdot C$);
　　$N\cdot B$：=user' activate($N\cdot B$);
　　$N\cdot A$：=user' activate($N\cdot B$);
　　⋮
end

10.8　并发程序设计语言的公理语义

这一节，我们向读者介绍并发程序设计语言的公理语义，主要介绍进程的完全正确、部分正确以及最弱前置条件语义。

10.8.1　进程的完全正确

我们在前面讨论进程时，除讨论进程的抽象数据类型这一层更高意义上的问题之外，都是在进程对象这一概念上进行的。对于一个在系统中的进程对象而言，除其踪迹之外，还应有通道名。因此，一个进程可以描述成(P,A)，其中 P 是一个进程，而 A 是与其他进程连接的通道名的字符表(alphabet)，例如图 10.26 的一个进程。

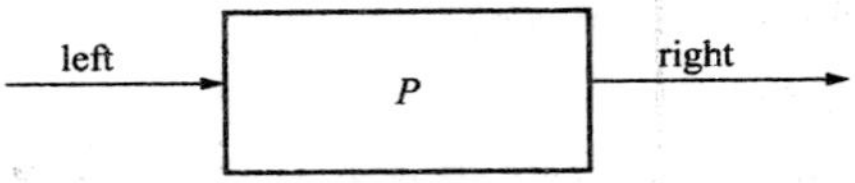

图 10.26

它有两个通道 left，right 与其他进程联系，于是进程 P 的 $A=\{\text{left},\text{right}\}$，我们可以将网络中并发执行的各个进程都如此表示，则有

$$(P_1,\{C_1^1,C_2^1,\cdots,C_{m_1}^1\})$$
$$(P_2,\{C_1^2,C_2^2,\cdots,C_{m_2}^2\})$$
$$\vdots$$
$$(P_n,\{C_1^n,C_2^n,\cdots,C_{m_n}^n\})$$

显然，两个进程之间存在着通道联系才能通讯。如进程 P_i 及 P_j 仅在 $A_i=\{C_1^i,\cdots,$

$C^i_{m_i}\}$，$A_j=\{C^j_1,\cdots,C^j_{m_j}\}$的交不为空集时($A_i\cap A_j\neq\varnothing$)，$P_i$ 与 P_j 才有可能进行通讯。

在下面的讨论中，把两个不同的进程在同一通道上的发送与接收看成同一事件，这样做没有考虑通讯的方向(例如通讯中 Full-duplex，Half-duplex 是有区别的)，实际上是一种 Half-duplex 的通讯模型。

将通道名与踪迹值结合在一起，构成了通道变量，其形式为 $C\cdot m[:M]$，其中 C 为通道名字，m 为信息值，M 为域指示，例如，图 10.27，图中 copier 是一个进程名，它的字符表是{input，wire}，input 及 wire 是两个通道名。它的行为踪迹可以是

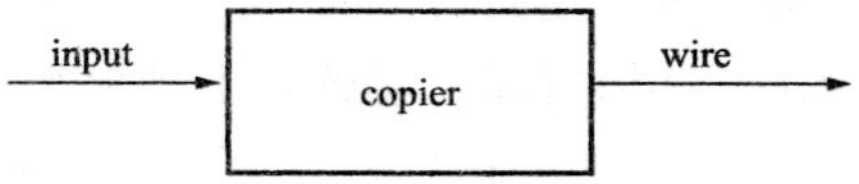

图 10.27

(1) 〈 〉是一个空踪迹。

(2) 〈input.3，wire.3〉。

(3) 〈input.27，wire.27，input.0，wire.0，input.3〉，等。

为了便于后面的讨论，特作如下约定：

- 用大写字母 P，Q 表示进程。
- 用大写字母 X，Y 表示进程变量。
- 用小写字母表示事件，如 a，b，coin 等。
- 用小写字母 x，y，z 表示事件变量。
- 用大写字母 A，B，C 表示事件的集合。

设 P 是个进程，R 是一个断言，那么定义

$P\ \underline{\text{sat}}\ R$ (sat 是 satisfy 的缩写)

其意义为：进程 P 的每一次通讯的前与后 R 都为真。一般说来，R 包括常数、变量、表达式及逻辑运算符。如果一个变量自由地在 P 与 R 中都出现，应理解成它们是同一变量，而且 $P\ \underline{\text{sat}}\ R$ 必须对所有它可以取的值为真。应注意不允许一个进程名出现在一个断言中。

有如下的对于所有进程 P 及断言 R，S 都为真的四个特性：

H1：$P\ \underline{\text{sat}}\ \text{TRUE}$

TRUE 是一个总是真的谓词。

H2：$\neg(P\ \underline{\text{sat}}\ \text{FALSE})$

FALSE 是一个总是假的谓词。

H3：$\dfrac{R\Rightarrow S}{(P\ \underline{\text{sat}}\ R)\Rightarrow(P\ \underline{\text{sat}}\ S)}$

如果($R\Rightarrow S$)是一个定理，那么在 P 中，对 R 是真的状态对 S 也为真；如果 P 的所有的状态都可以被 R 正确描述，那么 P 的所有状态也可以被 S 正确描述。H3 是一非常有用的规则。

由此还可以推出

$$\frac{R \equiv S}{(P\ \underline{\text{sat}}\ R) \equiv (P\ \underline{\text{sat}}\ S)}$$

H4:如果 n 不是一通道变量,并且不在 P 中出现

$$(\forall n{:}N.\ P\ \underline{\text{sat}}\ R(n)) \equiv (P\ \underline{\text{sat}}\ (\forall n{:}N.\ R(n)))$$

从上面规则中可以推出

$$(P\ \underline{\text{sat}}\ R) \,\&\, (P\ \underline{\text{sat}}\ S) \equiv (P\ \underline{\text{sat}}\ (R \,\&\, S))$$

以上的条件非常类似于 Dijkstra 提出的健康条件(healthiness conditions)。

在叙述完全正确时,需要将通道变量分类。

定义 C • past 为,在给定时间内所有在通道 C 上到此为止的信息记录序列。

定义 C • ready 为,在任意给定时间内准备在通道 C 上通讯的信息集合。

注意,上面的定义中,一个是序列,一个是集合。

一个进程在其运行的开始时刻,C • past 的值是空序列〈 〉。

当一个进程没有准备在通道 C 上通讯时,C • ready 的值是空集$\varnothing$。一个进程准备在通道 C 输入时,C • ready 的值是所有可能值的集合。一个进程准备在通道 C 上输出 m 时,C • ready 的值为$\{m\}$。

一个断言可以包含有自由通道变量(不是通道名),其形式为 C • past 及 C • ready (注意 C 是通道名)。下面是一些断言的例子。

(1) left • past=right • past

它表示沿着 left 通道通过的信息序列与沿着 right 通道通过的信息序列相同。

(2) left • ready=A

它表示 left 通道准备输入 A 集合中的任何信息。

(3) right • past $<$ left • past

它表示沿着 right 通道通过的信息是沿着 left 通道通过的序列的子序列。

(4) right • ready={first(left • past−right • past)}

它表示 right 通道准备输出在 left 通道上但还没有在 right 通道上传输的最早信息。

为了讨论问题方便,首先介绍几个符号。

设 R 是一个包含变量 x 的断言,设 e 是一个与 x 同一类型的表达式,那么 $R[e/x]$ 是将 R 中的每一个 x 的自由出现用 e 来替换而得到的新的断言。

R[〈 〉/past]表示 R 中的每一个通道变量 a • past,…,z • past 都被〈 〉所替换。例如

$$\begin{aligned}
\text{BUFF} \triangleq\ & \text{left}\cdot\text{past} \\
& = \text{right}\cdot\text{past}\ \&\ \text{left}\cdot\text{ready} \\
& = A \vee \text{right}\cdot\text{past} \\
& \quad < \text{left}\cdot\text{past}\ \&\ \text{right}\cdot\text{ready} \\
& = \{\text{first}(\text{left}\cdot\text{past} - \text{right}\cdot\text{past})\}
\end{aligned}$$

那么

$$\text{BUFF}[\langle\ \rangle/\text{past}] \equiv \langle\ \rangle = \langle\ \rangle \,\&\, \text{left}。$$
$$\text{ready} = A \vee \langle\ \rangle < \langle\ \rangle \,\&\, \text{right} \cdot \text{ready} =$$
$$\{\text{first}(\langle\ \rangle - \langle\ \rangle)\}$$

$R[\phi/\text{ready}]$类似地表示 R 中的每一个通道变量 $a \cdot \text{ready}, \cdots, z \cdot \text{ready}$ 都被 ϕ 所替换。例如，

$$\text{BUFF}[\phi/\text{ready}] = \text{left} \cdot \text{past} = \text{right} \cdot \text{past} \,\&$$
$$\phi = A \vee \text{right} \cdot \text{past} < \text{left} \cdot \text{past} \,\&\, \phi = \{\cdots\}$$
$$R[e_1/x, e_2/y] = (R[e_1/x])[e_2/y]$$

例如，

$$R[\langle\ \rangle/\text{past}, \phi/\text{ready}] = (R[\langle\ \rangle/\text{past}])[\phi/\text{ready}]$$

$C \cdot \text{past}$ 及 $C \cdot \text{ready}$ 是完全正确使用的特殊通道变量。

有了上述讨论之后，我们给出如下的推理规则。

(1) 具有字符表 A 的最简单的进程是 STOP_A。

$$(\text{STOP}_A\ \underline{\text{sat}}\ R) \equiv R[\phi/\text{ready}, \langle\ \rangle/\text{past}]$$

很明显，对于 A 中的任意 C，$C \cdot \text{ready} = \phi$，它不再做任何事情。而且，沿每一个通道传送的信息序列是空序列，即 $C \cdot \text{past} = \langle\ \rangle$。

(2) 进程输出。设 P 是一个进程，令 C 是一个通道名(是 P 的字符集中的一个通道名)，再令 e 是一个表达式(不包含通道变量)。使用如下的注释形式：

$$(C!e \to P)$$

对于此进程，有如下的规则

$$((C!e \to P)\ \underline{\text{sat}}\ R) \equiv (R[\langle\rangle/\underline{\text{past}}, \{e\}/C \cdot \text{ready},$$
$$\phi/\text{ready}] \,\&\, P\ \underline{\text{sat}}\ (\text{R}[\langle e\rangle C \cdot \text{past}/$$
$$C \cdot \text{past}]))$$

如果进程$(C!e \to P)$首先在通道 C 上输出一个 e 的值，那么有$[\langle\ \rangle/\text{past}]$与$[\{e\}/C \cdot \text{ready}]$，$[\phi/\text{ready}]$表示 C 以外的通道没有通讯发生。断言中的第二项表示通讯后的情况 R 断言中的 $C \cdot \text{past}$ 都要被$\langle e\rangle C \cdot \text{past}$ 所替换。

(3)进程输入。设 $P(x)$是一个其行为可能依赖于自由变量 x 的值的进程。令 C 是 $P(x)$的字符集中的一个通道名，再令 M 是一个有限信息值的集合，并使用如下注释形式：

$$(C?x{:}M \to P(x))$$

对于此进程我们可以有如下的规则

$$((C?x{:}M \to P(x))\ \underline{\text{sat}}\ R) \equiv$$
$$(R[\langle\ \rangle/\text{past}, M/C \cdot \text{ready}, \phi/\text{ready}] \,\&$$
$$\forall x{:}M \cdot (P(x)\ \underline{\text{sat}} R[\langle x\rangle C \cdot \text{past}/C \cdot \text{past}]))$$

读者可以参照进程输出自己解释本规则。

(4)递归进程。首先定义两个辅助概念，操作符“＃”如果加在序列 S 之前，如＃

S，表示序列 S 中元素的个数(长度)，中缀操作符“$\uparrow$”则被定义成

$$R\uparrow n \triangleq (\#a\cdot \text{past}+\cdots+\#z\cdot \text{past}\geqslant n)\vee R$$

其中 $a,\cdots,z$ 是 R 的字符集$\{a,\cdots,z\}$中的元素。注意 R 中不包含 n。

我们还可以得到如下的结论：对于任意断言 R

①$R\uparrow 0$ 是一个定理。

②$(\forall n:\text{NAT}\cdot R\uparrow n)\equiv R$。

那么对于递归形式

$$\mu P\cdot F(P)$$

有如下的证明规则

$$\frac{(P\ \underline{\text{sat}}(R\uparrow n))\Rightarrow(F(P)\ \underline{\text{sat}}(R\uparrow(n+1)))}{\mu P\cdot F(P)\underline{\text{sat}}R}$$

这可以从下面的讨论中得到。

一个递归定义的进程可以引申为一个它的定义函数 F 的“不动点”，即

$$\mu P\cdot F(P)=F(\mu P\cdot F(P))$$

令 R 是一个断言，并且假定对于任何一个进程 P 我们可以证明

$$(P\ \underline{\text{sat}}(R\uparrow n))\Rightarrow(F(P)\underline{\text{sat}}R\uparrow(n+1))\qquad(1)$$

从对于任意断言 R，$R\uparrow 0$ 是一个定理及 H1 可以得到

$$(\mu P\cdot F(P))\underline{\text{sat}}(R\uparrow 0)$$

利用 $\mu P\cdot F(P)=F(\mu P\cdot F(P))$在式(1)中进行 $\mu P\cdot F(P)$对 P 的替换，可以得到

$$(\mu P\cdot F(P)\ \underline{\text{sat}}\ R\uparrow n)\Rightarrow(\mu P\cdot F(P)\underline{\text{sat}}\ R\uparrow(n+1))$$

对于 n 进行归纳有

$$\forall n\cdot(\mu P\cdot F(P)\underline{\text{sat}}(R\uparrow n))$$

再利用 H4 及前面提到的(2)的结论，有

$$(\mu P\cdot F(P))\underline{\text{sat}}\ R$$

(5)通道换名。设 P 是一个具有在字符集中的通道 C 的进程，并且设 d 也是一个通道名，但不在其字符集中，$P[d/c]$被看作一个行为类似 P 的进程，而

①c 从它的字符集中移去。

②d 被包含在它的字符集中。

③凡是 P 在输入/输出中使用通道名 c 的地方，$P[d/c]$都用 d 来替换。

例如对

$$\text{COPY}=\mu P\cdot(\text{left}?x:M\rightarrow(\text{right}!x\rightarrow P))$$

$$\text{COPY}[d/\text{right}]=\mu P\cdot(\text{left}?x:M\rightarrow(d!x\rightarrow P))$$

因此有如下的规则：

$$(P[d/c]\ \underline{\text{sat}}\ R[d/c])\equiv(P\ \underline{\text{sat}}\ R)$$

(6)不相联并行。设有进程 P 与 Q，它们具有不相交字符集，因此它们没有共同的通道名，它们之间没有联系，所以它们之间不发生通讯。注释$(P|||Q)$表示一个其行

为类似于 P 与 Q 并行的进程。它的字符集是 P 与 Q 两个字符集的并(见图 10.28),并有如下的证明规则:

$$\frac{(P\ \underline{\mathrm{sat}}\ S)\&(Q\ \underline{\mathrm{sat}}\ T)}{(P \| Q)\ \underline{\mathrm{sat}}(S\& T)}$$

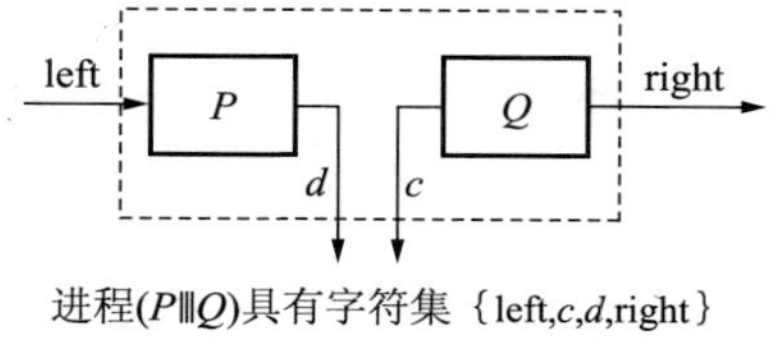

图 10.28

(7) 通道连接。设有一个进程 P,在它的字符集中有通道 c 与 d(见图 10.28)。我们希望连接 d 与 c 为一个通道,使它们之间可以通讯。出于技术方面的原因,我们给这个新连接的通道一个新的名字 b,而且将 d 与 c 从字符集中删除,将 b 加入到字符集中去。

这个进程记为(见图 10.29):

$(b=(c\leftrightarrow d)\mathrm{in}\ P)$

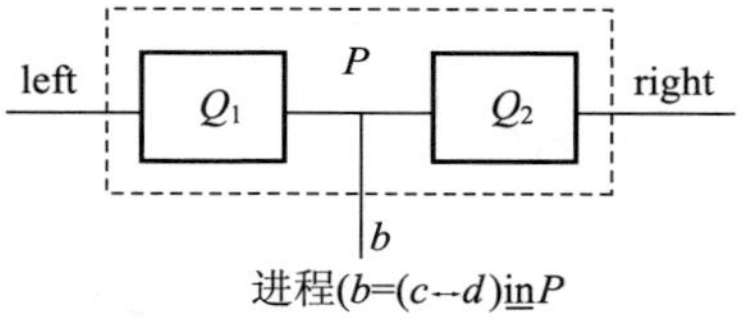

图 10.29

并有如下的证明规则:

$$\frac{P\ \underline{\mathrm{sat}}\ R}{\begin{array}{l}(b=c\leftrightarrow d\ \underline{\mathrm{in}}P)\ \underline{\mathrm{sat}}\ (b\cdot \mathrm{ready}=c\cdot \mathrm{ready}\cap d\cdot \mathrm{ready}\\ \&\ b\cdot \mathrm{past}=c\ \cdot\ \mathrm{past}=d\cdot\ \mathrm{past}\ \&\ R)\end{array}}$$

(8)隐藏通道。设有一个进程 P,在它的字符集中有通道 b,假设 b 是一个 P 中的两个或两个以上的子进程连接的通道。构造一个新的进程,将通道 b 从 P 的字符集中删去,该进程 P 不能再与其他进程通过 b 进行通讯,如图 10.30 所示。该进程用($\underline{\mathrm{chan}}$ b $\underline{\mathrm{in}}$ P)表示,并有如下证明规则:

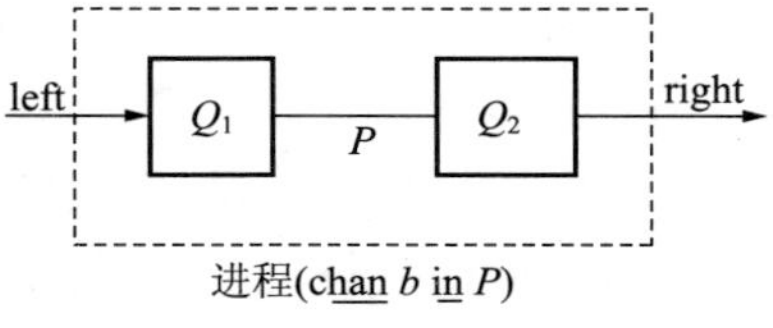

图 10.30

$$\frac{(P\ \underline{\text{sat}}(P\&(\#b\cdot \text{past}\leqslant f(c\cdot \text{past},\cdots,z\cdot \text{past}))))}{(\underline{\text{chan}}\ b\ \underline{\text{in}}\ P)\underline{\text{sat}}(\exists b\cdot \text{past}\cdot R[\phi/b\cdot \text{ready}])}$$

其中 $c,\cdots,z$ 是 P 进程字符集中的所有其他通道，公式中量词 $\exists b\cdot \text{past}\cdots$ 表示 $b\cdot \text{past}$ 具有不关心的某个值，公式 $\exists b\cdot \text{past}\cdot R[\phi/b\cdot \text{ready}]$ 具有和下式相同的意思

$$\exists s\cdot R[s/b\cdot \text{past},\phi/b\cdot \text{ready}]$$

在上面的规则里前提条件中的 $\#b\cdot \text{past}\leqslant f(c\cdot \text{past},\cdots z\cdot \text{past})$ 是必要的；否则就会出现如下矛盾，例如如下进程

$$P\triangleq \mu P\cdot b!\ 0\rightarrow P$$

即该进程输出无穷的 0（在通道 b 上），而且总在准备新的输出，所以有

$$P\underline{\text{sat}}(b\cdot \text{ready}\neq\phi)$$

由此，根据去掉 $\#b\cdot \text{past}\leqslant f(c\cdot \text{past},\cdots,z\cdot \text{past})$ 成分的规则，便会推出

$$(\underline{\text{chan}}\ b\ \underline{\text{in}}\ P)\text{sat}\ \exists b\cdot \text{past}((b\cdot \text{ready}\neq\phi)[\phi/b\cdot \text{ready}])$$

进一步的推论，便会出现 $\phi\neq\phi$ 的情况。这种情况的出现是由于我们在隐藏 b 通道时，也要隐藏其上的无穷内部通讯的序列。也就是说，如果在 b 通道上没有无穷通讯的序列，于是我们就不会写出 $P\ \underline{\text{sat}}(b\cdot \text{ready}\neq\phi)$，即不能预言未来的通道事件。或者说，存在着某一个时刻，从这个时刻开始看 $b\cdot \text{past}$ 的元素个数不再增加、小于或等于某个数，从而我们无法预言 $b\cdot \text{ready}\neq\phi$。

(9)进程链接。进程链接被定义成

$$(P\langle\equiv\rangle Q)\triangleq\ \underline{\text{chan}}\ b\ \underline{\text{in}}(b=c\leftrightarrow d\ \underline{\text{in}})\ ((P[d/\text{right}])\ |||\ (Q[c/\text{left}])))$$

进程链接实际用到上面谈到的(5)，(6)，(7)，(8)中的规则。如何推出它的证明规则，读者不妨作为练习去做一做。

(10)不确定 Union。不确定 Union 被定义为

$$(P\ \underline{\text{or}}\ Q)$$

其中 P 与 Q 有相同的字符集，其行为要么像 P，要么像 Q：

$$(P\ \underline{\text{or}}\ Q)\ \underline{\text{sat}}\ R\equiv(P\ \underline{\text{sat}}\ R)\&(Q\ \underline{\text{sat}}\ R)$$

(11) 条件进程。设 e 为一个布尔表达式，并不包含任何通道变量，设 P,Q 是两个具有相同字符集的进程，其条件进程为

$$\underline{\text{if}}\ e\ \underline{\text{then}}\ P\ \underline{\text{else}}\ Q\ \underline{\text{fi}}$$

其证明规则为

$$((\underline{\text{if}}\ e\ \underline{\text{then}}\ P\ \underline{\text{else}}\ Q\ \underline{\text{fi}})\ \underline{\text{sat}}\ R)\equiv$$
$$\underline{\text{if}}\ e\ \underline{\text{then}}\ (P\ \underline{\text{sat}}\ R)\underline{\text{else}}(Q\ \underline{\text{sat}}\ R)\ \underline{\text{fi}}$$

(12) 选择进程。设 $P(x)$ 与 $Q(y)$ 是两个进程，它们的行为可能分别依赖于自由变量 x 与 y 的值，而且它们都具有相同的字符集，设 c 与 d 是这个字符集中两个不同的通道名。设 M 是可以在 c 上通讯的信息集，N 是可以在 d 上通讯的字符集，选择进程注释为

$(c?x:M \to P(x) \square d?y:N \to Q(y))$

其规则为

$$(c?x:M \to P(x) \square d?y:N \to Q(y))\ \underline{\text{sat}}\ R$$
$$\equiv R[\langle\ \rangle/\text{past}, M/c\cdot\text{ready}, N/d\cdot\text{ready}, \phi/\text{ready}]$$
$$\&\ \forall x:M\cdot P(x)\underline{\text{sat}}\ R[\langle x\rangle c\cdot\text{past}/c\cdot\text{past}]$$
$$\&\ \forall y:N\cdot Q(y)\underline{\text{sat}}\ R[\langle y\rangle d\cdot\text{past}/d\cdot\text{past}]$$

(13)一般递归。定义进程可以采用递归方法,便构成进程方程,其解为不动点的集合。例如在下面的一个方程中

$$p \triangleq F(p)$$

其解为 $\mu p\cdot F(p)$。

但对于相互递归的一对方程可以有如下的形式:

$$p \triangleq F(p,q)$$
$$q \triangleq G(p,q)$$

对于进程数组的方程

$P(s)=F(p,s)$　　对于所有 $s\in S$

其不动点形式为

$$\mu p(s:S)\cdot F(p,s)$$

并有如下的规则

$$\frac{\forall_s:S\cdot p(s)\ \underline{\text{sat}}(R(s)\uparrow n)\Rightarrow\forall_s:S\cdot F(p,s)\underline{\text{sat}}(R(s)\uparrow(n+1))}{\forall_s:S\cdot((\mu p(s:S)F(p,s)(s))\underline{\text{sat}}\ R(s))}$$

下面,我们举一个小例子。

令 M^* 是 M 中元素的所有有限序列的集合。

令 $IN \triangleq (\text{left}?x:M\to P(\langle x\rangle))$。

令 $\text{INOROUT}\triangleq(\text{left}?x:M\to P(s\langle x\rangle)$
$\square\ \text{right}!\ \text{first}(s)\to P(\text{rest}(s)))$。

令 $\text{STEP}\triangleq\underline{\text{if}}\ s=\langle\ \rangle\underline{\text{then}}\ \text{IN}\ \underline{\text{else}}\ \text{INOROUT}$。

令 $B\triangleq\mu P(s:M^*)\cdot\text{STEP}$。

上面的定义可以依方程的形式更清楚地写出:

$$B(s)\triangleq\text{if}\ s=\langle\ \rangle\underline{\text{then}}\ \text{left}?x:M\to B(\langle x\rangle)$$
$$\underline{\text{else}}(\text{left}?x:M\to B(\langle x\rangle)$$
$$\square\ \text{right}!\ \text{first}(s)\to B(\text{rest}(s)))$$

$\underline{\text{for}}\ \underline{\text{all}}\ \text{s}\ \underline{\text{in}}\ M^*$

如果我们定义

$$\text{BUFF}(s)\triangleq\text{BUFF}[(s\ \text{left}\cdot\text{past})/\text{left}\cdot\text{past}]$$

于是我们可以有如下的两个结论:

(1) $\forall_s:S\cdot B(s)\text{sat BUFF}(s)$

(2) $B(\langle\ \rangle)\underline{\text{sat}}\ \text{BUFF}$

读者不妨证明一下。

利用上述的规则可以建立如下有用的进程特性。

(1) 无死锁。如果 $P\ \underline{\text{sat}}\ R$，那么断言

$$\neg R[\phi/\text{ready}]$$

描述了所有不导致死锁的 $a\cdot\text{past},\cdots,z\cdot\text{past}$ 的值。如果这是一个定理，死锁可以永远不发生。

(2) 终止。如果 $P\ \underline{\text{sat}}\ R$，并且如果能够证明

$$P\Rightarrow\#a\cdot\text{past}+\cdots+\#z\cdot\text{past}\leqslant n$$

那么 P 最多 n 步终止。

(3) 畅通性(fairness)。如果进程 P 不能无休止地经常服务于其他通道而忽略了服务通道 C，那么这个进程 P 被称之为对于通道 C 是畅通的，任何缓冲器对于它的左通道都是畅通的，任何有限约束的缓冲器对于它的右通道也是畅通的。这个条件可以写成

$$\text{BUFF}_n=\text{BUFF}\ \&\ \#(\text{left}\cdot\text{past}-\text{right}\cdot\text{past})\leqslant n$$

10.8.2　进程的部分正确

下面，我们简单地介绍通讯顺序进程的部分正确概念。在部分正确的断言中不再使用 $c\cdot\text{past}$ 及 $c\cdot\text{ready}$ 的特殊通道变量。

令 Γ 及 Δ 是两个谓词表(包括 $P\ \underline{\text{sat}}\ R$)，一个推理(inference)规则公式"$\Gamma\vdash\Delta$"，它意味着在 Γ 中的假设集合推出 Δ 中所有谓词是有效的。一个推理规则的形式为

$$\frac{\Gamma_1\vdash\Delta_1}{\Gamma_2\vdash\Delta_2}$$

它意味着，无论什么时候，只要横线上面公式是有效的，那么横线下面公式也是有效的。

下面的式子为部分正确的推理规则：

(1) $\dfrac{\Gamma\vdash T}{\Gamma\vdash P\ \underline{\text{sat}}\ T}$　(triviality)

其中 T 为 TRUE。在横线上的公式表明 T 在 Γ 的假设之上是永远为真的，并可以得到 P 的每一次通讯的前后 T 也是真的。

例如，$\vdash\text{wire}\leqslant\text{wire}$，所以，$\vdash\text{copier}\ \underline{\text{sat}}\ \text{wire}\leqslant\text{wire}$。

(2) $\dfrac{\Gamma\vdash P\ \underline{\text{sat}}\ R,R\Rightarrow S}{\Gamma\vdash P\ \underline{\text{sat}}\ S}$　(consequence)

例如，令 $\Gamma=\text{copier}\ \underline{\text{sat}}\ \text{wire}\leqslant\text{input}$，那么

$$\Gamma\vdash\text{copier}\ \underline{\text{sat}}\ \text{wire}\leqslant\text{input},\text{wire}\leqslant\text{input}\Rightarrow x\hat{}\ \text{wire}\leqslant x\hat{}\ \text{input}$$

所以 $\Gamma\vdash\text{copier}\ \underline{\text{sat}}\ x\hat{}\ \text{wire}\leqslant x\hat{}\ \text{input}$。

这里有两个操作需要说明：

$\wedge$：$s\hat{}\ t$ 表示将 s 与 t 连接起来。

$\leqslant$：$s\leqslant t=\text{def}\ \exists u\cdot s\hat{}\ u=t$。

$$(3)\frac{\Gamma\vdash P\ \underline{\text{sat}}\ R, P\ \underline{\text{sat}}\ S}{\Gamma\vdash P\ \underline{\text{sat}}(R\&S)}\quad\text{(conjunction)}$$

$$(4)\frac{\Gamma\vdash R\langle\ \ \rangle}{\Gamma\vdash \text{STOP}\ \underline{\text{sat}}\ R}\quad\text{(emptyness)}$$

其中 $R\langle\ \ \rangle$表示由常空序列$\langle\ \ \rangle$代替 R 中所有的通道名。

例如$\vdash\langle\rangle\leqslant\langle\rangle$，那么$\vdash$ STOP $\underline{\text{sat}}$ wire$\leqslant$input。

$$(5)\frac{\Gamma\vdash R\langle\ \ \rangle, P\ \underline{\text{sat}}\ R^{c}_{e\wedge c}}{\Gamma\vdash(c!e\to P)\ \underline{\text{sat}}\ R}\quad\text{(output)}$$

其中 $R^{c}_{e\wedge c}$是由 $e\hat{}c$ 表达式代替在 R 中的所有的通道名 c 的出现而得到的新的断言。

例如

$\vdash(3\hat{}\langle\ \ \rangle\leqslant\langle 3,4\rangle\&\langle\ \ \rangle\leqslant\langle\ \ \rangle)$,

STOP $\underline{\text{sat}}(3\hat{}(4\hat{}c))\leqslant\langle 3,4\rangle\&d\leqslant e$

所以有

$\vdash(c!4\to\text{STOP})\underline{\text{sat}}((3\hat{}c)\leqslant\langle 3,4\rangle\&d\leqslant e)$

类似地有

$\vdash(c!3\to c!4\to\text{STOP})\underline{\text{sat}}(c\leqslant\langle 3,4\rangle\&d\leqslant e)$

$$(6)\frac{\Gamma\vdash R_{\langle\ \ \rangle},\forall v\in M\cdot P^{x}_{v}\underline{\text{sat}}\ R^{c}_{v\wedge c}}{\Gamma\vdash(c?x:M\to P)\underline{\text{sat}}\ R}\quad\text{(input)}$$

其中 $R^{c}_{v\wedge c}$的意思同上一规则所说，而 P^{x}_{v} 则相当于 $P[v/x]$。

$$(7)\frac{\Gamma\vdash P\ \underline{\text{sat}}\ R, Q\ \underline{\text{sat}}\ R}{\Gamma\vdash(P|Q)\underline{\text{sat}}R}\quad\text{(alternative)}$$

$$(8)\frac{\Gamma\vdash P\ \underline{\text{sat}}\ R, Q\ \underline{\text{sat}}\ S}{\Gamma\vdash(P_{x}\parallel{}_{y}Q)\underline{\text{sat}}(R\&S)}\quad\text{(parallelism)}$$

其中$(P_{x}\parallel{}_{y}Q)$表示 x 是进程 P 的通道名集合(字符集)，y 是进程 Q 的通道名集合。这两个进程以 $x\cap y$ 中的通道进行通讯。$x-y$(或 $y-x$)表示 P,Q 两个进程与其他进程联系的通道名集合。

$$(9)\frac{\Gamma\vdash P\ \underline{\text{sat}}\ R}{\Gamma\vdash(\underline{\text{chan}}\ L;P)\underline{\text{sat}}\ R}\quad\text{(chan)}$$

$$(10)\frac{\Gamma\vdash R\langle\ \ \rangle;\Gamma,P\ \underline{\text{sat}}\ R\vdash P\ \underline{\text{sat}}\ R}{\Gamma,P\triangleq P\vdash P\ \underline{\text{sat}}\ R}\quad\text{(recursion)}$$

其中 $P\triangleq P$ 表示进程 P 是递归定义。

关于这方面更详细的讨论，读者可以参看本章文献[11]。

10.8.3 进程的最弱前置条件语义

我们知道最弱前置条件语义在于强调程序的终止性，而 CSP 的一个重要特性也在于强调并发程序的终止性。在这一节我们重点讨论如下几个方面的语义的形式定义：

(1) 在 CSP 中的死锁问题。

(2) 通讯命令(输入/输出命令)作为选择机制及重复机制,并讨论局部的与全局的两类不确定性。

(3) 分布或终止约定。

我们在第8章学习了 Dijkstra 卫式语言最弱前置条件语义,在这里我们仅讨论 CSP 比卫式语言增加的成分。

令 $P::[P_1 \parallel \cdots \parallel P_i \parallel \cdots \parallel P_n]$是一具有(变量不同)通讯进程的程序。定义 Λ 为空进程(没有指令),那么任一非空进程的结构可以表示成:$P_i::S_i;P_i'$,其中 P_i'可能是 Λ。我们用 SEQ 表示。所有非空顺序程序,这些程序不能与其他进程中的程序通讯。仍然假设 $WP[S,R]$,$S\in$ SEQ 与在 Dijkstra 的卫式语言中的定义相同。

对于用 IF 表示的所有卫式命令 gc,每一个 guard 分成两部分,一部分是布尔值 b,另一部分是通讯 c。于是,如果一个 $S_i\in$ IF,则有

$$
\begin{aligned}
S_i::[&b_i^1;c_i^1\rightarrow T_i^1\\
&\quad\square\\
&\quad\vdots\\
&\quad\square\\
&b_i^{ni};c_i^{ni}\rightarrow T_i^{ni}]
\end{aligned}
$$

对于重复命令(DO)也类似规定。

为了方便,我们使用下面的语法转换:

$$P_j?x\Rightarrow[P_jx\rightarrow \text{skip}]$$

$$P_j!x\Rightarrow[P_jx\rightarrow \text{skip}]$$

而且我们在这里只讨论 guard 为 I/O 命令时的情况。

在后面的讨论中还要用到语法谓词:$\mu(c_i,c_j)$,其中 c_i,c_j 是 I/O 命令。

$$\mu(c_i,c_j)=\begin{cases}\text{true}, c_i=[P_j?x]_i, c_j=[P_i!y]_j, \text{type}(x)=\text{type}(y)\\ \text{false 其他}\end{cases}$$

$\mu(c_i,c_j)$意味着分别从 S_i 及 S_j 得到的 I/O 命令 c_i 及 c_j 是语法匹配通讯的。这个定义意味着这是强类型的,通讯总是向着命名目标进程进行的,而通讯目标进程是在编译时确定的(这是 CSP 的一个重要特性)。使用目标进程注释 target(c),有

$$\text{target}(P_j?x)=\text{target}(P_j!y)=j$$

由于 CSP 在于描述一个并行系统,如果把状态看成系统状态,那么一对进程的通讯则可以看成在全局范围内的"赋值"(global-assignment)。对于全局赋值有如下规则:

global-assignment-rule:对于 $1\leqslant i\neq j\leqslant n$ 有

$$
\begin{aligned}
&\text{WP}[[P_j?x]_i \parallel [P_i!y]_j, Q]\\
&=\begin{cases}Q_y^x & \mu(P_j?x,P_i!y)\\ \underline{\text{false}} & \neg\mu(P_j?x,P_i!y)\end{cases}
\end{aligned}
$$

其中 Q_y^x 表示一个谓词,它是由在 Q 中将所有自由出现的 x 用 y 替换得到的。

下面，考虑并行命令的语义。令对于某个 $1\leqslant l\leqslant n, S_l\in \mathrm{SEQ}$，使得 S_l 不包含 I/O 命令。因此，S_l 可以无条件地被执行。前面谈过 $P_l::S_l;P_l'$，于是有

$$\mathrm{WP}[P,Q]\supset \mathrm{WP}[S_l,Q']$$

其中

$$Q'=\mathrm{WP}[P_1\parallel\cdots\parallel P_l'\parallel\cdots\parallel P_n,Q]$$

可以证明，对于 $1\leqslant l\leqslant n, S_l\in \mathrm{SEQ}$，

$$\mathrm{WP}[P,Q]=\mathrm{WP}[S_l,\mathrm{WP}[P_1\parallel\cdots\parallel P_l'\parallel\cdots\parallel P_n,Q]]$$

并可以在上述讨论基础上，得到如下的三个 WP 的特性。

性质 A 对于某个后继条件 Q，任何可通过 gc 的执行而产生的状态将满足"程序其他部分"的成功执行而产生的最弱前置条件。

这里所说的"程序其他部分"是指 $P_i::S_i;P_i'$ 中的 P_i'。

现在的问题是在选择机制上的通讯命令的语义问题，也就是说，I/O 命令作为 guard 时的语义。前面已说过，一个 guard 可以看成两部分，即 $S_i::[\cdots\square b_i^k;c_i^k\rightarrow T_i^k\ \square\cdots]$。如要得到一个匹配的通讯，谓词

$$\mu(c_i^k,c_j^{k'})\ \underline{\mathrm{and}}\ b_i^k\ \underline{\mathrm{and}}\ b_j^{k'}$$

如果为真值，即意味着相应通讯通路可用（$b_i^k;c_i^k$ 都是 guard）。此时就说 b_i^k,c_i^k 及 $b_j^{k'}$，$c_j^{k'}$ 是可通过的。

定义如下表达式为全局不确定性(global-nondeterminism)：

$$\bigwedge_{i,j,k,k':\mu(c_i^k,c_j^{k'})} b_i^k\ \underline{\mathrm{and}}\ b_j^{k'}\supset \mathrm{WP}[c_i^k\parallel c_j^{k'},\mathrm{WP}[\widetilde{P}_{i,j},Q]]$$

它表示，对于任一对可通过的匹配 guard，通讯命令的执行将得到一个状态，这个状态满足对于后继条件 Q 经这个"程序其他部分"的成功执行而产生的最弱前置条件。$\widetilde{P}_{i,j}$ 表示"程序其他部分"，其精确定义在后面给出。

条件$(c_i^k=\underline{\mathrm{skip}})\underline{\mathrm{and}}\ b_i^k$ 表示进程 S_i 准备选择某个不带通讯申请的 guard，即此时的 guard 为 $b_i^k;\underline{\mathrm{skip}}$ 是可通过的。

定义如下表达式为局部不确定性(local-nondeterminism)：

$$\bigwedge_{i,k:c_i^k=\underline{\mathrm{skip}}} b_i^k\supset \mathrm{WP}[\underline{\mathrm{skip}},\mathrm{WP}[\widetilde{P}_i,Q]]$$

该式的意义很显然。

以上两个表达式中 $\widetilde{P}_{i,j}$ 及 $\widetilde{P}_i$ 定义如下：

对于 $1\leqslant i\neq j\leqslant n$，

$$\widetilde{P}_{i,j}=[P_1\parallel\cdots\parallel\widetilde{T}_i^k;P'_i\parallel\cdots\parallel\widetilde{T}_j^{k'};P'_j\parallel\cdots\parallel P_n]$$

$$\widetilde{P}_i=[P_1\parallel\cdots\parallel\widetilde{T}_i^k;P_i'\parallel\cdots\parallel P_n]$$

其中

$$\widetilde{T}_i^k=\begin{cases}T_i^k, & S_i\in IF\\ T_i^k;S_i, S_i\in \mathrm{DO}\end{cases}$$

性质 B 分布式终止。一个循环 S_i 的终止有两种情况：一种是所有的 b_i^k 都是

false，另一种是它们所希望与之通讯的进程已终止。一个回路 S_i 的终止条件（用 LE_i 表示）可以表示成

$$LE_i = \bigwedge_{k:\text{Ptarget}(c_j^k) \neq \Lambda} \neg b_i^k$$

它意味着上述两种终止条件。

于是性质 B 则可以表示成

$$\bigwedge_{i:S_i \in \text{DO}} (\text{LE}_i \supset \text{WP}[P_1 \parallel \cdots \parallel P'_i \parallel \cdots \parallel P_n, Q])$$

这就是说每一个回路，如果满足 LE_i，那么这个回路肯定终止。

性质 C 无死锁条件。有如下的谓词

$$\text{BB}_1 = \bigvee_{i,j,k,k':\mu(c_i^k, c'^{k'}_j)} b_i^k \ \underline{\text{and}}\ b_j^{k'}$$

它意味着至少一对匹配通讯是通过的。还有谓词

$$\text{BB}_2 = \bigvee_{i,k:c_i^k=\text{skip}} b_i^k$$

它意味着至少一个局部不确定 guard 是可通过的。

令

$$\text{BB} = \text{BB}_1\ \underline{\text{or}}\ \text{BB}_2$$

它意味着至少一个 guard 是可通过的（包括全局或局部的不确定 guard）。

在 $\neg$BB 情况，我们必须要求至少一个回路是准备终止的，表示成

$$\bigvee_{i,S_i \in \text{DO}} \text{LE}_i$$

一个无死锁条件可以表示成

$$\text{BB}\ \underline{\text{or}} \bigvee_{i:S_i \in \text{DO}} \text{LE}_i\ \underline{\text{or}} \bigvee_{i:S_i \in \text{SEQ}} \underline{\text{true}}$$

该式的意义在于说明，如果一个并发程序无死锁，BB 必须至少一个 guard 被通过（无论局部不确定性还是全局不确定性），或者所有回路终止，或者所有顺序程序选择为真。

下面，我们可以给出 CSP 的 WP 方程：

(1) Λ-规则。

$$\text{WP}[\Lambda \parallel \cdots \parallel \Lambda, Q] = Q$$

(2) SEQ-规则。对于某 $1 \leqslant l \leqslant n, S_l \in \text{SEQ}$，

$$\text{WP}[P, Q] = \text{WP}[S_l, \text{WP}[P_1 \parallel \cdots \parallel P_e' \parallel \cdots \parallel P_n, Q]]$$

(3) 通讯规则。对于不是 $1 \leqslant l \leqslant n, S_l \in \text{SEQ}$，

$$\text{WP}[P, Q] = \bigwedge_{i:S_j \in \text{DO}} (\text{LE}_i \supset \text{WP}[P_1 \parallel \cdots \parallel P_i' \parallel \cdots \parallel P_n, Q])$$

$\underline{\text{and}}$

$\underline{\text{if}}$ BB $\underline{\text{then}}$

$$[\bigwedge_{i,j,k,k':\mu(c_i^k, c_j^{k'})} (b_i^k\ \underline{\text{and}}\ b_j^{k'} \supset \text{WP}[c_i^k \parallel c_j^{k'}, \text{WP}[\widetilde{P}_{ij}, Q]])]$$

$\underline{\text{and}}$

$$\bigwedge_{i,k:c_j^k=\underline{\text{skip}}} (b_i^k \supset \text{WP}[\underline{\text{skip}}, \text{WP}[\widetilde{P}_i, Q]])]$$

$\underline{\text{else}}$

$$\bigvee_{i:S_i\in \mathrm{DO}} \mathrm{LE}_i$$

注意，在没有回路时

$$\bigwedge_{i:S_i\in \mathrm{DO}}(\mathrm{LE}_i \supset \mathrm{WP}[P_1 \parallel \cdots \parallel P'_i \parallel \cdots \parallel P_n, Q])$$

$$= \bigwedge \phi = \underline{\text{true}}$$

及

$$\bigvee_{i:S_i\in \mathrm{DO}} \mathrm{LE}_i = \text{false}$$

因此，我们可以得到如下两个定理。

定理 10.15(IF-定理) 如果对于所有的 $1\leqslant i\leqslant n, S_i\neq \Lambda \supset S_i\in \mathrm{IF}$ 有

$$\mathrm{WP}[P,Q]=\mathrm{BB}$$

$\underline{\text{and}}$

$$\bigwedge_{i,j,k,k':\mu(c_i^k,c_j^{k'})} b_i^k\ \underline{\text{and}}\ b_j^{k'} \supset \mathrm{WP}[c_i^k \parallel c_j^{k'}, \mathrm{WP}[P_{i,j}, Q]]$$

$\underline{\text{and}}$

$$\bigwedge_{i,k:c_i^k=\underline{\text{skip}}} b_i^k \supset \mathrm{WP}[\text{skip}, \mathrm{WP}[\widetilde{P}_i, Q]]$$

即在没有回路存在的情况下，通讯规则可以化简 IF-定理，它是 Dijkstra 卫式语言 SEQ-IF 规则的自然延伸。

定理 10.16(COM-定理) COM-规则等价于下面的规则：对于所有 $i, 1\leqslant i\leqslant n$，$S_i\in \mathrm{SEQ}$，

$$\mathrm{WP}[P,Q]=\underline{\text{if}} \bigvee_{i:S_i\in \mathrm{DO}} \mathrm{LE}_i\ \ \underline{\text{then}}$$

$$\bigwedge_{S_i\in \mathrm{DO}}(\mathrm{LE}_i \supset \mathrm{WP}[P_1 \parallel \cdots \parallel P_i' \parallel \cdots \parallel P_n, Q])$$

$\underline{\text{else}}$ BB $\underline{\text{and}}$

$$\bigwedge_{i,j,k,k':\mu(c_i^k,c_j^{k'})} (b_i^k\ \underline{\text{and}}\ b_j^{k'} \supset \mathrm{WP}[c_i^k \parallel c_j^{k'}, \mathrm{WP}[\widetilde{P}_{i,j}, Q]])$$

$\underline{\text{and}}$

$$\bigwedge_{i,k:c_i^k=\underline{\text{skip}}} (b_i^k \supset \mathrm{WP}[\underline{\text{skip}}, \mathrm{WP}[\widetilde{P}_i, Q]])$$

下面，我们举一个例子。

例 10.24 令 $P::[P_1 \parallel P_2]$

其中 $P_1::*[\text{true}; P_2?x\to \underline{\text{skip}}]$，$P_2::*[\text{true}; P_1!y\to \underline{\text{skip}}]$。

令 $Q\equiv \underline{\text{true}}$

$$\underline{\mathrm{WP}}[P_1 \parallel P_2, \text{true}]=$$

$$\underline{\text{false}} \supset \mathrm{WP}[\Lambda \parallel P_2, \underline{\text{true}}]$$

$\underline{\text{and}}$

$$[\underline{\text{false}} \supset \mathrm{WP}[P_1 \parallel \Lambda, \underline{\text{true}}]$$

$\underline{\text{and if true then}}$

$\underline{\text{true and true}} \supset \mathrm{WP}[P_2?x \parallel P!y, \mathrm{WP}[\widetilde{P}_{1,2}, Q]]$

$\underline{\text{and}}\ \overset{\wedge}{\phi}$

$\underline{\text{else}} \neg\ \underline{\text{true or}} \neg\ \underline{\text{true}}$

化简此式($\overset{\wedge}{\phi} \equiv \underline{\text{true}}$)我们得到

$$A = \mathrm{WP}[P_2?x \parallel P_1!y.\ \mathrm{WP}[\widetilde{P}_{1,2}, Q]]$$

根据$\widetilde{P}_{1,2}$定义，对于 DO 命令：

$$\mathrm{WP}[\widetilde{P}_{1,2}, Q] = \mathrm{WP}[\text{skip}; P_1 \parallel \underline{\text{skip}}; P_2, Q]$$

使用二次 SEQ-规则，有 $\mathrm{WP}[P_1 \parallel P_2, Q]$，反代 $\mathrm{WP}[\widetilde{P}_{1,2}, Q]$的值，可以得到

$$\mathrm{WP}[P_1 \parallel P_2, Q] = \mathrm{WP}[P_2?x \parallel P_1!y, \mathrm{WP}[P_1 \parallel P_2, Q]]$$

这个方程的最小不动点是假的，即

$$\mathrm{WP}[P_1 \parallel P_2, \underline{\text{true}}] = \underline{\text{false}}$$

习　题

1. 举例说明如下概念：

(1) “死锁”。

(2) 不确定性。

(3) monitor 的通讯机制，并举出一个 monitor 嵌套造成的死锁现象。

2. 说明进程的静/动态创立与进程拓扑的静/动态为什么是两回事。举例说明静态进程创立但却是动态拓扑及动态进程创立但却是静态拓扑。

3. 如果固定进程数目，静态进程拓扑的死锁检查的充要条件是什么？你如何判断一个并发程序设计语言描述的并发系统有无死锁？什么样的情况下，死锁可以在编译时得到检查？

4. 解释 Egli-Milner 序与 Smyth 序的意义。

5. 证明例 10.4 中的 Dijkstra 卫式语言指称语义的如下特性：

(1) $\mathscr{C}_{PT}[\![(s_1;(s_2;s_3))]\!] = \mathscr{C}_{PT}[\![((s_1;s_2);s_3)]\!]$

(2) $\mathscr{C}_{\underline{PT}}[\![(\text{skip};S)]\!] = \mathscr{C}_{\underline{PT}}[\![(S;\underline{\text{skip}})]\!] = \mathscr{C}_{\underline{PT}}[\![S]\!]$

(3) $\mathscr{C}_{\underline{PT}}[\![\underline{\text{abort}};S]\!] = \mathscr{C}_{\underline{PT}}[\![S;\underline{\text{abort}}]\!] = \mathscr{C}_{\underline{PT}}[\![\underline{\text{abort}}]\!]$

(4) $\mathscr{C}_{\underline{PT}}[\![\underline{\text{if empty fi}}]\!] = \mathscr{C}_{\underline{PT}}[\![\underline{\text{abort}}]\!]$

(5) $\mathscr{C}_{\underline{PT}}[\![\underline{\text{do empty od}}]\!] = \mathscr{C}_{\underline{PT}}[\![\underline{\text{skip}}]\!]$

6. 定义函数 $\omega: \underline{ST} \to \underline{PT}$ 及 $\omega^{-1}: \underline{PT} \to \underline{ST}$，并且

$$\omega(m)(R) = \underline{\mathrm{WP}}(m, R)$$

$$\omega^{-1}(f)(s) = \underline{\min}(f, s)$$

其中 $\min(f,s)$，f: Pred→Pred 是任意谓词映射，$\min(f,s) \equiv \forall R \in \mathrm{Pred}, s \in f(R)$是一非空集。

证明如下结论：

(1) ω 与 ω^{-1} 是可逆的。

(2) 同构 ω: ST→PT 在下面图是对易的意义下是语义同构的。

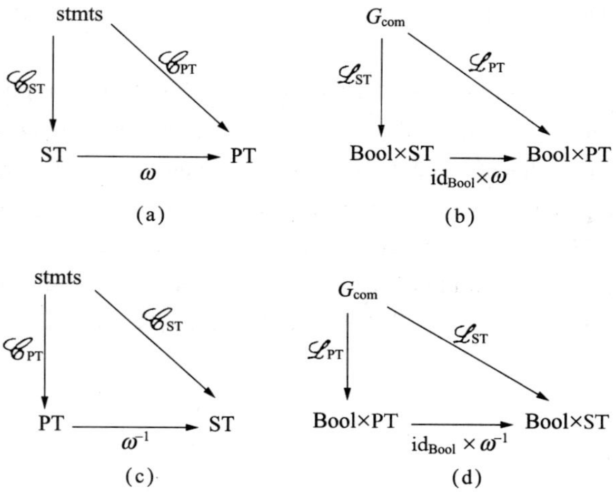

其中

$$(id_{Bool}\, x\omega)(\langle p,m\rangle)\equiv\langle p,\omega(m)\rangle$$

$$(id_{Bool}\, x\omega^{-1})(\langle p,f\rangle)\equiv\langle p,\omega^{-1}(f)\rangle$$

7. 一个单字符缓冲器

BUFF＝do go⇒E?C;W!C □

go⇒E? "stop";go:＝<u>false</u>

od

令 σ_1＝{go＝tt,c＝1},试求出归约执行序列。

8. 根据 10.6 节,证明

(1)RV(C_0;C_1)＝RV(C_0)∪RV(C_1)

(2)WV(C_0 ‖ C_1)＝WV(C_0)∪WV(C_1)

(3)FPL(gC_0 □ gC_1)＝FPL(gC_0)∪FPL(gC_1)

9. 推出 10.8 节中的进程链接证明规则。

10. 试为 UNIX 的进程管理程序定义进程的抽象数据类型。

参考文献

[1] E. W. Dijkstra. A Discipline of Programming. Prentice Hall,1976.

[2] C. A. R. Hoare. Communicating Sequential Processes. CACM,1978,(21):8.

[3] M. Smyth. Powerdomains. JCSS,1978,16(1).

[4] G. D. Plotkin. Dijkstra's Predicate Transformer and Smyth's Powerdomain. Lecture Notes in Computer Science,1980:86.

[5] K. R. Apt, G. D. Plotkin. A Cook's Tour of Countable Nondeterminism. Lecture Notes in Computer Science,1981:115.

[6] P. B. Hansen. Distributed Processes—A Concurrent Programming Concept. CACM, 1978,(21):11.

[7] D. Park. On the Semantic of Fair Parallelism. Lecture Notes in Computer Science,1980:86.

[8] J. W. De Bakker, J. I. Zucker. Processes and A Fair Semantics for the ADA Rendez-vous. Lecture Notes in Computer Science,1983:154.

[9] G. D. Plotkin. An Operational Semantics for CSP. Dept. of Computer Science University of Edinburgh, Oct. 1981.

[10] Li Wei (李未). An Operational Semantics of Multitasking and Exception Handling in Ada. (ACM-AdaTEC) in Proceedings of the Ada TEC Conference on Ada, Oct. ,1982.

[11] C. A. R. Hoare. A Calculus of Total Correctness for Communicating Processes Technical Monograph PRG-23. Oxford University Computing Laboratory Programming Research Group, 1981.

[12] Zhou Chao Chen(周巢尘), C. A. R. Hoare. Partial Correctness of Communicating Processes. and Protocols. Technical Monograph PRG-20, Computing Laboratory, Oxford University, 1981.

[13] 周巢尘.通信的顺序进程及其研究.计算机学报,1983,(6):1,2,5.